深入浅出系列规划教材

深入浅出 微机原理与 接口技术

（第2版）

何 超 主编

清华大学出版社

北 京

内 容 提 要

微型计算机原理及接口技术是高等学校工科电类和信息类各专业,特别是涉及软硬件结合的芯片级计算机应用各类专业大学生必修的一门专业基础课。其目的在于让学生理解与掌握微型计算机的基本组成、工作原理、各类接口部件的功能以及构建微系统等方面的知识,使学生具有微机应用系统软硬件开发的初步能力。

本书既适合高等学校工科电子类和电气自动化类以及信息类各专业,特别是涉及单片机、嵌入式等芯片级计算机应用各类专业大学本科学生使用,也适合相关专业的应用型本科生选用,还可供广大工程技术人员和对计算机硬件爱好的读者学习参考。

本书为任课教师配有电子教案,此教案用 PowerPoint 制作,可以任意修改。选用本教材的教师可通过清华大学出版社网站获取该电子教案。网址是 www.tup.com.cn。

图书在版编目(CIP)数据

深入浅出微机原理与接口技术/何超主编. —2 版. —北京:清华大学出版社,2017(2019.12重印)
(深入浅出系列规划教材)
ISBN 978-7-302-44257-8

Ⅰ. ①深⋯　Ⅱ. ①何⋯　Ⅲ. ①微型计算机－理论－教材 ②微型计算机－接口技术－教材
Ⅳ. ①TP36

中国版本图书馆 CIP 数据核字(2016)第 153299 号

责任编辑:白立军　薛　阳
封面设计:傅瑞学
责任校对:李建庄
责任印制:刘海龙

出版发行:清华大学出版社
　　　　网　　　址:http://www.tup.com.cn,http://www.wqbook.com
　　　　地　　　址:北京清华大学学研大厦 A 座　　　　　　　邮　　编:100084
　　　　社 总 机:010-62770175　　　　　　　　　　　　　　邮　　购:010-62786544
　　　　投稿与读者服务:010-62776969,c-service@tup.tsinghua.edu.cn
　　　　质量反馈:010-62772015,zhiliang@tup.tsinghua.edu.cn
　　　　课件下载:http://www.tup.com.cn,010-62795954
印　装　者:北京富博印刷有限公司
经　　　销:全国新华书店
开　　　本:185mm×260mm　　　　印　　张:33.25　　　　字　　数:811 千字
版　　　次:2012 年 8 月第 1 版　2017 年 1 月第 2 版　　印　　次:2019 年 12 月第 2 次印刷
定　　　价:59.80 元

产品编号:065236-01

为什么开发深入浅出系列丛书？

目的是从读者角度写书，开发出高质量的、适合阅读的图书。

"不积跬步，无以至千里；不积小流，无以成江海。"知识的学习是一个逐渐积累的过程，只有坚持系统地学习知识，深入浅出，坚持不懈，持之以恒，才能把一类技术学习好。坚持的动力源于所学内容的趣味性和讲法的新颖性。

计算机课程的学习也有一条隐含的主线，那就是"提出问题→分析问题→建立数学模型→建立计算模型→通过各种平台和工具得到最终正确的结果"，培养计算机专业学生的核心能力是"面向问题求解的能力"。由于目前大学计算机本科生培养计划的特点，以及受教学计划和课程设置的原因，计算机科学与技术专业的本科生很难精通掌握一门程序设计语言或者相关课程。各门课程设置比较孤立，培养的学生综合运用各方面的知识能力方面有欠缺。传统的教学模式以传授知识为主要目的，能力培养没有得到充分的重视。很多教材受教学模式的影响，在编写过程中，偏重概念讲解比较多，而忽略了能力培养。为了突出内容的案例性、解惑性、可读性、自学性，本套书努力在以下方面做好工作。

1. 案例性

所举案例突出与本课程的关系，并且能恰当反映当前知识点。例如，在计算机专业中，很多高校都开设了高等数学、线性代数、概率论，不言而喻，这些课程对于计算机专业的学生来说是非常重要的，但就目前对不少高校而言，这些课程都是由数学系的老师讲授，教材也是由数学系的老师编写，由于学科背景不同和看待问题的角度不同，在这些教材中基本都是纯数学方面的案例，作为计算机系的学生来说，学习这样的教材缺少源动力并且比较乏味，究其原因，很多学生不清楚这些课程与计算机专业的关系是什么。基于此，在编写这方面的教材时，可以把计算机上的案例加入其中，例如，可以把计算机图形学中的三维空间物体图像在屏幕上的伸缩变换、平移变换和旋转变换在矩阵运算中进行举例；可以把双机热备份的案例融入马尔科夫链的讲解；把密码学的案例融入大数分解中等。

2. 解惑性

很多教材中的知识讲解注重定义的介绍，而忽略因果性、解释性介绍，往往造成知其然而不知其所以然。下面列举两个例子。

（1）读者可能对 OSI 参考模型与 TCP/IP 参考模型的概念产生混淆，因为两种模型之间有很多相似之处。其实,OSI 参考模型是在其协议开发之前设计出来的,也就是说,它不是针对某个协议族设计的,因而更具有通用性。而 TCP/IP 模型是在 TCP/IP 协议栈出现后出现的,也就是说,TCP/IP 模型是针对 TCP/IP 协议栈的,并且与 TCP/IP 协议栈非常吻合。但是必须注意,TCP/IP 模型描述其他协议栈并不合适,因为它具有很强的针对性。说到这里读者可能更迷惑了,既然 OSI 参考模型没有在数据通信中占有主导地位,那为什么还花费这么大的篇幅来描述它呢? 其实,虽然 OSI 参考模型在协议实现方面存在很多不足,但是,OSI 参考模型在计算机网络的发展过程中起到了非常重要的作用,并且,它对未来计算机网络的标准化、规范化的发展有很重要的指导意义。

(2) 再例如,在介绍原码、反码和补码时,往往只给出其定义和举例表示,而对最后为什么在计算机中采取补码表示数值? 浮点数在计算机中是如何表示的? 字节类型、短整型、整型、长整型、浮点数的范围是如何确定的? 下面我们来回答这些问题(以 8 位数为例),原码不能直接运算,并且 0 的原码有 +0 和 −0 两种形式,即 00000000 和 10000000,这样肯定是不行的,如果根据原码计算设计相应的门电路,由于要判断符号位,设计的复杂度会大大增加,不合算;为了解决原码不能直接运算的缺点,人们提出了反码的概念,但是 0 的反码还是有 +0 和 −0 两种形式,即 00000000 和 11111111,这样是不行的,因为计算机在计算过程中,不能判断遇到 0 是 +0 还是 −0;而补码解决了 0 表示的唯一性问题,即不会存在 +0 和 −0,因为 +0 是 00000000,它的补码是 00000000,−0 是 10000000,它的反码是 11111111,再加 1 就得到其补码是 100000000,舍去溢出量就是 00000000。知道了计算机中数用补码表示和 0 的唯一性问题后,就可以确定数据类型表示的取值范围了,仍以字节类型为例,一个字节共 8 位,有 00000000～11111111 共 256 种结果,由于 1 位表示符号位,7 位表示数据位,正数的补码好说,其范围从 00000000～01111111,即 0～127;负数的补码为 10000000～11111111,其中,11111111 为 −1 的补码,10000001 为 −127 的补码,那么到底 10000000 表示什么最合适呢? 8 位二进制数中,最小数的补码形式为 10000000;它的数值绝对值应该是各位取反再加 1,即为 01111111+1=10000000=128,又因为是负数,所以是 −128,即其取值范围是 −128～127。

3. 可读性

图书的内容要深入浅出,使人爱看、易懂。一本书要做到可读性好,必须做到"善用比喻,实例为王"。什么是深入浅出? 就是把复杂的事物简单地描述明白。把简单事情复杂化的是哲学家,而把复杂的问题简单化的是科学家。编写教材时要以科学家的眼光去编写,把难懂的定义,要通过图形或者举例进行解释,这样能达到事半功倍的效果。例如,在数据库中,第一范式、第二范式、第三范式、BC 范式的概念非常抽象,很难理解,但是,如果以一个教务系统中的学生表、课程表、教师表之间的关系为例进行讲解,从而引出范式的概念,学生会比较容易接受。再例如,在生物学中,如果纯粹地讲解各个器官的功能会比较乏味,但是如果提出一个问题,如人的体温为什么是 37℃? 以此为引子引出各个器官的功能效果要好得多。再例如,在讲解数据结构课程时,由于定义多,表示抽象,这样达不到很好的教学效果,可以考虑在讲解数据结构及其操作时用程序给予实现,让学生看到直接的操作结果,如压栈和出栈操作,可以把 PUSH() 和 POP() 操作实现,这样效果会好很多，并且会激发学生的学习兴趣。

4. 自学性

一本书如果适合自学学习，对其语言要求比较高。写作风格不能枯燥无味，让人看一眼就拒人千里之外，而应该是风趣、幽默，重要知识点多举实际应用的案例，说明它们在实际生活中的应用，应该有画龙点睛的说明和知识背景介绍，对其应用需要注意哪些问题等都要有提示等。

一书在手，从第一页开始的起点到最后一页的终点，如何使读者能快乐地阅读下去并获得知识？这是非常重要的问题。在数学上，两点之间的最短距离是直线。但在知识的传播中，使读者感到"阻力最小"的书才是好书。如同自然界中没有直流的河流一样，河水在重力的作用下一定沿着阻力最小的路径向前进。知识的传播与此相同，最有效的传播方式是传播起来损耗最小，阅读起来没有阻力。

欢迎联系清华大学出版社白立军老师投稿：bailj@tup.tsinghua.edu.cn。

2014 年 12 月 15 日

前　言

随着电子计算机科技的迅速普及和发展,微型计算机的性能已达到或超过以前的大中型机,并被广泛应用于科学计算、数据处理、办公自动化、工程控制、辅助系统、仿真,甚至日常通信等诸多领域。人类已进入到以计算机技术为主导的信息社会。

计算机科技几乎每隔一段时间就有一个重大变化,最近十年更是处于加速发展阶段。这一点也为编者带来了巨大的困难。计算机科学与技术发展到今天,单纯的微机操作技能已经在社会生活中得到普及,单纯的软件编程人才已不能满足社会的需求,而软硬件结合的计算机科学技术人才供不应求。

因此,微型计算机原理及接口技术为高等学校理工科众多学科类专业大学生必修的一门专业基础课。

本书按照本科的教学大纲的要求和教学特点进行编写。

学习本课程的目的在于让学生从理论与实际结合的基础上理解与掌握微型计算机的基本组成、工作原理、各类接口部件的功能,以及构建微机系统等方面的知识,使学生初步具有微机应用系统软硬件综合开发的能力。

为了给读者奉献一本高质量的教材,我们在编写中努力坚持以下几个原则。

(1) 努力追踪微机快速发展的历程,努力反映计算机科技的最新成果。读者可以从每一章中看到这一点。

(2) 以应用为目的,删繁就简,突出重点、内容少而精。加强基本概念、基本分析方法基本技术手段的阐述;密切结合计算机专业实际。

(3) 微型计算机原理及接口技术类的教材甚多,但鉴于计算机科技的深奥,本书为降低其难度,在语言描述上下了大工夫。本书努力贯彻启发式的教学原则,使逻辑线索简明、清晰、合理;物理概念清楚,深入浅出;语言生动流畅,通俗易懂。并注重典型电路和芯片的介绍。

(4) 注重实践技能的培养和分析问题解决问题能力的培养。

(5) 图表精选,说明性强。

本书共分为 13 章,主要内容如下。

第 1 章介绍计算机的分类及应用、微型计算机的基本组成、微型计算机中数制转换、数和字符的编码等内容。第 2 章介绍 CPU。为了说明 CPU 的复杂结构和工作原理,我们从最简单、最容易说明问题的典型芯片 8086/8088 微处理器说起,叙述了 CPU 相关的基础知识,讨论了 CPU 的主流技术术语(诸如超标量流水线技术、指令分支预测技术、Pentium Pro 的乱序执行、RISC、SIMD 以及 MMX、SSE(SSE2)、64 位新体系等新理论和新技术等),回顾了 CPU 发展的辉煌历程以及 CPU 发展的潮流和未来。第 3 章讨论微型计算机的寻址方式和指令系统。第 4 章讨论了汇编语言初步。第 5 章讨论了总线与主板,介绍了总线与主板结构的新变化和新技术。第 6 章讨论了存储器及管理模式,介绍了 USB 2.0 和移动存储等等新技术。第 7 章讨论了中断技术,介绍了 PCI 中断等新技术。第 8 章概述了微型计算机接口技术并讨论了直接存储器访问技术,并从实践的角度介绍了常用微机外部实用接口,讨论了 USB 接口、IEEE 1394 串行接口、SCSI 接口、SATA 接口和 PCI 接口等等新技术。第 9 章讨论了并行通信及接口芯片。第 10 章讨论了串行数据接口。第 11 章讨论了 8253 可编程定时计数器。第 12 章讨论了数/模、模/数转换器及其与 CPU 的接口。

微型计算机原理及接口技术是一门实践性很强的课程。为了加强对学习的辅导和实践能力的培养,本书配有《深入浅出微机原理与接口技术(第 2 版)实验与解题指导》一书。

本书适合高等学校理工科电子类和电气自动化类以及信息类各专业,特别是涉及单片机、嵌入式等芯片级计算机应用各类专业大学生本科的学生使用,也可供相关专业的应用型本科生选用,还可供广大工程技术人员学习参考。

本书为任课教师配有电子教案,此教案用 PowerPoint 制作。

本书由何超教授主编,钟建、龙君芳、徐昊、孔令美、钟桂凤、张艳红、何翔等参编。

限于编者的水平,书中错误和不妥之处在所难免,敬请广大读者和专家批评指正。

编　者

2016 年 10 月

目 录

第1章

概　　述

1.1　计算机及其基本组成

20世纪最重要的科技成果,莫过于电子计算机的发明。1946年2月14日,世界上第一台电子数字积分计算机 ENIAC(Electronic Numerical Integrator and Calculator)诞生在美国宾夕法尼亚大学。

电子计算机的出现在人类社会的各个领域引发了一场新的技术革命,其深远意义不亚于当年蒸汽机的诞生所带来的第一次工业革命。

1.1.1　信息社会和计算机

如今,"信息"二字已成为人们的口头禅,我们已进入信息化社会。

什么是信息化社会? 信息化社会就是脱离工业化社会以后,信息起主要作用的,信息技术和信息产业在经济和社会发展中发挥主导作用的社会。与农业社会和工业社会不同,物质和能源不再是主要资源,信息成为更重要的资源,以开发和利用信息资源为目的信息经济活动迅速扩大,逐渐取代工业生产活动而成为国民经济活动的主要内容。换句话说,信息经济在国民经济中占据主导地位,并构成社会信息化的物质基础。

以计算机、微电子和通信技术为主的信息技术革命是社会信息化的动力和源泉。

计算机(Computer)是一种能够预先存储程序,并按照程序自动地、高速地、精确地进行大量数值计算和逻辑运算,处理各类海量数据信息的电子设备。它处理的对象是信息,处理的结果也是信息。从某种意义上说,计算机扩展了人类大脑的功能,因此经常把计算机称为"电脑"。

信息的表现形式是多种多样的。作为一种电子设备,计算机主要的处理对象就是电信号形式的信息。按照所处理的电信号的不同,计算机又可以分为模拟计算机与数字计算机。早期的计算机一般是模拟计算机,处理的电信号在时间上是连续的。现在的计算机大都是数字计算机,处理的电信号在时间上是离散的。同模拟机相比,数字计算机在数据精度、存储量和逻辑判断能力上都强于模拟计算机。随着数字计算机的发展,模拟计算机作为计算工具和通用仿真设备的作用,被数字计算机所取代。但是,作为专用仿真设备、教学与训练工具,模拟计算机还将继续发挥作用,并且也在不断发展中。

信息技术在生产资料、科研教育、医疗保健、企业和政府管理以及家庭中的广泛应用，对经济和社会发展产生了巨大而深刻的影响，从根本上改变了人们的生活方式、行为方式和价值观念。

1.1.2　计算机的分类

按照不同的标准，计算机有多种分类方法。20 世纪 90 年代之前，计算机的分类标准主要有以下几种，如图 1-1 所示。

但随着时间的推移和计算机技术的发展，分类标准也在发生着变化。现在则一般按照计算机的规模、运算速度、使用范围等综合考虑，可以把计算机分为：高性能计算机、微型计算机（PC）、工作站、服务器、嵌入式计算机 5 类。

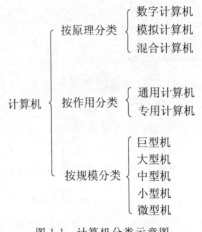

图 1-1　计算机分类示意图

1. 高性能计算机

高性能计算机简称 HPC（High Performance Computer），它之所以被称为高性能计算机，主要是它跟微机和低档 PC 服务器相比而言具有性能、功能方面的巨大优势，主要用于处理数据量大、要求快速、高效的工作的场合。高性能计算机主要用于：

（1）计算密集型应用，例如大型科学工程计算、数值模拟等，应用领域集中在石油、气象、核能、仿真等行业。

（2）数据密集型应用，例如数字图书馆、数据仓库、数据挖掘、计算可视化等，应用领域集中在图书馆、银行、证券等行业。

（3）通信密集型应用，例如协同工作、网格计算、遥控和远程诊断等，应用领域集中在网站、信息中心、搜索引擎、流媒体等行业。

近年来，我国高性能计算机的研制与产业化取得长足发展，以中国科学院、清华大学、国防科技大学、中国科技大学等为代表的国内主要科研单位和高校，已经研制成功了一系列的高性能计算机。

特别值得一提的是，2009 年 10 月 29 日，中国首台千万亿次超级计算机"天河一号"诞生。这台计算机每秒 1206 万亿次的峰值速度和每秒 563.1 万次的 Linpack 实测性能，使中国成为继美国之后世界上第二个能够研制千万亿次超级计算机的国家。并且中国能排进世界 500 强（TOP500）的超级计算机已经从 42 台增加到 62 台。

2011 年 6 月 21 日消息，一台日本计算机取得了 500 强超级计算机排行榜（每年两次，由国际超级计算机会议发布）排名第一的位置。日本 K 计算机每秒浮点运算次数为百万的四次方（8612 万亿次的运算速度）。

K 计算机的性能是使用 68 544 个 SPARC64 VIIIfx 处理器衡量的，每个处理器配置 8 个内核，一共有 548 352 个内核，几乎是其他世界 500 强超级计算机处理器内核数量的两倍。这台超级计算机仍在建造之中。据这台超级计算机的制造商富士通称，当它在 2012 年

11 月开始服务的时候,这台超级计算机将配置 8 万多个 SPARC64 VIIIfx 处理器。

据 Top500.org 称,与其他最近发布的超级计算机不同,K 计算机没有使用图形处理器或者其他加速器。但是,它使用的是这个排行榜中最强大的和最节能的系统。

2. 微型计算机(个人计算机 PC)

微型计算机又称为个人计算机。其种类很多,主要有台式机、笔记本和个人数字助理 PDA 3 种类型。

3. 工作站

工作站(Workstation),是一种以个人计算机和分布式网络计算为基础的一种高档的微型计算机,它可以提供比个人电脑更加强大的性能,具有强大的数据运算与图形、图像处理功能以及联网功能。

工作站主要面向专业应用领域,能够满足工程设计、动画制作、科学研究、软件开发、金融管理、信息服务、模拟仿真等专业领域的工作要求。

常见的工作站有计算机辅助设计(CAD)工作站(或称工程工作站)、办公自动化(OA)工作站和图像处理工作站等。不同任务的工作站有不同的硬件和软件配置。

工作站通常配有高分辨率的大屏幕显示器、容量很大的内存储器和外部存储器、具有小型计算机接口(SCSI)或者光纤路径磁盘存储系统、高端 3D 加速设备、单个或多个 64 位处理器以及设计优秀的冷却系统。另外,还有非常周到的修理/更换计划。

越来越多的计算机厂家在生产和销售各种工作站。

工作站可以工作在网络上,充当客户机或服务器。

4. 服务器

当一台计算机连接到网络时,这台计算机就成为网络的一个客户机。

服务器是一种在网络环境中的高性能计算机,运行网络操作系统,它侦听网络上的众多客户机提交的服务请求,并为这些客户机提供网络资源和服务(含文件服务、数据库服务和图形、图像处理以及打印、通信、安全、保密、系统管理和网络管理等应用程序服务),使其犹如工作站那样地进行操作。

相对于普通 PC 来说,服务器在稳定性、安全性、性能等方面都要求更高,因此它必须有高性能、高稳定性的主机,其 CPU、芯片组、内存、磁盘系统、网络硬件等都要比普通 PC 高一个档次。由于它主要用于后台服务,不一定需要独立的 I/O 设备。

服务器上一般还安装有数据库,便于工作站利用自身装有的应用软件帮服务器分流一些计算工作。

按照应用层次来划分,即按网络规模划分,服务器可以分为入门级服务器、工作组级服务器、部门级服务器和企业级服务器。

服务器的管理和服务有:文件、数据库、图形、图像以及打印、通信、安全、保密、系统管理和网络管理服务。

5. 嵌入式计算机

嵌入式计算机是指作为一个信息处理部件,嵌入到应用系统之中的计算机。它是以专门应用为中心,软硬件可增减的,适应应用系统对功能、可靠性、成本、体积、功耗等综合性严格要求的专用计算机系统。

正因为嵌入式计算机以专门应用为中心,它与通用型计算机最大的区别是,运行固化的软件(用户很难改变),通常制作成单片机或单板机的形式。嵌入式计算机应用最广泛,数量超过微型机。目前,广泛应用于各种家用电器之中,如电冰箱、数字电视机、数码照相机等。

1.1.3　计算机的基本组成

计算机最早的也是最基本的功能,是计算。欲制造代替人工作的计算机,应从分析人工计算过程出发,来"确定计算机的基本组成"和"怎样教会计算机"工作。

例如,我们接到一个除法题目,要先知道"被除数"和"除数",并把它们记录在纸上,接着就要按照已经学过的运算法则和步骤去计算,最后还要把计算结果的"商"和"余数"记录在纸上,出示给"提出任务的"人。这个过程中,起主要作用的,是人的"清醒的"大脑,它是完成计算任务的主体,是"运算器";其次,"给出题目"、"运算法则和步骤"、"记录"、"输出结果"等,是"一系列的指令";纸、记忆"运算法则和步骤"的大脑皮层,是"存储器";"提出任务的"人,是"输入设备",手是"输出设备"。整个过程,必须由"大脑"这个"控制器"指挥,而"一系列"指令就是"软件",即程序。

可见,尽管欲代替人工作的真实的计算机十分复杂,但计算机的基本组成,但总可归结为两大部分:硬件系统和软件系统。

硬件系统是完成计算工作的物理实体,由运算器、控制器、存储器、总线、输入设备和输出设备5部分组成,各部分起着不同的作用。

运算器是直接完成各种算术、逻辑运算的装置。运算器的主要技术指标是字长和运算速度,字长即能处理的数据长度,这决定计算精度,速度决定运算快慢。

控制器的任务是协调各部分硬件的工作,使计算机有序正确地完成各项作业。

软件系统是指导计算机工作的所有程序、数据和相关文件的集合,是计算机系统不可缺少的组成部分。微型计算机的软件系统包括系统软件和应用软件两部分。

系统软件是为了计算机能正常、高效工作所配备的各种管理、服务、监控和维护系统的程序及有关资料。系统程序软件的主要任务:一是更好地发挥计算机的效率;二是方便用户使用计算机。这就好比行政单位的内部管理的各项规章制度。系统软件的作用可以概括为两个接口:一是"人"与"机"的接口,二是"硬件"和"软件"的接口。系统软件包括3大部分:操作系统、编译系统和网络系统。

应用软件就是用户为解决各种实际问题而编写的计算机应用程序及有关资料。如办公软件、图形软件、计算机辅助设计软件……这就好比到银行存款取款,有一套具体事项、操作的顺序和注意事项。

1.1.4　微型计算机的硬件系统和软件系统

1. 微型计算机硬件系统的基本组成

微型计算机自然应有计算机同样的基本硬件组成,只不过要实现微型化。微型计算机的基本组成如下。

1) 中央处理器

中央处理器(CPU)由运算器、控制器,再加上用于暂时存放“当前运算的中间结果和相关数据”的寄存器组组成,三者集成在一块芯片上,也称为“微处理器”。

CPU 技术是微型计算机的关键技术之一。在微型机不断向超轻、超薄方向发展的今天,要求 CPU 在保持高性能和高速度的同时,还要在设计上考虑低耗电、低发热等因素。

2) 存储器

存储器在计算机中占有非常重要的地位,它是计算机存放信息的场所。计算机当前正在执行的程序和处理的数据都是存放在存储器中的。存储器分内存储器和外存储器两种,简称内存和外存。

内存和 CPU 组成计算机的主机,换句话说,内存和 CPU 是构成计算机的基本成分。

内存用来存储当前正在使用的或者要经常使用的程序和数据,因此,内存也称主存,CPU 在工作过程中要频繁地与主存交换信息,可以直接对它进行读、写。外存是在主机的外部,存放的信息相对 CPU 来说是不经常使用的信息。如果 CPU 要使用这些信息,必须通过专门的设备将信息先调入到内存中。

存储器按其工作特点,可以分为只读存储器(ROM)和随机存储器(RAM)两种。对于微型计算机而言,常见的内存有：RAM、EDO DRAM、SRAM、DDR RAM、RDRAM 等类型(详见第 6 章)。

3) 输入输出设备

输入输出设备(I/O 设备)是计算机与人进行交流的平台,也被称为外部设备。输入设备将计算机程序、原始数据以计算机能识别的形式输入到计算机中;输出设备把计算机处理后的结果以人能识别的形式表示出来。常见的输入输出设备有显示器、鼠标、键盘、扫描仪和打印机等。

4) 总线与接口

CPU 与每一个内部芯片及外部设备的连接和数据的交换都必须通过各种总线与 I/O 接口来实现,因此接口技术也是微型计算机的关键技术之一。

2. 微型计算机硬件系统的硬件结构

实际的微型计算机元件较多,为了追求体积轻薄、散热性强、性能稳定等目标,就必须想方设法把诸多元件整合在一个小小的空间内,于是一个叫做“主板”的器件应运而生。

主板实际上是一块装有各种插槽和接口,并带有连接导线的电路板。板上有 CPU 插槽、内存插槽、各种外设的功能卡(如显卡、声卡等)插槽,总线扩展插槽(ISA,PCI 等扩展槽),以及用来与键盘、鼠标、软盘驱动器、硬盘驱动器、光盘驱动器等设备相连的接口电路(简称接口);还有为了方便扩展外设而安排的串行接口(如 COM1,COM2)、并行接口(如打印机接口 LPT1)等。

　　因此微型计算机也可以看成以主板为中心,把相应的外设连接起来构成的系统。

　　为了简洁和接线方便,主板上的连接导线做成各种不同的系统总线,比较常用的有:ISA 总线、PCI 总线和 AGP 总线等。

　　自从引入 PCI 总线以后,总线控制与转换部件——芯片组(即南北桥)成了构成主板的核心组成部分,它是 CPU 与周边设备连接的桥梁。

　　主板装在主机箱内。其上已插入了 CPU、内存、芯片组,和显卡、声卡、网卡等功能卡。除主板外,电源、光驱、硬盘等都装在主机箱内。

　　可以说,一台通用微机最基本的部件就是主机箱;再加上一些不方便装在箱内的外部设备(包括鼠标、键盘、显示器、音箱、打印机和扫描仪等)。

3. 微型计算机的软件系统

　　如前所述,同所有的计算机系统一样,微型计算机的软件系统包括系统软件和应用软件两部分。

　　随着 CPU、主板等硬件技术,软件开发技术的快速发展,微型计算机的组成部分也在不断变换、更新中。微型计算机的硬件系统和软件系统示意图见图 1-2 所示。

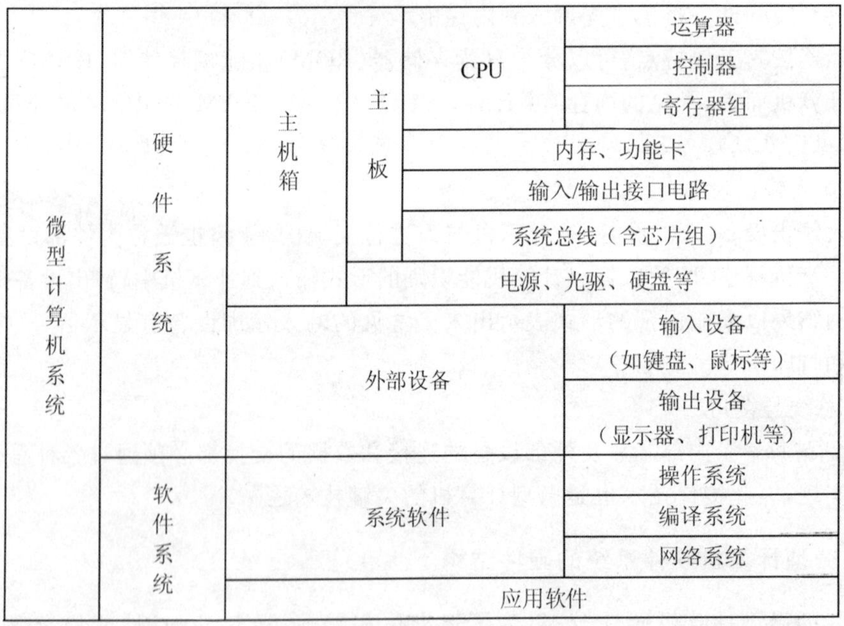

微型计算机系统	硬件系统	主机箱	主板	CPU	运算器
					控制器
					寄存器组
				内存、功能卡	
				输入/输出接口电路	
				系统总线(含芯片组)	
			电源、光驱、硬盘等		
		外部设备		输入设备 (如键盘、鼠标等)	
				输出设备 (显示器、打印机等)	
	软件系统	系统软件		操作系统	
				编译系统	
				网络系统	
		应用软件			

图 1-2　微型计算机系统的组成

1.2 进位计数制

1.2.1 数制

1. 数制定义

数制,也称计数制,是指用一组固定的符号和统一的规则来表示数值的方法。按进位的方法进行计数,称为进位计数制。在日常生活和计算机中采用的是进位计数制。

日常生活中,人们通常以十进制来进行计算;也用六十进制计算时间,即 60 分钟为一个小时;用十二进制来计算年度,即 12 个月为一年。

但计算机内部一般采用二进制,这是因为:

(1) 技术实现简单,计算机是由逻辑电路组成的,逻辑电路通常只有两个状态,开关的接通与断开,这两种状态正好可以用"1"和"0"表示,或者反之;

(2) 运算规则简单,有利于简化计算机内部结构,提高运算速度;

(3) 适合逻辑运算,逻辑代数是逻辑运算的理论依据,二进制只有两个数码,正好与逻辑代数中的"真"和"假"相吻合;

(4) 易于与其他进制互相转换;

(5) 因为二进制数的每位数据只有 0 和 1 两个状态,当受到一定程度的干扰时,不易改变。表明二进制数据具有抗干扰能力强、可靠性高的优点。

通常在数制中,都涉及 4 个概念:数位、数码、基数和位权(权重)。

(1) 数位:指数码在一个数中的位置。如十进制的个位、十位等。

(2) 数码:一个数制中表示基本数值大小的不同数字符号。如八进制有 8 个数码:0、1、2、3、4、5、6、7。

(3) 基数:某种数制中所拥有基本数码的个数。如十进制的基数为 10,二进制的基数为 2。运算规则为逢"基数"进一(加法运算),借一当"基数"(减法运算)。

(4) 位权:一个数值中某一位上的 1 所表示数值的大小。如十进制数 128,1 的位权是 $100(10^2)$,2 的位权是 $10(10^1)$,8 的位权是 $1(10^0)$,所以十进制数中千位、百位、十位、个位上的权可表示为 10^3、10^2、10^1、10^0。

2. 常用的进位计数制

(1) 十进制(Decimal Notation)。十进制数 X 一般简记为 $(X)_{10}$ 或 XD。

(2) 二进制(Binary Notation)。二进制数 X 一般简记为 $(X)_2$ 或 XB。

(3) 八进制(Octal Notation)。八进制数 X 一般简记为 $(X)_8$ 或 XQ。

(4) 十六进制(Hexadecimal Notation)。十六进制数用 16 个数码(0、1、2、3、4、5、6、7、8、9、A、B、C、D、E、F)记数,基数为 16,权为 16^n(n 为数位),运算规则为逢 16 进一(加法运算),借一当 16(减法运算)。十六进制数 X 一般简记为 $(X)_{16}$ 或 XH。在 16 个数码中,A、B、C、D、E、F 分别对应十进制数中的 10、11、12、13、14、15。

知道了数位、数码、基数和位权这 4 个概念后,就可以用一组有序数码,或者以位权展开多项式的求和形式来表示一个数据。即：

$$N_R = K_{n-1} \times R^{n-1} + K_{n-2} \times R^{n-2} + \cdots + K_1 \times R^1 + K_0 \times R^0 + K_{-1} \times R^{-1}$$
$$+ K_{-2} \times R^{-2} + \cdots + K_{-m} \times R^{-m}$$
$$= \sum_{i=n-1}^{-m} K_i \times R^i$$

式中：R 表示基数，K_i 表示数码，i 表示 K_i 的位序号，R^i 表示位权。

例如：$(200)_{10} = 200\text{D} = 2 \times 10^2 + 0 \times 10^1 + 0 \times 10^0$

$(520.919)_{10} = 520.919\text{D}$
$$= 5 \times 10^2 + 2 \times 10^1 + 0 \times 10^0 + 9 \times 10^{-1} + 1 \times 10^{-2} + 9 \times 10^{-3}$$

$(11001.01)_2 = 11001.01\text{B}$
$$= 1 \times 2^4 + 1 \times 2^3 + 0 \times 2^2 + 0 \times 2^1 + 1 \times 2^0 + 0 \times 2^{-1} + 1 \times 2^{-2}$$

$(115.23)_8 = 115.23\text{Q} = 1 \times 8^2 + 1 \times 8^1 + 5 \times 8^0 + 2 \times 8^{-1} + 3 \times 8^{-2}$

$(8\text{AC})_{16} = 8\text{ACH} = 8 \times 16^2 + \text{A} \times 16^1 + \text{C} \times 16^0$

$(6\text{D.3E})_{16} = 6\text{D.3EH} = 6 \times 16^1 + \text{D} \times 16^0 + 3 \times 16^{-1} + \text{E} \times 16^{-2}$

4 种进制间的等值对照关系如表 1-1 所示。

表 1-1　四种进制之间的等值对照关系

十进制	二进制	八进制	十六进制	十进制	二进制	八进制	十六进制
0	0000	0	0	8	1000	10	8
1	0001	1	1	9	1001	11	9
2	0010	2	2	10	1010	12	A
3	0011	3	3	11	1011	13	B
4	0100	4	4	12	1100	14	C
5	0101	5	5	13	1101	15	D
6	0110	6	6	14	1110	16	E
7	0111	7	7	15	1111	17	F

但在新一代计算机中，例如生物计算机(DNA 计算机)，已开始考虑使用四进制数制。四进制是以 0、1、2、3 为基数，采用逢四进一的计算原则，它与其他数制之间的转换可以参考八进制、十六进制的转换方法。据说，采用四进制最大的好处是能节省一半的运算单元，并能提高系统的整体运算速度。例如某台计算机需要 20 万个运算单元，在采用了四进制后，只需 10 万个运算单元就能得到相同的效果。

3. 计算机中数的运算与存储单位

现在的计算机大多是二进制的计算机，运算与存储二进制数据经常使用到以下几个单位。

1) 位

计算机存储数据的最小单位，表示一个二进制位，简记为 bit(中文叫"比特")。计算机中最直接、最基本的操作就是对二进制位的操作。每一位只能表示 0 或 1 两种状态。

2）字节

8 位二进制数字，构成一个字节（Byte），简称 B，即 1B＝8bit。由于常用的英文字符用 8 位二进制就可以表示，所以通常就将 8 位称为一个字节。一般情况下，一个汉字国标码占用两个字节。

3）字

在计算机技术中，通常把 CPU 能进行一次最基本的运算的二进制数的位数叫字长，该二进制数，称为字（Word）。一个字由若干字节组成。例如一个字由两个字节组成，则该字字长为 16 位。它标志着 CPU 的计算精度和计算速率。字长越长，CPU 的数据处理能力（精度越高，寻址空间越大，同一时间内传送信息量越大，计算速率越大，指令越丰富）越强。CPU 按照其处理信息的字长可以分为：8 位微处理器、16 位微处理器、32 位微处理器以及 64 位微处理器等。

后面将会看到，CPU 的字长决定于其数据总线宽度。

1.2.2　数在不同进制之间的转换

实际运算中常常涉及数在不同进制之间的相互转换，现在讨论这些转换应遵循的转换原则。

1. $N(N＝2、8、16)$ 进制数转换成十进制数

将一个 N 进制数转换成十进制数比较容易。其转换规则为：依照上述的位权展开法，将 N 进制数以多项式形式展开，然后对数位上的数进行求和运算。

例如：把二进制数 $(1101.01)_2$、$(46.23)_8$、$(5B.6A)_{16}$ 分别转换成十进制数。可按以下方式展开为每个 N 进制数的数字乘以 N 的相应次幂，然后相加即可。

$$(1101.01)_2＝1×2^3＋1×2^2＋0×2^1＋1×2^0＋0×2^{-1}＋1×2^{-2}$$
$$＝1×8＋1×4＋0×2＋1×1＋0×0.5＋1×0.25$$
$$＝(13.25)_{10}$$
$$(46.23)_8＝4×8^1＋6×8^0＋2×8^{-1}＋3×8^{-2}$$
$$＝4×8＋6×1＋2×0.125＋3×0.016$$
$$＝(38.297)_{10}$$
$$(5B.6A)_{16}＝5×16^1＋B×16^0＋6×16^{-1}＋A×16^{-2}$$
$$＝5×16＋B×1＋6×0.0625＋A×0.004$$
$$＝(91.415)_{10}$$

2. 十进制数转换成 N 进制数

十进制数转换成 N 进制数较为复杂，一般需要将十进制数的整数部分与小数部分分开进行转换。

其转换规则如下。

整数部分按照"除基逆序取余"法,即将十进制整数部分除以基数 N,取出商的余数部分作为"转换结果的整数部分"的最低位,再将所得商除以 N。重复操作,直至商为 0 为止。将所得的各步余数逆序排列就是转换结果的整数部分。

　　小数部分按照"乘 N 顺序取整"法,即将十进制小数部分乘以 N,取出积的整数部分作为"转换结果的小数部分"的最高位,重复操作,直到积的小数部分为 0 或达到精度要求的位数为止。将各次所得整数顺序排列即为转换结果的小数部分。

　　例如:把十进制数 $(197.85)_{10}$ 分别转换成二进制数、八进制数和十六进制数。对该数的整数和小数部分分别进行除以 N 和乘以 N 的运算。

　　(1) 转换成二进制数。

　　整数部分:

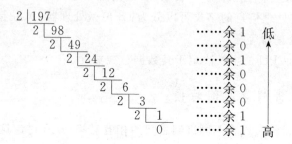

　　小数部分:

$$0.85 \times 2 = 1.7 \quad 取整数 1 \quad 高$$
$$0.7 \times 2 = 1.4 \quad 取整数 1$$
$$0.4 \times 2 = 0.8 \quad 取整数 0$$
$$0.8 \times 2 = 1.6 \quad 取整数 1 \quad 低$$
······

　　组合可得,$(197.85)_{10} = (11000101.1101)_2$

　　注意:在小数部分的转换中,可能会出现小数部分不能为 0 的情况,即转换过程无限,此时,我们可按要求保留一定精度的小数即可。

　　(2) 转换成八进制数。

　　整数部分:

```
  8 | 197
    8 | 24      ······余 5   低
       8 | 3    ······余 0   ↑
          0     ······余 3   高
```

　　小数部分:

$$0.85 \times 8 = 6.8 \quad 取整数 6 \quad 高$$
$$0.8 \times 8 = 6.4 \quad 取整数 6$$
$$0.4 \times 8 = 3.2 \quad 取整数 3 \quad 低$$
······

组合可得，$(197.85)_{10} = (305.663)_8$

(3) 转换成十六进制数。

整数部分：

$$
\begin{array}{r}
16\,\underline{\big|\,197} \\
16\,\underline{\big|\,12} \quad \cdots\cdots 余 5\quad 低 \\
0 \quad\quad \cdots\cdots 余 C\quad 高
\end{array}
$$

小数部分：

$$0.85 \times 16 = 13.6 \quad 取整数 D\quad 高$$
$$0.6 \times 16 = 9.6 \quad\ \ 取整数 9\quad 低$$
$$\cdots\cdots$$

组合可得，$(197.85)_{10} = (C5.D9)_{16}$

3. 八进制数、十六进制数与二进制数之间的转换

二进制数与八进制数和十六进制数存在一种对应关系，这是因为 $2^3 = 8$，$2^4 = 16$。所以它们之间的转换规则为：每 1 位八进制数对应于 3 位二进制数，每 1 位十六进制数对应于 4 位二进制数。

1) 二进制数与八进制数之间的转换

二进制数转换成八进制数方法：以小数点为界，分别向左向右，每 3 位二进制数字转换为 1 位八进制数字，不够 3 位用 0 补齐，然后按顺序连接得出转换结果。

例如：把 $(10111011.10101)_2$ 转换成八进制数：

转换成八进制数　分组：　 10　111　011.101　01

　　　　　　　　　补 0：**0** 10　111　011.101　01 **0**

　　　　　　　　　转换：　2　7　　3. 5　　2

得出 $(10111011.10101)_2 = (273.52)_8$

反过来操作，容易实现八进制数字转换成二进制数。

如：把 $(265.31)_8$ 转换成二进制数：

转换成二进制数　分组：2　6　5. 3　1

　　　　　　　　　转换：010　110　101.011　001

得出 $(265.31)_8 = (10110101.011001)_2$

2) 二进制数与十六进制数之间的转换

二进制数转换成十六进制数方法：以小数点为界，分别向左向右，每 4 位二进制数字转换为 1 位十六进制数字，不够 4 位用 0 补齐，然后按顺序连接得出转换结果。

例如：把 $(1011110110110.111001)_2$ 转换成十六进制数：

转换成十六进制数　分组：　1　0111　1011　0110.1110　01

　　　　　　　　　　　补 0：**000** 1　0111　1011　0110.1110　01 **00**

　　　　　　　　　　　转换：　1　7　B　6. D　4

得出 $(1011110110110.111001)_2 = (17B6.D4)_{16}$

反过来操作，容易实现十六进制数转换成二进制数。

如：把$(B91.97)_{16}$转换成二进制数。

转换成二进制数　分组：　B　　9　　1 . 9　　　7

转换：<u>1011</u>　<u>1001</u>　<u>0001</u>.<u>1001</u>　<u>0111</u>

得出$(B91.97)_{16} = (101110010001.10010111)_2$

如果需要完成八进制数与十六进制数之间的转换，可以先把八进制数转换成十进制数，再转换成十六进制数，或者把八进制数转换成二进制数，再转换成十六进制数。反之亦然。

1.3　微型计算机中数的编码和字符的表示

数据、信息处理是计算机的一个重要应用。人们用各种方法来表示数据、反映信息，例如文字、图表、数字都可以用来记录信息。

对于数字计算机而言，所接收的信息都要先转化为数据。数据既有数值数据也有非数值数据。数值数据用来表示数量意义，非数值数据表示文字、符号、图形、语言等。虽然二者表示的含义不一样，但在计算机中都是采用不同进制形式的编码来表示它们。

计算机中常用的编码有很多，不同的编码，其编码规则不同，具有不同的特性及应用场合。

1.3.1　二进制数值数据的编码

1. 真值数和机器数

真值数是未经计算机编码的二进制原始数据。如：正数 $+0101011$ 和负数 -1001101。

计算机只能用 0 和 1 来表示数据，怎样区分正数和负数呢？又怎样区分无符号数和带符号数呢？

对于带符号数，为了区分正数和负数，把一个数的最高位定义为数的符号位，称为数符。数符值为"0"表示该数为正，数符值为"1"表示该数为负；而这个数的其他位称为数值位，如图 1-3 所示。

数符　　　　　数值位

图 1-3　8 位二进制表示一个数

通常，把这种在计算机中使用且符号位被正负化了的数称为机器数。

用机器数的最高位代表符号(0 为正，1 为负)，其数值位为真值数的绝对值。

例如：若真值数分别为：-1001101　　　　　$+0101011$

则机器数分别为：11001101　　　　　0 0101011

在计算机中，也使用无符号数，此时，不设符号位，故无符号数的机器数和真值相同。

n 位二进制无符号整数的可表示的数据范围是：$0 \sim (2^n - 1)$；n 位二进制有符号整数的可

表示的数据范围是：$(-2^{n-1}-1)\sim(2^{n-1}-1)$。

例如，$n=8$ 时，无符号整数的范围：$0\sim255$，有符号整数的范围：$-128\sim127$。

$n=16$ 时，无符号整数的范围：$0\sim65535$，有符号整数的范围：$-32768\sim32767$。

在计算机中，常用无符号数表示存储器的地址。

计算机无法识别有符号数还是无符号数，决定者是用户。用户使用计算机时，要采用不一样的指令，分别处理有符号数与无符号数。

2. 机器数的原码、反码和补码、移码

在机器数中，符号位和数值位都由 0 和 1 表示，因此，在存储这些数据的时候必须考虑符号位的处理，这种处理方法就是符号位和数值位的编码方法。根据符号位和数值位的编码方式不同，机器数分为原码、补码和反码。其构成方法如下（注意正数和负数的不同）：

1）正数

若一个机器数是正数，则它的原码、补码和反码都是它本身，且符号位为 0。

例如：假设某机器为 8 位机，即一个数据用 8 位（二进制）来表示，$+28$ 的原码为 00011100，则它的原码、补码和反码都是它本身 00011100，其中最高位是符号位，后 7 位是数值位。

2）负数

若一个机器数是负数，则它的原码是它本身，符号位为 1；反码则保持符号位不变，其余数值位的数逐位取反。补码则是将它的原码除符号位以外，数值位各位取反（即 0 变为 1，1 变为 0），最后在末位加 1，即在反码的末位加 1。

例如 -28 的原码为 10011100。

-28 的补码为 11100100（首位不动，其余逐位取反，得到 11100011，在末尾加 1，得 11100100）。

-28 的反码为 11100011。

显然原码较为简单直观，就是在讨论真值数和机器数中讲过的带符号数的表示方法，即：最高位为符号位，用 0 表示正数，1 表示负数，数值部分用二进制数的绝对值形式表示。

原码易于在机器数和真值数之间转换。但如果对原码进行加、减法运算时，则比较繁琐，为了方便加、减法运算，可以用补码表示数据。

补码表示数据，可以避免符号判断的问题，简化加、减法的运算。在计算机中，有符号数一般是用补码形式表示的。引入补码的意义在于可把加减法都统一到加法上来，从而使运算器中根本无须设计减法器，简化了运算器的结构。

至于移码，其构成方法是：移码：除了符号位与补码相反以外，其他都相同。

3. 原码、反码和补码、移码的数学理论

本节讨论中所举例子，均假设是 8 位机，$n=8$。

1）原码的数学定义

若记定点整数（见 1.3.3）的 n 位二进制形式为 $X_{n-1}X_{n-2}\cdots X_1X_0$（$X_{n-1}$ 为符号位，0

表示正数,1 表示负数),则其原码的数学定义是:

$$[X]_{原} = \begin{cases} X & 0 \leqslant X \leqslant 2^{n-1} - 1 \\ 2^{n-1} - X = 2^{n-1} + |X| & -(2^{n-1} - 1) \leqslant X \leqslant 0 \end{cases}$$

其中 X 为真值,而 n 为整数的位数。

原码的表示范围:

$$-(2^{n-1} - 1) \sim 2^{n-1} - 1$$

实例验证:有真数 $X = +11011, Y = -11011$,当 $n = 8$ 时,高位不足部分添 0,补足到机器数的位数。由原码构造方法。

$$[X]_{原} = 00011011 = X;$$

而

$$\begin{aligned}
[Y]_{原} &= 10011011 = 10000000 + 0011011 \\
&= 10000000 - (-0011011) \\
&= 2^7 - Y = 2^7 + |Y|
\end{aligned}$$

若记定点小数(见 1.3.3 节)的二进制形式为 $X_0 . X_{-1} X_{-2} \cdots X_{-n}$($X_0$ 为符号位,0 表示正数,1 表示负数),则其原码的数学定义是:

$$[X]_{原} = \begin{cases} X & 0 \leqslant X < 1 \\ 1 - X = 1 + |X| & -1 < X \leqslant 0 \end{cases}$$

其中 X 为真值,而 n 为小数的位数。

实例验证:有真数 $X = +0.11011, Y = -0.11011$,低位不足部分添 0 补足到机器数的位数。则

$$[X]_{原} = 0.1101100 = X$$

$$[Y]_{原} = 1.1101100 = 1 + 0.1101100 = 1 + |Y| = 1 - Y$$

⚠ **注意**:0 的原码有 $[+0]_{原} [-0]_{原}$ 之分。

$$[+0]_{原} = 0.0\cdots0;$$

$$[-0]_{原} = 1.0\cdots0。$$

另外,由于符号位被数值化,如果按照纯粹的二进制代码形式,会造成原码表示的负数大于正数的误会,如:$011011 < 111011;0.1101100 < 1.1101100$。

2) 反码的数学定义

若记定点整数(见 1.3.3 节)的二进制形式为 $X_{n-1} X_{n-2} \cdots X_1 X_0$($X_{n-1}$ 为符号位,0 表示正数,1 表示负数),则其反码的数学定义是:

$$[X]_{反} = \begin{cases} X & 0 \leqslant X < 2^{n-1} - 1 \\ 2^n - 1 + X & -(2^{n-1} - 1) < X \leqslant 0 \end{cases}$$

其中 X 为真值,而 n 为整数的位数。

反码的表示范围:

$$-(2^{n-1} - 1) \sim 2^{n-1} - 1$$

实例验证:有 $X = +11011, Y = -11011$,高位不足部分添 0 补足到机器数的位数(此处设是 8 位机)。

则

$$[X]_{反} = 00011011 = X$$

$$[Y]_{反} = 11100100 = 100000000 - 1 + (-0011011) = 2^8 - 1 + Y$$

若定点小数(见 1.3.3 节)的二进制原码形式为 $X_0 . X_{-1} X_{-2} \cdots X_{-n}$($X_0$ 为符号位,0 表示正数,1 表示负数),则其反码的数学定义是:

$$[X]_{反} = \begin{cases} X & 0 \leqslant X < 1 \\ 2 - 2^{-n} + X & -1 < X \leqslant 0 \end{cases}$$

其中 X 为真值,而 n 为小数的位数。

实例验证:有 $X = +0.11011$,$Y = -0.11011$,低位不足部分添 0 补足到机器数的位数(此处设是 8 位机)。

则

$$[X]_{反} = 0.1101100 = X$$

$$[Y]_{反} = 1.0010011 = 1.0000000 + 0.0010011$$

$$= 1.0000000 + (1.0000000 - 0.1101101)$$

$$= 10.0000000 - \mathbf{0.00000001} - 0.1101101$$

$$= 2 - 2^{-8} + Y$$

⚠️ **注意**:0 的反码有 $[+0]_{反}$,$[-0]_{反}$ 之分。

$$[+0]_{反} = 0.0 \cdots 0;$$

$$[-0]_{反} = 1.1 \cdots 1.$$

另外,由于符号位被数值化,如果按照纯粹的二进制代码形式,会造成反码表示的负数大于正数的误会,如:$011011 < 100100$;$0.1101100 < 1.0010011$。

3) 补码的数学定义

若定点整数(见 1.3.3 节)的二进制形式为 $X_{n-1} X_{n-2} \cdots X_1 X_0$($X_{n-1}$ 为符号位,0 表示正数,1 表示负数),则其补码的数学定义是:

$$[X]_{补} = \begin{cases} X & 0 \leqslant X < 2^{n-1} - 1 \\ 2^n + X & -2^{n-1} \leqslant X < 0 \end{cases}$$

其中 X 为真值,而 n 为整数的位数。

补码的表示范围:

$$-2^{n-1} \sim 2^{n-1} - 1$$

实例验证:有 $X = +11011$,$Y = -11011$,高位不足部分添 0 补足到机器数的位数(此处设是 8 位机)。

则

$$[X]_{补} = 00011011,$$

$$[Y]_{补} = 11100101 = 10000000 + 01100101$$

$$= 1'00000000 + (-00011011) = 2^8 + Y$$

若定点小数(见 1.3.3节)的二进制形式为 $X_0 . X_{-1} X_{-2} \cdots X_{-n}$($X_0$ 为符号位,0 表示正数,1 表示负数),则其补码的数学定义是:

$$[X]_{补} = \begin{cases} X & 0 \leqslant X < 1 \\ 2+X & -1 < X \leqslant 0 \end{cases}$$

其中 X 为真值。

实例验证：有 $X=+0.11011, Y=-0.11011$，低位不足部分添 0 补足到机器数的位数（此处设是 8 位机）。

则

$$[X]_{补} = 0.1101100$$
$$[Y]_{补} = 1.0010100 = 10.0000000 + (-0.1101100) = 2 + Y$$

⚠️ **注意**：0 的补码只有一个。$[0]_{补} = [+0]_{补码} = [-0]_{补码} = 0.000\cdots0$

另外，对于 8 位二进制数码，因为

$$[-1]_{补} + [-127]_{补} = 1111\ 1111 + 1000\ 0001 = 1000\ 0000。$$

上式中，最高位有进位 1，限于位数，舍去。

故可规定 $[-128]_{补} = 1000\ 0000$，使 8 位二进制数的补码表示的整数范围比原码和反码都要多一个 -2^7；推而广之，对于 n 位二进制数的补码，可表示的整数范围比原码和反码都要多一个 -2^{n-1}，并规定在形式上，有 $[-2^{n-1}]_{补} = 2^{n-1}$。

4）移码的数学定义

移码用于浮点数的指数部分，只有整数形式。

若定点整数（见 1.3.3 节）的二进制原码形式为 $X_{n-1}X_{n-2}\cdots X_1X_0$（$X_{n-1}$ 为符号位，0 表示正数，1 表示负数），则其移码的数学定义是：

$$[X]_{移} = 2^n + X \quad -2^n \leqslant X < 2^n$$

其中 X 为真值，而 n 为整数的位数。例如，$X=+11011, Y=-11011$，则 $[X]_{移} = 111011$，$[Y]_{移} = 000101$。

移码的表示范围：

$$-2^n \sim 2^n - 1$$

即移码与补码只差一个符号位，即正数的移码符号位为 1；负数的移码符号位为 0，其他都相同。

⚠️ **注意**：

- 按上述编码方法，数值 0 的原码，反码或补码，比较特殊：

$$[0]_{原码} = 0.000\cdots0$$
$$[-0]_{原码} = 1.000\cdots0$$

0 的补码只有一个。$[0]_{补} = [+0]_{补码} = [-0]_{补码} = 0.000\cdots0$

0 的移码只有一个。$[0]_{移码} = [+0]_{移码} = [-0]_{移码} = 1.0\cdots0$。

这里的点，不代表小数点，而是表示其左边是符号位。

- 反码的反码为原码；补码的补码也为原码。即：

$$[[N]_{反码}]_{反码} = [N]_{原码} \quad [[N]_{补码}]_{补码} = [N]_{原码}$$

后一式不能用于求 $[-2^{n-1}]_{原}$，因为 -2^{n-1} 超出了原码和反码的定义范围，故 $[-2^{n-1}]_{原} \neq [[-2^{n-1}]_{补}]_{补}$，例如 $[[-2^7]_{补}]_{补} \neq -2^7$。

- 可以证明：两个补码形式的数（无论正负）相加，只要按二进制运算规则运算，得到的结果就是其和的补码。即有：

$$[X+Y]_{补} = [X]_{补} + [Y]_{补}$$

但对原码和反码上式则不成立。

因此，引入了补码后，带符号数的加法运算根本无须考虑结果的符号位以及事实上是加还是减（即符号位也参加运算，只要不溢出），只要按二进制运算，其结果就是正确的补码形式。所以引入补码后之后大大简化了加法运算的逻辑电路。

- 另外，对于补码还有：

$$[X]_{补} - [Y]_{补} = [X]_{补} + [-Y]_{补}$$

所以引入补码的更重要意义在于可把加减法都统一到加法上来，从而使运算器中根本无须设计减法器，简化了运算器的结构。在计算机中，有符号数一般是用补码形式表示的。

1.3.2　十进制数值数据的编码——BCD 码

计算机中采用二进制，但二进制书写冗长，阅读不便，所以在输入输出时人们仍习惯使用十进制。这就出现了十进制数与二进制数的相互转换的问题，即十进制数的编码问题。表 1-2 给出了几种常用的十进制数的编码。

表 1-2　十进制数码的二进制代码

十进制数码	8421 BCD 码	余 3 码	格雷码
0	0 0 0 0	0 0 1 1	0 0 0 0
1	0 0 0 1	0 1 0 0	0 0 0 1
2	0 0 1 0	0 1 0 1	0 0 1 1
3	0 0 1 1	0 1 1 0	0 0 1 0
4	0 1 0 0	0 1 1 1	0 1 1 0
5	0 1 0 1	1 0 0 0	0 1 1 1
6	0 1 1 0	1 0 0 1	0 1 0 1
7	0 1 1 1	1 0 1 0	0 1 0 0
8	1 0 0 0	1 0 1 1	1 1 0 0
9	1 0 0 1	1 1 0 0	1 1 0 1
10	—	—	1 1 1 1
11	—	—	1 1 1 0
12	—	—	1 0 1 0
13	—	—	1 0 1 1
14	—	—	1 0 0 1
15	—	—	1 0 0 0

下面分别介绍几种常用编码。

1. 8421 BCD 码

如果计算量不大，可采用二进制数对每一位十进制数字进行编码的方法来表示一个十进制数，这种数叫做 BCD 码。由于在机内采用 BCD 码进行运算绕过了二、十进制间的复杂转化环节，从而节省了机器时间。

显然，BCD 码不是被编码十进制数的等值二进制数，例如 27 的 BCD 码是 00100111，它是 2 的代码 0010 和 7 的代码 0111 的组合。而 27 等值的二进制数是 11011。但在一般机器中都提供了 BCD 码的调整指令，可使 BCD 码直接按二进制运算规则运算，而得到的结果经过调整就是正确的 BCD 码形式。

一个 BCD 形式的运算结果如果以 BCD 形式输出显然也是不直观的，但要将其转化成十进制形式输出要比从二进制数到十进制数的转化方便得多。

BCD 码有多种形式，最常用的是 8421 BCD 码，它是用 4 位二进制数对十进制数的每一位进行编码，并按位序依次排列。例如：7 的 BCD 码是 0111，67 的 BCD 码是 01100111。

显然，8421 BCD 码是有权码，每一组 4 位二进制数的各位权重从高位到低位依次是 8、4、2、1（$8=2^3$、$4=2^2$、$2=2^1$、$1=2^0$）。如 0110 表示：$0110=0\times8+1\times4+1\times2+0\times1=6$。

利用 8421 BCD 码很容易实现二-十进制代码的转换，显然偶数的 8421 码尾数是 0，奇数的 8421 码尾数是 1，因此，采用 8421 码容易辨别奇偶。

必须指出的是：在 8421 BCD 码中，不允许出现 1010～1111 这几个代码，因为在十进制中，没有数码同它们对应。

采用 8421 BCD 码构成的电路工作时易出现"毛刺"信号，并且设备利用率不高。

2. 余 3 码

余 3 码是由 8421 码加 3 得到的。余 3 码是无权码，与十进制数之间不存在规律性的对应关系，它不如有权码易于识别，且容易出错。但它有自己的特点，它是一种自反代码，如将这种代码的每位取反（0 变 1，1 变 0），就会给出对应十进制的反码（如 0 变 9，3 变 6 等）。还有一个特点是，两个余 3 码相加，所产生的进位相当于十进制数的进位。如余 3 码 1000（十进制数 5）与 1011（十进制数 8）相加，其结果如下：1001+1011=10011，其中最高位的 1 是进位数，而 5＋8＝13，其中最高位的 1 也是进位数，这样，运算后的结果中 0011 已不是余 3 码，而是 8421 BCD 码了。至于进位数的处理比较复杂，这里不加讨论。

3. 可靠性编码

代码在形成或传输时都可能出错，为了易于发现和纠错，人们采用了可靠性编码，如格雷（Gray）码和奇偶校验码。

（1）格雷码。在数字电路中，要使两个输出端同时发生电平转换，是很难做到的，如要实现十进制数 5 到 6 的转换，相应的二进制代码为 0101 和 0110，就有两位需同时发生变化，在计数过程中就可能短暂地出现只改变一位的代码（如 0111 或 0100），这种误码是不允许的，可能会导致电路状态错误或输出错误。为了避免这种错误，人们设计了循环码（又称格雷码）。这种码的特点是，任意两个相邻代码之间，仅有一位不同。这样形成的码还有如下特点：①首尾循环，即首 0 和尾 15 的代码也只有一位不同；②将 0～15 从中间分开，以中间为对称的两个代码也只有一位不同，并且是最高位相反，其余各位相同，称之为"反射性"；③采用格雷码构成的计数电路工作时，不会出现 8421 码工作时的干扰"毛刺"信号。

（2）奇偶校验码。表 1-3 给出了十进制数码的奇偶校验码。

表 1-3　十进制数的奇偶校验码

十进制数码	带奇校验的 8421 BCD 码		带偶校验的 8421 BCD 码	
	信息位	校验位	信息位	校验位
0	0 0 0 0	1	0 0 0 0	0
1	0 0 0 1	0	0 0 0 1	1
2	0 0 1 0	0	0 0 1 0	1
3	0 0 1 1	1	0 0 1 1	0
4	0 1 0 0	0	0 1 0 0	1
5	0 1 0 1	1	0 1 0 1	0
6	0 1 1 0	1	0 1 1 0	0
7	0 1 1 1	0	0 1 1 1	1
8	1 0 0 0	0	1 0 0 0	1
9	1 0 0 1	1	1 0 0 1	0

奇偶校验码是在计算机存储器中广泛采用的一种可靠性代码，它比其他形式的代码多了一位校验位，根据电路采用奇校验还是偶校验，使整个代码中 1 的个数为奇数或为偶数。

如果事先约定存入计算机中存储器的二进制数都以偶校验码存入，那么当从存储器取出二进制数时，检测到的"1"的个数不是偶数，则说明该二进制数在存入或取出时发生了错误，显而易见，若代码在存入或取出过程中发生了两位错误，这种代码是查不出来的，另外，它虽然能查出错误，但哪一位出错，却不能定，因此不具备自动校正的能力。

采用奇偶校验码，电路上的硬件需增加形成校验位的电路和检验码的电路。

1.3.3　定点数与浮点数在计算机中的表示

显然，在计算机中，小数点位置的指出不像正负号那样可以使用二进制数来表示。一般采用在计算机中对小数点位置进行约定的方式来存储和处理数据。

根据小数点的位置是否固定，有两种数据表示格式：一种是定点表示，对应的数称为定点数；另一种是浮点表示，对应的数称为浮点数。

1. 定点数的表示方法

所谓定点数，是指小数点位置固定不变的数。在数中，小数点可以固定在任意位置，根据固定位置不一样,又可以分为定点整数和定点小数,并且不需要用专门的".",来表示小数点。

　　假设用一个 n 位字来表示一个定点数 x,其中一个 x_{n-1} 用来表示数的符号,其余位数 $(n-2,\cdots,0$ 位$)$ 为有效数值。一般地,符号位放在最左边的位置,并用数值 0 和 1 分别代表正号和负号。那么,对于任何定点数 x,其格式如图 1-4 所示。

图 1-4　定点数表示形式

　　如果数 x 表示的是纯小数,则小数点位于 x_{n-1} 和 x_{n-2} 之间,即定点小数。当 $x_{n-1}=0$,数值部分全取 1 时,x 为最大正数;当 $x_{n-1}=1$,数值部分全取 1 时,x 为最小负数。

　　如果数 x 表示为纯整数,则小数点位于最低位 x_0 的右边,即定点整数。

　　显而易见,计算机采用定点整数表示时,它只能表示整数。但在实际问题中,数不可能总是整数,并且定点数表示数的范围也十分有限,不能表示范围以外的小或者大的数。为了能表示这一类的数据,就需要采用浮点数表示法。

2. 浮点数的表示方法

1) 浮点数

　　所谓浮点数,是指小数点的位置在数据中不是固定不变的,或者说是"浮动"的。为了说明它是怎样浮动的,引入"阶码表示法"。对于任何一个二进制数 N 都可表示为:

$$N = 2^{\pm E} \times (\pm S) \tag{1-1}$$

　　式(1-1)中,指数 E 称为阶码,是一个二进制正整数,指明了小数点在数据中的位置,E 前的 $\pm$ 称为阶符(E_f);S 称为尾数,是一个二进制纯小数(显然,为了提高运算精度,保留尽量多的有效数字,应该保证尾数第一位不为 0),S 前的 $\pm$ 称为尾符(S_f),如图 1-5 所示。

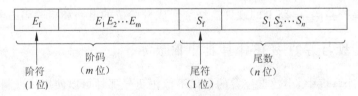

图 1-5　浮点数表示形式

　　例如:二进制数 $+101.1$ 和 -10.11 的表示形式为:

　　　　$+101.1=2^{+11}\times(+0.1011)$　　$E=11,E_f$ 为 $+$,$S=0.1011,S_f$ 为 $+$

　　　　$-10.11=2^{+10}\times(-0.1011)$　　$E=10,E_f$ 为 $+$,$S=0.1011,S_f$ 为 $-$

　　比较两者可以看出:它们的有效数字(1011)是完全相同的,只是正负号和小数点位置不同。正负号的不同反映在尾符 S_f 上。

根据计算机的使用条件，可以确定在计算机中究竟采用定点表示法还是浮点表示法。例如高档微机以上的计算机同时采用两种方法，而单片机多采用定点表示。

可见浮点数的小数点的位置是随阶码的大小而浮动的。这就会造成它的表示方式不唯一。为了保证浮点数的表示方式的唯一性，必须对浮点数作"规格化"处理。

2) 规格化浮点数

为了保证浮点数的表示方式的唯一性，根据 IEEE 754 国际标准，对浮点数作"规格化"处理。

有两种格式：单精度浮点数和双精度浮点数。

(1) 单精度浮点数(32 位，其中符号位 F，占 1 位，放在最前面；接着是指数部分占 8 位，最后是尾数部分，占 23 位)。

规格步骤：

将式(1-1)中的 $\pm S$ 改写成 $(-1)^F \times (1.M)$，当其中 $F=0$ 时，$(-1)^F=1$，表示 N 为正数；$F=1$ 时，$(-1)^F=-1$，表示 N 为负数。

S 改写成整数部分为 1 的小数形式 $(1.M)$，是为了扩大有效数字的位数，提高运算精度。

将式(1-1)中的 $2^{\pm E}$ 改写成 2^e，因为规定指数部分 e 占 8 位，最大数是 127，最小数是 -127，故 e 的范围是 $[-127,127]$。这里有一个问题：若记 $e=\pm E$，E 前的符号 $\pm$ 怎么处理，当指数部分 e 用机器数表示，就可能出现"负数的机器数在形式上大于正数的机器数"的误会，不便于计算机对指数数值大小的识别和处理。为此，考虑让所有的 E 都加上 127，都变成正数，E 的范围就变成 0~254(即 00000000~11111110，注意，这里的 E 已不是式(1-1)中的原来的 E，如原来 E 的 0 变成 127)。于是改记指数 $e=E-127$，实际上是 $e=E-(2^8-1)$，$E=e+2^8-1=[e]_{移}-1$。这样，式(1-1)变成

$$X=(-1)^F \times 2^{E-127} \times (1.M) \qquad (1-2)$$

式(1-2)中，$F=0$，表示正数；$F=1$，表示负数。

实际上，常取 e 的范围是 $[-126,127]$，E 的范围是 $[1,254]$。

【例 1-1】　将十进制数 20.59375 转换为 32 位浮点数的二进制格式存储。

解：首先将该十进制数分别按整数和小数部分转换为二进制数：

$$(20.59375)_{10}=(10100.10011)_2$$

然后移动小数点，使其变为 $1.M$ 的形式

$$(10100.10011)_2=(1.0100\,10011)_2 \times 2^{100}$$

求得 $M=010010011$(尾数一定是在 0.5~1 之间的数，请读者想一想，为什么?)，并且最前面的 1 不予存储，默认在小数点的左边。

再看指数部分 $(100)_2$，可知 $E=4+127=131=10000011$，即指数部分加上 127(127 对应于二进制数 01111111，相当于指数为 0)，共 8 位；这样，大于 127 的指数为正数，小于 127 的指数为负数。

因为是正数，记符号位 $F=0$，放在数的最前面；

于是，得到 32 位单精度浮点数的二进制格式

0　10000011　　　　　01001001100000000000000＝41A4C000H

　　符号　阶码部分(8 位)　　　　　尾数部分(延长到 23 位)

　　【例 1-2】　一个浮点数的二进制存储格式为：41360000H，求其 32 位的浮点数的十进制值。

　　解：41360000H＝　0　　100 0001 0　　　011 0110 0000 0000 0000 0000

　　　　　　　　　符号　阶码部分(8 位)　　　　尾数部分(延长到 23 位)

　　　　　指数＝阶码－127＝100 0001 0－01111 1111＝000 0001 1＝(3)$_{10}$

　　　　　尾数(别忘了隐含的 1)＝1.011 0110 0000 0000 0000 0000＝1.01 1011

所以，原数＝＋(1.011 011)×2^{11}B＝＋1011.011B＝(11.375)$_{10}$

　　(2) 双精度浮点数(64 位，其中数的符号位，记为 F，占 1 位，放在最前面；接着是指数部分，指数部分加上 $2^{10}-1=1023$(1023 对应于二进制数 01111111111，相当于指数为 0)，共 11 位；这样，大于 1023 的指数为正数，小于 1023 的指数为负数；最后是尾数部分，占 52 位)。

　　综上所述，一个规格化的 64 位浮点数 X 的真值可以表示为

$$X = (-1)^F \times (1.M)^{E-1023}$$

　　根据计算机的使用条件，可以确定在计算机中究竟采用定点表示法还是浮点表示法。

1.3.4　计算机中非数值数据的编码

　　现代计算机使用的数据既有数值数据也有非数值数据。数值数据用来表示数量意义，非数值数据表示文字、符号、图形、声音等。虽然二者表示的含义不一样，但在计算机中都是用二进制形式的编码来表示它们。计算机中常用的编码有很多，不同的编码，其编码规则不同，具有不同的特性及应用场合。

　　这里仅举两例。

1. 外文字符数据的编码

　　字符是利用计算机处理信息的过程中普遍使用的一类信息，用户使用键盘等输入设备向计算机内输入各种字符，再组成各种命令和数据，同样地，计算机把处理后的结果也以字符形式输出到显示器等输出设备上。

　　1) ASCII 码

　　ASCII(American Standard Code for Information Interchange)码是美国标准信息交换码。ASCII 码规定 8 个二进制位的最高一位为 0，用余下的 7 位来表示一个字符，总共可以表示 128 个字符。

　　这 128 个字符可以分为两大类。

　　(1) 打印的字符，这类字符可以从键盘上输入，共 95 个，其中包括大小写各 26 个英文字母，0～9 这 10 个字符，还有通用的运算符和标点符号＋、－、＊、＞、\等。

　　(2) 非打印字符，共 33 个，编码值为 0～31 和 127。这类字符不对应任何一个可打印的实际字符，它们被用作控制码，控制计算机外部设备的工作特性等。

需要注意的是：ASCII 码虽然只是 7 位码,但由于存储器一般是以字节(8 个二进制位为一个字节)为单位组织的,故一个字符在机内存储器中仍然用一字节来存储,空出的一位一般置为 0,而在通信中一般作为奇偶校验位。

现在,人们经常使用扩展的 ASCII 码编码方案,它用 8 位二进制码表示一个字符,其中前 128 个字符正是标准 ASCII 码方案中的 128 个字符,只是其编码多出了一个最高位 0,由 7 位码变成了 8 位码,后 128 个字符是一些扩充的字符,即标准 ASCII 方案中没有的字符,包括一些制表符等,这些编码的最高位均是 1。目前,这种扩展的 ASCII 码方案有多种,它们的后 128 个扩充字符不完全相同。

2) EBCDIC 码

EBCDIC(Extended Binary Coded Decimal Interchange Code)码,是 IBM 公司创立的使用在大型计算机主机上的字符编码系统。与 ASCII 码不同的是,它采用 8 位来代表一个字符。如大写字母 A 在 ASCII 码中为 1000001,而在 EBCDIC 中则是 11000001。

2. 汉字的编码

在计算机系统中使用汉字,首先必须解决将汉字输入到计算机中的问题,这样就要为汉字设计相应的输入编码方法。针对在汉字处理中的各个环节的不同要求,通常使用到下列编码方法。

1) 汉字交换码

汉字交换码主要是用作汉字信息交换用的。以国家标准局 1980 年颁布的《信息交换用汉字编码字符集·基本集》(代号为 GB2312—80)规定的汉字交换码作为国家标准汉字编码,简称国标码。它规定每个汉字由两个字节代码表示,实际上汉字的国标码通常用 4 位十六进制数表示。

2) 汉字输入码

在计算机系统使用汉字,需要解决将汉字输入到计算机中的问题,针对在汉字处理中的各个环节的不同要求,通常使用到下列编码方法。

汉字输入码又称外码,是为了使用键盘把字符输入到计算机而设计的一种编码。外码一般通过键盘输入。它们大致可以分为 4 种类型。

(1) 拼音码:以汉语拼音为基础的输入方法。它是目前很普遍的一种汉字输入方法,如双拼和简拼。

(2) 字形码:根据汉字形状进行编码的方法。把汉字的笔画进行拆分,再按照一定规律用键盘输入汉字到计算机内部。这种编码方法避免了因汉字同音字多而出现的输入速度慢的问题。现在常用的字形输入法有五笔字型、郑码和表形码等。

(3) 音形码:结合了拼音码和字形码优点的一种输入编码方案,如自然输入法。

(4) 数字码:以数字串进行编码的输入方案。它以一串数字来表示汉字,目前最常用的数字编码是国际区位码,但其记忆困难,多用来输入一些特殊符号。

3) 汉字机内码

汉字机内码,即内码或汉字存储码。它统一了各种不同的汉字输入码在计算机内部的表示。机内码也是用两个字节表示,每个字节用到其中的 7 位。使用机内码可以避免

ASCII 码和国标码同时使用时产生的二义性问题。

4）汉字输出码

汉字输出码用于汉字的显示和打印，是汉字的输出形式，一般把汉字字形显示在一点阵中，再数字化后得到一串二进制数。通常汉字显示使用 16×16 点阵，打印则可以选择 24×24 点阵、32×32 点阵、64×64 点阵等。

首先用汉字的外码将汉字输入，其次用汉字的内码存储并处理汉字，最后用汉字输出（字形）码将汉字输出。

1.4 计算机和微型计算机的发展概况

1.4.1 计算机的发展

从最初只有计算功能的计算机发展到现在具有自动化程度高、运算速度快、处理能力强、计算精度高和存储量大等特点的计算机，它的发展不仅速度快，而且影响深。一般地，根据计算机所采用的基本电子元件，它的发展可以分为以下几代。

1. 第一代：电子管计算机（1946—1957 年）

电子管计算机是第一代计算机，主要用于军事研究和科学计算，它奠定了现代计算机的原型。我们可以从第一台计算机 ENIAC 中得出第一代计算机的主要特点。

ENIAC 是第一台采用电子管作为基本元件的计算机，由美国宾夕法尼亚大学莫奇利和埃克特领导的研究小组在 1946 年 2 月研制成功的，通常把它作为现代计算机的始祖，如图 1-6 所示。ENIAC 的问世具有划时代的意义，为计算机技术的发展奠定了坚实的基础。

图 1-6 第一台计算机 ENIAC

值得注意的是：在第一代计算机发展过程中，程序存储思想的提出。

虽然 ENIAC 的运算速度在当时已经很快了,但仍然存在明显的缺陷:①它的存储容量太小,不能很好地处理数据量大运算;②它的程序是用线路连接的方式实现的,不能存储。为了进行几分钟或几小时的数字计算,需要预先设置开关,连接线路,这样需花费很长的准备时间,浪费许多人力。

为了改正这些缺陷,美籍匈牙利数学家冯·诺依曼对 ENIAC 的设计进行了重大改进。通过研究最后得出了 EDVAC 方案。该方案提出了两个重要的思想:①采用二进制数制,便于计算机的物理实现,提高电子元件的速度;②存储程序原理,即计算机要能够真正地快速、通用,必须要有一个具有记忆功能的部件——存储器,预先把用指令表示的计算步骤即程序存入其中,真正的计算开始后,计算机可以自动到存储器中逐条取出指令,并完成规定操作,直至结束。只要存入不同程序就可完成不同的运算。

"存储程序、顺序执行思想"是计算机发展史上的一座丰碑,它奠定了现代计算机发展的基本体系。直到现在,所有的计算机都被称为"冯·诺依曼"型计算机。一直以来,人们都认为这一思想是冯·诺依曼提出来的,但他在世时曾不止一次地说过:"现代计算机的思想来源于图灵",且从未说过程序存储思想是他本人提出的。图灵是英国著名的数学家和科学家,1936 年,年仅 24 岁的图灵便提出了理想计算机——图灵机的理论。通用图灵机把程序和数据都以数码的形式存储在纸带上,是"存储程序"型的,通用图灵机实际上是现代通用数字计算机的数学模型。

2. 第二代:晶体管计算机(1958—1964 年)

晶体管计算机是第二代计算机,这一代计算机的主要特点是:采用晶体管作为基本元件,以磁芯为主存储器,磁带和磁盘为辅助存储器。与第一代计算机相比,它的体积缩小了,功耗也降低了。它的运算速度可以达到每秒几十万次,具备了更复杂的算术逻辑单元和控制单元。第二代计算机已经开始用在数据处理、过程控制等领域里。

在晶体管计算机时代,软件也得到了快速的发展。已开始使用汇编语言、FORTRAN、COBOL 等高级语言,并且出现了系统软件——系统管理程序,开始有了操作系统的雏形。第二代计算机从结构上向通用型方向发展。

第二代计算机的主要产品是 IBM 公司的 7000 系列计算机。1960 年左右,IBM 公司推出了 IBM 7094 晶体管计算机,这台计算机第一次采用逻辑指令进行非数值运算。同一类产品还有 DEC 公司开发的 PDP-1。

3. 第三代:集成电路计算机(1965—1970 年)

集成电路计算机是第三代计算机,这一代计算机的主要特点是:采用集成电路作为基本电子器件,以半导体存储器为主存储器。集成电路把许多个晶体管采用特殊的制作工艺集成到一块面积只有几平方毫米的半导体芯片上,这样使得计算机在存储容量上大幅度提高,在体积、重量、功耗上却大幅度下降。它的运算速度达到了每秒几百万次。集成电路计算机已广泛应用于社会的各个领域。

第三代计算机的标志性产品是 IBM 公司在 1965 年推出的 IBM System/360 系列计算机,这一类型的计算机采用了新的体系结构,使得 IBM 公司以后的产品可以随着集成电路技术的更新而发展。同一时期的产品还有 DEC 公司开发的 PDP-8 商用小型机。

4. 第四代：大规模、超大规模集成电路计算机（1971 年至今）

大规模、超大规模集成电路计算机是第四代计算机，这一代计算机的主要特点是：全面采用集成度非常高的大规模集成电路构造基本元件。由于集成度高，因此第四代计算机体积更小，成本更低，可靠性更高，运算速度也大幅度提高，达到了每秒几百万次到几亿次。

集成电路的高度集成化也为微型计算机的大量制造、广泛使用奠定了基础，开创了微型计算机时代。

微型计算机的发展，又将计算机系统的发展从集中式主机推向了由大量微型计算机通过网络相连的分布系统。超级巨型计算机也从集中式多处理机移向分布式工作站集群（COW）。Internet 已发展成为全球最大的分布式计算机系统，"网络即计算机"的理想终将实现。

摩尔定律是这一时期计算机领域中的一个著名定律。

摩尔定律是指：集成电路上能集成的晶体管数目每 18 个月就会翻一番，性能也会提升一倍。即半导体的性能与容量将以指数级增长，并且这种增长趋势将继续下去。如今，新的技术和新材料的出现使摩尔定律在不断延续着。

事实证明了这一定律的正确性，以微处理器的芯片为例。1971 年 Intel 公司发布的第一个微处理器 4004，包含了 2300 个晶体管；1978 年，同属 Intel 公司的微处理器 8088 包含了 2.9 万个晶体管；到 1999 年，Intel 公司开发的奔腾 3 处理器包含了 950 万个晶体管；2005 年，Intel 第一款主流双核微处理器奔腾 D 处理器集成了 2.3 亿个晶体管。

从图 1-7 可以看出，30 多年来计算机微处理器上集成的晶体管数量成番增加，基本上符合摩尔定律。

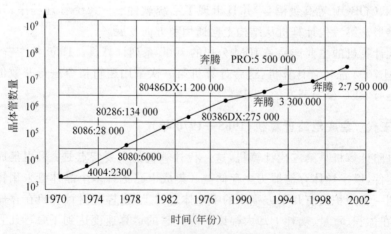

图 1-7　Intel 微处理器含晶体管数量的增长情况

5. 新一代计算机

目前,许多国家正在投入大量的人力和物力积极研制新一代计算机。新一代计算机将向超高速、超大(小)型、网络化、智能化等方向发展。在体系结构、软硬件技术方面,新一代计算机将会突破当前计算机的结构模式,更注重于逻辑推理或模拟人的"智能",进而产生一次量的乃至质的飞跃。新型的量子计算机、光子计算机、生物计算机、纳米计算机等也正在研制中。

1.4.2　微型计算机的发展

在计算机的发展过程中,20 世纪 70 年代出现了微型计算机。微型计算机的开发先驱是美国 Intel 公司的工程师霍夫,他提出了把全部计算机电路做在 4 个集成电路芯片上的设想,这 4 个芯片分别是:中央处理器芯片(即 CPU 芯片)、随机存储器芯片(即 RAM 芯片)、只读存储器芯片(即 ROM 芯片)和寄存器芯片。后来,人们把一片 4 位微处理器 Intel 4004、与一片 320 位的随机存取存储器、一片 256 字节的只读存储器和一片 10 位的寄存器,通过总线连接起来,组成了世界上第一台 4 位微型计算机——MCS-4。这台计算机标志着微型计算机时代的到来。

如前所述,微型计算机的产生与发展,完全得益于微电子学及大规模、超大规模集成电路技术的发展。微电子技术把计算机的主要部件——中央处理器集成到了一块小的芯片上,这种芯片称为微处理器。正是由于微处理器的不断革新,微型机才能超常规发展。因此微型计算机的发展阶段,通常是按其微处理器的字长和功能来划分的。

1. 第一代(1971—1973 年):4 位或低档 8 位微处理器和微型机

代表产品是 Intel 公司开发的 Intel 4004 微处理器及由它组成的微型机 MCS-4。随后又成功研制出 Intel 8008 和微型机 MCS-8。这一代计算机采用工艺简单、速度较低的 PMOS(金属氧化物半导体)电路。它的基本指令时间约为 $10\sim20\mu s$,指令系统不完整;字长 4 位或 8 位,运算功能差,存储容量小;软件主要采用机器语言或简单的汇编语言;主要用于工业仪表、过程控制或计算器中。

2. 第二代(1974—1978 年):中档的 8 位微处理器和微型机

代表产品有 Intel 8080、Intel 8085、Motorola 公司的 M 6800 和 Zilog 公司的 Z 80。这一时期的微处理器采用高密度 NMOS 工艺。它的基本指令时间约为 $1\sim2\mu s$,指令系统比较完善;字长 8 位,运算功能较强。软件上开始配有简单的操作系统(如 CP/M)和使用 BASIC、FORTRAN 等高级语言。

3. 第三代(1978—1981 年):16 位微处理器和微型机

代表产品有 Intel 8086、Motorola 公司的 MC 68000 和 Zilog 公司的 Z 8000。第三代微型计算机采用了短沟道、高性能的 NMOS 工艺,使性能较之第二代微处理器提高了将近十倍。它的指令时间约为 $0.05\mu s$,有丰富的指令系统。并且具备了相当强大的功能,存储容量可达 1MB。软件上有了多种工具软件和应用软件可以选择。此间,多用户微型计算机系统、多处理器微型计算机系统已开始出现,工业控制微型机也得到了快速发展。

4. 第四代(1985—1992 年):32 位高档微型机

80 年代初,IBM 公司推出开放式的 IBM PC,这是微型机发展史上的一个重要里程碑。IBM PC 采用 Intel 80x86(当时为 8086/8088、80286、80386、80486)微处理器。80386、80486 等这类处理器字长为 32 位,指令周期<60ns。同时,Microsoft 公司的 MS DOS 操作系统的发布和 IBM PC 的总线设计的公布,为微型机的大规模生产打下了基础。许多公司纷纷研究与 IBM PC 兼容的微型机及其配套的板卡级产品和外围设备。硬件得到极大发展的同时,各种系统软件和应用软件得到开发。这一时期,微型计算机的应用日益广泛,逐步深入到社会各领域。

5. 第五代(1993 年以后):32/64 位高档微型机和多核 CPU 微型机

1993 年 3 月 Intel 公司推出了 Pentium 微处理器,在以后不断推出了 Pentium MMX(1997 年)和 Pentium II(1998 年)等。同时,AMD 公司的生产的 K5、K6、Athlon XP,Cyrix 公司生产的 6×86 都是这一代微处理器的代表产品。这一类产品的字长为 32 位或 64 位,集成度在 310 万元件/片上。在微处理器性能提高的基础上,微型计算机的功能也越来越强大了,更新周期也越来越快。特别是,2003 年 9 月,AMD 公司发布了面向台式机的 64 位处理器:Athlon 64 和 Athlon 64 FX,使人们开始进入到 64 位微机时代。

近几年,随着微电子技术的飞速发展和人们对高速高性能的微型计算机的追求,多核处理器日趋风靡,成为人们关注的焦点。即将两个物理处理器核心整合入一个内核中。这样的处理器能够为计算机提供更快的运算速度、更宽的工作电压范围、更先进的工艺技术、更精细的封装水平。特别是在微处理器两大主要生产商 Intel 和 AMD 的推动下,"双核"、"四核",以至"八核"处理器已广泛应用在个人计算机和数码产品中。

采用多核,有许多工作要作。人们已经开始讨论,多核处理器微机的性能一定比单核的微机优越吗? 究竟多少核才是最合理的?

关于多核问题将在 2.4 节详细讨论。

总之,微型计算机将继续朝着微型化、无线化、专用化、网络化、智能化、环保化、人性化以及个性化的方向发展。

1.4.3　计算机的应用范围

在信息时代,计算机作为最重要的工具之一,广泛地用在人们日常工作、学习和生活中。而对于大多数的普通用户,主要使用的还是微型计算机。归纳起来,计算机主要应用在以下几个方面。

1. 科学计算

计算机最初是为了提高计算效率而研制的,因此科学计算是计算机最早、也是最广泛的应用领域。科学计算是指利用计算机来完成科学研究和工程技术中提出的数学问题的计算。在现代科学技术工作中,如高能物理、工程设计、地震预测、气象预报、航天技术等领域,需要计算和处理的数据是庞大的,利用计算机的高速计算、大存储容量和连续运算的能力,可以解决人工难以计算,甚至无法解决的各种科学计算问题。

2. 数据处理

利用计算机进行数据处理获取信息是计算机应用领域的一个非常重要的方面。数据处理包括对信息的采集、分类、整理、查询、存档等大量工作。据统计,80％以上的计算机主要用于数据处理,这类工作量大、面宽。现在计算机处理的信息覆盖各行各业,如人口统计、企业管理、商务工作、图书管理、医疗管理等。

3. 过程控制

过程控制是计算机最重要的应用领域之一。过程控制是利用计算机及时采集检测数据,按最优值迅速地对控制对象进行自动调节或自动控制,使其处于最佳的工作状态。在工业生产中,如机械、冶金、石油、化工等行业都使用计算机来控制生产过程。采用计算机进行过程控制,能大大提高控制的自动化水平,降低人们的劳动强度,更可以提高控制精度和产品质量。

4. 辅助技术

计算机辅助系统是为了帮助人们改变传统的工作方式,采取新的技术和工作方法,进而减少劳动量,提高工作效率和质量的一种计算机系统。

(1) 计算机辅助设计(Computer Aided Design,CAD),是利用计算机系统辅助设计人员进行工程或产品设计,以实现最佳设计效果的一种技术。CAD 技术广泛地应用在建筑、机械、汽车、模具等行业,以缩短产品设计周期,提高设计质量。

(2) 计算机辅助制造(Computer Aided Manufacture,CAM),是利用计算机系统进行生产设备的管理、控制和操作的过程。现在多将 CAD 和 CAM 技术集成,实现设计生产自动化,这种技术被称为计算机集成制造系统(CIMS),它的实现将真正做到无人化工厂(或车间)。

(3) 计算机辅助教育。传统的"黑板"模式已经不能满足现在教学对象和教学手段的要求了。计算机辅助教育就是把传统教育领域的各方面结合计算机技术产生的一种新型的教育技术。它的核心是计算机辅助教学(Computer Aided Instruction,CAI),通过 CAI,可以做到交互教育、个别指导和因人施教,克服传统教学方式上的单一、片面的缺点。

5. 人工智能

人工智能是探索人类的思维过程,研究将人类的脑力劳动延伸到某种物理装置上的原理和实现方法的一门技术。它主要包括:人员、硬件、软件、数据、开发计算机系统所需的知识及相关设备。其中应用较为广泛的是专家系统,可以代替专家在某一类专门问题上给出建议,如医疗专家系统,当病人叙说自己的病情后,可以给病人开具参考处方。

6. 仿真技术

计算机技术的飞速发展,使得仿真技术的应用领域不断扩大。所谓计算机仿真是指在实体尚不存在或者不易在实体上进行实验的情况下,先通过对考察对象进行建模,用数学方程式表达出其物理特性,然后编制计算机程序,并通过计算机运算出考察对象在系统参数以及内外环境条件改变的情况下,其主要参数如何变化,从而达到全面了解和掌握考察对象特性的目的。它具有经济、可靠、实用、安全、灵活、可多次重复使用的优点,已经成为对许多复杂系统(工程的、非工程的)进行分析、设计、试验、评估的必不可少的手段。

7. 网络应用

当今世界已进入计算机网络时代,网络把分散在不同地理位置上的计算机连接起来,组成了一个整体。计算机网络的建立,不仅解决了一个单位、一个地区、一个国家中计算机与计算机之间的通信,实现了各种软硬件资源的共享,也实现了国际间的文字、图像、视频和声音等各类数据的传输与处理。

特别是国际互联网 Internet 的迅速普及,使网上会议、网上医疗、网上理财、网上商业等网上通信活动进入了人们的生活。进入 21 世纪,随着全数字综合业务数字网(ISDN)的广泛使用,计算机通信将进入高速发展的阶段。2010 年 8 月,中国互联网大会提出了新的互联网热点话题:移动互联网、IPv6、三网合一、物联网和云计算等。

综上所述,计算机的应用已经遍及生产、管理、科研、教育、生活等各个领域中,改变着人类的生活方式。随着计算机及其相关技术的进一步发展,计算机将具有更广阔的发展空间和应用前景。

习　题　1

一、填空题

1. 计算机的基本组成应由两大部分组成:完成计算工作的物理实体,和指导计算工作进行的指令,分别称为硬件和软件。

硬件包括:_____、_____、_____、_____和_____五大部分。软件包括:_____和_____两大部分。

2. 计算机是一种能够预先_____,并按照_____自动地、高速地、精确地进行大量_____和_____,处理各类海量数据信息的电子设备。它处理的对象是_____,处理的结果_____。从某种意义上说,计算机扩展了_____,因此也常把计算机称为"电脑"。

3. 信息的表现形式是多种多样的。作为一种电子设备,计算机主要的处理对象就是信息的电信号。按照所处理的电信号的不同,计算机又可以分为_____计算机与_____计算机。

4. 表示 32 种状态需要的二进制数的位数是_____位。

5. 微型计算机也可以看成以_____为中心,把相应的_____连接起来构成的系统。

6. 为了简洁和接线方便,主板上的连接导线做成各种不同的_____。

7. 芯片组是构成_____的核心组成部件,它是 CPU 与_____连接的桥梁。

8. 所谓 BCD 编码就是将_____转换为_____的编码方案。常用的 8421BCD 编码,它的 4 位二进制数从左到右每位对应的权是_____。

9. ASCII 码是_____码,共_____个字符,分为两大类:(1)_____的字符,共_____个,其中包括_____、_____个字符,还有_____等。(2)_____字符,共_____个。用作_____,控制计算机外部设备的工作特性等。

10. 根据小数点的位置是否固定,有两种数据表示格式:一种是_____表示,对应的数被称为_____;另一种是_____表示,对应的数被称为_____。

11. 在计算机中,最适合进行数字加减运算的数字编码是_____,最适合表示浮点数阶码的数字编码是_____。

12. 计算机在进行浮点数的相加(减)运算之前先进行对阶操作,若 x 的阶码大于 y 的阶码,则应将_____。

13. 某微型机字长 16 位,若采用定点补码整数表示数值,最高 1 位为符号位,其他 15 位为数值部分,则所能表示的最小整数为 (1) ,最大负数为 (2) 。

(1) A. $+1$ B. -2^{15} C. -1 D. -2^{16}

(2) A. $+1$ B. -2^{15} C. -1 D. -2^{16}

14. 计算机的发展阶段,通常是按其_____来划分的。而微型计算机的发展阶段,通常是按_____来划分的。

二、选择题

1. 在计算机硬件系统中,核心的部件是_____。

     A. 输入设备   B. 中央处理器   C. 存储设备   D. 输出设备

2. 某单位自行开发的工资管理系统,按计算机的应用的类型划分,属于_____。

     A. 科学计算   B. 辅助设计   C. 数据处理   D. 实时控制

3. 计算机采用_____来处理数据。

     A. 二进制   B. 八进制   C. 十进制   D. 十六进制

4. 若用 8 位机器码表示二进制数 -111,则原码表示的十六进制形式为 (1) ;补码表示的十六进制形式为 (2) ;移码的十六进制形式为 (3) 。

(1) A. 81   B. 87   C. 0F   D. FF

(2) A. F9   B. F0   C. 89   D. 80

(3) A. F9   B. F0   C. 79   D. 80

5. 某数值编码为 FFH,若它所表示的真值为 -127,则它是用 (1) 表示的;若它所表示的真值为 -1,则它是用 (2) 表示的。

(1) A. 原码   B. 反码   C. 补码   D. 移码

(2) A. 原码　　　　　　B. 反码　　　　　　C. 补码　　　　　　D. 移码

6. 计算机能直接识别和执行的语言是　(1)　,该语言是由　(2)　组成的。

(1) A. 机器语言　　　　B. C 语言　　　　　C. 汇编语言　　　　D. 数据库语言

(2) A. ASCII 码　　　　B. SQL 语句　　　　C. 0、1 序列　　　　D. BCD 码

7. 针对在汉字处理中的各个环节的不同要求,通常使用到下列四种编码方法:_____、汉字机内码、汉字输入码和汉字输出码。

　　　A. 汉字交换码　　　B. EBCDIC 码　　　C. ASCII 码　　　　D. BCD 码

8. ASCII 码是对_____实现编码的一种方法。

　　　A. 语音　　　　　　B. 汉字　　　　　　C. 图形图像　　　　D. 字符

9. 关于汉字从输入到输出处理过程正确的是_____。

　　A. 首先用汉字的外码将汉字输入,其次用汉字的字形码存储并处理汉字,最后用汉字的内码将汉字输出

　　B. 首先用汉字的外码将汉字输入,其次用汉字的内码存储并处理汉字,最后用汉字的字形码将汉字输出

　　C. 首先用汉字的内码将汉字输入,其次用汉字的外码存储并处理汉字,最后用汉字的字形码将汉字输出

　　D. 首先用汉字的字形码将汉字输入,其次用汉字的内码存储并处理汉字,最后用汉字的外码将汉字输出

三、判断改错题(对了就不改)

(　　)1. CPU 不能直接对硬盘中数据进行读写操作。

改错:

(　　)2. 计算机中的操作数(数据)的原码、补码与反码都不相同。

改错:

(　　)3. 主机是指包括机箱内的所有设备,如 CPU、内存、硬盘等。

改错:

(　　)4. 在 ASCII 表中,按照 ASCII 码值从小到大的排列顺序是数字、英文小写字母、英文大写字母。

改错:

(　　)5. 在所有 4 位二进制数中(从 0000 到 1111),数字 0 和 1 的个数相同的数有且只有 4 个。

改错:

四、计算题

1. 计算出与十六进制数值 CD 等值的十进制数。

2. 分别计算出八进制数 200、二进制数 10000011 和十六进制数 82 的十进制表示。

3. 下列各数为十六进制表示的 8 位二进制数,若分别看作无符号数和补码表示的有

符号数时,分别计算出其对应的十进制数各是多少?

(1) 3B   (2) 75   (3) AD

4. 将十进制数 157.675 转换成对应的二进制数和十六进制数。

5. 将十六进制数 3B5.A 转换成对应的二进制数和十进制数。

6. 将二进制数 10110100 转换成对应的八进制数和十进制数。

7. 将八进制数 314.27 转换成对应的十六进制数。

8. 将十进制数 186.69537 转换为 32 位浮点数的二进制格式存储。

9. 一个浮点数的二进制存储格式为:CCDA0000H,求其 32 位的浮点数的十进制值。

10. 根据 IEEE 754 标准规定,求十进制数 -178.125 的规格化表示形式。

11. 用补码来完成下列计算,并判断有无溢出产生(字长为 8 位)。

(1) $85+60$ (2) $-85+60$

(3) $85-60$ (4) $-85-60$

12. 在微型计算机中存放两个补码数,试用补码加法完成下列计算,并判断有无溢出产生。

(1) $[x]_补+[y]_补=01001010+01100001$

(2) $[x]_补-[y]_补=01101100-01010110$

五、综合题

1. 为什么在计算机内部,一切信息的存取、处理和传送都是以二进制编码形式进行的?

2. 请解释数制的 4 个概念:数位、数码、基数和位权。

3. 写出下列真值对应的原码和补码的形式。

(1) $X=-1110011B$

(2) $X=-71D$

(3) $X=+1001001B$

4. 已知 $X=-1101001B$,$Y=-1010110B$,用补码求 $X-Y$ 的值。

5. 若采用原码表示一个带符号的 8 位二进制整数,写出其表示的数值范围。

6. 叙述 BCD 编码方案,写出下列十进制数的 BCD 码:

(1) 83   (2) 6421

7. 计算出存储 400 个 24×24 点阵汉字字形所需的存储容量。

8. 若给字符 4 和 9 的 ASCII 码加奇校验,应是多少?偶校验呢?

第2章
微处理器

　　本章着重讨论计算机的"大脑",也就是计算机的硬件系统中最重要的组成部分——中央处理器(CPU)。CPU 是微机的核心芯片,它的性能基本上反映了对应微机的性能和档次。在本章及以后的章节中,我们首先对 x86 体系的较简单的早期的 CPU 芯片 8086/8088 CPU 作比较透彻的讲解,学习以 8086/8088 CPU 为核心的微机系统的基本知识。学好这些内容,可以为我们进一步学习更先进更复杂的硬件和软件知识打下坚实的基础。

2.1　微处理器概述

　　微型计算机的快速发展得益于微处理器的产生和其技术的不断进步。

2.1.1　CPU 的基本概念

　　中央处理器(Central Processing Unit,CPU),是整个计算机系统的核心,负责整个系统指令的执行,对数据信息进行数学与逻辑的运算和处理、数据的存储与传送以及对内对外输入与输出的控制,并实现本身运行过程的自动化。

1. CPU 的分类

　　微处理器(Micro Processing Unit),即微型化的中央处理器。早期微处理器以 MPU 表示,以区别于大型主机的多芯片 CPU。但如今已经不加区分,都用 CPU 表示。现在的 MPU 用来特指一些嵌入式系统的中央处理单元。

　　凡需要智能控制、大量信息处理的地方就会用到 CPU。

　　CPU 有单核和多核之分,又有通用 CPU 和嵌入式 CPU 之分。

　　通用 CPU 和嵌入式 CPU 的分别,主要是根据应用模式的不同而划分的。通用 CPU 芯片的功能一般比较强,能运行复杂的操作系统和大型应用软件。在嵌入式应用中,人们倾向于把 CPU、存储器和一些外围电路集成到一个芯片上,构成所谓的系统芯片(简称为 SoC,而把 SoC 上的那个 CPU 称为 CPU 芯核),再嵌入到中小型工业设备、家电(如电冰箱、全自动洗衣机、空调、电饭煲、数字电视机、数码照相机、手机、MP3、MP4、电动玩具等)、通信、军用设备等设备中,用于实现设备运行的控制、监视或管理等功能。不同的设备,控制功能不尽相同,SoC 也不同。但共同的特点是其功能相对通用微处理器要少而简单,易于实现低成本、高效能的控制。

本书只讨论通用微处理器。

近年来,为了进一步提高计算机 CPU 芯片的速度,克服芯片散热难题的障碍,因此研制了 CPU 的多核结构。CPU 有两种多核结构:一是多处理器结构,在一个体系结构上放置多个 CPU;另一是多核结构,指在同一块芯片(CPU)上放置多个核(Core,即执行单元)。为简单起见,人们现在将多处理器和多核结构统称为多核结构。

2. CPU 的基本功能

CPU 的基本功能主要如下。

1) 指令控制

CPU 的首要任务就是运行程序,控制各条指令的执行。执行一条指令的全过程,从取指令开始,经过分析指令、对操作数寻址,然后执行指令,保存操作结果。

2) 操作控制

一条指令的执行需要若干个微操作命令信号,CPU 通过控制这些微操作信号作用于 CPU 内部及外部的不同部件上,完成指令功能。

3) 时间控制和时序控制

CPU 执行每一条指令都有严格的时间安排。例如对各种操作信号的产生时间、稳定时间、撤销时间及相互之间的顺序关系都应有严格的要求。鉴于计算机工作的快速性,计算时间的基本单位是时钟周期,这是一个远远小于秒的量。安排各段时钟周期的顺序关系称为时序控制。

在微机系统中,CPU 是在时钟脉冲的统一控制下,按节拍有序地执行指令序列。时钟脉冲的重复周期称为"时钟周期",时钟周期又叫 T 状态,是 CPU 的时间基准,时序系统中的最小时间单位,由计算机主频决定。

比时钟周期大的时间单位,还有总线周期和指令周期。

计算机执行一条指令的全过程就是依次执行一个确定的时间序列的过程。称为指令执行周期,简称指令周期。不同指令的指令周期不一定是等长的。

CPU 和外部交换信息总是通过总线进行的,在一个指令周期执行中,通过总线进行一次或多次对存储单元或 I/O 端口读或写的操作。完成一次读/写操作所需要的时间称为总线周期,又称机器周期。所有指令的第一个机器周期都是取指令周期。

可见,一个指令周期又细分为若干个总线(机器)周期,而一个总线周期又由若干个时钟周期组成。

4) 数据加工

CPU 能够根据指令功能的要求,完成对数值数据的算术运算、逻辑变量的逻辑运算及其他非数值数据的处理。对数据或代码的输入、加工处理以及输出也是 CPU 的基本功能。

5) 中断处理

CPU 能对其内部或外部的中断(异常)做出响应,进行相应的处理。所谓中断,浅显地说,就是 CPU 暂停执行当前的程序,转去执行更紧急的其他程序后,再返回执行原有的程序的过程。

　　6）其他功能

　　除以上各种功能之外,CPU还具有其他功能。例如CPU能直接对存储器存取请求做出响应,能对复位信号做出响应等。

3. CPU主要技术参数

　　CPU品质的高低直接决定了一个计算机系统的档次,而CPU的主要技术特性可以反映出CPU的大致性能。

　　1）字长

　　在第1章中已讲过,不赘。

　　2）CPU外频与主频

　　我们已经知道计算机计算时间的基本单位是时钟周期,那么计算机如何计时呢?

　　每个计算机的主板上均有一个按固定频率产生时钟信号的装置,称为主时钟,主时钟的频率叫外频,为CPU提供的基准时钟频率,即CPU与外部进行数据传输时使用的频率,也叫做系统总线频率。CPU的内核实际运行频率被称为主频,即CPU每秒钟运算的次数,它的高低直接影响CPU的运算速度。倍频技术的出现,可使CPU的主频比外频提高数倍,此倍数称为倍频系数。

　　早期的8086 CPU工作时,只需要一个5V电源,时钟频率为5MHz。后来,Intel公司推出的8086-1型微处理器时钟频率高达10MHz。

　　在Pentium CPU时代,CPU的外频一般是60/66MHz,从Pentium Ⅱ 350开始,CPU外频提高到100MHz。现在的CPU已达GHz数量级。

　　由于正常情况下CPU总线频率和内存总线频率(见下面3))相同,所以当CPU外频提高后,与内存之间的交换速度也相应得到了提高,对提高计算机整体的运行速度影响较大。

　　主频并不是越高越好,因为CPU的运算速度还要看CPU的其他各方面的性能指标。

　　3）前端总线(FSB-Front Side Bus)频率

　　前端总线也就是CPU总线,它的英文名字是Front Side Bus,通常用FSB表示。前端总线是CPU和外界(如内存、磁盘驱动器、调制解调器以及网卡等等系统部件)交换数据的最主要通道。与外频不同,前端总线频率指的是总线上数据传输的速度,对计算机整体性能影响很大。一般主板上前端总线频率与内存总线频率相同。内存总线频率指主存的工作频率,也由主板提供,很多情况下等于外频。但现在一些主板提供内存异步技术,使内存工作频率和CPU外频不同,更先进的CPU如Intel P4、AMD的K7等更可以使FSB数倍于系统总线频率。

　　4）高速缓冲存储器(L1和L2 Cache)的容量和速率

　　与CPU相比,内存的存取速度相对慢一些,影响了CPU的运行速度。为此,普遍在CPU和常规主存之间增设小容量的高速缓冲存储器,简称Cache,其速度比内存大一个数量级,大体与CPU的处理速度相当。在Cache中存放着最近访问或将要访问的指令和数据,它们是主存中相应内容的副本。通常CPU有一级高速缓存(L1 Cache)和二级高速缓存(L2 Cache),还有的设置了三级高速缓存(L3 Cache),以最大程度减小主内存对

CPU 运行造成的延缓,对提升大数据量计算能力(如游戏)有帮助。

5) 计算机每秒处理机器语言指令的数目(MIPS)

如果说一个微型计算机可以每秒处理 300 万到 500 万机器语言指令,则可以说该机器的 CPU 是 3~5MIPS 的 CPU。可见 MIPS 是用来衡量 CPU 运算速度的性能指标。MIPS 是 Million of Instruction Per Second 的缩写,意思是每秒百万条机器语言指令,是个计量单位。它用于描述计算机每秒钟能够执行的机器语言指令条数。

6) CPU 的制程工艺

芯片制程工艺是指:芯片上最基本功能单元门电路和门电路间连线的宽度。制程工艺越小,表明制作工艺越精细,单位芯片面积上容纳的基本功能单元门电路越多。通过改进 CPU 芯片的制程工艺和封装技术,可以缩小芯片体积、提高芯片性能、降低能耗(减少发热)。

2.1.2　8086 CPU 的编程结构

我们从简单的典型的早期的 x86 体系的 CPU 芯片 8086/8088 CPU 谈起。请读者注意,人是怎样"教会"计算机工作的。

其实,当前在测量仪器、小家电、简单工业控制等诸多场合,采用的芯片也多是 8086/8088 一类或与之相当的单片机系列,8086/8088 系列 CPU 的知识仍有应用价值。

要掌握一个 CPU 的工作性能和使用方法,首先应该了解它的编程结构。所谓编程结构,就是指从程序员和使用者的角度看到的结构。当然,这种结构与 CPU 内部的物理结构和实际布局是有区别的。8086 CPU 是 Intel 系列的 16 位微处理器,它是采用具有高速运算功能的 HMOS 工艺制造的集成电路,内部包含约 29000 个半导体管。

从功能上,8086 分为两部分,即总线接口部件 BIU(Bus Interface Unit)和执行部件 EU(Execution Unit)。这两个单元在 CPU 内部担负着不同的任务,如图 2-1 所示。

1. 总线接口部件(BIU)

总线接口部件 BIU 的功能是负责执行部件 EU 与外界的联系。以去医院看病为例,先要完成挂号、去诊室排队,等待医生呼叫等等事情。CPU 执行指令时,总线接口部件 BIU 的总线控制逻辑电路通过外部总线从指定的内存单元或者外设端口中取数据或指令,将数据先放入指令队列中排队(指令队列的长度是有限的,例如 8086 芯片最多只能放 6 个字节)。

16 位的内部总线和 8 位内部总线用于 EU 与 BIU 两大部分之间的通信。

EU 部分的控制电路经过 8 位内部总线从 BIU 部分的指令队列取指令、执行指令,BIU 为指令队列空出的位子补充指令,这两项工作是并行进行的。所以在大多数情况下,取指令的时间消失了,从而加快了程序的运行速度。这样,在一般情况下 CPU 执行完一条指令,就可以立即执行下一条指令,而无须等待该指令从内存中取出的过程,因为 BIU 已经提前完成了这个工作。

执行部件 EU 的操作结果由其控制电路区分其类别(例如,医生诊断后,是给病人开药,或是要作 CT、血液或粪便检查,或是住院……),并根据 EU 计算出的各个类别的偏移

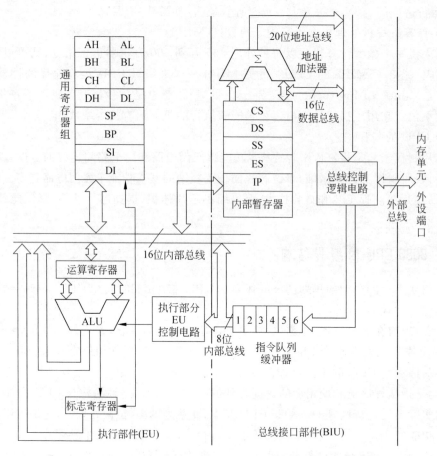

图 2-1　8086 的编程结构图

地址(例如,检查的顺序号,或是住院的某科床位号),通过 16 位内部总线先分别送到 BIU 的各个段寄存器(例如,放射科还是内科),再经 20 位的地址加法器确定完整地址(例如,若内科病床起始号是 101,则内科病房 5 床,就是全院第 105 床),最后经控制电路传送到外面指定的内存单元或外设端口(例如,住进内科病房 5 床或出院、转院)中。

总线接口部件由下列各部分组成。

1) 4 个 16 位的段地址寄存器

段地址寄存器是代码段寄存器 CS,数据段寄存器 DS,扩展段寄存器 ES,堆栈段寄存器 SS,分别用来存放当前程序中的代码或数据所涉及的内存各段的段基址,详见后述。

2) 16 位的指令指针寄存器 IP

计算机执行完一条指令,怎样迅速找到下一条指令呢? 这需要指令指针寄存器 IP 的帮助。IP 用来存放下一条指令的偏移地址,IP 在当前程序运行中能够进行自动加 1 的修正,使其指向下一条指令。

3) 20 位的地址加法器

用来形成需传送数据或代码的 20 位的物理地址。

4）6 字节的指令队列缓冲器

详见 P40 的 3。

5）总线控制逻辑电路

用来产生并发出总线控制信号,实现对存储器、I/O 端口的读写控制,并将内部总线与外部总线相连接。

2. 执行部件 EU

执行部件的功能就是负责从指令队列取指令并执行,完成如下工作:进行全部算术逻辑运算,向 BIU 发出访问存储器或 I/O 端口的请求,并提供访问所需的有效地址,对各寄存器的管理等。

从图 2-1 可见,执行部件由下列 3 个部分组成。

1）算术逻辑单元 ALU

用来进行算术、逻辑运算和移位操作,以及按照指令的寻址方式计算寻址单元的偏移量。并把反映运算结果的状态特征的值放入标志寄存器中。

2）运算寄存器(也称"暂存器")

协助 ALU 完成运算,用来暂时存放参加运算的数据。

3）通用寄存器组

通用寄存器包括 4 个通用寄存器,即 AX(也称累加器)、BX、CX、DX,以及 4 个专用寄存器:BP、SP、SI、DI。

通用寄存器包括 AX、BX、CX、DX,主要用来保存算术或逻辑运算的操作数、中间运算结果。它们既可以作为一个 16 位的寄存器使用,也可以分别作为两个 8 位的寄存器使用,其中,高位字节的寄存器为 AH、BH、CH、DH;低位字节的寄存器为 AL、BL、CL、DL。

由于这些寄存器具有良好的通用性,使用十分灵活,因而称为通用寄存器。但在某些指令中规定了某些通用寄存器的特殊用途,这样可以缩短指令代码长度;或使这些寄存器的使用具有隐含的性质,以简化指令的书写形式(即在指令中不必写出使用的寄存器名称)。通用寄存器的特殊用途和隐含用法如表 2-1 所示。

表 2-1　寄存器的特殊用途和隐含用法

寄存器	执 行 操 作
AX	累加器,I/O 指令中用作数据寄存器　整字乘法,整字除法,整字 I/O;存放被乘数、乘积、被除数、商
AL	I/O 指令中用作数据寄存器　字节乘法,字节除法,字节 I/O。存放被乘数、乘积、被除数、商;查表,在十进制算术运算中用作累加器;在 XLAT(换码)指令中用作累加器
AH	字节乘法,字节除法,在 LAHF(标志寄存器传送)指令中用作目标寄存器
BX	用作间接寻址的地址寄存器和基地址寄存器;查表;在 XLAT(换码)指令中用作基地址寄存器
CX	计数寄存器,在 LOOP(循环)和串操作中充当计数器　字符串操作,循环
CL	在变量的移位和循环移位指令中用作移位次数计数器

寄存器	执 行 操 作
DX	在乘法、除法指令中作为辅助累加器;在乘法、除法指令中存放乘积高位、被除数高位或余数;在间接寻址的I/O指令中作为地址寄存器
SP	在堆栈操作中用作堆栈指针
BP	在间接寻址中用作基址寄存器
SI	在字符串操作中用作变址寄存器;在间接寻址中用作变址寄存器
DI	字符串操作

4 个专用寄存器的用途描述分别如下。

(1) 基数指针寄存器 BP：存放**数据段**中某一单元的偏移地址;也可指示**堆栈段**中某一单元的偏移地址。

(2) 堆栈指针寄存器 SP：存放**堆栈栈顶**偏移地址。

(3) 源变址寄存器 SI：与**数据段寄存器 DS 连用**,确定数据段中某一存储单元的地址。

(4) 目的变址寄存器 DI：与**数据段寄存器 DS 连用**,确定数据段中某一存储单元的地址。

4) 16 位的标志寄存器 FR

用来存放控制标志和反映 CPU 运行的状态特征。

5) EU 控制电路

由定时电路、控制电路和状态逻辑电路组合而成。它接受从 BIU 的指令队列中取出来的指令,经指令译码后,形成各种控制信号,完成对 EU 中各个部件的定时操作。EU 中所有的寄存器和数据通道(总线)都是 16 位,可以实现内部数据的快速传送。

3. 流水线结构的指令队列

总线接口部件 BIU 和执行部件 EU 并不是同步工作的,两者的动作管理遵循如下原则：每当 EU 从指令队列头部取出一条指令,后续指令会自动前移。EU 用几个时钟周期去分析、执行指令。在这段时间内,每当 8086 的指令队列中有两个空字节时,BIU 就会自动把指令取到指令队列中。当指令队列已满(6 个字节),而且 EU 对 BIU 又无总线访问请求时,BIU 便进入空闲状态。在执行转移、调用和返回指令时,指令队列中的原有内容已无用了,会被自动清除,BIU 从新地址开始,重新填充指令队列。EU 在分析、执行指令过程中,如需访问内存或外设,就会向 BIU 申请;若 BIU 总线空闲,就会立即响应;若 BIU 此时正在取一条指令,EU 就必须等待 BIU 取指令的操作完成以后,才会得到 BIU 响应。

在 8086/8088 中,EU 和 BIU 这种并行的工作方式不仅有力地提高了工作效率,而且这也是它们的一大特点。EU 和 BIU 之间是通过指令队列相互联系的。指令队列可以被看成一个缓冲存储区域,EU 对其执行读操作,BIU 对其执行写操作。

4. 标志寄存器

标志寄存器(Flag Register)共有 16 位,在 8086 芯片中其中 7 位未用。标志寄存器内容如图 2-2 所示。

图 2-2　标志寄存器结构图

这 9 个标志位按功能分为 6 个条件标志和 3 个控制标志。条件标志用于存放程序运行的状态信息,由硬件自动设定。控制标志由软件设定,用于中断、串操作等控制。

以下对各个标志位进行介绍。为清楚起见,只讨论置"1"的情况,其余置"0"。

1) 条件标志

OF:溢出标志。反映带符号数运算结果是否超过机器所能表示的数值范围,对字节运算为 $-128 \sim +127$,对字运算为 $-32768 \sim +32767$。若超过上述范围称为"溢出",OF 置 1;否则,置 0。实际机器在进行处理时,判断最高位的进位(CF)与次高位的进位是否相同,若二者相同,则 OF=0;否则,OF=1。

SF:符号标志。反映运算结果的符号。若结果为负数,即最高位为 1 时,SF 置 1;否则,置 0。SF 取值与运算结果最高位一致。

ZF:零标志。反映运算结果是否为零。若结果为零,ZF 置 1;否则,置 0。

AF:半进位标志。反映一个 8 位量的低 4 位向高 4 位有无进位或借位。有则置 1;否则,置 0。用于 BCD 码算术运算指令。

PF:奇偶标志。反映操作结果的低 8 位中"1"的个数的奇偶性。若"1"的个数为偶数,PF 置 1;否则,置 0。

CF:进位标志。反映算术运算后最高位出现进位或借位的情况。有则置 1;否则,置 0。移位和循环指令也会改变 CF 的值。

2) 控制标志

DF:方向标志。进行字符串操作时,每执行一条串操作指令,对地址会进行一次自动调整,由 DF 决定地址是增还是减。若 DF 为 1,则为减,否则为增。

IF:表示系统是否允许"外部可屏蔽中断"(其含义见后述"中断"内容)。若 IF 为 1,表示允许;否则表示不允许。IF 对非屏蔽中断和内部中断请求不起作用。该标志可由中断控制指令设置或清除。

TF:陷阱标志。TF 为 1 时,CPU 每执行完一条指令,便自动产生一个内部中断,可以利用它对程序进行逐条检查。程序调试过程中的单步执行就是利用这个标志。

【例 2-1】　观察下面的运算,写出运算结果的状态标志。

$$
\begin{array}{r}
10001000 \\
+\ 10001100 \\
\hline
\boxed{1}\ 00010100
\end{array}
=
\begin{array}{r}
88\text{H} \\
+\ 8\text{CH} \\
\hline
\boxed{1}\ 14\text{H}
\end{array}
=
\begin{array}{r}
-128 \\
+\ -116 \\
\hline
-244
\end{array}
$$

方框中的 1 表示溢出。运算结果的标志位如下。

因为运算结果的最高位有进位,CF=1;因为 D7 的进位是 1,D6 的进位是 0,所以产生溢出,OF=1;运算结果的低 8 位有偶数个 1,所以,PF=1;运算结果的低 4 位向高 4 位有进位,所以,AF=1;运算结果不为零,所以,ZF=0;最高位为 0,所以,SF=0。

几乎在推出 8086 微处理器的同时,Intel 公司还推出了一种准 16 位微处理器 8088。8088 时钟频率为 4.77 MHz。推出 8088 的主要目的是为了与当时已有的一整套 Intel 外围设备接口芯片直接兼容。8088 的内部寄存器、内部运算部件以及内部操作都是按 16 位设计的,但对外的数据总线只有 8 条。这两种微处理器除了数据总线宽度不同外,其他方面几乎完全相同。8086/8088 的另一个突出特点是其多重处理的能力,它们都能极方便地和数值数据处理器(NPX)8087、输入输出 I/O 处理器(IOP)8089 或其他处理器组成多处理器系统,从而大幅度提高系统数据吞吐能力和数据处理能力。

2.1.3　通用 CPU 的组成

传统机器的 CPU 由运算器、寄存器和控制器组成,再由 CPU 和主存构成主机。随着微处理器设计技术的不断发展,目前 CPU 的内部组成逐渐变得更加复杂。但从逻辑结构上来说仍有以上 3 个组成部分,从物理结构上很难把它们分割开来。不仅如此,其每一部分都得到极大的强化和扩充,例如为提高数据处理速度,弥补寄存器的不足,大量增加了原来中、大型机才有的高速缓存(Cache),且集成在 CPU 中。

下面可以从 CPU 的内核、外核两个方面来认识 CPU 的组成。

1. CPU 的内核

从结构上说,任何 CPU 内核都包括运算器——算术逻辑运算单元(Arithmetic Logic Unit,ALU)、控制器(Control Unit,CU)和寄存器(Register)3 个主要组成部分。

1) 运算器

运算器是计算机进行数据加工处理的中心。它主要是按照控制器发布的命令进行动作,执行所需要的算术运算和逻辑运算以及数据的比较、移位等操作。属于一个执行部件。运算器主要由下面两部分构成。

(1) 算术逻辑运算单元 ALU。ALU 主要完成对二进制数据的定点算术运算(加、减、乘、除)、逻辑运算(与、或、非、异或等)以及移位、循环等操作。在某些 CPU 中还有专门用于处理移位操作的移位器。通常所说的“CPU 是 XX 位的”就是指 ALU 所能处理的数据的位数。

由于加、减、乘、除四则运算都可以归结为加法运算与移位操作,所以,加法器是算术逻辑运算单元 ALU 的核心部件。

(2) 浮点运算单元 FPU(Floating Point Unit)。FPU 主要负责浮点运算和高精度整数运算。有些 FPU 还具有向量运算的功能,另外一些则有专门的向量处理单元。

2) 控制器

控制器是计算机的控制机构,用于协调和指挥整个计算机系统的运作,如产生取指令和执行指令所需要的控制信号,以便建立数据通路,控制、协调各种操作。这些操作控制信号,包括 CPU 的状态和应答信号、外界的请求信号、联络信号和定时控制信号等。控制器主要由下面 4 部分构成。

(1) 指令控制器。指令控制器是控制器中相当重要的部分,它要完成取指令、分析指令等操作,然后交给执行单元(ALU 或 FPU)来执行,同时还要形成下一条指令的地址。

（2）时序控制器。计算机是模拟人的工作的，人要有序高效地工作，必须按时间顺序精确地安排工作顺序。时序控制器的作用是为每条指令按时间顺序提供控制信号。时序控制器包括时钟发生器和倍频定义单元，其中时钟发生器由石英晶体振荡器发出非常稳定的脉冲信号，即 CPU 的主频；而倍频定义单元则定义了 CPU 主频是存储器频率（总线频率）的几倍。

（3）总线控制器。总线控制器主要用于控制 CPU 与外界联系的内外部总线上的操作。

（4）中断控制器。中断控制器用于控制各种各样 CPU 外部的中断请求（因为外部的请求与 CPU 当前正在运行的程序在时间上有冲突，如果接受外部的请求，必然中断 CPU 当前正在运行的程序，故名"中断请求"），并根据优先级的高低对中断请求进行排队，逐个交给 CPU 处理。

3）内部寄存器组

寄存器（Register）是 CPU 内部的高速存储单元。可用于存放少量的临时数据，使 CPU 不必经常访问位于 CPU 之外的储存大量数据的内存，以缩短 CPU 存取数据的时间，提高 CPU 处理数据的速度，也减少了指令的长度。寄存器主要有下面 7 个部分构成。

（1）运算寄存器。运算寄存器包括累加器 A（Accumulator）和暂存器。通常情况下，如果只有一个被操作数（如移位、传送指令），则放在累加器中；如果有两个被操作数（如加、减指令），则一个被操作数放在累加器中，另一个被操作数放在数据寄存器 DR（Data Register）中，并且在操作前一定要送到暂存器保存。运算的结果暂存到累加器。可见，累加器是 CPU 频繁使用的一个寄存器。有双重功能：运算前保存被操作数，运算后的结果也暂存到累加器。运算结果的数字特征以及运算过程中状态的变化都被记录在标志寄存器（Flag Register，FR）中。

（2）数据寄存器 DR（Data Register）。用来暂存从内存读出的数据（如上所述，保存两个被操作数之一）和指令；在向内存写入数据时，也是先经过数据寄存器再由数据总线写入。

（3）地址寄存器 AR（Address Register）。用来存放 CPU 所要访问的内存单元的地址，这些内存单元存放有操作数或指令。

（4）标志寄存器 FR（Flag Register）。如上所述，保存运算结果的数字特征以及运算过程中状态的变化。

（5）程序计数器 PC（Program Counter）。用来存放 CPU 正要从内存中取出的指令的地址。程序计数器具有自动加 1 的功能。故又称为指令计数器。取指令时，主要按照 PC 的内容访问内存，读取指令。早期的 CPU，如 8086/8088 中，起此作用的是"指令指针 IP"。

（6）通用寄存器组。通用寄存器组是一组存储器，可以由程序员指定其用途，通常用来保存参加运算的操作数和中间结果。通用寄存器既可单独使用，又可以把两个连起来使用，使操作方便。在通用寄存器的设计上，与指令系统（见后述）有很大的关系。精简指令集 RISC 与复杂指令集 CISC 有着很大的不同。CISC 的寄存器通常很少，主要是受到当时的硬件成本所限。如 $x86$ 指令集只有 8 个通用寄存器。所以，CISC 的 CPU 执行，大多数时间是在访问存储器中的数据，而不是寄存器中的数据。这就拖慢了整个系统的速度。而 RISC 系统往往具有非常多的通用寄存器，并采用了重叠寄存器窗口和寄存器堆等技术，使寄存器资源得到充分的利用。

针对 $x86$ 指令集只支持 8 个通用寄存器的缺点，Intel 和 AMD 的改进 CPU 都采用了一种叫做寄存器重命名的技术，这种技术使 $x86$ CPU 的寄存器可以突破 8 个限制，达到 32 个甚至更多。不过，相对于 RISC 来说，这种技术的寄存器操作要多出一个时钟周期，用来对寄存器进行重命名。

（7）专用寄存器。专用寄存器通常是一些状态寄存器，不能通过程序改变，由 CPU 自己控制，表明某种状态。如前面讲过的标志寄存器。

2. CPU 的外核

1）解码器（Decode Unit）

这是 $x86$ CPU 特有的设备，它的作用是把长度不定的 $x86$ 指令转换为长度固定的指令，并交由内核处理。解码分为硬件解码和微解码，对于简单的 $x86$ 指令只要硬件解码即可，速度较快，而遇到复杂的 $x86$ 指令则需要进行微解码，并把它分成若干条简单指令，速度较慢且很复杂。好在这些复杂指令较少用到。

2）一级缓存和二级缓存（Cache）

一级缓存和二级缓存是为了缓解较快的 CPU 与较慢的存储器之间的矛盾而产生的，一级缓存（L1）通常集成在 CPU 内核，而二级缓存（L2）则是以 OnDie 或 OnBoard（组元）的方式以较快于存储器的速度运行。对于一些大数据交换量的工作，CPU 的 Cache 显得尤为重要，后来 CPU 中出现三级缓存。

2.1.4　微型计算机的存储器组织

为了方便，我们以 8086 CPU 对应的有 20 位地址的存储器为例说明计算机的存储器的结构和组织。

1. 存储器组织的实模式简介

存储器的基本单元是字节（Byte，一个字节好比是一间数字宿舍），可存 8 位（bit）二进制数。存储器里字节的地址编号是从 0 开始的自然数列。因二进制数太长，为了便于讨论问题，习惯上把二进制数的编号转换成十六进制数表示。

1）物理地址和逻辑地址

早期的 16 位微型机的内存有 1 兆字节（$1MB=2^{20}$ Byte），因此字节（Byte）的地址必然用 20 位二进制数码编写，这是直观上物理可见的，常称为物理地址。故需要 20 根地址线。换句话说，存储器的可寻址的地址空间（或说容量）达 2^{20}，即 1M 字节的数量级。显然，地址数码越长，存储器的可寻址的地址空间（或说容量）越大。

CPU 只能按物理地址识别内存单元，但二进制代码表示的物理地址，从中看不出存储的信息类别；并且 20 位的物理地址太长，不方便编程，也不利于人机交流。为寻址方便，对 1M 内存空间引入分段的方法。通常分 4 类段：代码段、数据段、堆栈段和扩展段。

具体操作流程如下。

以 20 位的地址为例,将内存空间按照每 16(2^4)个字节划分为一个自然段,这样,1MB 存储空间平均分成 $2^{16}=64\times1024$ 个小自然段,各自然段段名依次为 0,1,2,…,64×1024,称为段基址,即各自然段的起始地址。

然后,再根据需要,把若干连续小段合成一个个大的逻辑段(各个大逻辑段所含小段数不一定相等)并分别命名为代码段 CS、数据段 DS、堆栈段 SS、扩展段 ES(好比中山路、北京路、滨江路等)。并且,让各大逻辑段起始地址的段基址还是用原来的,这样各大逻辑段起始地址的段基址代码也为 16 位数。

再将某大逻辑段中的某一字节单元距离此段基址的距离(必须小于 2^{16})记作偏移地址 EA(好比中山路 76 号)。于是,某大逻辑段中的某一单元的地址就可以用两个十六进制数表示为逻辑地址 LA:

$$\text{逻辑地址 LA}＝\text{段基址}:\text{偏移地址}$$

计算机不会识别北京路多少号、中山路多少号,只知道存储单元的总顺序号,因此,需要根据逻辑地址 LA 求出实际的内存单元的物理地址 PA。其方法是将段基址按二进制左移 4 位(相当于乘以 10H＝16)再加上偏移量。即

$$\text{PA}＝\text{段基址}\times10\text{H}＋\text{EA}$$

采用这样的分段方法,段长短可变(但一定是 16 的倍数),自由机动。

由于计算机处理数据是动态的、随机的,各段的位置应该是可变的;并且同名的段可以有好几个,例如,数据段原来规划小了,多余的数据往哪里放,可以再设一个数据段,两个数据段用段的起始地址区分,不会引起混淆。这样分段的自由度就更大了。

采用这种方法,还可以不断地扩展内存空间,只要选用地址线位数多的 CPU 就行了,例如现在已有 32 位地址线的 CPU,使内存空间增大到 4GB。

2) 段寄存器

为支持存储器的分段结构,CPU 设置有段寄存器(如 8086 CPU 中的 CS、DS、SS、ES),存放段基址。实现 16 位内存逻辑地址到 20 位物理地址的转换,叫映射。CPU 访问存储器时,即先找到某段的段基址,加上已算出(或已由程序给出)的该段内的偏移量,形成 20 位的物理地址。换句话说,CPU 是以物理地址访问存储器的,如图 2-3 所示。

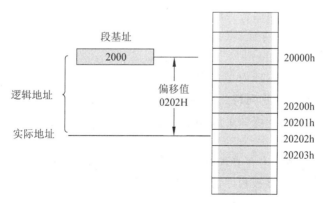

图 2-3　逻辑地址与物理地址的关系

8086 CPU 中有 4 个段寄存器：CS,DS,SS 和 ES,这 4 个段寄存器存放了 CPU 当前可以寻址的 4 个段的基值,也就可以从内存的相应的逻辑段中存取指令代码和数据,如图 2-4 所示。

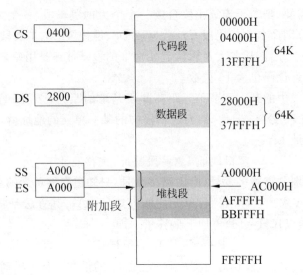

图 2-4　当前可寻址的存储器段示意

(堆栈段和附加段重叠,共用一部分数据,但共用数据各自的地址不同)

与 8086 CPU 对应的 1MB 存储空间分为两个 512KB 的地址存储体,其中由奇数地址的存储单元组成的称为高字节体(或奇体),和数据总线高 8 位 $D_{15} \sim D_8$ 相连;由偶数地址的存储单元组成的称为低字节体(或偶体),和数据总线低 8 位 $D_7 \sim D_0$ 相连。

因为 8086 有 16 位的数据总线,为便于储存和传送 16 位的数据,常将两个相连的字节构成一个字。如果一个字的低字节存放在偶数地址单元,高字节存放在这个单元之后的奇数地址单元,称为规则字。反之,就是不规则字。

还有的时候,一个数据的高 8 位全部是 0,或低 8 位全部是 0。为节省内存,只用一个字节,这就会打乱原有的保存数据的奇偶规则。计算机如何识别字或字节,如何识别规则字与不规则字,解决方法稍后就会讲到。

以上介绍的就是微机存储器的实模式。运行的是单用户、单任务磁盘操作系统,本身没有程序隔离和保护措施。

在实模式下,将整个物理内存看成分段的区域,指令操作码和数据位于不同区域,系统程序和用户程序没有区别对待。这样一来,用户程序如果指向了系统程序存储区域或其他用户程序存储区域,并改变了值,那么对于这个被修改的系统程序或用户程序,其后果就很可能是灾难性的。

为了克服这种低劣的内存管理方式,处理器厂商开发出存储器组织的保护模式。这样,物理内存地址不能直接被程序访问,程序内部的地址(虚拟地址)要由操作系统转化为物理地址去访问,程序对此一无所知。

2. 存储器组织的保护模式简介

保护模式同实模式的根本区别是正在运行中的程序进程中,其内存受保护与否。

保护模式是从使用 80286 CPU 开始的。其地址总线位数增加到 24 位,可以访问 16MB 地址空间。并引入一个新概念——保护模式。这种模式下,内存段的访问受到了限制。访问内存时不能直接从段寄存器获得段起始地址了,而要经过额外转换和检查。为与过去兼容,80286 内存寻址有两种方式:保护模式和实模式。系统启动时处理器处于实模式,只能访问 1MB 内存空间,经过处理可以进入保护模式,可访问 16MB 内存空间,但要从保护模式回到实模式必须重启机器。它有个致命缺陷就是 80286 虽然扩大了寻址空间,但是每个段大小最大还是 64KB(因为数据线还是 16 位的),程序规模仍然受到限制,因此很快就被 80386 代替了。

至于 80386 CPU 以后的保护模式,会在存储器那一章深入讨论。

3. 堆栈

堆栈是在内存中开辟的一个特别存储区域,好像是数据的仓库,货物后进先出,主要用于子程序调用等操作中,如从主程序的哪一步离开,到哪里去找子程序入口地址……这些信息都要做个记号,保存在堆栈中(压栈),以便返回;返回时,找回记号(出栈)。以后结合具体问题,再作详细讨论。

【例 2-2】　若用户程序的代码段需要 8KB(2000H)存储区,数据段需要 2KB(800H)存储区,堆栈段需要 256 个字节的存储区。假定操作系统从 02000H 单元开始分配存储区,试问此时分段情况如何。

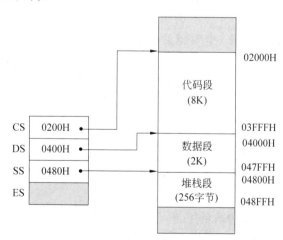

图 2-5　例 2-2 的分段情况图

解: 如图 2-5 所示,由于代码段的段起始地址是 02000H,因此 CS＝0200H,8KB 存储区的字节单元的个数是 2000H 个,因此,代码段的地址范围是 02000H～03FFFH。代码段结束后的第一个小段的首地址 04000H 就作为数据段的起始地址,因此 DS＝0400H,2KB(800H)的数据段的地址范围是 04000H～047FFH。同理,SS＝0480H,堆栈段的地址范围是 04800～048FFH。注意：每个存储单元的内容是不允许发生冲突的。例如，当向数据段存放数据时，指定存入的偏移地址不能超过 47FFH，否则会将数据存到堆栈段去，这是绝对不允许的。

2.1.5 8086 的工作模式和引脚功能

8086 CPU 芯片可以在两种模式下工作，即最小模式和最大模式。

所谓最小模式，就是在系统中只有 8086 一个 CPU，所有的总线控制信号都由 8086 直接产生，因此系统中的总线控制电路减到最少。

而最大模式是相对最小模式而言的，此时系统中可以有两个或多个微处理器，一个是主处理器 8086，其他处理器称为协处理器，它们协助主处理器工作。常见的有 8087、8089 两种。

8086 CPU 采用双列直插式的封装形式，具有 40 条引脚，见图 2-6 所示。注意：有一部分引脚采用分时复用（如地址/数据总线），即在不同时钟周期内，引脚的作用不同；还有一些引脚，在最小模式和最大模式下的作用不同。所以有一部分引脚具有双重功能。

首先，33 号引脚 MN/$\overline{\text{MX}}$ 用于确定配置方式，当 MN/$\overline{\text{MX}}$ 引脚接＋5V 电压时，8086 工作在最小模式下；当 MN/$\overline{\text{MX}}$ 引脚接地时，8086 工作在最大模式下。在实际使用中，8086 的一些引脚信号还可用来配合读/写操作，指明当前的数据总线所做的操作。

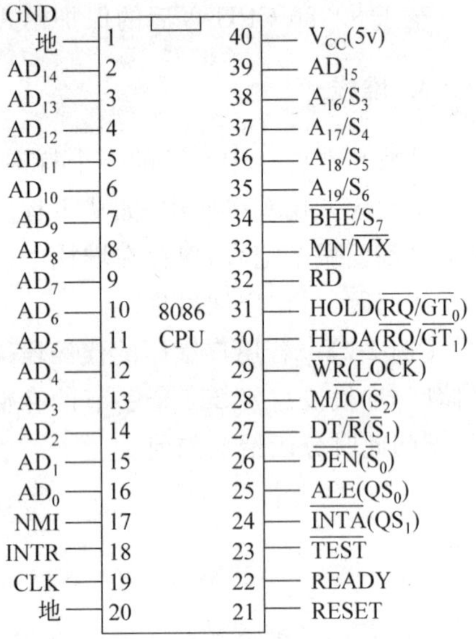

下面讨论 8086 CPU 芯片的引脚信号。我们做以下约定。

（1）当芯片引脚代号上有一横线时，则表示在该引脚上加低电平时芯片有效工作；否则，表示高电平有效。如 M/$\overline{\text{IO}}$ 指明：M/$\overline{\text{IO}}$ 为高电平时，访问存储器有效；M/$\overline{\text{IO}}$ 为低电平时，访问 I/O 端口有效。

（2）芯片引脚代号后面（）内的字符，表示最大模式时的引脚代号。如 DT/$\overline{\text{R}}$($\overline{\text{S}}_1$) 表示在最小模式时，起作用的是 DT/$\overline{\text{R}}$；在最大模式时，起作用的是 $\overline{\text{S}}_1$。

图 2-6 8086 的引脚信号（括号中为最大模式下的名称）

	8086 CPU	
GND 地 1		40 V_{CC}(5v)
AD_{14} 2		39 AD_{15}
AD_{13} 3		38 A_{16}/S_3
AD_{12} 4		37 A_{17}/S_4
AD_{11} 5		36 A_{18}/S_5
AD_{10} 6		35 A_{19}/S_6
AD_9 7		34 $\overline{\text{BHE}}/S_7$
AD_8 8		33 MN/$\overline{\text{MX}}$
AD_7 9		32 $\overline{\text{RD}}$
AD_6 10		31 HOLD($\overline{\text{RQ}}/\overline{\text{GT}}_0$)
AD_5 11		30 HLDA($\overline{\text{RQ}}/\overline{\text{GT}}_1$)
AD_4 12		29 $\overline{\text{WR}}$($\overline{\text{LOCK}}$)
AD_3 13		28 M/$\overline{\text{IO}}$($\overline{S}_2$)
AD_2 14		27 DT/$\overline{\text{R}}$($\overline{S}_1$)
AD_1 15		26 $\overline{\text{DEN}}$($\overline{S}_0$)
AD_0 16		25 ALE(QS_0)
NMI 17		24 $\overline{\text{INTA}}$(QS_1)
INTR 18		23 $\overline{\text{TEST}}$
CLK 19		22 READY
地 20		21 RESET

1. 最小工作模式

由图 2-7 可知，8086 CPU 的 MN/$\overline{\text{MX}}$ 引脚已接＋5V 电源时，8086 CPU 工作于最小方式，构成小型的单处理机系统。在这种方式中，除 8086 CPU、存储器和 I/O 接口电路外，还有 3 部分支持系统工作的器件——时钟发生器、地址锁存器和数据收发器。

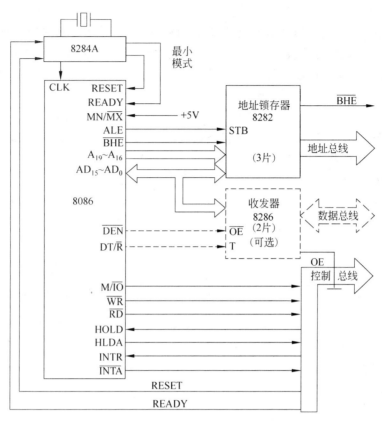

图 2-7 8086 CPU 最小模式下的典型配置

在 8086 的最小模式中,硬件连接上有如下几个特点。

(1) MN/$\overline{\text{MX}}$引脚接＋5V 电压。

(2) 有一片 8284A,作为时钟发生器。用来产生系统所需要的时钟信号 CLK,其输出送向 8086 相应引脚,对外部准备信号 READY 和系统复位信号 RESET 进行同步。

(3) 由于 8086 CPU 采用地址总线、数据总线分时复用的工作方式,必须在总线周期的第一个时钟周期就提供内存地址,并保证整个总线读写周期内地址信号始终有效。所以要有地址锁存器。8086 CPU 的最小模式中,要有 8 位的 8282 或 74LS373 的地址锁存器 3 片,才能实现 20 位地址锁存。

地址锁存由 8086 CPU 的 25 脚 ALE(QS_0)控制。最小模式下功能为 ALE。当有效的存储器地址出现在地址/数据总线上时,从 ALE 输出一个高电平脉冲,用于地址锁存器的锁存允许信号。

(4) 当系统中所连接的存储器和外设比较多时,需要增强系统数据总线的驱动能力。这时,可选用两片 8286 或 74LS245 作为总线收发器,也称总线缓冲器。

(5) 在最小模式下,8086/8088 CPU 直接产生所有的总线控制信号,无须总线控制器。

下面接着介绍其他的 8086 CPU 的引脚功能。

（1）$AD_0 \sim AD_{15}$（Address Data Bus 第 2～16 和 39 脚）：双向/三态。

这 16 条线是多路转换的地址/数据总线的复用引脚。在一个总线周期的第一个时钟周期里，这些引脚表示地址的低 16 位。在其他的时钟周期，这些引脚都用作数据总线。当 8086 执行中断响应周期或者"保持响应"周期时，这些引脚处在高阻状态。有关总线周期的内容稍后提及。

（2）$A_{16}/S_3 \sim A_{19}/S_6$（Address/Status 第 35～38 脚）：输出三态。

4 条地址/状态复用引脚，在一条指令执行的第一个时钟周期内用作地址线，其余时钟周期输出系统的状态信息。

（3）$\overline{BHE}/S_7$（Bus High Enable/Status 第 34 脚）：输出/三态。

在读写存储器（或访问 I/O 端口）以及中断响应的时序中，$\overline{BHE}$ 和 A_0 这两个信号，用来配合读/写操作，选择存储体，指出当前的 16 位数据总线中哪几位有效，如表 2-2 和图 2-8 所示。

表 2-2　$\overline{BHE}$ 和 A_0 的配合使用（当 ALE 为高电平和 $\overline{DEN}$ 为低电平时有效）

操　作	$\overline{BHE}$	A_0	使用的地址/数据复用线
存取规则字	0	0	选择全部（一个字）$AD_{15} \sim AD_0$ 存储体
传送奇地址的一个字节	0	1	选择高字节 $AD_{15} \sim AD_8$ 存储体
传送偶地址的一个字节	1	0	选择低字节 $AD_7 \sim AD_0$ 存储体
存取不规则字	0	1	高字节 $AD_{15} \sim AD_8$（第一个总线周期）
	1	0	低字节 $AD_7 \sim AD_0$（第二个总线周期）

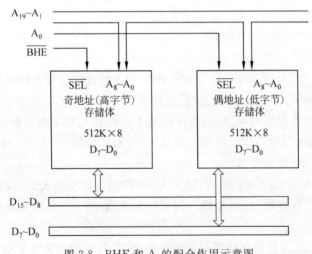

图 2-8　$\overline{BHE}$ 和 A_0 的配合作用示意图

表 2-2 指明，除了不规则字的存取需两个总线周期外，其余操作均在一个总线周期内完成。除特殊情况外，8086 系统中的字总是低字节存放在低地址单元，高字节存放在高地址单元。

（4）$\overline{\text{RD}}$（第 32 脚）：读信号，输出/三态。

当 CPU 从存储单元或输入/输出设备读出数据时，$\overline{\text{RD}}$信号为低。由 M/$\overline{\text{IO}}$引线指明所访问的是存储器还是 I/O 设备。M/$\overline{\text{IO}}$为高，读存储器，否则读 I/O 端口。

（5）READY（第 22 脚）：准备就绪信号，输入，高电平有效。

为了解决 CPU 和存储器（或输入/输出设备）端口之间的时序配合问题，在 CPU 中设计了准备就绪 READY 线。当存储器（或输入/输出设备）的读写操作已准备就绪或预计可按时完成时，就通过此线向 CPU 发一个高电平信号，使 READY 有效，表示可以在正常时序内完成数据传送操作。否则，存储器（或输入/输出设备）就在某个合适的时间（总线周期的中间，如时钟周期 T_3 之前）通过此线向 CPU 发一个低电平信号，则 8086 将插入 T_W 时钟周期而处于"等待"状态，一直到 READY 电平升高为止。8086 CPU 在总线周期的 T_3 的上升沿采样该信号，看其是否有效，而决定是否插入 T_W。

（6）$\overline{\text{TEST}}$（第 23 脚）：输入。

只有 8086 的 WAIT 指令才使用它，在执行 WAIT 指令时，8086 将停止操作，处于等待状态，直到 $\overline{\text{TEST}}$ 为低电平时才结束 WAIT 指令。

（7）INTR（第 18 脚）：输入。

可屏蔽中断请求信号，CPU 在每条指令执行的最后一个时钟周期将采样这个信号。当允许中断位 IF 为 1，如果 INTR 为高电平，则 8086 将进入一个中断响应的时序，执行该中断服务程序；否则执行下一条指令。

（8）NMI（第 17 脚）：输入。

不可屏蔽中断请求信号，它是上升沿触发的输入信号。如果 NMI 从低电平变高，则 8086 将完成当前指令的执行，然后把控制转移到不可屏蔽中断服务程序。不可屏蔽中断服务程序的地址放在存储单元 00008H 起的 4 个字节中。对于这种中断，IF 标志位是不能禁止的。这就是"不可屏蔽"的含义。

（9）RESET（第 21 脚）：输入。

系统复位信号，由 8284 时钟发生器同步后送给 CPU，加电源时，RESET 高电平信号至少要持续 50s。当 RESET 回到低电平时，CPU 复位完毕将处于以下状况：

标志寄存器置成 0000H，其结果为禁止中断和禁止单步方式。

DS、SS、ES 和 IP 寄存器复位到 0000H。

CS 寄存器置成 FFFFH，指令队列空。

所以复位信号消失后，程序从 CS×16＋IP＝FFFF0H 存储器单元开始执行，通常在该单元放置一条转移指令，转到引导程序入口。复位时，所有的三态输出总线变为高阻状态，各引脚上信号电平变为无效电平。

以下信号在最大模式和最小模式下有不同意义（括号内为最大模式下意义，注意区分）。为了使读者有一个清晰的思路，我们这里先讨论它们在最小模式下的意义。

（10）$\overline{\text{DEN}}$（$\overline{S}_0$）（第 26 脚）：输出/三态。

最小模式下，它的功能为 $\overline{\text{DEN}}$。$\overline{\text{DEN}}$（Data Enable）用来控制 8286 总线缓冲器，即允

许总线缓冲器工作。传送 CPU 的读写数据。

(11) DT/$\overline{R}$($\overline{S_1}$)(第 27 脚):输出/三态。

最小模式下引脚功能为 DT/$\overline{R}$,控制 8286 总线缓冲器数据传送的方向。若 DT/$\overline{R}$ 为高,收发器就把数据放到系统总线上去,对于 CPU 来说是输出数据;若为低,收发器就把数据从系统总线上取回,对于 CPU 来说是读入数据。

(12) M/$\overline{IO}$($\overline{S_2}$)(第 28 脚):输出/三态。最小模式下引脚功能为 M/$\overline{IO}$。若 M/$\overline{IO}$为高,则访问存储器;为低,则访问是输入/输出设备。

(13) $\overline{WR}$($\overline{LOCK}$)(第 29 脚):输出/三态。

最小模式下,引脚功能为 $\overline{WR}$。在向存储器或 I/O 端口写数据时,发出低电平脉冲,其脉冲后沿用于写入数据。

(14) $\overline{INTA}$(QS$_1$)(第 24 脚):输出/三态。

最小模式下引脚功能为 $\overline{INTA}$。当 8086 执行一个中断响应时序时,$\overline{INTA}$输出为低,作为中断响应信号。

(15) HOLD($\overline{RQ/GT_0}$)(第 31 脚):输入/双向。

最小模式下 HOLD($\overline{RQ/GT_0}$)的功能为 HOLD(保持)。外部逻辑把 HOLD 引线置为高电平时,8086 将在完成当前总线周期以后进入保持状态,让出总线。作为响应,8086 会在 HLDA 线上输出高电平。

(16) HLDA($\overline{RQ/GT_1}$)(第 30 脚):输出/双向。

最小模式下引脚功能为 HLDA,HLDA 是 HOLD 的响应信号。当 HLDA 信号升高时,8086 使系统总线浮空而让出总线,交给 8237A 控制器使用,8237A 使用后,会使 HOLD 引线端呈现低电平,CPU 重新获得总线控制权。

除以上信号线外,8086 CPU 还有电源 V_{CC}(第 40 脚)和地线(GND 第 1 脚)引脚、时钟输入端等。在此不作详细介绍。

2. 最大工作模式

如图 2-9 所示,MN/$\overline{MX}$引脚接地,构成 8086 CPU 的最大工作模式。图 2-9 中,包含了两个处理器(8086 和 8087)。

注意: 最大模式下,也可以只有 8086 单个处理器。

对比图 2-8 和图 2-9 可知,最大模式配置和最小模式配置有很多相同的地方,如 AD$_0$～AD$_{15}$、A$_{16}$/S$_3$～A$_{19}$/S$_6$、$\overline{BHE}$/S$_7$、$\overline{RD}$、READY、$\overline{TEST}$、INTR、NMI、RESET 等。

因为在最大模式系统中有可能包含两个或多个处理器,这样就要解决主处理器和协处理器之间的协调工作问题和对总线的共享控制问题。

为此,最大模式下加了 8288 总线控制器。总线控制信号不再由 CPU 直接输出,而是由 8288 根据 CPU 给出的状态信号 $\overline{S_0}$、$\overline{S_1}$ 和 $\overline{S_2}$ 进行综合后产生的。

最小模式下由 CPU 直接产生的 ALE、$\overline{RD}$、$\overline{WR}$、DT/R、$\overline{DEN}$、$\overline{INTA}$等控制信号,在最大模式下改由总线控制器 8288 产生,分别由引脚$\overline{AEN}$(地址允许信号)、$\overline{MRDC}$(存储器读)、$\overline{MWTC}$(存储器写)、$\overline{IORC}$(I/O 读)、$\overline{IOWC}$(I/O 写)、$\overline{DEN}$(数据缓冲开启)、$\overline{INTA}$

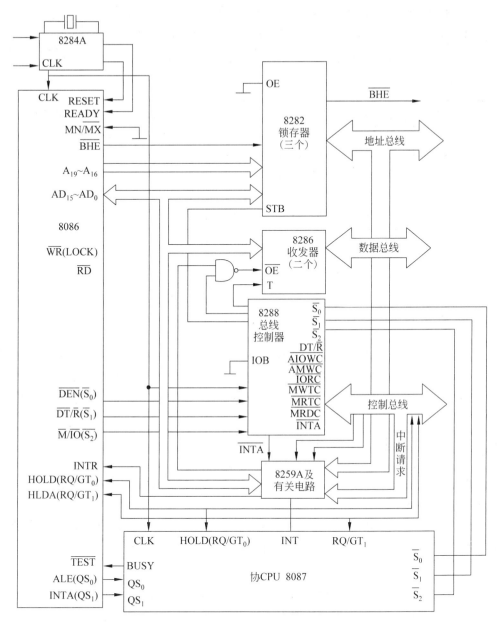

图 2-9　8086 CPU 最大工作模式下的典型配置

（中断响应）、DT/$\overline{R}$（数据传输方向控制）、$\overline{INTA}$担负。

　　图 2-9 中的 8288 的引脚$\overline{AIOWC}$（先行 I/O 写命令）、$\overline{AMWC}$（先行存储器写命令）和$\overline{IOWC}$、$\overline{MWTC}$功能一样，只是比后两者提早一个时钟脉冲输出信号。

　　请读者在阅读以上文字时，注意区分某些同名信号，是由 8086 产生的，还是由 8288 产生的。

　　状态位 $\overline{S}_0$、$\overline{S}_1$ 和 $\overline{S}_2$ 规定处理机要执行的数据传送类型。8288 总线控制器根据这些状态信号产生 8282 需要的地址锁存信号、8286 收发器所需的数据允许信号和方向信号以及发给中断控制器的中断响应信号,以控制各种总线操作。此时就不再需要最小方式中由 CPU 提供的 M/$\overline{\text{IO}}$,DT/$\overline{\text{R}}$,$\overline{\text{WR}}$,$\overline{\text{RD}}$,INTA,ALE 和 $\overline{\text{DEN}}$ 等控制信号。

$\overline{S}_0$、$\overline{S}_1$、$\overline{S}_2$ 和 8288 输出总线具体操作命令信号之间的对应关系如表 2-3 所示。

表 2-3　$\overline{S}_2$、$\overline{S}_1$、$\overline{S}_0$ 的组合和对应总线操作

$\overline{S}_2$	$\overline{S}_1$	$\overline{S}_0$	操　　作	8288 命令
0	0	0	发中断响应信号	$\overline{\text{INTA}}$
0	0	1	读 I/O 端口	$\overline{\text{IORC}}$
0	1	0	写 I/O 端口	$\overline{\text{IOWC}}$ $\overline{\text{AIOWC}}$
0	1	1	暂停	无
1	0	0	取指令	$\overline{\text{MRDC}}$
1	0	1	读存储器	$\overline{\text{MRDC}}$
1	1	0	写存储器	$\overline{\text{MWTC}}$ $\overline{\text{AMWC}}$
1	1	1	无源状态	无

在每个总线周期开始之前的一段时间,$\overline{S}_0$、$\overline{S}_1$、$\overline{S}_2$ 必定被置为高电平,即 $\overline{S}_0$、$\overline{S}_1$、$\overline{S}_2$ = 111。当总线控制器 8288 一旦检测到 $\overline{S}_0$、$\overline{S}_1$、$\overline{S}_2$ 中任何一个或几个从高电平变为低电平,便立即开始一个新的总线周期。例如,当 $\overline{S}_2$、$\overline{S}_1$、$\overline{S}_0$ = 101,进入读内存总线周期,当 $\overline{S}_2$、$\overline{S}_1$、$\overline{S}_0$ = 001,进入读 I/O 端口操作,$\overline{S}_2$、$\overline{S}_1$、$\overline{S}_0$ 的其他组合所对应的总线操作如表 2-2 所示。在每个总线周期结束之前,$\overline{S}_2$、$\overline{S}_1$、$\overline{S}_0$ 必定返回,置为 111 状态。

在最大模式系统中,一般还会有中断优先级管理部件(图中 8259A 器件)。当然,在系统所含的设备较少时,该部件也可省去。而反过来,在最小模式系统中,如果所含的设备较多,也要加上中断优先级管理部件。

最大模式下,25 号引脚 ALE(QS_0)的功能为 QS_0,24 号引脚 $\overline{\text{INTA}}$(QS_1)的功能为 QS_1,两者一起提供 8086 指令队列状态,在多处理器中使用(见图 2-9)。

当 QS_1 = QS_0 = 0 时,对指令队列无操作。

当 QS_1 = 0,QS_0 = 1 时,从指令队列的第一个字节取走代码。

当 QS_1 = 1,QS_0 = 0 时,指令队列为空。

当 QS_1 = 1,QS_0 = 1 时,从指令队列取走前两个字节代码,即取后续字节代码。

如前所述,指令队列是一个 6 字节的空间,它用来保持将要执行的指令代码。

说明:最大模式系统中,ALE 的地址锁存功能由 8288 总线控制器的 ALE 信号提供,$\overline{\text{INTA}}$ 的中断应答信号功能由 8288 总线控制器的 $\overline{\text{INTA}}$ 信号提供。

最大模式下,31 号引脚 HOLD($\overline{\text{RQ}}$/$\overline{\text{GT}}_0$)的功能为 $\overline{\text{RQ}}$/$\overline{\text{GT}}_0$,它是一条双向的请求/允许线。其他的总线主模块若要强迫 8086 进入保持状态,只要该引脚上加入一个低电平脉冲即可。而 8086 如要响应,则需通过 $\overline{\text{RQ}}$/$\overline{\text{GT}}_0$ 输出一个低电平脉冲给正在请求的总线主模块,表示它正在进入保持状态。于是,8086 将交出系统总线控制权并变成浮空状态。

当新的总线主模块交出系统总线控制权时,将发出另一个低的$\overline{RQ/GT_0}$脉冲。于是 8086 重新取得总线控制权。

最大模式下,30 号引脚 HLDA($\overline{RQ/GT_1}$)的功能为$\overline{RQ/GT_1}$。其功能和$\overline{RQ/GT_0}$是一样的,只不过$\overline{RQ/GT_1}$的优先权低于$\overline{RQ/GT_0}$。

最大模式下,29 号引脚$\overline{WR}$($\overline{LOCK}$)功能为$\overline{LOCK}$,低电平时,阻止 8086 在执行指令过程中失掉系统总线控制权。当 8086 执行 LOCK 前缀指令时,$\overline{LOCK}$信号输出为低。

从图 2-9 可以看出,两个处理器 8086 和 8087 都是总线主模块,对外连线不少是并联,如 CLK、RESET、READY、地址总线、数据总线等等,但控制总线有较大差异,8087 要通过 8288 实现控制作用,如图 2-9 所示。通过$\overline{RQ/GT_0}$或$\overline{RQ/GT_1}$交换总线控制权。并且 8087 作为 8086 的一个外部中断源通过中断控制器 8259 与 8086 CPU 发生联系。

2.1.6　8086 CPU 的总线时序

我们在 2.1.1 节中已经简要说明了微型计算机的时间控制和时序控制,在此基础上,我们讨论 8086 CPU 的总线时序。反映时序控制(即 CPU 各段时间做什么)的图称为时序图,如图 2-10~图 2-15 所示。

8086 系统总线周期通常由 4 个时钟周期组成($T_1 \sim T_4$)。

若在完成一个总线周期后不发生任何总线操作,则填入空闲状态时钟周期(T_i),两个总线周期之间插入几个 T_i 与执行的指令有关。

若存储器或 I/O 端口在数据传送中不能以足够快的速度作出响应,会发出一个请求延长总线周期的信号到 8086 CPU 的 READY 引脚,8086 收到该请求后,则在 T_3 与 T_4 间插入一个或若干个等待周期(T_w,也是时钟周期),加入 T_w 的个数与请求信号的持续时间长短有关。

8086 CPU 的总线周期主要有以下几种。

(1) 最小模式下的总线读写,包括存储器读写和 I/O 读写。

(2) 最大模式下的总线读写,包括存储器读写和 I/O 读写。

(3) 中断周期。

(4) 最小模式下的总线保持。

(5) 最大模式下的总线请求/允许。

最大模式与最小模式的总线读写周期操作在逻辑上基本相同,只是在最大模式下要同时考虑 CPU 发出的信号和总线控制器发出的信号。

有关中断周期的分析详见"第 7 章　中断系统"相关内容。至于"总线保持和总线请求/允许",是当系统中有多个总线驱动模块时,CPU 以外的模块和 CPU 进行总线切换的过程。

下面先讨论最小模式下的总线周期时序。

1. 最小模式下的总线周期时序

1) 读周期的时序

由图 2-10 可以看出:

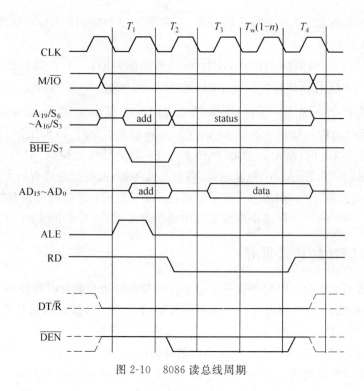

图 2-10　8086 读总线周期

　　从最上方依序横着排列的是各个时钟周期;从最左边顺序向下排列的各种信号。二者的交叉点反映某个时钟周期内某信号的状态。

　　一个基本的读周期一般包含如下几个状态:

　　T_1 状态:M/$\overline{\text{IO}}$信号有效,指出读内存还是 I/O。高电平时读内存,低电平时读 I/O。CPU 送出 20 位地址信号,高 4 位通过 $A_{16}/S_3 \sim A_{19}/S_6$,低 16 位通过 $AD_0 \sim AD_{15}$,需锁存。ALE 输出信号作为地址锁存信号;$\overline{\text{BHE}}$信号低电平有效,表示高 8 位数据总线上信息可用,BHE信号也同样要被锁存到地址锁存器中。

　　T_2 状态:地址信号消失,$AD_{15} \sim AD_0$ 进入高阻状态为读入数据作准备。

　　T_3 状态:若存储器和外设速度足够快,此时 CPU 接收数据。

　　T_w 状态:如果存储器和外设速度较慢,还要在 T_3 之后插入一个或几个 T_w。T_w 不是必须的。

　　T_4 状态:一个总线周期结束,数据从总线上撤销,数据、地址总线均进入高阻状态。

　　2) 写周期的时序

　　写周期(见图 2-11)同样包含 $T_1 \sim T_4$ 几个状态,和读周期很相似。注意有两个信号不同,一个是用$\overline{\text{WR}}$取代$\overline{\text{RD}}$信号,即写操作取代了读操作。另一个就是 DT/$\overline{\text{R}}$ 的作用,读周期中它为低电平,控制数据从总线进入 CPU;写周期中它为高电平,控制数据从 CPU进入总线。

2. 最大模式下的总线周期时序

　　8086 CPU 在最大模式下的总线操作也是包括总线读和总线写两种操作,但在最大

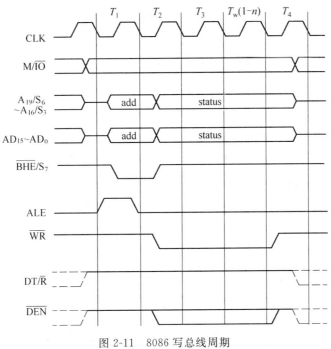

图 2-11　8086 写总线周期

模式时,由于增设了总线控制器 8288,总线控制信号不再由 CPU 直接输出,而是由总线控制器 8288 根据 CPU 给出的状态信号 $\overline{S}_0$、$\overline{S}_1$、$\overline{S}_2$（参见表 2-3）进行综合后产生的,因此在分析操作时序时要注意到这一点。

在每个总线周期开始之前的一段时间（即前一个总线周期的后期）,$\overline{S}_0$、$\overline{S}_1$、$\overline{S}_2$ 必定被置为高电平,即 $\overline{S}_2\overline{S}_1\overline{S}_0=111$。在 T_1 状态时,8086 送出 20 位地址信号和状态信号 $\overline{S}_2$、$\overline{S}_1$、$\overline{S}_0$ 给总线控制器。当总线控制器 8288 一旦检测到 $\overline{S}_2$、$\overline{S}_1$、$\overline{S}_0$ 中任何一个或几个从高电平变为低电平,便立即开始一个新的总线周期。例如,当 $\overline{S}_2\overline{S}_1\overline{S}_0=101$,进入读内存总线周期,如图 2-12 所示。当 $\overline{S}_0\overline{S}_1\overline{S}_2=001$,进入读 I/O 端口操作,如图 2-14 所示。

最大模式下的总线读读存储器操作时序如图 2-13 所示。在最大模式下,是读存储器还是读 I/O 端口分别用 $\overline{\text{MRDC}}$ 和 $\overline{\text{IORC}}$ 两个信号区分,而不是像最小模式中用 M/$\overline{\text{I/O}}$ 和 $\overline{\text{RD}}$ 信号的组合来区分。

1）最大模式下的总线读存储器操作

由图 2-12 可知,最大模式下的总线读存储器操作时序与前述的最小模式下的读操作时序相类似。

（1）最小模式下由 CPU 直接产生的 ALE、$\overline{\text{RD}}$、DT/$\overline{\text{R}}$、$\overline{\text{DEN}}$ 等控制信号,在最大模式下由总线控制器 8288 产生,在图 2-9 中分别用 ALE、$\overline{\text{MRDC}}$、DT/$\overline{\text{R}}$、DEN 表示,它们的时序关系见图 2-12 所示。在 T_1 期间,ALE 信号将地址锁存;由状态信号判断为读操作,DT/$\overline{\text{R}}$ 输出低电平。

（2）在 T_2 期间,8086 将 $AD_{15} \sim AD_0$ 切换到数据总线;然后输出信号 DEN=1（相位与最小模式下相反）,接通数据收发器,允许数据输出到 8086。

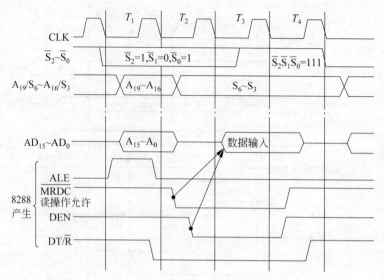

图 2-12　8288 最大模式下存储器的总线读操作时序

（3）在读周期的 T_3 状态开始时，8086 采样 READY，若其为有效电平，进入 T_4 状态。8086 读取数据，一次读操作完成。在 T_4 之前的时钟周期信号（如 T_3）的上升沿，8086 就发出过渡的状态信息 $\overline{S}_0\overline{S}_1\overline{S}_2 = 111$，使各信号在 T_4 周期恢复初态（无源状态）。一旦进入无源状态就意味着很快可以启动一个新的总线周期。

（4）等待状态 T_w 的插入过程与最小模式时相同。

2）最大模式下的总线写存储器操作

最大模式下的总线写存储器操作要完成的功能也是要将 CPU 输出的数据写入指定的存储器单元或 I/O 端口。写操作的时序如图 2-13 所示。

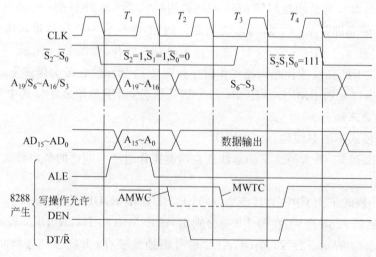

图 2-13　8086 最大模式下的存储器总线写操作时序

由图 2-13 可知，最大模式下的写操作时序与前述的读操作时序有很多相同之处，但执行的写操作的流程稍有不同。

（1）最小模式下由 CPU 直接产生的 ALE,$\overline{WR}$,DT/$\overline{R}$,$\overline{DEN}$ 等控制信号,在最大模式下由总线控制器 8288 产生,在图 2-9 中分别用 ALE、$\overline{MWTC}$、$\overline{AMWC}$、DT/$\overline{R}$、DEN 表示,它们的时序关系见图 2-13 所示。在 T_1 期间,8086 发出地址和状态信号,ALE 信号将地址锁存,8288 判断为写操作($\overline{S}_2\overline{S}_1\overline{S}_0=110$),DT/$\overline{R}$ 输出高电平。

（2）在 T_2 期间,8086 将 $AD_{15} \sim AD_0$ 切换到数据总线;然后输出信号 DEN＝1(相位与最小模式下相反)和写命令 $\overline{AMWC}$ 或 $\overline{MWTC}$(这两个信号大约相差 200ns),接通数据收发器,允许数据经数据总线写到选中的存储器单元。

（3）T_3 状态开始时,8086 采样 READY,若其为有效电平,进入 T_4 状态。8086 一次写操作完成。$\overline{S}_0\overline{S}_1\overline{S}_2=111$,使系统各信号恢复初态。迎接下一个新的总线周期。

3）最大模式下的总线读写 I/O 操作

当 $\overline{S}_2\overline{S}_1\overline{S}_0=001$,进入读 I/O 端口操作。当 $\overline{S}_2\overline{S}_1\overline{S}_0=010$,进入写 I/O 端口操作,最大模式下的总线读写 I/O 操作与最大模式下的总线读写存储器操作类似,但由于 I/O 接口的工作速度较慢,往往要插入等待状态 T_w,在 T_3 状态 CPU 采样到 READY 低电平时进行(参看图 2-14)。

最大模式下的总线读写 I/O 操作的命令是 $\overline{IORC}$(I/O 读)、$\overline{AIOWC}$(先行 I/O 写命令)或 $\overline{IOWC}$(I/O 写)。

最大模式下的总线读写 I/O 操作时序图如图 2-14 所示。

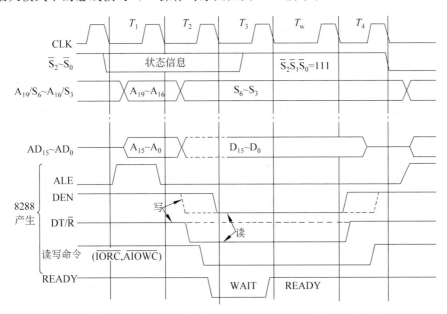

图 2-14　最大模式下的总线读 I/O 操作时序

4）空闲周期

若 CPU 不执行总线周期(不进行存储器或 I/O 操作),则总线接口执行空闲周期(一系列的 T_1 态)。在这些空闲周期,CPU 在高位地址线上仍然驱动上一个机器周期的状态信息。

若上一个总线周期是写周期,则在空转状态,CPU 在 $AD_{15} \sim AD_0$ 上仍输出上一个总线周期要写的数据,直至下一个总线周期的开始。在这些空转周期,CPU 进行内部操作。

　　5) 中断响应周期

　　当外部中断源,通过 INTR 或不可屏蔽中断信号 NMI 引线向 CPU 发出中断请求时,若是 INTR 线上的信号,则只有在标志位 IF=1(即 CPU 处在开中断)的条件下,CPU 才会响应。CPU 在当前指令执行完以后,响应中断。在响应中断时,CPU 执行两个连续的中断响应周期,如图 2-15 所示。

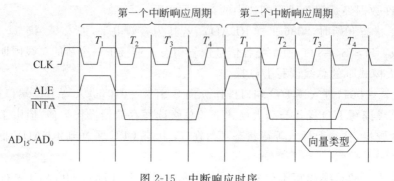

图 2-15　中断响应时序

2.1.7　8086 的总线控制权

　　为了减少 CPU 工作负担,避免其过度发热,将一些比较单一、重复的工作交给另外的主设备(最常见的有直接内存访问控制器 DMA 等)去做。这就产生了总线控制权来回转移的问题。

1. 8086 最小模式下的总线控制权

　　8086/8088 CPU 有一对总线控制联络信号 HOLD 和 HLDA。当 CPU 以外的其他总线主模块(主要是直接内存访问控制器 DMA)要求获得总线使用权时,就向 CPU 发出总线保持请求信号 HOLD,CPU 在每个时钟周期的上升沿检测 HOLD 引脚,如果检测到 HOLD 引脚为高电平(有效状态),并且自身的状态允许让出总线,则在总线周期的 T_4 状态或空闲状态 T_1 之后的下一个时钟周期由 HLDA 引脚发出总线响应信号 HLDA(为高电平),并且让出总线控制权,直到 HOLD 请求信号变为无效(变为低电平),即其他主模块使用完总线交出总线控制权后,CPU 才收回总线控制权。

　　(1) 当 HOLD 信号变为高电平后,CPU 要在下一时钟周期的上升沿才检测到 HOLD 的高电平。若随后的时钟周期正好为 T_4 或 T_1,则在其下降沿使 HLDA 变为高电平,即发出响应信号;若 CPU 检测到 HOLD 后不正好是 T_4 或 T_1 状态,则可能会延迟几个时钟周期,再等到 T_4 或 T_1 状态时才发出 HLDA 信号(即使之为高电平),表示让出总线。

　　(2) 当 8086/8088 一旦让出总线控制权,便将所具有三态输出的地址线、数据线和控制线($AD_{15} \sim AD_0$,$A_{19}/S_6 \sim A_{16}/S_3$,$\overline{RD}$,$\overline{WR}$,INTA,M/$\overline{IO}$,DEN 及 DT/$\overline{R}$)都置于浮空

状态,但地址锁存信号 ALE 不浮空。

(3) 在总线请求/响应周期中,因总线浮空,这将直接影响 8086/8088 CPU 中总线接口部件 BIU 的工作,但执行部件 EU 将继续执行指令队列中的指令,直到遇到需要访问总线的指令时,EU 才停下来。当然,当把指令队列中的指令全执行完,EU 也会停下来。由此可见,CPU 和获得总线控制权的其他主模块之间在操作上有一段小小的重叠。

(4) 当 HOLD 变为无效(低电平)后,CPU 也接着在 CLK 的下降沿将 HLDA 信号变为低电平。但是,CPU 并不立即重新驱动已变为浮空的地址总线、数据总线和控制线,而是使这些引脚继续浮空,直到 CPU 需要执行一个新的总线操作周期时,才结束这些引脚的浮空状态。这样,就可能会出现一种情况,即在总线控制权切换的某一小段时间中,没有任何一个主模块驱动总线,使控制线电平漂移到最小电平以下。为此,在控制线和电源之间应连接一个上拉电阻。

2. 最大模式下的总线控制权

8086/8088 CPU 在最大模式下,也提供了总线主模式之间传递总线控制权的联络信号,但不是 HOLD 和 HLDA,而是两个具有双向传输信号功能(即总线请求和总线响应两信号都从同一引脚传送)的引脚 $\overline{RQ}/\overline{GT}_0$ 和 $\overline{RQ}/\overline{GT}_1$。称为总线请求/总线允许信号端,两个信号可以分别同时连接两个除 CPU 以外的其他总线主模块(即协处理器、DMA 控制器)。其中 $\overline{RQ}/\overline{GT}_0$ 的优先级比 $\overline{RQ}/\overline{GT}_1$ 高,也就是说,当与 $\overline{RQ}/\overline{GT}_0$ 和 $\overline{RQ}/\overline{GT}_1$ 相连接的两个其他主模块同时发出总线请求时,CPU 会先在 $\overline{RQ}/\overline{GT}_0$ 引脚上发出允许信号,等到 CPU 再次得到总线控制权后,才会去响应 $\overline{RQ}/\overline{GT}_1$ 引脚上的请求。当然,如果 CPU 已经把总线控制权交给了与 $\overline{RQ}/\overline{GT}_1$ 相连接的主模块,此时又在 $\overline{RQ}/\overline{GT}_0$ 引脚上收到另一个主模块的总线请求,则要等前一个主模块释放总线之后,CPU 收回了总线控制权后,才会去响应 $\overline{RQ}/\overline{GT}_0$ 引脚上的总线请求。由此可见,CPU 对总线请求的处理是不允许"嵌套"的,这与 CPU 对中断请求的处理不同。

对于最大模式下的总线请求/允许/释放时序,有几点需要说明。

(1) 当 CPU 以外的其他总线主模块请求使用总线时,从 $\overline{RQ}/\overline{GT}_0$ 或 $\overline{RQ}/\overline{GT}_1$ 引脚上向 CPU 发一个负脉冲 $\overline{RQ}$,脉冲宽度为一个时钟周期。

(2) CPU 在每个时钟周期的上升沿检测 $\overline{RQ}/\overline{GT}_0$ 和 $\overline{RQ}/\overline{GT}_1$ 引脚,看外部是否输入一个负脉冲 $\overline{RQ}$ 信号,若检测到有,则在下一个 T_4 状态或 T_1 状态从同一引脚 $\overline{RQ}/\overline{GT}_0$ 或 $\overline{RQ}/\overline{GT}_1$ 上向提出总线请求信号的主模块发一个允许脉冲 $\overline{GT}$,它也是一个负脉冲,宽度也是一个时钟周期。CPU 一旦发出响应脉冲后,各地址/数据引脚、地址/状态引脚以及控制线 $\overline{RD}$、LOCK、$\overline{S}_0$、$\overline{S}_1$、$\overline{S}_2$、BHE/S_7 便处于高阻状态。于是 CPU 在逻辑上与总线断开。

(3) 其他总线主模块(协处理器、DMA 控制器)收到 CPU 发出的允许脉冲 $\overline{GT}$ 后,得到了总线控制权,可以占用总线一个或几个总线周期。当使用总线完毕,其他总线主模块从 $\overline{RQ}/\overline{GT}_0$ 或 $\overline{RQ}/\overline{GT}_1$ 引脚上向 CPU 发一个释放负脉冲,释放负脉冲宽度为一个时钟周期。CPU 检测到此释放负脉冲后,在下一个时钟周期便收回总线控制权。

（4）每次总线控制权的切换都是通过3个环节实现的：其他总线主模块发总线请求；CPU发允许脉冲；其他总线主模块使用完总线后发释放脉冲。而且这3个脉冲均为负脉冲，宽度均为一个时钟周期。但是它们的传输方向不同。

（5）在以下情况下，总线请求无效，CPU均不予响应：当CPU正访问存储器或I/O端口；当CPU正在用低8位数据线传送数据；当CPU正在执行中断响应的第一个总线周期；当CPU正在执行总线封锁指令。

由此可见，只有在总线空闲时收到总线请求，CPU才会在下一个时钟周期发出总线允许信号。

（6）和最小模式下的总线保持请求/总线保持响应一样，在总线响应期间CPU虽然暂时与总线脱离，但CPU内部EU仍可执行指令队列中的指令，直到需要使用一个总线周期为止。同样，当CPU收到其他总线主模块发出的释放负脉冲后，也不立即驱动总线，所以在 $\overline{RQ}/\overline{GT}_0$ 和 $\overline{RQ}/\overline{GT}_1$ 与电源间应接上拉电阻。如果这两个引脚不用，则可悬空。

2.1.8　指令系统

CPU负责整个系统指令的执行，因此要熟悉CPU，还要了解一下指令系统。

指令系统是CPU所能够处理的全部指令的集合，是计算机硬件的语言系统，用机器语言编写。机器的结构决定了指令的格式和内容，反映了计算机所拥有的基本功能。从系统结构的角度看，它是系统程序员看到的计算机的主要属性。

指令系统的发展，伴随着计算机的硬件结构的变化，经历了从简单到复杂的演变过程。早先，采用分立元件组成的简单计算机，指令系统只有十几至几十条最基本的指令，寻址方式简单。随着集成电路的出现，计算机的硬件结构日见复杂，硬件功能不断增强，指令系统也越来越丰富。

在20世纪70年代，计算机应用日益普及，高级语言已成为大、中、小型机的主要程序设计语言。但复杂的软件系统设计一直没有很好的理论指导，导致软件质量无法保证，从而出现了所谓的"软件危机"。计算机设计者们必须缩小机器指令系统与高级语言语义差距，为高级语言提供更多的支持。他们利用当时已经成熟的微程序等新技术，增设各种各样的复杂的、面向高级语言的指令，使指令系统越来越庞大。

第一款x86指令集是美国Intel公司为其第一块16位CPU(i8086)专门开发的。考虑到用户使用习惯，保证计算机能兼容以往开发的各类应用程序。虽然这个指令系统经过不停的扩展已经变得面目全非，各种兼容CPU也从"早期的名称到结构几乎雷同"到现在各方面都完全分道扬镳，这种兼容性依然得到充分保证。这就是为什么微型计算机操作系统多次更新，仍称作x86系列的缘故。

但在64位CPU诞生以后分成了两家：Intel采用全新的64位体系结构(IA-64)的指令集；而AMD仍然继续兼容x86指令集。

在编写指令集时，有3种不同的做法，分别是CISC(Complex Instruction Set Computer，复杂指令系统指令集计算机)、RISC(Reduced Instruction Set Computer，精简指令系统指令集计算机)和EPIC(Explicitly Parallel Instruction Computers，显式并行指

令系统指令集计算机)。

所谓 CISC 是指：将较复杂的指令译码,分成几个微指令去执行,其优点是指令多、开发程序容易,按顺序串行执行,控制简单。但是由于指令复杂,计算机各部分的利用率不高,执行工作效率较低、处理数据速度较慢。

所谓 RISC 是指：将复杂的指令集 CISC 精简,保留常用指令,尽量使它们具有简单高效的特色。指令数目少,指令等长,一般小于 4 个字节。寻址方式少且简单,一般为 2~3 种,最多不超过 4 种,绝不出现存储器间接寻址方式,故对存储器操作有限制,只有 LOAD/STORE 指令,使控制简单化,但不如 CISC 操作直接。对不常用的功能,常通过组合指令来完成。因此,在 RISC 机器上实现特殊功能时,效率可能较低。但可以利用内部快速处理指令的电路(如流水技术和超标量技术,寄存器较多),加快指令的译码与数据的处理。不过,必须经过编译程序的处理,才能发挥它的效率。控制器多采用硬布线方式,以期达到更快的执行速度。

RISC 汇编语言程序一般需要较大的内存空间,实现特殊功能时程序复杂,不易设计。RISC 机器在一条指令执行的适当地方可以响应中断;而 CISC 机器是在一条指令执行结束后响应中断。

各种指令使用频率相差不大,绝大多数指令可以在一个时钟周期内完成。

由于 RISC 指令系统的确定与特定的应用领域有关,故 RISC 机器更适合于专用机;而 CISC 机器则更适合于通用机。

时至今日,为了保护和继承丰富的软件资源,流行 x86 体系结构的桌面计算机和中低档服务器仍沿用 CISC 指令集方式。

取长补短,目前业界正在逐步将 CISC 与 RISC 指令集融合使用,如 Pentium Pro、Nx586、K5,它们的内核基于 RISC 体系结构,在接受 CISC 指令后将其分解分类成 RISC 指令,以便在同一时间内能够执行多条指令。

所谓 EPIC 是指：用于 64 位体系结构(IA-64 和 x86-64)的指令集 EPIC,使 CPU 可以同时执行多达 20 个操作,其性能是配置 RISC CPU 的好几倍。

2.1.9　CPU 的架构和封装方式

1. CPU 的架构

CPU 架构是按 CPU 的安装插座类型和规格确定的。从 CPU 8086、286、386 都是直接焊在主板上的,不易拆卸,难以升级。到了 486 以后,开始采用插座或插槽来安装 CPU。

目前常用的 CPU 按其安装插座规范可分为 Socket x 和 Slot x 两大构架。

CPU 的接口都是针脚式接口,对应到主板上就有相应的插座类型;CPU 接口类型不同,在插孔数、体积、形状都有变化,不能互相接插。

Slot x 架构改变了 Intel 的 CPU 插座的四方形状,呈长方形。接口不再是插针形式,变成了金手指(类似各种扩展卡的卡式接口)。Intel 公司的 Slot x 架构的 CPU 中可分为 Slot 1、Slot 2 两种,分别使用对应规格的 Slot 槽进行安装。其中 Slot 1 是早期 Intel PⅡ、

PⅢ和 Celeron(赛扬)处理器采取的构架方式,另外还有 Socket 8(这里 8 指研制版本)的转接卡用来安装 Pentium Pro。

Slot 2 是尺寸较大的插槽,专门用于安装高端服务器及图形工作站的系统。所用的 CPU 是昂贵的 PⅡ和 PⅢ序列中的 Xeon(至强)处理器,可以在一台服务器中同时采用 8 个处理器。而且采用 Slot 2 接口的 Pentium Ⅱ CPU 都采用 0.25 微米制造工艺。

后来 AMD 公司独立开发了 Slot A 架构,拥有独立知识产权,主要用于 Athlon 系列处理器。其设计和 Slot 1 类似,但采用 EV6 总线协议,CPU 和内存之间的工作频率可以达到 200MHz。

还有一种 Slot 和 Socket 的结合体 Slockets,它实质上是 Slot 1 到 Socket 370 的转接卡,在不同的电平和接口之间进行转换。有的 Slocket 可以插两个 CPU,还有的 Slocket 可以去除 CPU 的锁频,使超频更容易。

2. CPU 的封装方式

所谓封装是指 CPU 的外壳的封装结构形式。用外壳将半导体集成电路芯片密封起来,并将芯片上的接点用导线连接到外壳的引脚上,这些引脚又通过印刷电路板上的插槽与其他器件相连接。它起着安装、固定、密封、保护芯片及增强电热性能等方面的作用。CPU 的封装方式取决于 CPU 安装形式,最早的是 DIP(双列直插式)封装,已很少用。

通常采用 Socket 插座安装的 CPU 用 PGA(栅格阵列)的形式进行封装,而采用 Slot X 槽安装的 CPU 则以 SEC(单边接插盒)的形式进行封装。简述如下。

1) PGA(Pin Grid Array)引脚网格阵列封装

PGA 封装形式,是位于芯片下方的方阵形的插针。根据管脚数目的多少,可以围成 2～5 圈。为了使得 CPU 能够更方便的安装和拆卸,安装时,将芯片插入专门的 PGA 插座,和电路板相结合。从 486 芯片开始,出现了一种零插拔力 ZIF CPU 插座,具有插拔操作方便、可靠性高的优点,缺点是耗电量较大。

随着 CPU 总线带宽的增加、功能的增强,CPU 的引脚数目也在不断地增多,同时对散热和各种电气特性的要求也更高,这就演化出了 SPGA(Staggered Pin-Grid Array,交错针栅阵列)、PPGA(Plastic Pin-Grid Array,塑料针栅阵列)、CPGA(Ceramic Pin Grid Array,陶瓷针形栅格阵列)封装等封装方式。

最早的 PGA 封装适用于 Intel Pentium、Intel Pentium Pro 和 Cyrix/IBM 6x86 处理器;CPGA(Ceramic Pin Grid Array,陶瓷针形栅格阵列)封装,适用于 Intel Pentium MMX、AMD K6、AMD K6-2、AMD K6 Ⅲ、VIA Cyrix Ⅲ处理器、以 Thunderbird(雷鸟)为核心和以 Palomino 为核心的 Athlon 处理器;PPGA(Plastic Pin Grid Array,塑料针状矩阵)封装,适用于 Intel Celeron 处理器(Socket 370);OPGA(Organic pin grid Array,有机管脚阵列),基底是玻璃纤维,以降低阻抗和封装成本。OPGA 拉近了外部电容和处理器内核的距离,有利于改善内核供电和过滤电流杂波。AMD 公司的 AthlonXP 系列 CPU 大多使用此类封装。

FC-PGA(Flip Chip Pin Grid Array,反转芯片针脚栅格阵列)封装,适用于

Coppermine 系列 Pentium Ⅲ、Celeron Ⅱ 和 Pentium 4 处理器。

2）改进的 PGA 封装形式

BGA（Ball Grid Array，球栅阵列封装）没有针脚，采用触点式连接，CPU 必须和主板焊接后才能使用。采用 BGA 封装的 CPU 体积较小，电气性能和信号抗干扰能力强，无须插拔，但不便于更换。采用了可控塌陷芯片法焊接，改善了电热性能。封装的可靠性好，信号传输延迟小，适应频率可以大大提高。

LGA（Land Grid Array，栅格阵列封装），和 BGA 封装相似，没有针脚，用触点代替。它不用插槽将针脚固定，而是利用 Socket 底座露出来的具有弹性的触须。但不用焊接，用安装扣架固定，让 CPU 可以正确地压在 Socket 露出来的具有弹性的触须上，增加针脚的密度，可以自由插拔。由于采用无针脚设计，打破了 Socket 478 接口的频率瓶颈，在频率和性能上使 Intel 的 CPU 能够有较大提升。

⚠️ **注意**：不要把 CPU 的封装技术与其插座类型混淆。一个属于电子产品的封装技术，一个属于机械类的插座。

3）SEC（单边接触卡盒）封装

Pentium Ⅱ 首次采用了最新的 Slot-1 接口标准。Slot x 架构的 CPU 不再用陶瓷封装，而是采用了一块带金属外壳的印刷电路板，封装在 SEC 卡盒（单边接触卡盒）中，与 BX 型号的主板相连。CPU 与插座接触由针脚改成"金手指"。Pentium Ⅱ 的安装也因此要复杂一些（注意：若"金手指"脱落，是装运或使用不当造成的；若"金手指"有摩擦痕迹，说明是用过的）。该印刷电路板集成了处理器部件。SEC 卡的塑料封装外壳称为 SEC（Single Edge Contact Cartridge，单边接触卡盒）。这种 SEC 卡设计是插到 Slot x（尺寸大约相当于一个 ISA 插槽那么大）插槽中。所有的 Slot x 主板都有一个由两个塑料支架组成的固定机构，SEC 卡可以从两个塑料支架之间插入 Slot x 槽中。

其中，Intel Celeron 处理器（Slot 1）采用（SEPP）单边处理器封装；Intel 的 Pentium Ⅱ 采用 SECC（Single Edge Contact Connector，单边接触连接）的封装；Intel 的 Pentium Ⅲ 采用 SECC2 封装。

虽然当今多核处理器日渐风靡，但其架构和封装方式与单核 CPU 变化不大。多核处理器通常做成单枚芯片（也称为"硅核"），能够直接插入单一的处理器插槽中，但操作系统会利用所有相关的资源，将每个执行内核作为分立的逻辑处理器。例如表 2-4 给出主要参数的几个 Intel 公司的多核 CPU，就是采用 Socket 插座安装，封装方式为 LGA 封装。

表 2-4　Intel 公司的多核 CPU 的主要参数举例

品牌	英特尔 Intel	英特尔 Intel	英特尔 Intel	英特尔 Intel
系列	赛扬 Celeron	Haswell	Haswell	酷睿 i7
型号	G1820	i5-4460	i7-4790	i7 4960X
核心数量	双核	四核	四核	六核
核心代号	Haswell	Haswell	Haswell	Ivy Bridge-E

续表

封装方式	LGA1150	LGA1150	LGA1150	LGA2011
主频	2.7GHz	3.2GHz	3.6GHz	3.6GHz
制程工艺	22nm	22nm	22nm	22nm
功率		84W	84 W	130W
指令集				SSE4.2, AVX, AES
64位支持	是	是	是	是

2.1.10　CPU主流技术术语浅析

1. 流水线技术

流水线(Pipeline)是 Intel 首次在 486 芯片中开始使用的。流水线的工作方式就像工业生产上的装配流水线。在 CPU 中由 5～6 个不同功能的电路单元组成一条指令处理流水线,然后将一条 x86 指令分成 5～6 步后再由这些电路单元分别同步执行,这样就能实现在一个 CPU 时钟周期完成一条指令,因此提高了 CPU 的运算速度。由于 486 CPU 只有一条流水线,通过流水线中取指令、译码、产生地址、执行指令和数据写回 5 个电路单元,分别同时执行那些已经分成 5 步的指令,在每个时钟周期中刚好完成一条指令。

2. 超流水线和超标量技术

既然无法大幅提高算术逻辑运算单元 ALU 的速度,有什么替代的方法呢?并行处理的方法又一次产生了强大的作用。超流水线是指某些 CPU 内部的流水线超过通常的 5～6 步以上,例如 Pentium Pro 的流水线就长达 14 步。将流水线设计的步(级)数越多,完成一条指令的速度越快,因此才能适应更高的工作主频。超标量(Superscalar)技术是指在 CPU 中有 1 条以上的流水线,并且每时钟周期内可以完成一条以上的指令。如在 Pentium 中设置了 2 条(在 Pentium Pro 中设置了 3 条)具有各自独立电路单元的超标量流水线(Super Scalar Pipeline),这样 CPU 就可以通过多条流水线在每一个时钟周期中同时执行多条指令。

不过有一点需要注意,就是不要去管"超标量"之前的那个数字,例如"9 路超标量",不同的厂商对于这个数字有着不同的定义,更多的这只是一种商业上的宣传手段。

3. 过程调用和中断技术

编程时,往往会遇到这样的问题,某些特定功能的操作会多次用到,因而程序中会多次出现同样的或类似的小程序段,使程序显得臃肿。

为此,编程时,将完成总体任务的程序主线部分,称为主程序,放在前面。将这些完成特定功能的小程序段拿出来,作为过程(Procedure)或子程序(Subroutine)。放在主程序的后面。需要时,再在主程序中用调用指令调用它们。子程序执行完后,返回指令就返回主程序断点(即调用指令的下一条指令),继续执行没有处理完的主程序,这一过程叫做(主程序)调用子程序过程。

这样,程序结构清晰,去掉了不必要的重复,可读性强,还能节省内存空间。并可大大简化用户编程的困难。

子程序是微机基本程序结构中的一种,基本程序结构包括简单的顺序结构,经判断后产生的分支结构,循环结构、子程序和查表 5 种。

中断技术是微机系统的核心技术之一。所谓中断,是指当计算机正在执行正常的程序时,计算机系统中的某个部分突然出现某些异常情况或特殊请求,CPU 这时就中止(暂停)它正在执行的程序,而转去执行申请中断的那个设备或事件的中断服务程序,执行完这个服务程序后,再自动返回到程序断点执行原来中断了的正常程序。这个过程或这种功能就叫做中断。第 7 章中将详细讨论中断。

过程调用和中断技术的联系与区别如下。

1) 联系

两者都需要保护断点(即下一条指令地址)、跳至子程序或中断服务程序、保护现场、子程序或中断处理、恢复现场、恢复断点(即返回主程序)。两者都可实现嵌套,即正在执行的子程序再调另一子程序或正在处理的中断程序又被另一新中断请求所中断,嵌套可为多级。

正是由于这些表面上的相似处,读者容易把两者混淆起来,这是特别要注意的。

2) 区别

中断与子程序调用两者属于完全不同的概念。中断过程与调用子程序过程相似点是表面的,从本质上讲两者是完全不一样的。

两者的根本区别主要表现在服务时间与服务对象不一样上。首先,调用子程序过程发生的时间是已知和固定的,即在主程序中的调用指令(CALL)执行时,调用指令和子程序所在位置是已知和固定的。而中断申请一般由硬件电路产生,申请提出时间是随机的(但软中断发生时间是固定的)。中断服务对象也是随机的,随申请者而异。换句话说,调用子程序是程序设计者事先安排的,而执行中断服务程序是由系统工作环境随机决定的。其次,子程序完全为主程序服务的,两者属于主从关系,主程序需要子程序时就去调用子程序,并把调用结果带回主程序继续执行。而中断服务程序与主程序一般是无关的,不存在谁为谁服务的问题,两者是平行关系。再者,主程序调用子程序过程是一个软件处理过程,不需要专门的硬件电路,而中断处理系统是一个软、硬件结合系统,需要专门的硬件电路才能进行的过程。最后,子程序嵌套可实现若干级,嵌套的最多级数由计算机内存开辟的堆栈大小限制,而中断嵌套级数主要由中断优先级数来决定,一般优先级数不会很大。

4. 乱序执行技术

乱序执行(Out-of-Order Execution)是指 CPU 采用了允许将多条指令不按程序规定的顺序,分开发送给各相应电路单元处理的技术。例如说程序某一段有 7 条指令,此时CPU 将根据各单元电路的空闲状态和各指令能否提前执行的具体情况分析后,将能提前执行的指令先行发送给相应的电路执行。当然,在执行完指令后还必须由相应电路再将运算结果重新按原来程序的指令顺序返回。这种将各条指令不按顺序而把它们拆散执行的运行方式就叫乱序执行技术。采用乱序执行技术的目的是为了使 CPU 内部电路满负荷运转,以提高 CPU 运行程序的速度。

5. 动态执行技术

动态执行是目前 CPU 主要采用的先进技术之一。分支预测(Branch Prediction)和推测执行(Expeculation Execution)是 CPU 动态执行技术中的主要内容。采用分支预测和动态执行的主要目的是为了提高 CPU 的运算速度。分支预测简单地说是提前确定可能的程序分支方向,寻找执行指令的多条途径;推测执行是在分支预测基础上所进行的优化处理。

6. 指令特殊扩展技术

至今,对大多数计算机而言,一条指令只能执行一次计算。此类计算机采用的是单指令单数据(SISD)处理器。在介绍 CPU 性能中还经常提到扩展指令或特殊扩展,这都是指该 CPU 是否具有对 x86 指令集外的指令扩展执行能力而言。扩展指令中最早出现的是 Intel 公司自己的 MMX,其次是 AMD 公司的 3D Now! 和 Pentium Ⅲ 中的 SSE。MMX 技术是 Intel 发明的一项多媒体增强指令集专利技术,它的英文全称可以翻译为"多媒体扩展指令集"。MMX 是 Intel 公司在 1996 年第一次对自 1985 年就定型的 x86 指令集进行的扩展。为增强 Pentium CPU 对多媒体信息的处理能力,在处理 3D 图形、视频、音频、图形和通信应用方面而采取的新技术,为 CPU 增加了 57 条 MMX 指令。除了指令集中增加 MMX 指令外,还采用了单指令多数据(Single Instruction Multiple Data)技术,能够用一个指令并行处理多个数据,缩短了在处理视频、音频、图形和动画时,用于循环运算的时间。但只对整数运算进行了优化而没有加强浮点方面的运算能力。所以在 3D 图形日趋广泛,因特网 3D 网页应用日趋增多的情况下,MMX 已是"心有余而力不足了"。

SSE 是英语因特网数据流单指令序列扩展(Internet Streaming SIMD Extensions)的缩写。它是由 Intel 公司首次应用于 Pentium Ⅲ 中的。SSE 除保持原有的 MMX 指令外,又新增了 70 条指令,不但涵盖了原有 MMX 指令集中的所有功能,而且其中的单指令多数据浮点运算指令(SIMD)特别加强了浮点数处理能力,一条指令可以处理多对数据,速度加快了许多。在需要密集的浮点运算的场合,Pentium Ⅲ 有出色的表现,例如 3D 图像建模、渲染等。12 条增强的多媒体运算指令,可以加速普通 2D 图像的播放,即译码过程,对当时的 DVD 软解压的普及有很大帮助。8 条内存连续数据优先处理指令,8 条高速缓存控制指令,使 CPU 从高速缓存中更快地命中待处理指令,对那些多媒体方面复杂的运算进行优化。另外还专门针对目前因特网的日益发展,加强了 CPU 处理 3D 网页和其他音像信息的能力。注意:CPU 具有特殊扩展指令集后,还必须对应用程序进行相应优化才能发挥其作用。

Intel 公司称 SSE 对下述几个领域的影响特别明显:3D 几何运算及动画处理;图形处理(如 Photoshop);视频编辑/压缩/解压(如由运动图片专家组 Moving Picture

Experts Group 制定数字化运动视频压缩标准 MPEG 和 DVD）；语音识别以及声音压缩和合成等。

　　3D Now!是 AMD 公司开发的多媒体扩展指令集，共有 27 条指令，针对 MMX 指令集没有加强浮点处理能力的弱点，重点提高了 AMD 公司 K6 系列 CPU 对 3D 图形的处理能力，但由于指令有限，该指令集主要应用于 3D 游戏，而对其他商业图形应用处理支持不足。

　　此外，还有扩展 64bit 内存技术 EM64T（Extended Memory 64 Technology）指令集、虚拟化技术 VT-x 指令集、高级加密标准 AES 指令集、高级矢量扩展 AVX 指令集。高级矢量扩展 AVX 指令集将浮点数性能翻了一番（从 128bit 上升至 256bit），增强了浮点数处理性能。

7. 处理器的体系结构（IA）与微体系结构

　　处理机的体系结构指的是指令集、寄存器和程序员公用的内存驻留的数据结构，它们在处理器的发展进程中得到继承和增强。处理机的微体系结构指的是处理器在硅片上的实现。在 x86 系列的处理机中，典型的像 Intel 公司的 IA-32 体系结构（IA），是以 x86 指令集和寄存器为基础，通过一代代加强和扩充得到的，并具有向后兼容性。而 IA-64 体系结构，则是崭新的体系结构。AMD 公司的 x86-64 体系结构，却是 x86 系列的继承和发展。

8. 超线程技术（Hyper-Threading，HT）

　　程序是指令和数据的有序集合，是一个静态的概念。在计算机上实现程序的目标，操作系统会将其执行过程分成若干个进程，作为资源分配和独立运行的单元。每个进程各自运行在不同的数据集合上，可以并发执行。

　　为了进一步开发利用 CPU 的潜力，又可以将一个进程分成若干个线程。同一个进程下的线程，共享该进程的所有资源，如内存空间（但资源的所有权归进程），各个线程执行各自的任务，有各自的"工具"（如独立执行序列的程序计数器、一组寄存器和堆栈）。

　　同一个进程的多个线程可以并发执行，从而可以极大地提高程序运行效率。

　　显然，程序在计算机上实现时，才产生了进程和线程，这二者是动态的概念。

　　一个程序至少对应一个进程，一个进程至少对应一个线程。三者的尺度一个比一个小。

　　操作系统提供协调机制，在保证资源共享的前提下，防止进程间、线程间及二者之间的冲突。

　　每个独立的线程有一个程序运行的入口、顺序执行序列和程序的出口。

　　超线程技术（Hyper-threading Technology，HT）技术就是通过采用特殊的硬件指令，把两个逻辑内核模拟成两个物理芯片，在单处理器中实现线程级的并行运算，同时在相应的软硬件的支持下大幅度地提高运行效能，从而实现在单处理器上模拟双处理器的效能。从本质上说，超线程技术是一种充分"调动"CPU 内部资源，减少系统开销，挖掘其潜力的技术。

需要说明的是：

（1）当两个并行运行的线程需要同时用某个资源时，其中一个要暂时停止，让出资源，待另一个线程不再使用该资源时，该线程才能使用这个资源继续运行。因此超线程的性能并不等于两颗CPU的性能。

（2）HT技术需要软件（如操作系统）、主板（含CPU和芯片组）的支持。

（3）多线程操作系统运行单线程软件时，如单任务模式（Single Task Made），HT可能会降低系统性能。

9. CPU的核心电压（SupplyVoltage）

CPU的工作电压分为两个方面，CPU的核心电压与I/O电压。核心电压即驱动CPU核心芯片的电压，I/O电压则指驱动I/O电路的电压。通常CPU的核心电压小于等于I/O电压。早期CPU（286～486时代）的核心电压与I/O一致，通常为5V。随着CPU制造工艺的提高，有逐步下降的趋势，目前台式机的CPU核电压通常为2V以内，笔记本专用CPU的工作电压相对更低，使其功耗大幅减少，降低CPU发热量，并可延长电池的使用寿命。而且现在的CPU会通过特殊的电压ID（VID）引脚，指示主板中嵌入的电压调节器自动设置正确的电压级别。

通过主板上特殊的跳线或软件设置，可以根据具体需要手动调节CPU的工作电压。实验表明，在超频的时候适度提高核心电压，可以加强CPU内部信号，提升CPU性能，但这样会增大CPU的功耗，影响其寿命及发热量，建议不要轻易进行此方面的操作。

另举一特例，从Athlon64开始，AMD在Socket939接口的处理器上采用了动态电压，在CPU封装上不再标明CPU的默认核心电压，同一核心的CPU其核心电压是可变的，不同的CPU可能会有不同的核心电压：1.30V、1.35V或1.40V。

10. CPU的防病毒技术

CPU内嵌的防病毒技术是一种硬软件结合的方式防病毒技术，与操作系统和相应软件相配合，可以防范大部分针对缓冲区溢出（Buffer Overrun）漏洞的攻击（大部分是病毒）。Intel公司和AMD的防病毒技术分别是EDB（Execute Disable Bit）和EVP（Ehanced Virus Protection），其原理大同小异。

我们先解释什么是缓冲区溢出漏洞。

在计算机内部，等待处理的数据一般都被临时放在内存的缓冲（Buffer，例如堆栈）里，程序或者操作系统事先已限定了缓冲区的长度。缓冲区溢出是指当计算机程序向缓冲区内填充的数据位数超过了缓冲区本身的容量。溢出的数据覆盖在合法数据上。理想情况是，程序检查数据长度并且不允许输入超过缓冲区长度的字符串。但是绝大多数程序都会假设数据长度总是与所分配的存储空间相匹配，这就为缓冲区溢出埋下隐患。当一个超长的数据进入到缓冲区时，超出部分就会被写入内存的其他区域，将其他区域存放的内容覆盖或者破坏，就可能导致一个程序或者操作系统崩溃。更严重的是，如果相关数据里包含了恶意代码，那么溢出的恶意代码就会改写应用程序返回的指令，使其指向包含恶意代码的地址，使其被CPU编译而执行，这可能发生内存缓冲区溢出攻击，冲击波、震荡波等蠕虫病毒就是采用这种手段来攻击电脑的。

缓冲区溢出通常是由编程错误引起的。如果缓冲区被写满,而程序没有去检查缓冲区边界,这时缓冲区溢出就会发生。如果用户应用的程序是十年甚至二十年前的程序代码,缺少检查缓冲区边界的功能。再者,缓冲区溢出是病毒编写者偏爱使用的一种攻击方法,在系统当中发现容易产生缓冲区溢出之处,运行特别程序,获得优先级,破坏文件,改变数据,泄露敏感信息等。

对于开启了 EDB 或 EVP 功能的计算机来说,可实现数据和代码的分离,如果我们在这些内存页面的数据区域设置某些标志(NoeXecute 或 eXcuteDisable),任何企图在其中执行指令代码的行为都将被 CPU 所拒绝,从而可防止恶意代码被执行,这就是 CPU 的防缓冲区溢出攻击实现的原理。但它还需要相关操作系统和应用程序的配合。

CPU 内嵌的防病毒技术以及操作系统的防病毒技术还存在着一些兼容性的问题,例如因应用程序设计的缺陷或驱动程序而导致的误报(特别是一些比较老的驱动程序);另外,对于有些程序来说,是采用实时生成代码方式来执行动态代码的,而生成的代码就有可能位于标记为不可执行的内存区域,这就有可能导致将其检测为非法应用程序而将其关闭。这些都还有赖于硬件和软件厂商的相互配合去解决。

11. 热设计功耗 TDP

热设计功耗(Thermal Design Power,TDP),表征 CPU 对其散热系统提出的要求,它的含义是当 CPU 负荷最大的时候,要求散热系统把 CPU 发出的热量驱散的最大功率指标,单位为瓦(W)。

TDP 并不是 CPU 的真正功耗。CPU 的功耗是对主板提出的要求,要求主板能够提供相应的电压和电流的乘积。显然,CPU 的 TDP 小于 CPU 功耗。

TDP 越小越好,越小说明 CPU 发热量小,散热也更容易,可达到更高的工作频率,对于整套计算机系统的设计、笔记本电脑电池使用时间乃至环保方面都是大有裨益的。目前的台式机 CPU,TDP 功耗超过 100W 基本是不可取的,比较理想的数值是低于 50W。

Intel 和 AMD 两家公司对 TDP 功耗的定义并不完全相同。AMD 的 CPU 集成了内存控制器,相当于把北桥的部分发热量移到 CPU 上了,因此两个公司的 TDP 值不是在同一个基础上,不能单纯从数字上比较。另外,TDP 值也不能完全反映 CPU 的实际发热量,因为现在的 CPU 都有节能技术,实际发热量显然还要受节能技术的影响,节能技术越有效,实际发热量越小。

12. 虚拟化技术(Virtualization Technology,VT)

虚拟化是一个广义的术语,用在计算机方面通常是指计算元件在虚拟的基础上而不是真实的基础上运行。具体来说,CPU 的虚拟化技术就是单 CPU 模拟多 CPU 并行,允许一个平台同时运行多个操作系统,并且应用程序都可以在相互独立的空间内运行而互不影响,从而显著提高计算机的工作效率。举一个简单的例子,在 Windows 7 里,同时安装 XP、Linux 等操作系统,并可随时直接调用,无须重启电脑切换操作系统。

虚拟化对用户隐藏了真实的计算机硬件,表现出另一个抽象计算平台。

CPU 的虚拟化技术是一种硬件方案,支持虚拟技术的 CPU 带有特别优化过的指令集来控制虚拟过程。CPU 的虚拟化技术除支持广泛的传统操作系统之外,还支持 64 位客户操作系统。虚拟化技术需要 CPU、主板芯片组、BIOS 和软件的共同支持。

　　并不是所有的 CPU 都支持虚拟化,目前 Intel 和 AMD 生产的主流 CPU 都支持虚拟化技术,但很多电脑或主板 BIOS 出厂时默认禁用虚拟化技术。

　　某些比较老的 CPU 是不支持虚拟化技术的,要确定其电脑 CPU 是否支持虚拟化技术,可网上搜索下载 securable.exe 软件进行测试。

　　运行该软件检测 CPU 是否支持虚拟化技术。

　　若 Hardware Virtualization 显示 Yes,表示 CPU 支持虚拟化技术,可做 BIOS 虚拟化设置。若显示 NO,则当前 CPU 不支持虚拟化技术,BIOS 虚拟化设置也没用,除非换电脑或 CPU。

　　但当使用 Virtualbox 启动虚拟机时提示:"VT-x/AMD-V 硬件加速在您的系统中不可用。您的 64-位虚拟机将无法检测到 64-位处理器,从而无法启动"。则可进行启动 BIOS 的虚拟化设置。

　　方法如下:

　　① 启动 BIOS 的虚拟化设置,开启 CPU 虚拟化支持;

　　② 重启电脑后按 F2 或 F10 键进入 BIOS 界面(不同主板型号进入 BIOS 所需按键不同)。如联想 G410 电脑进入 BIOS 界面:Configuration→Intel Virtual Technology→Enabled。

　　注:主板不一样其 BIOS 中显示关键词也是不一样的,主要是找到 Virtual 或 Virtualization 将其设置为 Enabled。

　　按 F10 键保存 BIOS 设置,并重启电脑。

　　进入系统后重新运行 VirtualBox 再启动虚拟机,即可正常运行虚拟模式。

　　创建一个新的虚拟机不需要添置硬件。虚拟机可以复制。而且,虚拟机中的故障不会对宿主机产生损害。

　　由于可以被容易地迁移,虚拟机可以被用于远距离微机灾难恢复方案。

　　虚拟机比真实的机器可以被更容易从外部被控制和检查,并且可以配置更灵活。有利于内核开发与操作系统的教学。

2.2　典型的 CPU 及其发展历程

　　作为最重要、技术含量最高的计算机组成部件,目前全世界能够大规模生地生产 CPU 产品的厂家并不多。这其中,Intel 公司是全球第一大 CPU 生产商,其生产的 CPU 占据了全球大部分的市场份额。AMD 公司目前是全球第二大 CPU 生产商,主要生产兼容 Intel x86 系列的产品。VIA 公司也生产一些与 Intel 和 AMD 兼容的 CPU 产品,这 3 个公司的产品主要属于 CISC CPU。除此之外,IBM 公司、Motorola 公司和 Apple 公司也生产具有自己特色的 RISC CPU 的产品。

　　这里值得一提的是 2002 年 9 月 28 日,被誉为第一颗中国芯的龙芯 1 号正式发布。

龙芯 1 号 CPU 是中国科学院计算技术研究所研制成功的我国首枚具有自主知识产权的高性能通用 CPU 芯片。龙芯的研制成功,填补了我国在计算机通用处理器领域的空白,结束了以往全部依赖外国处理器产品的局面。

2.2.1　Intel CPU

1971 年 Intel 公司发布了第一款 CPU——4004,随后其公司的产品在结构、性能和技术都在不断的改革和突破,各种新的结构、先进技术不断提出,并应用到新的产品中去。

下面以时间为线索,了解 Intel 公司 CPU 产品的发展历程。

1. 初期

1971 年第一款微处理器 4004,运行速率为 108kHz;1972 年 8008 微处理器;1974 年 8080 微处理器。

2. 立足

1978 年,8086-8088 微处理器,32 位芯片。

8088 处理器成为 IBM PC 的大脑,使 Intel 步入全球企业 500 强的行列,并被《财富》杂志评为 20 世纪 70 年代最成功企业之一。

3. 发展

1982 年 286 微处理器。Intel 286 最初的名称为 80286,具有强大的软件兼容性,亦成为 Intel 微处理器家族的重要特点之一。

1985 年 386 微处理器,拥有 275 000 个晶体管,是一款 32 位芯片,具有多任务处理能力,也就是说它可以同时运行多种程序。

1989 年 486 微处理器,用户从依靠输入命令转为只需点击即可操作。Intel 486 增加了一个内置的数学协处理器,将复杂的数学功能从中央处理器中分离出来,大幅度提高了计算速度。

4. 奔腾

1992 年第 5 代 CPU Pentium,集成了 300 多万只晶体管,有 3 种指令处理部件。速度是相近主频 486CPU 的 2 倍多。能让计算机轻松地整合"真实世界"中的数据(如音频、动画、图像和视频),主要性能特点如下。

(1) 超标量流水线。Pentium 微处理器由 U、V 两条指令流水线构成超标量流水线结构。每条流水线有自己的 ALU、地址生成逻辑电路和 Cache 接口,在每个时钟周期内可执行两条整数指令,每条流水线分指令预取、指令译码、地址生成、指令执行和回写 5 个步骤,极大地提高了指令的执行速度。

(2) 重新设计了浮点运算部件 FPU。其执行过程分 8 级流水,使每个时钟周期能完成一个浮点操作(或两个浮点操作),使它的浮点运算速度比 80486 快 3~5 倍。

(3) 所有的 Pentium CPU 都内置了 16KB 的一级缓存,分为两个独立的 8KB 指令

Cache 和 8KB 数据 Cache。

(4) 采用了分支预测技术。Pentium 提供了一个称为 BTB(Branch Target Buffer,分支目标缓冲器)的小的 Cache 来动态地预测程序的分支操作,当某条指令导致程序分支,BTB 就记下该条指令和分支目标的地址,并用这些信息预测该指令再次产生分支的路径,使指令流水线的执行不至于产生停滞和混乱,从而大大提高了流水线执行的效率。

(5) 采用 64 位外部数据总线。由于 Pentium 芯片内部 ALU 和通用寄存器仍是 32 位的,所以还是 32 位微处理器,但它同内存储器进行数据交换的外部数据总线采用 64 位总线,两者之间的数据传送速度可达 528MB/s。另外,Pentium 微处理器还有与 80x86 系列微处理器兼容、增强了错误检测与报告功能、采用 RISC 技术等优点。

接着,Intel 相继发布了下列奔腾系列 CPU。

1995 年 Intel 高能奔腾(Italium Pentium)处理器;1997 年 Intel 奔腾Ⅱ(Pentium Ⅱ)处理器;1999 年 Intel 奔腾Ⅲ(Pentium Ⅲ)处理器;2000 年 Intel 奔腾 4(Pentium 4)处理器。

主要面向工作站和服务器市场、多媒体应用(高效处理视频、音频和图形数据)、互联网服务、企业数据存储、数字内容创作以及电子和机械设计自动化等诸多领域,采用加入二级高速缓存存储芯片、整合指令等措施,提高处理器的性能。其中,奔腾Ⅱ(Pentium Ⅱ)处理器采用了单边接触卡盒(S. E. C)封装。

2002 年 Intel 推出新款 Intel Pentium 4 处理器,内含创新的 Hyper-Threading(HT)超线程技术,能同时快速执行多项运算应用,支持多重线程的软件。超线程技术让计算机效能增加 25%。

1998 年 Intel 奔腾Ⅱ系列至强(Xeon)处理器,设计用于满足中高端服务器和工作站,如互联网服务、企业数据存储、数字内容创作以及电子和机械设计自动化等。基于该处理器的计算机系统可配置 4 或 8 枚处理器甚至更多。

1999 年 Intel 赛扬(Celeron)处理器,设计用于经济型的个人电脑市场,提供了高的性价比,让游戏和教育软件等应用有出色的性能。

5. 安腾

2001 年 Intel 64 位安腾(Itanium)处理器;2002 年 Intel 安腾 2 处理器(Itanium2)。

Intel 64 位安腾处理器是 Intel 推出的 64 位处理器家族中的首款产品,基于 Intel 简明并行指令计算(EPIC)设计技术,该处理器家族为数据密集程度高、业务和技术要求最高的计算,如数据库、计算机辅助工程、网上交易安全等提供出色性能及规模经济等优势。

6. 多核时代

人们认识到,片面追求 CPU 的速率,处理器产生的单位热量会很快会超过太阳表面。即便是没有热量问题,其性价比也是令人难以接受的。于是多核处理器应运而生。

双核处理器的诞生和应用在计算机处理器发展史上具有划时代的意义。

最初,对于双核 CPU 的应用技术,AMD 和 Intel 两家的思路不同。Intel 是将两个完整的 CPU 封装在一起,连接到同一个前端总线上。AMD 从一开始设计时就考虑到了对多核心的支持。考虑到将两个 CPU 内核做在一个 Die(晶元)上,通过直连微体系结构(也就是通过超传输技术让 CPU 内核直接跟外部 I/O 相连,不通过前端总线)连接起来,集成度更高。

多核处理器是指在一枚处理器中集成两个或多个完整的计算引擎(内核)。

2005 年 Intel Pentium D 处理器,世界上首枚核心内含 2 个处理器,CPU 进入多核时代。

2005 年,Intel 公司结束长达 12 年的奔腾处理器转而推出 Core 处理器,中文译成酷睿。采用全新的 Core 架构,产品均为双核。

2006 年 Intel Core 2 处理器,标志着奔腾品牌的终结,Intel 移动处理器及桌面处理器两个品牌重新整合。Core 2 不会仅注重处理器时钟频率的提升,同时就其他处理器的特色,例如高速缓存数量、核心数量等进行优化。Intel 公司声称它的功耗会比以往的奔腾处理器低很多。Core 2 有 7、8、9 三个系列。

2008 年 Intel Atom 凌动处理器,采用 45nm 工艺制造,集成 4700 万个晶体管。专门为移动互联网设备以及简便、经济的新一代互联网应用为主的简易电脑而设计的。与一般的桌面处理器不同,Atom 处理器采用顺序执行设计,这样做可以减少电晶体的数量。为了弥补性能较差的问题,Atom 处理器的起跳频率会较高。

现在凌动处理器多用于上网本和上网机,简单易用、经济实惠,具有较好的互联网(学习、娱乐、图片、视频等应用)功能。

2008 年 11 月 17 日 Core i7 处理器,是一款 45nm 原生四核处理器,处理器拥有 8MB 三级缓存,支持三通道 DDR3 内存。处理器采用 LGA 1366 针脚设计,支持第二代超线程技术(八线程)运行。

2010 年 Intel Xeon 至强处理器 E7 系列(八核处理器)。该系列处理器采用的超线程技术把一个处理器能够执行的任务数量提高了一倍,因此一个 8 核处理器能够处理 16 个线程。同时该处理器还支持更多的内存。新的配置 7500 系列处理器的服务器支持的内存容量将提高 4 倍,最多可以支持 1TB 内存。

2011 年 4 月 6 日新至强(Xeon) E7 系列 10 核心处理器。该系列处理器有助于减少功耗,降低数据中心的维护成本,提高性能。

此前,已推出了 32nm 工艺制程、代号 Westmere-EX 的英特尔至强 E7 处理器家族。分为 Xeon E7-8800、Xeon E7-4800、Xeon E7-2800 3 个子系列。E7-2800 系列:可以组建单处理器或双处理器系统;E7-4800 系列:可以组建 4 处理器系统;E7-8800 系列:可以组建 8 处理器系统,每个服务器可以支持 80 或 160 条线程。Intel 公司发言人表示,单个 Xeon E7 服务器能够替代 18 个双核服务器。Xeon E7 也具有降低功耗的特性,如具有关闭闲置处理核心的机制。支持低压内存等特性,也能够帮助减少服务器的功耗。此前代码为 Westmere-EX 的 Xeon E7 处理速度将比之前的 Xeon 7500 系列快 40%。

Xeon E7 面向运行数据密集型应用的高端服务器,如数据库和企业资源规划应用。该系列处理器采用 32nm 工艺,基于 Westmere 微处理器架构。

从 2011 年到现在,Intel CPU 主要在多核、采用新架构和改进性能上下功夫。型号仍属于以上系列,例如 Ivy Bridge 是第三代酷睿,应该是 i7-3XXX;Haswell 是第四代智能酷睿处理器,应该是 i7-4XXX,此处不再赘述。

2.2.2 Intel CPU 型号的标注法

下面讨论 Intel CPU 型号的标注法。

最早,Intel 用主频来标注 CPU,例如 P4 3.0,表示奔腾 4 的主频是 3GHz。

英特尔自从 90nm 工艺推出后,其新款 CPU 改用一个 3 位数字来标注 CPU,英特尔借助它使自己的产品全面覆盖高中低端的市场。3×× 就是赛扬 D,5×× 就是 Pentium 4 的普及版,6×× 是 Pentium 4 的增强版,8×× 是 Pentium 4 的超强版,9×× 是 Pentium D 的超强版。

我们现在讨论近年来 Intel CPU 型号的标注法。举例说明。

例如 CPU i3-3120M。从左到右,最前面的 i3,说明 CPU 的类型。i 是 intel 的品牌名称;紧接着的 3 是数字。一般来说,对于同代的 CPU,数字越大,性能越好。但请注意,在某些时候,i5 CPU 性能甚至反而不及 i3 CPU(见后文)。第 2 部分是 4 位数字,其第一位数字表明了是第几代 CPU。如 3120 是第 3 代 CPU,4770 则是第 4 代 CPU……同代的,数字越大,性能越好。

注意:当第 2 部分只有 3 位数字时,则表明该款 CPU 是第一代旧产品,性能较差。

第 3 部分是最后的字母(不一定有),表示其他信息。

HQ 表示焊接在主板上的;M 代表是移动(Mobile),即普通版笔记本电脑,适用于标准电压的 CPU。移动版性能不如桌面版;U 代表低电压节能的(常用于对电源有苛刻要求的笔记本电脑上,节电,但其性能会大打折扣,有时低压版 i5(甚至 i7)的性能还不如普通版的 i3);H 是高电压的,是焊接的,不能拆卸;X 代表高性能,可拆卸的;Q 代表至高性能级别;Y 代表超低电压的,省电,不能拆卸;K 表示不锁倍频(开放倍频)版本的台式机 CPU,适合超频;什么都没有就是普通版。

2.2.3 AMD CPU

AMD(Advanced Micro Devices,美国高级微型设备公司)公司是全球第二大 CPU 生产厂商,主要生产兼容 x86 系列的 CPU 产品。目前其生产的 CPU 产品已经与 Intel 不相上下,甚至在某些方面已经超过了 Intel 公司。其 CPU 产品发展历程概括如表 2-5 所示。

表 2-5 AMD CPU 的发展历程

发布年份	发展历程
1991 年	Am386 微处理器系列产品
1993 年	Am486 微处理器系列产品
1995 年	AMD-K5 微处理器:首款独立设计,插槽兼容 x86 微处理器
1997 年	AMD-K6 微处理器:协助将 PC 的价格拉低到 1000 美元以下
1998 年	K7

续表

发布年份	发 展 历 程
1999 年	8 月推出第 7 代处理器 AMD 速龙(Athlon)处理器,首款面向 Microsoft Windows 计算。其性能第一次超过了 Intel 的 PentiumⅢ 处理器,无论是在整数还是在浮点性能上,并且保持至今
2000 年	6 月 19 日推出 Duron(毒龙)处理器,面对低端处理器市场,针对的竞争对手就是 Intel 抢先推出的同档处理器产品-赛扬Ⅱ处理器。Duron(毒龙)处理器最初产品在速度上有 600、650 和 700MHz 三种速度,而 Intel 赛扬Ⅱ处理器的速度虽然已经提高到了 667MHz,但是我们在市面上最高只能见到 600MHz 的赛扬Ⅱ处理器。在高端市场,AMD 雷鸟处理器已经推出了 750、800、850、900、950 和 1000MHz,总共六款产品。Duron(毒龙)处理器采用了 0.18μm 制造工艺,芯片内部电路之间铝搭桥连接,制造于 AMD 在美国德州的奥斯丁 Fab25 工厂,铝制程的雷鸟处理器也是在这里制造的。和 AMD 已经推出的雷鸟处理器一样,Duron(毒龙)处理器也采用了 SocketA 封装形式(462 针脚),AMD 之所以采用 SocketA 封装形式的原因在于制造成本较低,适用范围比较灵活,其相对的就是 Intel
2001 年	面向服务器和工作站的 AMD Athlon MP 双处理器。是 AMD 公司的首款多处理平台
2003 年	面向服务器和工作站的的皓龙(Opteron)处理器;AMD 第一款 64 位处理器——速龙
2005 年	面向笔记本电脑的 64 位 AMD 炫龙;面向台式机的 AMD 速龙 64×2 双核处理器
2006 年	首款真四核 x86 服务器处理器皓龙 TM(代号 Barcelona)
2007 年	9 月 10 日推出 K10 处理器
2009 年	利用 AMD 芯片组平台推出 6 核 AMD 皓龙处理器;极为节能的 AMD 皓龙处理器;四核 AMD 皓龙 EE 处理器。此项新技术极致节能,满足云计算平台独特的需求
2010 年	在 2010 年台北国际计算机展览会上首次公开演示 AMD Fusion,是 CPU 及 GPU(图像处理器)的融合处理器
2011 年	(1) 1 月推出 Fusion 系列 Bobcat APU 芯片,是 CPU 及 GPU(图像处理器)的组合。 (2) 3 月 1 日在北京发布 AMD Fusion APU 加速处理器,实现了 CPU 与 GPU(图形处理器 Graphics Processing Unit)的真融合,包括 E 系列和 C 系列产品,尺寸小,功耗低,每瓦性能比高,可实现互联网加速应用、高清视频流畅播放、3D 游戏出色,主要应用于超轻薄笔记本、主流笔记本、高清小本、一体机、HTPC 及准系统产品等领域。笔记本续航时间最高可达 12 小时。 (3) 9 月 30 日,基于全新推土机(Bulldozer)微架构的旗舰 AMD FX-8150 问世,采用模块设计方式,全新插槽 AM3+,主频 3.6GHz,可加速至 4.2GHz,8 核,封装成 4 个模块,每个模块共享 2MB 二级缓存,4 个模块共享 8MB 的三级缓存,支持 DDR3-1866 内存,采用全新的 AM3+接口,TDP 热设计功耗为 125W。 (4) 10 月 12 日 AMD FX 系列发布,划分为 FX-8000,FX-6000 和 FX-4000 3 大系列,分别代表 8 核、6 核和 4 核,全新 Bulldozer 微架构、32nm 工艺、AVX/AES 指令集、第 2 代 Turbo Core 技术等
2012 年	Plidiver(打桩机)架构自改良推土机架构而生
2013 年	6 月推出 Richland APU
2014 年	1 月推出 Kaveri APU

2.2.4　AMD CPU 型号的编号

AMD 的 CPU 型号的编号经过多次变化，AMD 制定了 AMD 新桌面处理器编号，但目前还在使用的是 2001 年 10 月，为了表明自家的处理器的性能价值和与 Intel 公司产品的区别，推出了 CPU 型号的编号的效能指标(PR-Performance-Rating)。

故对两种编号都分别加以介绍。

1. 效能指标编号

效能指标共分为 7 部分。

(1) 头 3 个字母：CPU 的类型。

SDA 指低端的闪龙(Sempron)系列。

ADA 指高端的速龙(Athlon)64 系列，ADA(X2)则指双核速龙(Athlon 64 X2)系列。

(2) 连续 4 个数字：CPU 的 PR 标称值。

例如，AMD CPU 的"2600＋"并不是说它的频率是 2.6GHz，而是表示 CPU 的速度的档次，即 PR 标称值。CPU 的真实频率请查表 2-6。

表 2-6　AMD 的 CPU 效能指标编号

CPU 的类型代码	所属类型	PR 标称值	主频(MHz)
ADA	Athlon 64	2800＋	1800
		3000＋	1800,2000
		3200＋	2000,2200
		3400＋,3500＋	2200
		3700＋,3800＋	2400
		4000＋	2400
ADA(X2)	Athlon 64 X2	4200＋,4400＋	2200
		4600＋,4800＋	2400
SDA	Sempron	2500	1400
		2600,2800	1600
		3000,3100,3200	1800
		3300,3400,3500	2000

(3) PR 标称值后第一个字母：表示引脚规格与封装，以便和主板匹配。

A 表示是 Socket 754 引脚规格与普通封装(无金属外壳)。

B 表示是 Socket 754 引脚规格与金属外壳封装。

C 表示是 Socket 940 引脚规格与金属外壳封装。

D 表示是 Socket 939 引脚规格与金属外壳封装，一般是 Athlon 64。

E 同 C。

（4）引脚规格与封装后一个英文字母：表示核心工作电压。

A：1.35～1.4V。C：1.55V。E：1.50V。I：1.40V。K：1.35V。M：1.30V。O：1.25V。Q：1.20V。S：1.15V。

（5）电压后的一个英文字母：表示极限温度。

A：不确定。I：63℃。K：65℃。M：67℃。O：69℃。Q：1.20V。P：70℃。X：95℃。Y：100℃。

（6）温度后的一位数字：表示二级缓存的容量。

2：二级缓存的容量为 128KB。

3：二级缓存的容量为 256KB。

4：二级缓存的容量为 512KB。

5：二级缓存的容量为 1MB。

6：二级缓存的容量为 2MB。

（7）最后两个字母：表示 CPU 的制程。制程越小，能耗和发热也越小。

A 开头或 LA，表示 0.13μm 工艺；B 或 C 开头，或 LD 的则均为 90nm 工艺。只有这两种。

2. AMD 新桌面处理器编号

现在 AMD 制定了 AMD 新桌面处理器编号。

第 1 部分表示产品所属系列，AMD 处理器共分为 Phenom（高端）、Athlon（主流）及 Sempron（低端）3 大系列。

第 2 部分表示核心数量，X4 为 4 核，X2 为双核，空白表示单核。第 1、2 部分组合后即为处理器系列的全称，目前已知的共有 Phenom X4、Phenom X2、Athlon X2、Athlon 和 Sempron 5 大子系。

第 3 部分为处理器市场定位等级。共有"G"、"B"、"L"3 级。其中：

G 代表高端型号，对应 Phenom X4 及 Phenom X2 系列处理器；

B 表示中端主流型号，对应 Athlon X2 系列双核心处理器；

L 则是低端入门级型号，对应 Athlon、Sempron 系列处理器。

第 4 部分表示处理器功耗等级 TDP，分为"P"、"S"、"E"3 级，其中"P"表示功耗高于 65W，"S"表示功耗约等于 65W，"E"表示功耗低于 65W。

第 5 部分 4 个数字后缀代表处理器系列的系列号和性能级别。4 个数字中第 1 个数字是处理器系列号，说明处理器属性的主要改进，例如 1 代表 Sempron/Athlon 单核心、2 代表 Athlon 双核、6 代表 Phenom X2 双核、8 代表 Phenom 3 核、9 代表 Phenom 4 核。

这样，Sempron/Athlon 单核处理器第 4、5 部分可标为 LE-1000，Athlon X2 双核处理器第 4、5 部分可标为 BE-2000 和 LS-2000，Phenom X2 双核处理器第 4、5 部分可标为 X2 GS-6000，K10 Star、Phenom X4 四核系列第 4、5 部分可标为 GP-9000。

其后 3 个数字代表性能级别，都是越大越好（第 2 个数字表示芯片的频率等级，余下的留作表示其他附加功能）。在同一类别等级中，数字越大说明处理器性能越强。譬如 350 将比 300 性能高，而 400 比 350 更高。例如，Athlon X2 BE-2000 系列和当前 65nm 的

Athlon64 X2 非常接近，最大的差别在于最大设计功耗从 65W 降低到了 45W。

此外，"速龙 64"中的"64"字样在新规则中被去除。

2.2.5　从 CPU 表面看其性能指标

1. Intel 公司的 CPU

以 Intel CPU P4 为例，它的表面的文字传递的信息解释如下。

第 1、2 行：Intel Pentium 4，即 P4 处理器。标明厂家和品牌。

第 3 行：1.7GHz/256/400/1.75V，依序分别表示处理器工作频率（1.7GHz）/L2 高速缓存大小（256KB）/前端总线频率（400MHz）/工作电压（早期推出的有 1.7V，而现在从 1.4～2GHz 的都是 1.75V 了）。

第 4 行：SL57V MALAY，SL57V 表示处理器的 S-Spec 编号，表示该产品是经过 SPEC（the Standard Performance Evaluation Corporation，标准性能评估机构）测评过的，该测评是目前业界标准的、权威的基准测试之一，得到众多国际软硬件厂商如 Intel、BEA、Oracle、IBM、SUN 等的支持和参与。

在 Intel CPU 的序列号前面，真盒面上写的是 FPO/BATCH，假的是 AFPO/BATCH。S-Spec 编号后面是生产的产地，这个处理器是马来西亚（MALAY）生产的，此外还有哥斯达黎加（COSTA RICA）等其他地区。

第 5 行：L118A981-0023，表示产品的序列号，每个处理器的序列号都不相同，全球唯一，区域代理在进货时会登记这个编号，从这个编号也可以知道该处理器的进货渠道。

第 6 行：一个字母"I"，表示产品的注册标志（Intel）。

其他的 Intel 公司的 CPU 表面的标注大同小异。

如赛扬Ⅱ 533　CPU 的表面标注如下。

第 1 行：Celeron(tm)/MALAY，标明品牌是赛扬，产地是马来西亚的。

第 2 行：533A/128/66/1.5V，依序分别表示处理器工作频率（533MHz）/L2 高速缓存大小（128KB）/前端总线频率（66MHz）/工作电压（1.5V）。

第 3 行：Q013A307-0389 SL46S 表示生产的年份和周次，这里面的 0 代表是 2000 年（依此类推 1，就是 2001 年……），第 13 周。接下来的那段 307-0389 是 CPU 的产品序列号，全球唯一。最后的 SL46S 代表的是 CPU 的制作工艺，SL4 采用 cC0 制作工艺，注意早期的 cB0 制作工艺也采用这个编号。采用 cC0 制作工艺的 CPU 超频能力明显强于 cB0 制作工艺的 CPU。而顶盖编码最后一行，则为一组字母与数字结合的文字链，它起到一个非常重要的作用——保修。由于 Intel 禁止合作商与个人通过非法途径销售 CPU 产品，所以通过该组代码进行监控，购买这些非法渠道的处理器是无法获得 Intel 提供的质保服务。

2. AMD 公司的 CPU

与 Intel 公司 CPU 标注类似，AMD 的 CPU 在信息上缩记的方式不尽相同。例如，某款 CPU 表面文字如下。

第 1 行：AMD Athlon(TM)，告诉我们这是 AMD 公司的 Athlon 系列 CPU，TM 表示商标已经注册。

第 2 行：A1000AMT3C，A 代表这款 CPU 是 Athlon 系列的雷鸟(Thunderbird)，如果是 D 表示这款 CPU 是 Athlon 系列的 Duron，如果是 AX 则代表这款 CPU 是 Athlon 系列的 Athlon XP；后面的 1000 代表的是这款 CPU 的主频是 1G；1000 后面的 A 代表 CPU 的封装方式，A 是 PGA 封装；后面的 M 代表 CPU 的核心电压，其中 M 是 1.75V，其他的如 S 是 1.5V、U 是 1.6V、P 是 1.7V、N 是 1.8V；M 后面的 T 代表的是 CPU 的工作温度，其中 T 是 90℃、Q 是 60℃、X 是 65℃、R 是 70℃、Y 是 75℃、S 是 95℃；在 T 后面的 3 是二级缓存的容量，其中 3 代表 256KB，如果是 1 则为 64KB、2 是 128KB；在 3 后面的 C 代表的是前端总线，其中 C 是 266MHz，如果是 A 或者 B 的话则为 200MHz。

第 3 行：AXIA0117MPMW，AMD CPU 生产线上的编号。

第 4 行：Y6278750317，这个 Y 大部分的用户认为与超频有关，这个 Y 有可能被 9、F 和 Z 等字母或数字所代替，但是很多测试表明如果在这个 Y 的位置出现的是字母，那么这块 CPU 的超频能力应该很强。

2.2.6　龙芯 CPU

2002 年 9 月，中国科学院计算技术研究所研制成功了我国首枚具有自主知识产权的高性能通用 CPU 芯片——龙芯 1 号。采用类似于 RISC 的简单指令集，龙芯 1 号的频率为 266MHz，最早在 2002 年开始使用。

2005 年 4 月 18 日，中科院计算技术研究所在北京正式发布龙芯 2 号。据介绍，这枚包含 4700 万个晶体管、最高主频为 1GHz、面积约两个拇指盖大小、功耗在 3～8W 范围内的龙芯 2E 处理器已达到奔腾 4 处理器 1.5～2.0GHz 水平。龙芯 2 号是国内首款 64 位高性能通用 CPU 芯片，支持 64 位 Linux 操作系统和 X-Window 视窗系统，比 32 位的"龙芯 1 号"更流畅地支持视窗系统、桌面办公、网络浏览、DVD 播放等应用，尤其在低成本信息产品方面具有很强的优势。同时由于龙芯采用特殊的硬件设计，可以抵御一大批黑客和病毒攻击。

以后，相继发布了龙芯 2E、龙芯 2F、龙芯 2G 处理器。

2009 年 9 月 28 日，我国首款 4 核 CPU 龙芯 3A(代号 PRC60)试生产成功，其峰值计算能力达到 16GFLOPS。2010 年 9 月，龙芯 3A 开始量产。

龙芯 3B 是首款国产商用 8 核处理器(如龙芯 3B1500)，主频达到 1GHz，支持向量运算加速，峰值计算能力达到 128GFLOPS，具有很高的性能功耗比。

龙芯 1 号面向 IP 和嵌入式应用，龙芯 2 号面向高端的应用，而龙芯 3 号则面向多内容的服务器应用。

目前，龙芯已成为国内完全自主知识产权的电脑(如福珑、逸珑、曙光龙腾 L200 等计算机)的核心。2015 年 3 月 31 日中国发射了首枚使用龙芯的北斗卫星。

龙芯芯片的研发成功在我国计算机发展史上具有里程碑式的意义，极大地增强了国人的自信心，为保障国家信息安全、支撑我国信息产业的发展作出了重大贡献。

2.3　CPU 的潮流与未来

从 20 世纪 70 年代微处理诞生以来，性能、功能和功耗各方面指标的提高都遵循着摩尔定律。但是从大型机时代一直到现在的移动互联网时代，不同的应用对各类处理器提出了非常不同的需求，由此产生了种类繁多的微处理器及其相关技术。

2.3.1　多核的发展

但是从当前的计算机应用需求和微处理器生产技术来看，多核技术仍是未来中央处理器发展的主要趋势。

多核比多 CPU 结构更加紧凑，在同等执行单元数量的情况下更便宜、功耗更低。随着 AMD 和 Intel 在多核技术上的大力研究和推进，多核技术已经从双核推进到 4 核、8 核甚至更高。

与单核处理器相比，多核处理器在体系结构、软件、功耗和安全性设计等方面面临着巨大的挑战，当然也蕴含着巨大的潜能。这些挑战有以下几个方面。

1. 核结构研究：同构（Homogenous）还是异构（Heterogeneous）

同构是指各个核内部的结构是相同的，在 CPU 中所处的地位相同。而异构是各个核内部的结构是不同的，而且每个核担负的功能也都不同。例如有的主要处理数值运算，有的负责图形加速（Graphic Processor Unit，GPU）等。

选择同构多核还是异构多核，取决于具体的需求和成本等诸多因素。

2. 程序执行模型

面对多核的计算机系统，如何优化软件在其上的执行效率，就需要对程序执行模型进行研究。程序执行模型指导程序的优化执行，并预测程序优化后的执行效率和性能加速比，对硬件、应用软件以及运行时环境的设计、分析和优化都有着重要的理论和实际应用价值。

3. 多级高速缓存 Cache 设计与一致性问题

解决处理器和主存间的速度差距，是在 CPU 内部设置多级高速缓存。在多核情况下怎样设置？是共享还是分享？另一方面，多级 Cache 又引发一致性问题（采用顺序一致性模型、弱一致性模型、释放一致性模型还是其他）。与之相关的还有 Cache 一致性机制⋯⋯

这些对整个 CPU 芯片的尺寸、功耗、布局、性能以及运行效率等都有很大的影响，因而这些都是需要认真研究和探讨的问题。

4. 核间通信技术

处理器的各 CPU 核心执行的程序之间有时需要进行数据共享与同步，因此其硬件结构必须支持核间通信高效的通信机制。如何解决？

5. 总线设计

当多个 CPU 核心同时要求访问内存，或多个 CPU 核心内私有 Cache 同时出现 Cache 不命中事件时，总线接口单元 BIU 对这多个访问请求的仲裁机制，以及对外存储访问的转换机制的效率，决定了系统的整体性能。因此寻找高效的多端口总线接口单元（BIU）结构和功能，也是研究的重要内容。

6. 操作系统设计：任务调度、中断处理、同步互斥

多核计算机的出现，打破了单核环境下的许多操作系统设计的正确性或可靠性，操作系统需要作出相应调整。例如，在多核情况下的任务调度、中断处理、同步互斥……

又如，用于单核的很多程序，现在可不可以直接用于同构的多核计算机系统。需作哪些改变。

7. 低功耗设计

低功耗和热优化设计一向是微处理器研究中的核心问题，对于多核心结构更是与其相关的至关重要的研究课题。

8. 存储器墙

对于多核系统，怎样提供一个高带宽，低延迟的存储器结构，是必须解决的一个重要问题。

9. 可靠性及安全性设计

由于 CPU 制造的超微细化与时钟设计的高速化、低电源电压化，设计上的安全系数越来越难以保证，故障的发生率逐渐走高，在安全性方面却存在着很大的隐患。另一方面，来自第三方的恶意攻击越来越多，手段越来越先进，但处理器的应用又渗透到现代社会的各个层面，安全性已成为具有普遍性的社会问题。对于多核 CPU，可靠性与安全性设计备受关注。

2.3.2 APU

由于在现代的计算机中（特别是家用系统，游戏的发烧友）图形的处理变得越来越重要，需要一个专门的图形的核心处理器。AMD 一直致力于打造 CPU 与 GPU（Graphic Processing Unit，图形处理器）合二为一的芯片组 APU，这一战略显然更加符合未来芯片行业发展的特点和趋势。随着移动互联网性能和技术迅猛发展，笔记本电脑需要有更轻薄的机身、更强大的处理性能和更长效的续航能力，而将 CPU 和 GPU 合二为一可谓一举三得，完全能够实现这三大诉求，减少板卡的搭载让机身有了进一步压缩的空间，整合到芯片组当中的独立显卡从此无须额外耗电，并且这样的整合方案还保证了完美的硬件兼容性，硅片上的处理核心可执行通用数据和图形渲染两种功能，提升运行效率，实现电

脑整体性能的提升。

2.3.3　向量机

平时接触的计算机都是标量机,向量机都是大(巨)型计算机,一般用于军事工业,气象预报,以及其他大型科学计算领域,这也说明了向量机都很贵。国产的银河计算机就是向量机。普通的计算机所做的计算,例如加减乘除,只能对一组数据进行操作,被称为标量运算。向量运算一般是若干同类型标量运算的循环。向量运算通常是对多组数据成批进行同样运算,所得结果也是一组数据。

习　题　2

一、填空题

1. 8088/8086 总线接口部件主要由_____、_____、_____、总线控制逻辑电路和指令队列等组成。执行部件主要由_____、_____、_____、运算器(ALU)和 EU 控制系统等组成。控制器主要由_____、_____、_____以及_____组成。

2. 运算器的基本功能有_____、_____、_____等。

3. 8086 系统的一个_____是由若干个机器周期组成的,所有指令的第一个机器周期都是_____周期。

4. 计算机执行一条指令的过程就是依次执行一个确定的_____的过程。

5. 取指周期中,主要按照_____的内容访问主存,以读取指令。

6. 在 CPU 中,数据寄存器的作用是_____、标志(程序状态字)寄存器的作用是_____、程序计数器的作用是_____。

7. 由于 CPU 内部的操作速度较快,而 CPU 访问一次主存所花的时间较长,所以机器周期通常由_____来规定。

8. 在具有地址变换机构的计算机(如 8088/8086 等)中有两种存储器地址:一种是允许在程序中编排的地址,称_____;另一种是信息在存储器中实际存放的地址,称_____。

9. 若 8088/8086 CPU 的工作方式引脚 MN/MX 接+5V 电源,则 8088/8086 CPU 工作于_____;若 MN/MX 接地,则 8088/8086 CPU 工作在_____。

10. 8086 CPU 在对存储器和 I/O 设备进行读写时,最小工作方式下的控制信号 M/$\overline{\text{IO}}$,$\overline{\text{RD}}$,$\overline{\text{WR}}$ 等是由_____产生的,最大工作方式下的控制信号 $\overline{\text{IOR}}$,$\overline{\text{IOW}}$,MEMR,MEMW 等是由_____根据 CPU 的状态信号_____而产生的。

11. 8088/8086 CPU 在对存储器或 I/O 设备进行读写时,在最小工作方式的读写控制信号 $\overline{\text{RD}}$,$\overline{\text{WR}}$ 和在最大工作方式的读写控制信号 M/$\overline{\text{IO}}$(如 $\overline{\text{IOR}}$ 或 $\overline{\text{IOW}}$,MEMR 或 MEMW)都是在总线周期的_____的时间内变为有效。

12. 8086 CPU 的高位数据允许 BHE 信号和 A_0 信号通常用来解决存储器和外设端口的读写操作。一般总线高位数据允许 BHE 信号接高 8 位 $D_{15} \sim D_8$ 数据收发器的允许端,而 A_0 信号接低 8 位 $D_7 \sim D_0$ 数据收发器的允许端。当_____时,可读写全字 $D_{15} \sim$ D_0;当_____时,高 8 位数据 $D_{15} \sim D_8$ 在奇地址存储体进行读写;当_____时,低 8 位数据 $D_7 \sim D_0$ 在偶地址存储体进行读写;当_____时,不传送数据。

13. 在以 8088/8086 为 CPU 的计算机系统中,当其他的总线主设备要求使用总线时,向 8088/8086 CPU 的引脚_____发出一个_____信号,CPU 就在当前_____结束,在引脚_____上输出_____信号给该总线主设备,同时,8088/8086 CPU 让出总线控制权给这个总线主设备来控制总线。

14. 8088/8086 CPU 在最大工作方式时,$\overline{RQ/GT_0}$ 和 $\overline{RQ/GT_1}$ 两条信号线是为系统中引入多处理器应用而设计的,是总线请求和总线允许的_____信号线。当某一总线主设备要使用总线时,它向 CPU 发出一个_____,一般情况下,CPU 在当前总线周期结束与下一个总线周期 T_1 之间,输出一个宽度为一个时钟周期的_____给请求总线的设备,通知它可以控制、使用总线,同时 CPU 释放总线。当其他的总线主设备使用总线结束,再给出一个宽度为一个时钟周期的_____信号给 CPU,这样,CPU 重新获得总线控制权。

15. 8088/8086 CPU 在最大工作方式时,两条 $\overline{RQ/GT}$ 控制线可以同时接两个协处理器(除 CPU 以外的两个总线主设备)且 $\overline{RQ/GT_0}$ 的优先权_____$\overline{RQ/GT_1}$。

16. 80386 CPU 是 8086,80286 向上兼容的高性能微处理器,有 3 种工作方式,即_____、_____和_____。

17. 80386 DX 微处理器才是真正的 80386,其内部寄存器、内外数据总线和地址总线都是_____位的;通常所说的 80386 就是指_____。

18. 多媒体扩展技术 MMX 所具有的 3 大特点分别是_____、_____和_____。

19. Pentium Ⅲ 芯片中新增了 70 条 SSE 指令,可分为_____指令、_____指令、_____指令 3 类,这些指令能增强音频、视频和 3D 图形图像处理能力。

20. Pentium MMX(多能奔腾)微处理器指令系统的扩展是通过在奔腾处理器中增加_____种新的数据类型、_____个 64 位寄存器和_____条新指令来实现的。

二、选择题

1. 在计算机硬件系统中,核心的部件是_____。
   A. 输入设备　　　　B. 中央处理器　　　C. 存储设备　　　D. 输出设备
2. 目前主流的 CPU 生产商有_____。
   A. Intel 和龙芯　　　　　　　　　B. Intel 和 Apple
   C. Intel 和 AMD　　　　　　　　　D. AMD 和龙芯
3. 1971 年,微处理器芯片_____的诞生,标志第一代微处理器问世。
   A. Intel 3003　　　　　　　　　　B. Intel 3004
   C. Intel 4003　　　　　　　　　　D. Intel 4004
4. 在 CPU 中,用于暂存指令的部件是_____。
   A. 累加器寄存器　　　　　　　　　B. 指令寄存器

    C. 程序计数器,也称指令指针　　　　　D. 数据缓冲寄存器

  5. 8086 与 8088 的主要差别是:_____不同。

    A. 对外地址总线的位数及内部寄存器的数目

    B. 对外数据总线的位数及指令队列的长度

    C. 内部数据路径宽度及存储器寻址空间范围

    D. 执行部件控制电路及地址加法器的结构

  6. 在 CPU 中,用于指向指令后续地址的部件是_____。

    A. 程序计数器,也称指令指针　　　　　B. 主存地址寄存器

    C. 状态条件寄存器　　　　　　　　　　D. 指令译码器

  7. 在一个 8086 读总线周期中的 T_1 状态内,处理器_____。

    A. 读入数据　　　　　　　　　　　　　B. 送出地址码

    C. 送出读命令信号 RD♯　　　　　　　　D. 采样 READY 信号是否有效

  8. 8086 微处理器的偏移地址是指_____。

    A. 芯片地址引线送出的 20 位地址码

    B. 段内某存储单元相对段首地址的差值

    C. 程序中对存储器地址的一种完全表

    D. 芯片地址引线送出的 16 位地址码

  9. 若某处理器具有 64GB 的寻址能力,则该处理器具有_____条地址线。

    A. 36　　　　　　　B. 64　　　　　　　C. 20　　　　　　　D. 24

  10. 下列 4 条叙述中,错误的 1 条是_____。

    A. CPU 的主频并不是越高越好

    B. 主频标志着 CPU 的计算精度和计算速率,主频越高,CPU 的数据处理能力越强

    C. 一般主板上的前端总线频率与内存总线频率相同

    D. 为了加快 CPU 的运行速度,普遍在 CPU 和常规主存之间增设 Cache

三、名 词 解 释

  1. 时钟周期

  2. 总线周期

  3. 指令周期

  4. 等待周期

  5. 物理地址

  6. 超标量

  7. SEC

  8. SSE

  9. 乱序执行

  10. 推测执行

  11. 动态分支预测

12. 地址加法器

　　13. 地址锁存器

　　14. 数据收发器

四、问答题

　　1. 中央处理器(CPU)必须具备的主要功能有哪些?

　　2. 8086 的指令预取队列为多少字节? 在什么情况下进行预取?

　　3. 8086 由哪两大部分组成? 简述它们的主要功能。

　　4. 8088/8086 微处理器有哪些寄存器?

　　5. 有一个由 20 个字组成的数据区,其起始地址为 610AH:1CE7H。试写出该数据区首末单元的实际地址 PA。

　　6. 8088/8086 CPU 的 20 位物理地址是怎样形成的? 当 CS＝2300H,IP＝0110H 时,求它的物理地址。当 CS＝1321H,IP＝FF00H 时,它的物理地址又是什么呢? 指向同一物理地址的 CS 值和 IP 值是唯一的吗?

　　7. 有一个 32 位的地址指针 67ABH:2D34H 存放在从 00230H 开始的存储器中,试画出它们的存放示意图。

　　8. 将下列字符串的 ASCII 码依次存入从 00330H 开始的字节单元中,试画出它们的存放示意图:U E S T C(字母间有空格符)。

　　9. 8086 中的标志寄存器 FR 中有哪些状态标志和控制标志? 这些标志位各有什么含义? 假设(AH)＝03H,(AL)＝82H,试指出将 AL 和 AH 中的内容相加和相减后,标志位 CF、AF、OF、SF、ZF 和 PF 的状态。

　　10. 已知:SS＝20A0H,SP＝0032H,欲将 CS＝0A5BH,IP＝0012H,AX＝0FF42H,SI＝537AH,BL＝5CH 依次压入堆栈保存,请画出堆栈存放这批数据的示意图,并指明入栈完毕时 SS 和 SP 的值。

　　11. 设当前 SS＝C000H,SP＝2000H,AX＝2355H,BX＝2122H,CX＝8788H,则当前栈顶的物理地址是多少? 若连续执行 PUSH AX,PUSH BX,POP CX 3 跳指令后,堆栈的内容发生了什么变化? AX,BX,CX 中的内容是什么?

　　12. 为什么微机系统的地址、数据和控制总线一般都需要缓冲器?

　　13. RISC 是指什么? 其设计要点有哪些? Intel 公司在哪种微处理器中首先开始应用 RISC?

　　14. 简述微处理器内部 Cache 的发展变化情况。

　　15. 什么叫双独立总线结构? 采用该结构有什么好处?

　　16. 什么叫乱序(超顺序)执行技术? 它主要体现在哪些方面? 采用该技术需要有什么硬件支持?

　　17. 深度指令流水线是指什么? 采用该结构有什么好处?

　　18. 3D NOW!是哪方面的技术? 由哪个公司首次提出?

　　19. 什么是 MMX? 具有 MMX 的微处理器的特点是什么?

　　20. 什么是多核处理器?

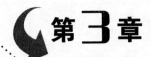

第3章 微型计算机指令系统

目前的微型计算机都是基于冯·诺依曼原理,即存储程序控制原理工作的。程序和数据事先放在计算机的存储器中,计算机的工作就是从存储器中取出数据,并按照程序的要求对数据进行操作。此过程涉及3个概念:指令、程序、指令系统。

(1) 指令就是指定电子计算机执行某种操作(控制或运算)的命令。

(2) 完成一个任务的一组完整的指令序列,就是程序。

(3) 计算机所能执行的各类指令的总和称为指令系统(也称指令集)。目前,一般小型或微型计算机的指令系统可以包括几十种或百余种指令。

不同的计算机使用不同的指令系统。我们这里讨论8086/8088 CPU使用的汇编语言中的指令系统。

用户用汇编语言编写的程序叫汇编语言源程序,必须经过汇编程序加以汇编,变成目标程序,才能交给计算机运行。

3.1 汇编语言源程序的3种语句

1. 汇编语言源程序有3种语句

汇编语言源程序有3种语句:指令语句、伪指令语句和宏指令语句。

1) 指令语句

汇编程序对源程序进行汇编时,把指令语句翻译成机器指令,产生机器可执行的目标代码,对应着特定的操作。

2) 伪指令语句

伪指令不像机器指令那样在程序运行期间由计算机来执行,它是在汇编程序对源程序汇编期间由汇编程序处理的操作。

一个剧本,总先要交代人物、地点、布景,中间还要交代各幕之间的转换操作,还有旁白、结尾事项等,这些说明性的语句,演员是"不去表演"的,但是必不可少的。

伪指令语句在完整程序中的作用就相当于"这些说明性的语句"在剧本中的作用。

伪指令没有与其对应的机器指令,伪指令语句是为汇编程序和连接程序提供一些必要控制的管理性语句,它不产生目标代码,仅仅在汇编过程中告诉汇编程序应如何汇编,包括符号的定义、变量的定义、段的定义等,以及分配存储区、指示程序结束等,并完成这些"伪"操作,所以称为伪指令。

3)宏指令语句

在汇编语言源程序中,若某程序片段需要多次使用,为了避免重复书写,可以把它定义为一条宏指令。宏指令是源程序中一段有独立功能的程序代码,只需定义一次,可以多次调用。

2. 汇编语言的指令语句和伪指令语句的格式

一般情况下,汇编语言的语句可以由以下几部分组成。

〔名称〕　操作符　〔操作数〕　〔;注释〕

上述 4 部分中,只有操作符是必须的,其他用"[]"框住的部分,需要时,才加入。各部分之间必须用空格符或制表符(TAB)隔开。

例如:指令语句　LOP1:MOV　BL ,0C2;将数 0C2H 送到 BL 寄存器中存放。

和伪指令语句　A　DW　5。

第一部分是该语句的名称,又称为标识符。除了有特殊用途(如用于内存的符号地址),也可省略。这里。指令语句的名称是"LOP1:",又称为"标号",后面一般要跟冒号。

伪指令语句的名称是"A",可以是变量名,或段名、符号、记录、结构等,与标号不同,后面不跟冒号或空格符。

第二部分是操作符(也称操作码)。操作符就是指令、伪指令或宏指令的助记符。

这里指令语句的操作码是"MOV",规定机器具体操作内容。

伪指令语句的操作码是"DW",指明该变量是一个字=2 个字节长度。

一般来说,汇编程序根据操作符的提示,伪指令语句操作符完成数据定义、分配存储区域、表达式赋值、指令系统的选择、地址计数器的设置与定位、指示源程序结束以及宏定义等准备事项。不产生机器语言指令,仅指示汇编程序怎样将源汇编程序翻译成目标程序。

对于宏指令,汇编程序根据操作符的提示,完成宏调用和宏展开。

第三部分是操作数,操作数要么是被提交的数据(立即数),或者是数据的地址,通常不被操作改变。操作数可以是常量,或由一个或多个表达式组成。

操作数可以有一个、二个或三个,通常称为一地址、二地址或三地址指令。

此处指令语句有两个操作数:BL 是目的操作数,0C2 是源操作数。

此处伪指令语句有一个操作数"5"。

第四部分是注释部分,注释字段是以";"开头的程序说明部分,可以用英文或者中文书写。注释字段是语句的非执行部分,用来说明本条语句在程序中的功能和作用,也可以不写。

3. 语句名称的命名规则

名称可以使用的字符有:

(1) 字母 A~Z,字母 a~z,不区别大小写字母;

（2）数字 0～9，数字不能作为名字的第一个字符；

（3）专用字符 ?、@、_、$、*、.等，其中"."只能作为名字的第一个字符，"?"不能单独使用。

不能用汇编语言的指令助记符、伪指令名、寄存器名及其他符号名，如 SEGMENT、START、SUM 等来命名。名字要好记易用。名字使用的字符长度不得超过 31 个。

合法的名字项，如：DATA 1　STR　$A1　A?　.S2@　_CODE　OA_2　fah ……

非法的名字项，如：

3DATA，0A-2 因数字打头；　　　　　　　　S. TR，因"."不在名字的第一个字符；

$-A1，因含非法字符"-"；　　　　　　　　?，因"?"不能单独使用；

.S%2，因含非法字符"%"；　　　　　　　　-CODE，因含非法字符"-"；

MOV，因 MOV 是指令助记符；

4. 语句名称的属性

语句名称有 3 种属性：段属性、偏移属性及类型属性。这些属性并不是一成不变的，还可以通过一些运算符重新指定或重新定义（见 2.1.2 节操作数的表达式中关于综合运算符的讨论）。

1）段（SEG）属性

表示名称所在段的段起始地址，标号在 CS 寄存器（代码段）中定义；伪指令的名称，如"变量"，在 CS 以外的其他段寄存器（如 DS 或 ES）中定义。

2）偏移（OFFSET）属性

表示名称在段内偏移地址，从本段开始到名称所在位置的字节数。标号的偏移地址存在 IP 寄存器（指令地址指针）中；变量的偏移地址是 16 位或 32 位无符号数，位数取决于段的长度。

3）类型（TYPE）属性

以标号和变量为例。

标号的类型：通常指令是顺序执行的，但如需要，也可以从当前标号位置转到另一标号位置。反映标号转移距离的属性称为标号的类型属性，有 3 种类型。该标号在本段内引用，距离在 -128～$+127$ 之间时称短标号属性，记为 SHORT，指令指针 IP 长度为 1 字节。若指明该指令是段内使用，距离在 $-32\,768$～$+32\,767$ 之间时称近标号属性，指令指针 IP 长度为 2 字节，记为 NEAR。而 FAR 指明该指令是段外使用，指令指针 IP 长度为 4 字节，两个高字节指明另段地址，两个低字节指明偏移地址。

变量的类型主要定义该变量保留的字节数，由其后的操作符标记。有：DB（1 个字节长度）、DW（字，2 个字节长度）、DD（双字，4 个字节长度）、DF（6 个字节长度）、DQ（8 个字节长度）和 DT（10 个字节长度）等。对应的类型号分别是 1、2、4、6、8、10。

5. 语句的操作数及其表达式

如前所述，操作数可以是常量，或由一个或多个表达式组成的。而在表达式中，常量和运算符充当着重要的角色。

1) 常量

常量常用作机器指令中的立即数，或寻址方式中的偏移量。常量分为数值常数、字符串常量和符号常量。

(1) 数值常数。注意：在书写十六进制常数时，如果第一个字符(即最高位)是字母，要在前面加"0"，以免与标号名或变量名发生混淆，如 0FFFFH、0B3H 为十六进制数，而 FFFFH、B3H 则为标号名或变量名。

(2) 字符串常量。当操作数是字符串常量时，其表示方法是用单引号或双引号括起来字符串，如果伪指令语句"变量"是字节类型的，则字符串常量对应顺序的 ASCII 码值序列存储，例如，'GOC -f G179'，对应于 ASCII 码值 47H、4FH、43H、5FH、66H、47H、31H、37H、39H 序列。如果伪指令语句"变量"是字类型的(使用 DW 定义字符串)，引号中间只能放两个字符，存储器的低地址放第二个字符，高地址放第一个字符。若数据有奇数个字符，要在最后加 0 字节。'GOC -f G179'要改写成'GO'、'C-'、'f G'、'17'、'9'，则汇编程序把该字符串按"字"为单位翻译成它的 ASCII 码值序列进行存储，对应于 ASCII 码值 474FH、435FH、6647H、3137H、0039H。低字节送低地址，高字节送高地址，顺序为 4FH、47H、5FH、43H、47H、66H、37H、31H、39H、00H。

(3) 符号常量。常量也可以用一个符号来代替，这种常量称为符号常量，它必须用伪指令 EQU 来定义(详见后述"伪指令"部分)。符号常量看似变量，但它有别于变量，它可以作为变量的值，出现在语句中。它的值在其作用范围内不能被改变，也不能重新定义。

例如：在下面的语句中：

```
TABEL1  DW  VAR1, VAR2, VAR3
```

TABEL1 是名称，DW 是操作符，说明 TABEL1 是字(16 位)类型变量，而 VAR1、VAR2、VAR3 是 TABEL1 的值，是符号常量，代表 3 个变量 VAR1、VAR2、VAR3 的偏移地址，每个占 2 个字节。再看下面的语句：

```
TABEL2  DD  DATA1, DATA2
```

TABEL2 是名字，DD 是操作符，说明 TABEL2 是双字(16 位)类型变量，而 DATA1 和 DATA2 是 TABEL2 的值，是符号常量，代表两个数据段 DATA1 和 DATA2 的段地址，每个占 4 个字节。

2) 表达式

各类运算符和常数、寄存器名、标号、变量一起共同组成表达式。表达式可以是数值表达式，也可以是地址表达式，还可以是"?"。

(1) 数值表达式，

如 X +1； 19 MOD 7；AND AX,075FH；

数值表达式的运算结果是一个数值常数，只有大小，没有属性。

(2) "?"表示预留的存储空间。不存放数值，等到以后再给该单元赋值。

(3) 地址表达式的运算结果是内存的偏移地址。

如地址表达式 offset data ，表示取变量"data"的偏移量。

用地址表达式时,要保证其结果有明确的物理意义。地址表达式的几种用法可以归纳如下:

① 两个符号地址相加、相乘、相除是无意义的,其表达式也是非法的;

② 两个符号地址相减表示两个符号地址之间的字节单元数。如设数组 ARRAY 有如下定义:

```
ARRAY    DW  1,2,3,4,5,6,7,8
ARRAY_END   DW   ?
```

指令

```
MOV  AX,ARRAY_END-ARRAY
```

表示的是将存储此数组所占用的字节单元数送入寄存器 AX 中。

③ "地址加(减)数字"的表达式是有意义的,其结果表示的是另一个地址值。如设首地址为 STRING 的字节数组中包含有 20 个字符,则指令

```
MOV  A L,STRING+7
```

表示将字节数组中的第 8 个字节送入寄存器 AL 中,其中 STRING+7 表示的是数组中第 8 个字符的地址。如写成 STRING-1 则表示 STRING 字节单元的前一个字节单元的地址。

而指令

```
MOV  AX,(ARRAY_END-ARRAY)/2
```

则表示把数组长度(即字数)存入寄存器 AX 中。

(4) 操作数字段可以使用复制定义符 DUP。

如语句

```
VAR3  DB  10  DUP(1,?,2 DUP(2,3));
```

其中,DUP 为复制定义符,可以嵌套使用。本语句定义变量 VAR3。表示(VAR3)=01H,(VAR3+1)=空格,(VAR3+2)=02H,(VAR3+3)=03H,(VAR3+4)=02H,(VAR3+5)=03H,然后重复 10 次。若从 VAR3 开始的符号地址(偏移地址)为 23,以后各字节的偏移地址依次为 24,25,26,…,82。

3.2 指令语句的操作数的表现形式——寻址方式

指令语句的第三部分是操作数,除了立即给出操作数(寻址方式 1),操作数存放地址只有两个地方:寄存器或内存。因此寻址方式还有两类:给出存放操作数的寄存器的地址(寻址方式 2);给出存放操作数内存的地址(寻址方式 3、4、5、6、7)。

寻址方式可分为两种:操作数的寻址方式和程序转移地址的寻址方式。

3.2.1　与数据有关的寻址方式

1. 立即数（Immediate Addressing）

在这种寻址方式下，操作数立即由指令指出，它可以是 8 位或 16 位的常数，常用来给寄存器赋初值。立即数紧跟在指令操作码之后并和操作码一起存放在代码段中。也称立即寻址。

汇编格式：n（n 为立即操作数）

功能：紧挨指令下一单元的内容为操作数 n。

【例 3-1】　以下三指令均属于立即寻址。

```
MOV  AX,1234H    ;将立即数 1234H 值赋给寄存器 AX
                 ;请注意：操作数 n 存放在紧挨指令操作码的下一单元
ADD  AX,5678H    ;将 AX 中的数据与立即数 5678H 进行相加,其结果又赋
                 ;给寄存器 AX
MOV  AX,'CB'     ;将 C 字符的 ASCII 码值"43H"送入 AH 寄存器中
                 ;将 B 字符的 ASCII 码值"42H"送入 AL 寄存器中
```

立即寻址方式如图 3-1 所示。

⚠ 注意：

（1）立即数不能大于对应的目的寄存器的容量；

（2）立即寻址主要用来给寄存器赋初值；

（3）目的数不能是内存。

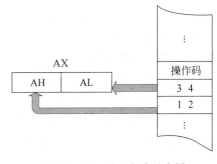

图 3-1　立即寻址方式示意图

2. 寄存器寻址（Register Addressing）

参与指令所指定操作的操作数就存放在指定的寄存器中。

汇编格式：R（R 是寄存器名）。

功能：寄存器 R 的内容就是操作数。

【例 3-2】　指明下两条指令运行的结果。

```
MOV BX,0201H      ;将立即数 0201H 放进 BX 寄存器中
MOV AX,BX         ;将寄存器 BX 的内容送入 AX 中
```

这两条指令运行的结果是：先将立即数 0201H 放进 BX 寄存器中，再将寄存器 BX 的内容 0201H 送入 AX 中。第一条指令的源操作数是立即寻址，第二条指令的源操作数才是寄存器寻址。

📖 说明：

（1）在寄存器寻址方式中，操作数存放在指令规定的寄存器中，不需访问内存，工作效率高；

(2) 寄存器不可以是段寄存器 CS、DS、ES、SS、IP。寄存器寻址方式示意如图 3-2 所示。

图 3-2　寄存器寻址方式示意图

3. 直接寻址(Direct Addressing)

与立即寻址不同,操作数在内存中,指令给出操作数所在内存单元的段基址和偏移地址 EA,用[n]表示,n 是一个常数。

汇编格式:[n]。

功能:指明操作数所在内存单元的偏移地址 n＝EA。段地址默认或指定。

【例 3-3】　MOV AL,[2000H];将逻辑地址为 DS:2000 单元内的字节送入 AL。

这里段基址默认为 DS,若段基址(DS)＝4000H,则操作数的物理地址为段基址左移 4 位,即 40000H,再加上偏移地址[EA]。

直接寻址方式示意如图 3-3 所示。

$$PA＝(段基址)\times10H＋EA$$

此指令的操作是:将数据段中物理地址为 42000H 单元的内容 56H 传至 AL 寄存器。

📝 说明:

(1) 操作数在内存中,当用一个常量作为操作数的偏移地址时,为了防止与立即寻址相混淆,必须给常量加一对中括号;

(2) 直接寻址的汇编格式中,操作数默认存放在数据段中,也可存放在其他段中。若在其他段中,则应在[n]前面注明段基址,如将例 3-2 中的[2000H]改在扩展段 ES,则该指令应改写成

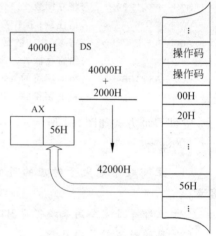

图 3-3　直接寻址方式示意图

```
MOV AL,ES:[2000H]        ;并告知(ES)的值;
```

(3) 如果已先行定义某变量存放在数据段中,该变量的偏移地址已知,则可以直接将该变量的名称(称作"符号地址")当操作数使用,如例 3-3 所示,同理,若在其他段中,则应注明,如 ES:BUF。

【例 3-4】　设 BUF 为数据段定义的变量,其符号地址为 3000H,(DS)＝4000H,(43000H)＝3469H,问执行指令 MOV AX,BUF 后的结果。

解答:该指令中 BUF 提供的是参与指令操作的操作数的符号地址(3000H),由于操作数的物理地址＝段首址(4000H)×10H(左移 4 位)＋偏移地址(3000H),其计算出的操作数的物理地址为 43000H,而该物理地址中的操作数为 3469H,也就是说这条指令的作用是:将物理地址为 43000H 中的数 3469H 赋给寄存器 AX。

4. 寄存器间接寻址(Register Indirect Addressing)

寄存器间接寻址与寄存器寻址的不同之处在于,指令指定的寄存器中的内容不是操作数,而是操作数的偏移地址,偏移地址加上左移 4 位之后的段首址得到操作数的物理地

址,参与指令所指定的操作的操作数就在这个物理地址中。

汇编格式:[R](R 是寄存器名)。

功能:R 的内容为操作数所在内存的偏移地址 EA。

【例 3-5】 设(DS)= 2500H,(SS)= 3000H,(BX)= 1000H,(BP)= 2000H, (26000H)= 4321H,(32000H)= 8765H,问执行以下指令后的结果。

```
MOV AX,[BX];
MOV CX,[BP];
```

解答:第一条指令中寄存器 BX 提供的是操作数的偏移地址(1000H),加上左移 4 位之后的数据段的首地址得到操作数的物理地址,即 PA = 2500H×10H + 1000H = 26000H,然后从 26000H 物理地址中取出操作数 4321H 赋给寄存器 AX。

第二条指令中寄存器 BP 提供的也是操作数的偏移地址(2000H),加上左移 4 位之后的堆栈段的首地址得到操作数的物理地址,即 PA = 3000H×10H+2000H = 32000H,然后从 32000H 物理地址中取出操作数 8765H 赋给寄存器 CX。

说明:

(1) 操作数存放在内存当中;

(2) 指令指定的寄存器只能为基址寄存器 BX、BP 或变址寄存器 SI、DI;

(3) 如果指令指定的寄存器为 BX、SI 和 DI,则操作数在数据段(DS)中,如果指令指定的寄存器为 BP,则操作数在堆栈段(SS)中。

(4) 寄存器间接寻址和寄存器寻址在汇编格式上相比较,寄存器间接寻址多了个中括号,它们的寻址方式截然不同,寄存器寻址不需访问内存,操作数就在指令指定的寄存器中,而寄存器间接寻址需要访问内存,操作数的偏移地址 EA 就是寄存器的内容。

注意:(3)(4)两点也适用于以后所讲的各种寻址方式之中。

寄存器间接寻址示意如图 3-4 所示。

5. 直接变址寻址(Indexed Addressing)

直接变址寻址,或称寄存器相对寻址。与寄存器间接寻址的不同之处在于,指令指定的寄存器中的内容不是操作数,也不是偏移地址,操作数的偏移地址是由指令指定的寄存器的内容加上指令指定的位移量之和求得。其他与寄存器间接寻址方式相同。

汇编格式:X[R]或[R+X](其中 X 表示位移量,R 为寄存器名)。

功能:寄存器 R 中的内容加位移量 X 作为操作数的偏移地址。

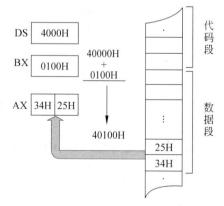

图 3-4 寄存器间接寻址示意图

【例 3-6】 设(SI)= 0100H,(BP)= 0200H,(DS)= 1000H,(SS)= 2000H,(10108)=

1234H,(20206)＝5432H。问执行以下指令后的结果。

```
MOV AX,8[SI]        ;
ADD 6[BP],AX        ;
```

解答：第一条指令中的8[SI]也可以写成[SI＋8]。第一条指令说明由变址寄存器SI提供的0100H值加上位移量8才是操作数的偏移地址EA＝0100H＋8H＝0108H,加上左移4位之后的数据段首址得到操作数的物理地址,其计算过程为PA＝1000H×10H＋0108H＝10108H,然后在操作数的物理地址当中取出1234H操作数赋给寄存器AX。

第二条指令中基址寄存器BP提供的0200H值加上位移量6才是操作数的偏移地址：EA＝0200H＋6H＝0206H,加上左移4位之后的堆栈段首址得到操作数的物理地址,其计算过程PA＝2000H×10H＋0206H＝20206H,然后在操作数的物理地址中取出5432H与AX的内容1234H相加,结果再放到20206H内存单元中。

说明：

(1) 操作数在内存中,位移量为8位或16位二进制补码表示的有符号数。

(2) 指令指定的寄存器只能为基址寄存器BX、BP或变址寄存器SI、DI。

(3) 在变址寻址中,指令指定的寄存器一定要加[]括号。

直接变址寻址方式示意如图3-5所示。

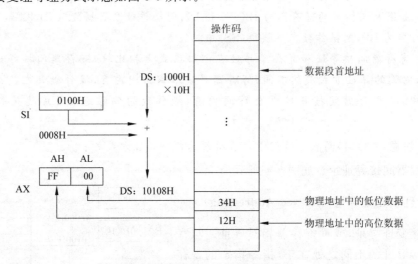

图3-5　直接变址寻址方式示意图

6. 基址变址寻址(Based Indexed Addressing)

有效地址EA是由基址寄存器BX(或基址指示器BP)的内容与变址寄存器(DI或SI)的内容之和。

汇编格式：[BX＋DI]或[BX][DI](其中BX为基址寄存器,DI为变址寄存器)。

功能：寄存器BX(或BP)中的内容加寄存器DI(或SI)的内容作为操作数的偏移地址。

【例 3-7】　MOV AX,[BX+SI];BX 的内容与 SI 的内容之和作为操作数的有效地址。传送数据段中的一个字,如图 3-6 所示。

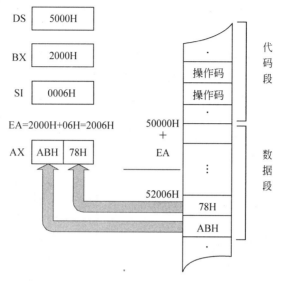

图 3-6　基址变址寻址方式示意图

7. 相对基址加变址寻址(Relative Based Indexed Addressing)

相对基址加变址寻址方式中,操作数的偏移地址 EA 是一个基址寄存器(BX 或 BP)和一个变址寄存器(SI 或 DI)的内容再加上指令中指定的 8 位或 16 位位移量之和。

汇编格式:X[BX+DI],

或　X[BX][DI],

或　[BX+DI+X]

(BX(或 BP)为基址寄存器,DI(或 SI)为变址寄存器,X 为位移量)。

功能:寄存器 BX(或 BP)中的内容加寄存器 DI(或 SI)的内容再加位移量 X 作为操作数的偏移地址。

【例 3-8】　设(AX)=0100H,(BX)=0200H,(BP)=0400H,(SI)=0300H,(DS)=2000H,(SS)=3000H,(20506H)=4567H,(30706H)=1234H。

问执行以下指令后的结果。

```
MOV AX,6[BX+SI]      ;
ADD 6[BP+SI],AX      ;
```

解答:第一条指令中的基址寄存器 BX 提供的 0200H 值加上变址寄存器 SI 提供的 0300H 值再加上位移量 6 才是操作数的偏移地址 EA=0200H+0300H+6H=0506H,再将数据段 DS 首地址左移 4 位,之后加上 EA,得到操作数的物理地址 PA=2000H×10H+0506H=20506H,然后在 20506H 地址中读取相应操作数参与指令所指定的操作。

第二条指令中的基址寄存器 BP 提供的 0400H 值加上变址寄存器 SI 提供的 0300H

再加上位移量 6 才是操作数的偏移地址 EA＝0400H＋0300H＋6H＝0706H,偏移地址加上左移 4 位之后的堆栈段 SS 首地址得到操作数的物理地址 PA＝3000H ＊ 10H＋0706H＝30706H,然后在 30706 地址中读取相应操作数参与指令所指定的操作。

📝 **说明:**

(1) 操作数在内存中,位移量为 8 位或 16 位二进制补码表示的有符号数。

(2) 该寻址方式的基址寄存器只能选择 BX 或 BP,变址寄存器只能用 SI 或 DI。

(3) 在该寻址方式中指令指定的基址寄存器和变址寄存器一定要用中括号将两者包含在一起。

相对基址加变址寻址示意如图 3-7 所示。

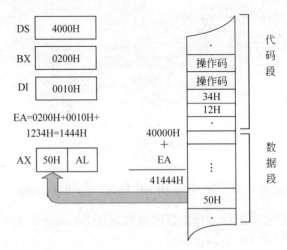

图 3-7 　相对基址加变址寻址方式示意图

⚠ **注意**:以上 7 种寻址方式,不能由内存送到内存。

3.2.2 程序转移地址的寻址方式之一——JMP 无条件跳转指令

为了改变程序中指令执行的顺序,可以利用控制转移指令改变代码段段基址 CS 和指令指针 IP 的值来实现。换句话说,控制转移指令告诉我们,程序执行顺序要从当前位置跳到新的位置。新位置的地址由(CS)和(IP)的值指明:如果只在本代码段内转移,只要知道(IP)的值即可;如果要跳到另一个代码段去,就要同时知道(CS)和(IP)两个值,(CS)指明跳到那个代码段的段基址,(IP)指明新位置在那个代码段内的偏移地址。(CS)与(IP)的值无须用户直接在汇编指令中给出,用户只需在汇编指令中给出某个符号地址即可,当然,该符号地址是事先定义过的。机器在执行指令时,指令转移的位移量由汇编或编译程序根据目标地址和转移指令的距离自动计算得出。

8086 CPU 提供了无条件转移指令和条件转移指令、过程调用指令、循环控制指令以及中断等几类指令。这些指令就是程序转移地址的寻址方式。为了知识的系统性,我们先只讨论无条件转移指令涉及的寻址方式,其余的将在 3.3.6 节讨论。

1. 段内直接寻址

段内直接寻址方式也称为相对寻址方式,相对当前 IP 值的转移距离不超过 8 位或 16 位的位移量,所以叫相对寻址,如图 3-8 所示。

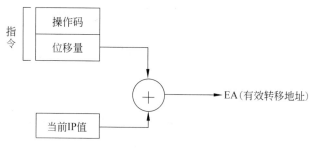

图 3-8　段内直接寻址方式示意图

1) 段内直接短转移

格式:JMP SHORT　OPR;OPR 表示新指令操作码的目标地址,用符号地址表示。

功能:指令在同一代码段范围之内进行转移,(IP)=OPR。

执行的操作:(IP)←OPR

说明:SHORT 指明符号地址与当前 IP 的距离小于或等于 8 位位移量。

【例 3-9】　JMP SHORT　QUEST ;QUEST 为一转向符号地址,处于代码段内。

2) 段内直接近转移

格式:JMP　NEAR PTR OPR。

功能:与前一种转移基本相同,只是位移量为 16 位。

说明:NEAR PTR 指明符号地址与当前 IP 的距离大于 8 位小于或等于 16 位位移量。

【例 3-10】　JMP NEAR PTR　ADD1;

ADD1 为一转向符号地址,处于代码段内。符号地址 ADD1 是事先定义过的,与当前 IP 的位移量为 16 位的二进制补码。

2. 段内间接寻址

格式:JMP　R　;R 表示寄存器

或　　JMP　WORD PTR OPR。

功能:也是段内转移。

执行的操作:(IP)←(EA)。

说明:转移目标的偏移地址 EA 采用寄存器寻址方式,或寄存器间接寻址方式,或寄存器相对寻址方式。即其转移的目标地址的偏移量,是寄存器或存储单元的内容,即以寄存器或存储器单元内容来更新 IP 的内容,所以是绝对偏移量。这种方式不能用于条件转移指令,如图 3-9 所示。这种方式也称段内间接转移。

【例 3-11】　设(DS)=2000H,(BX)=1256H,
(SI)=528FH,(BP)=0100H,(SS)=3000H,位移
量=20A1H,(232F7H)=3280H,(264E5H)=
2450H,(321A1)=3487H。问执行以下指令后的
结果。

```
JMP BX;
JMP TABLE [BX];
JMP WORD PTR [BP+TABLE];
```

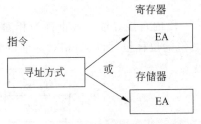

图 3-9　段内间接寻址方式示意图

解答:第一条指令是将寄存器 BX 的内容(默认在数据段内)作为新的 EA 值,送给
IP 寄存器。即

$$(IP)=(BX)=1256H$$

第二条指令是将存储单元的内容作为新的 IP 值,该存储器单元的地址由寄存器给
出。即

$$(IP)=((DS)\times 10H+(BX)+位移量)=(20000+1256+20A1)=(232F7)=3280H$$

第三条指令也是将存储单元的内容作为新的 IP 值,该存储器单元的地址由寄存器
BP 的内容加位移量 TABLE 的值(默认在堆栈段内)给出,再将该存储单元的内容取出,
作为新的 IP 值。即

$$(IP)=((SS)\times 10H+(BP)+位移量)=(30000+0100+20A1)=(321A1)=3487H$$

其中 WORD PTR 为操作符,用以指出寻址方式所取得的转向地址是一个字(16 位)范围
内的偏移地址,也就是说它是一种段内转移。

3. 段间直接寻址

格式:JMP　FAR　PTR　OPR。

功能:段间直接转移。

执行的操作:(IP)←(OPR 的段内偏移地址)
　　　　　　　(CS)←(OPR 所在段的段地址)

说明:这种方式用于段间直接转移,目标转向存储单元地址的段基值(CS)和偏
移地址(IP)都是指令码的组成部分,用来更新当前 CS 和 IP 的内容,如图 3-10 所示。

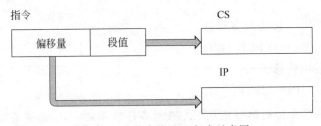

图 3-10　段间直接寻址方式示意图

【例3-12】 JMP FAR PTR NEXTADD ；NEXTADD 是另一代码段的符号地址。

4. 段间间接寻址

格式：JMP DWORD PTR OPR。

功能：段间间接转移。

执行的操作：(IP)←(EA)

　　　　　　(CS)←(EA＋2)

说明：这种方式用于段间间接转移,只不过当前 CS 和 IP 由目标存储单元中连续的两个字更新,低位地址的字更新 IP,高位地址的字更新 CS,存放新 IP 和 CS 的存储单元地址由前述存储器操作数的寻址方式决定,如图 3-11 所示。

图 3-11　段间间接寻址方式示意图

【例3-13】 JMP DWORD PTR ［INTER＋BX］；取 DS 段中偏移为存储器 ［INTER＋BX］处的双字作为新的 CS 和 IP。

3.3　8086/8088 处理器的指令系统

8086/8088 指令按功能分类可以分为：数据传送指令、算术运算指令、逻辑运算和移位指令、控制转移指令以及处理器控制指令,下面就对各类常用的指令作详细介绍。

3.3.1　数据传送指令

作用：它们在存储器和寄存器、寄存器和输入输出端口之间传送数据。

分类：数据传送意为对数据传送的操作,又可以分为：传送指令、交换指令、地址传送指令、堆栈操作指令、标志传送指令、查表指令、输入输出指令。

1. 传送指令

格式：MOV DST,SRC(DST 为目的操作数,SRC 为源操作数)。

功能：该指令把一个字节或一个字从 SRC 送到 DST。

【例3-14】

```
MOV  AH,AL        ;寄存器之间传送
MOV  AL,3         ;立即数与寄存器之间传送
MOV  AX,[DI]      ;寄存器与存储器之间传送(寄存器间接寻址)
```

说明：

（1）源操作数可以是累加器、寄存器、内存单元或者是立即数；

（2）目的操作数可以是累加器、寄存器和内存单元；

（3）MOV 指令不改变 SRC。

2. 交换指令

格式：XCHG OPRD1,OPRD2（OPRD 为操作数）。

功能：该指令把 OPRD1 的内容与 OPRD2 的内容交换。

【例 3-15】

```
XCHG  [SI+3],AL    ;存储器与寄存器之间交换数据
XCHG  DI,BX        ;寄存器之间交换数据
```

说明：OPRD1 和 OPRD2 可以是通用寄存器和存储单元但不包括段寄存器，也不能同时为存储单元，不能包含立即数。

3. 地址传送指令

地址传送指令又有 3 条指令。

（1）LEA 装入有效地址指令。

格式：LEA REG,OPRD（REG 为寄存器，OPRD 为操作数）。

功能：该指令把操作数 OPRD 的有效地址传送到 REG 寄存器中。

【例 3-16】

```
LEA  AX,[BX+3]     ;将操作数的有效地址送入寄存器 AX
LEA  DX,BUFFER     ;BUFFER 为变量名
```

说明：

① OPRD 必须是一个存储器操作数；

② REG 必须是一个 16 位通用寄存器。

（2）LDS 传送目标指针，把指针内容装入 DS 指令。

格式：LDS REG,OPRD（REG 为寄存器，OPRD 为操作数）

功能：该指令把操作数 OPRD 中包含的 32 位地址指针段值部分送到数据段寄存器 DS，把偏移部分送到通用寄存器 REG。

【例 3-17】

```
LDS DI,[BX]
LDS SI,FARPOINTER          ;FARPOINTER 是一个双字变量
```

说明：

① REG 表示除段寄存器之外的 16 位操作数；

② OPRD 表示双字的各种寻址方式的存储器操作数的首地址；

③ LES 传送目标指针,把指针内容装入 ES 指令。

格式：LES REG,OPRD。

功能：该指令把操作数 OPRD 中包含的 32 位地址指针的段值部分送到附加段寄存器 ES,把偏移部分送到通用寄存器 REG。

说明：

① REG 表示除段寄存器之外的 16 位操作数;

② OPRD 表示双字的各种寻址方式的存储器操作数的首地址。

4. 堆栈操作指令

我们在第 2 章中简单介绍过堆栈。堆栈是指存储器中开辟的一个特殊存储区,称为堆栈段。主要用来临时存放数据备用;也常用在执行中断指令或调用子程序 CALL,用堆栈来保存返回地址。所以堆栈在程序运行时是必不可少的。堆栈有进栈(存入数据)和出栈(取出数据)两种操作,编程时常成对使用。向堆栈存取数据必须以字为单位进行。堆栈就像一只带有标志(用堆栈指针寄存器 SP)的桶,标志总在货物的上方。最先向堆栈存入数据时是从栈底开始的,此时堆栈指针寄存器 SP 指向该存储区最高地址单元,即栈底的地址。以后,每存入一个字(两个字节)的数据,堆栈指针寄存器 SP 的内容自动减 2;每取出一个字的数据,堆栈指针寄存器 SP 的内容自动加 2;总之,数据进栈时 SP 指示地址递减,数据出栈时 SP 指示地址递增。每进行一次堆栈操作都会及时修改堆栈指针 SP 寄存器的内容,使得堆栈指针寄存器 SP 在任何时候都指向当前的栈顶(开始时指向栈底,即栈底单元的地址加 2)。

因为堆栈只有一个出入口,所以堆栈是以先进后出的方式进行数据操作的,即后进栈的先出栈,先进栈的数据后出栈。堆栈数据操作指令中只出现一个操作数,另一个操作数隐含在堆栈段中。如果是入栈操作,那么指令中出现的仅是源操作数,目的操作数隐含在堆栈中;如果是出栈操作,那么指令中出现的仅是目的操作数,源操作数则隐含在堆栈中。操作数可以是寄存器(16 位)、段寄存器或存储器操作数。

换成专业语言表述,堆栈是只允许在一端进行数据插入和数据删除操作的线性表,它是一段 RAM,其中地址最大的为栈底,地址最小的为栈顶(进行数据插入和删除操作的一端)。堆栈的段基址存放在段寄存器 SS 中,指针 SP 始终指向栈顶。

栈的操作遵循先进后出的原则。

(1) PUSH 把字压入堆栈指令。

格式：PUSH SRC(SRC 为源操作数)。

功能：该指令把源操作数 SRC 压入堆栈,SP 随着压栈而减小。

【例 3-18】

PUSH SI;

PUSH DS;

PUSH [SI];

说明： 数据进入堆栈的时候遵守"高高低低"原则,即高位数据放在高字节中,低位数据放在低字节中。

（2）POP 把字弹出堆栈指令。

格式：POP DST(DST 为目的操作数)。

功能：该指令从堆栈弹出一个字数据到目的操作数 DST,SP 随着出栈而增大。

【例 3-19】

```
POP [SI];
POP ES;
POP SI;
```

说明：DST 可以是通用寄存器以及段寄存器(除 CS),也可以是字存储单元。

5. 标志传送指令

8086/8088 CPU 中有专用于标志寄存器的指令。

（1）LAHF 标志位送 AH 指令。

格式：LAHF。

功能：该指令把标志寄存器低 8 位(SF、ZF、AF、PF、CF)传送到寄存器 AH 的指定位(即 7、6、4、2、0)。

（2）SAHF 将 AH 送入标志寄存器指令。

格式：SAHF。

功能：该指令把寄存器 AH 的指定位传送到标志寄存器的低 8 位(即该指令为 LAHF 逆操作)。

（3）PUSHF 标志寄存器进栈指令。

格式：PUSHF。

功能：该指令把标志寄存器的内容压入堆栈。该指令不影响标志。

（4）POPF 标志寄存器出栈指令。

格式：POPF。

功能：该指令把当前堆栈的一个字传给标志寄存器,同时 SP 加 2,该指令影响对应的标志位。

6. 输入输出端口传送指令

（1）IN I/O 端口输入指令。

格式 1：IN　AL,端口地址,或　IN　AX,端口地址。

功能：将 8 位端口的内容读入一个字节到 AL 寄存器中,或将 8 位端口的内容读入一个字到 AX 寄存器中。此指令只限于端口地址处于 0~255 之间时,是直接寻址方式。执行指令 IN　AX,端口地址的结果一定是：AL←端口地址的内容；AH←端口地址＋1 的内容。

格式 2：

```
MOV  DX,端口地址        ;端口地址先送入 DX 中
```

```
     IN   AL, DX              ;将端口地址的内容送 AL 寄存器中
```
或
```
     MOV  DX,端口地址          ;端口地址先送入 DX 中
     IN   AX, DX              ;将端口地址的内容送 AX 寄存器中
```

功能：当从 16 位端口地址(其地址大于 255)时，应采用间接寻址方式。即先将端口地址送 DX，再将 DX 所指端口内容送 AX 寄存器中。如

```
     MOV DX, 0908H;
     IN  AX, DX              ;先将端口地址送 DX，再将 DX 所指端口内容送 AX 寄存器中
```

【例 3-20】　IN 指令中也可使用符号来表示地址，例如下面指令从一个模/数(A/D)转换器读入一个字节的数字量到 AL 中：

```
     ATOD EQU 54H             ;A/D 转换器端口地址为 54H
     IN   AL,ATOD             ;将 54H 端口的内容读入 AL 中
```

(2) OUT I/O 端口输出指令。

上面对于输入指令 IN 的讨论，也适用于 OUT I/O 端口输出指令。

格式 1：OUT 端口地址，AL 或 OUT 端口地址，AX。

功能：将 AL 中的一个字节写到一个 8 位端口，或把 AX 中的一个字写到一个 16 位端口。

格式 2：

```
     OUT  DX,  AL    ;DX=端口地址
```
或
```
     OUT  DX,  AX
```

指令功能：将 AL 中的一个字节写到端口，或把 AX 中的一个字写到端口。同样，对 16 位端口进行输出操作时，也是对两个连续的 8 位端口进行输出操作。

【例 3-21】　下面是几个用 OUT 指令对输出端口进行操作的例子。

```
     OUT  85H,AL             ;8 位 85H 端口←AL 内容

     MOV  DX,0FF4H           ;16 位端口地址送 DX
     OUT  DX,AL              ;FF4H 端口←AL 内容

     MOV  DX,300H            ;DX 指向 300H
     OUT  DX,AX              ;300H 端口←AL 内容
                            ;301H 端口←AH 内容
```

3.3.2　算术运算指令

算术运算指令完成对数值的加、减、乘、除等运算。

1. 加法指令

1) ADD 加法指令

格式：ADD DST,SRC(DST 为目的操作数,SCR 为源操作数)。

功能：将 DST 内容与 SRC 内容相加,结果存入 DST 中,SRC 内容不变。

【例 3-22】

```
MOV AX,1234H        ;类似于 (AX)=1234H
MOV BX,2211H        ;类似于 (BX)=2211H
ADD AX,BX           ;类似于 (AX)=(AX)+(BX)
```

说明：

(1) 当 SRC 是立即数或寄存器操作数时,DST 可以是寄存器或存储器操作数;

(2) 当 SRC 是存储器操作数时,DST 只能是寄存器操作数;

(3) 段寄存器操作数不能为 SRC 和 DST;

(4) 该指令会影响 AF、OF、PF、SF、ZF 标志位。

2) ADC 带进位加法指令

格式：ADC DST,SRC(DST 为目的操作数,SRC 为源操作数)。

功能：将 DST 内容加上 SRC 内容再加上 CF 进位标志,并将结果送 DST 中。

【例 3-23】 设 CF=0,说明如下指令。

```
MOV  AX,4653H       ;类似于 (AX)=4653H
ADD  AX,0F0F0H      ;类似于 (AX)=(AX)+0F0F0H(CF=1)
MOV  DX,0234H       ;类似于 (DX)=0234H
ADC  DX,0F01H       ;类似于 (DX)=(DX)+0F01+(CF)(CF=0)
```

说明：

(1) 该指令主要用于多字节(或多字)加法运算中;

(2) 当 CF=0 时可以用 ADD,当 CF=1 时必须用 ADC;

(3) 该指令会影响 AF、OF、PF、SF、ZF 标志位。

3) INC 加 1 指令

格式：INC OPR。

功能：将 OPR 的内容自加 1 之后,结果存入原地址。

【例 3-24】 设(AX)=011FFH,说明如下指令。

```
INC  AX        ;类似于 (AX)=(AX)+1
```

说明：

(1) INC 指令是一个单操作数指令,即操作对象只有一个;

(2) 该指令中的操作数只能是寄存器或存储器操作数;

(3) INC 指令不会影响 CF 标志位;

(4) 该指令常用做计数器和对地址指针进行调整。

2. 减法指令

1）SUB 不带借位的减法指令

格式：SUB DST,SRC。

功能：将 DST 的内容减 SRC 的内容,结果存于 DST 中。

【例 3-25】 设(DS)＝3000H,(SI)＝0050H,(30064)＝4336H,说明如下指令。

```
MOV  AX,0136H(1)       ;类似于(AX)=0136H
SUB  [SI+14H],AX(2)    ;类似于[SI+14]=[SI+14]-AX
```

分析：第一条指令的作用是将立即数 0136H 赋给 AX 寄存器。

第二条指令的作用是先求出操作数的偏移地址 EA＝0050H＋14H＝0064H,再求出操作数的物理地址 PA＝3000H×10H＋0064H＝30064H,然后将 30064H 地址中的 4336H 操作数减 AX 寄存器中的 0136H 操作数 4336H－0136H＝4200H,最后将结果再存入 30064 物理地址当中。

说明：

(1) 在完成数据减法操作时,如果没有借位可以使用 SUB 指令;

(2) DST 可以是寄存器或存储器,而 SRC 还可以是立即数;

(3) 该指令影响 AF、OF、PF、SF、ZF、CF 标志位。

2）SBB 带借位减法指令

格式：SBB DST,SRC。

功能：将 DST 的内容减 SRC 的内容再减 CF,结果存于 DST 中。

【例 3-26】 设 CF＝0,DSUB 为定义的双字变量,初值为 0,说明如下指令。

```
MOV  AX,3412H       ;类似于(AX)=3412H
SUB  AX,2F65H       ;类似于(AX)=3412H-2F65H(CF=1)
MOV  DSUB,AX        ;将 AX 内容送到 DSUB 低位字中
MOV  BX,4275H       ;类似于(BX)=4275H
SBB  BX,12A5H       ;类似于(BX)=4275-12A5H-CF
MOV  DSUB+2,BX      ;将 BX 内容送到 DSUB 高位字中
```

说明：

(1) SBB 指令主要用于双字减法操作;

(2) DST 可以是寄存器或存储器,而 SRC 还可以是立即数;

(3) 该指令影响 AF、OF、PF、SF、ZF、CF 标志位。

3）DEC 减 1 指令

格式：DEC OPR。

功能：将 OPR 内容减 1,结果存入 OPR 中。

【例 3-27】 设(CX)＝0A404H,说明如下指令。

```
DEC  CX          ;类似于(CX)=0A404H-1
```

说明：

(1) OPR 可以是寄存器或存储器操作数；

(2) 该指令与前两个减法指令的不同在于它的操作不影响 CF 标志位；

(3) 该指令常用于对计数器和地址指针进行调整。

4) NEG 求补码指令

格式：NEG　OPR。

功能：将 OPR 的内容每一位求反加 1,结果送 OPR 中。

【例 3-28】　设(AL)＝0FFH,说明如下指令。

```
NEG  AL        ;类似于(AL)=01H
```

说明：该指令影响 AF、OF、PF、SF、ZF、CF 标志位。

5) CMP 比较指令。

格式：CMP　OPR1,OPR2

功能：将 OPR1 内容减 OPR2 内容,结果不保存。

说明：

(1) 该指令执行之后,OPR1 与 OPR2 的内容均不改变；

(2) CMP 指令用于比较两个操作数的大小,根据比较的结果标志位判断两个操作数的大小关系；

(3) CMP 指令后面常跟条件转移指令,根据比较结果的不同产生不同的分支,具体实例见条件转移指令；

(4) 该指令影响 AF、OF、PF、SF、ZF、CF 标志位。

3. 乘法指令

1) MUL 无符号数乘法指令

格式：MUL　SRC。

功能：如果是字节数据相乘,则将 SRC 的内容乘以 AL 寄存器的内容,得到字数据结果送 AX 寄存器；如果是字数据相乘,则将 SRC 的内容乘以 AX 寄存器的内容,得到双字数据结果,高字送 DX 寄存器,低字送 AX 寄存器。

【例 3-29】　设(AL)＝0A2H,(BL)＝11H,说明如下指令。

```
MUL  BL        ;类似于(AX)=0A2H * 11H=0AC2H
```

说明：

(1) SRC 可以是寄存器操作数或存储器操作数,而不能是立即数和段寄存器；

(2) 该指令只对 CF、OF 标志位有影响,而对 AF、SF、ZF、PF 未定义。

2) IMUL 有符号数乘法指令

格式：IMUL　SRC。

功能：与 MUL 指令运算过程相同,只是操作对象是带符号的二进制数。

【例 3-30】　设(AL)＝0B4H,(BL)＝11H,说明如下指令。

```
IMUL   BL       ;类似于 (AX)=(0B4H) * (11H)=FAF4H
```

分析：该指令是有符号指令,0B4H 用带符号十进制表示为－76D,11H 则为 17D,两数相乘之后,结果为－1292D,转换为十六进制为 FAF4H。

📖说明：

(1) 对于有符号数来讲,都是以补码形式存储数据的;

(2) SRC 可以是寄存器操作数或存储器操作数,而不能是立即数和段寄存器;

(3) 该指令只对 CF、OF 标志位有影响,而对 AF、SF、ZF、PF 未定义。

4. 除法指令

1) DIV 无符号数除法指令

格式：DIV　SRC。

功能：如果是字节除法,就将 AX 寄存器的内容除以 SRC 的内容,商值送 AL,余数送 AH;如果是字除法就将 DX,AX 的内容除以 SRC 的内容,商值送 AX,余数送 DX。

【例 3-31】　设(AX)＝0400H,(BX)＝0C8H,说明如下指令。

```
DIV   BL        ;类似于 (AL)=05H,(AH)=18H
```

分析：AX 寄存器中的内容 0400H 是无符号十进制的 1024D,BL 寄存器中的 0C8H 是无符号十进制的 200D,将 AX 内容与 BL 内容相除之后,商值 5D 送 AL,余数 24D 送 AH。

📖说明：

(1) 该指令可以进行字节、字操作,还可以进行双字操作;

(2) 对于 AF、CF、OF、PF、SF、ZF 标志位均未定义。

2) IDIV 有符号数除法指令

格式：IDIV　SRC。

功能：与 DIV 指令相同,只不过各种数据都是带符号的,特别是余数与被除数的符号应该相同。

📖说明：使用本指令时应记住所用的操作数一定是有符号的,其数据都是以补码的形式存储的。

3) CBW 字节转换为字指令

格式：CBW。

功能：将 AL 中的符号位数据扩展至 AH,若 AL 中的符号位是 0,则(AH)＝00H;若是 1,则(AH)＝FFH。

【例 3-32】　设(AL)＝A5H,说明如下指令。

```
CBW;
```

分析：由于 A5H 数据存储时,第八位为 1,所以扩展成字数据之后,(AX)＝FFA5H。

4）CWD 字转换为双字指令

格式：CWD。

功能：将 AX 中的符号位数据扩展至 DX,若 AX 中的符号位是 0,则(DX)＝0000H；若是 1,则(DX)＝FFFFH,用法与 CBW 相同。

3.3.3 逻辑运算指令

逻辑运算指令完成对逻辑数据的运算。

1. AND 逻辑位与指令

格式：AND DST,SRC。

功能：将 DST 的内容与 SRC 的内容进行按位与运算,结果送 DST。

【例 3-33】 设(AL)＝11111111B,要将 AL 中的第 2 位和第 6 位清零,则可执行指令：

```
AND  AL,10111011B
```

说明：

（1）该指令可以对数据的某些位进行清零；

（2）逻辑与的运算规则为 1 AND 1＝1,1 AND 0＝0,0 AND 0＝0,0 AND 1＝0,即运算的两边只要一边为 0,则结果为 0。

2. OR 逻辑位或指令

格式：OR DST,SRC。

功能：将 DST 的内容与 SRC 的内容进行按位或运算,结果送 DST。

说明：

（1）该指令可以对数据进行置 1 操作。

（2）逻辑或的运算规则为 1 OR 1＝1,1 OR 0＝1,0 OR 0＝0,0 OR 1＝1,即运算的两边只要一边为 1,结果即为 1。

3. XOR 逻辑位异或指令

格式：XOR DST,SRC。

功能：将 DST 的内容与 SRC 的内容进行按位异或运算,结果送 DST。

说明：按位异或运算的规则为 1 XOR 1＝0,1 XOR 0＝1,0 XOR 0＝0,0 XOR 1＝1,即运算的两边只要相同就为 0,不同才为 1。

4. NOT 逻辑位非指令

格式：NOT DST。

功能：将 DST 的内容逐位取反之后将结果送 DST。

说明：位非运算的规则为非 1 即 0，非 0 即 1。

5. TEST 测试指令

格式：TEST　DST，SRC。

功能：将 DST 的内容与 SRC 的内容进行逐位与运算，结果不保存，只根据结果设置状态标志。

说明：

(1) 该指令的作用可以检测数据某个位置上的状态；

(2) 该指令后面一般接跳转指令。

3.3.4　移位指令

移位指令完成对数据的移位操作。

1. SHL 逻辑左移指令

格式：SHL　OPR，CNT。

功能：将 OPR 的内容左移 CNT 指定的次数，低位补入相应个数的 0，CF 的内容为最后移入位的值。每移一位，若新 OPR 的最高位与 CF 的内容不同，表示 OPR 的符号位改变，以 OF＝1 作记号；否则，记 OF＝0。移位后的 PF、SF、ZF 的变化表示移位后的结果。这里 AF 的变化无意义，不予定义。

2. SAL 算术左移指令

格式：SAL　OPR，CNT。

功能：与 SHL 相同。

SAL 算术左移指令示意如图 3-12 所示。其效果完全同 SHL。

图 3-12　SAL 算术左移指令示意图

3. SAR 算术右移指令

格式：SAR　OPR，CNT。

功能：将 OPR 的内容右移 CNT 指定的次数，左边空出的位上补最高位内容(符号不变)，CF 的内容为最后移入位的值。每移一位，若新 OPR 的最高位与次高位的内容不同，表示 OPR 的符号位改变，以 OF＝1 作记号；否则，记 OF＝0。移位后会影响 CF、OF、PF、SF、ZF 的值。这里 AF 的变化无意义，不予定义。

SAR 算术右移指令如图 3-13 所示。

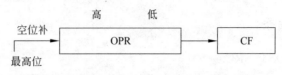

图 3-13　SAR 算术右移指令示意图

4. SHR 逻辑右移指令

格式：SHR　OPR,CNT。

功能：与 SAR 基本相同，只是左边空出的位上补入相应个数的 0。最低位送 CF。若 CF 的内容为最后移入位的值。移位后的 PF、SF、ZF 的变化表示移位后的结果。这里 AF 的变化无意义，不予定义。

5. ROL 循环左移指令

格式：ROL　OPR,CNT。

功能：将 OPR 内容的最高位与最低位连成一个环，移位时就在这个环中进行，左移次数由 CNT 决定，CF 的内容为最后移入位的值。每移一位，若新 OPR 的最高位与 CF 的内容不同，表示 OPR 的符号位改变，以 OF＝1 作记号；否则，记 OF＝0。移位后的 PF、SF、ZF 的变化表示移位后的结果。这里 AF 的变化无意义，不予定义。

ROL 循环左移指令如图 3-14 所示。

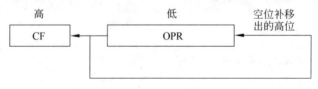

图 3-14　ROL 循环左移指令示意图

6. ROR 循环右移指令

格式：ROR　OPR,CNT。

功能：与 ROL 基本相同，只是移位方向是向右。每移一位，若新 OPR 的最高位与次高位的内容不同，表示 OPR 的符号位改变，以 OF＝1 作记号；否则，记 OF＝0。移位后的 PF、SF、ZF 的变化表示移位后的结果。这里 AF 的变化无意义，不予定义。

7. RCL 带进位循环左移指令

格式：RCL　OPR,CNT。

功能：将 OPR 的内容连同 CF 标志内容一起向左循环移位 CNT 次。

RCL 带进位循环左移指令如图 3-15 所示。每移一位，若新 OPR 的最高位与 CF 的内容不同，表示 OPR 的符号位改变，以 OF＝1 作记号；否则，记 OF＝0。移位后的 PF、

SF、ZF 的变化表示移位后的结果。这里 AF 的变化无意义,不予定义。

图 3-15　RCL 带进位循环左移指令示意图

8. RCR 带进位循环右移指令

格式:RCR　OPR,CNT。

功能:与 RCL 基本相同,只是移位方向是向右。每移一位,若新 OPR 的最高位与次高位的内容不同,表示 OPR 的符号位改变,以 OF=1 作记号;否则,记 OF=0。移位后的 PF、SF、ZF 的变化表示移位后的结果。这里 AF 的变化无意义,不予定义。

3.3.5　串操作指令

串操作指令完成对字符串的各种操作,其寻址方式只用隐含寻址,源串固定使用 SI,目的串固定使用 DI。

1. MOVS 串传送指令

格式:可有 3 种。

```
MOVS  DST,SRC    ;DST 和 SRC 分别是先已定义了的两个符号地址。DST 在
                 ;附加段,SRC 在数据段。
MOVSB            ;字节。
MOVSW            ;字。
```

功能:该指令可以把由 SI 指向的数据段中的一个字(或字节)送到由 DI 指向的附加段中的一个字(或字节)中去,同时根据方向标志及数据格式(字或字节)对 SI 和 DI 进行修改。

说明:

(1) 如果是字节操作,则 SI 与 DI 变化时是 ± 1;如果是字操作,则 SI 与 DI 变化时是 ± 2;

(2) 当方向标志 DF=1 时用一,当 DF=0 时用+。

2. STOS 存入串指令

格式:

```
STOS  DST        ;DST 是先已定义了的符号地址,在附加段。
STOSB            ;字节。
STOSW            ;字。
```

功能:该指令把 AL 或 AX 的内容存入由 DI 指定的附加段的某单元中,并根据 DF 的值及数据类型修改 DI 的内容。

说明:

(1) 如果是字节操作则先将 AL 的内容存入 DI 指定的附加段的某单元中,然后 DI 再自加/减 1;如果是字操作则将 AX 的内容存入[DI],然后 DI 再自加/减 2。

(2) 与 MOVS 指令第(2)点说明相同。

3. LODS 取串指令

格式:可有 3 种。

LODS SRC　　　;SRC 是先已定义了的符号地址,在数据段。

LODSB;

LODSW。

功能:该指令把由 SI 指定的数据段中某单元的内容送到 AL 或 AX 中,并根据方向标志及数据类型修改 SI 的内容。

说明:

(1) 如果是字节操作则先将由 SI 指定的单元内容送入 AL 中,然后 SI 再自加/减 1;如果是字操作则将[SI]送入 AX,然后 SI 再自加/减 2。

(2) 与 MOVS 指令第二点说明相同。

4. CMPS 串比较指令

格式:可有 3 种。

CMP SRC,DST　　　;DST 和 SRC 分别是先已定义了的两个符号地址。DST 在附
　　　　　　　　　　;加段,SRC 在数据段

CMPSB;

CMPSW。

功能:指令把由 SI 指向的数据段中的一个字(或字节)与由 DI 指向的附加段中的一个字(或字节)相减,但不保存结果,只根据结果置条件码。

5. SCAS 串搜索指令

格式:可有 3 种。

SCAS DST　　　;DST 是先已定义了的符号地址,在附加段

SCASB;

SCASW。

功能:该指令把 AL(或 AX)的内容与由 DI 指定的在附加段中的一个字节(或字)进行比较,但不保存结果,只根据结果置条件码。

6. REP 重复前缀指令

格式:REP strpri(strpri 可为 MOVS,LODS 或 STOS)。

功能:当 CX=0 时不执行 strpri 给定的指令,否则继续执行。

【例 3-34】　程序段。

```
MOV  CX,6        ;将字符串长度6送入CX
CLD              ;清方向标志,字符串地址增量
REP  MOVSB       ;重复送串中的各个字节,直到CX=0
```

7. REPE/REPZ 重复前缀指令

格式：REPE(或 REPZ)　strpri(strpri 可为 CMPS 或 SCAS)。

功能：当 CX=0 或 ZF=0(即某次比较的结果两个操作数不等)时不执行 strpri 给定的指令,否则继续执行。

8. REPNE/REPNZ 重复前缀指令

格式：REPNE(或 REPNZ) strpri(strpri 可为 CMPS 或 SCAS)。

功能：与 REPE/REPZ 相同,只是退出重复执行的条件为 CX=0 或 ZF=1。

3.3.6　控制转移指令

控制转移指令的作用为直接或根据条件是否满足,改变任务的执行顺序,跳转到指定的地址执行指令。

1. JMP 无条件跳转指令

已在 3.1.2 节中讨论过了,此处不赘。

2. 条件转移指令

条件转移只能有 8 位的位移量。所谓条件转移,是程序转移与否,要看条件满足不满足。其指令代码的特点是在字母 J 后面跟一个条件字母。例如 JZ 表示运算结果为零,就转移;JNZ 表示运算结果不为零,则转移。请注意测试条件。详述如下。

(1) 根据单个条件标志的设置情况转移。

① JZ(或 JE)结果为零(或相等)则转移。

格式：JE(或 JZ)　标号。

测试条件：ZF=1。

② JNZ(或 JNE)结果不为零(或不相等)则转移。

格式：JNZ(或 JNE)　标号。

测试条件：ZF=0。

③ JS 结果为负则转移。

格式：JS　标号。

测试条件：SF=1。

④ JNS 结果为正则转移。

格式：JNS　标号。

测试条件：SF＝0。

⑤ JO 溢出则转移。

格式：JO 　标号。

测试条件：OF＝1。

⑥ JNO 不溢出则转移。

格式：JNO 　标号。

测试条件：OF＝0。

⑦ JP(或 JPE)奇偶位为 1 则转移。

格式：JP 　标号。

测试条件：PF＝1。

⑧ JNP(或 JPO)奇偶位为 0 则转移。

格式：JNP(或 JPO) 　标号。

测试条件：PF＝0。

⑨ JB(或 JNAE,JC)低于,或者不高于且不等于,或进位位为 1 则转移。

格式：JB(或 JNAE,JC) 　标号。

测试条件：CF＝1 　(比较,就是作减法,低于,不够减,要借位)。

⑩ JNB(或 JAE,JNC)不低于,或者高于或者等于,或进位位为 0 则转移。

格式：JNB(或 JAE,JNC) 　标号。

测试条件：CF＝0。

(2) 比较两个无符号数,并根据比较的结果转移。

📖 说明：

① JB(或 JNAE,JC)。已讨论过。

② JNB(或 JAE,JNC)。已讨论过。

③ JBE(或 JNA)低于或等于,或不高于则转移。

格式：JBE(或 JNA) 　标号。

测试条件：CF 或 ZF＝1。

④ JNBE(或 JA)不低于且不等于,或者高于则转移。

格式：JNBE(或 JA) 　标号。

测试条件：CF 或 ZF＝0。

(3) 比较两个带符号数,并根据比较的结果转移。

📖 说明：

① JL(或 LNGE)小于,或者不大于且不等于则转移。

格式：JL(或 JNGE) 　标号。

测试条件：(SF⊕OF＝1)且 ZF＝0。(比较两个带符号数,就是作减法。小于,SF 和 OF 一定异号。不等于,ZF＝0。读者不妨做两个数的减法验证)。

② JNL(或 JGE)不小于,或者大于或者等于则转移。

格式：JNL(或 JGE) 　标号。

测试条件：SF⊕OF＝0　（比较两个带符号数,就是作减法。大于,SF 和 OF 一定同号。等于,ZF＝1。读者不妨作两个数的减法验证）。

③ JLE(或 JNG)小于或等于,或者不大于则转移。

格式：JLE(或 JNG)　标号。

测试条件：(SF⊕OF＝1)且 ZF＝1。

④ JNLE(或 JG)不小于且不等于,或者大于则转移。

格式：JNLE(或 JG)　标号。

测试条件：(SF⊕OF)＝0 且 ZF＝0　（比较两个带符号数,就是作减法。大于,SF 和 OF 一定同号,SF⊕OF＝0;不等于,ZF＝0。读者不妨作两个数的减法验证）。

(4) 测试 CX 的值为 0 则转移指令。

JCXZ CX 寄存器的内容为 0 则转移。

格式：JCXZ　标号。

测试条件：(CX)＝0。

3.3.7　循环指令

循环指令的作用为：根据条件是否满足完成一串重复的操作。

1. LOOP 循环指令

格式：LOOP　标号。

测试条件：(CX)不等于 0。

2. LOOPZ/LOOPE 循环指令

格式：LOOPZ(或 LOOPE)　标号。

测试条件：(CX)不等于 0 且 ZF＝1。

3. LOOPNZ/LOOPNE 循环指令

格式：LOOPNZ(或 LOOPNE)　标号。

测试条件：(CX)不等于 0 且 ZF＝0。

📖 说明：

这 3 条指令执行的步骤是：

(1) 先 CX 的内容减 1,即(CX)←(CX)−1;

(2) 再检查是否满足测试条件,如果满足则(IP)←(IP)＋D8 的符号扩充。

3.3.8　过程调用和返回指令

在汇编语言中,要使某一程序段成为一个子程序,必须先通过 PROC 和 ENDP 将其定义：

```
<过程名>  PROC  [NEAR]/FAR    ;NEAR 表示过程在本代码段内,FAR 表示
```

```
;过程在其他代码段内,
················                          ;
          RET                  ;返回指令
<过程名>  ENDP
```

子程序以 PROC 开头,用 ENDP 结束。

子程序可以采用 CALL 指令来调用。调用一个过程的语句格式有以下 4 种。

(1) 段内直接调用   CALL   过程名。

(2) 段内间接调用   CALL   寄存器名或内存地址;子程序地址用数据的寻址方式。

(3) 段间直接调用   CALL FAR PTR 过程名;子程序地址用 JMP 的寻址方式。

(4) 段间间接调用   CALL DWORD PTR 内存地址;子程序地址同数据的寻址方式。

此语句可以插入到上述定义的中间。

子程序也可以不写成"过程"形式,一般的子程序,可以认为从子程序的入口地址开始到 RET 指令结束的一段程序。调用时 CALL 指令中的"过程名"用"子程序中第一条可执行语句的名字"来代替。

3.3.9 中断指令

在第 2 章中已简述了中断的概念。因为第 7 章还要深入讨论,现在只简介中断指令。中断指令的作用为:调用中断程序及中断程序执行完之后返回。

1. INT 中断调用指令

格式:INT TYPE;

或   INT。

执行断点保护操作。

2. INTO 结果溢出中断指令

执行的操作:若 OF=1,则:

```
(SP)←(SP)-2
((SP)+1,(SP))←(PSW)
(SP)←(SP)-2
((SP)+1,(SP))←(CS)
(SP)←(SP)-2
((SP)+1,(SP))←(IP)
(IP)←(10H)
(CS)←(12H)
```

3. IRET 中断返回指令

格式:IRET。

执行断点返回操作。

注意：过程调用和中断两者都需要进行保护断点(即下一条指令地址)→跳至子程序或中断服务程序→保护现场→子程序或中断处理→恢复现场→恢复断点(即返回主程序)等操作。

3.3.10 处理机控制指令

1. 标志处理指令

(1) CLC 进位位置 0 指令,即 CF←0。

(2) CMC 进位位求反指令,即 CF←(CF 取反)。

(3) STC 进位位置 1 指令,即 CF←1。

(4) CLD 方向标志置 0 指令,即 DF←0。

(5) STD 方向标志置 1 指令,即 DF←1。

(6) CLI 中断标志置 0 指令,即 IF←0。

(7) STI 中断标志置 1 指令,即 IF←1。

2. 其他处理机控制指令

作用：这些指令可以控制处理机状态,它们都不影响条件码。

1) NOP 空操作或无操作指令

功能：该指令不执行任何操作,其机器码占有一个字节,在调试程序时往往用这条指令占有一定的存储单元,以便在正式运行时用其他指令取代。

2) HLT 停机指令

功能：该指令可使机器暂停工作,使处理机处于停机状态以便等待一次外部中断到来,中断结束后可继续执行下面的程序。

3) WAIT 等待指令

功能：该指令使处理机处于空转状态,它也可以用来等待外部中断的发生,但中断结束后仍返回 WAIT 指令继续执行。

4) ESC 换码指令

格式：ESC mem (mem 指出一个存储单元)

功能：ESC 指令把该存储单元的内容送到数据总线上去,当然,ESC 指令不允许使用立即数和寄存器寻址方式。这条指令在使用协处理机(Coprocessor)执行某些操作时,可从存储器取得指令或操作数。协处理机(如 8087)则是为了提高速度而可以选配的硬件。

5) LOCK 封锁指令

功能：该指令是一种前缀,它可与其他指令联合,用来维持总线的锁存信号直到与其联合的指令执行完为止。当 CPU 与其他处理机协同工作时,该指令可避免破坏有用信息。

3.3.11 32 位新增指令简介

1985 年 Intel 公司正式公布了 32 位微处理器 80386,其内外部数据线都是 32 位

（80386 SX CPU 外部数据线为 16 位），地址线 32 根，CPU 内部寄存器扩展到 16 个，指令系统得到扩展，随后，Intel 80386、Intel 80486 以及 Pentium 系列都继承了 80386 的 32 位指令系统，并在此基础上又新增了若干专用指令，有效地增强了 32 位微处理器的功能。

32 位微处理器中的 8 个 32 位通用寄存器分别是：EAX、EBX、ECX、EDX、ESI、EDI、ESP 和 EBP，均是在 16 位的基础上扩展而成的。段寄存器在原有的 4 个基础上增加了两个附加数据段寄存器：FS 和 GS，其长度还是 16 位。指令指针 IP 扩展为 32 位 EIP。标志寄存器也扩展为 32 位，增加的标志主要用于 CPU 的控制，很少在应用程序中使用。

32 位新增指令有：

双精度左移指令 SHLD；

双精度右移指令 SHRD；

前向扫描 16/32 位操作指令 BSF；

后向扫描 16 位操作指令 BSR；

位操作指令 BT、BTC、BTR、BTS；

条件设置指令 SETX（X 为条件）；

字节交换指令 BSWAP；

交换加指令 XADD；

比较交换指令 CMPXCHG；

高速缓存无效指令 INVD；

回写及高速缓存无效指令 WBINVD；

TLB 无效指令 INVLPG；

8 字节交换指令 CMPXCHG8B；

处理器特征识别指令 CPUID；

读时间标记计数器指令 RDTSC；

读模型专用寄存器指令 RDMSR；

写模型专用寄存器指令 WRMSR；

系统管理方式返回指令 RSM。

3.4　8086/8088 微机系统的伪指令

3.4.1　段定义伪指令

段定义伪指令的格式是

段名　SEGMENT　［定位类型］　［组合类型］　［类别］

如：DATA1　SEGMENT　　　;定义数据段，DATA1 是段名
又如：CODE　SEGMENT　　　;定义代码段，CODE 是段名

在段定义伪指令中，段名 DATA、CODE……是不能省略的，其构成规则与语句的名称一样。

后面的"［定位类型］［组合类型］［类别］"部分可略去。但是,如果需要把一个程序与其他程序模块相连接时,就要用到这些属性。限于篇幅,不作深入讨论。

3.4.2　ASSUME 伪指令

在汇编语言源程序中可以定义多个段,每个段都要与一个段寄存器建立一种对应关系。

在汇编语言源程序中,建立这种对应关系的说明语句置于 CODE　SEGMENT 的下一条,就是代码段的第一条语句。格式如下,

　　ASSUME　　段寄存器名：段名

其中,段寄存器是 CS、DS、ES、SS、FS 和 GS,段名是在段定义语句说明时的段名。在一条 ASSUME 语句中可建立多组段寄存器与段之间的关系,每种对应关系要用逗号分隔。例如,

　　ASSUME　CS:CODE1, DS:DATA1

上面的语句说明了 CS 对应于代码段 CODE1,DS 对应于数据段 DATA1。

在 ASSUME 语句中,还可以用关键字 NOTHING 来说明某个段寄存器不与任何段相对应。如 ASSUME　ES:NOTHING。

在代码段的其他位置,还可以用另一个 ASSUME 语句来改变前面 ASSUME 语句所说明的对应关系,这样,代码段中的指令就用最近的 ASSUME 语句所建立的对应关系来确定指令中的有关信息。

例如：

```
CODE1  SEGMENT                        ;段定义伪指令
ASSUME  CS:CODE1, DS:DATA1, ES:DATA2   ;段与段寄存器建立对应关系
……………………
ASSUME  DS:DATA3, ES:NOTHING          ;改变前面 ASSUME 语句所说明的对应关系,DS 对应于数
                                      ;据段 DATA3,而段寄存器 ES 不与任何段相对应
```

ASSUME 是伪指令。ASSUME 伪指令只是指定某个段分配给哪个段寄存器,并不能把段地址装入段寄存器中。为段寄存器装入对应段的段地址通常由程序来完成。但 4 个段寄存器的装入方法有所不同,下面分别介绍。

1. CS 的装入

当源程序

```
………………
CODE  SEGMENT                    ;段定义伪指令
ASSUME  CS:CODE,DS:DATA,ES:EXTRA ;段与段寄存器建立对应关系

………………
CODE  ENDS                       ;程序结束伪指令
END  START                       ;程序结束伪指令
```

经过汇编、连接后,由 DOS 系统将 CS、DS、ES 装入内存中,同时将程序要执行的第一条指令地址装入 CS、IP 中,然后从这条指令开始执行。

2. DS 和 ES 的装入

在程序中,必须使用 MOV 指令才能将对应段的段地址装入寄存器 DS 和 ES 中。例如:

```
MOV  AX, DATA1
MOV  DS, AX
················
MOV  ES, AX
················
```

3. SS 的装入

堆栈段是一个特殊的段,在程序中可以定义它,也可以不定义。除了要生成 COM 型执行文件的源程序外,一个完整的源程序一般最好定义堆栈段。如果在程序中不定义堆栈段,那么,操作系统在装入该执行程序时将自动为其指定一个 64K 字节的堆栈段。

在程序没有定义堆栈段的情况下,在由连接程序生成执行文件时,将会产生一条如下的警告信息,但程序员可以不理会它,所生成的执行文件是可以正常运行的。

warning　xxxx：no stack segment(其中：xxxx 是错误号)

在源程序中,可用以下方法来定义堆栈段。

SS 装入段地址的方法有两种。

(1) 定义堆栈段时,将 SEGMENT 语句中的组合类型选择"STACK"。如:

```
STACK  SEGMENT  PARA  STACK   ;定义堆栈段,定位类型为 PARA,组合类型为 STACK
    DW  40 DUP(0)             ;40 是堆栈的长度,可根据需要进行改变
    TOP    LABEL WORD         ;说明栈顶别名,这样,对栈顶寄存器 SP 的赋值就
                             ;很方便。可省略此语句
STACK  ENDS                  ;堆栈段结束伪指令
```

在源程序经过汇编、连接时,由 DOS 系统自动将 STACK 段的段地址装入 SS 中,同时使 SP 指向栈底+2 的存储单元。

(2) 如果在程序中要调换堆栈段,则可用类似装入 DS、ES 的方法,先定义堆栈段,然后用指令来实现其段首址和指针地址 SS,SP 的装入。例如:

```
STACK1 SEGMENT
        DW  20 DUP(0)
  TOP  LABEL  WORD
STACK1 ENDS
CODE   SEGMENT
        ASSUME  CS: CODE,SS: STACK1
```

```
START: MOV      AX,STACK1
       MOV      SS,AX
       MOV      SP,OFFSET  TOS     ;栈底+2的地址存入SP
```

应注意,SS、SP 必须同时初始化。

3.4.3　数据定义伪指令

数据定义伪指令用来定义一个变量的类型,并将所需要的数据放入指定的存储单元中。也可以只给变量分配存储单元,而不赋予特定的值。

数据定义伪指令的一般格式为

[变量名]　数据定义符　操作数 [,操作数…][;注释]

说明:操作数可以是字符串、数字、复制操作符 DUP,也可以使用表达式。

注释部分用来说明该伪操作的功能。

常用的数据类型定义符有:DB(字节变量定义符)、DW(字变量定义符)、DD(双字变量定义符)、DQ(4 字变量定义符)、DF(6 字节变量定义符)、DT(10 字节变量定义符常用于表示压缩的 BCD 码)。

3.4.4　符号定义伪指令

1. 等值定义伪指令 EQU

操作数是由表达式组成的(表达式有时是比较复杂的)。有时同一个操作数会在程序中多次出现。当需要修改时,就要对它们逐个进行修改,这无疑会增加维护程序的工作量,而且每个常量或表达式所代表的含义也容易遗忘。为了简便,往往用 EQU 伪指令给操作数的表达式起一个名字,或者说,定义一个符号。此后,程序中凡出现该操作数的表达式时候,就可以用这个名字或符号来代替了。

1) 格式

符号名　EQU　表达式　　;左边的符号名代表右边的表达式

注意:等价语句不会给符号名分配存储空间,符号名不能与其他符号同名,也不能被重新定义。

2) 用符号名代表常量或表达式

当把一个常量(值)或表达式定义成一个具有一定含义的符号名后,在程序中就可以用该符号名来代表该常量或表达式。

例如:

```
NUM  EQU  100              ;给缓冲区的长度取一个符号名
BUFF_LEN  EQU  NUM+5       ;BUFF_LEN 的偏移地址为 105
BFD  EQU  DS:[BP+6]        ;BFD 的地址在 DS 段,偏移地址为"寄存器 BP 的内容+6"的
                          ;内存单元的内容
```

3）用符号名代表字符串

用一个具有一定含义的符号名定义某一个较长的字符串,在随后的程序中就用该符号名。例如:

```
GREETING EQU "How are you!"
```

在该定义之后,就可使用符号名 GREETING 来代表字符串"How are you!"。

4）用符号名代替关键字或指令助忆符

用一个(组)程序员自己习惯的符号名来代替汇编语言中的关键字或指令助忆符。但建议一般不要这样做,因为程序的其他阅读者可能会觉得很别扭。

例如:

```
MOVE    EQU MOV    ;给指令 MOV 取另一个符号名 MOVE
COUNTER  EQU CX    ;给寄存器 CX 取一个叫"COUNTER(计数器)"的符号名
```

上面的定义只是给原来的助忆符 MOV 和 CX 起了另一个别名,而原来助忆符 MOV 和 CX 仍然可以使用,所以,我们可编写如下语句。

```
MOVE AX, CX      ;相当于指令: MOV AX, CX
MOV COUNTER, BX  ;相当于指令: MOV CX, BX
```

2. 等值定义伪指令 EQU 与属性定义操作符 PTR 的联合使用

在符号定义 EQU 伪指令中,重新定义变量或标号的类型属性。

格式:变量或标号的新名　EQU　属性或类型　PTR　变量或标号的原名

如下面语句已定义 START 属性是 NEAR(因为 START 的后面接冒号),

```
START: MOV CX,100
```

可以把等值定义伪指令 EQU 与属性定义操作符 PTR 联合使用来重新将其标号命名为 FAR_START,使其属性变为 FAR。

```
FAR_START EQU FAR PTR START
```

又如对于变量

```
ACS DW ?
```

这里定义了一个字的保留存储单元,若要对这个字的两个字节分别使用,就必须对这个字的两个字节赋予另一种类型的定义如下。

```
ACS0 EQU BYTE PTR ACS
ACS1 EQU BYTE PTR (ACS+1)
```

3. 等值定义伪指令 EQU 与类型指定运算符 THIS 的联合使用

格式:下一条邻接语句的变量或标号的新名　EQU　THIS　属性或类型

功能:该运算符主要用来为下一条邻接语句的变量名或标号指定一个新名,和新的类型属性。被指定新名的变量或标号的地址属性不变。即对同一内存位置定义为双重类型变量或双重类型标号。

1）用于变量

```
FIRST_BYTE  EQU  THIS  BYTE  ;给后面邻接语句的字存储单元取一个字节属性的符号名
WORD_TYPE DW 1122H
```

有了上述定义后，访问同一内存位置，用 FIRST_BYTE 按字节访问，用 WORD_TYPE 按字访问。

可编写如下语句：

```
MOV  AL,FIRST_BYTE     ;FIRST_BYTE 作为字节变量，将 22H 传送给寄存器 AL
MOV  BX,WORD_TYPE      ;WORD_TYPE 作为字变量，将 1122H 传送给寄存器 BX
```

又例如

```
STACK   SEGMENT
        DW  100  DUP(?)
TOP     EQU  THIS  WORD
STACK   END
```

变量 TOP 被定义为字类型，它的偏移量应为 STACK 段定义 100 个字后的下一个字的偏移量，它恰就是堆栈指针 SP 的初值，因此经常用这种方法为 SP 赋初值。

2）用于标号

```
START  EQU  THIS  FAR     ;赋予传送指令(MOV)有一个 FAR 属性的地址 START
MOV    CX, 100
```

4. 等号语句伪指令

汇编语言提供了用等号来定义符号常数的方法，即可用符号名代表一个常数。其一般格式如

符号名=数值表达式

数值表达式在汇编时应该可以计算出数值，它不能含有向前引用的符号名称。用等号语句定义的符号可以多次被重新定义。例如

```
ABC=10+200 * 5         ;ABC 的值为 1010
ABC1=5 * ABC+21        ;ABC1 的值为 5071
COUNT=1                ;COUNT 的值为 1
COUNT=2 * COUNT+1      ;COUNT 的值为 3
```

3.4.5　用伪指令 LABEL 定义变量和标号

1. 定义变量

格式：

变量名　LABEL　类型

例如：

```
BUF  LABEL  BYTE
DB 21
```

它等价于 BUF　　DB 21

LABEL 也可作为双重类型变量定义，如

```
AB  LABEL  BYTE
AW  DW  50DUP
```

这样访问同一内存位置，用 AB 按字节类型，用 AW 按字类型。

2. 定义标号

对于属性为 NEAR 和 FAR 标号均可以用这种定义。

格式是：

标号名　LABEL　　类型

例如：

```
NEXT  LABEL  类型      ;NETR 或 FAR(只取其一)
...........................
LOOP  NEXT
```

3.4.6　PTR 操作符、LABEL 伪指令与 THIS 操作符的区别

1. 格式不同

1) PTR 操作符的格式

(1) 用于指令中。

类型　PTR　表达式

(2) 用于等值定义伪指令 EQU 中。

变量或标号的新名　EQU　属性或类型　PTR　变量或标号的原名

2) 双类型数据定义符 THIS 的格式

EQU　THIS　属性或类型

3) 双类型数据定义符 LABEL 格式

LABEL　属性或类型

2. 范围不同

(1) PTR 操作符既可用于指令中，又可用于等值定义伪指令 EQU 中。

（2）双类型数据定义符 THIS 只用于等值定义伪指令 EQU 中。

（3）双类型数据定义符 LABEL 只作定义伪指令用。

3．时限不同

PTR 操作符既可用于指令中，又可用于等值定义伪指令 EQU 中。当 PTR 操作符用于指令中，只在该语句中有效，是"临时"起作用的。当 PTR 操作符用于等值定义伪指令 EQU 中，是在整个程序中都起作用的。与 THIS 用于等值定义伪指令 EQU 中，以及 LABEL 作定义伪指令用，都是在整个程序中都起作用的。

为了加深理解，特举下例进一步说明。

设若已定义

```
AW  DW  10DUP
```

要在 AW 的起始字节置入 3，可以有以下几种方法。

（1）方法 1：用 LABEL 伪指令。

```
AB  LABEL  BYTE
AW  DW  10DUP(?)
················
MOV  AB,3
```

（2）方法 2：用 PTR 操作符。

```
AW  DW  10DUP(?)
················
MOV  BYTE PTR AW,3     ;仅在此语句中起作用
```

（3）方法 3：EQU 和 PTR 联合使用。

```
AW  DW  10DUP(?)
AB  EQU  BYTE  PTR  AW  ;再定义一个字节变量 AB 和 AW,占有同一内存单元,全程有效
················
MOV  AB,3
```

（4）方法 4：EQU 和 THIS 联合使用。

```
AB  EQU  THIS BYTE         ;再定义一个字节变量 AB 和 AW,占有同一内存单元,全程有效
AW  DW  10DUP(?)
················
MOV  AB,3
```

3.4.7　置汇编地址计数器伪指令

在汇编程序对源程序汇编的过程中，使用地址计数器来保存当前正在汇编的指令的地址，地址计数器的值可用" $ "来表示，该值能够自动地与当前地址值保持一致。用户可以通过" $ "直接引用地址计数器的值。

例如

```
COUNT  EQU  $-VAR2
```

给表达式＄-VAR2 起名字 COUNT,如果变量 VAR2 开始的符号地址(偏移地址)为7,其数值一直延续到当前偏移地址,设为 EA＝16,即＄＝16,则 COUNT 的值表示VAR2 的长度,16－7＝9,不占内存。

又例如

```
VAR6  DW  1, 2, $+4, 3, 4, $+4
```

这里 VAR6 数组中的两个＄＋4 得到的结果是不同的,这是由于＄的值在不断变化的缘故。

如汇编时为 VAR6 分配的偏移地址值为 0100H,则汇编后的存储情况是:前面的＄＋4 的当前值是 0108,因＄保存的当前偏移地址 EA＝0104,则(VAR6＋4)＝(0104H)＝08H,(VAR6＋5)＝(0105H)＝01H,…后面的＄＋4 的当前值是 010EH,因＄保存的当前偏移地址 EA＝010AH,则(VAR6＋10)＝(010AH)＝0EH,(VAR6＋11)＝(010BH)＝01H,如图 3-16 所示。

	VAR6	VAR6+1	VAR6+2	VAR6+3	VAR6+4	VAR6+5	VAR6+6	VAR6+7
$=EA	0100H	0101H	0102H	0103H	0104H	0105H	0106H	0107H
内容	00H	01H	00H	02H	08H	01H	00H	03H

	VAR6+8	VAR6+9	VAR6+10	VAR6+11	VAR6+12	VAR6+13	VAR6+14
$=EA	0108H	0109H	010AH	010BH	010CH	010DH	010EH
内容	00H	04H	0EH	01H			

图 3-16　语句中含有＄的内存单元分布示意 1

3.4.8　地址定位伪操作

通常情况下,地址计数器的值是由汇编程序自动设置的,但有些场合,用户需要指明程序和数据要从某一特定的地址开始存放,这时就要用到如下几个伪指令。

1. 偶对齐伪指令 EVEN

格式:EVEN。

功能:使下一个字节地址成为偶数。

该伪指令一般用于数据段中。我们知道,一个字的地址最好从偶地址开始,一个机器周期可以存取两个字节,存取速度较快。所以对于"字"数组为保证其从偶地址开始,可以在它前面用 EVEN 来达到这一目的。例如

```
DATA  SEGMENT
```

```
A   DB   'ABCDEFG '      ;7个字符占7个字节,偏移地址为0~6,下一个存储单元是奇地址
EVEN                     ;以下100个"字"从偶地址开始
ARRAY DW  100 DUP(?)
DATA  ENDS
```

2. 对齐伪指令 ALIGN

格式：ALIGN　NUM　其中：NUM 必须是 2 的幂,如：2、4、8 和 16 等。

功能：告诉汇编程序,本伪指令下面的内存变量必须从下一个能被 NUM 整除的地址开始分配。如果下一个地址正好能被 NUM 整除,那么,该伪指令不起作用;否则,汇编程序将空出若干个字节,直到下一个地址能被 NUM 整除为止。

试比较下面二组变量定义,它们的对齐效果一致吗？

```
B1  DB  12H            B1   DB  12H
EVEN                   ALIGN  2
W1  DW  4567H          W1   DW  4567H
```

从上面的对比,我们不难看出：伪指令 ALIGN 的说明功能要比伪指令 EVEN 强。

3. 调整偏移量伪指令 ORG

格式：ORG　表达式

功能：使下一个字节的地址成为表达式的值。该伪指令可用于数据段、代码段的任何位置。

例如：

```
DATA  SEGMENT
  ORG  10H               ;使下一个字节的偏移地址成为表达式的值:10H
  VARL DW  4567H         ;VARL的偏移地址为10H
  ORG  $+10H             ;使下一个字节的偏移地址成为表达式的值:$+10H=0022H
  VAR2 DW  1234H
  DATA  ENDS
  CODE  SEGMENT
    ......
  ORG  100H
  START:
  MOV  AX,DATA           ;此指令的偏移地址为0100H
    ......
  CODE  ENDS
END  START
```

再举一例,假设在给变量 W1 分配内存单元时,当前偏移量计数器 $ 的值为 2,

```
W1  DW $,$   ;变量W1后面第一个"$"代表数值2,第一个字分配后,偏移量计数器$的值为4,
             ;第二个字分配完后,"$"就代表数值6
ORG  $+3     ;从当前地址$=6开始空3个字节。$+3的值为9,所以,伪指令"ORG $+3"
```

图 3-17　语句中含有 $ 的内存
单元分布示意 2

　　;就表示下一个变量从偏移量为 9 的单元地址开始分配

```
B1  DB  43H
```

上述变量说明所对应的内存单元分布如图 3-17
所示。

　　注意：如果在指令中用到"$"，它只代表该指令
的首地址，而与"$"本身所在的字节无关。例如指令

```
JNZ  $+6
```

表示指令由此跳转到下面第 6 条指令执行。

3.4.9　基数控制伪指令

　　汇编程序默认的数为十进制数，因而在源程序中不
带任何标记的数一律看作十进制数，而使用其他基数表
示的常数时，需要专门给以标记，如 1011B、4567H 等。
可以使用基数控制伪指令改变默认的基数。

　　格式：RADIX　基数值。

　　其中基数值的取值可以是 2、8、10 或 16，如 RADIX 8 表示把默认基数改为八进制，
RADIX 2 表示把默认基数改为二进制。修改基数值后，新的默认基数表示的常数可以不
带任何标记，其他基数表示的常数则应给以标记。

　　例如

```
RADIX  16
MOV    BX,0FFH
MOV    AX,178DH
```

　　应当注意，在把基数定为十六进制后，十进制数后面都应加字母 D。在这种情况下，
如果某个十六进制数的末字符为 D，则应在其后跟字母 H，以免与十进制数发生混淆。

3.4.10　子程序定义伪指令 PROC 和 ENDP

　　在程序设计中，经常将一些重复出现的语句组定义为子程序。子程序又称为过程，可
以采用 CALL 指令来调用。

　　过程定义格式如下，

```
过程名  PROC  [NEAR]/FAR
        …                    ;其他指令系列
        RET                  ;返回指令
过程名  ENDP
```

　　调用一个过程的格式为

```
CALL  过程名
```

说明：PROC、ENDP 是定义子程序时必须使用的保留字，PROC 和 ENDP 相当于一对括号，将子程序的指令包括在内。RET 指令通常作为子程序的最后一条指令，用来控制 CPU 返回到主程序的断点处继续向下执行。

习　题　3

一、填空题

1. 直接变址寻址操作数的偏移地址是由_____和_____之和求得。

2. 逻辑运算指令包括_____、_____、_____和_____等操作。

3. 段内转移指令将改变_____的值。段间转移指令将改变_____及_____的值。

4. 指令 CLC 的作用是_____。

5. 设（AH）＝13H，执行指令 SHL AH,1 后,（AH）＝_____。

6. 指令 MOV　AX,[BX＋SI＋6],其源操作数的寻址方式为_____。

7. 若（AX）＝2000H，则执行指令 CMP AX,2000H 后,（AX）＝_____,ZF＝_____。

8. 一个汇编语言源程序有 3 种基本语句：_____、_____和_____。

9. 汇编语言的注释必须以_____开始。注释的主要作用是_____。

10. 如果对串的处理是从低地址到高地址的方向进行的,则应将方向标志为 DF_____,否则应将 DF_____。

11. 请填写下列各语句在存储器中分别为变量分配的字节数。

```
DATA    SEGMENT
NUM1    DB    20                      ;NUM1 分配_____B
NUM2    DB    '1AH,2DH,35H,40H'       ;NUM2 分配_____B
NUM3    EQU   05H                     ;NUM3 分配_____B
NUM4    DB    NUM3  DUP(0)            ;NUM4 分配_____B
DATA    ENDS
```

12. 写出下列 MOV 指令单独执行后,有关寄存器中的内容(使用十六进制的数)。

(1) MOV　AH,50H＋23　　　　　　　　　　　_____

(2) MOV　AH,32H＋0ADH　　　　　　　　　 _____

(3) ARRAY1　DW　　34H,56H,13H,45H

　　　ARRAY2　DW　　11H,13H,16H

　　　MOV　AH,BYTE PTR ARRAY1＋4　　　　_____

　　　MOV　AL,ARRAY2－ARRAY1　　　　　　_____

(4) MOV　AH,58H－34H　　　　　　　　　　 _____

(5) MOV　AX,43H＊35　　　　　　　　　　　 _____

(6) MOV　AH,0FFH/56H　　　　　　　　　　 _____

(7) MOV　AH,0DEH MOD 3　　　　　　　　　_____

(8) MOV　AX,9 GT 7　　　　　　　　　　　_____

(9) MOV　AX,0AH GE 0AH　　　　　　　　_____

(10) MOV　AX,23 LT 0CH+5　　　　　　　　_____

(11) MOV　AX,10 LE 0AH　　　　　　　　　_____

(12) MOV　AX,56 EQ 38H　　　　　　　　　_____

(13) MOV　AX,63H MOD 55 NE 33H　　　　　_____

(14) MOV　AL,NOT 0AH　　　　　　　　　_____

(15) MOV　AX,23 AND 66　　　　　　　　　_____

(16) MOV　AX,(25 GT 34) OR 0ADH　　　　　_____

(17) MOV　AL,0CDH XOR 85H　　　　　　　_____

(18) MOV　AL,70H SHR 5/4　　　　　　　　_____

(19) MOV　AL,23H SHL 2+13 MOD 6　　　　　_____

(20) ARRAY1　　DB 20,30 DUP(0)

ARRAY2　　DD 30 DUP(0,3 DUP(1),2)

ARRAY3　DW 10H,20H,30H

MOV　AL,LENGTH ARRAY1　　　　　　_____

MOV　AL,SIZE ARRAY2　　　　　　　_____

MOV　AL,TYPE ARRAY3　　　　　　　_____

(21) ARRAY1　　DB 65H,20H

ARRAY2　　DW 129AH

MOV　AX,WORD PTR ARRAY1　　　　　_____

MOV　AL,BYTE PTR ARRAY2　　　　　_____

(22) NUM1　　EQU 23

NUM2　　EQU 79

NUM3　　EQU 4

MOV　AL,NUM1 * 5 MOD NUM3　　　　_____

MOV　AL,NUM2 AND 34　　　　　　　_____

MOV　AL,NUM3 OR 5　　　　　　　　_____

MOV　AL,NUM1 LE NUM2　　　　　　_____

MOV　AX,NUM2 SHL 2　　　　　　　_____

二、选择题

1. 对某个寄存器中操作数的寻址方式称为(　　)寻址方式。

　　A. 直接　　　　　　B. 间接　　　　　　C. 寄存器　　　　　D. 寄存器间接

2. 设(AX)=1234H,(BX)=5678H,执行下列指令后,AL 的值应是(　　)。

PUSH　AX

```
PUSH  BX
POP   AX
POP   BX
```

　　A. 12H　　　　　　　B. 34H　　　　　　C. 56H　　　　　　D. 78H

3. 已知 SP＝2001H,[2001H]＝34H,[2002H]＝12H,经操作 POP BX 后,将2002H、2001H 单元的内容弹到 BX,(SP)＝(　　　　)。

　　A. 2001H　　　　　　B. 2002H　　　　　　C. 2003H　　　　　D. 2004H

4. 下列指令错误的是(　　　　)。

　　A. RCR　DX,CL　　　　　　　　　B. RET

　　C. IN　AX,0268H　　　　　　　　D. OUT　80H,AL

5. 若将 AL 中的值高 4 位取反,低 4 位保持不变,使用下列指令(　　　　)。

　　A. AND　AL,F0H　　　　　　　　B. OR　AL,F0H

　　C. NOT　AL,F0H　　　　　　　　D. XOR　AL,F0H

6. BL 寄存器高 4 位保持不变,低 4 位置"1"的操作正确的是(　　　　)。

　　A. AND　BL,0FH　　　　　　　　B. OR　BL,0FH

　　C. NOT　BL,0FH　　　　　　　　D. XOR　BL,0FH

7. 指令 ADD AX,[SI]中源操作数的寻址方式是(　　　　)。

　　A. 基址寻址　　　　　　　　　　　B. 基址和变址寻址

　　C. 寄存器间接寻址　　　　　　　　D. 寄存器间接寻址

8. 逻辑移位指令 SHL 用于(　　　　)。

　　A. 带符号数乘 2　　　　　　　　　B. 带符号数除 2

　　C. 无符号数乘 2　　　　　　　　　D. 无符号数除 2

9. 下面的选项中名字是合法的是:(　　　　)。

　　A. STRING　　　　B. 2FX　　　　C. ADD　　　　D. A♯B

10. 下面说法错误的是(　　　　)。

　　A. 注释的位置一般是跟在一个语句的后面,或者是单独作为一行

　　B. 汇编语句一行只能写一条语句

　　C. 一条汇编语句也只能写成一行

　　D. 在上机时汇编语言的任何代码的输入既可以用全角状态,也可以用半角状态

11. 一个字节所能表示的无符号整数数据范围为(　　　　)。

　　A. 0～256　　　　B. 0～255　　　　C. －128～127　　　　D. －127～127

12. 一个字所能表示的有符号整数数据范围为(　　　　)。

　　A. 0～65536　　　　　　　　　　B. 0～65535

　　C. －32768～32767　　　　　　　D. －32767～32767

13. 下列语句错误的是(　　　　)。

　　A. X1　DB　45H　　　　　　　　B. X1　DB　'ABCD'

　　C. X1　DB　34H,415H　　　　　　D. X1　DW　1000,100,10

14. 下列数据在汇编语言中非法的是(　　　　)。

A. 12H　　　　　B. ABH　　　　　C. 01011B　　　　D. 200

15. 能把汇编语言源程序翻译成目标程序的程序称为(　　　)。

A. 编译程序　　　B. 解释程序　　　　C. 编辑程序　　　　D. 汇编程序

三、判断改错题

(　　　)1. 在寄存器寻址方式中,指定的寄存器中存放的是操作数地址。

改错:

(　　　)2. 用某个寄存器中操作数的寻址方式称为寄存器间接寻址。

改错:

(　　　)3. 转移类指令能改变指令执行顺序,因此,执行这类指令时,IP和SP的值都将发生变化。

改错:

(　　　)4. 指令的寻址方式有顺序和跳跃两种方式,采用跳跃寻址方式,可以实现堆栈寻址。

改错:

四、名词解释

1. 指令　　　　2. 程序　　　3. 指令系统　　　　4. 寻址方式

五、综合题

1. 段寄存器CS=1200H,指令指针寄存器IP=FF00H,此时,指令的物理地址为多少? 指向这一物理地址的CS值和IP值是唯一的吗?

2. 指出下列各条指令中源操作数的寻址方式,并指出下列各条指令执行之后,AX寄存器的内容。设有关寄存器和存储单元的内容为:(DS)=2000H,(BX)=0100H,(SI)=0002H,(20100H)=12H,(20101H)=34H,(20102H)=56H,(20103H)=78H,(21200H)=2AH,(21201H)=4CH,(21202H)=0B7H,(21203H)=65H。

(1) MOV　AX,1200H

(2) MOV　AX,BX

(3) MOV　AX,[1200H]

(4) MOV　AX,[BX]

(5) MOV　AX,1100H[BX]

(6) MOV　AX,[BX],[SI]

(7) MOV　AX,1100H[BX],[SI]

3. 指出下列指令的错误。

(1) MOV　DS,0200H

(2) MOV　AH,BX

(3) MOV　BP,AL

(4) MOV　AX,[SI][DI]

(5) OUT　310H,AL

(6) MOV　[BX],[SI]

(7) MOV　CS,AX

(8) PUSH　CL

4. 试用以下 3 种方式写出交换寄存器 SI 和 DI 的内容：

(1) 用数据交换指令实现；

(2) 不用数据交换指令,仅使用数据传送指令实现；

(3) 用栈操作指令实现。

5. 试分析下面程序段完成什么功能。

```
MOV  CL,4
SHR  AX,CL
MOV  BL,DL
SHR  DX,CL
SHL  BL,CL
OR   AH,BL
```

6. 等价伪指令与等号伪指令有什么不同？

7. 画图说明下列语句分配的存储空间即初始化的数据值。

(1) ARRAY DB 3,2,4 DUP(1,2,3),'HELLO'

(2) ARRAY DW 2 DUP(3,?,2 DUP(1,3))

8. 已知下面的程序完成的功能是将存放在 DATA1 和 DATA2 开始单元中的两个多字节数据相加,并将结果存放在 SUM 开始的连续单元中。回答下面的问题。

(1) 可否使用 ADD SI,1 来代替程序中的 INC SI,为什么？

(2) 程序中的 LEA SI,DATA1 还可以写成_____。

(3) 本程序使用 LEN DW 3 来定义变量 LEN,此处的 3 是 DATA1 的长度,因此此处还可以写成 LEN DW _____。

(4) 使用指令 CLC 的目的是_____。

```
DSEG     SEGMENT
DATA1   DB   23H,45H,07H
DATA2   DB   34H,78H,3AH
LEN     DW   3
SUM     DB   0,0,0
DSEG    ENDS
CSEG     SEGMENT
  ASSUME   CS: CSEG,DS: DSEG
  START: MOV  AX,DSEG
      MOV  DS,AX
      LEA  SI,DATA1
      LEA  BX,DATA2
```

```
        LEA  DI,SUM
        MOV CX, LEN
        CLC
AGAIN:  MOV  AL,[SI]
  ADC     AL,[BX]
  MOV     [DI],AL
  INC     SI
  INC     BX
  INC     DI
  LOOP    AGAIN
  MOV     AH,4CH
  INT     21H
CSEG ENDS
END    START
```

9. 请问下面程序段中的语句执行之后,AX 寄存器中的内容是多少?

```
DATA     SEGMENT
TABLE_ADDR  DW  1234H
DATA     ENDS
        ...
        MOV AX,TABLE_ADDR
        LEA AX,TABLE_ADDR
```

10. 请写出下面程序段中的语句执行之后,各个目的操作数的值。

```
DATA SEGMENT
  ADR1  DB    12H,04H,00
        DW    56H,2468H
DATA  ENDS
      ...
  LEA    BX,ADR1
  MOV    AX,[BX+2]
  MOV    SI,[BX+1]
  MOV    CX,[BX+SI]
  MOV    DX,[SI]
  MOV    BX,[SI-2]
```

11. 试分析下面的程序段完成什么功能? 如果要实现将程序段中所处理的无符号数据右移 5 位,那么应该怎样修改程序。

```
MOV  CL,04
SHL   DX,CL
MOV   BL,AH
SHL   AX,CL
SHR   BL,CL
OR    DL,BL
```

12. 在内存单元 NUMW 中存放着一个 0~65 535 范围内的整数,将该数除以 500,然后将商和余数分别存入 QUO 和 REM 单元中。将程序补充完整。

```
DSEG    SEGMENT
NUMW    DW   8000
QUO     DW   0
REM     DW   0
DSEG    ENDS
CSEG    SEGMENT
    ASSUME  CS:CSEG,DS:DSEG
    ASSUME  CS:CSEG,DS:DSEG
    MOV     AX,DSEG
    MOV     DS,AX
MOV  AX,NUMW
MOV  _____,500
XOR  DX,DX
DIV  BX
MOV  QUO,AX
MOV  REM,_____
HLT
CSEG    ENDS
        END
```

13. 依次执行下面的指令序列,请在空白处填上左边指令执行完成时该寄存器的值。

```
MOV    AL,0C5H
MOV    BH,5CH
MOV    CH,29H
AND    AL,BH    ;AL=_____H
OR     BH,CH    ;BH=_____H
XOR    AL,AL    ;AL=_____H
AND    CH,0FH   ;CH=_____H
MOV    CL,03
MOV    AL,0B7H
MOV    BL,AL
SHL    AL,CL    ;AL=_____H
ROL    BL,CL    ;BL=_____H
```

14. 如果需要定义如下所述的变量,请设置一个数据段 DATASEG 来完成。

(1) STR1 为字符串常量:'My Computer'。

(2) NUM1 为十进制数字节变量:90。

(3) NUM2 为十六进制数字节变量:BC。

(4) NUM3 为二进制数字节变量:00100100。

(5) NUM4 为 ASCII 码字符变量:56223。

(6) ARRAY1 为 8 个 1 的字节变量。

(7) ARRAY2 为 6 个十进制的字变量：10,11,12,13,14,15。

(8) NUM5 为 4 个零的字变量。

15. 假设 AX 和 BX 中的内容为有符号数,CX 和 DX 中的内容为无符号数,请用指令实现下面的判断：

(1) 若 AX 的值大于 BX 的值,则转去执行 POINT;

(2) 若 CX 的值不大于 DX 的值,则转去执行 POINT;

(3) 若 CX 的值为零,则转去执行 POINT;

(4) AX 减去 BX 后,若产生溢出,则转去执行 POINT。

16. 用最可能少的指令实现下述功能：

(1) 如果 AH 的第 4,3 位为 11,则将 AH 清 0,否则全置 1;

(2) 如果 AH 的数据为奇数,则将 AH 清 0,否则全置 1;

(3) 如果 AH 的数据为负数,则将 AH 清 0,否则全置 1;

(4) 如果 AX 和 BX 中存的是无符号整数,AX 中的数据是 BX 中数据的整数倍,则将 AH 清 0,否则全置 1;

(5) 如果 AX 中的数据和 BX 中的数据相加产生溢出,则将 AH 清 0,否则全置 1。

第4章 汇编语言及汇编程序设计

4.1 汇编语言概述

人们编写指令,让计算机听人的话,最早出现了机器语言和汇编语言。虽然出现了很多比汇编语言易懂易学的高级语言。但由于汇编更接近机器语言,有助于深入了解计算机的运行原理,能够直接对硬件进行操作,生成的程序比其他的语言有更高的运行速度,占用内存更小,因此在一些对于时效性要求很高的程序、大型程序的核心模块以及工业控制方面仍大量应用。汇编语言依然是不少大学理工类专业学生的必修课。

4.1.1 从机器语言到汇编语言

1. 机器语言

CPU 能直接识别和执行的指令称为机器指令,机器指令在表现形式上为二进制代码。机器指令与 CPU 有密切的关系,通常不同种类的 CPU 对应的机器指令也不同。机器语言是用二进制编码的机器指令的集合,以及一组使用机器指令的规则。用机器语言描述的程序称为目的程序或目标程序,机器语言是 CPU 能直接识别的唯一语言,但机器语言不能用人们熟悉的形式来描述计算机需要执行的任务。

例如,用机器指令编写的两数相加的程序片段,用十六进制表示如下

```
A0  00  20
02  06  01  20
A2  02  20
```

很少有人能直接看出该程序片段的功能。

用机器语言编写程序十分麻烦,容易出错,调试也困难。自然,这工作只能交给专门的程序员去做。

2. 汇编语言

汇编语言是机器语言程序的符号表示,它采用指令助记符来表示操作码和操作数,用符号地址表示操作数地址,因而易记、易读、易修改,给编程带来很大方便。利用汇编语言,上面难懂的两数相加的机器语言程序片段可以用下面的汇编语言表示:

```
MOV  AX,DATA1
ADD  AX,DATA2
MOV  DATA3,AX
```

3. 汇编程序

用汇编语言编写的源程序必须翻译成为用机器语言表示的目标程序后才能由 CPU 执行。把汇编语言源程序翻译成目标程序的过程称为汇编,完成汇编任务的程序叫做汇编程序(注意:与汇编语言源程序一字之差),汇编过程如图 4-1 所示。

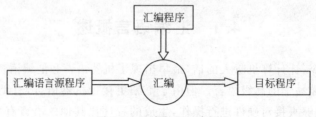

图 4-1　汇编过程示意图

常用的汇编程序(又称"汇编编译器")有 Microsoft 公司的 MASM 系列和 Borland 公司的 TASM 系列。汇编程序以汇编语言源程序文件作为输入,并由它产生两种输出文件:目标程序文件和源程序列表文件。目标程序文件经连接定位后由计算机执行;源程序列表文件将列出源程序、目标程序的机器语言代码及符号表。

4.1.2　汇编环境介绍

1. DOS 汇编环境

在 DOS 时代,学习汇编就是学习系统底层编程的代名词,DOS 环境下是 16 位的汇编语言。在 DOS 汇编中我们可以采用中断调用功能以及其他内核提供的功能。

2. Win32 汇编环境

随着 Windows 时代的到来,Windows 把我们和计算机的硬件隔离开,Win32 汇编可以当作一种功能强大的开发语言使用,使用它完全可以开发出大型的软件来,Win32 汇编是 Windows 环境下一种全新的编程语言,使用 Win32 汇编语言是了解操作系统运行细节的最佳方式。对于 DOS 的汇编程序员来说,我们发现曾经学过的东西都被 Windows 封装到内核中去了,由于保护模式的存在,我们又无法像在 DOS 下那样闯入系统内核为所欲为。

4.1.3　汇编语言上机过程

(1) 用编辑程序(例如 EDIT)建立 ASM 源文件(文件名.asm)。

(2) 用汇编程序(例如 MASM 或 ML)对 ASM 源文件进行汇编,产生 OBJ 目标文件(文件名.obj);若在汇编过程中出现语法错误,根据错误信息提示(如位置、类型、说明),

用编辑软件重新调入源程序进行修改。

（3）用链接程序（例如 LINK）对目标文件进行连接，生成 EXE 文件（文件名.exe）。

（4）在 DOS 提示符下，输入 EXE 文件名，运行程序。

汇编语言上机流程如图 4-2 所示。

图 4-2　汇编语言上机流程

4.2　系统功能调用

在编制汇编源程序时，常常要与外部设备（如键盘、显示器等）发生关系，就会产生输入与输出（I/O）的问题。但有关 I/O 操作控制的问题是一个复杂的问题，我们在这里只讨论其办法之一，系统功能调用。

4.2.1　系统功能调用概述

所谓系统功能调用，就是把这些控制过程预先编写成一个一个子程序，"作为操作系统的一部分"事先放在系统盘上，用户在需要时只要按规定的格式设置好参数，直接调用这些子程序即可。美国 Microsoft 公司为我们提供的磁盘操作系统（DOS）就具有这种功能，称为"利用操作系统的标准功能调用（简称系统功能调用）"，编号从 0～62H（3.0 版），主要分为设备管理（如键盘、显示器、打印机、磁盘等的管理）、文件管理、目录管理及其他功能调用 4 大类。表 4-1 是常用的系统功能调用表（INT 21H）。

表 4-1　最常用的系统功能调用表

编号	功　　能	入 口 参 数	出 口 参 数
01H	键盘输入字符	无	AL＝输入字符
02H	显示输出	DL＝输出字符	无
08H	键盘输入字符（无回显）	无	AL＝输入字符
09H	显示（打印）字符串	DS：DX＝缓冲区首址	无
0AH	带缓冲的键盘输入（字符串）	DS：DX＝缓冲区首址	无
05H	打印机输出	DL＝输出字符	无
0BH	检查键盘输入状态	无	AL＝00 无输入，FF 有输入
25H	置中断向量	DS：DX＝入口地址，AL＝中断类型号	无
35H	取中断向量	AL＝中断类型号	ES：BX＝入口地址

续表

编　号	功　　能	入 口 参 数	出 口 参 数
4CH	中止当前程序返回调用程序	AL=返回码	无
4DH	取返回码	无	AX=返回码

　　系统功能调用的基本方法是采用一条软中断指令 INT　n。所谓中断,是指当计算机正在执行正常的程序时,计算机系统中的某个部分突然出现某些异常情况或特殊请求,CPU 这时就中止(暂停)它正在执行的程序,而转去执行申请中断的那个设备或事件的中断服务程序,执行完这个服务程序后,再自动返回到程序断点执行原来中断了的正常程序。这个过程或这种功能就叫做中断。

　　中断技术是微机系统的核心技术之一,它不但提供了 DOS(磁盘操作系统)系统调用,为程序员提供了方便,同时也为实时检测与控制提供了有效的手段。第 7 章中将详细讨论它。

　　软中断是以指令方式产生的中断,n 是中断类型号,不同的 n 将转入不同的中断处理程序。系统功能调用是 21H 号软中断。注意,每一个类型号 n 里面又包含了众多的功能调用号,以完成不同的功能。

　　系统功能调用的步骤如下:

　　(1) 将调用参数(不一定每个功能都有)装入指定的寄存器;

　　(2) 如需要功能调用号(即欲调用的子程序编号),把它装入寄存器 AH;

　　(3) 如需要子功能调用号,把它装入 AL;

　　(4) 按中断号调用 DOS(发出中断指令:INT 21H);

　　(5) 检查返回参数是否正确。

4.2.2　基本系统功能 INT 21H 调用

1. 01H 号调用

　　功能:从标准输入设备上(通常为键盘)读取字符,并在标准输出设备上(通常为显示器)回显。

　　格式:

```
MOV AH 01H
INT  21H
```

　　说明:输入字符的 ASCII 码送入 AL 中,如果读到的字符是 Ctrl+C 或 Ctrl+Break,则结束程序。

2. 02H 号调用

　　功能:通过标准输出设备(多为显示器)输出字符。

　　格式:

```
MOV  DL,X                      ;X 为要输出显示的 ASCII 字符代码
MOV  AH,02H
INT  21H
```

说明：DL 寄存器中的内容等于要输出字符的 ASCII 码，在显示输出时检查到的字符是 Ctrl＋C 或 Ctrl＋Break 键的，则结束程序。

3. 09H 号调用

功能：在标准输出上（通常为显示器）显示一个字符串。字符串要以字符"＄"为结束标志。

格式：

```
MOV  AH  09H
INT 21H
```

说明：要输出显示的字符串的首地址送到 DS、DX 两个寄存器中，其中段地址送DS 寄存器，偏移地址送 DX 寄存器。

4. 0AH 号调用

功能：从标准输入设备上（通常为键盘）读一个字符串，存入内存，直到按回车键为止。

格式：

```
MOV  AH,0AH
INT  21H
```

说明：此项操作要求事先定义一个输入缓冲区，它的缓冲区首地址送到 DS、DX两个寄存器中，其中段地址送 DS 寄存器，偏移地址送 DX 寄存器。缓冲区第一个字节指出缓冲区能容纳的字符个数（1～255），即缓冲区长度，不能为 0，通常比所希望输入的字节数多一个字节；第 2 个字节保留，用来存放实际输入的字符个数（不包括输入的字符串结尾的回车符，它由 DOS 自动加上）；第 3 个字节存放从键盘输入的字符串。字符串以回车符结束，如果在输入时按 Ctrl＋C 或 Ctrl＋Break 键，则结束程序。若输入的字节数多于缓冲区长度，则多出部分被自动丢弃并且响铃。

【例 4-1】 编程实现：在显示器上显示字符串"Welcome to TianHe college!"。

解：

```
DATAS  SEGMENT        ;数据段定义开始
       STRING  DB 'Welcome  to  TianHe  college!',0AH,0DH,'$'
                      ;定义字符串,0AH,0DH 表示显示字符串后,光标可自动回车换行,
                      ;字符串必须以$结束
DATAS  ENDS           ;数据段定义结束
CODES  SEGMENT        ;代码段定义开始
```

```
        ASSUME   CS: CODES,DS: DATAS
                        ;说明段和段寄存器之间的关系
START:
        MOV  AX,DATAS    ;将数据段的段地址送寄存器 AX
        MOV  DS,AX       ;将 AX 内容送 DS 寄存器,即初始化 DS
        LEA  DX,STRING   ;将 STRING 的偏移地址送 DX 寄存器
        MOV  AH,9        ;字符串显示子功能,9 号系统功能调用
        INT  21H         ;系统调用
        MOV  AH,4CH      ;返回 DOS
        INT  21H         ;系统调用
CODES   ENDS             ;代码段定义结束
        END START
```

【例 4-2】　编程实现:从键盘输入字符串,把它放到缓冲区中存储起来。

解:

```
DATA  SEGMENT
        MAXLEN  DB 100    ;定义缓冲区的最大容量
        ACLEN   DB?       ;定义实际读入的字符数
        STRING  DB  100  DUP(?)
                        ;定义接收字符串空间,和第 2 句相呼应一定是 100 个字节
DATA  ENDS
CODE  SEGMENT
        ASSUME   CS: CODE,DS: DATA
START:
        MOV  AX,DATA
        MOV  DS,AX        ;数据段初始化
        LEA  DX,MAXLEN
                        ;送 MAXLEN 的偏移地址到寄存器 DX
        MOV  AH,10        ;10 号系统功能调用
        INT  21H         ;系统调用
CODE  ENDS
        END  START
```

运行程序时,若从键盘输入"Thank you!"(共计 10 个字符),则输入缓冲区 MAXLEN 各单元的内容如图 4-3 所示。

下面再举一例,说明 DOS 功能调用在采用顺序结构编写程序(见下节)中的应用。

【例 4-3】　用汇编语言实现简单的人机对话。

屏幕显示:What is your name ?(使用 9 号 DOS 功能调用)

用户输入:xiao   tian ↙(使用 10 号 DOS 功能调用)

屏幕再显示:Hello,xiao   tian! (使用 9 号 DOS 功能调用)

MAXLEN	100
	10
	'T'
	'h'
	'a'
	'n'
	'k'
	' '
	'y'
	'o'
	'u'
	'!'

图 4-3　存储空间分配示意

解：

程序清单：

```
DATA   SEGMENT                          ;定义数据段
       BUF  DB  30                      ;定义字节变量 BUF,表示缓冲区的长度
       ACTL DB  ?                       ;定义 1 个字节变量 ACTL,表示输入字符串的实际长度
       STR  DB  30 DUP(?)               ;定义 30 个字节的缓冲区 STR
MESS  DB  'What is your name?',0DH,0AH,'$'
                                        ;定义字符串变量 MESS,然后换行回车
DMESS DB  0DH,0AH,'Hello,$'
                                        ;定义字符串变量 DMESS,然后换行回车
DATA   ENDS                             ;数据段定义结束
CODE   SEGMENT                          ;定义代码段
       ASSUME  CS:CODE,DS:DATA          ;说明段寄存器和段的关系
MAIN  PROC  FAR                         ;主程序,类型为 FAR
START:                                  ;启动
   PUSH  DS                             ;保存 DS 段首址
   MOV  AX,0                            ;DS 段偏移地址清零,即将 0 送 AX
   PUSH  AX                             ;保存 AX 寄存器中的内容
   MOV  AX,DATA
   MOV  DS,AX                           ;送数据段首地址到 DS
   LEA  DX,MESS                         ;取 MESS 偏移地址送 DX
   MOV  AH,9                            ;9 号调用
   INT  21H                             ;显示 'What's your name?'
   LEA  DX,BUF                          ;取 BUF 的值送 DX
   MOV  AH,10                           ;10 号调用
   INT  21H                             ;从键盘接收用户输入的信息
   MOV  AL,ACTL                         ;取得输入字符串的实际长度
   CBW                                  ;将字节转换为字,为计算[BX][SI]的地址作准备
   MOV  SI,AX                           ;将 ACTL 的值送 SI
   LEA  BX,STR                          ;取缓冲区 STR 的偏移地址送 BX
   MOV  [BX][SI],BYTE  PTR '!'          ;先确定'!'的位置,然后在输入的字符串后加'!',
   MOV  [BX][SI+1],BYTE PTR '$'         ;在'?'后加'$',以便显示
   LEA  DX,DMESS                        ;送字符串'Hello!'的偏移地址
   MOV  AH,9                            ;9 号调用
   INT  21H                             ;显示字符串'Hello!'
   LEA  DX,STR                          ;取缓冲区 STR 的偏移地址送 DX
   MOV  AH,9                            ;9 号调用
   INT  21H                             ;显示输入的字符串"xiao  tian!"
   RET
   MAIN  ENDP
CODE  ENDS
       END  START
```

程序运行结果如图 4-4 所示。

图 4-4　程序运行结果

说明：本例中使用 9 号和 10 号 DOS 功能调用,分别实现字符串的输出和输入操作,利用进栈指令实现寄存器内容的保护。字符串必须以'＄'结束,否则字符串的输出将会有问题,0DH 和 0AH 这两个字符则分别表示回车和换行。

4.3　汇编语言源程序的设计的基本步骤

4.3.1　源程序的基本框架

从前面的学习我们已大体上知道,一个汇编语言源程序都是由两大部分组成的。其中主要部分就是指令,位于代码段内(代码段可以有好几个)。其他部分是为指令服务的,包括数据的准备,存储区域的划分和地址的标注……其他部分由数据段、堆栈段和扩展段组成,也各可以有好几个。段之间的顺序可以随意安排,但通常是其他部分(数据段、堆栈段和扩展段等)在前,代码段在后。虽然可以定义多个段,但由于段首址存放在 CPU 的寄存器中,所以可以同时使用 6 个段：代码段(CS)、数据段(DS)、堆栈段(SS)和 3 个扩展段(ES、FS 和 GS)。扩展段其实也是数据段,只是段地址在寄存器 ES、FS 和 GS 中。程序通过修改段寄存器的值实现段的切换。一个程序至少包含一个代码段和 END 指令。其他段的设置由程序的具体功能需要而定。程序较小时,可以不设置堆栈段(通常,不管本程序用不用得上,都有堆栈段)。操作系统在装载不含堆栈段的程序时,会指定一个段作为堆栈段使用。这样,程序连接时,LINK 会产生一条警告信息,

```
WARNING:NO  STACK  SEGMENT
```

但不会影响程序的运行,可以忽略它。

程序中的段名可以是唯一的,也可以与其他段同名。在同一模块中,如果有两个段同名,则后者被认为是前段的后续,这样,它们就属同一段。当同一模块出现两个同名段时,则后者的可选项属性要么与前者相同,要么不写其属性而选用前者的段属性。

【例 4-4】　阅读程序：实现段寄存器与段的对应。

方法 1：用一个段寄存器对应两个数据段。

```
DATA1  SEGMENT            ;定义第一个数据段
       b1  DB  10h        ;定义变量b1,字节变量
DATA1  ENDS               ;第一个数据段结束
DATA2  SEGMENT            ;定义第二个数据段
       B2  DB  23h        ;定义变量b2,字节变量
DATA2  ENDS               ;第二个数据段结束
```

```
CODE1   SEGMENT                 ;定义第一个代码段
        ASSUME  CS:CODE1, DS:DATA1      ;指定段寄存器
START:                          ;指令开始
        MOV  AX, DATA1
        MOV  DS, AX             ;把数据段 DATA1 的段首址赋给段寄存器 DS
………………
        MOV  BL, b1             ;引用 DS 来访问 DATA1 中的变量 b1
………………
        ASSUME  DS:DATA2        ;说明 DS 与 DATA2 建立联系
        MOV  AX, DATA2
        MOV  DS, AX             ;把数据段 DATA2 的段值赋给段寄存器 DS 实现段的切换
………………
        MOV  AL, b2             ;引用 DS 来访问 DATA2 中的变量 b2
………………
CODE1   ENDS                    ;代码段 CODE1 结束
        END  START              ;程序结束
```

在方法 1 中，因为只使用一个段寄存器 DS 来对应两个数据段，所以，需要切换 DS 的对应关系。但我们也可以用段寄存器 DS 和 ES 来分别对应段 DATA1 和 DATA2，这样，方法 1 就可变成方法 2。

方法 2：用两个段寄存器对应两个数据段。

```
DATA1   SEGMENT                 ;定义第一个数据段
        b1  DB  10h             ;定义变量 DATA1,字节变量
DATA1   ENDS                    ;第一个数据段结束
DATA2   SEGMENT                 ;定义第二个数据段
        b2  DB  23h             ;定义变量 DATA2,字节变量
DATA2   ENDS                    ;第二个数据段结束
CODE1   SEGMENT                 ;定义第一个代码段
        ASSUME  CS:CODE1, DS:DATA1, ES:DATA2    ;指定段寄存器
START:                          ;指令开始
        MOV  AX, DATA1
        MOV  DS, AX             ;把数据段 DATA1 的段首址赋给段寄存器 DS
        MOV  AX, DATA2
        MOV  ES, AX             ;把数据段 DATA2 的段首址赋给段寄存器 ES
        MOV  BL, b1             ;引用 DS 来访问 DATA1 中的变量 b1
        MOV  AL, b2             ;引用 ES 来访问 DATA2 中的变量 b2
CODE1   ENDS                    ;代码段 CODE1 结束
        END  START              ;程序结束
```

我们还可以用"段组"来简化段寄存器的使用，把段 DATA1 和 DATA2 组成一个数据段。所以，把方法 2 再改写成方法 3 的形式。

方法 3：用一个段组组成两个数据段。

```
GSEG   GROUP  DATA1, DATA2    ;定义段组
```

```
        DATA1   SEGMENT                 ;定义第一个数据段
                b1  DB  10h             ;定义变量 DATA1,字节变量
        DATA1   ENDS                    ;第一个数据段结束
        DATA2   SEGMENT                 ;定义第二个数据段
                b2  DB  23h             ;定义变量 DATA2,字节变量
        DATA2   ENDS                    ;第二个数据段结束
        CODE1   SEGMENT                 ;定义第一个代码段
                ASSUME  CS:CODE1, DS: GSEG
        START:  MOV  AX, GSEG           ;指令开始,
                MOV  DS, AX             ;把段组 GSEG 的段值赋给段寄存器 DS
                MOV  BL, b1             ;引用 DS 来访问 DATA1 中的变量 b1
                MOV  AL, b2             ;引用 DS 来访问 DATA2 中的变量 b2
        CODE1   ENDS                    ;代码段 CODE1 结束
        END  START                      ;程序结束
```

定义段组后,段组内各段所定义的标号和变量,除了与定义它们的段起始点相关外,还与段组的起始点相关。规定如下:

如果在 ASSUME 伪指令中说明段组与段寄存器相对应,那么,有关标号或变量的偏移量就相对于段组起点计算;

如果在 ASSUME 伪指令中说明段组内的某段与段寄存器相对应,那么,有关标号或变量的偏移量就相对于该段的起点。

所以,在使用段组后,程序员要谨慎使用 ASSUME 伪指令,并保证段寄存器的值与段组或段相一致。

4.3.2　汇编语言源程序设计的基本步骤

在前面的学习中,我们已经读了一些简单的程序示例。大体上可以知道:与所有的计算机程序一样,汇编语言源程序存在 3 大主要基本结构:顺序结构、分支结构和循环结构。这也符合人们的基本思维习惯。

现在我们来讨论汇编语言源程序设计的基本步骤。

1. 好程序的要求

(1) 结构简明,明白易懂,调试方便,修改容易;

(2) 执行速度快(程序执行时间短,程序语句行数尽量少);

(3) 占用内存空间少。

2. 汇编语言源程序设计的基本步骤

(1) 分析问题,从中抽象出恰当的数学模型;

(2) 确定解决问题的合理算法;

(3) 画出程序流程图,根据算法,细化并找出解决问题的思路和具体方法;

(4) 确定汇编语言程序的基本框架——各个存储段的定义,存储空间的分配,寄存器

的配置,指针和计数器的选择等;

(5)根据程序流程图确定程序的基本结构,并编写程序。

4.4 顺序结构的汇编语言源程序的编写

顺序结构是最简单的程序结构,没有分支,没有循环,程序的执行顺序就是指令的编写顺序,所以,又称直线程序。在编程时,要注意保存已得到的处理结果,为后面的指令执行直接提供前面的处理结果,可避免不必要的重复操作。

【例 4-5】 两个 64 位无符号数相加。

解:

(1)分析问题:在 8086/8088 CPU 中,只有 8 位或 16 位运算指令,没有 32 位和 64 位以上的运算指令。

(2)确定算法:要进行 64 位的加法运算,可以确定算法,利用 16 位加法指令分别相加 4 次来实现。

(3)画程序流程图:本问题简单,无须画程序流程图。

(4)确定汇编语言程序的基本框架:显见,本程序至少要两个段:数据段和代码段。

数据段中至少定义 3 个变量:两个加数 N1、N2,还有一个和数 SUM,都是 DW 类型。和数 SUM 尚属未知,故应定义一个 5 个字长(比 64 位字长富余一点)的缓冲区。因为要加 4 次,需要一个计数器或指针,可选寄存器 BX 充当。

(5)编写程序:由以上分析,可知需要 MOV、ADD、ADC 和 INC 等指令。具体程序如下:

```
DATA    SEGMENT                      ;定义数据段
        N1   DW  1234H,5678H,9ABCH,0DEF0H  ;定义字变量 N1
        N2   DW  1971H,0313H,1968H,1123H   ;定义字变量 N2
        SUM  DW  5DUP(?)             ;定义缓冲区 SUM
DATA1   END                          ;数据段结束
CODE    SEGMENT                      ;定义第一个代码段
        ASSUME  CS:CODE,DS:DATA      ;指定段寄存器
START:  MOV  AX, DATA                ;指令开始,
        MOV  DS, AX                  ;把数据段的段首址赋给段寄存器 DS
        LEA  BX,N1                   ;将 N1 的偏移地址送 BX
        MOV  AX,[BX]                 ;引用 DS 来访问 DATA 中的变量 N1 的最低位
        ADD  AX,[BX+8]               ;最低位字相加,两数偏移地址相差 8 个字节
        MOV  [BX+16], AX             ;存最低位和。[BX+16]指示 SUM 的偏移地址。
                                     ;此句也可以写为: MOV  [SUM], AX
        INC  BX
        INC  BX                      ;指针指向下一个字
        MOV  AX,[BX]                 ;引用 DS 来访问 DATA 中的变量 N1 的次低位
        ADC  AX,[BX+8]               ;次低位字相加,两个数偏移地址相差 8 个字节
        MOV  [BX+16], AX             ;存次低位和。[BX+16]指示 SUM+1 的偏移地址,
```

```
                                          ;此句也可写为: MOV  [SUM+1], AX
        INC   BX                          ;BX←BX+1
        INC   BX                          ;BX←BX+1,指针指向下一个字
        MOV   AX,[BX]                     ;引用 DS 来访问 DATA 中的变量 N1 的次高位
        ADC   AX,[BX+8]                   ;次高位字相加,两数偏移地址相差 8 个字节
        MOV   [BX+16], AX                 ;存次高位和。[BX+16]指示 SUM+2 的偏移地址,
                                          ;此句也可以写为: MOV  [SUM+2], AX
        INC   BX                          ;BX←BX+1
        INC   BX                          ;BX←BX+1,指针指向下一个字
        MOV   AX,[BX]                     ;引用 DS 来访问 DATA 中的变量 N1 的最高位
        ADC   AX,[BX+8]                   ;最高位字相加,两数偏移地址相差 8 个字节
        MOV   [BX+16], AX                 ;存最高位和。[BX+16]指示 SUM+3 的偏移地址,
                                          ;此句也可以写为: MOV  [SUM+3], AX
        MOV   AX,0                        ;对 AX 清零
        ADC   AX,0                        ;计算进位
        MOV   [BX+18], AX                 ;存进位位
        MOV   AH,4CH                      ;此句也可写成: MOV  AX,4C00H
        INT   21H
CODE    ENDS                              ;代码段 CODE1 结束
        END   START                      ;程序结束
```

【例 4-6】 两个 32 位无符号数乘法程序。

解:

(1) 分析问题: 在 8086/8088 CPU 中,只有 8 位或 16 位运算指令,没有 32 位以上的乘法运算指令。

(2) 确定算法: 要进行 32 位的乘法运算,可以确定算法,利用 16 位乘法指令做 4 次乘法,然后把部分积相加来实现。每次的积的低位送 AX,高位送 DX,如图 4-5 所示。

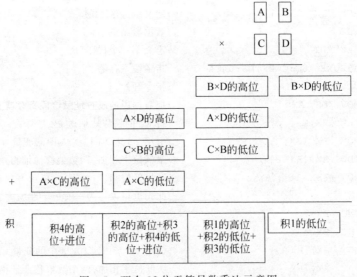

图 4-5　两个 32 位无符号数乘法示意图

（3）画程序流程图：程序流程图如图 4-6 所示。

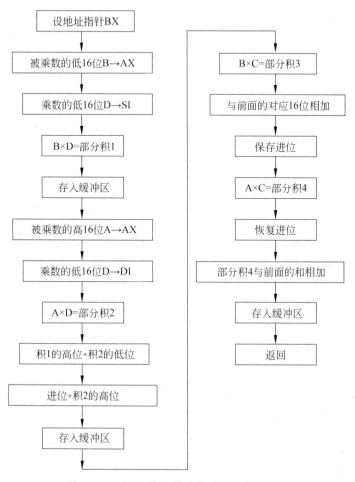

图 4-6　两个 32 位无符号数乘法程序流程图

（4）确定汇编语言程序的基本框架：本题程序至少要两个段：数据段和代码段。数据段中至少定义 3 个变量：两个乘数，还有一个积数，都是 DW 类型。积数尚属未知，故应定义一个 4 个字长（积的字长应该是乘数字长的两倍）的缓冲区。因为要乘 4 次，需要一个计数器或指针，可选寄存器 BX 充当。另外，本程序为了教学的需要，不采用

```
MOV  AH,4CH
INT  21H
```

来返回 DOS。而改用先将程序段前缀的起始地址及数据段 DS 段首址和偏移地址 AX 存入堆栈，再用指令 RET 返回 DOS 的方法。所以，又定义了 100 个字节的堆栈段。同时堆栈段又为保存最后的进位位提供了条件。

（5）编写程序：由以上分析，可知需要 MOV、MUL、ADD、ADC、PUSH、PUSHF 和 RET 等指令。

请读者注意：本程序未用指令 INC，那么，用什么替代了呢？

具体程序如下。

```
NUME       32bit  MULTIPLY                        ;程序名"32位乘法"
DATA       SEGMENT                                ;数据段定义开始
MULNUM     DW  0000H,0FFFFH,0000H,0FFFFH,4  DUP(?)  ;数据段定义结束
DATA       ENDS                                   ;数据段定义结束
STACK      SEGMENT  PARA  STACK  'STACK'           ;堆栈段定义开始
           DB  100DUP(?)                          ;堆栈段长度为100字节
STACK      ENDS                                   ;堆栈段定义结束
CODE       SEGMENT                                ;代码段开始
           ASSUME  CS:CODE,DS:DATA,SS:STACK       ;指定段寄存器
START
BEGIN:     PUSH  DS                   ;将DS中包含的程序段前缀压栈保存
           MOV  AX,0                  ;将0送AX,即设置AX的初值为0
           PUSH  AX                   ;将数据段中AX的偏移地址压栈,这3句即保存返回至
                                      ;DOS的段值和IP值
           MOV  AX,DATA
           MOV  DS,AX                 ;将数据段首地址送DS
           LEA  BX,MULNUM             ;将MULNUM的偏移地址送BX,定义了地址指针
MULNUM32:  MOV  AX,[BX]               ;被乘数的低16位B→AX
           MOV  SI,[BX+4]             ;乘数的低16位D→SI
           MUL  SI,                   ;B×D,部分积1的低位送AX,部分积1的高位送DX,
           MOV  [BX+8],AX             ;保存部分积1的低位
           MOV  [BX+0AH],DX           ;保存部分积1的高位
           MOV  AX,[BX+2]             ;被乘数的高16位A→AX
           MUL  SI,                   ;A×D,部分积2的低位送AX,部分积2的高位送DX
           ADD  AX,[BX+0AH]           ;部分积1的高位+部分积2的低位
           ADC  DX,0                  ;加入部分积1的低位的进位
           MOV  [BX+0AH],AX           ;保存部分积1的高位+部分积2的低位
           MOV  [BX+0CH],DX           ;保存部分积2的高位
           MOV  AX,[BX]               ;被乘数的低16位B→AX
           MOV  DI,[BX+6]             ;乘数的高16位C→DI
           MUL  DI                    ;B×C,部分积3的低位送AX,部分积3的高位送DX
           ADD  AX,[BX+0AH]           ;部分积1的高位+部分积2的低位+部分积3的低位
           ADC  DX,[BX+0CH]           ;部分积2的高位+部分积3的高位+进位
           MOV  [BX+0AH],AX           ;保存部分积1的高位+部分积2的低位+部分积3的低位
           MOV  [BX+0CH],DX           ;保存部分积2的高位+部分积3的高位+进位
           PUSHF                      ;将标志寄存器压栈,保存"部分积2的高位+部分积3的
                                      ;高位+进位"的进位位
           MOV  AX,[BX+2]             ;被乘数的高16位A→AX
           MUL  DI,                   ;A×C,部分积4的低位送AX,部分积4的高位送DX
           POPF                       ;弹出堆栈保存的"部分积2的高位+部分积3的高位+
                                      ;进位"进位位
```

```
        ADC  AX,[BX+0CH]    ;部分积 4 的低位+部分积 2 的高位+部分积 3 的高位+进位
        ADC  DX,0           ;部分积 4 的高位+进位
        MOV  [BX+0CH],AX    ;保存"部分积 4 的低位+部分积 2 的高位+部分积 3 的
                            ;高位+进位"+进位
        MOV  [BX+0EH],DX    ;保存部分积 4 的高位+进位
        RET
START   ENDP
CODE    ENDS
        END  BEGIN
```

4.5　分支结构的汇编语言源程序的编写

计算机在完成某种运算或某个过程的控制时,常需要根据不同的条件实现不同的功能,分支结构是实现程序选择功能所必有的程序结构。它主要通过转移指令实现。我们在第 2 章学习过无条件转移指令 JMP,现在,我们学习条件转移指令。

4.5.1　条件转移指令

在汇编语言程序设计中,常利用条件转移指令实现程序的分支。指令助记符是随条件变化而变化的,其构成方法是:第一个字母是 J,紧接着的字母是标志寄存器的代号 P、S、Z 等,表示"条件",条件满足,则转移。例如 JZ,表示结果为 0,则转移;如果"条件"是否定的,就在已构成的两个字母间加字母 N,例如 JNZ,表示结果不为 0,则转移。

条件转移指令只有一个操作数,指出转移的目标地址,并且只能是一个短标号,即转移的偏移地址是 8 位的。

有一个条件转移指令 JCXZ,构成方法较特殊,它的转移条件是寄存器 CX 的内容为 0,而不是标志寄存器的某位的标志。

所有的条件转移指令都不影响标志位。

现将所有的条件转移指令列举如下。

1. 根据单个标志的设置情况的转移指令

根据单个标志的设置情况的转移指令共 5 种、10 条。

(1) JZ(或 JE);上一步的结果为零(或相等)则转移。

格式:JE(或 JZ)　标号

测试条件:ZF＝1

(2) JNZ(或 JNE);上一步的结果不为零(或不相等)则转移。

格式:JNZ(或 JNE)　标号

测试条件:ZF＝0

(3) JS;上一步的结果为负,则转移。

格式:JS　标号

测试条件：SF＝1

（4）JNS；上一步的结果为正，则转移。

格式：JNS　标号

测试条件：SF＝0

（5）JO；上一步的结果为溢出，则转移。

格式：JO　标号

测试条件：OF＝1

（6）JNO；上一步的结果不为溢出，则转移。

格式：JNO　标号

测试条件：OF＝0

（7）JP(或 JPE)；上一步的结果的奇偶标志位为1，则转移。

格式：JP　标号

测试条件：PF＝1

（8）JNP(或 JPO)；上一步的结果的奇偶标志位为0，则转移。

格式：JNP(或 JPO)　标号

测试条件：PF＝0

（9）JC；上一步有进位或借位，则转移。

格式：JC　标号

测试条件：CF＝1

（10）JNC；上一步无进位或无借位，则转移。

格式：JNC　标号

测试条件：CF＝0

2. 比较两个无符号数，并根据比较结果的高低转移

这类指令共4条，并且助记符都有2种或3种。

（1）JA(或 JNBE)高于，即不低于或等于，则转移。

格式：JA(或 JNBE)　标号

测试条件：CF＝0且 ZF＝0

（2）JNA(或 JBE)不高于，即低于或等于，即则转移。

格式：JBE(或 JNA)　标号

测试条件：CF＝0 或 ZF＝1

（3）JB(或 JNAE,JC)低于，即不高于或等于，或进位为1则转移。

格式：JB(或 JNAE,JC)　标号

测试条件：CF＝1

（4）JNB(或 JAE,JNC)不低于，或高于或等于，或进位为0则转移。

格式：JNB　标号

测试条件：CF＝0

读者会注意到最后两条指令与上一组的（9）、（10）完全相同。

3. 比较两个带符号数，并根据比较的结果的大小转移

（1）JL（或 LNGE）小于，或者不大于且等于，则转移。

格式：JL（或 JNGE）　标号

测试条件：SF 异或 OF=1

（2）JNL（或 JGE）不小于，即或者大于或者等于则转移。

格式：JNL（或 JGE）　标号

测试条件：SF 异或 OF=0

（3）JLE（或 JNG）小于或等于，即不大于则转移。

格式：JLE（或 JNG）　标号

测试条件：（SF 异或 OF）或 ZF=1

（4）JNLE（或 JG）不小于或等于，即大于则转移。

格式：JNLE（或 JG）　标号

测试条件：（SF 异或 OF）或 ZF=0

4. 测试 CX 的值为 0 则转移指令

格式：JCXZ　标号

测试条件：（CX）=0

4.5.2　汇编语言分支结构程序的编写

转移指令会改变程序原有的结构，因此，在编写汇编语言分支程序时，要谨慎选择转移指令。

分支程序的执行过程，通常是先进行某种条件的判定，根据判定的结果决定程序的流向。

在设计分支程序时必须注意以下 3 点：

（1）正确选择分支形成的判定条件和相应的条件转移指令；

（2）对每个分支程序的入口，一定要给出标号，标明不同分支的转向地址，必须保证每条分支都有完整的结果；

（3）在检查和调试时必须对所有的分支进行，因为某几条分支正确，不足以说明整个程序是正确的。

1. 简单的二分支结构设计举例

【例 4-7】　把 a、b 两个 8 位数中较大的数赋值给 max。

解：

（1）分析问题：这是典型的二分支结构。确定分支的条件是：a＞b？

（2）确定算法：采用比较转移指令，在汇编语言中用 AL 来保存中间结果。因为读取

寄存器比读取存储器要快,并且,汇编语言指令不允许两个操作数都为存储单元。

(3)画程序流程图:画程序流程图,见图4-7。

(4)确定汇编语言程序的基本框架:本题程序至少要两个段:数据段和代码段。数据段中至少定义3个变量:两个数a、b,还有一个最大数max,都是8位数,应选DB类型,但考虑到执行CMP指令实际上是作减法,可能有借位的情况,故选DW类型。max是8位数,应选DB类型。还要用到寄存器AL。

(5)编写程序:由以上分析,可知需要MOV、CMP和JA等指令。最后要返回DOS。

具体程序如下。

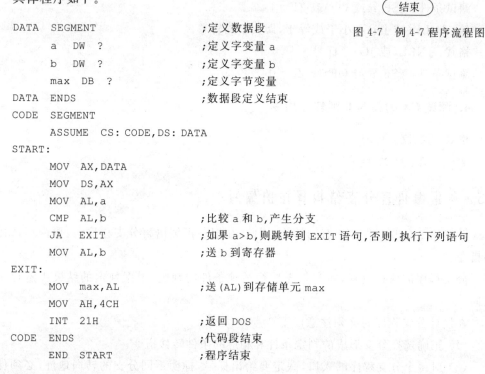

图 4-7　例 4-7 程序流程图

```
DATA    SEGMENT              ;定义数据段
        a   DW  ?            ;定义字变量 a
        b   DW  ?            ;定义字变量 b
        max DB  ?            ;定义字节变量
DATA    ENDS                 ;数据段定义结束
CODE    SEGMENT
        ASSUME  CS:CODE,DS:DATA
START:
        MOV AX,DATA
        MOV DS,AX
        MOV AL,a
        CMP AL,b             ;比较 a 和 b,产生分支
        JA  EXIT             ;如果 a>b,则跳转到 EXIT 语句,否则,执行下列语句
        MOV AL,b             ;送 b 到寄存器
EXIT:
        MOV max,AL           ;送(AL)到存储单元 max
        MOV AH,4CH
        INT 21H              ;返回 DOS
CODE    ENDS                 ;代码段结束
        END START            ;程序结束
```

2. 多分支结构程序设计

多分支结构程序设计比较复杂一些。关键是怎样根据条件对多分支进行判断,确定不同分支程序转移的入口地址。方法有如下3种。

1)逻辑分解流程图法

根据逻辑分解流程图,按照判别条件的先后,逐个进行判断和转移。设分支条件为$X_1,X_2,\cdots,X_N$,见逻辑分解流程图4-8。

【例 4-8】 试编写执行符号函数 $Y=\begin{cases}1, & X>0; \\ 0, & X=0;(-128\leqslant X\leqslant127)\text{的程序。} \\ -1, & X<0;\end{cases}$

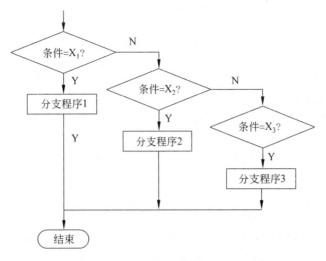

图 4-8　逻辑分解流程图

解：

（1）分析问题：由题意可知，这是多分支结构。本题有 3 个分支：$X>0$、$X=0$ 和 $X<0$。按照逻辑分解的方法，可以先将其归并为两个条件：$X \geqslant 0$ 和 $X<0$，由此形成两个分支；再将分支 $X \geqslant 0$ 分解为 $X>0$ 和 $X=0$，各分支均用条件转移指令来实现。

（2）确定算法：采用比较转移指令。

（3）画程序流程图：见图 4-9。

（4）确定汇编语言程序的基本框架：可见，本题程序至少要两个段：数据段和代码段。数据段中至少定义 2 个变量：两个数 X 和 Y，由题设为 8 位数，应选 DB 类型，但考虑到执行 CMP 指令实际上是作减法，可能有借位的情况，故选 DW 类型。假设任意给定的 X 值存放在 XX 单元，函数 Y 的值存放在 YY 单元。

（5）编写程序：由以上分析，可知需要 MOV、CMP 和程序转移等指令。最后要返回 DOS。

具体程序如下。

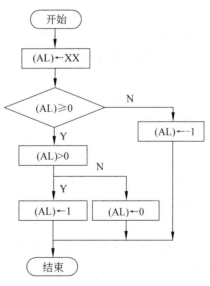

图 4-9　例 4-8 程序流程图

```
DATA   SEGMENT           ;定义数据段
       XX  DW  ?         ;定义字变量 XX
       YY  DW  ?         ;定义字变量 YY
       DATA  ENDS        ;数据段定义结束
CODE   SEGMENT
       ASSUME CS: CODE,DS: DATA
START:
       MOV  AX,DATA
```

```
        MOV   DS,AX         ;给 DS 赋值
        MOV   AL,XX
        CMP   AL,0          ;XX 与零比较
        JGE   BIGR          ;X=(AL)≥0,则转移到 BIGR 语句
        MOV   AL,0FFH       ;否则,X<0 时,将-1送入 AL
        JMP   EQUL          ;无条件转移语句,转移到 EQUL 语句
BIGR:   JE    EQUL          ;X=0,则转移到 EQUL 语句
        MOV   AL,1          ;X>0 时,将 1 送入 AL
EQUL:   MOV   YY,AL         ;无论结果如何,都将(AL)送入 YY 单元
CODE    ENDS
        END   START
```

本例中,CMP 可用 SUB 代替。

当分支较多时,这种方法不仅程序繁琐,而且各分支的判定需要花费很多时间,特别是最后一个分支的判定在前面所有分支判定之后。为此,再介绍另外两种方法。

2) 跳转地址表法

如果各分支的判定结果可以用一个寄存器的不同的有序的值来表示,则可将各分支程序的入口地址与寄存器的不同的有序的值一一对应,列入一张表中,此表称为跳转地址表,如图 3-8 所示。各分支程序的入口地址的计算公式是:

$$各分支程序的入口地址＝寄存器的值()×2＋跳转地址表首地址$$

这种利用跳转地址表实现多分支程序的转移的方法,称为跳转地址表法。

【例 4-9】 根据 AL 中的被置位的情况来控制转移到 8 个分支程序 $R_1 \sim R_8$ 中的一个(在中断响应时,通过软件查询,从而转到相应的中断服务程序入口就类似于这种情况)。

如果 AL 中为 00000001   则转至 R_1;

如果 AL 中为 00000010   则转至 R_2;

如果 AL 中为 00000100   则转至 R_3;

如果 AL 中为 00001000   则转至 R_4;

如果 AL 中为 00010000   则转至 R_5;

如果 AL 中为 00100000   则转至 R_6;

如果 AL 中为 01000000   则转至 R_7;

如果 AL 中为 10000000   则转至 R_8。

实现上述要求的程序框图如图 4-10 所示。我们可以把 8 个子程序的入口地址编成如图 4-10 所示的分支程序入口地址表。根据流程图可以写出如下程序。

解:

(1) 分析问题:由题意可知,要求根据某种条件实现 8 个分支程序。

(2) 确定算法:采用跳转地址表法(见图 4-10 分支程序入口地址表),结合条件转移指令来实现。

(3) 画程序流程图:见图 4-11。

(4) 确定汇编语言程序的基本框架:本题程序要 3 个段:数据段、堆栈段和代码段。数据段中创建分支程序入口地址表,应选 DW 类型,使用寄存器 BX 定位。

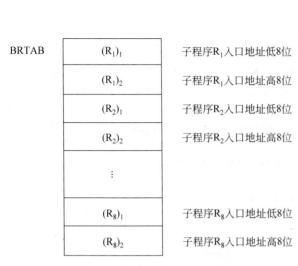

BRTAB	$(R_1)_1$	子程序 R_1 入口地址低8位
	$(R_1)_2$	子程序 R_1 入口地址高8位
	$(R_2)_1$	子程序 R_2 入口地址低8位
	$(R_2)_2$	子程序 R_2 入口地址高8位
	$\vdots$	
	$(R_8)_1$	子程序 R_8 入口地址低8位
	$(R_8)_2$	子程序 R_8 入口地址高8位

图 4-10　分支程序入口地址表　　　　　图 4-11　分支程序转移流程图

（5）编写程序：由以上分析，可知需要 MOV、JMP、JC、INC、LEA 和 PUSH 等指令。最后要返回 DOS。未想到的，在编写过程中根据需要随时添加，如 RCR 指令等。

具体程序如下。

```
NAME    BRANCH_PROG
DATA    SEGMENT
BRTAB   DW    R11     ;开始创建分支程序入口地址表。第一步创建分支程序 R1 入口地址的 IP 值
        DW    R12     ;创建分支程序 R1 入口地址的码段值
        DW    R21     ;仿 DW  R11,下同
        DW    R22     ;仿 DW  R12,下同
        DW    R31
        DW    R32
        DW    R41
        DW    R42
        DW    R51
        DW    R52
        DW    R61
        DW    R62
        DW    R71
        DW    R72
        DW    R81
        DW    R82
DATA    ENDS

STACK   SEGMENT  PARA  STACK  'STACK'
        DB     100 DUP(?)        ;定义一个 100 个字节的堆栈空间
TOP     EQU    $-STACK           ;栈顶的地址为程序的当前地址与堆栈首地址的差
```

```
STACK   ENDS
CODE    SEGMENT
START   PROC  FAR
        ASSUME  CS：CODE,DS：DATA,SS：STACK
        BEGIN：PUSH  DS          ;将数据段首址压栈
        MOV  AX,0                ;将寄存器 AX 清零
        PUSH  AX                 ;使程序能返回 DOS
        MOV  AX,DATA
        MOV  DS,AX               ;将 DATA 段首址(即分支程序入口地址表)送寄存器 DS
        MOV  AX,STACK
        MOV  SS,AX               ;将堆栈段首址送寄存器 SS
        MOV  AX,TOP
        MOV  SP,  AX             ;将堆栈段栈顶地址送堆栈指针寄存器 SP
        LEA  BX,BRTAB            ;设跳转表的地址指针
GTBIT：
        RCR  AL,1                ;通过进位循环右移
        JC  GETAD                ;在循环右移过程中顺序检查 AL 中各位的状态
        INC  BX                  ;BX 自动加 1
        INC  BX                  ;BX 自动加 1,移到下一分支
        INC  BX                  ;BX 自动加 1
        INC  BX                  ;BX 自动加 1,完成寄存器的值×2
        JMP  GTBIT
GETAD：JMP  DWORD  PTR[BX]       ;段间间接转移
        START  ENDP
CODE    ENDS
        END  BEGIN
```

3) 跳转指令表法

跳转指令表法的思路与跳转地址表法基本相同,不同的只是它在代码段中把转移到各个分支程序段的跳转指令放在一个表中,该表就称为"跳转指令表",如下所示。

```
RONT：JMP  SHORT  RONT 0
      JMP  SHORT  RONT 1
      JMP  SHORT  RONT 2
      JMP  SHORT  RONT 3
```

其中,RONT 0、RONT 1、RONT 2 和 RONT 3 为各个分支的入口地址(标号)。这样,通过执行跳转指令表中相应的跳转指令,就可以转移到不同的分支。由于短跳转指令的机器代码为两个字节,因此根据转移条件得到的编号(从零开始),可以按下面的公式计算出表内跳转转移指令的地址:

$$表内跳转指令表的地址=(编号-1)×2+跳转指令表的首地址$$

$$=编号×2-2+跳转指令表的首地址$$

【例 4-10】 由键盘输入一个数 N,当 N 为不同值时应作不同处理。

当 $N=1$ 时,显示信息(DSPLAY);

当 $N=2$ 时,传送信息(TRAN);当 $N=3$ 时,处理信息(PROC1);

当 $N=4$ 时,打印信息(PRTN);当 $N=5$ 时,结束程序(EXIT)。

相应的处理为一独立的程序段,它们的入口地址分别为 DSPLAY、TRAN、PROC1、PRIN 和 EXIT。当这些程序处理结束时仍返回读入 N。只有当 $N=5$ 时程序才结束。

试利用跳转指令表的分支程序实现这些要求。

解:

(1) 分析问题:由题意可知,这是一个 5 分支程序。它们的入口地址分别为 DISPLAY、TRAN、PROC1、PRIN 和 EXIT。当这些程序处理结束时仍返回读入 N。只有当 $N=5$ 时程序才结束。

(2) 确定算法:构建跳转指令表,采用通过执行跳转指令表中相应的跳转指令,就可以转移到不同的分支。

(3) 画程序流程图:略。

(4) 确定汇编语言程序的基本框架:本题程序的基本框架至少要两个段:堆栈段和代码段。堆栈段中定义一个 256 个字的缓冲区,当然是 DW 类型,再定义一个字类型的栈顶,用栈顶指针 SP 定位。采用寄存器 AL,AX 存数字,寄存器 BX 存跳转指令的地址。

(5) 编写程序:由以上分析,可知需要 MOV、JMP、LEA、SUB、ADD、CMP 和 JB、JA、CBW 等指令。最后要返回 DOS。未想到的,在编写过程中根据需要随时添加,如 SHL 指令等。为了简化程序,每段处理程序除了 EXIT 以外仅给出了一条转移指令表示当某项处理完成后返回 AGAIN 继续从键盘读入一个字符直到输入字符为'5'为止。例 4-10 中存放转移指令的表 JADT2 在代码段中。

具体程序如下。

```
STACK   SEGMENT   STACK
        DW  256 DUP(?)       ;在堆栈中,定义一个 256 个字的数据缓冲区
TOP     LABEL   WORD         ;定义栈顶变量 TOP,字类型
STACK   ENDS
CODE    SEGMENT
        ASSUME  CS:CODE,SS:STACK
START:  MOV  AX,STACK
        MOV  SS,AX           ;堆栈段寄存器 SS 初始化
        MOV  SP,OFFSET  TOP  ;送栈顶的偏移地址到寄存器 SP
AGAIN:
        MOV  AH,01           ;(AH)=01 ,1 号功能(键盘输入)调用
        INT  21H             ;DOS 功能调用
        SUB  AL,30H          ;将键盘输入的数字字符的 ASCII 码减去数字字符"0"的 ASCII
                             ;码"30H",求出输入数字的二进制表示的值,放在 AL 中
        CMP  AL,01           ;与"1"比较输入数字的值
        JB   AGAIN           ;若输入数字的值比 1 小,返回程序 AGAIN,由键盘重新输入。
                             ;若输入数字的值比 1 大,接着执行下一指令
        CMP  AL,05           ;与"5"比较输入数字的值
        JA  AGAIN            ;若输入数字的值比 5 大,返回程序 AGAIN,由键盘重新输入。
```

```
                              ;若输入数字的值比 1 大,比 5 小,接着执行下一指令
            SHL   AL,01        ;将放在 AL 中的输入数字的二进制表示,逻辑左移 1 位。依据
                              ;计算跳转转移指令地址的公式:先作编号×2
            CBW              ;将 AL 中的 8 位数扩展为 16 位数,放在寄存器 AX 中
            MOV   BX,OFFSET  JADT2  ;送转移指令跳转表的首地址送寄存器 BX
            ADD   BX,AX       ;依据计算跳转转移指令地址的公式再作:编号×2+跳转
                              ;指令表的首地址
            SUB   BX,02       ;继续计算,将上一步的结果减去 2,完成计算
            JMP   BX          ;跳转到 BX 指示的跳转指令的地址
    JADT2:  JMP   SHORT   DISPLAY   ;跳转表
            JMP   SHORT   TRAN
            JMP   SHORT   PROC1
            JMP   SHORT   PRTN
            JMP   SHORT   EXIT
    DISPLAY:
            ……
            JMP   AGAIN
    TRAN:
            ……
            JMP   AGAIN
    PROC1:
            ……
            JMP   AGAIN
    PRTN:
            ……
            JMP   AGAIN
    EXIT:  MOV   AH,4CH
            INT   21H
    CODE  ENDS
            END  START
```

4.6　循环结构的汇编语言源程序的编写

　　在进行某些程序设计时,会遇到有些操作需要重复执行多次的情况,采用顺序结构是很麻烦的事情,也造成内存空间的浪费。为此,可以对顺序结构程序略加修改,采用循环结构,从而大大简化程序。现在我们讨论循环结构的汇编语言程序的编写。

　　我们在前面的学习中,已接触到某些程序,运用条件转移指令,可以使其中某一段程序重复执行多次。在汇编语言中,还有直接运用于循环程序的循环指令。下面,我们先讨论循环指令。

4.6.1　循环控制指令

　　之前,我们已讨论了无条件转移指令和条件转移指令。现在我们开始讨论程序控制

转移指令的另一部分,即循环控制指令。

循环指令有3条,其作用为:根据条件满足与否,完成一串重复的操作,形成循环程序。3条指令都是短转移指令。

1. 循环转移指令 LOOP

格式:LOOP 目标标号

测试条件与功能:(CX)不等于0,则(CX)←(CX)−1;(IP)←(IP)+8位偏移量。

📖 说明:LOOP 指令相当于下面两条指令的组合,

```
DEC  CX
JNZ  short-label          ;short-label 表示短标号
```

但不同的是,LOOP 指令不影响标志位。

2. 相等(为零)循环转移指令 LOOPZ/LOOPE

格式:LOOPZ(或 LOOPE) 目标标号

测试条件与功能:(CX)等于0且 ZF=1,则(CX)←(CX)−1;(IP)←(IP)+8位偏移量。

3. LOOPNZ/LOOPNE 循环指令

格式:LOOPNZ(或 LOOPNE) 目标标号

测试条件与功能:(CX)不等于0且 ZF=0;则(CX)←(CX)−1;(IP)←(IP)+8位偏移量。

4.6.2 程序的循环结构

事实上。一个 JMP 指令就可以创建简单的循环程序,只要跳到顶端的标号处就可以了。

```
TOP:                    ;顶端标号
    ......
    JMP  TOP            ;跳到 TOP 会反复执行,没有止境
```

这是一个永无休止的死循环程序。

要构成一个合格的循环程序,必须解决循环条件和退出的问题。

一个完整的循环结构程序由以下3部分组成。

(1) 循环初态设置部分。这是为了保证循环程序能正常运行而必须做的准备工作,在循环开始时往往要给循环过程置以初态,即赋一个初值。循环初态又可以分成两部分,一是循环工作部分初态,另一是循环结束条件的初态。例如,要设地址指针,要使某些寄存器清零,或设某些标志等。循环结束条件的初态往往置以循环次数。置初态也是循环程序的重要的一部分,不注意往往容易出错。

（2）循环体。就是要求重复执行的程序段部分。其中又分为循环工作部分和循环调整部分。循环调整部分修改循环参数，以保证每次循环所完成的功能不是完全重复的。

（3）循环结束条件部分：也称循环出口判定部分。在循环程序中必须给出循环结束条件，否则程序就会进入死循环。每循环一次检查循环结束的条件，当满足条件时就停止循环，往下执行其他程序。

4.6.3　控制程序循环的方法

控制程序循环的方法就是选择循环控制条件，是循环程序设计的关键。当循环次数是已知的，可以用循环次数作为循环的控制条件，再配合使用 LOOP 指令。有时循环次数虽然是已知的，但在循环中可能会根据其他特征或条件使循环提前结束。此时，就可用 LOOPZ 和 LOOPNZ 指令来实现这样的循环。还有的循环问题，它的循环次数是不确定的，那就需要根据具体的情况，设计出循环结束的控制条件。

常用的循环控制方法有计数控制法、条件控制法和逻辑尺控制法等。下面分别加以讨论。

1. 计数控制法

常见的循环是计数循环，当循环了一定次数后就结束循环。在微型机中，常用一个内部寄存器（一般用 CX），或一对寄存器作为计数器，对它的初值置循环次数，每循环一次减 1，当计数器的值减为 0 时，就停止循环。也可以初值置 0，每循环一次加 1，再与循环次数相比较，若两者相等就停止循环。

【例 4-11】　编写一个程序，计算 $SUM = A_1 \times B_1 + A_2 \times B_2 + \cdots + A_n \times B_n$。设 A_1，$A_2, \cdots, A_n$ 和 $B_1, B_2, \cdots, B_n$ 为无符号数，假定 SUM 不会超过 65535。

解：

（1）分析问题：由题意可知，这是求 n 个数的累加和，而每个数都是两个数组对应项的乘积，存在 n 次重复操作。

（2）确定算法：采用比较循环指令，循环次数是 n 次。故用循环次数作为循环的控制条件，再配合使用 LOOP 指令。循环控制采用计数控制。

（3）画程序流程图：略。

（4）确定汇编语言程序的基本框架：本题至少要两个段：数据段和代码段。数据段中至少定义 4 个变量：两个数组变量 A 和 B，由题设知为 8 位数，应选 DB 类型，使用寄存器 SI 定位。和数 SUM 变量，由题设知为 16 位数，选 DW 类型，其中间结果放在寄存器 BX。还有一个数 N，为循环次数，计数器用 CX。

（5）编写程序：由以上分析，可知需要 MOV、ADD、MUL、INC 和 LOOP 等指令。最后要返回 DOS。未想到的，在编写过程中随时添加，如 XOR 指令等。

具体程序如下。

```
DATA    SEGMENT
A    DB   A₁,A₂,…,Aₙ       ;定义变量 A
```

```
        B    DB   B₁,B₂,…,Bₙ      ;定义变量 B
        SUM  DW   ?               ;定义变量 SUM,其值待求
        N  EQU  B-A               ;定义变量 N,为循环次数
DATA    ENDS
CODE    SEGMENT
        ASSUME  CS: CODE,DS: DATA
START:  MOV  AX,DATA
        MOV  DS,AX
        XOR  BX,BX                ;准备存放和的寄存器 BX 清零,设置工作初值
        XOR  SI,SI                ;变量 A 和 B 的地址定位寄存器 SI 清零,设置工作初值
        MOV  CX,N                 ;为循环次数寄存器 CX 设置循环控制初值 N
LOP1:   MOV  AL,A[SI]             ;循环体命名为 LOP 1,循环体开始
        MUL  B[SI]                ;A×B,8 位×8 位,乘积暂放在 AX
        ADD  BX,AX                ;乘积相加的和,其中间结果放在 BX
        INC  SI                   ;SI←SI+1 修改工作初值
        LOOP  LOP 1               ;循环控制,CX←CX-1
        MOV  SUM,BX               ;乘积相加的总和送内存的 SUM 字单元
        MOV  AH,4CH
        INT  21H
CODE    ENDS
END    START
```

【例 4-12】 以 BUF 为首地址的数据段里存放着 10 个互不相等的 16 位有符号数,求出其中的最大数和最小数,然后分别存放到 MAX 和 MIN 字单元中。

解:

(1) 分析问题:由题意可知,这是一个比较循环操作。可以任选一个数作为比的标准。例如,先把第一个数分别送入 AX 和 BX,既看作是最大数比较的标准,又可看作是最小数比较的标准。然后将数组后面的每一个数与之比较:如果它比 AX 中的当前值还大,那么就将该数存入 AX;如果它比 BX 中的当前值还小,那么将该数存入 BX。经 9 次循环比较之后,AX 和 BX 里分别就是所要求的最大数和最小数。

(2) 确定算法:采用比较循环指令,循环次数是 9 次。故用循环次数作为循环的控制条件,再配合使用 LOOP 指令。循环控制采用计数控制。

(3) 画程序流程图:见图 4-12。

(4) 确定汇编语言程序的基本框架:共三个循环体。该汇编语言程序的基本框架至少要两个段:数据段和代码段。数据段中至少定义 3 个变量:一个数组变量 BUF,由题设知为 16 位数,应选 DW 类型,使用寄存器 SI 定位。还有最大数 MAX 和最小数 MIN 两个变量,由题设知为 16 位数,选 DW 类型,其中间结果分别放在寄存器 AX 和 BX。还有一个数 N,为循环次数,计数器用 CX。

(5) 编写程序。本程序想向读者说明,用 LOOP 指令,结合采用无条件转移指令和条件转移指令,也可以实现程序的循环。由以上分析,可知需要 MOV、LEA、CMP、JMP、JG、JL 等指令。最后要返回 DOS。

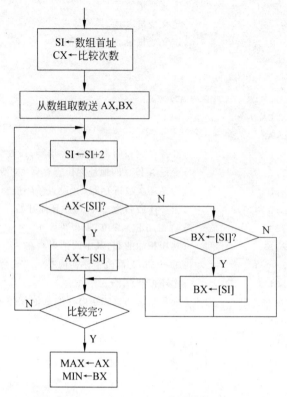

图 4-12　例 4-12 程序的流程图

具体程序如下。

```
DATA    SEGMENT
BUF     DW  36,-56,87,100,9000H
        DW  12H,8000H,7543,0,-567
N EQU   $-BUF
MAX     DW  ?
MIN     DW  ?
DATA    ENDS
CODE    SEGMENT
        ASSUME  CS:CODE,DS:DATA
START:  MOV  AX,DATA
        MOV  DS,AX
        LEA  SI,BUF               ;送 BUF 的偏移地址到寄存器 SI
        MOV  CX,N-1               ;送循环次数到寄存器 CX
        MOV  AX,[SI]              ;取第一个数到 AX
        MOV  BX,AX                ;取第一个数到 BX
LOP1:   ADD  SI,2                 ;循环体 1。SI←SI+2,为取下一个数作准备
        CMP  AX,[SI]              ;AX 与下一个数比较
        JG   LOP2                 ;AX 大则转移到循环体 LOP2
        MOV  AX,[SI]              ;比 AX 还大的数,送 AX
```

```
        JMP  LOP3
LOP2:   CMP  BX,[SI]              ;循环体 2。BX 与下一个数比较
        JL   LOP3                 ;BX 小则转移到 LOP3
        MOV  BX,[SI]              ;比 BX 还小的数,送 BX
LOP3:   LOOP LOP1                 ;循环体 3。比较次数减 1,CX←CX-1
        MOV  MAX,AX               ;存入最大数
        MOV  MIN,BX               ;存入最小数
        MOV  AH,4CH
        INT  21H
CODE    ENDS
        END  START
```

2. 条件控制法

当循环次数不能确定或为了减少循环执行的次数时,在循环程序设计中,常采用条件控制法,即根据某个条件的成立与否来控制循环的执行。

【例 4-13】 将正数 n 插入到一个所有的数均为正数而且已经按递增次序排好的数组里面去,结果要保证仍然有序。该数组的首地址为 ARHD。

解：

(1) 分析问题：由题意可知,这是一个循环次数不能事先确定的问题,可以用找到插入数的位置作为结束循环的条件。

(2) 确定算法：由于数组已按增序排列好,因此既可以从首地址开始往后比较;也可以从末地址开始往后比较,不过编程者必须先定义末地址相应的变量 AEND。

(3) 画程序流程图：略。

(4) 确定汇编语言程序的基本框架：本题至少要两个段:数据段和代码段。程序中要考虑到边界问题,即所插入的数可能比数组中所有的数都大或都小,即插入的位置可能在一头一尾。所以在定义数据段时,至少定义 3 个变量:数组变量 AEND,数组变量 AEND 前要留一空单元 X,以供插入数时使用。数组之后又要留一空单元,里面放待插入的数 N。这样的安排,就保证最多比较到单元 N 时,循环就可以结束。3 个变量均选 DW 类型,使用寄存器 SI 定位。其中间结果放在寄存器 BX。

(5) 编写程序：由以上分析,可知 MOV、LEA、CMP、JLE、JMP 和 INC 等指令,最后返回 DOS。未想到的,在编写过程中随时添加,如 ADD 指令等。

下面给出 2 种解法,设待插入的数是 N=32。具体程序如下。

方法 1：在每次比较过程中,如果从首地址开始往后比较,若数组中的数比 N 小,则把其位置让给 N,该数向前移,直到不小于 N 时,便是插入的位置。因为是逐次比较的结果,所以不必担心位置的冲突。如果插入的数比递增数组中的第一个数小,则插入数组变量 AEND 前留的空单元 X;如果插入的数比递增数组中的数都大,则插入数组的末单元。

```
DATA  SEGMENT            ;定义数据段
X  DW  ?                 ;定义数组变量 AEND 前留的空单元 X
AEND  DW 3,5,10,15,23,37,52,78,99,105    ;定义数组
```

```
N    DW   32                ;定义待插入的数 N 所在单元
DATA  ENDS                  ;数据段定义结束
CODE  SEGMENT
      ASSUME  CS: CODE,DS: DATA
START:MOV  AX,DATA
      MOV  DS,AX            ;数据段初始化
      MOV  ES,AX            ;ES 与 DS 指向同一个段
      XOR  CX,CX            ;计数器 CX 清零,CX 用于统计数组中比 N 小的数的个数
      MOV  AX,N             ;AX←插入的正数 32
      LEA  SI,ARHD          ;SI←数组首地址
LOPB: CMP  AX,[SI]          ;比较开始,逐步寻找插入位置
      JLE  LOPC             ;如果插入的正数 N 小于或等于数组中的某数,则转移到 LOPC
      MOV  BX,[SI]          ;否则,将数组中的某数送寄存器 BX 暂存
      MOV  [SI-2],BX        ;比 N 小的数往前移一个字的位置
      ADD  SI,2             ;SI←SI+2,为比较下一个数作准备
      JMP  LOPB             ;循环到 LOPB
LOPC: MOV  [SI-2],AX        ;找到 N 的位置,比较结束,插入
      MOV  AH,4CH
      INT  21H              ;返回 DOS
CODE  ENDS
      END  START
```

方法 2：用 MOVSW 指令将插入位置前的数一起移动。因此用 CX 作计数器,记录需要移位的个数。如果 N 比所有数都小,根本不需要循环。此时 CX←0,不执行 MOVSW 指令,直接将数插入到 X 单元。如果 N 比所有数都大,则 CX 等于数组的个数,数组元素要全部移动,数据将插入到末单元。

说明：MOVSW 指令表示将字符串按字的大小移动。

```
DATA  SEGMENT
      X  DW  ?
      ARHD  DW  3,5,10,15,23,37,52,78,99,105
      N  DW  32
DATA  ENDS
CODE  SEGMENT
      ASSUME  CS: CODE,DS: DATA
START:MOV  AX,DATA
      MOV  DS,AX
      MOV  ES,AX            ;ES 与 DS 指向同一个段
      XOR  CX,CX            ;计数器 CX(用于统计数组中比 N 小的数的个数)的清零
      MOV  AX,N             ;AX←插入的正数 32
      LEA  SI,ARHD          ;SI←数组首地址
LOPB: CMP  AX,[SI]          ;比较开始,逐步寻找插入位置
      JLE  LOPH             ;如果插入的正数 N 小于或等于数组中的某数,则转移到 LOPH
      ADD  SI,2             ;否则,SI←SI+2
```

```
              INC   CX              ;计数加 1
              JMP   LOPB            ;循环到 LOPB
       LOPH:  LEA   SI,ARHD         ;SI←源串首地址
              LEA   DI,X            ;DI←目的串首地址
              CLD                   ;方向标志清零,表示 SI,DI 将自动增量
              REP   MOVSW           ;如果 CX≠0,则重复 CX←CX-1,ES:[DI]←DS:[SI],
                                    ;将插入位置前的数一起向前移动一位,让出位置给 N
              MOV   [DI],AX         ;插入
              MOV   AH,4CH
              INT   21H
       CODE   ENDS
              END   START
```

在具体的程序设计中,可以依据问题的需要,单独使用某一种方法来控制循环,例如计数控制法和条件控制法;也可以将计数控制法和条件控制法联合起来使用,而且控制条件可以是 1 个或者多个。总之,这些都要由实际问题的需要来决定。

【例 4-14】　从键盘接收 5 个十进制数的数字字符,存放到首地址为 BUF 的数据区中。

解:

(1) 分析问题: 由题意可知,从键盘上输入时,有可能不小心按下非数字键,所以不容易确定接收键盘输入的次数。控制循环的条件应该是接收到了 5 个十进制数的数字字符时,便可结束循环。

(2) 确定算法: 采用比较循环指令,循环次数不定。故用接收到了 5 个十进制数的数字字符作为循环的控制条件,配合使用跳转指令。循环控制采用计数控制。使用 08H 号功能调用,如果输入的不是数字字符,不显示在屏幕上。还使用 02H 号功能调用,如果输入的是数字字符,则显示在屏幕上。

(3) 画程序流程图: 略。

(4) 确定汇编语言程序的基本框架: 本题至少要两个段: 数据段和代码段。根据题意,在定义数据段时,只定义首地址为 BUF 的数据缓冲区即可。选 DB(从键盘输入的字符是 7 位的 ASCII 码)类型,使用寄存器 SI 定位。计数器用寄存器 CX。从键盘输入,要用到功能调用,要用到寄存器 AH 和 DL。其中间结果放在寄存器 AL。

(5) 编写程序: 由以上分析,可知需要 MOV、LEA、CMP、JL、JG、JGE、JMP 和 INC 等指令,最后返回 DOS。未想到的,在编写过程中随时添加,如 XOR 指令等。

具体程序如下。

```
DATA   SEGMENT
       BUF   DB   5   DUP (?)   ;定义首地址为 BUF 的数据缓冲区
DATA   ENDS
CODE   SEGMENT
       ASSUME  CS: CODE,DS: DATA
START: MOV   AX,DATA
       MOV   DS,AX             ;数据段初始化
```

```
        XOR   CX,CX          ;计数器 CX 清零
        LEA   SI,BUF          ;将 BUF 的首地址送寄存器 SI
LOP1:   MOV   AH,08H          ;8 号功能调用,接收键盘字符,不回显
        INT   21H             ;DOS 系统调用
        CMP   AL,30H          ;比较输入的十进制数的数字字符和字符"0",看是正数?
        JL    LOP2            ;是负数,转到 LOP2
        CMP   AL,39H          ;比较输入的十进制数的数字字符和字符"9",看是否大于 9
        JG    LOP2            ;大于 9,转到 LOP2
        MOV   [SI],AL         ;将十进制数的数字字符存到内存[SI]
        MOV   DL,AL           ;送 2 号功能调用参数,将十进制数的数字字符存到寄存器 DL
        MOV   AH,02H          ;2 号功能调用,接收键盘字符,回显
        INT   21H             ;DOS 中断,功能调用
        INC   CX              ;CX←CX+1
        CMP   CX,5            ;比较 CX 和 5,看是否满足循环控制条件
        JGE   LOP3            ;数字字符个数≥5 结束循环
        INC   SI              ;SI←SI+1,进到内存另一个单元
        JMP   LOP1            ;循环,物条件跳到 LOP1
LOP2:   MOV   DL,07H          ;7 号功能调用,响铃警告
        MOV   AH,02H          ;2 号功能调用,接收键盘字符,回显
        INT   21H             ;DOS 中断,功能调用
        JMP   LOP1
LOP3:   MOV   AH,4CH
        INT   21H
CODE    ENDS
        END   START
```

【例 4-15】 在首地址为 STRING 的数据区中,有一个含 100 个字符的字符串。试编写一个程序,测试该字符串中是否存在数字字符。若有则把 DL 的第 5 位置 1,否则将该位置 0。

解:

(1)分析问题:由题意可知,若要测试该字符串中有多少数字字符,需要循环比较 100 次才能确定下来。但若第一次就遇到数字字符,循环就结束。也就是说,虽然循环总次数是已知的,但根据给定的条件,有可能提前结束循环。所以,可把条件控制法和计数控制法结合起来编写循环程序。

(2)确定算法:采用比较循环指令,配合使用 LOOP 指令。条件控制的条件是:第一次遇到数字字符,使用寄存器 SI 定位;计数控制:循环总次数是 100 次,循环次数计数器用 CX。

(3)画程序流程图:略。

(4)确定汇编语言程序的基本框架:可见,该汇编语言程序的基本框架至少要两个段:数据段和代码段。数据段中至少定义 1 个变量:字符串 STRING,由题设知为数字字符,显然为 8 位数,应选 DB 类型。

(5)编写程序:由以上分析,可知需要 MOV、JA、JB、INC、JMP 和 LOOP 等指令。

最后要返回 DOS。未想到的,在编写过程中随时添加,如 OR、AND、XOR 指令等。

具体程序如下。

```
DATA    SEGMENT
STRING DB  100  DUP(?)        ;定义一个字符串变量 STRING 的缓冲区
DATA    ENDS
CODE    SEGMENT
        ASSUME  CS:CODE,DS:DATA
START:  MOV  AX,DATA
        MOV  DS,AX            ;数据段初始化
        XOR  SI,SI            ;设置表示数字字符所在位置的寄存器 SI 的循环参数初值,清零
        MOV  CX,100           ;设置循环计数数初值
BEGIN:  CMP  STRING[SI],30H   ;将字符串的某字符的 ASCII 码值与字符"0"的 ASCII 码
                              ;值(30H)从低位依次进行比较
        JB   AGIAN            ;如果该字符的 ASCII 码值小于"0"的 ASCII 码值(30H),
                              ;则转移到语句 AGIAN
        CMP  STRING[SI],39H   ;将字符串的某字符的 ASCII 码值与字符"9"的 ASCII 码
                              ;值(39H)从低位依次进行比较
        JA   AGIAN            ;如果该字符的 ASCII 码值大于"9"的 ASCII 码值(39H),
                              ;则转移到语句 AGIAN
        OR   DL,20H           ;否则,说明该字符是数字,将 DL 的第 5 位置 1
        JMP  EXIT             ;只要第一次找到数字,便结束循环
AGIAN:  INC  SI               ;SI←SI+1,将字符串的待查字符位置向高位移一位
        LOOP BEGIN            ;循环到 BEGIN 语句
        AND  DL,0DFH          ;没有找到数字,将 DL 的第 5 位置 0
EXIT:   MOV  AH,4CH
        INT  21H
CODE    ENDS
        END  START
```

3. 逻辑尺控制法

计数控制法和条件控制法是用来控制单一程序段重复执行的次数的。但有些问题则需要根据条件,分别控制两种不同的操作(或程序段)重复执行的次数。为了区别两种不同的操作,我们用二进制位的 1 表示执行第一种操作,用 0 表示执行第二种操作,并且在内存中设置一个字或字节单元,让它的各位分别记录各次操作的种类:是 1 类操作,还是 0 类操作。这个字或字节单元,称为逻辑尺。其中 1 和 0 的位数分别代表要重复执行的两种操作的次数。

进入循环后,通过对这个单元的顺序移位查找,识别标志位就可以确定应该执行哪种操作。利用逻辑尺来进行循环控制的方法,称为逻辑尺控制法。

【例 4-16】　设有数组 X 和 Y。X 数组中有 $X_1,X_2,\cdots,X_{10}$;Y 数组中有 $Y_1,Y_2,\cdots,Y_{10}$。

试编制程序计算:

$$Z_1 = X_1 + Y_1 \quad Z_2 = X_2 + Y_2 \quad Z_3 = X_3 - Y_3 \quad Z_4 = X_4 - Y_4$$
$$Z_5 = X_5 - Y_5 \quad Z_6 = X_6 + Y_6 \quad Z_7 = X_7 - Y_7 \quad Z_8 = X_8 - Y_8$$
$$Z_9 = X_9 + Y_9 \quad Z_{10} = X_{10} + Y_{10}$$

结果存入 Z 数组。

解：

(1) 分析问题：对于这种问题，我们也可用循环程序结构来完成。由题意可知，这里有两种操作：加法和减法。为了区别每次应该做哪一种操作，可以设立标志位，如标志位为 0 做加法，标志位为 1 做减法，这样进入循环后只要判别标志位就可确定应该做的操作了。

(2) 确定算法：采用循环指令，循环次数是 $n=10$ 次。故用循环次数作为循环的控制条件，再配合使用 LOOP 指令。循环控制采用计数控制。显然，这里要做 10 次操作就应该设立 10 个标志位，我们把它放在一个存储单元 LOGIC. RULE 中，这种存储单元一般称为逻辑尺，本例设定的逻辑尺为：

000000001 1011 100

从低位开始所设的标志位反映了每次要做的操作顺序，最高的 6 位没有意义把它们设为 0。

(3) 画程序流程图：见图 4-13。

(4) 确定汇编语言程序的基本框架：可见，该汇编语言程序的基本框架至少要两个段：数据段和代码段。数据段中至少定义 4 个变量：两个数组变量 X 和 Y，设为 16 位数，应选 DW 类型，使用寄存器 BX 定位。和(差)数 Z 变量，为 10 个字的数据缓冲区，选 DW 类型，其中间结果放在寄存器 AX。计数器用 CX，逻辑尺放在寄存器 DX。

(5) 编写程序：由以上分析，可知需要 MOV、ADD、SUB、SHR、JC、JMP 和 LOOP 等指令。最后要返回 DOS。

具体程序如下。

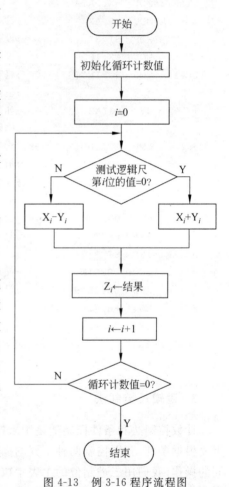

图 4-13　例 3-16 程序流程图

```
DATA  SEGMENT
X  DW  1,2,9,8,7,3,6,5,4,1
Y  DW  2,1,2,3,4,2,3,2,1,5
Z  DW  10 DUP(?)
LOGIC_RULE  DW  00DCH        ;定义逻辑尺
DATA  ENDS
CODE    SEGMENT
```

```
            ASSUME CS: CODE,DS: DATA
START:  MOV  AX,DATA
        MOV  DS,AX             ;数据段初始化
        MOV  CX,10             ;设置循环次数
        MOV  BX,0              ;寄存器 BX 清零
        MOV  DX,LOGIC_RULE     ;送逻辑尺首地址到 DX
L:      MOV  AX,X[BX]          ;依次送变量 X 的值到寄存器 AX
        SHR  DX,1             ;逻辑尺右移 1 位,最高位进入标志寄存器的 CF 位
        JC   SUBB             ;当 CF=1,进行"1"类操作(减法),转 SUBB
        ADD  AX,Y[BX]        ;当 CF=0,进行"0"类操作(加法)
        JMP  RESULT
SUBB:   SUB  AX,Y[BX]        ;作 X-Y 运算
RESULT: MOV  Z[BX],AX         ;结果存入 Z
        ADD  BX,2            ;BX←BX+2,进入下一次运算
        LOOP L               ;循环到 L 语句
        MOV  AH,4CH
        INT  21H
CODE    ENDS
        END  START
```

4.6.4 多重循环

如果在一个循环体内又出现一个循环结构的程序段,那么这种程序设计结构被称为是多重循环或嵌套循环。在实际工作中,一个循环结构常常难以解决实际应用问题,所以引入了多重循环。

多重循环既然是由单重循环嵌套而成的,所以,多重循环和单重循环的设计方法是一致的,但应分别考虑各重循环的控制条件及其程序的实现,相互之间不要混淆。

在多重循环结构的设计中,主要应该掌握以下几点:

(1) 内循环应该完全包含在外循环的里面,成为外循环体的一个组成部分,不允许循环结构交叉;

(2) 每次通过外层循环再次进入内层循环时,内层循环的初始条件必须重新设置;

(3) 外循环的初值应该安排在进入外循环体之前,内循环的初值应该安排在进入内循环之前,但必须在外循环体之内;

(4) 如果在各循环中都使用寄存器 CX 作计数控制,那么由于只有一个计数寄存器 CX,因此在内循环设置 CX 初值前,必须先保存外循环中 CX 的值,出内循环时,必须恢复外循环使用的 CX 值;

(5) 转移指令只能从循环结构内转出或可在同层循环内转移,而不能从另一个循环结构外转入该循环结构内。

常见的双重循环的程序结构如下。

```
外层循环初始化
MOV  CX,外层循环次数 M
```

```
LOOP1：……                    ;外层循环体的指令
       MOV  DI,CX             ;保存外层循环次数
       内层循环初始化
       MOV  CX,内层循环次数 N   ;设置内层循环次数
LOOP2：……                    ;内层循环的循环体
       LOOP  LOOP 2           ;继续内层循环
       MOV   CX,DI            ;恢复外层循环的次数
       ……                   ;外层循环体的指令序列
       LOOP  LOOP 1           ;继续外层循环
```

下面将用例子来说明多重循环的使用方法。

【例 4-17】 试编写一个程序：设在以 SCORE 为首址的内存区中依次存放着某考区 100 个理科生的 7 门成绩。现要统计每个考生的总成绩,并将其存放在该考生单科成绩之后的两个单元。

解：

（1）分析问题：这个问题可用双重循环程序结构来完成。累加每个学生的 7 门成绩,使用一个内循环,对不同的学生重复同样的操作,使用外循环,次数 100。

（2）确定算法：这个问题直观的考虑,从第一个学生开始累加他的 7 门成绩,设 CX←7,使用一个内循环,每累加一次 CX 减 1,当 CX＝0 时控制内循环结束,并把总成绩存入到后续的两个单元中。然后,需要累加第二个学生的成绩,累加的过程同上,依此类推,可以累加每个学生的成绩。但是此时重要的是判断循环什么时候累加所有的学生成绩完毕,为此需要一层外循环,设置 BL←学生总人数,每累加完一个学生,BL 的值减 1,直至 BL＝0,外循环结束。

（3）画程序流程图：根据这个思路绘制程序框图,见图 4-14。

（4）确定汇编语言程序的基本框架：可见,该汇编语言程序的基本框架至少要两个段：数据段和代码段。数据段中至少定义 1 个数组变量 SCORE,因学生成绩不会超过 100＝64H,选 DB 类型,共 100 组,每组 10 个数据,第一个数是学号,接着是 7 门成绩,最后是该生的总成绩,显然是 16 位数,应该占据该考生单科成绩之后的两个单元,初始化为 00,00。使用寄存器 SI 定地址位。累计总成绩的中间结果放在寄存器 AX。外循环次数计数器用用寄存器 BL,内循环次数计数器用寄存器 CX。

（5）编写程序：由以上分析,可知需要 MOV、LEA、ADD、ADC、XOR、INC、JNZ、DEC 和 LOOP 等指令。最后要返回 DOS。

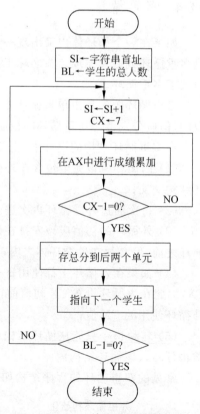

图 4-14　例 3-17 程序执行流程图

具体程序如下。

```
DATA    SEGMENT
SCORE   DB   01,70,85,84,92,70,49,85,00,00
        DB   02,65,80,90,85,69,42,89,00,00
··················································
DATA    ENDS
CODE    SEGMENT
        ASSUME  CS:CODE,DS:DATA
        MOV  AX,DATA
        MOV  DS,AX              ;给数据段赋值
BEGIN:
        LEA  SI,SCORE           ;将数据缓冲区 SCORE 首地址送 SI
        MOV  BL,100             ;将外循环次数送寄存器 BL
LOP2:
        MOV  CX,7               ;内循环次数送寄存器 CX
        XOR  AX,AX              ;将寄存器 AX 清 0
        INC  SI                ;SI←SI+1,除开学号,从学生成绩开始进行累加
LOP1:
        ADD  AL,[SI]           ;从第一个学生第一门成绩开始累加他的 7 门成绩
        ADC  AH,0              ;AH←(CF)+0,统计进位的数值
        INC  SI                ;SI←SI+1,进入第二门成绩存放地址
        LOOP LOP1              ;(CX)←(CX)-1,若(CX)≠0,继续循环 LOP1,
                               ;判断内循环是否结束
        MOV  WORD  PTR[SI],AX  ;一个学生 7 门成绩累加完毕后,其总成绩存放在各门
                               ;成绩后续的两个内存单元中
        INC  SI                ;移动指针 SI 一次
        INC  SI                ;再移动指针 SI 一次
        DEC  BL                ;一个学生 7 门成绩累加完毕,外循环次数减 1
        JNZ  LOP2              ;若(BL)≠0,继续外循环
        MOV  AH,4CH            ;返回 DOS
        INT  21H
CODE    ENDS                   ;代码段结束
        END  BEGIN
```

4.7　汇编与 C/C++ 接口

汇编语言没有高级语言要占用较大的存储空间和较长的运行时间等缺点,它的运行速度快,是高级语言所不能比拟的。但全部采用汇编语言编程工作量大。可以说高级语言与汇编语言各有千秋。此时可以采用"混合"编程,彼此相互调用,进行参数传递,共享数据结构及数据信息。这种方法可以发挥各种语言的优势和特点,充分利用现有的多种实用程序、库程序等使软件的开发周期大大缩短。

4.7.1　高级语言与汇编语言的接口需要解决的问题

（1）需要说明和建立调用者与被调用者之间的关系,被调用的过程或函数应预先说明为外部类型,调用程序则应预先说明要引用的外部模块名。

（2）参数传递问题在汇编子程序之间通常采用寄存器作为参数传递的工具,汇编语言与高级语言程序间的参数传递,一般采用堆栈来传递,即调用程序将参数依次压入堆栈中,当被转调用程序后,再从堆栈中依次弹出参数作为操作数使用。为此,必须了解各种语言的堆栈结构、生成方式和入栈方式等。BASIC、FORTRAN、PASCAL 等语言,其参数进栈顺序与参数在参数表中出现的顺序相同,即从右到左,而 C 语言则相反。

4.7.2　C 语言与汇编语言的接口

1. C 语言调用汇编子程序

汇编语言和高级语言混合编程要解决的关键问题,在于二者之间的参数传递问题。参数的传递方式最多见的是传值、传址两种。参数传递可以通过全局变量或堆栈来传递。为此,必须了解各种语言的堆结构、生成方式、参数传递方式等。

2. C 语言嵌入汇编

在 C 程序中允许直接编写汇编语言代码,称作"嵌入汇编"。C 程序中嵌入汇编后可以无分号(C 语言的语句以分号结束,汇编语句是 C 语言中唯一以换行结束的语句)。C 语言允许嵌入 4 类汇编命令：一般指令、串指令、跳转指令、数据分配和定义指令,嵌入汇编比调用汇编子程序更方便、灵活,功能也更强。但嵌入汇编不是一个完整的汇编程序,所以许多错误不能马上检查出来。

3. Visual C++ 调用汇编语言

Visual C++ 调用汇编语言有两种方法：①从 C++ 语言中直接使用汇编语句,即嵌入式汇编；②用两种语言分别编写独立的程序模块,汇编语言编写的源代码汇编产生目标代码 OBJ 文件,将 C++ 源程序和 OBJ 文件组建工程文件,然后进行编译和连接,生成可执行文件。

采用两种或两种以上的编程语言组合编程,彼此相互调用,进行参数传递,是一种有效的程序设计方法。这种方法可以充分发挥各种语言的优势,充分利用现有的实用程序,是当前程序接口技术的一个重要研究和应用领域。

习　题　4

4-1　在程序的括号中分别填入下述指定的指令后,给出程序的执行结果。

程序如下：

```
CSEG    SEGMENT
        ASSUME CS: CSEG
START:  MOV  AX,2
        MOV  BX,3
        MOV  CX,4
        MOV  DX,5
NEXT:   ADD  AX,AX
        MUL  BX
        SHR  DX,1
        (        )
        MOV  AH,4CH
        INT  21H
CSEG
        END  START
```

(1) 若括号中填入 LOOP NEXT 指令,执行后

AX=_____H

BX=_____H

CX=_____H

DX=_____H

(2) 若括号中填入 LOOPZ NEXT 指令,执行后

AX=_____H

BX=_____H

CX=_____H

DX=_____H

(3) 若括号中填入 LOOPNZ NEXT 指令,执行后

AX=_____H

BX=_____H

CX=_____H

DX=_____H

4-2　试编写一个汇编语言程序,要求对键盘输入的小写字母用大写字母显示出来。

4-3　试编写一程序,要求能从键盘接收一个个位数 N,然后响铃 N 次(响铃的 ASCII 码为 07)。

4-4　编写程序,从键盘接收一个小写字母,然后找出它的前导字符和后续字符,再按顺序显示这 3 个字符。

4-5　将 AX 寄存器中的 16 位数分成 4 组,每组 4 位,然后把这四组数分别放在 AL、BL、CL 和 DL 中。

4-6　试编写一程序,要求比较两个字符串 STRING1 和 STRING2 所含字符是否完全相同,若相同则显示'MATCH',若不相同则显示"NO MATCH"。

4-7　编写程序,将一个包含有 20 个数据的数组 M 分成两个数组:正数数组 P 和负

数数组 N,并分别把这两个数组中数据的个数显示出来。

4-8　试编写一个汇编语言程序,求出首地址为 DATA 的 100D 字数组中的最小偶数,并把它存放在 AX 中。

4-9　试编写一个汇编语言程序,要求从键盘接收一个 4 位的 16 进制数,并在终端上显示与它等值的二进制数。

4-10　从键盘输入一系列以 $ 为结束符的字符串,然后对其中的非数字字符计数,并显示出计数结果。

4-11　有一个首地址为 MEM 的 100 字数组,试编制程序删除数组中所有为 0 的项,并将后续项向前压缩,最后将数组的剩余部分补上 0。

4-12　在 STRING 到 STRING+99 单元中存放着一个字符串,试编制一个程序测试该字符串中是否存在数字,如有则把 CL 的第 5 位置 1,否则将该位置 0。

4-13　在首地址为 TABLE 的数组中按递增次序存放着 100H 个 16 位补码数,试编写一个程序把出现次数最多的数及其出现次数分别存放于 AX 和 CX 中。

4-14　在首地址为 DATA 的字数组中存放着 100H 个 16 位补码数,试编写一个程序求出它们的平均值放在 AX 寄存器中;并求出数组中有多少个数小于此平均值,将结果放在 BX 寄存器中。

4-15　设在 A、B 和 C 单元中分别存放着 3 个数。若 3 个数都不是 0,则求出 3 个数之和存放在 D 单元中;若其中有一个数为 0,则把其他两单元也清 0。请编写此程序。

4-16　从键盘输入一系列字符(以回车符结束),并按字母、数字、及其他字符分类计数,最后显示出这三类的计数结果。

4-17　已定义了两个整数变量 A 和 B,试编写程序完成下列功能:

(1) 若两个数中有一个是奇数,则将奇数存入 A 中,偶数存入 B 中;

(2) 若两个数中均为奇数,则将两数加 1 后存回原变量;

(3) 若两个数中均为偶数,则两个变量均不改变。

4-18　编写汇编程序:设置 AH 和 BH 中的值分别为 45 和 54,然后交换两个寄存器存储的数。

4-19　已知一个十六进制整数 1A2A3AH 需要用 3 个字节表示,现在需要计算其绝对值,并存入原单元。编写程序实现。

第5章

总线和主板

同所有的电子设备一样,在电路板正面,放置棱角分明的各个部件:CPU、各类芯片、电阻、电容等。电路板反面,是错落有致的电路连线的印刷电路。CPU 工作的时候还需要同外围硬件设备(如键盘、鼠标、外存等)进行数据交换。假如每种设备都分别引入一组线路同 CPU 相连,那么系统线路显然是杂乱无章的,为了避免这种情况,将系统线路条分缕析,构成几组通用线路排线,在主板上设置多个插槽或接口,不同的外部设备通过各自的排线端的插头插入各自插槽或接口。于是,主板和总线技术就应运而生,总线(见 5.1 节)成为计算机的一个子系统。

主板的英文名称是 Motherboard,也可以译做母板。当主机加电时,电流会在瞬间通过主板上 CPU、南北桥等各类芯片、内存和各类总线插槽、硬盘 IDE 接口以及主板边沿的串口、并口、PS/2 接口等。随后,主板会根据 BIOS(基本输入输出体系)来辨认硬件,并进入操作系统,支持计算机体系工作的功能。

5.1 总线基本概念

5.1.1 总线和微机系统的总线结构

1. 总线

从物理来看,总线(BUS)是在计算机系统各部件之间传输信息(地址、数据和控制信号)的公共通用线路。它由一组导线和相关的控制、驱动电路组成。

在微机系统中除了采用总线技术外,还采用了标准接口技术。接口一般是指主板和某类外设之间连接的适配电路,其功能是解决主板和外设之间在电压等级、信号形式和速度上的匹配问题。有关接口的内容后面有专门章节讲述。由于目前的一些新型接口标准,如 USB、IEEE 1394 等,允许同时连接多种不同的外设,因此也把它们称为外设总线。

此外,连接显示系统的新型接口 AGP,由于习惯上的原因(原来的显卡要插入 ISA 或者 PCI 总线插槽中),也被称为 AGP 总线,但实际上它应该是一种接口标准。之所以在此提出这个问题,是想说明在某些情形下,总线和接口其实是没什么分别的,关键在于你从什么角度看问题。

2. 微机系统的总线结构

在 CPU、内存与外设确定的情况下,总线上数据传输速度是制约计算机整体性能的关键。因此,总线结构方式已经成为微机性能的重要指标之一。虽然一个系统中可以存在多种总线,它们在物理位置上、形态上、功能上各不相同,但这并不妨碍把总线视为微型计算机系统中的一个独立子系统。通过下面的讨论,可以由浅入深地理解总线的体系结构和发展历程。

1) 单总线结构

单总线结构是"一对多"结构,如图 5-1 所示,它是将 CPU、主存、I/O 设备都挂在一组总线上,允许 I/O 之间、I/O 与主存之间直接交换信息。单总线结构简单,也便于扩充,但所有的传送都共享一组总线,不允许两个以上的部件在同一时刻向总线传输信息,因此极易形成冲突。再者,当 I/O 设备量很大时,总线发出的控制信号从一端顺序传递到第 n 个设备,其传播的延迟时间就不能忽视。这两点会严重地影响系统的工作效率。在数据传输需求量和传输速度要求不太高的情况下,可以采用增加总线宽度和提高传输速率的方法来解决问题。单总线多为小型机或微型机所采用。

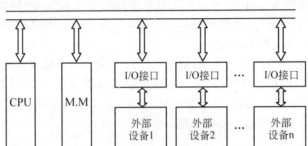

图 5-1　单总线结构图

但当总线上的设备,其数据量很大或对传输速度要求相当高的时候,如高速视频显示器、网络传输接口等,为了加快数据传输速率,解决 CPU、主存与 I/O 设备之间传输速率的不匹配问题,实现 CPU 与其他设备相对同步,就要采用多总线结构。

2) 多总线结构

多总线构成是"高低速分流"结构的基本思路,就是把与 CPU 相连的设备按传输速率分类,分为高速线路和低速线路。如图 5-2 所示的 4 总线结构。

这里设置了总线转换桥电路(详见 5.3.2 节),引出一条高速的系统总线直接连内存,又增加了一条经总线转换桥与计算机系统紧密相连的高速系统总线,挂接了一些高速性能的外设,如高速局域网、图形工作站、多媒体和 SCSI 等。又从高速总线通过总线转换桥这个扩展总线接口电路引出扩展外部总线,再去连接较低速的设备如图文传真、调制解调器及串行接口等。

这种结构对高速设备而言,其自身的工作可以很少依赖处理器,同时它们又比扩展总线上的低速设备更贴近处理器,这样,对于高性能设备与处理器来说,各自的效率将获得更大的提高。在这种结构中,处理器、高速总线的速度以及各自信号线的定义完全可以不同,以至各自改变其结构也不会影响高速总线的正常工作,反之亦然。

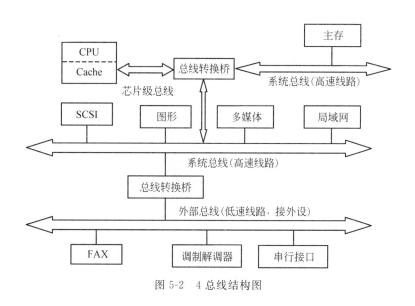

图 5-2　4 总线结构图

3. 微机总线发展概述

自计算机问世以来,总线技术就因为数据传输的需要不断地发展。20 世纪 60 年代末,美国 DEC 公司在其 PDP11/20 小型计算机上首次采用了 Unibus 总线。在世界上第一台微处理器 4004 问世 4 年后的 1975 年,一家位于美国新墨西哥镇名为 MITS 的小公司,由 Ed Roberts 用 8080 微处理器,设计安装了全球第一台微机(简称 PC)——Altair 单板机系统。在其结构中,制成了全球第一条 PC 扩展总线,得到了 IEEE 的认可,被命名为 IEEE 696 总线标准。

微机系统一开始就采用了总线这种技术构造,它可以使各种 CPU 模块、存储器模块、I/O 模块像积木那样相互组合,实现不同的性能,还便于实现系统的扩展与维护。由于 CPU 的处理能力迅速提升,而与其相连的外围设备通道带宽过窄且总落后于 CPU 的处理能力。迫使人们不断改进总线。

总线已由 PC/XT 发展经历了 ISA、MCA、EISA、VESA 再到 PCI、AGP、IEEE 1394、USB 总线等,并且还在发展、完善。不同总线拥有各自特定的应用领域。目前,AGP 系统总线传输率可达 533MB/s,PCI-X 系统总线可达 2.1GB/s,系统总线也由 133MB/s 到 266MB/s、533MB/s、667MB/s、1066MB/s 甚至更高。除此之外,又出现了 EV6 总线、NGIO 总线、超线程总线 HT(Hyper-Threading)和主板上的集成电路互连的超级总线 HT(Hyper Transport)等。它们的出现,从某种程度上代表了未来总线技术的发展趋势。

图 5-3 所示的是现代微机总线结构示意图。其中 Bridge 是桥接控制器。Audio、Video 为音频和视频处理器,Graphics 为图形图像处理模块,LAN 为网络接口,SCSI、ISA、IDE 为各种接口设备类型,Base I/O 为基本输入输出。

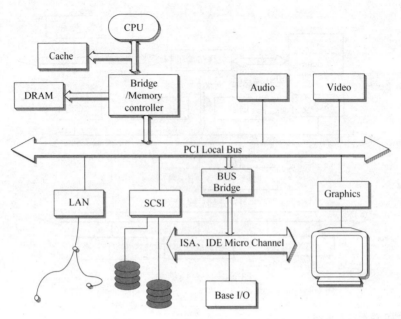

图 5-3　现代微机总线机构示意图

5.1.2　总线分类和性能指标

1. 总线分类方法

总线分类方法很多,并且各种定义歧义较大,本书整合概念如下,供参考。

1) 按连接层次分

(1) 片内总线(即芯片内部的总线)是连接 CPU(或 I/O 芯片)内部的各功能单元(如寄存器、算术逻辑部件 ALU、控制部件等)之间用于传输数据的总线。这一级总线是芯片外部看不见的。

(2) 芯片级总线是一块电路板上各芯片之间连接的总线,即芯片一级的互连总线。

如前端总线(FSB,也称 CPU 总线)、HT 总线(HT 总线是 AMD 为 K8 平台专门设计的高速串行总线,它的发展历史可回溯到 1999 年,原名为 LDT 总线,Lightning Data Transport,意为闪电般数据传输)、QPI 总线、I2C 总线、SPI 总线、SCI 总线、DMI 总线等。

(3) 系统总线(又称为内总线、板级总线、部件总线)是微机中各插件板与系统板之间的总线,用于插件板一级的互连。

如 VESA 总线、数据总线(DB)、控制总线(CB)、地址总线(AB)、IBM PC 总线、ISA 总线、EISA 总线、PCI 总线、APG 总线、C(Intel Integrated Circuit Bus)管理总线,C 总线是由飞利浦公司于 20 世纪 80 年代为音频和视频设备开发的串行总线,主要运用于服务器、MCA 总线(微通道结构总线)等。现已发展为用于楼宇自动化和家庭电器设备管理的广泛客户群系统总线。

在计算机系统总线中,还有另一大类为适应工业现场环境而设计的系统总线,有 STD 总线、VME 总线、PC/104 总线、Compact PCI(坚实的 PCI,是当今第一个采用无源总线底板结构的 PCI 系统,是 PCI 总线的电气和软件标准加欧式卡的工业组装标准,是当今最新的一种工业计算机标准)、PCI-E 总线等。

(4) 外部总线(又称为设备总线、通信总线)是微机和微机、微机和外部设备之间的总线。

如 RS-232-C 总线、RS-485 总线、IEEE-488 总线、SCSI 总线、IDE 总线、USB 总线、Fire wire 串行总线(IEEE-1394)、Centronics 总线等。

2) 按总线传送信息的类别分类

可把总线分为传送地址的地址总线(Address Bus,AB)、传送数据信息的数据总线(Data Bus,DB)和传送控制信号(如读/写信号、片选信号和读入中断响应信号等)和时序信号的控制总线(Control Bus,CB)。通常所说的总线都包括这 3 个组成部分。不少系统中,如 8086 CPU,数据总线和地址总线可以在地址锁存器控制下被共享,分时复用。

3) 按总线传送信息的方向分

可把总线分为单向总线和双向总线。

如地址总线属于单向总线,方向是从 CPU 或其他总线主控设备发往其他设备。数据总线属于双向总线。双向传输数据总线通常采用双向三态形式的总线。控制总线中的每一根控制线方向是单向的,但各控制线的方向有进有出。

4) 按传输方式分

按照数据传输的方式划分,总线可分为串行(数据顺序传输)总线和并行(数据并行传输)总线。通俗地讲,并行总线就像多车道公路,而串行总线则像单车道公路。显然,当传输数据量较大时,并行传输方式优于串行传输方式,但其成本上会有所增加。常见的串行总线有 SPI、I2C、USB、IEEE 1394、RS-232、CAN 等,而并行总线相对来说种类要少,常见的如 IEEE 1284、IEEE 488 总线、ISA、PCI、STD、PC 总线等。

5) 按时钟信号方式分

按照时钟信号是否独立,可以分为同步总线和异步总线。同步总线的时钟信号独立于数据,也就是说要用一根单独的线来作为时钟信号线,而异步总线的时钟信号是从数据中提取出来的,通常利用数据信号的边沿来作为时钟同步信号。

2. 总线的标准化和总线规范

标准化的总线可以为生产厂家和使用者带来方便。每种总线标准都有详尽的规范说明,一般包括下列"机、电、能、时"四个方面的内容。

1) 机械结构规范

机械结构规范是指总线在机械方式上的一些性能,如插头与插座、连接器使用的标准,它们的几何尺寸、形状、引脚的个数以及排列的顺序,接头处的可靠接触等。

2) 电气规范

电气规范是指总线的每一根传输线上信号的传递方向和有效的电平范围、最大额定负载能力以及动态转换时间等。通常规定由 CPU 发出的信号叫输出信号,送入 CPU 的信号叫输入信号。总线的电平定义与 TTL 相符。如 RS-232-C(串行总线接口标准),其电气特性规定低电平表示逻辑"1";用高电平表示逻辑"0"。

3）功能结构规范

功能结构规范也称逻辑规范,包括总线中每根传输线的定义(名称)、信号的描述(功能及相互作用的协议、信息流向及管理规则)等。如地址总线指示地址,数据总线传递数据,控制总线发出控制信号等。可见各条线其功能结构规范是不一样的。

4）时间规范

时间规范是指总线中的每一根线在什么时间内有效。每条总线上的各种信号,互相存在着一种有效时序的关系,以及相互之间的配合等。因此,时间特性一般可用信号时序图来描述。

3. 总线性能指标

总线的各种性能指标决定了系统的整体性能。

总线的性能指标包括如下几个部分。

1）总线宽度

它是指数据总线的根数以及总线传输信息的串并行性。根数,像我们所称的8位机、16位机、32位机、64位机等都是指系统总线的宽度,用bit(位)表示。串行总线在同一根信号线上分时传输同一数据字的不同位;并行总线采用数据有多少位就用多少根线,每一根线传输数据的一位,同时传输一个数据字的不同位。

数据总线宽度W,它表示构成计算机系统的计算能力和计算规模;地址总线位数,它决定了系统的寻址能力,表明构成计算机系统的规模;控制总线信号,它反映了总线的控制技巧,因而表示了总线的设计思想及其特色。

2）工作频率f

总线的工作频率也称为总线的时钟频率f,以MHz为单位。它是指用于协调总线上的各种操作的时钟信号的频率。工作频率f越高,总线工作速度越快。

3）总线频带宽Q

总线频带宽Q又称标准传输率。总线的频带宽指的是总线本身所能达到的最大传输率,即单位时间内总线上可传送的数据量,通常用MB/s表示或bit/s(每秒多少位)表示。

与总线频带宽Q密切相关的两个概念是总线宽度W和总线的工作频率f。在工作频率一定的条件下,总线的频带宽与总线宽度成正比。

总线频带宽的计算公式如下:

$$Q = f \cdot W/N$$

式中,f——总线工作频率(MHz);W——总线宽度(Byte);N——传送一次数据所需时钟周期T的个数。

例如,在EISA总线上进行8位存储器存取时,一个存储器存取周期最快为3个T,因而当f为8.33MHz时,$Q=8.33×1/3$,即其总线传输率为2.78MB/s。但在EISA总线上进行32位突发(Burst)存取方式时,每一个存取周期为1个T,因而当T为8.33MHz时,$Q=8.33×4/1$,其总线传输率为33MB/s(考虑了第一次存取周期要长),这也是EISA总线的最大传输率。

4）时钟同步/异步

总线上的数据与时钟同步工作的总线称同步总线，与时钟不同步工作的总线称为异步总线。一般有同步协议、异步协议、半同步协议和分离式协议。

5）总线的多路分时复用

通常地址总线与数据总线在物理上是分开的两种总线。为了提高总线的利用率，优化设计，特将地址总线和数据总线共用一条物理线路，只是某一时刻该总线传输地址信号，另一时刻传输数据信号或命令信号，这叫总线的多路分时复用。

6）信号线数

即地址总线、数据总线和控制总线 3 种总线数的总和。

7）总线控制方式

包括并发工作方式、自动配置方式、仲裁方式、逻辑方式、计数方式等。

8）其他指标

如负载能力、电源电压等级等。

5.2 总线工作原理

5.2.1 总线的控制与总线仲裁

1. 总线的控制

可以控制总线并启动数据传送的任何设备称为总线主控设备或主设备，响应总线主控器发出的总线命令的任何设备称为从设备。系统中可以有多个主控设备，但任一时刻一组总线上只能有一个设备经申请同意后，工作在主控方式。

总线的控制贯穿在从总线主设备申请使用总线到数据传送完毕的整个过程，要经过几个步骤：总线请求、总线仲裁、寻址、传送数据、检错和出错处理。总线控制器主要包括总线仲裁逻辑电路、驱动器和中断逻辑电路等。

2. 总线仲裁

总线是多个部件所共享的，使用分时复用技术，即在总线上某一时刻只能有一个总线主控设备控制总线，为了正确地实现多个部件之间的通信，避免各部件同时发送信息到总线的冲突，必须要有一个总线控制器。当总线上的一个部件要与另一个部件进行通信时，首先应该向总线控制器发出请求信号。若多个主设备同时要使用总线时，就由总线控制器判优，按一定的优先等级顺序，确定哪个主设备能使用总线。只有获得总线使用权的主设备才能开始传送数据。

总线判优控制可分集中仲裁式和分布仲裁式两种，前者将控制逻辑电路集中在一处（如在 CPU 中），后者将控制逻辑电路分散在与总线连接的各个部件或设备上。

1）集中仲裁式

常见的集中仲裁有 3 种优先权仲裁方式：链式查询、计数器定时查询和独立请求方式。

（1）链式查询方式。为减少总线授权线数量,采用了图 5-4 所示的菊花链查询方式,其中已标出地址线、数据线。其他 3 条线是由总线控制部件发出的控制线:BS 线若为 0,表示总线忙,正被某外设使用;总线请求信号线 BG 若为 1,表示该外设向总线提出使用请求;总线允许信号线 BG 若为 1,表示总线授权,允许该外设使用。

链式查询方式的主要特点是,总线授权信号 BG 串行地从一个 I/O 接口传送到下一个 I/O 接口,若某接口 i 提出总线请求 BR,便不再往下查询,尽管后面其他接口也有总线请求。这意味着只有该 I/O 接口获得总线控制权,在图 5-4 中用粗线显示。

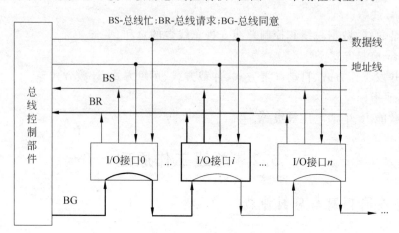

图 5-4　总线总裁的链式查询逻辑电路示意图

显然,在查询链中离总线控制器最近的设备具有最高优先级,离总线控制器越远,优先级越低。因此,链式查询是通过接口的优先级排队电路来实现的。

链式查询方式的优点是,只用很少几根线就能按一定优先次序实现总线仲裁,并且这种链式结构很容易扩充设备。链式查询方式的缺点是对询问链的电路故障很敏感,如果第 i 个设备的接口中有关联的电路有故障,那么第 i 个以后的设备都不能进行工作。另外查询链的优先级是固定的,如果优先级高的设备出现频繁的请求时,那么优先级较低的设备可能长期不能使用总线。

（2）计数器定时查询方式。原理如图 5-5 所示。中央仲裁器接到总线上某设备通过 BR 线发出的请求信号以后,在 BS 线为 0 的情况下让计数器开始计数,计数值包含所有设备的地址。计数值通过一组地址线发向各设备。每个设备接口都有一个设备地址判别电路,当地址线上的计数值与请求总线的设备地址相一致时,该设备置 BS 线为 1,获得了总线使用权,此时中止计数查询,在图 5-5 中用粗线框显示。

每次计数可以从 0 开始,也可以从中止点开始。如果从 0 开始,各设备的优先次序与链式查询法相同,优先级的顺序是固定的。如果从中止点开始,则每个设备使用总线的优先级相等。计数器的初值也可用程序来设置,这就可以方便地改变优先次序,显然这种灵活性是以增加线数为代价的。

（3）独立请求方式原理如图 5-6 所示。在独立请求方式中,每一个共享总线的设备均有一对总线请求线 BR_i 和总线授权线 BG_i。当设备要求使用总线时,便发出该设备的

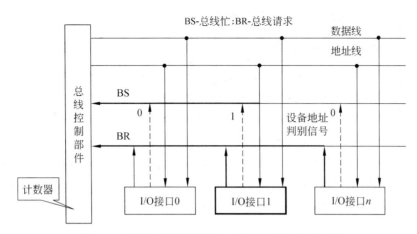

图 5-5　总线总裁的计数器定时查询逻辑电路示意图

请求信号。中央仲裁器中有一个排队电路,它根据一定的优先次序决定首先响应哪个设备的请求,给该设备授权信号 BG_i。

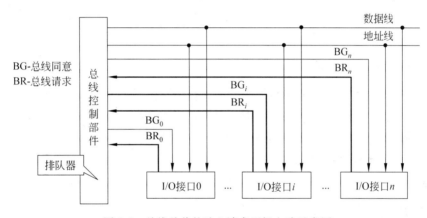

图 5-6　总线总裁的独立请求逻辑电路示意图

独立请求方式的优点是响应时间快,即确定优先响应的设备所花费的时间少,用不着一个设备接一个设备地查询。其次,对优先次序的控制相当灵活。它可以预先固定,例如 BR_0 优先级最高,BR_1 次之……BR_n 最低;也可以通过程序来改变优先次序;还可以用屏蔽(禁止)某个请求的办法,不响应来自无效设备的请求。因此当代总线标准普遍采用独立请求方式。

对于单处理器系统总线而言,中央仲裁器又称为总线控制器,它是 CPU 的一部分。按照目前的总线标准,中央仲裁器一般是一个单独的功能模块。

2)分布式仲裁

分布式仲裁不需要中央仲裁器,每个潜在的主方功能模块都有自己的仲裁信号和仲裁器。当它们有总线请求时,把它们唯一的仲裁号发送到共享的仲裁总线上,每个仲裁器将仲裁总线上得到的号与自己的号进行比较。如果仲裁总线上的号比自己的大,则它的总线请求不被响应,并撤销它的仲裁号。最后,获胜者的仲裁号保留在仲裁总线上。显然,分布式仲裁是以优先级仲裁策略为基础。

3. 总线驱动和其他控制

总线的驱动能力是有限的,换句话说,总线的负载能力是有限的,在计算机系统中通常采用三态输出电路或集电极开路输出电路来驱动总线,使其带更多负载。

总线驱动除考虑信号线外,电源的驱动能力有时也是考虑的重要方面,特别是现在的一些外设总线,设备的电源完全从总线获得,更应该考虑这个问题。

总线应具有中断处理机制,包括中断请求线、中断认可线和中断判优逻辑,能正确处理总线设备发出的中断请求。

总线还具有系统时钟、复位、各种协议等其他控制内容。

5.2.2　数据传送

数据在总线上传送时,送出数据的部件叫源部件,接收数据的部件叫目的部件。要确保在源部件和目的部件之间数据传送可靠,总线上的数据传送必须由定时信号控制,定时信号使源部件和目的部件之间同步,实现两部件间的协调和配合。另外,在数据传输中还有传输方式、传输方向等概念。

1. 总线数据传输方式

分为正常传输方式和突发传输方式(Burst Mode)两种。正常传输方式是指在一个传输周期内,一般是先给出地址,然后给出数据。在下面的传输周期里,不断重复这种先送地址、后送数据的方式进行传输。突发方式是指在传输连续大批量地址的数据时,除了第一个周期先送首地址、后给出数据外,以后的传输周期内,不需要再送地址(地址自动加1)而直接送数据,从而达到快速传送数据的目的。

2. 总线传输方向

分为单向和双向传输,一般地址总线和控制总线为单一方向传输,而数据总线一般为双向传输。

3. 定时信号的实现方式

定时信号的实现方式有3种:同步方式、异步方式和半同步方式。

1) 同步方式

通信双方由统一时钟控制数据的传送,这个公共时钟通常由总线控制部件发出,送到总线上的所有部件;也可以由每个部件的时序发生器发出,但必须由总线控制部件发出的时钟信号进行同步。

同步方式的优点是规定明确、统一,模块间的配合简单一致。缺点是对部件速度的一致性要求较高,缺乏灵活性。

同步方式适合于总线长度较短、各部件存取时间比较一致的场合,可以工作在较高的时钟频率下。

一般由总线控制器定时的数据传送都在同步方式下进行,如对存储器的读写操作。

2) 异步方式

异步方式允许各模块速度的不一致性,给设计者充分的灵活性和选择余地。它没有公共的时钟标准,不要求所有部件严格地统一动作时间,而是采用应答方式(又称握手方式),简单地说,即当主模块发出请求(Request)信号时,一直等待从模块反馈回来响应(Acknowledge)信号后,才开始通信。当然,这就要求主从模块之间增加两条应答线(即握手交互信号线 Handshaking)。

由 Ready 和 ACK 配对使用的异步传送屡见不鲜。

异步方式的最大优点是其灵活性,它可以允许速度差异很大的设备之间互相通信;缺点是增加了延迟,降低了传输率。

3) 半同步方式

指微机系统中既有同步方式也有异步方式的总线通信。

这是一种两者结合的半同步方式,既保留了同步通信的基本特点,如所有的地址、命令、数据信号的发出时间,都严格参照系统时钟的某个前沿开始,而接收方都采用系统时钟后沿时刻来进行判断识别。同时又像异步通信那样,允许不同速度的模块和谐地工作。为此增设了一条等待(WAIT)响应信号线。

以读命令为例(如图 5-7 所示的时序图),在同步通信中,主模块在时钟周期 T_1 发出地址,T_2 发出命令,T_3 传输数据,T_4 结束传输。倘若从模块工作速度较慢,无法在 T_3 时刻提供数据,则必须在 T_3 之前通知主模块,使其进入等待状态,此刻,从模块置 WAIT 为低电平有效。主模块在 T_3 测得等待有效,则不立即从数据线上取数,这样一个时钟周期、一个时钟周期地等待,直到主模块测得 WAIT 为高电平,无须等待(即等待失效)时,主模块才把下一周期当作正常周期 T_3 处理,获取数据,T_4 结束传输。

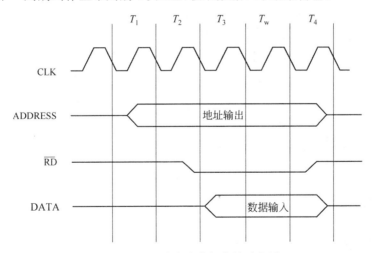

图 5-7　半同步方式数据传输时序图

半同步通信适用于系统工作速度不很高、但又包含了许多工作速度差异较大的各类设备的系统,具体例子见第 2 章 8086 时序部分。半同步通信控制方式比异步通信简单,在统一的系统时钟控制下同步工作,可靠性较高;又对主从设备工作速度不一致时,有一定的适应能力,具有异步方式下的灵活性。其缺点是对系统时钟频率不能要求太高,从整体上来看,系统工作的速度还是不会很高。

不论是同步总线定时或异步总线定时,它们都必须考虑在最坏定时匹配情况下是否还能可靠地工作。因任何一个信号在线上传送时都要产生延时,总线负载不匹配引起的信号畸变及多个驱动器(接收器)性能间的差异都将导致时滞,这些都使总线的最高传输率受到了限制。

5.3　微机的系统总线标准

5.3.1　系统总线标准

1. 系统总线统一的标准

在总线层次中,CPU 总线和存储总线因不同的计算机系统采用的芯片组不同,所以也不完全相同,互相没有互换性。而系统总线则不同,它是与 I/O 扩展插槽相连接的。I/O 插槽中可以插入各种扩充板卡,作为各种外设的适配器与外设连接。因此要求系统总线必须有统一的标准,以便按照这些标准来设计各类适配卡。

2. 系统总线标准的内容

系统总线用来连接各子系统的插件板,为使各插件板的插座之间具有通用性,方便用户的安装和使用,另外还希望不同厂家的插件板可以互连、互换,这样就必须有一个规范化的可通用的系统总线。为了兼容,还要求插件的几何尺寸相同,插座的针数相同,插座中各针的定义相同,信号的电平相同、工作的时序也要相同。系统总线通常为 50～100 根信号线,这些信号线可分为 5 个主要类型。

(1) 数据线:决定数据宽度。

(2) 地址线:决定直接选址范围。

(3) 控制线:包括控制、时序和中断线,决定总线功能和适应性的好坏。

(4) 电源线和地线:决定电源的种类及地线的分布和用法。

(5) 备用线:留给厂家或用户自己定义。

有关这些信号线的标准主要涉及如下几个方面。

(1) 信号的名称。

(2) 信号的时序关系。

(3) 信号的电平。

(4) 接插件的几何尺寸。

(5) 接插件的电气参数。

(6) 引脚的定义、名称、序号。

(7) 引脚的个数。

(8) 引脚的位置。

(9) 电源及地线。

5.3.2　芯片级总线

现在讨论常见的芯片级总线。

1. 前端总线 FSB

前端总线(Front Side BUS,FSB),也称为 CPU 总线,是连接中央处理器(CPU)和北桥芯片的芯片级总线,它是 CPU 和外界交换数据的主要通道。它必须有足够的带宽,才能明显提升计算机的整体速度。前端总线是由 AMD 在推出 K7 微架构系列 CPU 时提出的概念,但是长期被大家误认为是外频的另一个名称,外频指的是 CPU 与主板间数据传输的频率。

前端总线频率越大,代表着 CPU 与内存之间的数据传输量越大。数据传输量用数据传输最大带宽来衡量。

$$数据带宽=(总线频率×数据位宽)/8$$

目前微机上主流的前端总线频率有 800MHz、1066MHz、1333MHz 几种。例如,64 位、1333MHz 的 FSB 所提供的内存带宽,依上式是

$$1333MHz×64bit/8=10667MB/s=10.67GB/s$$

与双通道的 DDR2-667 内存刚好匹配,但如果使用双通道的 DDR2-800、DDR2-1066 的内存,这时 FSB 的带宽就小于内存的带宽。更不用说和三通道和更高频率的 DDR3 内存搭配了。

由此看来,前端总线频率虽然看起来已经很高,但与同时不断提升的内存频率、高性能显卡(特别多显卡系统)相比,CPU 与芯片组存在的前端总线瓶颈仍未根本改变。

由此,又研发出新的芯片级总线。

2. 超级总线 HT 总线

超级总线(Hyper-Transport,HT)是 AMD 为 K8 平台专门设计的高速串行总线。源于 1999 年推出的 LDT 总线。2001 年 7 月正式推出并更名为 HT 总线(注意:这里讨论的超级总线技术 HT-HyperTransport,不是超线程技术中的 HT)。随后,AMD 联合 Broadcom、Cisco、Sun、NVIDIA、ALI、ATI、Apple 等诸多企业组建超传输(HTC-Hyper-Transport)技术联盟。Hyper-Transport 本质是一种为主板上的集成电路互连而设计的点到点总线技术,以加快芯片间的数据传输速度。Hyper-Transport 技术在 AMD 平台上使用后,用于 AMD CPU 到主板芯片之间的连接总线(如果主板芯片组是南北桥架构,则指 CPU 到北桥),取代了 Intel 平台中的前端总线(FSB)。

在基础原理上,Hyper-Transport 与 PCI Express 非常相似,都是采用点对点的单双工传输线路,引入抗干扰能力强的 LVDS 信号技术,命令信号、地址信号和数据信号共享一个数据路径,支持 DDR 双沿触发技术等。但 PCI Express 是计算机的系统总线,而 Hyper-Transport 是芯片级总线。

第一代 HT 的工作频率在 200～800MHz 范围。因采用 DDR 技术,HT 的实际数据激发频率为 400MHz～1.6GHz,可支持 2、4、8、16 和 32bit 等 5 种通道模式,800MHz 下,

双向 32bit 模式的总线带宽为 12.8GB/s,远远高于当时任何一种总线技术。

2004 年 2 月发布的 HT 2.0,使频率成功提升到了 1.0GHz、1.2GHz 和 1.4GHz,双向 16bit 模式的总线带宽提升到了 8.0GB/s、9.6GB/s 和 11.2GB/s,而当时 Intel 915G 架构前端总线在 6.4GB/s。

2007 年 11 月 19 日,AMD 正式发布了 HT 3.0 总线规范,提供了 1.8GHz、2.0GHz、2.4GHz、2.6GHz 几种频率,最高可以支持 32 通道。32 位通道下,其总线的传输效率可以达到史无前例的 41.6GB/s。HTC 在 2008 年 8 月 19 日发布了新版 HT 3.1 规范和 HTX3 规范,将这种点对点、低延迟总线技术的速度提升到了 3.2GHz,再结合双倍数据率(DDR),那么 64-bit 带宽可达 51.2GB/s(即 6.4GHz×64bit/8)。

与 AMD 的 HT 总线技术相比,Intel 就是将 FSB 频率提高到 2133MHz,也难以应付 DDR3 内存及多显卡系统的带宽需求,于是 Intel 研发了 QPI 总线。

3. 快速通道互联 QPI 总线

在处理器中集成内存控制器的 Intel 微架构,抛弃了沿用多年的繁杂的“前端总线-北桥-内存控制器”模式,CPU 可直接通过内存控制器访问内存资源。并采用快速通道互联 QPI(Quick Path Interconnect)总线,它的官方名字叫做 CSI(Common System Interface,公共系统界面),用来实现芯片之间的直接互联,而不是再通过 FSB 连接到北桥,这与 AMD 的 HT 总线的思路类似。

QPI 是一种基于包传输的串行式高速点对点连接协议,在每次传输的 20 位(bit)数据中,有 16 位是真实有效的数据,其余 4 位用于循环校验,以提高系统的可靠性。由于 QPI 是双向的,在发送的同时也可以接收另一端传输来的数据,这样,每个 QPI 总线总带宽=QPI 频率×每次传输的有效数据(即 16bit/8=2Byte)× 双向。所以 QPI 频率为 4.8GT/s 的总带宽=4.8GT/s×2Byte×2=19.2GB/s,QPI 频率为 6.4GT/s 的总带宽=6.4GT/s×2Byte×2=25.6GB/s。此外,QPI 另一个亮点就是支持多条系统总线连接(Multi-FSB)。并且频率不再是单一固定的,根据各个子系统对数据吞吐量的需求调整,这种特性无疑要比 AMD 目前的 HT 总线更具弹性。

与 AMD 在主流的多核处理器上采用的 4 HT 3.0 总线(4 根传输线路,两根用于数据发送,两个用于数据接收)连接方式不同,Intel 采用了 4+1 QPI 互联方式(4 针对处理器,1 针对 I/O 设计),这样多核处理器的每一个都能直接与物理内存相连,还能彼此互联来充分利用不同的内存,不必经过 FSB 进行连接,可以让多处理器的等待时间变短,从而大幅提升整体系统性能。在 Intel 高端的安腾处理器系统中,QPI 高速互联方式使得 CPU 与 CPU 之间的峰值带宽可达 96GB/s,峰值内存带宽可达 34GB/s。

4. 直接媒体接口 DMI 总线

直接媒体接口 DMI 总线(Direct Media Interface)是 Intel 公司开发的连接主板南北桥的总线,取代了以前的 Hub-Link 总线。也采用点对点的连接方式,具有 PCI-E 总线的优势。DMI 实现了上行与下行均达 1GB/s 的数据传输率,总带宽达到 2GB/s。

到了 Intel 公司的 Core i7/i5 系列,其核心内部完全集成了内存控制器、PCI-E 2.0 控制器等,即整个北桥都集成到了 CPU 内部,还稍有加强,在数据传输方面的要求自然要更高,所以 Intel 在 CPU 内部依然保留了 QPI 总线,用于 CPU 内部的数据传输。而在与外部接口设备进行连接的时候,需要有一条简洁快速的通道,就是 DMI 总线。这样,这两个总线的传输任务就分工明确了,QPI 主管内,DMI 主管外。

5.3.3　常见系统总线标准

1. ISA(PC/AT)总线

80286 微处理器推出之后,IBM 开发了功能比 PC/XT 更强大的 PC,称为 PC/AT。IBM 公司在原 PC/XT 总线基础上,设计了 AT 总线。从 1982 年以后,逐步确立的 IBM 公司工业标准体系结构,简称为 ISA(Industry Standard Architecture)总线,见图 5-8 实物俯视图。

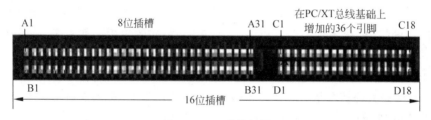

图 5-8　ISA 总线插槽

ISA 总线的工作频率为 $f=8\mathrm{MHz}$,总线宽度 $W=2\mathrm{Byte}$,传送一次数据所需要周期数 $N=2$,所以总线传输率 $Q=8\times2/2=8\mathrm{MB/s}$。

ISA 总线是在 PC/XT 总线基础上增加了 1 个 36 线插座,提供了执行系统基本的存储器输入输出方式、存储器直接存取方式(I/O)和 DMA 等功能所需要的信号及定时规范。ISA 总线插头具有 98 个引脚,包括接地和电源引脚 10 个、数据线引脚 16 个、地址线引脚 27 个、各控制信号引脚 45 个。ISA 总线不仅增加了数据线宽度和寻址空间,还加强了中断处理(新增了 7 个中断级别)和 DMA(新增了 3 个 DMA)传输能力,并且具备了一定的多主控功能。故 ISA(AT)总线特别适合于控制外设和进行数据通信的功能模块。

正因为 ISA 的以上特点,ISA 总线的生命力较强,使用较久。至今,虽然一些最新的主板已将其淘汰,但考虑到曾经有支持它的众多产品,仍有大量的旧主板保留了 ISA 总线插槽,为了给旧机器维修提供资料,我们仍给它留一席之地。

2. EISA 总线

为了打破 IBM 的垄断,1988 年 9 月,Compaq、AST、Epson、HP、Olivetti、NEC 等 9 家公司联合起来,推出了一种兼容性更优越的总线,即 EISA 总线。为提高数据传输率用一个专门突发式 DMA 策略使 32 位总线能达到 33MB/s 的传输率;在功能、电气、物理上保持与 PC/XT、ISA 总线兼容。该总线与 ISA 总线百分之百兼容,采用了双层插槽和双层金手指的结构。

EISA 是 32 位地址线,16/32 位数据线,支持多处理器结构,具有较强的 I/O 扩展能力和负载能力,支持多总线主控,适用于网络服务器、高速图像处理、多媒体等领域。由于EISA总线是各计算机公司共同推出的,技术标准公开,因而受到世界上众多厂家的欢迎。

EISA是一种支持多处理器的高性能32位标准总线,但由于兼顾了ISA的电气特性,因而妨碍了EISA总线速度的进一步提高。

3. PCI总线

进入20世纪90年代以来,需要计算机应用于许多新领域,如复杂的图像处理、在线交易处理、全运动视频处理、高保真音响、Windows NT多任务、局域网络以及多媒体的应用等,经常要在CPU和外设之间进行大量及高速的数据传送和处理。为此PCI(Peripheral Component Interconnect,外设部件互连标准)系统总线应运而生,由Intel公司于1991年联合IBM、Compaq、AST、HP、NEC等100多家公司。并于1992年6月22日推出PCI的1.0版。1999年2月又发布了2.2版。

PCI是一种先进的系统总线,已成为系统总线的新标准。PCI是目前个人电脑中使用最为广泛的接口,在流行的台式机主板上,ATX结构的主板一般带有5～6个PCI插槽,而小一点的MATX主板也都带有2～3个PCI插槽。

1) PCI总线和桥接电路

PCI总线最大的特点是与其他设备(除少数PCI设备外)必须通过桥接电路(Bridge)相连。桥接电路,实际上是一个总线转换部件。其功能是连接两条计算机总线,使总线间相互通信。它可以把一条总线的地址空间映射到另一条总线上,使系统中每一台总线主设备(Master)能看到同样的一份地址表。从整个存储系统看,有了整体性统一的直接地址表,可以大大简化编程模型。

在PCI规范中,提出了3种桥的设计:①主桥,就是CPU总线至PCI总线的桥,使之与高速的CPU总线相匹配。②PCI桥,在PCI总线与PCI总线之间的桥。③标准总线桥,即PCI总线至其他标准总线如ISA、EISA、微通道之间的桥。其中,主桥称为北桥(North Bridge);其他的桥称为南桥(South Bridge)。如图5-9(a)所示,其接口为并行接口;PCI总线插槽如图5-9(b)所示。

桥提供了信号缓冲,使之能支持10种外设。桥使PCI总线极具扩展性,处理器系统可以使用PCI桥进一步扩展PCI总线。并能在高时钟频率下保持高性能,它为显卡、声卡、网卡、Modem等设备提供了连接接口,它的工作频率最高为33MHz/66MHz,PCI系统总线带宽32位,可扩展至64位,最大传输率133MB/s。目前广泛采用的是32bit/33MHz的PCI总线,64bit的PCI插槽更多应用于服务器产品。

PCI总线也支持总线主控技术,允许智能设备在需要时取得总线控制权,以加速数据传送。PCI总线支持在存储器、I/O和配置空间中的传输,利用建立在PCI总线上的传输,可以把PCI总线上的写周期的数据缓存起来,在以后的周期里,再向下层PCI总线上生成写周期。在读操作时,桥也可以先于PCI总线,直接在下层PCI总线上进行预读。

以上可简记为:PCI,南北桥,高低速分开传数据、易扩展、效率高。

2) PCI总线信号的定义

PCI总线信号定义示意如图5-10所示。PCI总线标准所定义的信号线通常分成**必**

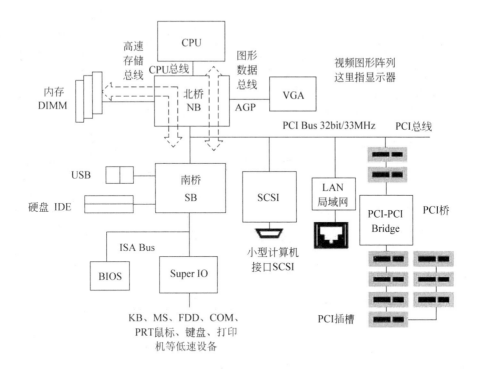

(a) PCI系统总线示意图

(b) PCI总线插槽俯视图

图 5-9　PCI 系统总线及其插槽

需的和**可选**的两大类。其信号线总数为 120 条(包括电源、地、保留引脚等)。其中,必备信号线:主控设备 49 条,目标设备 47 条。可选信号线:51 条(主要用于 64 位扩展、中断请求、高速缓存支持等)。主设备是指取得了总线控制权的设备,而被主设备选中以进行数据交换的设备称为从设备或目标设备。利用这些信号线便可以传输数据、地址,实现接口控制、仲裁及系统的功能。

首先请看 PCI"信号类型规定"中的文字说明。

IN:表示单向标准输入信号。

例如 CLK IN 说明 CLK 是单向标准输入信号。以下类同,不赘述。

OUT:表示单向标准输出驱动信号。

T/S:表示双向的三态输入/输出信号。

O/D:表示漏极开路,以线或形式允许多个设备共同驱动和分享。

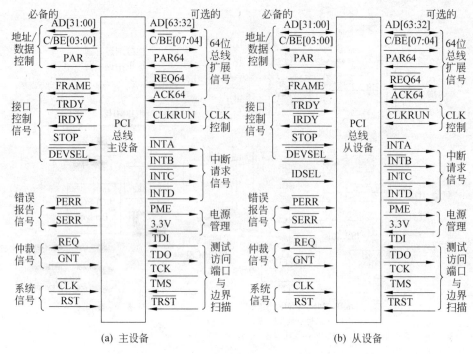

图 5-10　PCI 总线引线示意图

S/T/S：表示持续的并且低电平有效的三态信号。在某一时刻只能属于一个主设备并被其驱动。

下面讨论 PCI 信号类型规定(按功能分组)。

必备信号有系统信号、接口控制信号、地址和数据信号、仲裁信号、错误报告信号和中断信号等。

(1) 系统信号。

CLK IN：系统时钟信号，为所有 PCI 传输提供时序，对于所有的 PCI 设备都是输入信号。其频率最高可达 33MHz/66MHz，这一频率也称为 PCI 的工作频率。最低频率为0Hz，用于静态调试和满足低功耗要求。

$\overline{\text{RST}}$ IN：复位信号，用来迫使所有 PCI 专用的寄存器、定序器和信号复位到初始状态。

(2) 接口控制信号。

$\overline{\text{FRAME}}$ S/T/S：帧周期信号，由当前主设备驱动。指示一次总线传输的开始和结束。当 $\overline{\text{FRAME}}$ 有效时，预示总线传输的开始；在其有效期间，先传地址，后传数据；当 $\overline{\text{FRAME}}$ 撤销时，预示总线传输结束，并在 $\overline{\text{IRDY}}$ 有效时进行最后一个数据期的数据传送。

$\overline{\text{IRDY}}$ S/T/S：主设备准备好信号。$\overline{\text{IRDY}}$ 要与从设备准备好信号 $\overline{\text{TRDY}}$ 联合使用，当二者同时有效时，数据方能传输；否则，进入等待周期。在写周期，$\overline{\text{IRDY}}$ 有效时，表示数据已由主设备提交到 AD[31：00]线上；在读周期，$\overline{\text{IRDY}}$ 信号有效时，表示主设备已做好接收数据的准备。

$\overline{\text{TRDY}}$ S/T/S：从设备（被选中的设备）准备好信号。同样$\overline{\text{TRDY}}$要与$\overline{\text{IRDY}}$联合使用，只有二者同时有效，数据才能传输；否则，进入等待周期。在写周期，$\overline{\text{TRDY}}$有效时，表示从设备已做好接收数据的准备；在读周期，$\overline{\text{IRDY}}$信号有效时，表示数据已由从设备提交到 AD[31::00]线上。

$\overline{\text{STOP}}$ S/T/S：从设备要求主设备停止当前的数据传送的信号。显然，该信号应由从设备发出。

$\overline{\text{LOCK}}$ S/T/S：锁定信号。当对一个设备进行可能需要多个总线传输周期才能完成的操作时，使用锁定信号$\overline{\text{LOCK}}$，进行独占性访问。例如，某一设备带有自己的存储器，那么它必须能进行锁定，以便实现对该存储器的完全独占性访问。也就是说，对此设备的操作是排他性的。

IDSEL IN：初始化设备选择信号。在参数配置读/写传输期间，用作片选信号。

$\overline{\text{DEVSEL}}$ S/T/S：设备选择信号。该信号有效时，说明总线上有某处的某一设备已被选中，并作为当前访问的从设备。

（3）地址和数据信号。

AD[31::00]　T/S：地址、数据复用的双向的三态输入/输出信号。PCI总线上地址和数据的传输，必须在$\overline{\text{FRAME}}$有效期间进行。在FRAME有效时的第 1 个时钟周期，AD[31::00]上传输的信号为地址信号，称地址期；当$\overline{\text{IRDY}}$和$\overline{\text{TRDY}}$同时有效时，AD[31::00]上的信号为数据信号，称数据期。一个 PCI 总线传输周期包含一个地址期和接着的一个或多个数据期。

C/$\overline{\text{BE}}$[03::00]　T/S：总线命令和字节允许复用信号。在地址期，这 4 条线上传输的是总线命令；在数据期，它们传输的时字节允许信号，用来指定在数据期中，AD[31::00]线上 4 个数据字节中哪些字节为有效数据，以进行传输。其中，C/$\overline{\text{BE}}$[0] 对应第 1 个字节（最高字节），C/$\overline{\text{BE}}$[1] 对应第 2 个字节，C/$\overline{\text{BE}}$[2] 对应第 3 个字节，C/$\overline{\text{BE}}$[3] 对应第 4 个字节（最低字节）。

PAR T/S：奇偶校验信号。针对 AD[31::00]和 C/$\overline{\text{BE}}$[03::00]进行奇偶校验。适用于所有 PCI 设备。主设备为地址周期和写数据周期驱动 PAR，从设备为读数据周期驱动 PAR。

（4）仲裁信号（只用于总线主控器）。

$\overline{\text{REQ}}$ T/S：总线占用请求信号。该信号有效表明驱动它的设备要求使用总线。它是一个点到点的信号线，任何主设备都有它自己的$\overline{\text{REQ}}$信号，从设备没有$\overline{\text{REQ}}$信号。

$\overline{\text{GNT}}$ T/S：总线占用允许信号。该信号有效，表示申请占用总线的设备的请求已获得批准。它也是一个点到点的信号线，任何主设备都有它自己的$\overline{\text{GNT}}$信号，从设备没有$\overline{\text{GNT}}$信号。

（5）错误报告信号。

为了能使数据可靠、完整地传输，PCI系统总线标准要求所有挂于其上的设备都应具有错误报告线。

$\overline{\text{RERR}}$ S/T/S：数据奇偶校验错误报告信号。一个设备只有在响应设备选择信号$\overline{\text{DEVSEL}}$和完成数据期之后，才能报告一个$\overline{\text{RERR}}$。对于每个数据接收设备，如果发现数据有误,就应该在数据收到的两个时钟周期内将$\overline{PERR}$激活。如果有一连串的数据周期都有错,则$\overline{PERR}$的持续时间将多于一个时钟周期。由于该信号是持续的三态信号,故该信号释放前必先驱动为高电平。

$\overline{SERR}$ O/D:系统错误报告信号,它可由任何设备发出。用做报告地址奇偶错、特殊命令序列中的数据奇偶错,以及其他可能引起灾难性后果的系统错误。$\overline{SERR}$信号一般接在 CPU 的 NMI 引脚上,如果系统不希望产生非屏蔽中断,就应该采用其他方法实现$\overline{SERR}$的报告。由于$\overline{SERR}$是一个漏极开路信号,因此报告此信号的设备只需将该信号驱动通过 PCI 周期即可。该信号复位,需要一个上拉过程,通常费时 2~3 个时钟周期。

(6) 中断信号。

在 PCI 总线中,有 4 条中断线。$\overline{INTA}$O/D、$\overline{INTB}$ O/D、$\overline{INTC}$ O/D、$\overline{INTD}$ O/D:用于请求中断,低电平触发,使用漏极开路方式驱动,此类信号的建立与撤销与时钟不同步。

中断在 PCI 中是可选项。对于单功能设备,只用$\overline{INTA}$一条中断线。多功能设备最多使用 4 条中断线。所谓的多功能设备是指:将几个相互独立的功能集中在一个设备中。各功能与中断线之间的连接是任意的,没有任何附加限制。可以多个功能共用一条中断线,也可以分占不同的中断线,对应关系由配置空间的中断引脚寄存器定义。

可选信号有高速缓存支持信号、64 位总线扩展信号和测试访问端口/边界扫描信号等。

(1) 高速缓存支持信号。

CPU 将数据写入内存时,有两种工作方式:直写式(WT,Write Through)与回写式(WB,Write Back)。直写式是当 CPU 要将数据写入内存时,除了更新高速缓存上的数据外,也将数据写在内存 DRAM 中,以维持主存与缓冲内存的一致性。当要写入内存的数据较多时,速度自然就慢了下来。

回写式是每当 CPU 要将数据写入内存时,只会先更新高速缓存上的数据,高速缓存将充当缓冲区。当系统总线可用(不塞车)时,再将高速缓存中的数据写到主内存。所以速度自然快得多。

为了使具有可缓存功能的 PCI 存储器能够和 Cache 相配合工作,PCI 总线定义了两个信号:$\overline{SBO}$和 SDONE。

$\overline{SBO}$ IN/OUT:双向试探返回信号(Snoop Backoff)。当该信号有效时(低电平),指示命中一个高速缓存行,以支持直写或回写操作。

SDONE IN/OUT:监听完成信号(Snoop Done),表明处理器对 Cache 和主存的监听状态。当其无效时,说明监听仍在进行,否则表示监听已经完成。

(2) 64 位总线扩展信号。

如果要进行 64 位扩展,以下信号都要使用。

AD[63:32] T/S:扩展的 32 位地址和数据多路复用线,在地址周期(如果使用了双地址周期 DAC 命令且有效时)这 32 条线上含有 64 位地址的高 32 位;在数据周期,当$\overline{REQ}_{64}$和$\overline{ACK}_{64}$同时有效时,这 32 条线上含有高 32 位数据。

$\overline{\text{REQ}}_{64}$ S/T/S：64 位传输请求；由主设备驱动，并和 FRAME 有相同的时序。

$\overline{\text{ACK}}_{64}$ S/T/S：64 位传输认可；由从设备驱动，并和 DEVSEL 有相同的时序。

$\overline{\text{PAR}}_{64}$ T/S：奇偶双字节校验。

$\text{C}/\overline{\text{BE}}[7:4]$ T/S：用法与 AD 信号同。

（3）测试访问端口/边界扫描信号：TCK IN、TDI IN、TDO OUT、TMS IN、$\overline{\text{TRST}}$ IN。

3）PCI 系统总线的特点

（1）独立于 CPU 的结构。

PCI 系统总线独立于 CPU，即 PCI 总线支持任何一种处理器，哪怕是新发布的新处理器。在更改 CPU 品种时，只需更换相应的桥接组件即可。

（2）自动识别与配置外设，用户使用方便。

PCI 独立于处理器的结构，形成一种独特的中间缓冲器设计方式，将中央处理器子系统与外围设备分开。

PCI 总线规范规定 PCI 插卡可以自动配置。PCI 定义了 3 种地址空间：存储器空间、输入输出空间和配置空间。每个 PCI 设备中都有 256 字节的配置空间用来存放自动配置信息，当 PCI 插卡插入系统，BIOS 将根据读到的有关该卡的信息，结合系统的实际情况为插卡分配存储地址、中断和定时某些信息。这样用户可以随意增添外围设备，以扩充电脑系统而不必担心在不同时钟频率下会导致性能的下降。与原先微机常用的 ISA 总线相比，PCI 总线增加了奇偶校验错（PERR）、系统错（SERR）、从设备结束（STOP）等控制信号及超时处理等可靠性措施，使数据传输的可靠性大为增加。

（3）扩展性好。

如果需要把许多设备连接到 PCI 总线上，而总线驱动能力不足时，可以采用多级 PCI 总线，这些总线上均可以并发工作，每个总线上均可挂接若干设备。

PCI 总线结构的扩展性是非常好的。可以实现多总线共存，容纳不同速度的设备一起工作。扩大了系统的兼容性。

（4）PCI 总线支持总线主控及微处理器与这些总线主控同时操作。

在 PCI 总线规范制定之前，在一个系统中实现多总线设计是比较困难的。PCI 总线使一个系统可以允许多条总线存在，不管该系统是个人计算机、服务器还是工作站，都可以实现多条相同或不同的计算机总线共存。这大大提高了系统的数据处理能力和负载能力，以及与其他总线产品的兼容能力。

（5）支持即插即用（Plug and Play）。

所谓即插即用，是指当板卡插入系统时，系统会自动对板卡所需资源进行分配，如基地址、中断号等，并自动寻找相应的驱动程序，绝不会有任何的冲突问题。而不像旧的 ISA 板卡，需要进行复杂的手动配置。

因此，作为 PCI 板卡的设计者，不必关心微机的哪些资源可用，哪些资源不可用，也不必关心板卡之间是否会有冲突。因此，即使不考虑 PCI 总线的高速性，单凭其能即插即用，就比 ISA 总线优越了许多。

（6）中断共享的实现。

ISA 卡的一个重要局限在于中断是独占的,而我们知道计算机的中断号只有 16 个,系统又用掉了一些,这样当有多块 ISA 卡要用中断时就会有问题了。

PCI 总线的中断共享由硬件与软件两部分组成。

硬件上,采用电平触发的办法:中断信号在系统一侧用电阻接高,而要产生中断的板卡上利用三极管的集电极将信号拉低。这样不管有几块板产生中断,中断信号都是低;而只有当所有板卡的中断都得到处理后,中断信号才会恢复高电平。

软件上,采用中断链的方法:假设系统启动时,发现板卡 A 用了中断 7,就会将中断 7 对应的内存区指向 A 卡对应的中断服务程序入口 ISR_A;然后系统发现板卡 B 也用中断 7,这时就会将中断 7 对应的内存区指向 ISR_B,同时将 ISR_B 的结束指向 ISR_A。以此类推,就会形成一个中断链。而当有中断发生时,系统跳转到中断 7 对应的内存,也就是 ISR_B。ISR_B 就要检查是不是 B 卡的中断,如果是,要处理,并将板卡上的拉低电路放开;如果不是,则呼叫 ISR_A。这样就完成了中断的共享。

（7）并行操作能力强。

线性突发传输,发出一组地址后,理想状态下可以连续发数据,确保总线保持满载,峰值速率为 132MB/s。减少无谓的寻址作业。存取延误极小。

PCI 总线的地址总线与数据总线是分时复用的。这样做的好处是,一方面可以节省接插件的管脚数,另一方面便于实现突发数据传输。在做数据传输时,由一个 PCI 设备做发起者(主控,Initiator 或 Master),而另一个 PCI 设备做目标(从设备,Target 或 Slave)。总线上的所有时序的产生与控制,都由 Master 来发起。PCI 总线在同一时刻只能供一对设备完成传输,这就要求有一个仲裁机构(Arbiter),来决定在谁有权力拿到总线的主控权。

当 PCI 总线进行操作时,发起者(Master)先置 $\overline{\text{REQ}}$,当得到仲裁器(Arbiter)的许可时($\overline{\text{GNT}}$),会将 $\overline{\text{FRAME}}$ 置低,并在 AD 总线上放置 Slave 地址,同时 C/$\overline{\text{BE}}$ 放置命令信号,说明接下来的传输类型。所有 PCI 总线上设备都需对此地址译码,被选中的设备要置 $\overline{\text{DEVSEL}}$ 以声明自己被选中。然后当 $\overline{\text{IRDY}}$ 与 $\overline{\text{TRDY}}$ 都置低时,可以传输数据。当 Master 数据传输结束前,将 $\overline{\text{FRAME}}$ 置高以表明只剩最后一组数据要传输,并在传完数据后放开 $\overline{\text{IRDY}}$ 以释放总线控制权。

（8）PCI 芯片将大量系统功能如内存、高速缓冲存储器、控制器等高度集中,节省了逻辑电路,使 PCI 部件用以连接其他部件的引脚数目从此前的 80 多个降至 50 个以内,提高了性能,降低了成本。

（9）高速性。

PCI 系统总线以 33.3MHz 的时钟频率操作,采用 32 位数据总线,数据传输速率可高达 133MB/s,远超过以往各种总线。并且,早在 1995 年 6 月推出的 PCI 总线规范 2.1 已定义了 64 位、66.6MHz 的 PCI 总线标准。另外,PCI 总线的主设备(Master)可与微机内存直接交换数据,而不必经过微机 CPU 中转,也提高了数据传送的效率。

（10）适应 5V 和 3.3V 电源环境。

PCI 架构主要存在以下问题。

(1) 复杂性。

PCI 总线强大的功能大大增加了硬件设计和软件开发的复杂性和实现难度。硬件上要采用大容量、高速度的 CPLD 或 FPGA 芯片来实现 PCI 总线复杂的功能。软件上则要根据所用的操作系统,用软件工具编制支持即插即用功能酶设备驱动程序。

(2) 带宽限制。

由于 PCI 总线只有 133MB/s 的带宽,对声卡、10/100M 网卡、视频卡等绝大多数输入/输出设备显得绰绰有余,但对新一代的 I/O,例如千兆(GE)、万兆(10GE)的以太网技术、4G/8G 的 FC 技术,PCI 总线已经无力应付计算系统内部大量高带宽并行读写的要求,PCI 总线也成为系统性能提升的瓶颈,于是就出现了 PCI Express 总线。

PCI 总线工作频率只有 33MHz,速度远远落后于系统其他组件,虽然支持中断共享,但只能支持有限数量的设备。所以目前 PCI 接口的显卡已经不多见了,只有较老的微机上才有,厂商也很少推出此类接口的产品。通常只有一些完全不带有显卡专用插槽(例如 AGP 或者 PCI Express)的主板上才考虑使用 PCI 显卡,例如为了升级 845GL 主板。

4. PCI Express 总线

PCI Express 是取代 PCI 的第三代 I/O 技术总线,也称为 3GIO。在工作原理上,PCI Express 与并行体系的 PCI 没有任何相似之处,它采用目前业内流行的点对点(Peer to Peer,P2P)串行连接方式传输数据,因此 PCI Express 也一度被人称为"串行 PCI"。与 PCI 以及早期的总线的共享并行架构相比,每个设备都有自己的专用连接,不会出现共享架构中总线争抢问题。由于串行传输不存在信号干扰,总线频率提升不受阻碍,PCI Express 很顺利就达到 2.5GHz 的超高工作频率,总线可提供的单向带宽便达到 250MB/s(2.5GHz×1B/8bit≈250MB/s 或 2.5GHz×1B/10bit=250MB/s)。

其次,PCI Express 采用全双工运作模式,最基本的 PCI Express 拥有 4 根传输线路,其中 2 相线用于数据发送,2 相线用于数据接收,也就是发送数据和接收数据可以同时进行。相比之下,PCI 总线和 PCI-X 总线在一个时钟周期内只能作单向数据传输,效率只有 PCI Express 的一半;这样 PCI Express 总线的总带宽可达到 500MB/s——这仅仅是最基本的 PCI Express ×1 模式。如果使用两个通道捆绑的×2 模式,PCI Express 便可提供 1GB/s 的有效数据带宽。依此类推,PCI Express ×4、×8 和×16 模式的有效数据传输速率分别达到 2GB/s、4GB/s 和 8GB/s。

加之 PCI Express 使用 8b/10b 编码的内嵌时钟技术,时钟信息被直接写入数据流中,这比 PCI 总线能更有效地节省传输通道,提高传输效率。

PCI-E 的接口如图 5-11 所示。根据总线位宽不同而有所差异,包括×1、×4、×8 以及×16 模式,而×2 模式将用于内部接口而非插槽模式。PCI-E 规格从 1 条通道连接到 32 条通道连接,有非常强的伸缩性,以满足不同系统设备对数据传输带宽不同的需求。此外,较短的 PCI-E 卡可以插入较长的 PCI-E 插槽中使用,PCI-E 接口还能够支持热插拔(PnP 即插即用),这也是一个不小的飞跃。PCI-E ×1 的 250MB/s 传输速度已经可以满足主流声效芯片、网卡芯片和存储设备对数据传输带宽的需求,但是远远无法满足图形芯片对数据传输带宽的需求。因此,用于取代 AGP 接口的 PCI-E 接口位宽为×16,能够提供 5GB/s 的带宽,即便有编码上的损耗,但仍能够提供约为 4GB/s 左右的实际带宽,远远超过 AGP ×8 的 2.1GB/s 的带宽。

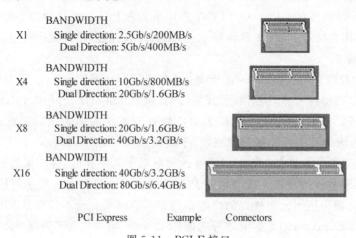

图 5-11　PCI-E 接口

依目前形式来看,PCI-E ×1 和 PCI-E ×16 已成为 PCI-E 主流规格,同时很多芯片组厂商在南桥芯片中添加对 PCI-E ×1 的支持,在北桥芯片中添加对 PCI-E ×16 的支持。除去提供极高数据传输带宽之外,PCI-E 因为采用串行数据包方式传递数据,所以 PCI-E 接口每个针脚可以获得比传统 I/O 标准更多的带宽,这样就可以降低 PCI-E 设备生产成本和体积。另外,PCI-E 也支持高阶电源管理,支持数据同步传输,为优先传输数据进行带宽优化。

在兼容性方面,PCI-E 在软件层面上兼容目前的 PCI 技术和设备,支持 PCI 设备和内存模组的初始化,也就是说过去的驱动程序,操作系统无须推倒重来,就可以支持 PCI-E 设备。目前 PCI-E 已经成为使用的接口的主流,不过早期有些芯片组虽然提供了 PCI-E 作为显卡接口,但是其速度是 ×4 的,而不是 ×16 的,例如 VIA PT880 Pro 和 VIA PT880 Ultra,当然这种情况极为罕见。

5. AGP 总线

AGP(Accelerate Graphical Port,加速图形接口),如图 5-12 所示,由 Intel 于 1996 年 7 月正式推出,是基于 PCI 2.1 版规范并进行扩充修改而成的。它是一种显卡专用的系统总线,其工作频率为 66MHz。严格地说,AGP 不能称为总线,它与 PCI 总线不同,因为它是点(控制芯片)对点(AGP 显卡)连接,但在习惯上我们依然称其为 AGP 总线。

从 1996 年 7 月到 2000 年 8 月,AGP 接口的发展经历了 AGP 1.0(AGP 1×、AGP 2×)、AGP 2.0(AGP Pro、AGP 4×)、AGP 3.0(AGP 8×)等阶段,其传输速度也从最早的 AGP 1× 的 266MB/s 的带宽发展到了 AGP 8× 的 2.1GB/S。这里"×"前面的数表示总线频率的倍频系数如"2×"表示总线频率为 2×66MHz≈133MHz。

1) AGP 总线的特点

其首要特点是:它拥有很高的传输速率。如果采用 AGP 4× 模式,AGP 总线的时钟频率将增加到 266MHz,其数据传输率将突破 1GB/s。原因如下。

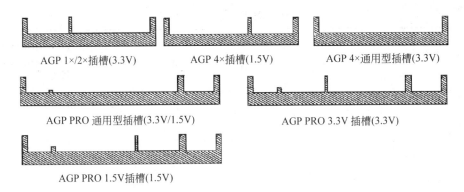

AGP 1×/2×插槽(3.3V)　　AGP 4×插槽(1.5V)　　AGP 4×通用型插槽(3.3V)

AGP PRO 通用型插槽(3.3V/1.5V)　　　　AGP PRO 3.3V 插槽(3.3V)

AGP PRO 1.5V插槽(1.5V)

(a) AGP总线的常见类型的剖面图

(b) AGP 4×总线实物示例

图 5-12　AGP 总线示例

（1）与 PCI 总线不同，其地址和数据线分离（PCI 为 49 根信号线，而 AGP 总线是 65 根），可实现"流水线"处理，没有切换的"开销"，提高了系统实际数据传输速率和随机访问主内存时的性能。

（2）AGP 总线直接与主板的北桥芯片相连，且通过该接口让显示芯片与系统主内存直接相连，增加 3D 图形数据传输速度。AGP 总线的首要目的是将"图形纹理"数据置于主内存，以减少图形存储器的容量，从而可以生产廉价、高性能的图形卡。换句话说，AGP 总线可以将系统主内存映射为 AGP 内存，用作图形卡上的专业显存的扩展；并通过直接内存执行方式提高系统的三维（3D）图形处理性能，减少图形设备对系统的占用。采用并行操作允许在 CPU 访问系统 RAM 的同时 AGP 显卡访问 AGP 内存；显示带宽也不与其他设备共享，从而进一步提高了系统性能。

（3）AGP 总线借用了处理器的"流水线"技术，图形控制芯片一旦将请求传送给主内存/PCI 控制芯片组，就立刻释放总线。主内存/PCI 切换控制芯片组具有"事务处理"队列，以实现"流水线"处理。因而可提高总线的整体使用效率。此外还有 8 条额外的"边际"（Sideband）数据请求线，支持对数据的"流水线"装入和预先读取，同时还可将需要的"边际数据"一起传输，从而大大增加了有效带宽。

（4）由于 AGP 总线宽为 32 位，基于 66MHz 时钟，并在时钟脉冲的上升沿和下降沿都能传输数据，因而可达到 533MB/s 的理论传输率，比普通 PCI 接口图形卡提高了 4 倍。

表 5-1 显示了在不同模式下的传输带宽。

表 5-1   AGP 总线传输对比表

	AGP 1.0		AGP 2.0 （AGP 4×）	AGP 3.0 （AGP 8×）
	AGP 1×	AGP 2×		
工作频率	66MHz	66MHz	66MHz	66MHz
传输带宽	266MB/s	533MB/s	1066MB/s	2132MB/s
工作电压	3.3V	3.3V	1.5V	1.5V
单信号触发次数	1	2	4	4
数据传输位宽	32bit	32bit	32bit	32bit
触发信号频率	66MHz	66MHz	133MHz	266MHz

2) AGP 总线的工作方式

AGP 总线有两种工作方式，一种是直接内存访问方式（Direct Memory Access，DMA），另一种是直接内存执行方式（Direct Memory Execute，DME）。两者最大的区别在于 3D 图形加速芯片是否能直接利用系统内存中的纹理贴图数据进行渲染。

（1）当 AGP 总线工作在 DMA 方式时，AGP 总线先将系统主内存中的纹理和其他数据装载到图形加速器的本地内存中，像纹理映射、明暗度调整、Z 向缓冲等工作都由图形加速器在本地内存中执行。在此模式下，AGP 总线与基于 PCI 的图形加速器的工作方式大致一样，而图形加速器只是拥有了 AGP 总线高速数据传输的优势。

（2）当 AGP 总线处于 DME 方式时，图形数据可直接在系统主内存中执行，而不需要将原始数据全部传输到图形控制器。这样做的好处是可减少主内存和图形控制器之间的数据传输量，尤其是在贴图数据量很大时，优势更加明显。

AGP 图形卡可在 CPU 存取系统主内存时读取主内存中 AGP 映射的内容，也可以同 CPU 及其他外设并行工作，降低了计算机系统对数据通道的竞争和冲突。同样，AGP 图形卡相对于 PCI 图形卡来说，在对主内存的操作中，多了个"额外"的端口，AGP 可以从显存中调入框架（Frame）、缓冲（Z-buffer）值等元素的同时，从系统主内存调入纹理等图形数据。通过该方式，在理想状态下，AGP 图形系统可以比 PCI 图形系统提高 55% 的性能。当 CPU 需要向显卡传送图形指令或动画等数据时，CPU 可直接写到系统主内存的 AGP 映射中去，所花的时间远远少于通过图形卡写到显存中的时间。

5.3.4   外部总线

1. RS-232 通信总线

将在第 10 章讨论。

2. IEEE 488 通信总线

IEEE 488 总线是一种并行总线接口标准。IEEE 488 总线用来连接系统，例如，微计算机、数字电压表、数码显示器等设备及其他仪器仪表均可用 IEEE 488 总线装配起来。

它按照位并行、字节串行双向异步方式传输信号,连接方式为总线方式,仪器设备直接并联在总线上,总线上最多可连接 15 台设备。设备间最大距离为 20m,整个系统的电缆总长不超过 220m。信号传输速度一般为 500KB/s,最大传输速度为 1MB/s。

IEEE 488 总线组成的系统中每台设备可以按控制器、发送器或者接收器的方式工作,这由各种设备具备的不同功能确定。IEEE 488 总线采用负逻辑工作,使用 24 针组合插头座,其信号线中有 8 根地线,8 根双向数据线,3 根字串传送控制线用于异步联络方式传输数据,5 根接口管理线用于控制总线的工作。

3. IEEE 1394 总线

1987 年,Apple 公司在 SCSI 接口的基础之上推出了一种高速串行总线——Fire Wire,希望能取代并行的 SCSI 总线。后来 IEEE 联盟在此基础上制定了 IEEE 1394 标准(Sony 称为 i. Link)。常称为"火线接口",这种接口标准允许把计算机、计算机外设、家电非常简单地连接起来,如图 5-13 所示。

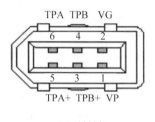

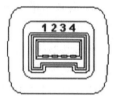

(a) 6 针结构　　　　　　　　　　　(b) 4 针外形和结构

图 5-13　IEEE 1394 接口

IEEE 1394 接口有 6 针和 4 针两种类型。6 角形的接口为 6 针,通过一条 6 芯的电缆与外设连接,小型四角形接口则为 4 针,通过一条 4 芯的电缆与外设连接。最早 Apple 公司开发的 IEEE 1394 接口是 6 针的,后来,Sony 公司看中了它数据传输速率快的特点,将早期的 6 针接口进行改良,重新设计成为大家所常见的 4 针接口,并且命名为 iLINK。这种连接器如果要与标准的 6 导线线缆连接的话,需要使用转换器。

两种接口的区别在于能否通过连线向所连接的设备供电。6 针接口中有 4 针是用于传输数据的信号线,另外 2 针是向所连接的设备供电的电源线。由于 1394 是一串行总线,数据从一台设备传至另一台时,若某一设备电源突然关断或出现故障,将破坏整个数据通路。电缆中传送电源将使每台设备的连接器电路工作,采用一对线传送电源的设计,不管设备状态如何,其传送信号的连续性都能得到保证,这对串行信号是非常重要的。而对于低电源设备,电缆中传送电源可以满足所有的电源需求,因而无须配备外接电源连接器。这就是传送电源的优点。

传送电源的两根线,它们之间的电压一般为 8～40V,最大电流 1.5A,供应物理层电源。为提供电隔离,常使用变压器或电容耦合。变压器耦合提供 500V 电压,成本低,电容耦合提供 60V 电位差隔离。

当然,并不是所有的情况都要传送电源。以 Sony 公司为代表推出的数字摄录一体机中就采用第二种接口设计,所使用的电缆比第一种更细。接口为 4 芯,即只有双绞线,不含有电源。4针接口由于省去了2根电源线,因此只剩4根信号线。

使用1394机外总线,将改变目前计算机本身拥有众多附加插卡和连接线的状况,它把各种外设(如硬盘、打印机、扫描仪等消费性电子产品(如数码相机、DVD播放机、视频电话))和各种家用电器连接起来,最终将使计算机也变成一种普通的家电。

1) IEEE 1394 总线的主要性能特点

(1) 采用级联方式连接各个外部设备。IEEE 1394 总线也需要一个主适配器和系统总线相连。通常我们将主适配器及其端口称为主端口。主端口是 IEEE 1394 总线树形配置结构的根结点。一个主端口最多可连接 63 台设备,这些设备称为结点,它们可构成亲子关系,设备间采用树形或菊花链结构。两个相邻结点(即设备)之间的线缆最长为4.5m,采用树形结构时可达 16 层,但两个结点之间进行通信时中间最多可经 15 个结点的转接再驱动,因此通信的最大距离是 72m,线缆不需要终端器。

(2) 能够向被连接的设备提供电源。IEEE 1394 的连接电缆(Cable)中共有 6 条芯线。其中 2 条线为电源线,可向被连接的设备提供电源,其他 4 条线被包装成两对双绞线,用来传输信号。电源的电压范围是 8~40V 直流电压,最大电流 1.5A。像数码相机之类的一些低功耗设备可以从 IEEE 1394 总线电缆内部取得动力,而不必为每一台设备配置独立的供电系统。并且,由于 IEEE 1394 能向设备提供电源,即使设备断电或出现故障也不影响整个网络的运转。

(3) IEEE 1394 标准接口结构的所有资源都是以采用基于内存的统一存储编址形式,并用存储变换方式识别,实现资源配置和管理。总线采用 64 位的地址宽度(16 位网络 ID,6 位结点 ID,48 位内存地址),将资源看作寄存器和内存单元,可以按照 CPU 与内存之间的传输速率进行读写操作,其数据传输率最高可达 400MB/s,因此具有高速的传输能力,是目前速度最快的接口。IEEE 1394 可以支持多种数码设备,从这种意义上来说,IEEE 1394 可以看作等同于 PCI 总线的总线体系结构。

(4) 采用点对点结构。任何两个支持 IEEE 1394 的设备可以直接连接,不需要通过计算机控制。例如,在计算机关闭的情况下,仍可以将 DVD 播放机与数字电视连接起来播放节目。

(5) 安装方便且容易使用。IEEE 1394 支持即插即用,在增加或撤掉外设后 IEEE 1394 会自动调整拓扑结构,重设整个外设网络状态。

(6) IEEE 1394 可同时提供同步(Synchronous)和异步(Asynchronous)数据传输方式。

对应这一标准的协议称为等时同步(Isosynchronous),使用这一协议的设备可以从1394连线中获得必要的带宽。同步传输则强调其数据的实时性,利用这个功能设备可以将数据直接通过 IEEE 1394 的高带宽和同步传输直接传到计算机上,从而少了以往的昂贵缓冲设备。这也是数码摄像机一直采用 IEEE 1394 作为标准接口的原因之一。

其余的带宽,可以用于异步数据传输,异步传输是传统的传输方式,它在主机与外设传输数据的时候,不是实时地将数据传给主机,而是强调分批地把数据传出来,数据的准确性却非常高,这是它的主要特点。异步数据传输过程并不保留同步传输所需的带宽。这种处理方式使得两种传输方式各得其所,可以在同一传输介质上可靠地传输音频、视频和计算机数据,并且对计算机内部没有影响。

2) IEEE 1394 总线的工作模式

目前 IEEE 1394 只有两种规格。一种是 IEEE 1394a,是目前的主流规格,主要支持两种模式——机箱后板(Backplane)模式和电缆(Cable)模式,其中机箱后板模式只支持 12.5MB/s、25MB/s 或 50MB/s 的传输速率,而电缆模式则提供 100MB/s、200MB/s 和 400MB/s 的传输速率。在 400MB/s 状态,只要利用 50% 的带宽就可以支持未经压缩的高质量数字化视频信息流。不过,IEEE 1394 的传输速度是**遵守从低原则**:由于其在同一网络里数据可以使用不同的速率进行交换,但如果两个传输速率为 400MB/s 的设备中间加入了一个 200MB/s 的设备,数据的传输速度则会以 200MB/s 为准。另一种是 IEEE 1394b,这是为下一代 PC 所制定的标准,它将由 IEEE 1394a 的 400MB/s 直接扩大到 800MB/s 和 1600MB/s,如果使用光纤的话,最高传输速率提高到了 3.2GB/s。此外,与 IEEE 1394a 相比,IEEE 1394b 使用连接距离达到 100m(注意:这要以降低传输速率为代价,此时传输速率将减低到 100MB/s)及提供内部设备供电解决方案。除此之外,IEEE 联盟在 IEEE 1394b 规格中又引入了一种称为最优模式(Betamode)的新物理层配置,用来提高 IEEE 1394b 系统的管理能力。

IEEE 1394 总线的缺点是需占用大量的资源,需要高速的 CPU 支持。因此,现在大多数主流的计算机并没有配 IEEE 1394 接口,要使用时须购买相关的接口卡。因而应用范围还在逐步扩展。

4. USB 总线与接口

USB(Universal Serial Bus,通用串行总线)接口,它是一种串行总线系统,USB 接口是现在最为流行的接口。USB 1.0 规范由康柏、IBM、Intel 和 Microsoft 共同于 1996 年推出,旨在取代以往的串口、并口和 PS/2 接口,作为一种通用串行总线能连接所有不带适配卡的串行外设,提供万用(One Size Fits All)连接机制。

1996 年出现的 USB 1.0 规范速度只有 1.5Mb/s;1998 年升级为 USB 1.1 规范,速度也大大提升到 12Mb/s。

USB 2.0 规范是由 USB 1.1 规范演变而来,它的最大理论传输速率达到了 480Mb/s,折算为 MB 为 60MB/s,足以满足大多数外设的速率要求。USB 2.0 中的增强主机控制器接口(EHCI)定义了一个与 USB 1.1 相兼容的架构,可以用 USB 2.0 的驱动程序驱动 USB 1.1 设备。

2008 年 11 月 17 日,Intel 联合微软、惠普、德州仪器、NEC、ST-NXP 等推出了 USB 3.0 标准。USB 3.0 的理论速度为 5.0Gb/s。USB 3.0 的物理层采用 8b/10b 编码方式,实际速度(扣除协议开销)接近 4Gb/s。USB 3.0 的接口一般为蓝色。

不管哪类 USB,都分 A、B 型,有的还有 AB 型。A、B、AB 型又各自有分为标准、Mini 和 Micro 3 种样式(不见得都有)。A 型:一般用于微机;B 型:一般用于 3.5 寸移动硬盘、以及打印机、显示器等连接。Mini-USB 接口,主要应用于各种不同的设备或移动设备(如数码相机、数码摄像机、测量仪器以及移动硬盘等)间的连接,进行数据交换。Micro USB 接口,比 Mini USB 接口更小,用于蜂窝电话和便携设备。

1) USB 总线的主要性能特点

(1) 带有 5V 电压,可以独立供电,支持即插即用(热插拔)功能。

(2) 易于扩展。USB 采用菊花链(Daisy-Chaining)式或集线器式(HUB)两种方式进行扩展。前者可连接多台外设,而后者是星形扩展的,可连接多达 127 个外设,由各个设备均分带宽。随着 Windows 操作系统对 USB 给予自动配置和即插即用的支持,USB 设备越来越多。现在常见的有 U 盘、USB 鼠标、USB 键盘、USB 网卡、调制/解调器 Modem、打印机、扫描仪、数码相机、数码摄像机、移动硬盘、音频设备等。

(3) 省电。USB 采用两种电源供给方式:主机供电方式和自供电方式。对集线器 HUB 用后一种方式;而对大量 USB 设备则采用前一种方式,按这种方式,对暂时不用的设备,系统软件会将使其处于休眠状态,等需要传输数据时,系统软件会唤醒它并重新供电。

(4) 适应不同外设的速度要求,USB 要比标准串行口快得多。有 USB 1.x 和 USB 2.0 两种速度传输标准,USB 1.x 可采用 1.5Mb/s 的低速传输率和 12Mb/s 的中速传输率,适用于不同的设备要求。通常情况下,键盘和鼠标用低速率;移动盘、扫描仪、数码相机、打印机等用中速率。在中速状态,比通常的串行口传输率高 100 多倍。USB 2.0 接口标准的传输速度已经达到了 480Mb/s,适于传输实时的多媒体数据。

新的 USB 执行组织(USB Implementers Forum,USB-IF)已正式接管和运作该规范,于 2006 年 11 月 17 日,公布了详细的 USB 3.0 技术规范,具体如下:

全双工数据通信(双向数据传输,而不再是 USB 2.0 时代的半双工模式),简化了等待引起的时间消耗。传输速率非常快,理论上能达到 4.8Gb/s,比现在的 480Mb/s 的 High Speed USB(简称为 USB 2.0)快 10 倍,外形和现在的 USB 接口基本一致,能兼容 USB 2.0 和 USB 1.1 设备。全面超越 IEEE 1394 和 eSATA 的速度。

增加了新的电源管理职能,功率更大,提高了总线的电力供应能力。

向下兼容 USB 2.0 设备。

USB 对硬件和软件两方面都提出了要求。在硬件上,CPU 必须为 Pentium 以上的芯片;在软件上,必须为 Windows 98 以上的版本。

由于支持即插即用功能,可在不开机箱的情况下增减设备。至今,各种 USB 外设已达上千种。目前基本上已经由 USB 2.0 占领了市场。

2) USB 引脚定义

(1) USB 1.x/2.0 的引脚定义。表 5.2 给出了 USB 1.x/2.0 的引脚定义。USB 2.0 总线只有 4 根线:除了电源 VBUS 和地线 GND 外,用两根信号线 D−、D+,以差分方式串行传输数据,连线可长达 5m。电源线和地线有 4 种状态:低低、高高、低高、高低。 USB 接口中的 +5V 电源不但可以为外接设置提供小电流供应,并且还起着检测功能。 当 USB 设置插入 USB 接口后,主机的 +5V 电源就会通过 USB 边线与 USB 设备相通。 USB 外设的控制芯片会通过两只 10kΩ 的电阻来检查 USB 设备是否接入了主机的 USB 端口。如果电源线和地线这两个引脚一个为高电平,一个为低电平时,就表示 USB 外设已经正确连入 USB 接口,这时外设的控制芯片开始工作,并通过"DATA+,DATA−"向外送出数据(包括设备的相关参数),主机就是根据这些信息识别 USB 设备,在显示器上显示出所发现的新硬件的名称型号的,提示发现新硬件,并安装新硬件驱动。

表5-2　USB 1.x/2.0 的引脚定义

引脚	名称	电缆颜色	描　　述
1	VBUS	红	＋5V,电源
2	D－	白	Data－,数据线
3	D＋	绿	Data＋,数据线
4	GND	黑	Ground,接地

由于 USB 是支持热插拔的,因此它在接头的设计上也有相应的措施。USB 插头的地引脚和电源引脚比较长,而两个数据引脚则比较短,这样在插入到插座中时,首先接通电源和地,然后再接通两个数据线。这样就可以**保证电源在数据线之前接通,防止闩锁发生**。

表5-3 给出了 mini USB 2.0 的引脚定义。

表5-3　mini USB 2.0 的引脚定义

引脚	名称	电缆颜色	描　　述
1	VBUS	红	＋5V,电源
2	D－	白	Data－,数据线
3	D＋	绿	Data＋,数据线
4	ID		A 型接地/B 型不接地(空)
5	GND	黑	Ground,接地

(2) USB 3.0 规范定义。

除了 USB 2.0 所需要的电源,D－,D＋和地线 4 个插脚外,USB 3.0 Standard-A 连接器包括 5 个插脚:两组双微分导线,加上一组屏蔽线(GND_DRAIN),见表5-4。USB 3.0 利用了双向数据传输模式,把数据传输和确认过程分离,而不像 USB 2.0 的半双工模式。两组新增的双微分导线用于超速数据传输,支持二重的单一超速信号;新增的 GND_DRAIN 插脚作为屏蔽线终端,用于处理信号中断和电子干扰。这些就是 USB 3.0 比 USB 2.0 快的原因。

表5-4　USB 3.0 的引脚定义

Pin	Color	信号名称('A'接口)	信号名称('B'接口)	说　　明
1	红	电源 VBUS		
2	白	数据 D－		
3	绿	数据 D＋		
4	黑	地 GND		

续表

Pin	Color	信号名称('A'接口)		信号名称('B'接口)		说　明
5	蓝	StdA_SSRX−	注：StdA 的意思是标准 Standard-A	StdB_SSTX−	注：Std B 的意思是标准 Standard-B	超速微分数据接收方引脚
6	黄	StdA_SSRX+		StdB_SSTX+		
7		GND_DRAIN 信号返回地线插脚,作为屏蔽线终端,用于处理信号中断和电子干扰				
8	紫	StdA_SSTX−	注：StdA 的意思是标准 Standard-A	StdB_SSRX−	注：Std B 的意思是标准 Standard-B	超速微分数据发送方引脚
9	橙	StdA_SSTX+		StdB_SSRX+		
外壳		连接到金属外壳				

USB 3.0 比 USB 2.0 快的另一原因,是提供了更高的带宽,可以满足近期出现的高清视频、TB(1000GB)级存储设备、高达千兆像素数码相机、大容量的手机以及便携媒体播放器的需要。以 25GB 容量的高清视频传输为例,USB 2.0 需要 10 多分钟,而只要设备支持的话,USB 3.0 理论上只需 70s 左右。

正是额外增加的 4 条(2 对)线路提供了"超快 USB"所需带宽的支持。

为了取代 USB 2.0 所采用的轮流检测和广播机制,USB 3.0 采用一种封包路由技术,并且仅允许终端设备有数据要发送时才进行传输。新的链接标准还将让每一个组件支持多种数据流,并且每一个数据流都能够维持独立的优先级,该功能可在视频通信传输过程中用来终止造成抖动的干扰,数据流的传输机制也使固有的指令队列成为可能,因而使 USB 3.0 接口的数据传输更为优化。

此外,在信号传输的方法上仍然采用主机控制的方式,不过改为了异步传输。

USB 3.0 可以在存储器件所限定的存储速率下传输大容量文件(如 HD 电影)。例如,一个采用 USB 3.0 的闪存驱动器可以在 15s 将 1GB 的数据转移到一个主机,而 USB 2.0 则需要 43s。USB 3.0 还可解决 USB 2.0 无法识别无电池器件的问题。主机能够通过 USB 3.0 缓慢降低电流,从而识别这些器件,如电池已经坏掉的手机。在外观上,中间的塑料片颜色：USB 3.0——蓝色；USB 2.0——黑色。

(3) Mini-USB 接口定义。为了解决在没有 Host 情况下的设备间的数据传送,人们开发了 OTG(On-The-Go)功能。2001 年 12 月 18 日由 USB Implementers Forum 公布适用于 OTG 功能的 Mini-USB 接口,其定义见表 5-3。

Mini-USB 接口分 Mini-A、B 和 AB 接口。除 4 脚外其他引脚均与标准 USB 相同。A 型 Mini USB(如电脑上的插座,相应的 A 型插头,例如 U 盘)的 4 脚连接到 5 脚上,B 型(如打印机上比较四方的插座,相应的插头,就是 B 型插头)Mini USB 的 4 脚可空置,也可连接到 5 脚上。另外一头方一头扁的 USB 延长线,扁的那头是 A 型插头,而方的那头,是 B 型插头,相应的插座,就分别是 A 型插座和 B 型插座。

其中 4 脚 ID 在 OTG 功能中才使用,系统控制器通过判断 ID 脚的电平来判断插入设备,若 ID 不接地,为高电平,则是 B 接头插入;若 ID 接地,为低电平,则是 A 接口插入,进而系统使用 HNP 对话协议来判断哪个做主设备(master),哪个做从设备(slave)。如果系统仅仅用作 slave,则使用 B 型 Mini USB 接口。

（4）Micro USB 规范补充定义。

USB 接口发展迅速，又发布了用于蜂窝电话和便携设备的 Micro USB 接口，比 Mini USB 接口更小。2006 年补充的 Micro USB 规范补充了以下定义：

Micro-B 插头与插座（Plug and Receptacle）；

Micro-AB 插座（Receptacle，Micro-A 插头与 Micro-B 插头均可插入）；

Micro-A 插头（Plug）。

3）USB 设备、插头和插座

各种 USB 插头和插座见图 5-14。

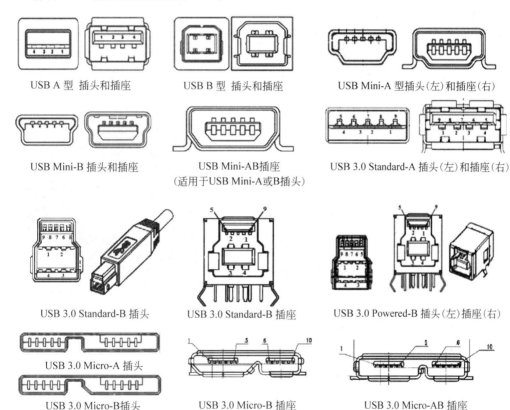

图 5-14 USB 总线插头和插座

4）USB 系统的硬件组成

USB 系统的硬件组成有：USB 主机、USB 设备和 USB 电缆。

（1）USB 主机一台装有 USB 接口的普通计算机就是 USB 主机，它是 USB 系统的核心，主机包含有主控制器和根集线器（Root HUB）控制着 USB 总线上的数据和控制信息的流动。每个 USB 系统只能有一个根集线器，连接在主控制器上。

USB 主控制器提供以下功能：

① 产生帧，因为 USB 系统采用帧同步方式传输数据。

② 传输差错控制与错误统计。

③ 状态报告与处理：USB 主控制器及时报告并处理系统中，包括各种 USB 设备的

工作状态。如检测 USB 设备的插入和拔出。

④ 串行/并行数据转换：USB 系统采用串行方式传输数据，因此在接收和发送数据时，有一个串/并或并/串转换的问题。由系统中一个叫做串行接口引擎(STE)担负此项工作。

⑤ 数据处理：实现数据传输格式的变换，并符合传输协议的要求。

⑥ 对插入的设备供电。

(2) USB 设备

USB 设备分为集线器(HUB)和 USB 功能设备(外设)。USB 外设指能在 USB 总线上发送和接收数据和控制信息的设备，最常见的 USB 外设如音频、通信、人机接口设备 HID(Human Interface Device)设备类别。

① 集线器在结构上由控制器和中继器组成。控制器管理主机和集线器的通信，中继器用来扩展主机的串行通信接口的数目并加强通信信号。由此，集线器常常用来作为串行通信的扩展设备，由一个串行通信接口扩展成为多个串行通信接口，如图 5-15 所示。

② 人机接口设备 HID 是 Windows 最早支持的 USB 类别。由其名称可以知道 HID 设备是计算机直接与人交互的设备，例如键盘、鼠标和游戏杆等。不过 HID 设备不一定要有人机接口，只要符合 HID 类别规范，就都是 HID 设备。

同类型的 USB 外设拥有一些共同的行为特征和工作协议，这样设备驱动程序的编写时，可以针对其类型编写，会相对简单一些。因此不同类型的 USB 外设，其驱动程序也不同。

先介绍几个相关概念。

图 5-15　USB 的扩展 HUB

每一个 USB 外设里面会有多个的逻辑连接点，每个连接点叫端点(Endpoint)。在 USB 的规范中用 4 位地址标识端点地址，因此每个 USB 外设最多有 16 个端点。如 USB 接口芯片 USBN9602 中有 7 个端点。每个端点有不同的端点号，通过端点号和 USB 外设地址，主机软件就可以和每个端点通信。端点 0 是特殊的端点，专用来传送配置和控制信息。

USB 支持功能性和控制性的数据传输。这些传输发生在主机(Host)缓存和 USB 外设端点之间，我们把二者的连接称为管道(Pipe)。

同样性质的一组端点的组合叫做接口(Interface)，如果一个设备包含不止一个接口就称之为复合设备(Composite Device)。同类型的接口组合称之为配置(Configuration)。但是每次只能有一个配置是可用的，而一旦该配置被激活，里面的接口和端点就都同时可以使用。

管道实现在主机的一个内存缓冲区和 USB 外设的某个端点之间的数据传输，因此有几个端点，就有几个管道，连接端点 0 的叫做缺省管道。管道是具有多个特征的信道，如带宽分配，信息包大小，管道类别以及数据流向。管道有两种通信格式分别是流管道(Stream Pipe)和消息管道(Message Pipe)。流管道传输的数据包的内容不具有 USB 要

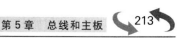

求的定义格式,它是单向传输的,或者流进,或者流出。在流通道中传送的数据遵循先进先出原则。而具有这个号码的另一个方向的端点可以被分配给其他流通道。对于在流通道中传送的数据,USB 系统软件不能够提供使用同一流通道的多个客户的同步控制,USB 认为它来自同一个客户。流管道支持批量、等时和中断传输方式。而消息管道与流管道具有不同的行为。消息管道定义为 USB 格式的数据结构,使命令可靠地被识别和传输。消息管道是双向的,它只支持控制传输方式。详情在"端点的 4 种数据传送方式"讲述。

USB 设备的接口芯片中设置众多的寄存器,各寄存器对应不同的端点,设置寄存器的内容可以使各端点处于不同的工作方式。

每个设备必须有端点 0,它用于设备枚举和对设备进行一些基本的控制功能。每个端点都是一个简单的连接点,或者支持数据流进设备,或者支持其流出设备,两者不可兼得。

除了端点 0,其余的端点在设备配置之前不能与主机通信,只有向主机报告这些端点的特性并被确认后才能被激活。

主机的系统软件通过 0 号端点读取 USB 设备中的描述寄存器发过来的描述符来识别这个设备,判断用的是哪个配置,哪个接口等。描述符是一个完整的数据结构,用于描述一个 USB 设备的所有属性。

每个端点有 4 种数据传送方式,以适应各种设备的需要。分述如下。

控制传输方式:主要是向 USB 外设传输一些控制信息,进行查询、配置和给 USB 外设发送通用的命令。双向传输,数据量通常较小。控制传输通过 0 端点的消息管道完成,在 USB 设备首次被主机检测到时,通过控制传输为主机提供外设的各种信息。从功能上说,控制传输主要是主机从 USB 设备读取信息,具体操作时,分为启动(令牌)阶段、数据传送阶段和结束(握手)阶段。在令牌阶段,主机发命令给 USB 设备,设定要读取的数据类型;在数据传送阶段,主机获得所要的信息;在握手阶段,主机给 USB 设备一个返回信息。所以,控制传输是双向的。控制传输也用来对 USB 外设进行设置,例如对数码相机这样的 USB 设备,可设置暂停、继续、停止等命令。

等时传输方式:也称同步传输方式。等时传输提供确定的带宽和间隔时间。用于时间严格并具有较强容错性的流数据传输,保证每秒有固定的传输量和传输的同步性。例如进行语音业务传输时,需使用等时传输方式。或者用于要求传输速率恒定要求实时性的实时传输中,用来传输连续性的实时数据,允许有一定的误码率(发生传输错误时不再重传),主要用于视频传输和音频传输。数码相机就是采用这种方式和主机通信的。可以是单向的也可以是双向的。

同步传输只有两个阶段,即令牌阶段、数据传送阶阶段,因为不关心数据的正确性,故没有握手阶段。

中断传输方式:单向传送,只能用于主机输入。主要用于定时查询 USB 设备是否有中断数据要传送。该传输方式应用在少量的、分散的、不可预测的数据传输。一般用于需要主机为其服务的设备,通知主机某个事件的来临,例如 USB 鼠标移动或者鼠标单击,键盘、游戏杆等的操作都会通过中断管道来向主机传送事件。实际上,USB 的中断传输和一般的中断概念不同,这里,采用系统软件查询端口输入的方式,如有输入,则读取。一般查询周期为1～255ms,查询频率为1kHz。因为对于主机来说,这是一个额外的中断,所以,用了中断传输这个名称。在中断事务中,也分为3个阶段,即令牌阶段、数据传输阶段、握手阶段。

大量传输方式:也称批数据传输。主要应用在没有带宽和间隔时间要求的大量数据的传送和接收,它要求保证传输。可以是双向的,也可以是单向的。典型的应用例子如打印机、扫描仪和主机之间的传输。传送这种事务的管道叫做Bulk管道。这种传输也分为3个阶段。第1阶段是主机端发出一个Bulk的令牌请求,如果令牌是IN请求则是从外设到主机的请求,如果是OUT令牌,则是从主机到外设的请求。第2阶段是传送数据的阶段,根据先前请求的令牌的类型,数据传输有可能是IN方向,也有可能是OUT方向。传输数据的时候用DATA0和DATA1令牌携带着数据交替传送。第3阶段是握手阶段。如果数据是IN方向,握手信号应该是主机端发出,如果是OUT方向,握手信号应该是外设端发出。握手信号可以为ACK,表示正常响应,也可以是NAK表示没有正确传送。STALL表示出现主机不可预知的错误。

在第2阶段,即传输数据包的时候,数据传送由DATA0和DATA1数据包交替发送。数据传输格式DATA1和DATA0,这两个是重复数据,确保在数据1丢失时数据0可以补上,不至于数据丢失。

5) USB的NRZI编码

USB以差分方式进行串行数据传输,采用NRZI(Non Return To Zero Inverted,非归零反相编码)编码方法。这种方法有助于消除干扰,保证传输正确性,而且不需要将时钟信号和数据一起传输,使传输简易。

在NRZI编码中,把电平跳变作为0,把无电平跳变作为1;同时,结合插入0操作。具体说,如遇到6个连续的1,便在后面插入1个0;在数据本身为6个1后面跟1个0时,也照样进行插0操作,从而成为6个1后面跟2个0。NRZI编码在接收端被解码。

6) USB设备的热插拔

USB机制具有即插即用特点,设备可在主机运行时插入,也可在主机运行时拔下。在这个过程中,计算机通过一种总线枚举机制来管理USB设备的插拔。

当USB设备插入时,枚举机制通过扫描会发现这个动作,并通知主机此刻有设备接入,于是,主机使设备进入连接状态,并对设备发一个RESET命令,大约100ms以后,USB设备进入加电状态,此时可看见设备指示灯亮,表示设备已运行。接着,主机读取USB设备的描述寄存器,从而获得相关的信息。然后,主机会给设备分配一个逻辑地址,并发送相应命令,使所有的设备端口准备就绪,设备进入已配置状态,就可正常工作了。

当USB设备从总线拔下时,枚举机制会通知主机,设备已不存在,此时,所有与设备相关的地址和端口号被收回,主机更新相关的信息。

现在的电脑一般都会有4～8个USB接口,但有些装了Windows XP的电脑会出现USB接口不稳定的现象,如USB鼠标、USB键盘会莫名其妙失灵。这是因为Windows XP默认开启了USB的节电模式,致使某些USB接口供电不足,产生间歇性失灵。只要将USB节电模式关闭,USB设备可恢复正常。右击"我的电脑"选"属性",打开"系统属性"对话框,切换到"硬件"选项卡,打开"设备管理器",双击"通用串行总线控制器",会看到有好几个"USB Root Hub",双击任意一个,打开"USB Root Hub 属性"对话框,切换到"电源管理"选项卡,去除"允许计算机关闭这个设备以节约电源"前的勾选,单击"确定"返回,依次将每个 USB Root Hub 的属性都修改完后重启电脑,USB 设备就能恢复稳定运行了。

7) USB 总线与 IEEE 1394 总线的比较

USB 总线与 IEEE 1394 总线在应用上有许多相似之处,它们都采用通用的连接方式,可以连接不同类型的外设;具有自动配置和热插拔功能,提供设备共享接口,扩展性强。但这两种总线也有许多不同的地方,表现在以下几个方面。

(1) USB 1.1 的传输速率最高为 12Mb/s,USB 2.0 总线的传输速率已可达 480Mb/s,与 IEEE 1394 总线的 100～400Mb/s 传输速率的差距越来越小。

(2) IEEE 1394 的拓扑结构中,不需要集线器就可连接 63 台设备,而且可以由网桥(Bridge)再将这些独立的子网(Subtree)连接起来。IEEE 1394 并不强制使用计算机控制这些设备,即外围设备可以独立工作。而在 USB 的拓扑结构中,必须通过集线器来实现多重连接,每个集线器最多有 7 个连接头,整个 USB 网络中可以最多连接 127 个设备。并且,一定要有计算机的存在,作为 USB 总的控制。

(3) IEEE 1394 的拓扑结构在其外设增添或减少时,会自动重设网络,其中包括网络短暂的等待状态;而 USB 以 HUB 来判明其连接设备的增减,因此可以减少 USB 网络动态重设的状况。

现在,伴随 IEEE 1394 和 USB 总线标准的竞争,各自的新一代规范相继推出,传输率有了大幅提高,USB 3.0 高达到 4.8Gb/s 的速度。

IEEE 1394 接口,目前最新版本仍为 IEEE 1394a 版,最高传输速率为 400MB/s,但 IEEE 1394b 版将达到 1.6GB/s 的传输速率。它与 USB 类似,它也支持即插即用、多设备无 PC 连接等。由于它的标准使用费比较高,目前仍受到许多限制,只是在一些高档设备中应用普遍,如数码相机、高档扫描仪等。

5.4　主板结构规范

主板的英文名称是 Motherboard,也可以译做母板。主板是电脑中各种设备的连接载体,在电路板下面,是错落有致的电路布线;在上面,则为棱角分明的各个部件:插槽、芯片、电阻、电容等。当主机加电时,电流会在瞬间通过 CPU、南北桥芯片、内存插槽、AGP 插槽、PCI 插槽、IDE 接口以及主板边沿的串口、并口、PS/2 接口等。随后,主板会根据 BIOS(基本输入输出体系)来辨认硬件,并进入操作系统,支持计算机体系工作的功能。

5.4.1　主板结构规范

主板的平面是一块 PCB 印刷电路板,分为 4 层板和 6 层板。为了节约成本,现在的主板多为 4 层板:主信号层、接地层、电源层、次信号层。而 6 层板增加了辅助电源层和中信号层。6 层 PCB 的主板抗电磁干扰能力更强,主板也更加稳定。在电路板上面,是错落有致的电路布线;再上面,则为棱角分明的各个部件:插槽、芯片、电阻、电容等。当主机加电时,电流会在瞬间通过 CPU、南北桥芯片、内存插槽、AGP 插槽、PCI 插槽、IDE 接口以及主板边缘的串口、并口、PS/2 接口等。随后,主板会根据 BIOS(基本输入输出系统)来识别硬件,并进入操作系统发挥出支撑系统平台工作的功能。主板结构如图 5-16 所示。

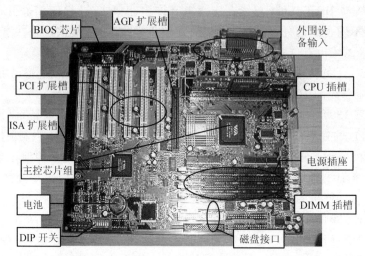

图 5-16　主板结构图

主板采用开放式结构,板上一般集成芯片组、各种 I/O 控制芯片、扩展槽、扩展接口(如键盘和面板控制开关接口、指示灯接插件等等)、向主板及插卡供电的直流电源接插件等元器件,因此制定一个标准以协调各种设备的关系是必须的。

所谓主板结构就是根据主板上各元器件的布局和排列方式。不同的板型通常要求不同的机箱与之相配套,各主板结构规范之间的差别包括尺寸大小、形状、元器件的放置位置和电源规格等制定出的通用标准,所有主板厂商都必须遵循。

目前常见的主板结构规范主要有 AT、Baby-AT、ATX、Mini ATX、Micro ATX、LPX、NLX、Flex ATX、EATX、WATX 以及 BTX 等结构。

1. AT 结构

AT 结构因首先应用在 IBM PC/AT 机上而得名,AT 和 Baby-AT 是多年前的老主板结构,现在已经淘汰。

2. ATX 结构

ATX(AT Extend)结构是 Intel 公司于 1995 年 7 月提出的。ATX 结构的优点有:①全面改善了硬件的安装、拆卸和使用;②支持现有各种多媒体卡和未来的新型设备;③全面降低了系统整体造价;④改善了系统通风设计;⑤降低了电磁干扰,机内空间更加简洁。ATX 是目前市场上最常见的主板结构,扩展插槽较多,PCI 插槽数量在 4～6

个,大多数主板都采用此结构。而 LPX、NLX、Flex ATX 则是 ATX 的变种,多见于国外的品牌机,国内尚不多见;EATX 和 WATX 则多用于服务器/工作站主板。

3. Micro ATX 结构

Micro ATX 是依据 ATX 规格改进而成的简化版。Micro ATX 结构规范的主要特点是:支持主流 CPU、更小的主板尺寸、更低的功耗以及更低的成本,不过主板上可以使用的 I/O 扩展槽也相应减少了,PCI 插槽数量在 3 个或 3 个以下,最多支持 4 个扩充槽,DIMM 插槽为 2~3 个。比 ATX 标准主板结构更为紧凑,板上还集成图形和音频处理功能。

4. BTX 结构

2003 年 9 月,Intel 发布了平衡技术扩展架构(Balanced Technology Extended,BTX),以此替代使用多年的 ATX 架构。BTX 使主板布局、机箱结构甚至电源外形都发生了本质变化,BTX 具有如下特点:

(1)支持窄板设计,系统结构将更加紧凑,体积减小;

(2)针对散热和气流的运动,对主板的线路布局进行了优化设计,将高发热的 CPU、北桥甚至显卡布置在一条风道上,使用单一风扇便可以给电脑散热;

(3)BTX 与 ATX 的变化主要是机箱内的,主板的安装将更加简便,机械性能也经过最优化设计。

不过,机箱的成本明显上升,因此要说服消费者购买新的机箱和主板难度很大。BTX 的推广难以彻底的另一个原因是它的主板布局更适合 Intel 架构以北桥为中心的模式,应用于 Athlon 64 平台的难度要大于 ATX。

而且,BTX 提供了很好的兼容性。目前已经有数种 BTX 的派生版本推出,根据板型宽度的不同分为标准 BTX(325.12mm),microBTX(264.16mm)及 Low-profile 的 picoBTX(203.20mm),以及未来针对服务器的 Extended BTX。而且,目前流行的新总线和接口,如 PCI Express 和串行 ATA 等,也会在 BTX 架构主板中得到很好的支持。

值得一提的是,新型 BTX 主板通过预装的 SRM(支持及保持模块)优化散热系统,特别对 CPU 有利。散热系统在 BTX 的术语中也被称为热模块。该模块包括散热器和气流通道。目前已经开发的热模块有两种类型,即 Full-Size 及 Low-Profile。在 2005 年市场上开始出现了 BTX 专用散热器盒装 P4 处理器及机箱、电源产品。

得益于新技术的不断应用,将来的 BTX 主板还将完全取消传统的串口、并口、PS/2 等接口。

5.4.2 主板上的芯片

1. BIOS 芯片

BIOS 芯片用于存储 BIOS(基本输入/输出系统)程序,BIOS 主要对硬件进行管理,是开机后首先并自动调入内存执行的程序,由它对硬件进行检测并初始化系统,然后启动磁盘上的系统程序最终完成系统的启动。另外,BIOS 还配合操作系统和应用软件对硬件进行各种操作。BIOS 的芯片常见的有 EPROM(Erasable Programmable ROM)和 EEPROM(Electrically Erasable Programmable ROM),EPROM 可用紫外线照射来清除里面的程序,然后重新写入;EEPROM 则可以用适当电压加以清除,CIH 病毒正是利用了这一特性对 BIOS 进行破坏的。目前有的主板厂商在一些新款主板上采用了双 BIOS 或 BIOS 写保护等措施来避免用户的损失。

BIOS 软件一般有两种版本:AMI BIOS 和 Award BIOS。

2. CMOS 芯片

CMOS 芯片是计算机主板上一块可读写的 RAM 芯片,用以保护当前系统的硬件配置和用户对某些参数的设定。现在厂商们把 CMOS 程序做到 BIOS 芯片中,当开机时可按特定键进入 CMOS 设置程序对系统进行设置,因此又称作 BIOS 设置。

3. 南北桥芯片

横跨 AGP 插槽左右两边的两块芯片就是南北桥芯片。南桥多位于 PCI 插槽的上面,而 CPU 插槽旁边被散热片盖住的就是北桥芯片。详述见本章 5.6 节。

4. 廉价硬盘冗余阵列控制芯片 RAID

该芯片相当于一块 RAID(Redundant Array of Independent Disks)卡的作用,可支持多个硬盘组成各种 RAID 模式。目前主板上集成的 RAID 控制芯片主要有两种:HPT372 RAID 控制芯片和 Promise RAID 控制芯片。

5.4.3　主板的插槽

1. 内存插槽

内存插槽有 2~4 个,一般位于 CPU 插座下方,黑色,两边带卡座,用于插入内存条,目前主流主板有两种内存插槽:图 5-17 中的是 DDR SDRAM 插槽,这种插槽的线数为 184 线。

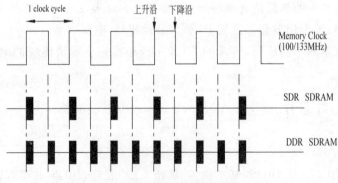

图 5-17　DDR 传输示意图

（1）DIMM 插槽：为双排 168 线，对应于 168 引脚的 SDRAM 内存条。

（2）DDR DIMM 插槽：对应 184 引脚的 DDR SDRAM。DDR 内存，其实就是一种用在内存上的新的技术规范，DDR（Dual Data Rate SDRAM，双倍数据速率传输），图 5-17 给出了 DDR 传输示意图，上升沿和下降沿都触发。DDR 是在 SDRAM 内存技术基础上开发的，性能上比 SDRAM 有很大进步，但比起另一种新型内存 Rambus DRAM 来说可能存在差距。但它不像 RDRAM 那样存在许可协议问题，也就是说 DDR 是开放式标准，这一点导致它在和 RDRAM 的竞争中占据上风，有可能成为事实上的新内存规范。

2. AGP 插槽

AGP 插槽颜色多为深棕色，位于北桥芯片和 PCI 插槽之间。AGP 插槽有 1×、2×、4× 和 8× 之分。AGP 4× 的插槽中间没有间隔，AGP 2× 则有。现在的显卡多为 AGP 显卡，AGP 插槽能够保证显卡数据传输的带宽，而且传输速度最高可达到 2133MB/s（AGP 8×）。

3. PCI 插槽

PCI 插槽多为乳白色，是主板的必备插槽，可以插上软 Modem、声卡、股票接收卡、网卡、多功能卡等设备。

PCI Express 插槽：有多种颜色。随着 3D 性能要求的不断提高，AGP 已越来越不能满足视屏处置带宽的要求，当前主流主板上显卡接口多转向 PCI Express。PCI Express 插槽有 1×、2×、4×、8× 和 16× 之分。

4. CNR 插槽

CNR（Communication Network Riser，通信网络插卡）是 Intel 公司开发的一种扩展槽标准。采用这种标准，通过附加的解码器可以实现软件音频功能和软件调制解调器功能。

CNR 插槽多为淡棕色，长度只有 PCI 插槽的一半，占用的是 ISA 插槽的位置。把软调制解调器或是软声卡的一部分功能交由 CPU 来完成。这种插槽的功能可在主板的 BIOS 中开启或禁止。CNR 可以与 RJ-11 电话线实现无缝集成，为 PC 的小范围连接（如家庭）提供了经济高效的解决方案。

5.4.4　主板对外接口部分

微机对外接口有硬盘接口 IDE 和 SATA、COM 接口、LPT 并行接口、PS/2 接口、USB 接口、MIDI 接口、SATA 接口等。将在后面接口章节中讨论。

顺便提及较早机器上常用的软驱接口，连接软驱用，多位于 IDE 接口旁，比 IDE 接口略短一些，由于它是 34 针的，故此数据线也略窄一些。现已淘汰。

5.5　主板控制芯片组

5.5.1　概念及结构

　　如果把中央处理器 CPU 比喻为整个计算机系统的心脏,那么主板上的芯片组就是整个身体的躯干。芯片组是主板的灵魂,决定了这块主板的功能,其作用是在 BIOS 和操作系统 OS 的共同控制下按规定的技术和规范,对各种类型的 CPU、内存、图形接口、IDE接口以及 I/O 设备接口等提供工作平台。现在主板的芯片组主要分为以下两大体系。

　　主板芯片组的组成结构实际上分为多芯片结构和单芯片结构。

1. 南、北桥

　　顾名思义,南、北桥的结构一般是由两块芯片组成的芯片组结构,即北桥芯片(North Bridge)和南桥芯片(South Bridge)。桥就是一个总线转换器和控制器,它实现各类微处理器总线通过一个 PCI 总线来进行连接的标准,桥是不对称的。在桥的内部包含有兼容协议以及总线信号线和数据的缓冲电路,以便把一条总线映射到另一条总线上。北桥与南桥之间也是通过 PCI 总线完成通信的。

　　芯片组以北桥芯片为核心,在主板上离 CPU 最近,因为北桥芯片与处理器之间的通信最密切,可提高通信性能。通常主板的命名都是以北桥的核心名称命名的(如 P45 的主板就是用的 P45 的北桥芯片)。北桥芯片主要负责管理 CPU、前端总线、内存与显卡 AGP 接口等高速设备间的数据传输,为 Cache、PCI、AGP、ECC 纠错提供工作平台。由于发热量较大,因而需要散热片散热。

　　南桥芯片位于主板上离 CPU 插槽较远的下方,这种布局是考虑到它所连接的 I/O总线较多,离处理器远一点有利于布线。相对于北桥芯片来说,其数据处理量并不算大,所以南桥芯片一般都没有覆盖散热片,但现在高档的主板的南桥也覆盖散热片。南桥芯片则负责硬盘 IDE 等存储设备、I/O 设备(如 USB、LAN、ATA、SATA、音频控制器、键盘控制器、实时时钟控制器、高级电源管理等)接口以及光驱、网卡之类的低速设备和 PCI之间的数据流通。并负责管理中断及 DMA 通道。南桥芯片还集成了多媒体功能,整合了 AC97 2.0(满足 PC98 基本音频规范的音频处理芯片)/SoundBlaster 兼容的音频处理功能等。南桥的这些技术比较成熟,但北桥芯片的主要功能是控制内存,而内存标准与处理器一样变化比较频繁,所以往往是同一南桥芯片搭配不同的北桥芯片构成不同芯片组。

　　北桥的工作速度远大于南桥。

　　南桥和北桥合称芯片组。芯片组在很大程度上决定了主板的功能和性能。

　　需要注意的是,因为 Intel 酷睿 i7 内部集成了内存控制器,所以北桥已无存在价值。

　　在一些高端主板上,将南北桥芯片封装到一起,只有一个芯片,大大提高了芯片组的功能。从 AMD 的 K58 开始,AMD 平台中部分芯片组因 AMD CPU 内置内存控制器,可采用单芯片的方式,以减少芯片组的制作难度和成本,如 NVIDIA 公司推出的 nForce 4便采用无北桥的设计。

图 5-18 是威盛为 AMD Athlon 和 Duron 设计的芯片组 KT133 的结构图(此图虽比较老了,但兼有新老芯片的特点),北桥芯片为 VT8363。新的 686B 南桥支持了 ATA/100 规格的硬盘接口。

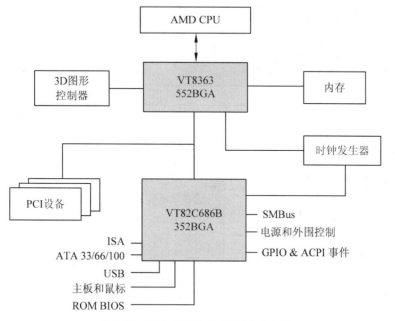

图 5-18 南北桥结构的 KT133 芯片组

2. 加速集线器体系结构(Accelerated Hub Architecture)

这种体系始于 Intel i810/815 系列芯片组,是以 GMCH(图形、内存控制中心,Graphics & Memory Controller Hub)、ICH(I/O 控制中心,I/O Controller Hub)、FWH(固件中心,Firmware Hub)3 块芯片组成的芯片组。三块芯片之间采用数据带宽为 266Mbps 的新型专用高速总线,较之 PCI 总线的南、北桥结构要快得多。

GMCH 与北桥芯片功能相似,ICH 与南桥芯片功能相似,FWH 主要用于存储系统 BIOS 和视频 BIOS,并集成了随机数发生器等电路,提供了 4MB 的 EEPROM。

图 5-19 为采用 AHA(Accelerated Hub Architecture)体系的 i815E 芯片组结构示意图。

5.5.2 流行芯片组

选择主板已经跟选择 CPU 分不开了,由于 AMD 与 Intel 在 CPU 结构上不兼容,导致我们在比较主板性能的时候还要附带考虑 CPU 性能。

当今主要的微处理器配套芯片组按 CPU 的种类可分为两个阵营:支持 Intel CPU 的和支持 AMD CPU 的。Intel 和 AMD 自己制造的芯片组当然只为自己的 CPU 服务,而 NVIDIA、ATI(已被 AMD 收购)、VIA 和 SIS 这 4 家组成的第三方芯片组厂商,为两家的主流 CPU 提供芯片组。

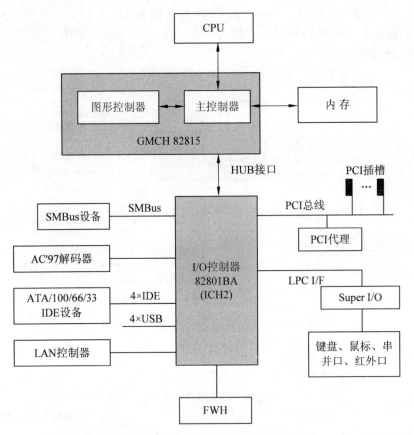

图 5-19　AHA 结构的 Intel i815E 芯片组

1. Intel 平台芯片组

表 5-5 列出了 2015 年 Intel 平台芯片组排行榜及性能。

Intel 当代的主板主要有 Z、H、B 以及 X 系列型号,他们都同时兼容 Intel 最新的 Haswell 处理器(Haswell 处理器是 Intel 发布的第 4 代酷睿处理器,具有强悍图形处理技术和低功耗,会使平板电脑极大提高档次。它代表的是后 PC 时代高性能、低功耗的消费需求)。

表 5-5 中最高端的产品,是价昂的 X99 芯片组,能极大地增强游戏、超频和数字内容创建方面功能和性能。其主要特性如下:全新的 LGA2011-3 接口;支持原生 8 核心 CPU;40 条 PCI-E3.0 通道,多卡交火无压力,应对 4 路显卡交火/SLI,其带宽足够,不会造成瓶颈产生。

X99 原生支持 14 组 USB 接口(USB 3.0 最多可以有 6 组),10 个 SATA 3.0 接口。X99 上还有近年新兴的 SATA Express、M.2 等高速存储接口。

X99 也是桌面平台上首次支持 DDR4 的主板。

内存插槽为 X99 主板标配的 8 条,依然分布在 CPU 插槽两侧。内存默认支持 DDR4 2133/1866/1600/1333MHz,通过 XMP 技术还能进一步提高频率,最大支持 4 通道和 64GB 内存扩展。

表 5-5　2015 年 Intel 平台芯片组排行榜

芯片组	适用电脑类型	CPU 类型	SATA 接口与个数	USB 接口与个数	内存类型	内存传输频率/内存插槽数	其他
Intel H81	台式机	Intel Core 2 代/3 代/4 代/Penti...	4 个 SATA II 接口；2 个 SATA III...共 6 个	支持 8 个 USB 2.0 接口，2 个 USB 3.0 共 10 个	支持 DDR3		
Intel B85 功能齐全，价廉物美		CPU 数量：1 颗 Intel Core/Pentium/Celeron CPU 插槽：LGA 1150	4 个 ATA III 接口，2 个 SATA II 接口，共 6 个	支持 12 个 USB 2.0 接口，4 个 USB 3.0...共 16 个	支持 DDR3		
Intel Z97		Intel Core 2 代/3 代/Pentium/C...	6 个 SATA III 接口	支持 8 个 USB 2.0 接口，6 个 USB 3.0...共 14 个	支持 DDR3		
Intel H97		Intel Core 2 代/3 代/Pentium/C...	6 个 SATA III 接口	支持 8 个 USB 2.0 接口，6 个 USB 3.0...共 14 个	支持 DDR3	视 CPU 而定	
Intel H87		Intel Core 2 代/3 代/Pentium/C...	6 个 SATA III 接口	支持 8 个 USB 2.0 接口，6 个 USB 3.0...共 14 个	支持 DDR3		
Intel Z170		Intel Core 6 代/Pentium/Celer...	6 个 SATA III 接口	支持 14 个 USB 2.0 接口，6 个 USB 3.0...共 20 个	支持 DDR4		
Intel X99		八核 Intel Core i7，全新的 LGA2011-3 接口	SATA 3.0 共 10 个和 1 个 SATA Express 接口	6×USB 3.0；8×USB 2.0 共 14 个	支持 DDR4 2133/1866/1600/1333MHz		40 条 PCI-E3.0 通道数，应对 4 路显卡交火/SLI，其带宽足够，不会造成瓶颈产生
Intel B150		Intel Core 6 代/Pentium/Celer...	6 个 SATA III 接口	支持 14 个 USB 2.0 接口，6 个 USB 3.0...共 20 个	支持 DDR4/DDR3		

续表

芯片组	适用电脑类型	CPU 类型	SATA 接口与个数	USB 接口与个数	内存类型	内存传输频率/内存插槽数	其 他
Intel H170	台式机	Intel Core 6 代/Pentium/Celer...	6 个 SATA Ⅲ接口	支持 14 个 USB 2.0 接口,6 个 USB 3.0 ...共 20 个	支持 DDR4	视 CPU 而定	
Intel Z87		Intel Core 2 代/3 代/Pentium/Cel CPU 数量: 1 颗 CPU 插槽: LGA 1150	6 个 SATA Ⅲ接口	支持 8 个 USB 2.0 接口,6 个 USB 3.0,共 14 个	支持 DDR3		
Intel Q75		Intel Core 2 代/3 代/Pentium/Celeron CPU 插槽: LGA 1155CPU 数量: 1 颗	5 个 SATA Ⅱ、1 个 SATA Ⅲ接口,共 6 个	支持 10 个 USB 2.0 接口,4 个 USB 3.0 共 14 个 USB 接口	支持 DDR3		

主板配备了 4 条 PCI-E 3.0 X16 插槽(2 条运行在 X8 模式),和 4 个 PCI-E X1 插槽。PCIE 插槽间还有 M.2 SSD 接口和 WiFi 网卡接口,标配无线网卡为 Intel AC 7260,支持 802.11 AC 高速传输和蓝牙 4.0 技术。

使用 X99 的主板,背面 I/O 有 PS/2 键鼠通用接口、2×USB 2.0、8×USB 3.0、双千兆网卡接口、S/PDIF 光纤输出接口、7.1 声道音频接口。另外,还配有了特色的 CPU 超频和 Fast Boot 按钮。

主板提供 10 个 SATA 3.0 接口和 1 个 SATA Express 接口,其中 6 个 SATA 3.0 接口为原生提供,因此组建 RAID 时获得的性能提升会比 X79 主板高不少。除了无线网卡外,板载还提供了 E2201 网卡和 Intel I218V 网卡,能从硬件上保证网络的稳定性。

性价比比较高的 B85 芯片组。价格便宜(一般不超过千元),功能比较完善,直追 H 系列主板,源生 4 个 SATA Ⅲ接口,两个 SATA Ⅱ接口。有 4 个 USB 3.0 高速接口以及 8 个 USB 2.0 接口。

Z87 芯片组的主板市场价格跨度最大,从几百元到四千多元。87 芯片组支持超频功能,用料好的主板超频高。同时 Z87 芯片组功能全面,集 Intel 的最新技术于一身,支持目前所有的 Intel 主板功能,包括对于多显卡的支持。磁盘接口这款主板也是采用了全 SATA Ⅲ接口设计,用户完全无须考虑硬盘需要接哪个 SATA 口。有 6 个 USB 3.0 接口以及 8 个 USB 2.0 接口,接口方面设计也较考究。

H81 芯片组是这一代的入门级主板芯片组,售价比高一个档次的 B85 芯片组稍低,但功能比较乏力,对应的主板对于用户无扩展性。产品最多搭载 2 个内存插槽,主板仅搭载 2 个源生 SATA Ⅲ接口,4 个在目前来说已经是并不主流的 SATA Ⅱ接口。8 个 USB 2.0 接口,2 个 USB 3.0 接口,并且这几款芯片组中只有 H81 的 PCI-E 接口还延续了 PCI-E 2.0 的老标准。

中高端芯片组是 H87,性能比 H81 强大多了,对应主板的功能仅次于 Z87 芯片组。市场定位高于 B85 的。它的 USB 3.0 接口与 Z87 主板持平,同样有着 6 个 USB 3.0 接口,SATA Ⅲ接口与高端芯片组 Z87 同样豪华,为 6 个。在日常的应用方面应该能够满足大多数的用户,显卡接口同样采用了 PCI-E 3.0 标准,能够让显卡发挥出最强的性能。这款主板相对 H81 以及 B85 来说支持功能更加全面,支持快速存储技术以及智能响应功能。

该款芯片组适合需要更多 USB 3.0 接口,以及需要更高磁盘读写效率(与 B85 芯片组相同,在内存以及磁盘方面保留了一定的扩展),不超频但是又想有更多原生 SATA Ⅲ接口的用户。

这里要提醒大家注意,除了 Z87 与 X79 芯片组之外,其他所有的芯片组都不支持多显卡平台。

2. AMD 平台芯片组

表 5-6 列出了 2015 年 AMD 平台芯片组排行榜及性能。

A88 主板是 2014 年 AMD 新推出的 A 系列主板,采用 FM2+插槽设计,支持 FM2+/FM2 接口处理器,支持目前 AMD A10/A8/A6/A4/E2/Athlon Ⅱ X4 各系列所有的 FM2+/FM2 接口主流处理器,可以说是 AMD 全能处理器。

表 5-6　2015 年 AMD 平台芯片组排行榜及性能

标准南桥	适应电脑类型	CPU 类型	SATA 接口个数	USB 接口	内存类型	内存传输频率内存校验内存插槽数量最大内存容量	RAID 等级/功能	其　　他
A88X		数量：1 颗 CPU 插槽 FM2＋/FM2	8 个	支持 4 个 USB 3.0 接口			支持 RAID 0、1、5、10	支持超频，双显卡加速
990FX		CPU 数量 1 颗类型 AMD Phenom I、Athlon II CPU 插槽 Socket AM3＋/AM3	支持 6 个 SATA Ⅲ 接口	支持 14 USB 2.0 接口			支持 RAID 0、1、5、10	显示芯片不支持集成显示芯片 显卡插槽支持 PCI Express 2.0 ×16 多显卡技术支持 Cross FireX/3-Way SLI PCI-E 插槽 2×PCI-E 2.0×16 或 4×PCI-E 2.0×8 音效芯片支持集成音效芯片 网络芯片支持集成 10/100/1000Mb/s 网络芯片
A58	台式机	CPU 数量 1 颗 CPU 类型 AMD A6/A4 CPU 插槽 FM2＋	支持 6 个 SATA 3Gb/s接口	支持 14 USB 2.0 接口	支持 DDR3	视 CPU 而定	支持 RAID 0、1、10	音效芯片支持集成音效芯片 网络芯片支持集成 10/100/1000Mb/s 网络芯片
A78		CPU 数量 1 颗 CPU 类型 AMD A8/A6/A4 CPU 插槽 FM2＋ 纠错	支持 6 个 SATA 6Gb/s接口	支持 4 个 USB 3.0 接口；支持 10 个 USB 2.0 接口			支持 RAID 0、1、10	支持集成音效芯片 显卡插槽支持 PCI Express 3.0 ×16 多显卡技术支持 支持纠错 音效芯片支持集成音效芯片 网络芯片支持集成 10/100/1000Mb/s 网络芯片
A85X		CPU 数量 1 颗 CPU 类型：AMD A10/A8/A6/A4 CPU 插槽 FM2	支持 8 个 SATA 6Gb/s接口	支持 4 个 USB 3.0 接口；支持 10 个 USB 2.0 接口			支持 0、1、5、10	支持集成音效芯片 显卡插槽支持 PCI Express 3.0 ×16 多显卡技术支持 PCI-E 插槽 4×PCI-E 2.0。 音效芯片支持集成音效芯片 网络芯片支持集成 10/100/1000Mb/s 网络芯片
A68H		CPU 数量 1 颗 CPU 插槽 FM2	支持 4 个 SATA 6Gb/s接口	支持 10 个 USB 2.0 接口，支持 2 个 USB 3.0 接口			支持 RAID 0、1、10	PCI-E 插槽 4 个 PCI-E 插槽

A85 主板是 2013 年 AMD 推出的主板，采用 FM2 插槽设计，仅支持 FM2 接口处理器，不支持 AMD 最新 FM2＋接口的 Kaveri APU（第 3 代 APU，例如 A10-7850K、A10-7700K 以及 A8-7600）处理器。A88 与 A85 主板最大的区别是 CPU 插槽接口设计的不同。A88 主板与 A85 主板另外一个最大的区别就是 A88 主板支持 PCI-E 3.0，A85 主板不支持。A88 主板是 AMD 平台第一款支持 PCI-E 3.0 标准的芯片组。

别的方面，A88 和 A85 主板区别很小，主要是 A88X 主板内置 USB 3.0 接口通过了微软 WHQL 认证，稳定性更佳。显然 A88 主板比 A85 贵一些。

其他 A 系列，如 A78、A68H、A58 等，请看表 5-8，就不再讨论了。

新一代 9 系列芯片组有最顶级的 990FX，以及 990X、970 以及一款整合型号 980G，搭配的南桥则有 SB950、SB920 和 SB710，整体规格与目前的 8 系列主板变化并不大。只有 HT 总线从 HT 3.0 升级到 HT 3.1，最大总线速度从 5.2 GB/s 提高到 6.4GB/s，其他部分并没有改变。

其中 990FX 芯片组支持两条 PCI-E 2.0×16 全速插槽（简记作"×16＋×16"）并可拆为四条 PCI-E 2.0×8 半速插槽（简记作"4×8 模式"），可组建两到四路 CrossFire×（"交火技术"，指多张显卡在一部电脑上并用）。另支持一条 PCI-E 2.0×4 插槽，六条 PCI-E 2.0×1 插槽，990x 芯片组相应的功能简记为"×16 或 2×8，另 6 个×1 插槽"。970 芯片组的功能简记为"×16"。

值得注意的是，9 系列主板全面支持输入/输出内存管理（IOMMU）功能，8 系列主板中只有 890FX 支持而且需要厂商的 BIOS 配合，此功能在虚拟化应用中还是非常有用的。

南桥方面，SB950 的规格与 SB850 相比无大变化，支持 14 个 USB 2.0 接口，但没有 USB 3.0 原生支持。存储接口支持 6 个 SATA 6Gb/s，并口 ATA 也保留了一个。变化的部分只有 PCI-e GPP 通道从原来的 2 条增加到 4 条，SATA 6Gb/s 接口开始支持 TRIM 指令。

规格上的变化比较少，不过 990FX 依然有值得注意的地方，第一是 CPU 插槽变为 AM3＋（又称 AM3b），AM3 增加了一个针脚位。实现了与推土机处理器的对接。

第二点则是 9 系芯片组获得了 NVIDIA 的 SLI 授权，AMD 平台也能组 SLI 了。

5.5.3　BIOS 与 CMOS

一块主板性能优越与否，很大程度上取决于 BIOS 程序的管理功能是否合理、先进。BIOS 的全称应该是 ROM-BIOS，意思是只读存储器基本输入/输出系统（Basic Input Output System）。其实，它是一组固化到计算机内主板上一个 ROM 芯片上的程序，它保存着计算机最重要的基本输入/输出的程序、系统设置（即 BIOS 设置）信息、开机上电自检（POST-Power On-Self Test）程序和系统启动自举程序，即完成 POST 后，读取操作系统引导记录。并具有中断例程即 BIOS 中断服务程序。为计算机提供最低级、最直接的硬件控制。准确地说是硬件和软件之间的转换器或者说是接口程序，负责计算机硬件的即时需求。

CMOS（Complementary Metal Oxide Semiconductor），原指互补金属氧化物半导体，是一种大规模应用于集成电路芯片制造的原料。但在这里 CMOS 的准确含义是指目前绝大多数计算机中都使用的一种用电池供电的可读写的 RAM 芯片。

那么,CMOS 与 BIOS 到底有什么关系呢? CMOS 是存储芯片,但它也只能起到存储的作用,要对 CMOS 中各项参数进行设置就要通过专门的设置程序。BIOS 中的系统设置程序是完成 CMOS 参数设置的手段,而 CMOS RAM 是存放设置好的数据的场所,它们都与计算机的系统参数设置有很大关系。正因如此,便有了 CMOS 设置和 BIOS 设置两种说法,其实,准确的说法应该是"通过 BIOS 设置程序来对 CMOS 参数进行设置"。

CMOS 存储芯片可以由主板的电池供电,即使系统掉电,存储的数据也不会丢失。但请注意:如果电池没有电,或是突然接触出了问题,或是你把它取下来了,那么 CMOS 就会因为断电而丢掉内部存储的所有数据。

BIOS 在计算机中的重要性是不言而喻的,主板就是通过这个管理程序才能实现各个部件之间的控制和协调,可以说,它是使用计算机的一块基石。另外,可能经常发生计算机死机的情况、安装了声卡却发现与显卡发生冲突而不能使用或是 CD-ROM 挂不上,这些都有可能和 BIOS 设置不当有关系。所以它对整个机器性能的影响是相当大的,决不能忽视它的作用。正因为如此,一般在新购计算机或是新添了一个硬件设备、遭受了病毒的攻击或是像上面提到的设置参数丢失了的话,都要好好地对 BIOS 进行详细的设置。不同的 BIOS 版本有不同的设置界面,但设置的选项都很类似。

5.6　主板发展趋势

进入 2006 年后,多核架构发展起来,对主板技术革新也不断提出新的要求,推动主板结构(已如前述)与技术的快速发展。

5.6.1　主板总线速度的提升

1. 前端总线及带宽速度的提升

与处理器和图形平台的高速发展相呼应,芯片组领域也有全面的技术提升。首先在连接总线方面,Intel 将前端总线提高到 1333MHz(高阶产品),这意味着处理器与芯片组拥有 10.6GB/s 的连接带宽。目前,双通道 DDR2-533 内存系统即可提供这样的带宽,而 2007 年推出的 DDR3 目前最高能够达到 1600MHz 的速度,凭此高运行频率,DDR3 拥有更高内存带宽,至 25.6GB/s,是 DDR2 的两倍。DDR3 在设计思路上与 DDR2 的差别并不大,提高传输速率的方法仍然是提高预取位数。当然,在能耗控制方面,DDR3 显然要出色得多。DDR3 内存至今已经 8 年。在 2014 年底,推出的 DDR4 内存产品,起跳频率达到 2133MHz,标志着 DDR3 时代的终结。

DDR4 获得 Intel 于 2014 年 8 月 29 日会发布的新产品——Haswell-E 处理器(原生 6 或 8 核,主要有 Core i7-5960X/5930K/5820K 3 款产品)及 X99 芯片组支持。并搭载 20MB L3 缓存。DDR4 内存 4 通道设计,原生支持 2133MHz 的频率,比 DDR3 原生 1866MHz 起始频率有不小的提升。

在 DDR 在发展的过程中,一直都以增加数据预取值为主要的性能提升手段。但到了 DDR4 时代,由于设计复杂,存在发热量大等问题,数据预取的增加变得更为困难,所以推出了仓库组(Bank Group)的设计,将内存分为两个相对独立的小内存(最多可分 4个),并为每个小内存配置独立的数据传送工具。这样就相当于每个小内存以同样的速率同时独立传送数据,预存取数量将翻数倍。但随之而来的代价是内存内部设计上复杂性增加,造成内存延迟增加,实际性能提升幅度不会达到理论数值。

为此,在 DDR4 内存中,访问机制已经由 DDR3 的双向传输改为点对点技术,这是 DDR4 整个存储系统的关键性设计。

在 DDR3 内存上,内存和内存控制器之间的连接采用是通过多点分支总线来实现,好处是扩展内存更容易,却浪费了内存的位宽。DDR4 转而采用点对点总线:内存控制器每通道只支持一根内存,设计大大,更容易达到更高的频率。但要求 DDR4 内存单条容量足够,不然很难提升系统的内存总量。于是开发了 3D 内存堆叠封装技术(3DS)。可以尽可能多地使用内存位宽资源,并且能够支持更高的内存频率。DDR4 起步频率就高达 2133MHz,最高则是 4266MHz。更大的 16bit 预取+更高频率,完全能抵冲掉高延迟对性能的影响。

2. PCI Express 总线规格升级,PCI Express 2.0 现身

PCI Express 总线支持更耗频宽的应用(主要是显卡),并且将传输率提高到约 16Gb/s。PCI Express 2.0 增强了供电能力,使得系统可良好地支持 300W 以内功耗的高阶显卡;此外,PCI Express 2.0 还新增了输入/输出虚拟(IOV)特性,可使多台虚拟计算机方便地共享显卡、网卡等扩展设备。PCI Express 2.0 和 PCI Express 1.1 完全兼容。

PCI-E 1X(3.0 标准)采用单向 10GB/s 的波特率进行传输,由于每一字节为 10 位(1位起始位,8 位数据位,1 位结束位),所以单向传输速率为 10GB/10=1000MB/s,由此可以计算出来 PCI-E 16X(3.0 标准)的单向传输速率为 1000MB/s×16=16GB/s,双向传输速率为 32GB/s,PCI-E 32X(3.0 标准)的双向传输速率高达 64GB/s,该规范已于 2010 年正式发布。

3. SATA 2.0 取代 SATA1.0 成为主流

SATA 指电脑主板上的硬盘接口,传输速率高达 300MB/s 的 SATA 2.0 接口成为多数主板的标准配置。

SATA 2.0 最大的特点就是更高的传输带宽,它允许的数据吞吐速率达到 3Gb/s,有效吞吐速率达到 300MB/s,是第一代 SATA 接口的两倍。

SATA 2.0 的优势是具有原生命令队列(Native Command Queuing,NCQ)、无序执行/发送、数据分散/集中等注重效率优化的功能,可有效提高硬盘的读写效率。

2009 年发布的 SATA 3.0 是 2.0 的升级版本,兼容 2.0;SATA 2.0 和 SATA 3.0 最关键的区别在于传输速度,SATA 3.0 速度翻番,可以达到 6Gb/s。注意:由于 SATA 接口是和硬盘连接在一起的,如果硬盘的传输速度最高也只有 3Gb/s,那么使用 SATA 3.0 和 SATA 2.0 就基本没有差别。另外,SATA 2.0 接口为黑色,而 SATA 3.0 接口颜

色则为黄色/白色/蓝色等。

很多中低端主板中采用 SATA 2.0 和 SATA 3.0 双接口混合模式,如 AMD 平台的 A75,Intel 平台的 B75、H81、B85 主板等,而一些中高端主板,如 A88、H87、Z87 等主板则全为 SATA 3.0 接口。

5.6.2　主板超频稳定性能的成熟

超频是指 CPU 等器件在额定频率之上工作。虽然不提倡过度超频,但适度超频可以充分发挥 CPU 的潜能。

1. 主板电压可调技术及外频分频调整技术

CPU 核心电压可调功能,这种技术通过适当提高或降低 CPU 核心电压,可以使 CPU 在稳定的情况下大幅超频,获得异常的高额性能;I/O 电压可调技术是指提高主板外设接口的电压(如显卡、内存),以提高这些外设在超频时的稳定性。

多分频技术主要体现在主板总线的频率稳定上,高分频作用的目的是:当主板的外频变化范围较大时,也能使 PCI 等外设的工作频率能够获得适宜的较低标准频率,以避免过高频率对这些设备造成一定损害,获得稳定的性能。假如 CPU 外频为 200MHz,如果主板支持 6 分频,也就是说 200 除以 6 就得到 PCI 的标准频率 33MHz。AGP 显卡在适当的分频调整后也能获得稳定的性能。

2. 异步内存调整技术

传统主板只有同步内存使用模式,外频总线速度与内存总线速度相同,如果在 133MHz 外频下使用 PC100 内存,则可能导致机器使用不稳定。在采用并设置了异步内存调整技术以后,不管总线速度是多少,内存总能安全稳定地运行在 100MHz 的低频状态下,这就保护了部分消费者手中的旧内存能继续使用。如果有的内存本身质量较好,内存总线速度也可设定为比标准内存速度要快,以消除内存瓶颈。

5.6.3　主板安全稳定性能的增强

1. 监控管理技术

监控技术主要体现在主板温控和电压管理上,温控及电压管理技术在 Intel TX 芯片组时代就已经开始,不过目前的主板产品由于采用更加先进的温控电压芯片和对应装置,如某些主板产品带有可直接接触产品的绝缘温控条,而有些主板产品还额外提供了显卡、硬盘、甚至声卡电源的温控装置。不少主板还提供了对机箱、主板电池的测试功能,这些先进技术都扩展了监控管理技术的发展领域。

2. 主板问题诊断技术

采用新型主板问题诊断技术以后,主板出故障时可通过板载指示灯技术和语音报警技术来解决问题。通过相应说明书即可识别出主板产品及相关设备的故障,避免了对传统蜂鸣声的误判断。在主板上固化一枚语音芯片,当主板出现问题时即可用多种语言报告故障来源。

3. 主板的防毒杀毒能力

目前主板产品多采用防毒技术以保护主板 BIOS 芯片,如:①BIOS 内置升级选项技术,如大多数产品的 BIOS Update Enable/Disable 选项;②主板产品的硬件设置跳线和所谓"防毒锁"技术;③双 BIOS 芯片技术。

此外某些主板还带有系统恢复功能,不但可以保护 BIOS,还能保护硬盘的存储资料,这些防毒功能都可以大大降低意外事故的发生。

5.6.4 主板方便性能的提高

1. 免跳线技术

传统的主板 CPU 频率设置等功能需要通过主板上的硬件跳线装置来实现。免跳线技术在 BIOS 设置中可方便地设置 CPU 的各项参数,免去了打开机箱找跳线设置的烦琐操作。软跳线也能带来病毒侵袭,或修改跳线导致主板故障等问题,故一些厂商在提供详细的免跳线设置技术的同时还提供了硬件跳线设置功能,并在主板上给出详细配置信息。

2. PC99 技术规格

这是由微软、Intel 等公司共同制定推广的一项业界标准 PC99。涉及诸多方面。在硬件主板设计方面主要规范了产品的设计要求,并必须符合人体工学,布局合理,保证安装者能正常装配使用主板。此外规范了主板各接口的有色标识,以方便识别。

3. 多类型 CPU 主板

一些主板采用多种混装 CPU 接口,如 Slot 1 和 Socket 370 双接口设计,以适应不同的 CPU 产品。不过在使用时只能择一而用,不能同时使用多个 CPU,这一点不同于双、多 CPU 主板。不过随着 Slot 1 CPU 的淘汰和 Socket 370 CPU 的兴起,该技术已不大流行。

5.6.5 主板能源功能的改进

主板能源功能的改进主要体现在 STR 新技术的发展,该技术出自于笔记本电脑,其前身是"挂起到硬盘"(Suspend to Disk,STD)技术,就是将系统运行时的即时状态和相关系统信息保存到硬盘上,此时系统耗能极小,再次开机时可省去大量的系统自检和启动时间,从而迅速恢复到关机前的状态。而 STR-Suspend to RAM 是"挂起到内存"技术,即将存储环境由硬盘 Disk 转向内存 RAM,比 STD 更快速稳定,耗能更小。此项计算配合 Modem 电话即可满足用计算机即时传真恢复、应答电话、网络远程管理等需求,是一种很先进快捷的技术。

新的主板 BIOS 均支持 STR 技术,而一些不支持 STR 技术的老主板也可通过 Windows 2000 等新型操作系统获得软支持能力。

　　此外,不少主板采用了名为 Spread Spectrum 的技术,其作用是有效降低主板产品的电磁辐射干扰。有的主板还能自动检测并关闭空闲的主板内存及扩展卡插槽,以进一步降低电磁辐射干扰。

　　主板能源功能的改进的另一方面是一种名为"数字式 PWM 供电"的新方式。主板 CPU 的供电部分要将输入的 12V 直流电压降至适用于 CPU 的 0.8~2.3V 低电压。采用"数字式 PWM 高频供电"的新方式,昂达 965PT 主板的工程师调整了 PWM 控制芯片 ISL6366 的硬件参数,让开关式场效应管 MOSFET 运行在更高的频率下,电流纹波变小,降低了对电容的电容值的要求。于是可将传统的铝制电解电容、MOSFET、扼流线圈元件更换为数控电气性能更高的贴片/BGA 封装元件,有效避免铝制电解电容大功耗下不稳定、爆浆等问题。

　　采用电气性能更稳定的陶瓷电容(MLCC)替代液态电解电容。陶瓷电容最大的特点是耐高温、抗高压,以 6.3V/10μF 的型号陶瓷电容为例,它必须满足 150℃ 以上高温工作和承受 400V 瞬间直流电不穿的测试,耐压性能是液态电解电容的 4 倍,体积更只有后者的 1/25,大大精简了主板主供电部分的设计,也解决了一大散热难题。

　　随着 4 核处理器普及速度的加快,多相供电技术呼之欲出。相数越多,每相通过的电流越小,相应的负载就会大大降低。出现了采用 16 相供电设计的华硕 P5Q3 Deluxe 主板,技嘉 GA-P67A-UD7 采用了 24 相供电设计,支持动态节能引擎,可以自由切换供电相数。同时主板采用的也都是高品质元件,抛光式封闭电感线圈、高品质固态电容,有效保证超频状态下处理器供电的质量。供电相数增加可降低负载,元器件的发热量也大大降低。大大延长了主板的使用寿命。

　　无论电路如何并联,每一相供电回路总有一颗 IC 芯片控制着场效应管的开关,根据电路中 IC 芯片的数量,就能知道主板采用供电回路的相数。

　　但多相供电会使元器件数量增加数倍,密集的元件大幅增加了 CPU 供电部分的发热量,为此技嘉不得不为 CPU 供电模块安装硕大的一体式热管散热器。

5.6.6　整合技术日新月异

　　主板整合技术是一大新的发展趋势,将单独配置的 AGP 显卡、PCI 声卡、PCI Modem、PCI 网卡、IEEE 1394 等设备接口集成在主板上,可以提高产品的兼容性和性能价格比。一个比较流行的做法是在主板上集成一块 AMR(Audio Modem Riser)专用插槽,以较低的成本提供音频处理和 Modem、网卡功能。此外还带有 CNR(Communication and Networking Riser,通信网络提升器)接口,带有丰富的扩充功能,如以太网、V.90 Modem 接口,外带多个 USB 接口和 6 声道输出接口等。集成 IDE 控制器来支持更高的硬盘标准等。还有些主板集成 ATA/100 控制器来使主板支持 ATA/100,并且有的还带有 RAID 功能。

　　又如在音频方面,目前推出的主板芯片组均提供了 AC97(Audio Codec 97)的接口,只需在主板上集成一块模拟信号编码解码器,即可实现计算机硬件的音频处理功能和

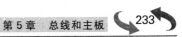

Modem、网卡功能。

习　题　5

一、填空题

1. 总线是在计算机系统各部件之间_____的公共通用线路。它由一组导线和相关的_____电路组成。

2. 多总线构成的基本思路，就是把与 CPU 相连的设备按_____分类，分为_____线路和_____线路。

3. 1975 年，制成了全球第一条 PC 扩展总线，得到了 IEEE 的认可，被命名为_____标准。

4. 根据连接层次分类，总线可分为_____、_____和_____。

5. 按总线传送信息的类别分类，可分为_____、_____和_____。

6. 按照总线传送信息的方向，可把总线分为_____总线和_____总线。

7. 按照数据传输的方式划分，总线可分为_____总线和_____总线。

8. 按照时钟信号是否独立，总线分为_____总线和_____总线。

9. _____的任何设备称为总线主控设备或主设备，_____的任何设备称为从设备。系统中可以有多个主控设备，但任一时刻一组总线上只能有一个设备经申请同意后，工作在主控方式。

10. 总线判优控制分为_____仲裁式和_____仲裁式两种。

11. 集中仲裁有 3 种优先权仲裁方式_____、_____和_____。

12. 总线数据传输方式分为_____方式和_____方式两种。

13. 定时信号的实现方式有 3 种：_____、_____和_____。

14. _____总线，也称为 CPU 总线，是连接中央处理器(CPU)和北桥芯片的芯片级总线，它是 CPU 和外界交换数据的主要通道。

15. HT 总线与_____非常相似，都是采用_____传输线路。但 PCI Express 是计算机的_____，而 HT 是_____。

16. 加速图形接口 AGP，是_____而成的。它是一种_____的系统总线，其工作频率为 66MHz。它与 PCI 总线不同，它是_____连接，习惯上称为 AGP 总线。

17. 1987 年，Apple 公司推出_____，称为 IEEE 1394 标准总线。也称为"火线接口"。IEEE 1394 接口有_____两种类型。

18. 通用串行总线 USB 接口，是一种_____系统，USB 接口是现在最为流行的接口。已有_____规范和_____等类型，每个类型又有_____样式。

19. 主板也称为母板，是_____。在电路板反面，是错落有致的电路布线；在正面，则为棱角分明的各个部件：插槽、芯片、电阻、电容等。当主机加电时，电流会在瞬间通过各个部件，主板会根据_____来辨认硬件，并进入_____，支持计算机体系工作的功能。

20. 芯片组以_____为核心,在主板上离 CPU _____。主要负责管理 CPU、前端总线、_____与显卡 AGP 接口等高速设备间的数据传输,为 Cache、PCI、AGP、ECC 纠错提供工作平台。由于发热量较大,因而需要_____。_____位于主板上离 CPU 插槽较远的下方。

21. 加速集线器体系结构是以_____、_____、_____三块芯片组成的芯片组。三块芯片之间采用数据带宽为 266Mb/s 的新型专用高速总线,较之 PCI 总线的南、北桥结构要快得多。

_____与北桥芯片功能相似,_____与南桥芯片功能相似,_____,提供了 4MB 的 EEPROM。

22. CMOS 是主板上一块用电池供电、可读写的_____芯片。

23. 主板性能是否优越,在一定程度上取决于板上的 BIOS 管理功能是否先进。在 BIOS 中主要有_____、_____、开机上电自检程序和系统启动自举程序等功能。

24. 多总线构成的基本思路,就是把与 CPU 相连的设备按_____分类,分为_____线路和_____线路。

25. 主板上集成的声卡一般都符合_____规范。

二、选 择 题

1. 数据总线宽度 W,它表示构成计算机系统的_____;地址总线位数,它决定了系统的寻址能力,表明构成计算机系统的规模;控制总线信号,它反映了总线的控制技巧,因而表示了总线的设计思想及其特色。

    A. 内存容量的大小   B. 计算能力和计算规模

    C. 指令系统的指令数量   D. 总线频带宽

2. 接口一般是指主板和_____之间的适配电路,其功能是解决主板和外设之间在电压等级、信号形式和速度上的匹配问题。

    A. CPU   B. 某类外设   C. 寄存器   D. 内存芯片

3. 同步通信之所以比异步通信具有较高的传输率是因为_____。

    A. 同步通信不需要应答信号

    B. 同步通信的总线长度较短

    C. 通信双方由统一时钟控制数据的传送

    D. 同步通信中各部件存取时间比较接近,异步方式允许速度差异很大的设备之间互相通信;但增加了延迟,降低了传输率

4. _____通信适用于系统工作速度不很高、但又包含了许多工作速度差异较大的各类设备的系统。

    A. 同步方式   B. 异步方式

    C. 周期分裂方式   D. 半同步方式

5. 主板的核心与灵魂_____。

    A. CPU 插座   B. 扩展槽   C. 电源   D. 芯片组

6. _____是一种目前比较流行的高速总线,主要用于对图形图像的处理。

A.　AMR 总线 　　　　　　　　 B.　AGP 总线

C.　USB 总线 　　　　　　　　 D.　PCI Express 总线

7. 以下不属于外部总线的是(　　)。

A.　IDE 总线 　　 B.　SCSI 总线 　　 C.　PCI 总线 　　 D.　IEEE-488 总线

三、判断改错题

(　　)1. 常见的集中仲裁有 3 种优先权仲裁方式：链式查询、CPU 定时查询和协同请求方式。

改错：

(　　)2. BIOS 芯片是一块可读写的 RAM 芯片，由主板上的电池供电，关机后其中的信息也不会丢失。所以 CIH 病毒不能对 BIOS 进行破坏。

改错：

(　　)3. PCI Express 总线采用并行方式传输数据，传送数据能实现双向传发。

改错：

(　　)4. 主板性能的好坏与级别的高低主要由 CPU 来决定。

改错：

(　　)5. 北桥芯片工作的速度要远快于南桥芯片。

改错：

(　　)6. 在选购主板时，一定要注意与 CPU 对应，否则是无法使用的。

改错：

(　　)7. USB 通用串行总线接口和 IEEE 1394 串行接口都支持即插即用和热插拔功能。

改错：

四、名词解释

1. 异步通信方式
2. 串行传输
3. PCI 总线
4. 主板
5. 总线仲裁方式

五、计算题

1. 某总线在一个总线周期中并行传送 4 个字节的数据，假设一个总线周期等于一个时钟周期，总线的时钟频率为 33MHz，问总线的带宽是多少？

2. 在 32 位的总线系统中，若时钟频率为 1000MHz，总线上 5 个时钟周期传送一个 32 位字，试求总线系统的数据传送速率。

3. 分析哪些数据影响总线带宽。

六、综 合 题

1. 总线的主要性能指标有哪些？分别做简要说明。
2. 简述提高总线速度的措施。
3. BIOS 芯片的主要作用是什么？

第6章

存 储 器

6.1 存储器的概念、分类和指标

计算机最基本的组成部分是 CPU 和存储器。内存和 CPU 组成计算机的主机,程序存储、顺序执行是计算机的最基本的工作方式。

6.1.1 计算机存储系统简介

在第 2 章讨论微处理器时,已经说到 CPU 内部有一些暂时存放少量数据和中间结果的寄存器,但对每时每刻要处理大量数据的计算机来说,是远远不够的。于是计算机存储系统应运而生。

微型计算机存储系统由寄存器、高速缓冲存储器(Cache)、主存储器(Main Memory,也称主存或内存)和辅助存储器(Auxiliary Memory,Secondary Memory,也称外存或辅存)构成,形成了如图 6-1 所示金字塔形的存储系统层次结构。打个比方,若把 CPU 当作一个人,高速缓存就像人的衣服口袋,放些随身经常要用的小巧东西;内存就像人的背包,放些必备的近期会用到的东西;外存就像人的储藏间,放些长远可能会用但当前不急用的东西。

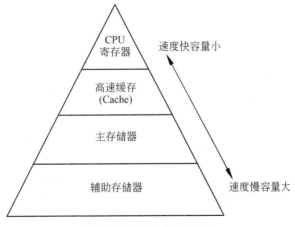

图 6-1 存储系统层次结构

离 CPU 越近,层次越高,速度越快,单位容量价格越高,容量越小;而离 CPU 越远,层次越低,速度越慢,单位容量价格越低,容量越大。

存储系统是存储微型计算机系统在工作时所使用的信息——程序和数据的部件,使得计算机对信息具有了记忆的功能。

说到底,存储器就是记录表示程序和数据的0、1代码,并能在一定条件下复现。记录方式有电感应(如电平高低、电容量)、磁感应(如磁化方向,磁场强度)或光感应(如光强、感光度)。

目前,采用电记录方式的是:高速缓存和内存,其储存设备用电子器件;外存采用磁记录或光记录,其储存设备用磁表面存储器(磁鼓、磁带、磁盘等)、光盘等器件。

Cache是由TTL(Transistor-Transistor Logic,晶体管-晶体管逻辑电路)半导体器件制成的存储器,其存取速度与CPU速度处在同一数量级。

内存一般由半导体存储器构成,用来存储当前正在使用的或者要经常使用的程序和数据(即活跃部分),CPU可以直接对它进行读、写。主存的工作速度和CPU的速度相比,总是要低1到2个数量级。

外存一般由磁表面存储器、光盘构成,放在主机的外部,存放CPU暂时不会用到的的程序,外存的速度比主存更低。如果CPU要使用这些信息,必须通过专门的设备将这些信息先调入到内存中。至于什么时候应将外存中的信息块调入主存,什么时间将主存中已用过的信息调入外存,所有这些操作都由辅助软硬件来完成。

存储器的工作速度是影响微型计算机运算速度的一个"瓶颈"。因此计算机存储器系统的发展就是围绕着提高速度、扩大容量、降低成本而不断革新。

CPU在工作过程中要频繁地与主存交换信息。目前采用按地址的方式来访问主存。存储元是存储器的最小单位,一个存储元可以存放一位二进制信息。若干个存储元构成一个存储字,每个存储字有一个相对应的唯一地址。在计算机系统中,作为一个整体一次读出或写入存储器的数据称为存储字,存储字的位数称为字长,通常存储字长与机器字长相同。

6.1.2 半导体存储器的分类

微型计算机中内部的存储器基本上都采用半导体存储器。其主要特点是:工艺简单、集成度高、可靠性高、存取速度快、功耗小、价格低。

半导体存储器种类繁多,从不同的角度可以将其分为以下几类,如图6-2所示。

1. 按使用半导体元件的载流子的极性分类

按使用半导体元件的载流子的极性分类,半导体存储器可分为:双极型和单极型两类。

1) 双极型

由双极性TTL(Transistor-Transistor Logic,晶体管-晶体管逻辑电路)制成的存储器,其特点是:工作速度快、集成度低、功耗大、成本高,与CPU速度处在同一数量级,因此微型计算机系统中的高速缓存(Cache)常采用此类型的存储器。

2) 单极型(Metal-Oxide-Semiconductor,MOS金属氧化物半导体)

由单极性的MOS制成的存储器,该类型的器件有多种,如NMOS(N沟道MOS)、

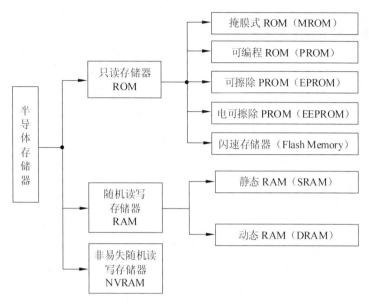

图 6-2　半导体存储器的分类

HMOS(高密度 MOS)、CMOS(互补型 MOS)、CHMOS(高速 CMOS)等。它可用来制作多种半导体存储器器件,如静态 RAM、动态 RAM、EPROM、EEPROM 等。其特点是:集成度高、功耗小、成本低,但速度较双极型器件慢。微型计算机系统中的内存,主要采用此类型的存储器。

2. 按读写功能分类

按读写功能分类,可将半导体存储器分为:只读存储器(Read Only Memory,ROM)、随机读写存储器(Random Access Memory,RAM)和非易失 RAM(Nonvolatile RAM)。根据不同的特点又可将其进一步细分,其分类情况如图 6-2 所示。

1) 只读存储器 ROM

只读存储器 ROM 存储的信息由厂家在脱机状态下,用电气方式写入。这类存储器在使用过程中,只能从存储器中读出存储的信息,而不能用一般的方法将信息写入存储器中。一般用它来存放固定的程序或数据,在断电后,其存储的信息仍不会丢失,并能长期保存。因此,ROM 属于非易失性存储器(Nonvolatile Storage)。常见的类型有:掩膜式 ROM、可编程 ROM、可擦除的 PROM、电可擦除 PROM 以及闪速存储器。

2) 随机读写存储器 RAM

RAM 又称为读写存储器。RAM 是指用户在使用过程中利用程序可随时读写信息的存储器。断电后,其存储的信息会消失。

RAM 又分为以下 3 种。

(1) 静态 RAM(Static RAM)简称 SRAM。静态 RAM 由 6 只 MOS 管组成的双稳态触发电路作基本存储单元,状态稳定,只要不掉电,信息就不会丢失,不需要刷新电路。集成度低于动态 RAM,故一般使用于小容量存储器系统。

(2) 动态 RAM(Dynamic RAM)简称 DRAM。动态 RAM 是以 MOS 管的栅极对其衬底间的分布电容来储存信息的,基本存储单元有 6 管型、4 管型、3 管型和单管型,因此集成度高、功耗低,但因泄漏电流存在,需定时对 DRAM 进行刷新。DRAM 多用于大存储容量的系统。

(3) 非易失 RAM(Nonvolatile RAM)简称 NVRAM。它是由静态 RAM 和 E^2 PROM 共同构成的存储器。正常使用与静态 RAM 相同,而一旦电源掉电时,则把静态 RAM 中的信息保存在 E^2 PROM 中,从而信息不会因掉电而丢失,用于存储重要信息及掉电保护。

6.1.3 存储器的工作时序

在第 2 章中我们已经讨论过 CPU 的读/写存储器的时序,这需要 CPU 和存储器的密切配合,因而必须强调存取时间段的严格定义;强调信号的稳定状态和各信号间的相互"照应"。访问存储器所需要的时间是指从存储器接收到稳定的地址输入到读/写操作完成所需时间。图 6-3 给出了静态 RAM 存储器对读/写周期的时序要求。存储器对读周期时序要求如图 6-3(a)所示。

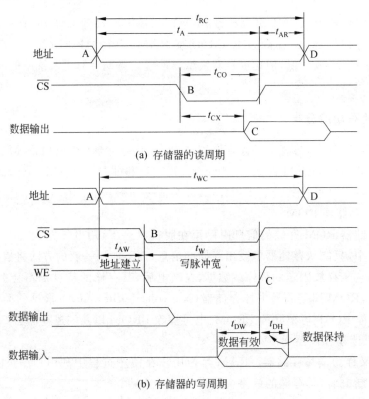

(a) 存储器的读周期

(b) 存储器的写周期

图 6-3 存储器对读/写周期的时序要求

t_A:读取时间,从地址有效到数据读出有效之间的时间,MOS 器件在 $50 \sim 500$ns 之间。

t_{CO}：从$\overline{CS}$片选信号有效到数据输出稳定的时间，一般$t_A > t_{CO}$。

t_{CX}：从$\overline{CS}$片选信号有效到数据输出启动有效的时间。

t_{AR}：读恢复时间，输出数据有效之后，存储器不能立即输入新的地址来启动下一次读操作，因为存储器在输出数据后要有一定的时间来内部操作，这段时间称恢复时间。

t_{RC}：存储器的读出周期是指启动一个读操作到启动下一次内存操作（读或写）之间所需要的时间，读出周期$t_{RC} = $读取时间$t_A + $读恢复时间$t_{AR}$。

（1）存储器对读周期的时序要求如下。

① CPU送出存储单元地址（图6-3(a)中 A 点），读周期开始，读周期比读取时间长。

为了保证t_A时间后，读出数据在数据线上稳定，要求在地址信号有效后，不超过$t_A - t_{CO}$的时间段中，片选信号$\overline{CS}$开始有效。若$\overline{CS}$不能及时到达，则t_A之后可能数据仅出现在内部数据总线上，而不能将数据送到系统总线上。

② 输出数据有效后（图6-3(a)中 C 点），只要地址信号和输出允许信号没有撤销，输出数据一直保持有效。

③ 在整个读周期，要求 $\overline{R/W}$ 应保持低电平。

（2）在存储器芯片和 CPU 连接时，必须保证下面时间要求。

① 从地址信号有效到 CPU 要求的数据稳定之间的时间间隔必须大于t_A。

② 从片选信号有效到 CPU 要求的数据稳定之间的时间间隔必须大于1ns，否则外部电路必须产生$\overline{WAIT}$信号，迫使 CPU 插入T_w周期来满足上面的时间要求。

（3）存储器对写周期时序要求，如图6-3(b)所示。

t_{WC}：写周期时间。

t_{AW}：地址建立时间，地址出现到稳定的时间。

t_W：写脉冲宽，读/写控制线维持低电平的时间。

t_{DW}：数据有效时间。

t_{DH}：数据保持时间。

t_{WR}：写操作恢复时间，存储器完成内部操作所需时间。

① 写周期开始，要求有一段地址建立时间（图6-3(b)中 A 点到 B 点），此时$\overline{WE}$必须为高电平，否则在地址变化期间可能会有误写入，使存储单元内容出错。所以$\overline{WE}$有效前，地址就已经稳定。同样，在$\overline{WE}$变高电平后要经过写操作恢复时间，地址信号才能改变。

② 写周期期间$\overline{CS}$和$\overline{WE}$为低电平，要求t_W写脉冲宽度必须大于规定的值，以保证可靠的写入。

③ 为了保证可靠的写入，要写入的数据必须在$\overline{CS}$和$\overline{WE}$有效前已稳定地出现在数据总线上并在$\overline{CS}$和$\overline{WE}$变高电平之前保持稳定。

④ 写周期时间（图6-3(b)中 A 点到 D 点）为地址建立时间、写脉冲宽度和写操作恢复时间三者之和。

以上讨论的读周期和写周期都是指存储器件本身能达到的最小时间要求，当将存储系统作一个整体考虑时，涉及系统总线驱动电路和存储器接口电路的延迟，实际的读/写周期要长得多。

6.1.4 选择存储器件的指标

衡量存储器件的指标很多。用户在选择存储器件时,应根据易失性、存储容量、功耗、存取速度、性能/价格比、可靠性、集成度等几个重要指标来进行选择。

1. 易失性

易失性是区分存储器种类的重要外部特性之一。如果某种存储器在断电之后,仍能保存其中的内容,则称为非易失性存储器;否则,就叫易失性存储器。对于易失性存储器来说,即使电源只是瞬间断开,也会使原有的指令和数据完全丢失。因此,计算机每次启动时,都要对这部分存储器中的程序进行装载。在大多数微型机使用场合,要求系统必须至少有一部分存储器是非易失性的。

外部存储器一般都是非易失性的,如软盘、硬盘、磁带。在半导体存储器中,ROM 是非易失性的存储器。在微型计算机系统中,用 ROM 来存放系统启动程序、监控程序和BIOS(基本输入/输出)等固定程序。

2. 存储容量

存储器容量是计算机的重要技术指标。常用位或字节容量来表示器件的存储功能。通常用存储芯片的存储地址单元数 m 与一个存储单元所存储信息位数 n(即数据线位数)的乘积表示,即 $m \times n$。如:8K×2 的芯片和 4K×4 的芯片,两者位容量是相同的。一个存储器一般是由若干个存储芯片组成的,通常选取同类型的芯片来实现。

但容量的提高受到所用 CPU 的寻址范围、所供选用的存储芯片的速度、成本等诸多因素的限制,故不能设计得很大。在存储器的选取上,应选择那些存储单元集成度高、速度快的芯片。

3. 功耗

功耗在用电池供电的系统中是非常重要的指标,如用于野外作业的微型机系统要求低功耗。CMOS 器件能够很好地满足低功耗的要求,但是用 CMOS 制造的器件中,每个电路单元都要用同样的芯片面积,这使每个器件的容量减少,同时 CMOS 器件的速度较慢,功耗和速度是成正比的,因此,既要达到低功耗又要满足高速度是很困难的。当前,高密度金属氧化物半导体技术(HMOS)制造的存储器件在速度、功耗、容量几方面进行了很好的折中。

4. 存储器的存取速度

选择存储器时最重要的参数是存取速度。存储器的存取速度,是影响计算机工作速度的诸多因素中的主要因素。存储器的存取速度是以存储器的存取时间(我们刚在 6.1.3 节讨论过)来衡量的。存储器的存取时间与芯片的制造工艺、体系结构以及系统总线驱动电路和存储器接口电路的延迟等多种因素有关。虽然 MOS 存储器速度慢,但由于其低功耗、高集成度、低成本,在组成大容量存储器时,仍不失为一种理想的选择。另有两个相关的参数。

1）CL 延迟

CL 反应时间是衡量内存品质的另一个标志。CL 是 CAS Latency 的缩写，指的是内存存取数据所需的延迟时间。一般的参数值是 2 和 3 两种。数字越小，代表反应所需的时间越短。在早期的 PC133 内存标准中，这个数值规定为 3，而在 Intel 重新制订的新规范中，强制要求 CL 的反应时间必须为 2，这意味着，对于内存芯片及印刷电路板 PCB 的组装工艺要求相对较高。在选购内存时，这是一个重要的指标。

2）内存频率

内存主频和 CPU 主频一样，习惯上被用来表示内存的速度，它代表着该内存所能达到的最高工作频率。内存主频决定着该内存最高能在什么样的频率正常工作。内存主频是以 MHz（兆赫）为单位来计量的。内存主频越高在一定程度上代表着内存所能达到的速度越快。目前较为主流的内存频率是 800MHz 的 DDR2 内存，以及一些内存频率更高的 DDR3 内存。

内存本身并不具备晶体振荡器，因此内存工作时的时钟信号是由主板芯片组的北桥或直接由主板的时钟发生器提供的，也就是说内存无法决定自身的工作频率，其实际工作频率是由主板来决定的。

DDR 内存和 DDR2 内存的频率可以用工作频率和等效频率两种方式表示，工作频率是内存颗粒实际的工作频率，但是由于 DDR 内存可以在脉冲的上升和下降沿都传输数据，因此传输数据的等效频率是工作频率的两倍；而 DDR2 内存每个时钟能够以 4 倍于工作频率的速度读/写数据，因此传输数据的等效频率是工作频率的 4 倍。例如 DDR 200/266/333/400 的工作频率分别是 100/133/166/200MHz，而等效频率分别是 200/266/333/400MHz；DDR2 400/533/667/800 的工作频率分别是 100/133/166/200MHz，而等效频率分别是 400/533/667/800MHz。

5. 性能/价格比

性能/价格比是存储容量、存取速度、可靠性、价格等的一个综合指标。一般来说，容量大，价格高。在选择存储器时，要选择一个性能/价格比较高的存储器。存储器的价格，是由存储器本身的价格和存储模块中接口电路的价格组成的。其中后一种价格对不同容量的模块都是相同的，所以应选取模块少、存储容量大的方式来设计存储器。

6. 可靠性

通常以平均无故障工作时间来衡量存储器的可靠性。存储器的可靠性主要取决于管脚的接触、插件板的接触以及存储器模板的复杂性。器件的引脚的减少和内存结构的模块化都有利于提高存储器的可靠性。

7. 集成度

集成度是指在一片数平方毫米的芯片上集成的基本存储电路数。一个基本存储电路存储一个二进制位，因此集成度常用"位/片"来表示。目前超大规模集成电路存储器的集成度可达 256K 位/片、1M 位/片等。

6.2 内存储器

6.2.1 随机读写存储器(RAM)基本结构

随机读写存储器又称读写存储器,顾名思义,对存储器中的信息可读、可写。常用于存储程序执行过程中的中间数据、运算结果等。常用的 MOS 型 RAM 分为静态随机存储器(SRAM)和动态随机存储器(DRAM)。

存储器芯片种类繁多,内部结构不尽相同,半导体静态随机存储器 SRAM 一般由地址译码器、存储矩阵、读/写驱动电路、三态数据缓冲器等部分组成,其基本的结构框图如图 6-4 所示。

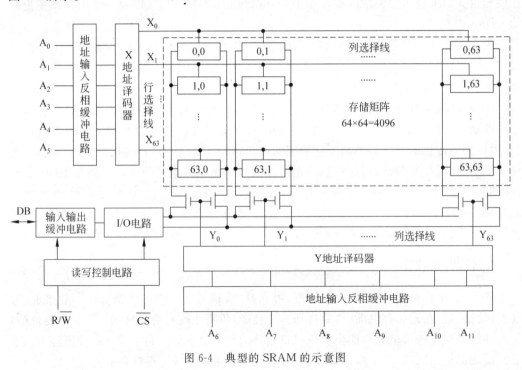

图 6-4　典型的 SRAM 的示意图

1. 存储矩阵

存储矩阵是能够寄存二进制信息的基本存储电路的集合体,这些基本存储电路配置成一定的阵列,并进行编址,也称存储体。存储体通常排成矩阵形式,如图 6-4 所示。

2. 地址译码器

一个基本存储元(Cell)仅能表示一个二进制位。为了区分不同的存储元,以地址号的不同来选择不同的存储单元。于是在电路中就要有地址译码器来选择所需的存储元。

例如,可以由 X 选择线(行线)和 Y 选择线(列线)的交点作为地址,来选择所需要的单元,这时每一个 X 选择线代表一个字,而 Y 线代表字中的一位,因而习惯上把 X 选择线称为字线,从 A_0、A_1、A_2、A_3、A_4、A_5 端输入字号。经地址反相器、译码器和驱动器输出 64 位行地址;Y 线称为位线,从 A_6、A_7、A_8、A_9、A_{10}、A_{11} 端输入位号。经地址反相器、译码器和驱动器输出 64 位列地址,如图 6-5 所示。译码输出线只需要 64＋64＝128 条。

3. 读/写(即 I/O)电路及其驱动电路

图 6-4 中,读/写电路及其驱动电路包括读出驱动(即放大)电路、三态数据输入/输出缓冲器等。读存储器时,三态数据输出缓冲器开,输入缓冲器关;写存储器时,三态数据输入缓冲器开,输出缓冲器关。当不对存储器芯片进行读/写操作时,芯片选择信号无效,输出开放信号也无效,存储器芯片的三态双向缓冲器其输出端呈高阻状态,完全与数据总线隔离。

4. 控制电路

接受来自 CPU 的片选信号 $\overline{CS}$、刷新信号(对动态 RAM)、读/写信号 $R/\overline{W}$,控制芯片的工作。

6.2.2 静态 RAM(SRAM)

静态基本存储电路实际上是一种半导体双稳态触发器,可以用各种工艺制成。由于用 NMOS 工艺制作的静态 RAM 具有集成度高、价廉、功耗低等特点,其应用范围最为广泛;用 CMOS 工艺制作的静态 RAM 则以超低功耗为特点,因而在某些场合具有特殊的用途。本节介绍 NMOS 基本存储电路和 CMOS 基本存储电路。

1. 基本存储电路

(1) NMOS 静态基本存储电路。图 6-5 所示是一个 NMOS 6 管静态基本存储电路。$T_1 \sim T_4$ 组成一个双稳态触发器,T_1、T_2 为工作管,T_3、T_4 为负载管,相当于两个负载电阻。$T_5 \sim T_8$ 是控制管,由行选线 X(地址译码信号)和列选线 Y 控制的 4 个选择门。这个电路具有两个不同的静态:当 T_1 截止,A＝1,即为高电平,同时使 T_2 导通,使 B＝0,即为低电平;而 B 为低电平又保证了 T_1 的截止,从而使这种状态稳定;同样可知,当 T_2 截止,T_1 导通,使 A＝0,即为低电平;它们互相制约,从而使电路稳定。数据以电荷形式存储在 T_1 或 T_2(取决于基本存储电路的逻辑状态)的栅极上。因而可以约定用这两种不同的状态分别表示 1 和 0。基本存储电路将保持这个逻辑状态直到外部作用(写入周期)施加上为止。

基本存储电路有两个数据输出端 D 和 $\overline{D}$,常被称为数据线。当行选线 X 为 1 时,T_5、T_6 导通,A、B 端就与数据线 D 和 $\overline{D}$ 相连;当电路单元被选中,相应的列选线 Y 为 1,则 T_7、T_8 也导通,于是数据线 D 和 $\overline{D}$ 就与输入/输出电路 I/O 及 $\overline{I/O}$(存储器外部的数据线)相通。此时,才能进行读写操作。

写操作时,如果要写入 1,则在 I/O 线上输入高电位,而在 $\overline{I/O}$ 线上输入低电位,把高、

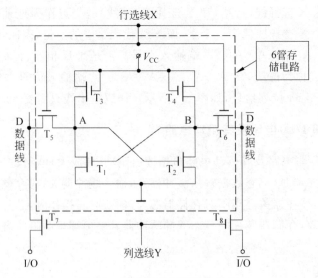

图 6-5　NMOS 静态存储电路图

低电位分别加在 A、B 点,从而使 T_1 管截止,使 T_2 管导通。当输入信号及地址选择信号 X、Y 线上高电平消失之后,T_5、T_6、T_7、T_8 管都截止,各种干扰信号就不能进入 T_1 和 T_2 管。称为维持阶段。T_1 和 T_2 管就保持写入的状态不变,从而将 1 写入存储元;写 0 的情况完全类似,只不过在 I/O 线上输入低电位,在 $\overline{I/O}$ 线上输入高电位,把 0 信息写入存储单元。

读操作时,某一电路被选中,使行选线 X、相应的列选线 Y 处于高电平,T_5、T_6、T_7、T_8 导通,存储其中的信号被送至 I/O 及 $\overline{I/O}$ 线上。触发器的状态将通过 T_5、T_6 传给数据线 D 及 $\overline{D}$。若原存储数据信息为 1,A 点为高,则 D 线高电平,$\overline{D}$ 线低电平;若原存数据信息为 0,则 D 线低电平,$\overline{D}$ 线高电平。读出时可以把 I/O 及 $\overline{I/O}$ 线接到一个差动放大器上,由其电流方向就可判定存储单元的信息是 1 还是 0,或将其一个输出端接到外部,以其有无电流通过来判别所存储的信息。读出所存储的信息后,信息仍存储在电路中,即读出是非破坏性的。

(2) CMOS 静态基本存储电路。图 6-6 所示为一个 6 管 CMOS 静态基本存储电路。这 6 个管子被接成交叉耦合闩锁方式。其中逻辑晶体管 T_1 和 T_2、选通晶体管 T_5 和 T_6 都是 N 沟道增强型 MOS 管,而负载管 T_3 和 T_4 却为 P 沟道增强型 MOS 管。在这个电路中,T_1、T_2 组成一个触发器,T_3 和 T_4 组成负载电阻,T_5 和 T_6 则作为控制门,根据 T_1、T_2 的状态,这个电路可用来存储信息 0 或 1。T_1、T_2 交叉耦合,当 T_1 管(NMOS)导通,而 T_3(PMOS)截止时,结点被拉到 A 低电位,并且该电位被交叉耦合到 T_2 和 T_4,使 T_4 管(PMOS)通、T_2 管(NMOS)断,因而结点 B 被拉到高电位 V_{CC}。

它又保证了 T_3 截止、T_1 导通,因此,这是一个稳定状态。与此类似,T_1 管(NMOS)截止、而 T_2(NMOS)导通是另一种稳定状态。可见,这个电路是一个双稳态触发器。

当行选线 X、相应的列选线 Y 高电平时,基本存储电路进行读/写操作。这时 $T_5 \sim$ T_8 导通,并允许数据线上的数据写入基本存储电路或将基本存储电路的内容经数据线上的读出放大器读出。写入 1 时,数据线 D 为高电平,$\overline{D}$ 为低电平;写入 0 时,数据线 D 为

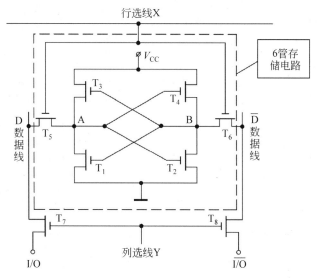

图 6-6　6 管 CMOS 静态存储电路图

低电平,$\overline{D}$ 为高电平。行选线 X 低电平时,T_5 和 T_6 截止,基本存储电路将处于维持阶段,并与外部数据总线隔断。

2. SRAM 芯片应用

静态存储器 SRAM 在微型计算机系统中已经得到广泛的应用。常用的 SRAM 芯片有 2114(1K×4)、2142(1K×4)、6116(2K×8)、6232(4K×8)、6264(8K×8)、62256(32K×8)、628128(128K×8)、628512(512K×8)、6281000(1M×8)等。这些芯片的结构相似,只是地址线的多少、存储容量的大小以及存取时间的长短不同。下面以 2114、6116 为例来进行说明。

(1) Intel 2114 NMOS 静态 RAM。2114 是 1K×4 位 SRAM,4 位共用数据输入/输出端,并采用三态控制。所有的输入端和输出端都与 TTL 电路兼容,其引脚排列及引脚功能如图 6-7(a)和表 6-1 所示。

表 6-1　Intel 2114 引脚功能说明

符　号	名　称	功　　能
$A_0 \sim A_9$	地址线	接相应地址总线,用于对某存储单元寻址
$D_0 \sim D_3$	双向数据线	用于数据的写入和读出
$\overline{CS}$	片选线	低电平时,选中该芯片
$\overline{WE}$	写允许线	$\overline{CS}=0,\overline{WE}=0$ 时写入数据
V_{CC}	电源线	+5V

该 SRAM 芯片采用 6 管 NMOS 静态基本存储电路。由于总容量为 1K×4,即 1024 个字,每字 4 位,故芯片内共有 4096 个基本存储单元电路,排列成 64×64 的矩阵。地址

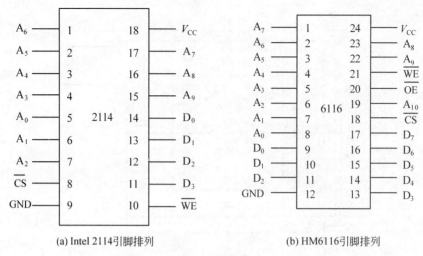

(a) Intel 2114引脚排列　　　　　　　(b) HM6116引脚排列

图 6-7　Intel 2114 和 HM6116 引脚排列

线共 10 根,其中 6 根用于行译码,产生 64 个行选择信号;另外 4 根地址线用于列译码,产生 16 个列译码信号。该 RAM 片只有一个"芯片允许"(简称"片选")端 $\overline{CS}$ 和一个写开放(或称写允许)$\overline{WE}$ 控制端。存储器的内部数据线通过 I/O 电路以及输入、输出三态门与数据总路线相连,并受片选信号 $\overline{CS}$ 和写允许信号 $\overline{WE}$ 的控制。当 $\overline{CS}$ 及 $\overline{WE}$ 低电平有效时($\overline{CS}=0$,$\overline{WE}=0$),输入三态门导通,信号由外部数据总线写入存储器;当 $\overline{CS}$ 低电平有效,而 $\overline{WE}$ 高电平时,则输出三态门导通,从存储器读出的信息送至外部数据总路,而当片选信号 $\overline{CS}$ 高电平无效时,不管 $\overline{WE}$ 为何种状态,该存储器芯片既不读出也不写入,而是处于静止状态与外部数据总线完全隔断。

(2) HM6116 CMOS 静态 RAM。HM6116 是一种 $2K \times 8$ 位的高速静态 CMOS 随机存取存储器,其引脚排列如图 6-7(b)所示。

6116 芯片的存储容量为 $2K \times 8$ 位,片内有 16 384 个存储单元,排成 128×128 的矩阵,构成 $2K(2^{11})$ 个字,字长 8 位。因此共有 11 条地址线($A_0 \sim A_{10}$),分成 7 条行地址线 $A_0 \sim A_6$ 和 4 条列地址线 $A_7 \sim A_{10}$,一个 11 位地址码选中一个存储字,字长 8 位,需要 8 条数据线 $D_0 \sim D_7$,选中 8 个存储单元。从图 6-7(b)中可见,24 个引脚中除 11 条地址线、8 条数据线、1 条电源线 V_{CC} 和 1 条接地线 GND 外,还有 3 条控制线:片选信号 $\overline{CS}$、写允许信号 $\overline{WE}$ 和输出允许信号 $\overline{OE}$。这 3 个控制信号的组合,控制 6116 芯片的工作方式,如表 6-2 所示。

表 6-2　6116 的工作方式

$\overline{CS}$	$\overline{WE}$	$\overline{OE}$	工作方式	$D_0 \sim D_7$
0	1	0	读	输出
0	0	$\times$	写	输入
1	$\times$	$\times$	隔离	高阻

其工作过程如下。

① 当没有读写操作时,片选$\overline{CS}=1$,即片选处于无效状态,输入输出三态门呈高阻状态,从而使存储器芯片与系统总线"隔离"。

② 当读出时,地址输入线 $A_0 \sim A_{10}$ 送入的地址信号经地址译码器送到行、列地址译码器,经译码器后选中一个存储单元(其中有 8 个存储位),由$\overline{CS}$、$\overline{OE}$、$\overline{WE}$构成的读写逻辑,也即$\overline{CS}=0$、$\overline{OE}=0$、$\overline{WE}=1$,打开输出三态门,被选中单元的 8 位数据经 I/O 电路和三态门送到 $D_0 \sim D_7$ 输出。

③ 当写入时,地址选择某一存储单元的方法和读出是相同的,不过这时$\overline{CS}=0$、$\overline{OE}=1$、$\overline{WE}=0$,打开输入三态门,从 $D_0 \sim D_7$ 端输入的数据经三态门和输入数据控制电路送到 I/O 电路,从而写到存储单元的 8 个存储位中。

6.2.3　动态 RAM(DRAM)

1. 基本结构及电路组成

动态 RAM 的基本存储电路是以电荷形式存储信息的器件。电荷将存储在 MOS 管栅源之间的极间电容(或专门集成的电容)上。动态基本存储电路有 6 管型、4 管型、3 管型和单管型 4 种。其中单管型由于集成度高而越来越被广泛采用,其存储电路如图 6-8 所示。

由图 6-8 可见:在进行写入操作时,行(字)选择信号变为 1,T_1 管导通。此时如果列(位)选择信号也为 1,T_2 管也导通。则此基本存储电路被选中,于是由外接数据线 D 送来的信息通过 T_2 管、刷新放大器和 T_1 管送到电容 C_D 上。若数据线为高电平,即 1,电容 C_D 充电,保存数据 1。若数据线为低电平,即 0,电容 C_D 不充电,保存数据 0。

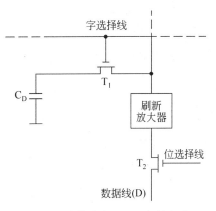

图 6-8　单管动态 RAM 存储电路

电容 C_D 上所保存的电荷时间长了就会泄漏,会造成信息的丢失。因此,必须设法由外界每隔一个周期(一般为 2ms)不断给栅极充电,使原来处于 1 的电容电荷又得到补充,而原来处于 0 的电容仍保持不变。这就是所谓再生或刷新。

刷新是按行进行的。当某一行(即字选择线)选择信号为 1 时,就表示选中了该行,电容上的信息就被送到刷新放大器上,刷新放大器就立即对这些电容进行重写。由于在刷新期间,列选择线(即位线)信号总是为 0,因而位线上读出的信号不能送至存储器数据线输出端。

在进行读操作时,根据行地址译码,使某条行(字)选择线为高电平,于是本行上所有的基本存储电路中的 T_1 管全部导通,使连在每一列上的刷新放大器读取对应存储电容 C_D 上的电压值,此时,位(列)地址线也必须为高电平,T_2 管导通。从数据线读取信息。同时刷新放大器将读取的电容 C_D 上的电压值转换为对应的逻辑电平 0 或 1,又重新写到存储电容上。

2. DRAM 芯片应用

DRAM 一般用于组成大容量、高速的 RAM 存储器。下面以 Intel 2164A 为例,来介绍 DRAM 芯片应用。

Intel 2164A 是 DRAM 的一个典型芯片,其引脚图、内部结构示意图分别如图 6-9 和图 6-10 所示。2164A 采用 16 引脚双列直插式封装,单 5V 电源,容量为 64K×1 位,即片内有 65536 个存储单元,每个单元只有一位数据,采用 8 片 2164A 芯片才能构成 64KB 的存储器。由图 6-9 可见,2164A 只有 8 条地址线 $A_7 \sim A_0$,而要寻址 64KB 单元,必须要用 16 位地址信号。为减少引脚线数目,动态 RAM 采用地

图 6-9　2164A 引脚

址线分时复用的方式将 16 位地址信号分为行地址和列地址,利用外部多路开关,由行选通信号 $\overline{RAS}$(Row Address Strobe)把先送入的 8 位地址送到内部行地址锁存器。再由列地址选通信号 $\overline{CAS}$(Column Address Strobe)把后送入的 8 位地址送到内部列地址锁存器,锁存在行、列地址锁存器中的低 7 位 RA6~RA0 和 CA6~CA0 分别在 4 个存储矩阵中各选中一个单元,再由行、列地址的最高位 RA7 和 CA7 经 4 选 1 的 I/O 门电路选中一个存储矩阵,从而可对该单元进行读或写操作。

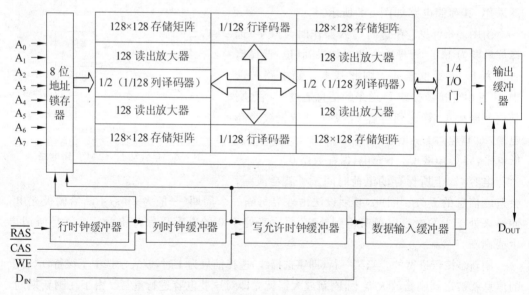

图 6-10　2164A 内部结构示意图

Intel 2164A 的 64K 位存储体由 4 个 128×128 的存储矩阵组成,每个 128×128 的存储矩阵由 7 条行地址线和 7 条列地址线进行选择,由行、列各 7 位地址双译码确定其中一个单元。数据线输入和输出分开,由 $\overline{WE}$ 信号控制读或写。$\overline{WE}=1$ 为读,选中的单元内容经三态输出缓冲器由 D_{OUT} 输出;$\overline{WE}=0$ 为写,数据由 D_{IN} 经三态输入缓冲器送入选中单元。

Intel 2164A 的刷新：由送入一个行地址和行选通信号 $\overline{\text{RAS}}$ 选中 4 个存储矩阵的同一行，同时对这 4 行一共 $4 \times 128 = 512$ 个单元进行刷新，刷新期间，列选通信号 $\overline{\text{CAS}}$ 无效，从而使被 $\overline{\text{CAS}}$ 控制的数据输出允许被禁止，使 D_{out} 呈高阻状态。显然只需刷新 128 次便可对全部单元刷新一遍。

由于 SRAM 的读写速度远快于 DRAM，所以 PC 中 SRAM 大都作为高速缓存（Cache）使用，DRAM 则作为普通的内存和显示内存使用。

6.2.4 RAM 技术的发展及芯片类型

最早，内存是以磁芯的形式排列在线路上，每个磁芯与晶体管组成的一个双稳态电路，构成玉米粒大小的 1 位的存储器，一间机房也只能装下不超过百 K 字节左右的容量。后来出现了焊接在主板上集成内存芯片。

内存芯片一直沿用到 286 初期，它有无法拆卸更换的弊病。后来，人们研发了内存条，将内存芯片焊接到条状印刷线路板上，在电脑主板上设置内存插槽，内存安装和更换就容易了。

1. 30PIN 单边接触内存模组 SIMM

在 80286 CPU 时期，内存条采用了 SIMM（Single In-lineMemory Modules，单边接触内存模组）接口，30PIN（PIN 指"针"或"线"）容量为 256KB，一般是 4 条一起使用。在 1988—1990 年 386 和 486 时期，CPU 16 位，出现了 72PIN SIMM 内存，支持 32 位快速页模式内存，内存带宽得以大幅度提升。72PIN SIMM 内存单条容量一般为 512KB～2MB，而且仅要求两条同时使用。

2. 外扩充数据模式动态存储器 EDO DRAM

外扩充数据模式动态存储器（EDO DRAM-Extended Date Out RAM）内存，盛行于 1991—1995 年，它取消了扩展数据输出内存与传输内存两个存储周期之间的时间间隔，在把数据发送给 CPU 的同时去访问下一个页面，故而速度要比普通 DRAM 快 15%～30%。工作电压为一般为 5V，带宽 32bit，速度在 40ns 以上，主要应用在 80486 及早期的 Pentium 电脑上。

自 Intel Celeron 系列以及 AMD K6 处理器以及相关的主板芯片组推出后，诞生了 SDRAM 内存。

3. 同步动态随机访问存储器 SDRAM

近年来半导体厂家推出多种高速 RAM 技术，如用于微机上内存条包括先前的 EDO DRAM（扩展数据输出动态随机访问存储器），现在流行的有 SDRAM（同步动态随机访问存储器）、DDR-SDRAM（Double Data Rate 双倍速率 SDRAM）与 DDR Ⅱ-SDRAM 即 RDAM（突发存取的高速动态随机访问存储器）3 种，见表 6-3。

表 6-3　SDRAM、DDR SDRAM、DDR2 SDRAM 的比较

	SDRAM	DDR SDRAM	DDR2 SDRAM
预读数据	1bit	2bit	4bit
数据传输率	1/CLK	2/CLK	4/CLK
工作电压	3.3V	2.5V	1.8V
封装类型	TSOP-Ⅱ 54PIN	TSOP-Ⅱ 66PIN	FBGA 60/64/68/84/92PIN
模组标准	168PIN DIMM	184PIN DIMM	240PIN DIMM

第一代 SDRAM 内存为 PC66 规范,但很快就被 PC100 内存取代,接着 PC133 规范进一步提升 SDRAM 的整体性能,带宽提高到 1GB/s 以上。由于 SDRAM 的带宽为 64bit,正好对应 CPU 的 64bit 数据总线宽度,因此它只需要一条内存便可工作,便捷性进一步提高。在性能方面,由于其输入输出信号保持与系统外频同步,因此速度明显超越 EDO 内存。为了解决内存带宽的瓶颈问题,不少用户将品牌好的 PC100 品牌内存超频到 133MHz 使用。市场上也出现了一些 PC150、PC166 规范的内存,方便超频用户需求。

4. 双倍速率 SDRAM

双倍速率 SDRAM(DDR SDRAM-Double Data Rate SDRAM)简称 DDR,是 SDRAM 的升级版本,DDR 在时钟信号上升沿与下降沿各传输一次数据,这使得 DDR 的数据传输速度为传统 SDRAM 的两倍。由于仅多采用了下降沿信号,因此并不会造成能耗增加。至于定址与控制信号则与传统 SDRAM 相同。

从 DDR200、DDR333 到 DDR400,而随后的 DDR533 规范则成为超频用户的选择对象。新的 DDR2 标准能够在 100MHz 的频率基础上提供每插脚最少 400MB/s 的带宽,接口运行于 1.8V 低电压,可以进一步降低发热量,提高频率。此外,DDR2 融入一些新性能指标和中断指令,提升内存带宽的利用率。

5. 虚拟通道存储器 VCM

VCM 即虚拟通道存储器,主要根据由 NEC 公司开发的一种缓存式 DRAM 技术制造,集成了通道缓存,由高速寄存器进行配置和控制。在实现高速数据传输的同时,VCM 还维持着对传统 SDRAM 的高度兼容性,所以通常也把 VCM 内存称为 VCM SDRAM。VCM 与 SDRAM 的差别在于不论是否经过 CPU 处理的数据,都可先交于 VCM 进行处理,而普通的 SDRAM 就只能处理经 CPU 处理过的数据,所以 VCM 要比 SDRAM 处理数据的速度快 20% 以上。目前可以支持 VCM SDRAM 的芯片组很多,包括:Intel 的 815E、威盛 VIA 的 694X 等。

6. RDRAM

RDRAM(Rambus DRAM)是由 Rambus 公司最早推出的内存规格,采用了新一代高

速简单内存架构,基于精简指令集 RISC,减少数据的复杂性,使得整个系统性能得到提高。Rambus 使用 400MHz 的 16bit 总线,在一个时钟周期内,可以在上升沿和下降沿的同时传输数据,这样它的实际速度就为 400MHz×2＝800MHz,理论带宽为 1.6GB/s(＝16bit×2×400MHz/8),相当于 PC-100 的两倍。另外,RDRAM 也可以储存 9bit 的字节,额外的 1bit 是属于保留比特,可能以后会作为:ECC(Erro Checking and Correction,错误检查修正)校验位。(具有 ECC 功能的 RDRAM 在普通的 RDRAM 增加了两个校验位,因此,64MB 具有 ECC 功能的 RARAM 容量实际是 72MB);…。Rambus 的时钟可以高达 400MHz,而且仅使用了 30 条铜线连接内存控制器和 RIMM(Rambus In-line Memory Modules,Rambus 内嵌式内存模块),减少铜线的长度和数量,还可以降低数据传输中的电磁干扰,从而快速地提高内存的工作频率。不过在高频率下,其发出的热量肯定会增加,因此第一款 Rambus 内存甚至需要自带散热风扇。

7. DDR3

DDR3 在 DDR2 基础上采用的新型设计。

(1) 8bit 预取设计,而 DDR2 为 4bit 预取,这样 DRAM 内核的频率只有接口频率的 1/8,DDR3-800 的核心工作频率只有 100MHz。DDR3 目前最高能够达到 2000MHz 的速度,尽管目前最为快速的 DDR2 内存速度已经提升到 800MHz/1066MHz 的速度,但是 DDR3 内存模组仍会从 1066MHz 起跳。

(2) 采用点对点的拓扑架构,以减轻地址/命令与控制总线的负担。

(3) 采用 100nm 以下的生产工艺,将工作电压从 1.8V 降至 1.5V,增加异步重置(Reset)与 ZQ 校准功能。部分厂商已经推出 1.35V 的低压版 DDR3 内存。性能更好更为省电。

8. DDR4 时代

2011 年 1 月 4 日,三星电子推出 DDR4 内存。

DDR4 相比 DDR3 最大的改进有 3 点:16bit 预取机制(DDR3 为 8bit),同样内核频率下理论速度是 DDR3 的两倍;更可靠的传输规范,数据可靠性进一步提升;工作电压降为 1.2V,更节能,而频率提升至 2133MHz,次年进一步将电压降至 1.0V,频率则实现 2667MHz。

新一代的 DDR4 内存将会拥有两种规格。DDR4 内存将会是 Single-ended Signaling(传统 SE 信号)方式和 Differential Signaling(差分信号技术)方式并存。预计这两个标准将会推出互不兼容的芯片产品。

6.3　高速缓冲存储器

当 80386/80486 CPU 在较高的工作频率下工作时,遇上慢速的内存(如 DRAM 芯片存取时间在 50～100ns 之内),CPU 就必须停下等待(即插入等待周期),导致工作速度降低。

　　为此,可以采取一些加速 CPU 和存储器之间有效传输的特殊措施:

　　采用更高速的主存储器,或加长存储器的字长;采用具有两组相互独立的读写控制线路,并行操作的双端口存储器;在 CPU 和主存储器之间插入一个高速缓冲存储器(Cache),以缩短读出时间;在每个存储器周期中存取几个字(采用交叉存储器)。

6.3.1　高速缓冲存储器 Cache 的由来

　　为了弥补内存的不足,在保证系统性能价格比的前提下,使用高性能快速的双极性的SRAM 芯片(存取时间在 40ns 以下,目前已有 2ns 的器件)组成小容量的高速缓存Cache。设置在 CPU 与主存之间,构成 CPU-Cache-主存-辅存层次结构,如图 6-11 所示。

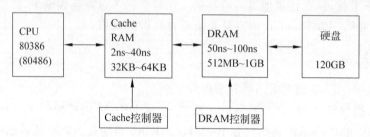

图 6-11　Cache 在系统存储器中的位置

　　因为大多数的程序有一个共同的特点,即第一次访问某个存储区域后,还会多次重复访问这个区域(如子程序的反复调用,变量的重复使用),CPU 第一次访问低速的内存时,要插入等待周期。也同时把数据拷贝到 Cache。之后,当 CPU 再次访问这一区域时,CPU 就可以直接访问 Cache,无须再去访问低速内存。大大提高系统的运行速度。

　　所以,开机时 Cache 中无任何内容,当 CPU 送出一组地址去读取主存时,读取的主存的内容被同时拷贝到 Cache 之中。此后,每次 CPU 读取存储器时,Cache 控制器要检查CPU 送出的地址,判别 CPU 要读取的数据是否在 Cache 存储器中。若是存在于 Cache之中,则称为 Cache 命中,CPU 可以用极快的速度从 Cache 中读取数据。

　　L1 Cache(一级缓存)是 CPU 第一层高速缓存,分为数据缓存和指令缓存。内置的L1 高速缓存的容量和结构对 CPU 的性能影响较大,不过高速缓冲存储器均由静态 RAM组成,结构较复杂,在 CPU 管芯面积不能太大的情况下,L1 级高速缓存的容量不可能做得太大。

　　最初缓存只有一级,后来处理器速度又提升了,一级缓存不够用了,于是就添加了二级缓存、三级缓存,级别越高,容量越大。其中存放的都是 CPU 当前频繁要使用的数据,所以缓存越大处理器效率就越高,同时由于缓存的物理结构比内存复杂很多,所以其成本也很高。

　　CPU 产品中,一级缓存的容量基本在 4KB 到 64KB 之间,二级缓存的容量则分为128KB、256KB、512KB、1MB、2MB 等。由于 Cache 容量远小于低速大容量主存,所以它不可能包含后者的所有信息。

6.3.2 Cache 的命中率

CPU 访问高速缓冲存储器,能访问到所需要的信息的百分比称为命中率,当 Cache 的容量为 32KB 时,其命中率为 86%;而当 Cache 的容量为 64KB 时,其命中率为 92%。

若 CPU 要读取的数据不是存在于 Cache 之中,则称为 Cache 未命中,这时就需要从主存中读取数据。未命中时从主存读取数据,可能比访问无 Cache 的主存要插入更多的等待周期,因而降低了系统的效率。程序中的调用和跳转等指令,会造成非区域性操作,使命中率降低。故提高命中率是 Cache 设计的主要目标。

6.3.3 Cache 与主存的地址映射

最初,CPU 访问的内存单元内容不在 Cache 中,高速缓存控制器就将内存中该单元及临近单元的内容作为一"块"(每一块都包含几个字节,通常是 16~64 个字节),调入高速缓存的某一"行"中(显然,主存数据"块"和缓存的"行"二者大小相同,即各自包含的字节数相等)。

Cache 与主存的地址映射方法有 3 种:全相联映射法、直接映射法、组相联映射法。

1. 全相联映射法

假设将内存每 16(=2^4)个字节分为一块,内存地址共 20 位,包含总块数 m 为 2^{16}(=$1024×64=2^{20}/2^4$)。

对于任意一块的各字节来说,它的内存地址高 16 位(记为总块号的 S 字段)一定是相同的,下一块的各字节的内存地址前 16 位一定也是相同的,但比前一块加 1。各块内的字节地址的低 4 位一定都是从 0000 递增到 1111(记为块内地址的 W 字段)。

这类似于通常数数,比如,从 12300,12301,12302,…,12399,前面三位都是 123;再从 12400,依次加 1,数到 12499,前面三位都是 124。后面两位重复 00~99。

再假设高速缓存行数为 c(=8=2^3,记为行,其顺序称为行号)。

主存的某一数据块可以装入缓存的任意一行中(字节块内地址和缓存行内字节地址相同)。CPU 每从内存调用一块到 Cache,就将调用的总块号的 S 字段(即地址高 16 位,另加一位有效位,也称装入位,该位为 1,表示已调入 Cache),放入 Cache 中的相联存储器 RAM 中的目录表备查。显然块和行的对应关系的数目等于块数和行数的乘积。

目录表包括 3 部分:数据块的 S 字段、存入缓存后的行号地址及有效位(也称装入位)。由于是全相联方式,因此,目录表的容量应当与缓存的行数相同。

当程序要求 CPU 访问内存时,CPU 先访问 Cache 的相联存储器,将其存放的各行的 S 字段与指令中的内存地址的高 16 位进行比较,检查该内存地址所指内存单元是否已在 Cache 中。若存在,称为命中,CPU 根据命中的行号直接访问 Cache 中的该块,找到命中块中的相应字节并进行操作,无须访问内存,快速简洁;若块号未命中,再访问内存,同时将访问的一应记录存入 Cache 和其目录表中。

优点:全相联映射法的全部标记用一个普通的 RAM 就能实现,命中率比较高,

Cache 存储空间可以充分利用。

缺点：访问相关存储器时,每次都要与目录表全部内容比较,速度低。并且由于比较位数多,比较器的电路会太复杂,成本高,因而应用少。

2. 直接映射法

为了克服全相联映射法的缺点,出现了直接映射法。

该法在全相联映射法的基础上,先将内存 $m(=2^{16})$ 块按缓存行数 $c(=8)$,顺序分为 U 个($=2^{16}/2^3=2^{13}$)区。即每区含 $c(=8)$块,如表 6-4 所示。

表 6-4　直接映射法中内存与缓存的映射关系

缓存 行号	内　存				
	总块号 (块号/区号)	总块号 (块号/区号)	总块号 (块号/区号)	总块号 (块号/区号)	总块号 (块号/区号)
0	0(0/0)	8(0/1)	16(0/2)	24(0/3)	……
1	1(1/0)	9(1/1)	17(1/2)	25(1/3)	……
2	2(2/0)	10(2/1)	18(2/2)	26(2/3)	……
3	3(3/0)	11(3/1)	19(3/2)	27(3/3)	……
4	4(4/0)	12(4/1)	20(4/2)	28(4/3)	……
5	5(5/0)	13(5/1)	21(5/2)	29(5/3)	……
6	6(6/0)	14(6/1)	22(6/2)	30(6/3)	……
7	7(7/0)	15(7/1)	23(7/2)	31(7/3)	……

对于任意一区来说,它的内存各字节地址的高 13 位(19 位~7 位)是区号,记为 U 字段,一定是相同的,下一区的内存各字节地址高 13 位一定也是相同的,但比前一区加 1。区号从 0000000000000 到 1111111111111。内存各字节地址的接着的 6 位~4 位是各区内的块号 V：000～111;即将全相联映射法的总块号 S 字段,转换为区号 U＋区内块号 V 两个字段。例如第 16 块转换为 2 区的第 0 块;第 44 块转换为 4 区的第 5 块。内存各字节地址的接着的 3 位~0 位是各块内的字节顺序号 W,简称为块内地址。各块内的块内地址一定都是从 0000 递增到 1111。

综上所述,地址连续字节的内存地址除最后面的 W 位不同以外,前面的 U 位数字相同的各字节可作为一个区,U 位数字是区号;接着的 V 位数字每一块内的各字节相同。相邻块之间不同,每下一块加 1,地址连续,可作为各个区内的块号;最后面的 W 位作为块内地址。

规定：Cache 的行号和内存各区的块号对应,例如第 5 行内,只能调入各区的第 5 块。至于是哪一区的第 5 块,没有限制。即使空着,也不能调入各区的其他块。

由于主存的每一块只能映射到 Cache 的一个特定行上,当主存的某块需调入 Cache 时,若遇到某区同块号已在 Cache 中,再访问的同块号内存块不能直接调入。例如 0 区第 3 块已在 Cache 中,再访问第 3 区第 3 块,必须先将 0 区第 3 块替换回内存。若再返回访问 0 区第 3 块,又要将第 3 区第 3 块替换出来。Cache 中的其他行即使空闲,主存的块也只能通过替换的方式调入特定行的位置,不能放置到其他行的位置上。

地址变换过程:当程序要求 CPU 访问内存时,CPU 先访问 Cache 的相联存储器,依据指令中的内存地址的 V 位字段找到存放于 Cache 的行号(即区内块号)。若未找到,则 Cache 未命中。若找到了,再将该块号 V 对应的区号(已在 Cache 同行内)通过比较器和指令给出的 U 字段比较,如果比较结果相等,且有效位为 1,则 Cache 命中,可以直接到缓存地址执行程序;如果比较结果不相等,且有效位为 0,则 Cache 未命中,可以直接调入所需块。

直接相联映射方式的优点是:地址映像方式简单,数据访问时,只需检查位数少的"区号"是否相等即可,电路较简单,访问速度比较快。

但缺点是 Cache 块冲突率和空置率较高,替换操作频繁,命中率和利用率比较低。

3. 组相联映射法

为了兼顾前面两种方法的优点,又出现了组相联映射法,并被广泛使用。这种方式是前两种方式的折中方案。

该法在直接映射法的基础上略加变化,先将缓存行分成 2^s(例如 $4=2^2$)组,每组含 2^r(例如 $2=2^1$)行。再将内存 $m(=2^{16})$ 块一一按顺序归到缓存各组去,循环往复直到全部分完。这样,内存也分为 2^s(例如 $4=2^2$)组,每组就有 $U(2^{14}=2^{16}/2^2)$ 个块。整体看来,内存被分成了 2^s 组 U 区,如表 6-5 所示。

表 6-5 组相联映射法中内存与缓存的映射关系

缓存组号	行号	内存				
		总块号 (组号/区号)	总块号 (组号/区号)	总块号 (组号/区号)	总块号 (组号/区号)	总块号 (组号/区号)
0	0	0(0区0组0行)	8(1区0组0行)	16(2区0组0行)	24(3区0组0行)	……
	1	1(0区0组1行)	9(1区0组1行)	17(2区0组1行)	25(3区0组1行)	……
1	2	2(0区1组0行)	10(1区1组0行)	18(2区1组0行)	26(3区1组0行)	……
	3	3(0区1组1行)	11(1区1组1行)	19(2区1组1行)	27(3区1组1行)	……
2	4	4(0区2组0行)	12(1区2组0行)	20(2区2组0行)	28(3区2组0行)	……
	5	5(0区2组1行)	13(1区2组1行)	21(2区2组1行)	29(3区2组1行)	……
3	6	6(0区3组0行)	14(1区3组0行)	22(2区3组0行)	30(3区3组0行)	……
	7	7(0区3组1行)	15(1区3组1行)	23(2区3组1行)	31(3区3组1行)	……

规定:内存块只能调入 Cache 同组的各行中,例如 Cache 第 2 组内 4 行或 5 行内,只能调入内存的第 2 组的块 2,6,10,…。至于是放在 4 行或是在放 5 行,没有限制。但不能放入其他组的块,如块 7、块 15 就不行。

对于任意一区来说,它的内存各字节地址的高 13 位(19 位~7 位)相同,是区号,记为 U 字段,下一区的内存各字节地址高 13 位一定也是相同的,但比前一区加 1。区号从

0000000000000 到 1111111111111。内存各字节地址的接着的 6 位～5 位是各区内的组号 V：00～11；内存各字节地址的接着的第 4 位是各组内的行号 R(本例只有 0 行、1 行)。

例如：总块号 29(=0000000000011 10 1…B)的高 13 位、5～6 位、4 位依次是

区号、组号、组内行号→ ⟨0……011⟩ ⟨10⟩ ⟨1⟩

即将全相联映射法的总块号 S 字段，转换为区号 U＋组号 V＋组内行号 r 3 个字段。内存各字节地址的接着的 3 位～0 位是各块内的"块内地址"。各块内的块内地址一定都是从 0000 递增到 1111。

综上所述，地址连续字节的内存地址前面的 U 位数字相同的各字节可作为一个区，U 位数字是区号；接着的 V 位数字每一块内的各字节相同。相邻块之间不同，每下一块加 1，地址连续，可作为各个区内的组号；接着的 R 位数字表示"组内行号"。

最后面的 W 位作为块内地址。

由于主存的每一块只能映射到 Cache 的一个特定组上，当主存的某块需调入 Cache 时，若遇到某同组块号已在 Cache 的某行中，可将其调入同组的其他行中。同组所有行均被占用的几率是较小的。减少了反复替换的冲突。

即从主存的组到 Cache 的组之间采用直接映射方式；在两个对应的组内部采用全相联映射方式。

在实际应用中，组相联映射方式每组的块数一般取值较小，典型值为 2(如我们举的例子)、4、8、16 等，分别称为两路组相联、四路组相联等。这样一方面 Cache 每组增加的可映射块数可有效减少冲突，提高 Cache 访问的命中率。另一方面，因要比较所有同组的 Cache 行(例如两路组相联采用两路比较，4 路组相联采用 4 路比较等)，比较器的电路实现较复杂；CPU 访存时，首先根据指令给出的主存地址中的主存组号 V 字段，从 Cache 相联存储器的目录表中找到相应组，再将 Cache 中该组所有行的 U 字段(各区不同)取出，在比较器中与指令给出的主存地址的 U 字段进行比较，如果有相等的，则命中。指令给出的主存地址中的 V 字段、R 字段和 W 字段，就是一个完整的访问 Cache 地址。当然，若比较结果是没有相符项，则未命中，CPU 由主存地址直接访主存。

主存地址与缓存地址的转换有两部分，组地址是按直接映射方式，按组号(一一对应)进行访问；而块地址是采用全相联方式，对所有行号(一行都不能少，因调入时是随机的)访问。

优点：块在组中的排放有一定的灵活性，块的冲突概率降低，块的利用率大幅度提高。

缺点：比较器的实现难度和造价要比直接映射方式高。

其实，全相联映射和直接相联映射可以看成是组相联映射的两个极端情况。若 $s=0$，则 Cache 只包含 1 组，此即全相联映射方式；若 $r=0$，则组内的行数等于 1，此即直接相联映射。

若高速缓冲存储器已装满，则按某种调度(即替换)算法，更新高速缓冲存储器，并要写入主存储器。Cache 与主存内容替换的算法有：替换最不常用的块、替换近期最少使用的块、随机替换 3 种。

Cache 与主存内容替换的算法、地址映像及变换内容的细节，请有兴趣的读者参见相关书籍。

6.4 只读存储器(ROM)

6.4.1 掩膜式 ROM(Mask ROM)

掩膜式 ROM(Mask ROM)简称 MROM。工厂在制作集成芯片时,利用掩膜工艺固化在存储器中,只能读出,无法改写,所以这种存储器称为掩膜只读写存储器。一般用于存放系统程序 BIOS 和微程序控制。大批量生产时成本低。

图 6-12 为一个简单的 4×4 位 MOS 管 ROM 单译码结构示意图,两位地址线 A_1、A_0接译码器,可译出 4 种状态输出,经 4 条字(行)选择线,可分别选中 4 个单元,每个单元有掩膜 ROM 一般可由单极型(MOS)电路或二极管、双极型晶体管电路构成,两种构成方法的工作原理相似。我们只讨论 MOS 型 ROM 电路。这类只读存储器通常有两种译码结构:一种是单译码(字译码)结构,如图 6-12 所示,另一种是复合译码结构,如图 6-13所示。

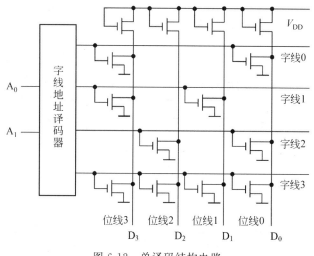

图 6-12 单译码结构电路

4 个二进制位,有 4 条位(列)选择线输出。若在位线上加上读出控制逻辑电平,4 条位线就可连到外部数据线上。

在行和列的交叉点上,有的有跨接管,有的则没有。这是工厂根据用户提供的程序对芯片图形(掩膜)进行二次光刻形成的,是由存储单元的内容所决定的。如果某位存储的信息为 0,就在该位制作一个跨接管;如果某位存储的信息为 1,则该位不制作跨接管。

若地址线 $A_1 A_0 = 00$,则选中 0 号单元,即字线 0 为高电平;若有管子与其相连(如位线 3 和位线 0),其相应的 MOS 管导通,位线输出为"0",而位线 1 和位线 2 没有管子与字线相连,则输出为"1"(实际输出到数据总线上去是"1"还是"0",取决于在输出线上有无反相),故 $D_3 D_2 D_1 D_0 = 0110$。图 6-12 中的存储矩阵的内容如表 6-6 所示。所以存储矩阵的内容取决于制造工艺,而一旦制造好以后,用户是无法变更的。

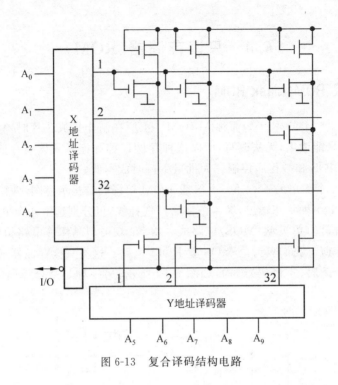

图 6-13 复合译码结构电路

表 6-6 采用掩膜式 ROM 的图 6-12 中的存储矩阵的内容

字 ＼ 位	位 3	位 2	位 1	位 0
字 0	0(1)	1(0)	1(0)	0(1)
字 1	0(1)	1(0)	0(1)	1(0)
字 2	1(0)	0(1)	1(0)	0(1)
字 3	0(1)	0(1)	0(1)	0(1)

注:当输出线上有反相时,掩膜式 ROM 的内容就为括号中的值。

图 6-13 为一个复合译码的 1024×1 位 MOS 管只读存储器电路,10 条地址信号线分成两组,分别经过 X 和 Y 译码器译码,各产生 32 条选择线。X 译码输出选中某一行,值得注意的是:在选中的这一行中,具体哪一个单元能输出和 I/O 电路相连,这还要取决于列译码输出。所以,每次只选中一个单元。选用 8 个这样的电路,同时把它们的地址线并联,就可以得到 8 位信号输出。

6.4.2 可编程的 ROM(Programmable ROM, PROM)

可编程 ROM,简称 PROM。在出厂时,其内容为空白,用户通过专用设备来写入信息。一旦写入信息就不能再更改。它适用于小批量生产,比掩膜 ROM 的集成度低,价格较高。

PROM 常采用二极管或三极管做基本存储电路。如图 6-14 所示,是采用三极管作为基本存储电路的熔丝型 PROM。晶体管的集电极接 U_{CC}，基极连接字线，发射极通过一个熔丝与位线相连。

在读操作时，选中字线为高电平。若熔丝完好，可在位线得到输出电流，表示该位存 1；若熔丝已断开，则在该位得不到输出电流，表示该位存 0。

PROM 在出厂时，晶体管阵列的熔丝均为完好状态。当用户写入信息时，可在 U_{CC} 端加上高于正常工作电平的写入电平，通过编程地址使选中的字线为该电平。若某位写 0，写入逻辑使相应位线呈低电平，较大的电流使该位熔丝烧断，即存入 0；若某位写 1，相应位线呈高电平，使熔丝保持原状，即存入 1。显然，熔丝一旦烧断，就不能再复原。因此，用户对这种 PROM 只能进行一次编程。

如图 6-15 所示，为采用二极管作为基本存储电路的 PROM，该 PROM 存储器在出厂时，存储体中每条字线和位线的交叉处都是两个反向串联的二极管的 PN 结，字线与位线之间不导通。如果用户需要写入程序，则通过专门的 PROM 写入电路，产生足够大的电流把要写入 1 的那个存储位上的反向二极管击穿，造成这个 PN 结短路，只剩下顺向的二极管跨连字线和位线，这时，此位就意味着写入了 1。

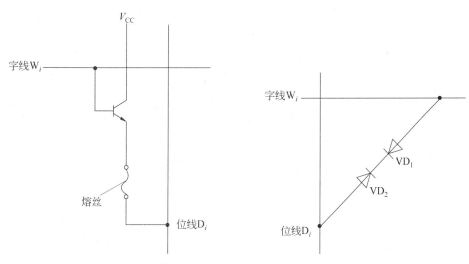

图 6-14　熔丝型 PROM 存储电路　　　图 6-15　二极管破坏型 PROM 存储电路

PROM 的电路和工艺比 ROM 复杂，又具有可编程逻辑，因此价格较贵。一般在非批量使用时，用 PROM；在批量使用时，则用掩膜式 ROM。

6.4.3　可擦除可编程的 ROM(EPROM)

由于 PROM 信息只能写入一次而受到限制，在 20 世纪 70 年代初产生了能够重复擦写的 EPROM。通常 EPROM 存储电路是利用浮栅 MOS 管构成的，如图 6-16(a)所示，又称 FAOMS 管(即浮栅雪崩注入 MOS 管)。图 6-16(a)给出的是 P 沟道 EPROM 的结构示意图，它和普通 P 沟道增强型 MOS 管相似，只是它的栅极没有引出端，而被 SiO_2 绝缘层所包围，即处于浮空状态，故称为"浮栅"。这种存储器利用编程写入后，信息可长久保持。当其内容需要变更时，可利用擦除器(由紫外线灯照射 15～20min)将其所存储信息擦除,使各单元内容复原,再根据需要利用 EPROM 编程器编程,因此这种芯片可反复使用。EPROM 是目前应用较广泛的一种 ROM 芯片,它的单芯片容量和运行速度也在不断提高。

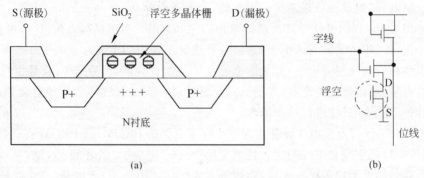

图 6-16　EPROM 结构示意图

　　EPROM 的基本电路图如图 6-16(b)所示。其工作原理如下:在 N 型的基片上生产了两个高浓度的 P 型区,分别引出源极(S)和漏极(D),在 S 和 D 之间有一个由多晶硅做的栅极,但它是浮空的,被绝缘物 SiO₂ 所包围。在制造好时,硅栅上没有电荷,则管子内部没有导电沟道,D 和 S 之间是不导电的。当用 EPROM 管子组成存储矩阵时,电路所组成的存储矩阵输出为全 1(或 0)。要写入时,则在所选中的单元的 EPROM 管子的 D 和 S 之间加上约 25V 的高压,另外再加上编程脉冲(其宽度约为 50ms),该管子的 D 和 S 之间被瞬时击穿,电子通过绝缘层注入硅栅,当高压电脉冲去除后,因为硅栅被绝缘层包围,注入的电子无处泄放,硅栅就为负,于是就在 N 衬底的上方(靠近栅极)部分感应出正电荷,并形成了 D 和 S 之间的导电沟道,从而使 EPROM 单元导通,输出为 0(或 1)。

　　注意,若图 6-16 中的基片是 P 基底上生产了两个高浓度的 N 型区,上段所述的导通状况是相反的!

　　EPROM 存储电路做成的芯片上方有一个石英玻璃的窗口,当用紫外线通过这个窗口向芯片照射时,芯片上所有存储单元中的浮空多晶体栅上的电荷就会形成光电流泄漏走,使电路恢复初始状态,从而把写入的信号擦去。这样经过照射后的 EPROM 就可以实现重写。由于写的过程是很慢的,所以,这样的电路在使用时,仍是作为只读存储器使用的。

　　这样的 EPROM 芯片的工作速度比双极型的要慢 5～10 倍(如 Intel 2716 读出速度为 350～450ns)。常用的 EPROM 芯片的集成度为 16K 位(如 Intel 2716)、32K 位(2732)、64K 位(2764)、128K 位(27C128)、256K 位(27C256)、512K 位(27C512)、1M 位(27C010)、2M 位(27C020)、4M 位(27C040)和 8M 位(27C080)等。

　　EPROM 芯片虽然可多次使用,但是整个芯片只要写错一位,也必须把芯片从电路板上取下,把整个内容全部擦掉再重新写入,在实际应用上很不方便。而且一块芯片经多次插拔之后,由于操作不当等会导致其外部管脚损坏,于是 EEPROM 应运而生。

6.4.4　电可擦可编程的 ROM(EEPROM)

电可擦除的 PROM(Electrically Erasable PROM)简称 EEPROM 或 E^2PROM,也是一种可以多次擦除、改写的 ROM。其特点是:可以以字节或块为单位擦除和改写,字节的编程和擦除都只需要 10ms,并且不需要把芯片拔下来插入编程器编程,在用户系统中就可以直接在线操作,用电擦除,非常方便。EEPROM 可作为非易失性 RAM 使用。它既能像 RAM 那样随机地进行改写,又能像 ROM 那样在掉电的情况下非易失地保存数据,兼有 RAM 和 ROM 的双重优点。

一个 EEPROM 管子的结构示意图如图 6-17 所示。与 EPROM 相类似,只是在浮空栅 G_1 的上面还有一个栅极 G_2,其上有引出线。出厂前,在 G_2 上加 20V 对衬底的正脉冲,SiO_2 绝缘层被瞬间击穿,形成隧道效应,电子由衬底注入到浮空栅(即起编程作用),脉冲过后,SiO_2 绝缘层阻碍电子返回衬底。相当于存储 1。利用此方法,可以将存储器阵列全抹成 1。并在两个 P 型区之间感应正电荷,形成导电 P 沟道。此时如果让源极接地,漏极接电源正极,则管子就导通,数据被读出。当浮空栅上没有电荷时,不能形成导电 P 沟道,管子的漏极和源极之间不导电,数据不能读出。

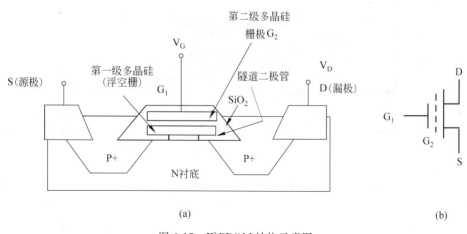

图 6-17　E^2PROM 结构示意图

使用时,要依据所存数据的 01 代码,将某些存储单元写 0,办法是在这些存储单元的漏极 D 与栅极 G_2 间加 20V 的正脉冲,让浮空栅上的电子通过隧道返回衬底(起擦除作用)。

而编程与擦除所用的电流是极小的,可用极普通的电源供给 V_G。

6.4.5　闪速存储器(Flash Memory)

我们已在 5.3.3 节中讨论过 USB 总线与接口。现在我们讨论 U 盘的存储机理。

U 盘,即闪速存储器,又称快擦写存储器,是 20 世纪 80 年代末期 Intel 公司发明的一种具有高密度(单位体积内存储单元多)、低成本,既有 ROM 非易失性的特点,又有 RAM 易于擦除和重写(可使用电信号进行删除操作,整块闪速存储器可以在数秒内删除,而且可以选择删除芯片的一部分内容，但还不能进行字节级别的删除操作）的优点，功耗很小，很高的存取速度。

　　闪存是一种在 EPROM 与 E^2 PROM 基础上发展起来的，它与 EPROM 一样用单管来存储一位信息，与 E^2 PROM 相同之处是用电来擦除。浮栅上下两层氧化物的厚度大于50 埃，以避免发生击穿。

　　闪存芯片各单元被内部电路组织在行列交错的阵列里，如图 6-18 所示。

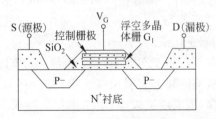

(a) Flash存储体构造图

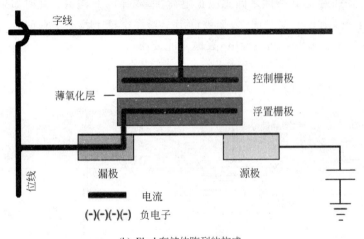

(b) Flash存储体阵列的构成

图 6-18　Flash 示意图

1. 存储数据的原理

　　向数据单元内写入数据的过程就是向电荷势阱注入电荷的过程，写入数据有两种技术：

　　一是用热电子注入（hot electron injection）方式给浮栅充电，是 NOR 型 Flash；另一种是用 F-N 隧道效应（Fowler Nordheim tunneling）方式给浮栅充电，是 NAND 型 Flash。

　　两种闪存都可以看作用场效应管作为存储单元，有源极、漏极和栅极，与场效应管的工作原理相同，主要是利用电场的效应来控制源极与漏极之间的通断，栅极的电流消耗极小。

　　1）NOR 型 Flash 的热电子注入方式原理

　　以 N 型衬底 P 沟道的 Flash 为例，如图 6-19 所示，源极接地，位线（漏极）接 5V 电压,浮栅中没有电荷,在没有给控制极施加偏置电压时,场效应管是截止的。此时若在字线(控制栅极)上施加有适当(例如 12V)的偏置电压脉冲,在衬底顶部(靠近绝缘氧化物)会感应出许多电子,形成导电沟道,源极和漏极才能导通(记作 1)。载流子由漏极流向源极(电子反向)。当沟道中电场很强时, 由于漏结雪崩击穿或沟道雪崩击穿倍增出的载流子, 若在两次碰撞之间积累起的能量足以跨越氧化物 Si-SiO₂ 界面势垒(电子势垒＝3.15eV,空穴势垒＝3.8eV),则这些热载流子(同时若获得纵向的动量的话)就有可能穿过氧化层注入浮栅上(因为电子与空穴的平均自由程不同,则电子注入的几率要比空穴高 3 个数量级)。一般,P 沟器件的雪崩注入现象要强于 N 沟器件(因 P-沟器件的漏极电位对电子注入起着促进作用,而对空穴注入起着抑制作用)。脉冲过后,注入浮栅上的电荷无法返回,写入 0。

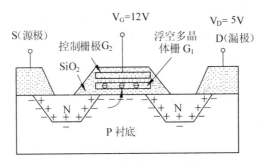

图 6-19　热电子注入方式原理图

　　而在浮动栅有电子的状态(数据为 0)下,沟道中传导的电子就会减少。因为施加在栅电极的电压被浮动栅电子吸收后,很难对沟道产生影响。

　　2) NAND 型 Flash 的 F-N 隧道效应方式原理

　　仍以 P 型衬底 N 沟道的 Flash 为例,如图 6-20 所示。写入时,让栅极带电 20V,漏极、源极和衬底都接地,如此强的电场将氧化物绝缘层击穿,形成电子隧道,将衬底中的电子送到浮栅上。写入 0。

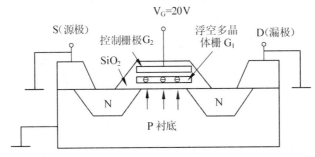

图 6-20　F-N 隧道效应方式原理图

2. 擦除方法

两种 Flash 一样,都是采用 FN 隧道效应擦除。

图 6-21 和图 6-22 展示了两种不同的 FN 隧道效应擦除(状态 0 到状态 1 的转换)方法:均匀隧道效应和漏极区域隧道效应。第一种方法中,只需要一个很大的负电压被加载在控制门极;而第二种方法中,除了此负电压之外,还需要在漏极加载一个负电压。也就是将浮栅的电荷放掉,两种 Flash 都是通过 F-N 隧道效应放电。

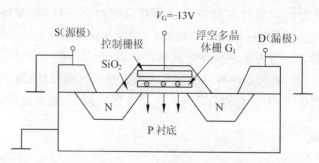

图 6-21　均匀隧道效应原理图

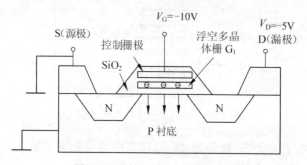

图 6-22　漏极区域隧道效应原理图

总的来说,均匀隧道效应擦除要比漏极区域隧道效应擦除慢,但是后者可能会造成器件可靠性问题:由于集中电子隧穿造成的漏极区门氧化层破坏。

⚠ **注意**:在写入新数据之前,必须先将原来的数据擦除,这点跟硬盘不同。

这方面两种 Flash 一样,向浮栅中注入电荷表示写入了 0,没有注入电荷表示 1,所以对 Flash 清除数据是写 1 的,这与硬盘正好相反。对于浮栅中有电荷的单元来说,由于浮栅的感应作用,在源极和漏极之间将形成带正电的空间电荷区,这时无论控制极上有没有施加偏置电压,晶体管都将处于导通状态。而对于浮栅中没有电荷的晶体管来说只有当控制极上施加有适当的偏置电压,在硅基层上感应出电荷,源极和漏极才能导通,也就是说在没有给控制极施加偏置电压时,晶体管是截止的。

对于热电子注入方式的 Flash,正是由于在写入和擦除时利用了不同的技术,使得NOR 芯片在写入和擦除数据时,电流会从不同的地方经过,如此一来,加剧了介质的氧化降解,加速了芯片的老化。

3. 读取

如果晶体管的源极接地而漏极接位线,在无偏置电压的情况下,检测晶体管的导通状态就可以获得存储单元中的数据,如果位线上的电平为低,说明晶体管处于导通状态,读取的数据为 0,如果位线上为高电平,则说明晶体管处于截止状态,读取的数据为 1。由于控制栅极在读取数据的过程中施加的电压较小或根本不施加电压,不足以改变浮置栅极中原有的电荷量,所以读取操作不会改变 Flash 中原有的数据。

NAND Flash 在今天的闪存盘与多数存储卡上都可看到。

据测定,正常使用情况下,浮空栅上编程的电荷可保存 100 年。由于 Flash 只需单个器件即可保存信息,因此具有很高的集成度。

4. 闪存的使用

1) 闪存的使用范围

闪存的使用范围很广,以下各部件均属于闪存:计算机的 BIOS 芯片、CompactFlash(常用于数码相机)、SmartMedia(常用于数码相机)、记忆棒(常用于数码相机)、PCMCIA Type Ⅰ 和 Type Ⅱ 内存卡(用作笔记本电脑中的固态磁盘)以及电子游戏机内存卡。

因为多数微处理器与单片机要求字节等级的随机存取,所以 NAND Flash 不适合取代那些用以装载程序的 ROM。从这样的角度看来,NAND Flash 比较像光盘、硬盘这类的次级存储设备。NAND Flash 非常适合用于存储卡之类的大量存储设备。

用户更多地将其作为硬盘使用,而不是作为 RAM。

闪存优于硬盘的原因如下。

闪存无噪音、访问速度更快、尺寸较小、更轻便、没有复杂的机械移动部件。那么为什么不多用闪存呢? 原因是硬盘的单位成本要便宜得多,而且容量也大很多。

2) 闪存的存储单元的连接和编址方式

NOR 的每个存储单元以并联的方式,所有存储单元的漏极连接到位线,如图 6-23(a)所示。方便对每一位进行随机存取。严格说 NOR Flash 带有 SRAM 接口,有自己的专用的数据和地址总线,因此可以采用类似 SDRAM 的随机访问,实现一次性的直接寻址。另外还支持本地执行,应用程序可以直接运行装载在 NOR Flash 内部的代码,称为片上运行(execute in place,EIP),可以很容易地存取其内部的每一个字节,缩短了 Flash 对处理器指令的执行时间。还可以减少 SRAM 的容量,从而节约了成本。

为了对全部的存储单元有效管理,必须对存储单元进行统一编址。

NAND 型 Flash 各存储单元之间是串联的,如图 6-23(b)所示。NAND Flash 采用了 I/O 方式读取,它只有 8 位的数据地址共用的总线,因此需要软件(各个产品或厂商的方法可能各不相同。8 个引脚用来传送控制、地址和数据信息)去控制读取时序,必须先通过寄存器串行地进行数据存取;不能像 NOR Flash 那样直接连到地址和数据总线上。通俗地说,就是光给地址不行,要先下命令,再给地址,才能读到 NAND 的数据,而且都是在一个总线完成的。

NAND 的全部存储单元分为若干个块,每个块又分为若干个页,每个页是 512Byte,就是 512 个 8 位数,就是说每个页有 512 条位线,每条位线下有 8 个存储单元;那么每页存储的数据正好跟硬盘的一个扇区存储的数据相同,这是设计时为了方便与磁盘进行数据交换而特意安排的,那么块就类似硬盘的簇;容量不同,块的数量不同,组成块的页的数

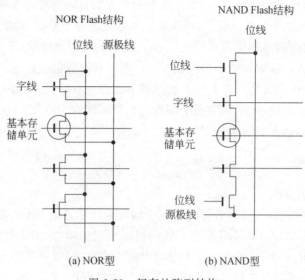

图 6-23 闪存的阵列结构

量也不同。

实际上,每一页的有效容量是 512 字节的倍数。所谓的有效容量是指用于数据存储的部分,实际上还要加上 16 字节的校验信息,因此我们常在闪存厂商的技术资料当中看到"(512+16)Byte"的表示方式。目前 2Gb 以下容量的 NAND 型闪存绝大多数是(512+16)字节的页面容量,2Gb 以上容量的 NAND 型闪存则将页容量扩大到(2048+64)字节。这是因为较大容量的 NAND 型闪存也越来越多地采用 16 条 I/O 线的设计,如三星编号 K9K1G16U0A 的芯片就是 64M×16bit 的 NAND 型闪存,容量 1Gb,基本数据单位是(256+8)×16bit,还是 512 字节。

采用这种技术的 Flash 比较廉价。因此好多使用 NAND Flash 的开发板除了使用 NAND Flash 以外,还上了一块小的 NOR Flash 来运行启动代码。

在读取数据时,当字线和位线锁定某个场效应管时,该场效应管的控制极不加偏置电压,其他的 7 个都加上偏置电压而导通,如果这个晶体管的浮栅中有电荷就会导通使位线为低电平,读出的数就是 0,反之就是 1。

在写数据和擦除数据时,NAND 由于支持整块擦写操作,所以速度比 NOR 要快得多,两者相差近千倍;读取时,由于 NAND 要先向芯片发送地址信息进行寻址才能开始读写数据,而它的地址信息包括块号、块内页号和页内字节号等部分,要顺序选择才能定位到要操作的字节;这样每进行一次数据访问需要经过 3 次寻址,至少要 3 个时钟周期;而 NOR 型 Flash 的操作则是以字或字节为单位进行的,直接读取,所以读取数据时,NOR 有明显优势。

任何 Flash 器件的写入操作只能在空或已擦除的单元内进行,所以大多数情况下,在进行写入操作之前必须先执行擦除。NAND 器件执行擦除操作是十分简单的,而 NOR 则要求在进行擦除前先要将目标块内所有的位都写为 0。

由于擦除 NOR 器件时是以 64~128KB 的块进行的,执行一个写入/擦除操作的时间为 5s，与此相反，擦除 NAND 器件是以 8～32KB 的块进行的，执行相同的操作最多只需要 4ms。

执行擦除时块尺寸的不同进一步拉大了 NOR 和 NADN 之间的性能差距，统计表明，对于给定的一套写入操作（尤其是更新小文件时更多的擦除操作）必须在基于 NOR 的单元中进行。这样，当选择存储解决方案时，设计师必须权衡以下的各项因素。

（1）NOR 的读速度比 NAND 稍快一些。

（2）NAND 的写入速度比 NOR 快很多。

（3）NAND 的 4ms 擦除速度远比 NOR 的 5s 快。

（4）大多数写入操作需要先进行擦除操作。

（5）NAND 的擦除单元更小，相应的擦除电路更少。典型的 NAND 块尺寸要比 NOR 器件小 8 倍，每个 NAND 存储器块在给定的时间内的删除次数要少一些。

（6）在 NAND 闪存中每个块的最大擦写次数是一百万次，而 NOR 的擦写次数是十万次。NAND 存储器除了具有 10 比 1 的块擦除周期优势。

在 NOR 器件上运行代码不需要任何的软件支持，在 NAND 器件上进行同样操作时，通常需要驱动程序，也就是内存技术驱动程序（MTD），但 NAND 和 NOR 器件在进行写入和擦除操作时都需要 MTD。在擦除和编程操作较少而直接执行代码的场合，尤其是纯代码存储的应用中，NOR 器件被广泛使用，如 PC 的 BIOS 固件、移动电话、硬盘驱动器的控制存储器等。

使用 NOR 器件时所需要的 MTD 要相对少一些，许多厂商都提供用于 NOR 器件的更高级软件，这其中包括 M-System 的 TrueFFS 驱动，该驱动被 Wind River System、Microsoft、QNX Software System、Symbian 和 Intel 等厂商所采用。

在使用 NAND 器件时，必须先写入驱动程序，才能继续执行其他操作。向 NAND 器件写入信息需要相当的技巧，NAND 器件需要对介质进行初始化扫描以发现坏块，并将坏块标记为不可用。在已制成的器件中，如果通过可靠的方法不能进行这项处理，将导致高故障率。

当讨论软件支持的时候，应该区别基本的读/写/擦操作和高一级的用于磁盘仿真和闪存管理算法的软件，包括性能优化。

6.5　通用微机中的存储器、扩展存储器及其管理

6.5.1　内存条的构成和空间的分配

1. 内存条的构成

内存条的印刷电路板（PCB，玻璃纤维制，多为绿、红、黑色，所有电路安装在其上面）是做成多层结构的，这是由于内存条工作在 100MHz、133MHz 甚至更高的频率之下，这时，信号之间的高频干扰严重，因此，必须采用屏蔽防止高频干扰，而且必须是将各个可能的导磁元件分离屏蔽，否则效果很差。

整个内存条上的元件不多，主要是由集成电路内存芯片和电阻、电容等元件组成的。

（1）内存芯片：内存芯片外观上是内存条上的小黑块,称为颗粒。内存芯片的内部结构大多是安装在一定的地址上的一排电容和晶体管,当我们向内存写入（或从内存读出）一个数据（譬如 0 或 1）时,系统就会对内存单元地址进行定位,确定横向和纵向地址。然后进行充电（或放电）。达到保存和擦除数据的。

（2）桥路电阻：这种电阻和一般的电阻唯一的区别就是它是由好几个电阻做成桥路的形式,因为在数据传输的过程中,要进行阻抗匹配和信号衰减,如果用分离的电阻会很麻烦并很难布线。电阻采用贴片式。

（3）电容：电容采用贴片式,用于滤除高频干扰。

（4）SPD 芯片：是一个八脚的容量为 2K 位的 EEPROM 小芯片,它存放着内存的速度、容量、电压、响应时间等基本参数,称为 SPD 参数。每一次开机,主板都会检测 SPD 芯片,读取 SPD 参数,对内存各项参数进行调整,以协调计算机系统更好地工作。从 PC100 时代开始,PC100 规准中就规定符合 PC100 标准的内存条必须安装 SPD,而且主板也可以从 SPD 中读取到内存的信息,并按 SPD 的规定来使内存获得最佳的工作环境。

（5）金手指：内存条下方的金黄色的铜箔是内存条与主板上内存槽接触的部分,数据就是靠它们来传输的,通常称为金手指。金手指是铜质导线,使用时间长就可能有氧化的现象,会影响内存的正常工作,易发生无法开机的故障,所以可以隔一年左右时间用橡皮擦清理一下金手指上的氧化物。

（6）内存条的缺口一是用来防止内存插反的（只有一侧有）,二是用来区分不同的内存,以前的 SDRAM 内存条是有两个缺口的,而 DDR 则只有一个缺口,不能混插。

2. 内存空间的分配

微型计算机系统的寻址范围取决于其 CPU 地址线的位数。在早期的 IBM PC/XT 中,CPU 是 8088,它共有 20 条地址线,因此可以寻址的物理空间为 2^{20} 字节（即 1M 字节）,其线性地址范围为 0000H～FFFFFH。

因此 1M 存储空间可以分为 3 个区域：RAM 区、ROM 区和保留区。整个存储空间的分配如图 6-24 所示。

通常认为物理内存就是指安装在主板上的内存条,其实不然,在计算机的系统中,物理内存不仅包括装在主板上的内存条（RAM）,还应该包括主板 BIOS 芯片的 ROM,显卡上的显存（RAM）和 BIOS(ROM),以及各种 PCI、PCI-E 设备上的 RAM 和 ROM。

为了保持彼此的兼容性,规定图 6-24 中地址为 00000H～9FFFFH 的 640KB 低区存储空间,是 PC/XT 的读写存储器（RAM）区,也叫做主存储区。并且沿用至今。这个区域是用户存储器的

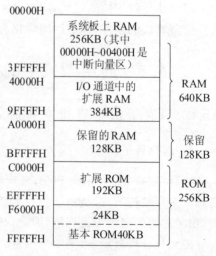

图 6-24　IBM PC/XT 存储空间的分配

主要工作区域(系统程序要占有使用一部分空间),既可以读出也可以写入。在这 640KB RAM 中,IBM PC/XT 的系统板(主机板)上一般只安装了 256KB,其他的要在系统的 I/O 扩展通道上安装相应的容量(最大为 384KB)的存储器扩展板,系统板上安装的 RAM 容量由系统配置开关中的 SW-3 和 SW-4 来设定。这一部分由操作系统 MS-DOS 管理。

为了使微机系统高速有效地运行,系统要占据一定的内存空间(地址为 A0000H～FFFFFH 的 384KB,又称上位地址存储器),驻留一些随时要用的程序和信息,这部分空间用户是不能访问的。

地址为 A0000H～BFFFFH 的 128KB 存储空间,是系统保留作为字符/图形的显示缓冲区域。实际上,IBM 单色字符显示适配器只使用 4KB 容量的缓冲区,其地址为 B0000H～B0FFFH。IBM PC/XT 中的彩色字符图形显示适配器,需要用 16KB 作为显示缓冲区,其所使用的地址为 B8000H～BBFFFH。可见实际使用的地址范围都小于允许使用的地址空间。

地址为 C0000H～FFFFFH 的最后的 256KB 存储空间,是系统的 ROM 区,这个区域里安装的存储器都是只读存储器(ROM),其中前 192KB 的区域安装系统中的控制 ROM。高分辨率显示适配器的控制 ROM 安放在 C8000H 开始的区域内。如果用户要安装固化在 ROM 中的程序,也可以使用这 192KB ROM 区中尚未使用的地址区域,这 192KB 的 RAM 都在系统的 I/O 扩展通道内,系统最后 64KB 的存储器是基本系统 ROM 区的。IBM PC/XT 一般在系统板上安装了 40KB 的基本 ROM,其中 8KB 为基本的输入/输出系统 BIOS,另外 32KB 为 ROM BASIC 解释程序和 ROM 扩展区。

随着时代的发展和微型计算机的广泛应用,640KB 的内存就大大地满足不了用户要求,于是发展出了两种内存扩展规范,用来访问基本的 1MB 以外的内存空间。

一种是 XMS 扩展内存(Extended Memory)规范,,采用线性内存寻址,直接对 1MB 以外内存进行数据存取。由于 DOS 是无法看到 1MB 以外的内存空间的,XMS 必须通过扩展内存管理程序(Extended Memory Manager)来管理这段扩大的内存空间。我们常在 Config.sys 文件中看到的 HIMEM.SYS(高端内存管理程序)就是管理扩展内存的驱动程序。

该程序必须在计算机启动时装入内存,然后由它规划 640KB 以外的内存空间。

另一种是 EMS 扩充内存规范,通常是用软件如 DOS 中的 EMM386 程序把 XMS 扩展内存模拟成扩充内存来使用。EMS 的原理和 XMS 不同,它采用了页帧方式。页帧是在 1MB 空间中指定一块 64KB 空间(通常在保留内存区内,但其物理存储器来自 EMS 扩展存储器),分为 4 页,每页 16KB。EMS 存储器也按 16KB 分页,每次可交换 4 页内容,以此方式可访问全部 EMS 存储器。符合 EMS 的驱动程序很多,常用的有 EMM386.EXE、QEMM、TurboEMS、386MAX 等。DOS 和 Windows 中都提供了 EMM386.EXE。

扩展内存管理规范的出现迟于扩充内存管理规范。CPU 在不断发展,但内存空间的分配方式与此雷同,并且多是兼容的。

我们知道,286 有 24 位地址线,它可寻址 16MB 的地址空间,而 386 有 32 位地址线,它可寻址高达 4GB 的地址空间。但从兼容性考虑,它们均保留了 1MB 的传统 DOS 地址空间,如图 6-24(b)所示。

3. SHADOW(影子)内存

Shadow RAM 也称为"影子"内存。它是为了提高系统效率而采用的一种重定位功能。在系统运行的过程中,读取 1MB 的传统 DOS 地址空间 ROM 中的 BIOS 中的数据或调用 BIOS 中的程序模块是相当频繁的。为此,把这部分内容(各种 BIOS 程序)装入地址重定位为 1024~1408KB 的 Shadow RAM 存储空间,成为 ROM 的影子。Shadow RAM 所使用的物理芯片不是 ROM,而是 CMOS DRAM(动态随机存取存储器)芯片。通常访问 ROM 的时间在 200ns 左右,而访问 DRAM 的时间小于 100ns(最新的 DRAM 芯片访问时间为 60ns 左右或者更小)。这样就可以直接从 RAM 中访问 BIOS,而不必再访问 ROM。这样将大大提高系统性能。因此在设置 CMOS 参数时,应将相应的 Shadow 区设为允许使用(Enabled)。

微型计算机安装的 CPU 不同,其 CPU 地址线的数目也不同,其寻址能力也不同,表 6-7 给出了一些常用型号 CPU 的寻址范围。

表 6-7　不同 CPU 的寻址范围

CPU	数据总线	地址总线	寻址范围
8088	8 位	20 位	1MB
8086	8 位	20 位	1MB
80286	16 位	24 位	16MB
80386	32 位	32 位	4GB
80486	32 位	32 位	4GB
Pentium	64 位	32 位	4GB
Itanium/Itanium 2	64 位	64 位	4TB

4. 奇/偶校验

奇/偶校验(ECC)是数据传送时采用的一种校正数据错误的一种方式,分为奇校验和偶校验两种。

如果是采用奇校验,在传送每一个字节的时候另外附加一位作为校验位,当实际数据中 1 的个数为偶数的时候,这个校验位就是 1,否则这个校验位就是 0,这样就可以保证传送的数据中 1 的个数为奇数,满足奇校验的要求。在接收方收到数据时,将按照奇校验的要求检测数据中 1 的个数,如果是奇数,表示传送正确,否则表示传送错误。

偶校验和奇校验的道理一样,只是检测数据中 1 的个数为偶数。

6.5.2　ROM 子系统

计算机系统在加电之后要能够自动启动,那么就必须把初始化程序和引导程序存放到 ROM 中,系统板上的 ROM 电路如图 6-25 所示。

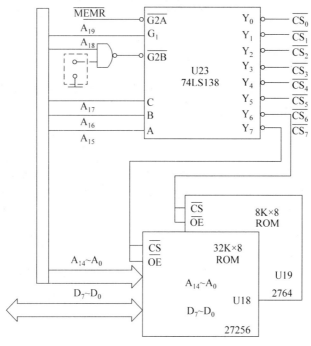

图 6-25 系统的基本 ROM 电路示意图

系统板上有两块 ROM 芯片，一块是 8KB 的芯片，内装固化的 BASIC 程序中的前 8KB，地址为 F6000H～F7FFFH；另一块是 32KB 的芯片，内装固化的 BASIC 程序中的后 24KB，剩下的 8KB 空间是基本输入输出系统 BIOS，地址范围为 F8000H～FFFFFH。一共 40KB 的 ROM，它们分布在存储器的最高端地址。BIOS，是高层软件和硬件之间的接口，为计算机提供最底层的、最直接的硬件设置和控制。BIOS 的主要功能有以下 3 个。

1. 自检及初始化

（1）自检：负责启动电脑。首先是加电自检（Power On Self Test，POST），功能是检查电脑是否良好。用于电脑刚接通电源时对硬件部分（包括对 CPU、640K 基本内存、1M 以上的扩展内存、ROM、主板、CMOS 存储器、串并口、显示卡、软硬盘子系统及键盘等）进行测试，一旦在自检中发现问题，系统将给出提示信息或鸣笛警告。自检中如发现有错误，将按两种情况处理：对于严重故障（致命性故障）则停机，此时由于各种初始化操作还没完成，不能给出任何提示或信号；对于非严重故障则给出提示或声音报警信号，等待用户处理。

（2）初始化：包括创建中断向量、设置寄存器、对一些外部设备进行初始化和检测等，其中很重要的一部分是 BIOS 设置，主要是对硬件设置一些参数，当电脑启动时会读取这些参数，并和实际硬件设置进行比较，如果不符合，会影响系统的启动。

（3）引导程序：引导 DOS 或其他操作系统。BIOS 先从软盘或硬盘的开始扇区读取引导记录，如果没有找到，则会在显示器上显示没有引导设备，如果找到引导记录会把电脑的控制权转给引导记录,由引导记录把操作系统装入电脑,在电脑启动成功后,BIOS的这部分任务就完成了。

2. 程序服务处理和硬件中断处理

程序服务处理程序主要是为应用程序和操作系统服务,这些服务主要与输入输出设备有关,例如读磁盘、文件输出到打印机等。

3. 硬件中断处理

BIOS 的服务功能是通过调用中断服务程序来实现的,这些服务分为很多组,每组有不同的专门中断服务程序。例如视频服务,中断号为 10H;屏幕打印,中断号为 05H;磁盘及串行口服务,中断 14H 等。每一组又根据具体功能细分为不同的服务号。应用程序需要使用哪些外设、进行什么操作只需要在程序中用相应的指令说明即可,分别处理微机各硬件的需求,无须直接控制。

由此可见,程序服务处理和硬件中断处理是两个独立的内容,但在使用上密切相关。BIOS 的其他功能是管理如下程序:系统配置分析程序、字符图形发生器的程序、时钟管理程序等。

系统地址总线 $A_{19} \sim A_0$,经过缓冲器缓冲后,形成 ROM 子系统中的地址总线,其中的 $A_{14} \sim A_0$(32KB 地址)直接与 ROM 芯片的地址线 $A_{14} \sim A_0$ 相连(8KB 的芯片则为 $A_{12} \sim A_0$),高位地址线和控制信号一起作为 ROM 芯片的片选信号。用 $\overline{CS_6}$ 连接到 8KB ROM 的 $\overline{CS}$ 和 $\overline{OE}$ 端,用 $\overline{CS_7}$ 连至 32KB ROM 的 $\overline{CS}$ 和 $\overline{OE}$ 端。

片选信号由 3-8 译码器 74LS138 产生,它的 3 个允许的控制端 G_1 直接连接到 A_{19};$\overline{G2A}$ 直接连接到系统存储器的读控制信号 $\overline{MEMR}$;$\overline{G2B}$ 与非门相连,非门的两个输入端一个是 A_{18},另一个是跨接线,通常情况下跨接线是断开的,非门的输出就是 A_{18} 的反相信号。译码器 74LS138 能正常工作的条件为:在存储器读周期,并且 $A_{18} = A_{19} = 1$,即它的工作条件为 $A19 \& A18 \& \overline{MEMR}$。如果跨接线接地,那么非门的输出为高电平,这就禁止译码器 74LS138 工作,此时也就禁止了系统板上的基本 ROM 的工作。用户也可以自己编写 BIOS,插入 I/O 通道内工作。译码器 74LS138 的译码输入端 A、B、C 分别连接至地址总线 A_{15}、A_{16}、A_{17},故它的 8 个译码输出端所管理的存储区域如表 6-8 所示。

表 6-8 ROM 子系统中译码器管理的存储器地址

片选信号	条件						管理的存储区域
	$\overline{MEN}$	A_{19}	A_{18}	A_{17}	A_{16}	A_{15}	
$\overline{CS_0}$	0	1	1	0	0	0	C0000~C7FFFH
$\overline{CS_1}$	0	1	1	0	0	1	C8000~CFFFFH
$\overline{CS_2}$	0	1	1	0	1	0	D0000~D7FFFH
$\overline{CS_3}$	0	1	1	0	1	1	D8000~DFFFFH
$\overline{CS_4}$	0	1	1	1	0	0	E0000~E7FFFH

续表

片选信号	条　　件						管理的存储区域
	$\overline{\text{MEN}}$	A_{19}	A_{18}	A_{17}	A_{16}	A_{15}	
$\overline{\text{CS}_5}$	0	1	1	1	0	1	E8000～EFFFFH
$\overline{\text{CS}_6}$	0	1	1	1	1	0	F0000～F7FFFH
$\overline{\text{CS}_7}$	0	1	1	1	1	1	F8000～FFFFFH

6.5.3　RAM 子系统

IBM-PC/XT 系统板上可安装各种型号的动态 RAM 芯片,芯片可装入 4 组,每组 9 片(包括 8 位数据和 1 位奇偶校验位)。通常,IBM-PC/XT 机中安装 4164 动态 RAM 芯片。系统板上的 RAM 子系统示意图如图 6-26 所示。它由 RAM 芯片组、片选译码器、数据收发器、地址多路器,DRAM 刷新逻辑以及奇偶校验逻辑组成。片选译码电路用来产生 $\overline{\text{RAS}}$ 和 $\overline{\text{CAS}}$ 以及控制地址多路器的选通。

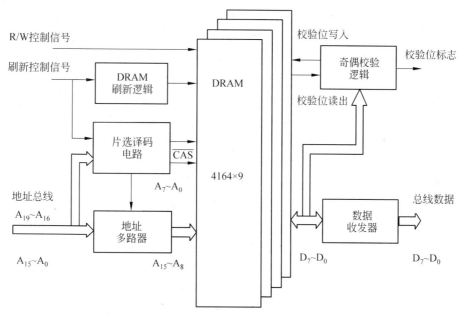

图 6-26　通用微机的 RAM 子系统示意图

系统板上 RAM 子系统为 256KB,每 64KB 为一组,采用 9 片 4164 DRAM 芯片,8 片构成 64KB,另一片用于奇偶校验。因为系统板上的 RAM 地址是最低 256KB 的内存地址,故 4 组 RAM(每组 64KB)对应的高 4 位地址为 0000～0011B。接存储芯片时,数据输入端和数据输出端相连,然后每列的数据端相连,接到存储器局部数据总线上。每组中的第 9 片是奇偶校验位,它们的数据输入端相连,数据输出端相连,作为奇偶校验用。

为了实现动态 RAM 刷新,PC/XT 设置系统板上 8253-5 电路的通道 1,每隔 15.12s 产生一个信号,请求 DMA 控制器 8237-5 的通道 0 执行 DMA 操作,对全部动态 RAM 芯片进行刷新。在刷新时由于没有有效的 $\overline{CAS}$ 信号，因此在刷新时信息不会在数据总线上传送。

系统板上有 256KB DRAM，采用 Intel 4164 芯片组成，共有 36 片，所有芯片的对应的地址引脚相连，数据输入端与数据输出端相连，每组共有 9 块芯片，第 9 块芯片用于奇偶校验。奇偶校验电路的功能是实现对 DRAM 写入和读出数据进行奇偶校验。当写入时，给存储单元的奇偶校验写一个奇偶校验码；当读出时，对读到的 9 位数据进行校验，如果检测到数据中有偶数个 1，则表示数据有错，在电路中输出一个校验错标志，而且立刻产生不可屏蔽中断请求 NMI。

值得注意的是，无论是 PC/XT 还是 PC/AT，其 DRAM 与 CPU 的连接线路都是比较复杂的，近几年来由于采用专用集成电路 ASIC 和高集成度大容量存储器，使得上述应用线路变得简单很多。而且利用专用的存储器控制器芯片，它与内存条直接相连，使用和维护都非常方便。

6.5.4　双通道内存技术

双通道内存技术其实是一种内存控制和管理技术，它依赖于北桥（又称之为 MCH）芯片组的两个内存控制器发生作用，这两个内存控制器分别独立工作（寻址、读取数据），每个控制器控制一个内存通道。在理论上能够使两条同等规格内存所提供的带宽增长一倍，数据存取速度也相应增加一倍。例如，当控制器 B 准备进行下一次存取内存的时候，控制器 A 就读/写主内存，反之亦然。两个内存控制器的这种互补的"天性"可以让有效等待时间缩减 50%，因此双通道技术使内存的带宽翻了一番。它的技术核心在于：芯片组（北桥）可以在两个不同的数据通道上分别寻址、读取数据，RAM 可以达到 128bit 的带宽。

流行的双通道内存构架是由两个 64bit DDR 内存控制器构成，带宽可达 128bit。因为双通道体系的两个内存控制器是独立的、具备互补性的智能内存控制器，因此二者彼此间能实现零等待时间，同时运作。双通道是一种主板芯片组（Athlon 64 集成于 CPU 中）所采用新技术，与内存本身无关，任何 DDR 内存都可工作在支持双通道技术的主板上，所以不存在所谓"内存支持双通道"的说法。

一般的 ATX 主板上都会有分为两种不同颜色的 4 根内存插槽，相邻不同颜色的两根插槽组成一个内存通道。Intel 弹性双通道技术拥有以下两种双通道内存工作模式。

1. 对称双通道工作模式

对称双通道工作模式要求两个通道的内存容量相等，但是没有严格要求内存容量的绝对对称，可以 A 通道为 512MB+512MB，B 通道为一条 1GB，只要 A 和 B 通道各自的总容量相等就可以了。该模式下可使用 2 个、3 个或 4 个内存条获得双通道模式，如果使用的内存模块速度不同，内存通道速度取决于系统中安装的速度最慢的内存模块速度。具体情况如下。

（1）内存模组的绝对对称。这是最理想的对称双通道，即分别在相同颜色的插槽中插入相同容量的内存条，内存条数为 2 或 4，该模式下所有的内存都工作在双通道模式下,性能最强。

（2）内存容量的对称。这种模式不要求两个通道中的内存条数量相等,可由 3 条内存组成双通道,两个通道的内存总容量相等就可以,所有内存也都工作在双通道模式下,性能略逊于内存模组绝对对称的模式。

2. 非对称双通道模式

在非对称双通道模式下,两个通道的内存容量可以不相等,而组成双通道的内存容量大小取决于容量较小的那个通道。例如 A 通道有 512MB 内存,B 道有 1GB 内存,则 A 通道中的 512MB 和 B 通道中的 512MB 组成双通道,B 通道剩下的 512MB 内存仍工作于单通道模式下。需要注意的是,两条内存必须插在相同颜色的插槽中。

内存双通道一般要求按主板上内存插槽的颜色成对使用,此外有些主板还要在 BIOS 做一下设置,一般主板说明书会有说明。当系统已经实现双通道后,有些主板在开机自检时会有提示,可以仔细看看。由于自检速度比较快,所以可能看不到。因此可以用一些软件查看,很多软件都可以检查,例如 CPU-Z,比较小巧。在 memory 这一项中有 channels 项目,如果这里显示 Dual 这样的字,就表示已经实现了双通道。两条 256M 的内存构成双通道效果会比一条 512M 的内存效果好,因为一条内存无法构成双通道。

6.5.5 存储器的管理

下面讨论 DOS、Windows 操作系统下的存储器管理。

1. DOS 操作系统下的存储器管理

8088、8086 微处理器只支持实地址工作方式;80286 微处理器支持实地址、虚地址保护两种工作方式;80386 以上的微处理支持实地址、虚地址保护和虚拟 8086 3 种工作方式。下面详细介绍实地址、虚地址保护和虚拟 8086 这 3 种工作方式。

1）实地址方式

实地址方式是 80286～80486 最基本的工作方式,与 8086/8088 工作方式相同,寻址范围只能在 1MB 范围内,因此不能管理和使用扩展存储器。它在复位时,启动地址为 FFFF0H,在此安装一个跳转指令,进入上电自检和自举程序。另外,保留 00000～003FFH 的中断向量区。可以认为这种工作方式只适用低 20 位地址线,寻址 1MB,与 8086/8088 工作情况是一致的,DEBUG 调试程序只能在实地址方式下使用。80386 的指令除了 9 条保护方式指令外,其余的均可以在实地址方式下运行,通过指令前缀字节,可以改变后面跟着的那条指令的某些特性,允许 32 位寻址方式,编写 32 位运算的程序。

2）虚地址保护方式

80286～80486 在实地址工作方式下,实际上相当于快速的 8086,其 CPU 的高性能并未发挥出来。而 CPU 能够可靠地支持多用户系统,即使是单用户,也可以支持多任务操作,这便要求采用新的存储器管理机制——虚地址保护方式。

（1）虚拟存储器(Virtual Memory)是为满足用户对存储空间不断增大的需求而提出来的一种计算机存储技术。当一个用户的程序及数据的总字节数比内存储器 RAM 的容量还大,会导致程序无法运行,即使在内存容量高达数千兆字节的高档微型计算机中,这种情况也时有发生。如果完全靠增加实际可寻址的内存空间的方法来解决这一矛盾,则不仅造价高、存储器利用率低,而且还会给计算机设计的其他方面带来许多难以克服的困难(如地址线位数太多等)。采用虚拟存储器则圆满地解决了这一矛盾。

　　将硬盘、磁盘或光盘和内存合在一起,看成一个很大的内存储空间,称为虚拟空间。用统一的虚拟的逻辑地址(并非实际物理地址),通过存储器管理部件 MMU(Memory Management Unit)实现虚拟地址和实地址间自动变换。根据需要,把放在外存上的某些程序调入内存,运行程序。其他程序则仍存储在硬盘、磁盘或光盘上。这部分程序经计算机处理完后,保存于外存;再将另一部分程序调入内存,覆盖原先存在的部分后继续运行。程序所执行的指令地址是否在内存中,操作系统能够察觉出来,如果要找的地址不在内存中,而在某个磁盘或光盘中,则操作系统将自动启动该盘,把包含所需地址的存储区域调入内存储器。

　　这就是虚拟存储器技术。是一种通过硬件和软件的综合来扩大用户可用存储空间的技术。并且编程人员在编写程序时,不用考虑计算机的实际容量就可以写出比任何实际配置的物理存储器大很多的程序。

　　可见,所谓虚拟有两层含义:一是这个特大内存在物理上是不存在的;二是用户看不见切换过程。当用户所要访问的那部分内存地址不在实空间时,则由操作系统经 MMU 将其从外存调入实空间,用户对这种存储交换是觉察不到的,仿佛真有这么大的内存空间一样。

　　目前,在各种 16 位、32 位微型计算机系统中,大多采用了虚拟存储器技术。其存储器管理部件有的集成在 CPU 芯片中(如 80386/80486/Pentium 等),有的则是在 CPU 之外用辅助芯片来实现(如 MC68020 等)。

　　(2) 实现虚拟存储器的关键是自动而快速地实现虚拟地址(即程序中的逻辑地址)向内存物理地址的变换。通常把这种地址变换叫做程序定位或地址映像。

　　目前普遍采用的地址映像方式有 3 种:页式、段式和段页式。这 3 种方式都是使用驻留在存储器中的各种表格,规定各自的转换函数,在程序执行过程中动态地完成地址变换。这些表格只允许操作系统进行访问,而不允许应用程序对其进行修改。一般操作系统为每个用户或每个进程提供一套各自不同的转换表格,其结果是每个用户或每个任务有不同的虚拟地址空间,并彼此隔离、分时操作和受到保护。

　　页式映像的虚拟存储器是将虚拟存储空间、内存空间和辅存(外存)空间划分成固定大小的块——页,然后以页为单位来分配、管理和保护内存。每个任务或进程对应一个页表(Page Table),页表由若干页表项(PTE)组成,每个页表项对应一个虚页,虚页内含有关地址映像的信息和一些控制信息。页表在内存的位置由页表基址寄存器定位。

　　段式映像的虚拟存储器以各级存储器的分段来作为内存分配、管理和保护的基础,段的大小取决于程序的逻辑结构。

　　段页式映像的虚拟存储器是在分段的基础上再分页,即每段分成若干个固定大小的页,每个任务或进程对应有一个段表,每段对应有自己的页表。在访问存储器时,由 CPU 经页表对段内存储单元进行寻址。在段页式虚拟存储器中,从虚地址变换为实地址要经过两级表的转换,使访问效率降低,速度变慢。为此,常为每个进程引入一个由相联存储器构成的转换后援缓冲器 TLB,相当于 Cache 中的地址索引机构(通常是一个快速地址变换表),里面存放着最近访问的内存和单元所在的段、页地址信息。由此建立了虚拟空间到主存空间之间虚页到实页的对应关系(映射)。虚拟存储系统利用计算机 CPU 中的一组寄存器堆作为快速地址变换表基址寄存器,它与快速地址变换表一起给出用户程序地址。

通常,先把虚拟(逻辑)地址通过分段机制,转换为线性地址;再通过分页机制,把线性地址转换为物理地址。段机制是必用的,分页机制则根据需要允许或禁止。如果禁用分页机制,则经过段机制转换的线性地址就是物理地址。

(3)在第 2 章中已讨论过保护这个问题。所谓的保护有两个含义:一是任务内的保护机制,保护操作系统的存储段和其专用处理寄存器不被应用程序所破坏;二是为每一个任务分配不同的虚地址空间,从而使不同任务之间完全隔离,实现任务的保护。

通常操作系统存储在一个单独的任务中,并被其他任务共享,每个任务有自己的段表和页表。在同一任务内,定义 4 种特权级别,0 级最高,特权级可以看作 4 个同心圆,内层最高,外层最低。定义为最高级中的数据只能由任务中最受信任的部分进行访问。特权级的典型用法是把操作系统的核心放在 0 级,操作系统的其余部分放在 1 级,而应用程序放在 3 级,留下的部分供中间软件用。

3)虚拟 8086 方式

虚拟 8086 方式是 80386、80486 的一种新的工作方式,该方式支持存储管理、保护及多任务环境中执行 8086 程序。当创建一个在虚拟 8086 方式下执行的 8086 程序任务时,好像该任务的环境就是一个 8086 程序的环境。于是,可以使 CPU 同时执行 3 个任务:以 32 位虚地址保护方式执行第 1 个任务的 80386 程序;以 16 位虚地址保护方式执行第 2 个任务的 80286 程序;以虚拟 8086 方式执行第 3 个任务的 8086 程序。

2. Windows 操作系统下的存储器管理

Windows 为每个进程都提供了一个它自己私有的空间,一般情况下,一个进程只能访问自己的内存空间,在允许的情况下,有限制地访问系统共享数据区和其他进程的共享数据。Windows 提供了内存保护机制,用户进程不可以有意或无意地破坏其他进程或操作系统系统的内存。

通过专门编写的程序可以测试不同的操作系统实际占用的地址空间,如 Windows XP 的应用程序占用 0~7FFFFFFFH 共计 2GB 的内存空间。另外,在 Windows 界面下,读者可手动设置虚拟内存。在默认状态下,是让系统管理虚拟内存的,但是系统默认设置的管理方式通常都比较保守,在自动调节时会造成页面文件不连续,而降低读写效率,工作效率就显得不高,导致经常会出现"内存不足"这样的提示,手动设置的方法如下。

(1)右击桌面上"我的电脑"图标,在弹出的快捷菜单中选择"属性"选项,打开"系统属性"窗口。在该窗口中单击"高级"选项卡,出现高级设置的对话框。

(2)单击"性能"区域的"设置"按钮,在弹出的"性能选项"窗口中选择"高级"选项卡。

(3)在此选项卡中可看到关于虚拟内存的区域,单击"更改"按钮进入"虚拟内存"的设置对话框,选择一个有较大空闲容量的分区,选中"自定义大小"复选框,将具体数值填入"初始大小"、"最大值"栏中,然后依次单击"设置"、"确定"按钮即可。设置完成后须重新启动计算机,所设置的虚拟内存才能生效。

6.6　CPU 与存储器的连接

6.6.1　CPU 与存储器连接时应注意的问题

存储器芯片同 CPU 连接时应注意以下 4 个问题:①CPU 总线的负载能力问题;②存储器的组织、地址分配以及片选问题;③CPU 的时序与存储器芯片存取速度之间的配合问题;④控制信号的连接问题。下面就这 4 个问题进行简要的讨论。

1. CPU 总线的负载能力

通常 CPU 总线的负载能力为 1 个 TTL 器件或 20 个 MOS 器件。现在的存储器多为 MOS 电路,直流负载很小,主要为电容负载,所以在小型系统中,CPU 可直接与存储器相连,而在较大的系统中,就要考虑 CPU 能否带得动,如果带不动,就需要加上缓冲器和驱动器,以增加 CPU 的负载能力。常用的驱动器和缓冲器有单向的 74LS244、74LS367 以及 Intel 的 8282 等;双向的 74LS245 以及 Intel 的 8286、8287 等。

2. 存储器的组织、地址分配以及片选问题

在各种微型计算机系统中,字长有 4 位、8 位、16 位、32 位以及 64 位等之分。可是存储器均以字节为基本存储单元,如果要存储一个 16 位或者 32 位的数据,就要放在连续的几个内存单元中,这种存储器称为字节编址结构。80286、80386 的 CPU 是把 16 位或 32 位数的低字节放在低地址(偶地址)存储单元中。

内存通常分为 ROM 和 RAM 两大部分,而 RAM 又分为系统区(即机器的监控程序或操作系统占有的区域)和用户区,用户区又分为数据区和程序区,所以内存地址分配是一个重要问题。另外,目前生产的存储器,单片的容量仍是有限的,如果要组成一个存储器系统,需要多片存储器芯片,这也就要求正确地解决片选问题。

3. CPU 的时序与存储器芯片的存取速度之间的配合

存储器同 CPU 连接时,要保证 CPU 对存储器正确、可靠的存取,必须考虑两者的工作速度是否能匹配。CPU 的取址周期和存储器的读写都有固定的时序,由此决定了对存储器存取速度的要求。具体地说,CPU 对存储器进行读操作时,CPU 发出地址和读命令后,存储器必须在限定的时间内给出有效数据;而当 CPU 对存储器进行写操作时,存储器必须在写脉冲规定的时间内将数据写入指定的存储单元,否则就无法迅速、准确地传送数据。

4. 控制信号的连接

CPU 在与存储器交换信息的时候,有以下几个控制信号(对 8088 而言):IO/$\overline{\text{M}}$、

$\overline{\mathrm{WR}}$、$\overline{\mathrm{RD}}$以及WAIT信号。不同的信号组合,将会实现不同的控制作用。用户应把这些信号与存储器要求的控制信号相连,实现所需的读写控制操作。

6.6.2　存储器片选信号的产生方式和译码电路

1. 片选信号的产生方式

微型计算机的存储器系统通常由 ROM 和 RAM 两部分组成,而 ROM 和 RAM 又是由若干个芯片组成,每个芯片都有一个或多个片选信号。为了保证 CPU 能够正确地访问到存储器中的所有存储单元,如何获得片选信号是存储器接口的关键所在。

通常按用途将地址线分为高位地址线和低位地址线两部分。高位地址线与CPU(如8086)的控制信号(如 M/$\overline{\mathrm{IO}}$)结合,产生存储器芯片的片选信号,以实现片间寻址;低位地址线直接连到所有存储器的芯片,实现存储器芯片的片内寻址。低位地址线的根数等于芯片地址引脚数,即 $A_0 \sim A_n$,n 的值取决于芯片的单元数。如:某芯片单元数为 1K,则连到芯片的低位地址为 $A_0 \sim A_9$;芯片单元数为 2K,则连到芯片的低位地址为 $A_0 \sim A_{10}$;若芯片单元数为 4K,则连到芯片的低位地址为 $A_0 \sim A_{11}$。由此推出芯片单元数与地址引脚号 n 之间的关系为:$2^{n+1} =$ 存储单元数。高位地址线若单独使用,则是线选方式;若组合使用,则为部分译码或全译码方式,在连接时应注意它们的地址分布和重叠区。

1) 线选法(线选方式)

线选法是指高位地址线不经过译码,直接作为存储芯片的片选信号。每根高位地址线接一块芯片,用低位地址线实现片内寻址。线选法的优点是:连接简单,无须专门的译码电路;缺点是:整个存储器的地址不连续,CPU 寻址能力的利用率太低,造成地址空间大量浪费,而且由于部分地址线未参加译码,会出现地址重叠,使一个地址码可能选中两个或两个以上的存储单元。因此,在存储器容量比较小且不要求扩充的系统中,采用线选法是一种非常经济的地址选择方法。当线选法中所需的片选信号比可用的高位地址线多时,线选法就不适用了。

2) 全译码法(全译码方式)

全译码法是指全部高位地址线都要参加译码,译码输出作为各芯片的片选信号。采用这种译码选择方式时,每个存储单元的地址都是唯一的,不存在地址重叠,但译码电路较复杂,连线也较多。全译码法可以提供对全部存储空间的寻址能力,不会浪费存储器地址空间,且各芯片之间地址是连续的。当译码地址未用完时,可以非常方便地扩充存储器系统。当存储器容量小于可寻址的存储空间时,可从译码器输出线中选出连续的几根作为片选控制,多余的令其空闲,以便需要时扩充。

3) 局部译码法(局部译码方式)

局部译码法又称部分译码法,是指将高位地址线中的一部分(而不是全部)进行译码,产生片选信号。该方法只对部分高位地址总线进行译码,以产生片选信号,剩余高位地址线空着或直接用作其他存储芯片的片选控制信号,因此局部译码法是线选法和全译码法的混合。局部译码法由于未参加译码的高位地址线与存储器地址无关,因此存在地址重叠问题。当选用不同的高位地址线进行部分译码时,其译码对应的地址空间不同。

该方法常用于不需要全部地址空间的寻址能力,但采用线选法时地址线又不够用的情况。

2. 存储地址译码电路

存储器的译码电路可以用小规模集成的门电路组合而成,但当需要多个片选信号时,更多的是采用专用于译码的中规模集成电路,如74LS138(3～8译码器)、74LS154(4～16译码器)等。为解决软件的保密性和提高使用的灵活性,目前常用74LS138、74LS139、CD4556、CD4514、PROM、PAL 及 GAL 等芯片作为可编程译码器。

74LS138 经常用来作为存储器的译码电路。74LS138 有 G_1、$\overline{G_{2A}}$、$\overline{G_{2B}}$ 三根片选输入端,A、B、C 3 根二进制码输入端,$\overline{Y_0} \sim \overline{Y_7}$ 八根译码状态输出端。图 6-27 给出了该译码器的引脚图。

74LS138 的工作条件为 $G_1 = 1$,$\overline{G_{2A}} = \overline{G_{2B}} = 0$。因为规定 CS 端(片选端)为低电平时表示选中该存储器芯片,所以译码器输出也是低电平有效。当不满足译码条件时,74LS138 输出全为高电平,相当于芯片还未工作,表 6-9 给出了它的功能表。

引脚左	引脚号左	引脚号右	引脚右
A	1	16	V_{CC}
B	2	15	$\overline{Y_0}$
C	3	14	$\overline{Y_1}$
$\overline{G_{2A}}$	4	13	$\overline{Y_2}$
$\overline{G_{2B}}$	5	12	$\overline{Y_3}$
G_1	6	11	$\overline{Y_4}$
$\overline{Y_7}$	7	10	$\overline{Y_5}$
GND	8	9	$\overline{Y_6}$

图 6-27　74LS138 引脚

表 6-9　74LS138 的功能表

$\overline{G_{2B}}$	$\overline{G_{2A}}$	G_1	C B A	$\overline{Y_7} \sim \overline{Y_0}$	有 效 输 出
0	0	1	0 0 0	1 1 1 1 1 1 1 0	$\overline{Y_0}$
0	0	1	0 0 1	1 1 1 1 1 1 0 1	$\overline{Y_1}$
0	0	1	0 1 0	1 1 1 1 1 0 1 1	$\overline{Y_2}$
0	0	1	0 1 1	1 1 1 1 0 1 1 1	$\overline{Y_3}$
0	0	1	1 0 0	1 1 1 0 1 1 1 1	$\overline{Y_4}$
0	0	1	1 0 1	1 1 0 1 1 1 1 1	$\overline{Y_5}$
0	0	1	1 1 0	1 0 1 1 1 1 1 1	$\overline{Y_6}$
0	0	1	1 1 1	0 1 1 1 1 1 1 1	$\overline{Y_7}$
其他值			× × ×	1 1 1 1 1 1 1 1	无效

注:×表示不定。

6.6.3　CPU 与存储器的连接

在微型计算机中,CPU 对存储器进行读/写操作,首先要由地址总线给出地址信号,选择要进行读/写操作的存储单元,然后通过控制总线发出相应的读/写控制信号,最后才能在数据总线上进行数据交换。CPU 与存储器芯片之间的连接,实质上就是与系统总线连接。RAM 与 CPU 的连接,主要包括:地址线的连接、数据线的连接、控制线的连接。

下面举例来具体说明两者之间如何进行连接,以及在连接过程中应注意的一些问题。

1. 1KB RAM 与 CPU 相连

对于不同类型的芯片来说,组成 RAM 的存储器芯片具有 1 位、4 位、8 位等不同的结构。如:1K 位的存储器芯片,具有 1024×1 位、256×4 位和 128×8 位等几种不同的结构(这里的 1 位、4 位和 8 位通常是指芯片的 I/O 数目)。8088 CPU 的数据总线为 8 位,存储器芯片与这类微处理器相连时,可以采用位并联或地址串联的方法来满足存储体所需要的容量和位数。

1) 存储体所需芯片数目的确定

如果所选存储器芯片的容量不够,应增加容量。则可以按容量要求计算出所需的芯片数目,即:总片数＝总容量/(容量/片)。对于 8088 CPU 的 8 位微处理器来说,1KB RAM 是指 1024×8 位的容量。因此,采用容量为 1024×1 位的芯片组成 1KB RAM 共需该类芯片数为:(1024×8 位)/(1024×1 位/片)＝8 片;若采用 256×4 位的芯片组成 1KB RAM 共需该类芯片数为:(1024×8 位)/(256×4 位/片)＝8 片。

2) 构成数据总线所需的位数和存储体所需的容量

按照要求,如果要组成 1K×8 位,可采用的 1024×1 位的芯片,也可以采用的 256×4 的芯片,两种芯片与 CPU 的连接方式分别如图 6-28 和图 6-29 所示。

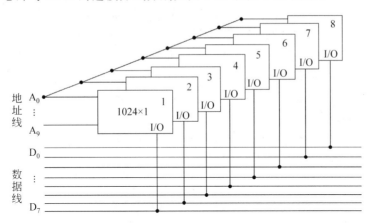

图 6-28　用 1024×1 位的芯片组成 1KB RAM 的方框图

在图 6-28 中,每一片芯片的容量是 1024×1,因此其地址线有 10 条(2^{10}＝1024),满足整个存储体容量的要求。每一片芯片只有一条数据线,相对应于 CPU 的一位数据线,因而只要把每片芯片的数据线分别对应的接到 CPU 数据总线上的相应位即可。8 片同样的芯片并联构成所要求的 8 位数据总线。对芯片没有片选要求的,如果芯片有片选输入端($\overline{CS}$ 或 $\overline{CE}$),可把它们直接接至 IO/$\overline{M}$。在这种连接方法中,每一条地址总线接有 8 个负载。每一片芯片共有 11 个地址和数据引脚。

在图 6-29 中,每一片芯片的容量是 256×4,所以片上的地址线有 8 条(2^8＝256)。又因为每一片芯片的 I/O 线为 4 条,因而需要将两片并联,从而构成微处理器要求的八位数据总线。因此,总的存储体容量 1K(1024＝256×4)就要被分为 4 个部分(又称为页),直

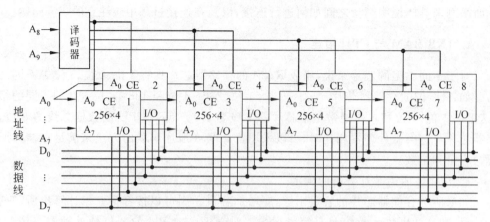

图 6-29　用 256×4 位的芯片组成 1KB RAM 的方框图

接将地址总线上的 $A_0 \sim A_7$ 与各芯片的地址输入端相连,就可以在 256 范围内寻址(即实现页内寻址);由 A_8、A_9 经过译码输出的 4 条线,代表 1K 的不同的 4 个部分(即 4 个页),即:$0 \sim 255$ 为第 1 页;$256 \sim 511$ 为第 2 页;$512 \sim 767$ 为第 3 页;$768 \sim 1023$ 为第 4 页。由于每一片芯片上的数据为 4 位(4 条数据线),故可用 2 片来组成一页。因此共需 4 条页寻址线,每一条同时接两片。

一页内两片芯片的数据线,一个接到数据总线的 $D_0 \sim D_3$,另一个接到数据总线的 $D_4 \sim D_7$,然后将各页的数据线加以并联就可以了。采用这种连接方法,地址总线上的 $A_0 \sim A_7$ 每一条都要接 8 个负载,而 A_8 和 A_9 的负载轻,只需接到译码器;数据总线上每一条带有 4 个负载(虽然每一次只有 1 个被选中,另外 3 个为高阻状态,但由于连线多,连线之间分布电容就是负载)。

从以上分析可知,如果从负载的角度来看:前一种方法较后一种方法强;如果从片的封装的角度来看:每一片的地址、数据引脚越多,封装的引线也就越多,那么合格率就会下降,从而使成本相应地提高。因此,在容量较大的存储器中,一般采用一片一位的结构方式。

3) 控制线、数据线和地址线的连接

对于控制线来说,将读/写等信号线对应相连即可;数据线对应相连,如果 CPU 驱动能力不够,可以加上相应的驱动器。下面给出了一个地址线的连接较为复杂的例子(4KB RAM 的连接)。

2. 4KB RAM 与 CPU 相连

按照前面的方法,采用 Intel 2114 1K×4 位的芯片构成一个 4KB RAM 存储器。

1) 存储体所需芯片数目的确定

由于每片 Intel 2114 为 1024×4 位,因此 4KB RAM 共需要 8 片该芯片。

2) 构成数据总线所需的位数和存储体所需的容量

Intel 2114 共有 10 条地址线和 4 条数据线,一个 $\overline{\text{WE}}$ 和片选 $\overline{\text{CS}}$ 端,为了满足微处理器的数据总线为 8 位的要求,需要每 2 片芯片的数据端并联构成 8 位数据线,整个存储区便分为 4 组(页):0000H~03FFH 为第 1 组(页);0400H~07FFH 为第 2 组(页);0800H~

0BFFH 为第 3 组(页);0C00H～0FFFH 为第 4 组(页)。CPU 的 A_0～A_9 直接与 8 片存储器芯片 Intel 2114 的 A_0～A_9 相连,其他的地址选择线将采取别的方式与存储器芯片的片选$\overline{CS}$相连。

3) 控制线、数据线和地址线的连接

因为 CPU 的地址总线和数据总线及存储器与各种外部设备相连,只有在 CPU 发出的 IO/$\overline{M}$ 信号为低电平时,才能与存储器进行数据交换。所以要求 IO/$\overline{M}$ 与地址信号一起组成片选信号,控制存储器的工作。

通常存储器只有一个读/写控制端$\overline{WE}$,当它的输入信号为低电平时,则存储器实现写操作;当它为高电平时,则实现读操作。故可用 CPU 的 $\overline{WE}$ 信号作为存储器的 $\overline{WE}$ 的控制信号。CPU 的数据线 D_0～D_7 与存储器芯片的 D_0～D_7 对应相连。对于地址线 A_0～A_{15} 来说,它与存储器相连的方法有线选法、局部译码法和全局译码法之分。下面分别对这几种方式加以介绍。

(1) 线选法。在系统 RAM 为 4KB 的情况下,将整个存储体分为 4 组,为了区分不同的 4 组,可以用 A_{10}～A_{15} 中的任何一位来控制某一组的片选端,例如用 A_{10} 来控制第 1 组的片选端,用 A_{11} 控制第 2 组的片选端,用 A_{12} 来控制第 3 组的片选端,用 A_{13} 来控制第 4 组的片选端,如图 6-30 所示。其中,A_0～A_9 作为片内寻址,A_{15}、A_{14} 取 00,则其地址分布如表 6-10 所示。

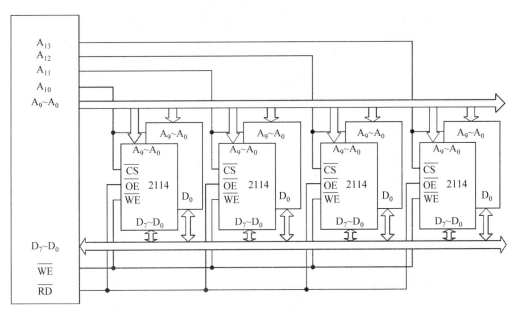

图 6-30　用 2114 芯片组成 4KB RAM 线选控制译码结构图

表 6-10　线选方式地址分布

A_{15}	A_{14}	A_{13}	A_{12}	A_{11}	A_{10}	地址分布
0	0	1	1	1	0	第 1 组:3800H～3BFFH
0	0	1	1	0	1	第 2 组:3400H～07FFH

续表

A_{15}	A_{14}	A_{13}	A_{12}	A_{11}	A_{10}	地址分布
0	0	1	0	1	1	第3组：2C00H～2FFFH
0	0	0	1	1	1	第4组：1C00H～1FFFH

若 A_{15}、A_{14} 取其他值，则其地址分布在其他的位置，地址重叠。

采用线选法不仅出现了地址重叠的问题，而且如果用不同地址线作为片选控制，那么它们的地址分配也不同，并且地址分配不连续。但是，线选法节省了译码电路。由于出现了地址的重叠，故在连接地址线时，必须考虑存储器的地址分布情况。

（2）局部译码选择方式。当系统 RAM 的容量为 4KB（或更多）的时候，若还用 2114 组成，则必须分为 4 组（或更多）。此时可以经过译码器进行译码，既可以采用图 6-26 所示的局部译码法，也可以采用全译码法。如图 6-31 所示，其中 $A_0 \sim A_9$ 作为片内寻址，而 A_{10}、A_{11} 经过译码作为组选择，则其地址分布如下。

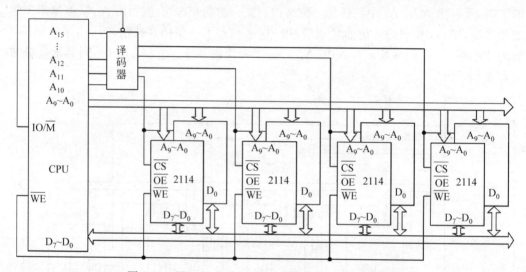

图 6-31　用 2114 芯片组成 4KB RAM 局部译码结构图

第 1 组：0000H～03FFH

第 2 组：0400H～07FFH

第 3 组：0800H～0BFFH

第 4 组：0C00H～0FFFH

但是，实际上 $A_{12} \sim A_{15}$ 为任意值时仍可以表示选中了这几组，所以每组仍有 16K 地址的重叠区（每组占有 16K 地址，地址的最高位由 0 变到 F 都是重叠的范围）。

显然，也可以用 $A_{10} \sim A_{15}$ 中的任意两条线组成译码器，作为组控制线。例如用 A_{14}、A_{15} 来代替 A_{10}、A_{11}，则它们的地址分布就变成如下所示。

第 1 组：0000H～03FFH

第 2 组：4000H～43FFH

第 3 组：8000H～83FFH

第 4 组：C000H～C3FFH

与线选法一样,也出现了地址重叠的问题。如果用不同地址线作为译码控制,那么它们的地址分配也是不同的,并且多组芯片地址不连续。

(3) 全译码法。如图 6-32 所示,采用全译码法来构成 4KB RAM。系统总共有 4KB RAM,则可看成 4 组(页),利用片选信号来区分这不同的 4 组。用 A_{10}～A_{15} 经过译码后来控制片选端。A_{10}～A_{15} 经过 6-64 译码器产生 64 条选择线以控制 64 个不同的组,每组为 1KB。现在 RAM 为 4KB,因此只需用 4 条选择线就可以实现 4KB RAM 的寻址。如果用地址最低的 4 条,即用 000000、000001、000010 和 000011。则此 4 组存储器的地址分配情况如下。

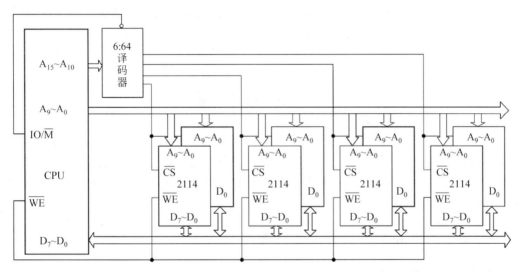

图 6-32 用 2114 芯片组成 4KB RAM 全局译码结构图

第 1 组：	A_{15}——A_{10}	A_9——A_0
地址最低	000000	0000000000
地址最高	000000	1111111111

即为：0000～03FFH

第 2 组：	A_{15}——A_{10}	A_9——A_0
地址最低	000001	0000000000
地址最高	000001	1111111111

即为：0400～07FFH

第 3 组：	A_{15}——A_{10}	A_9——A_0
地址最低	000010	0000000000
地址最高	000010	1111111111

即为：0800～0BFFH

第 4 组：	A_{15}——A_{10}	A_9——A_0
地址最低	000011	0000000000
地址最高	000011	1111111111

即为：0C00～0FFFH

全译码法的译码电路较为复杂，但是每一组的地址是确定的，而且也是唯一的。对于图 6-27 来说，所需的 4 根选择线可以从 64 根译码输出线中任意选出 4 根，只要选定后，地址也就固定下来了。

总之，对于 16 位 CPU 的 16 条地址线可以寻址 0～64K。目前仍然需要由许多片芯片组成，可以由所选用的片子的字数进行分组。有一部分地址线（通常是用低位）连接到所有芯片，实现片内寻址；另外一部分地址线或者单独选用（线选），或者组成译码器（局部译码或全译码），译码器的输出控制芯片的片选端（当然在实际中，片选信号还要考虑 CPU 的控制信号等），以实现组的寻址，在连接时需要注意它们的地址分布的重叠区。

通常的微型机系统的内存储器中，总有相当容量的 ROM，它们的地址必须和 RAM 一起考虑，分别给它们分配一定的地址。其连接原理和方法基本上和前面所述相同，不再赘述。

6.7　外　存　储　器

外存储器是 CPU 通过 I/O 接口电路才能访问的存储器，其特点是存储容量大、速度较低。外存储器用来存放 CPU 当前暂时不用的数据信息。CPU 不能够直接用指令对外存储器进行读/写操作，如果要访问外存储器存放的数据信息，必须先将该数据信息由外存储器调入内存储器。

6.7.1　早期的外存储器设备发展概况

1. 汞延迟线存储器

1950 年，世界上第一台具有存储程序功能的计算机 EDVAC 由冯·诺依曼博士领导设计，使用汞延迟线作存储器，指令和程序可存入计算机中。汞在室温时是液体状导体，用机械波的波峰和波谷来表示 1 和 0。机械波从汞柱的一端开始，通过一振动膜片沿着纵向从一端传到另一端（这就是所谓汞延迟线），机械波回传。在另一端有传感器，传感器获得每一比特的信息，并反馈到起点。这是机械和电子的奇妙结合。但由于环境条件的限制，这种存储器方式会受各种环境因素影响而不精确。

2. 磁带存储器

1951 年 3 月，由 ENIAC 的主要设计者莫克利和埃克特设计的第一台通用自动计算机 UNIVAC-I 中，第一次采用磁带机作外存储器。并首次采用奇偶校验方法和双重运算线路来提高系统的可靠性，还首次进行了自动编程的试验。磁带是所有存储器设备发展中单位存储信息成本最低、容量最大、标准化程度最高的常用存储介质之一。它互换性好、易于保存，近年来，由于采用了具有高纠错能力的编码技术和即写即读的通道技术，大大提高了磁带存储的可靠性和读写速度。

3. 磁鼓存储器

1953 年,第一台磁鼓应用于 IBM 701 计算机,它是作为内存储器使用的。磁鼓是利用铝鼓筒表面涂覆的磁性材料来存储数据的。鼓筒旋转速度很高,因此存取速度快。它采用饱和磁记录,从固定式磁头发展到浮动式磁头,从采用磁胶发展到采用电镀的连续磁介质。这些都为后来的外存之一——磁盘存储器打下了基础。磁鼓最大的缺点是利用率不高,一个大圆柱体只有表面一层用于存储,而磁盘的两面都利用来存储,显然利用率要高得多。因此,当磁盘出现后,磁鼓就被淘汰了。

4. 磁芯存储器

美国物理学家王安 1950 年提出了利用磁性材料制造存储器的思想。福雷斯特则将这一思想变成了现实。为了实现磁芯存储,福雷斯特利用熔化铁矿和氧化物获取了特定的有明确磁化阈值的磁物质制成磁芯。磁化相对来说是永久的,所以在系统的电源关闭后,存储的数据仍然会保留。既然磁场能以电子的速度来阅读,这使交互式计算有了可能。更进一步,用磁芯组成网格,形成存储阵列。不同的数据可以存储在网格的不同位置,易于存取。称为随机存取存储器(RAM)。自 20 世纪 50 年代直至 20 世纪 70 年代初,磁芯存储一直是计算机主存的标准方式。

6.7.2 磁盘存储器

1. 硬盘

硬盘是一种磁表面存储器,是以厚度为 1～2mm 的非磁性的铝合金材料或玻璃、陶瓷等做盘基,在表面涂抹一层磁性材料作为记录介质。磁层既可采用甩涂工艺制成,此时磁粉呈不连续的颗粒存在,也可以用电镀、化学镀或溅射等方法制成。

IBM 公司于 1956 年发明硬盘存储器,型号为 IBM 350 RAMAC(Random Access Method of Accounting and Control)。这套系统的总容量只有 5MB,用了 50 个直径为 24 英寸的磁盘。

硬盘主要由高速旋转的片状磁盘、磁头及其寻道机构组成。硬盘的分类有多种:根据磁头和盘片的不同结构和功能分为:固定磁头磁盘机、活动磁头固定盘片磁盘机和活动磁头可换盘机 3 类。根据采用的技术可分为:温彻斯特磁盘(Wenchster,简称"温盘",下面马上会讲到)和非温彻斯特磁盘。从外形尺寸上可分为:14 英寸、8 英寸、5.25 英寸、3.5 英寸、2.5 英寸、1.8 英寸、1 英寸等。还可以从其容量大小等角度来进行分类。

如图 6-33 所示,为了增大储存容量,多个磁盘片组成一组,相邻盘片之间留有 10～20mm 的空隙,以便磁头能平行插入。每组盘片固定在同一根主轴上,盘面上由外向里有许多同心圆构成相互分离的磁道,通过磁化磁道可以存储信息。最外边的是 0 号磁道。每个磁道再分成同样大小的段,一个盘面上各个磁道的同一段构成一个扇区。由于各个磁道的半径不同,各磁道的存储密度也不一样。不同的盘面上的同一磁道构成一个圆柱面,可连续存放多于一个磁道的信息,即当一次写入信息超过一个磁道时,可继续写入同一柱面上另一盘面的同一个磁道上。即将不同盘面的同一个磁道看成同一个页面。

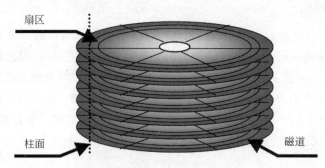

图 6-33　硬盘盘片组示意图

盘片高速旋转,通过悬浮在盘片上的磁头进行读写操作。

硬盘容量的计算公式如下:

硬盘存储容量＝磁头数×柱面数×每道扇区数×每道扇区字节数

其中,磁头数＝盘面数,柱面数＝每个盘面的磁道数。例如某 IDE 接口硬盘有 255 个磁盘面、9729 个柱面、63 个扇区,每个扇区的大小为 512 个字节,则该硬盘的存储容量为:255×9729×63×512＝80023749120(字节)。

硬盘格式化分为低级格式化(又称物理格式化)和高级格式化(又称逻辑格式化)两种。硬盘必须先经过低级格式化、分区、高级格式化才可使用。一般硬盘在出厂时已经做过低级格式化,其主要作用是将硬盘划分为磁道和扇区。分区是把硬盘划分为几个逻辑盘,盘符分别标识为 C、D、E 等,并设立主分区(即活动分区)。高级格式化的主要作用是建立文件系统。

1968 年,IBM 公司提出温彻斯特/Winchester 技术,形成现代绝大多数硬盘的原型。温彻斯特磁盘是由 IBM 公司在美国加州坎贝乐市温彻斯特大街的研究所研制成功的,于 1973 年首先应用于 IBM3340 硬磁盘存储器中,故称作温彻斯特技术。所谓温彻斯特技术是将盘片、磁头以及执行机构都密封在一个容器内与外界环境隔绝,形成一个头盘组合件(HDA),这样不但可避免空气灰尘的污染,而且可以把磁头与盘面的距离减少到最小,加大数据存储密度,从而增大了存储器的容量。并采用小型化轻浮力的磁头浮动块,盘片表面涂润滑剂,实行接触起停。

1979 年,IBM 发明了薄膜磁头,减轻了磁头重量,使存取速度更快、硬盘有更高的存储密度。20 世纪 80 年代末期,IBM 公司又发明了 MR(Magneto Resistive)磁阻磁头,这种磁头在读取数据时对信号变化相当敏感,使得盘片的存储密度比以往提高了数十倍。1991 年,IBM 生产的 3.5 英寸硬盘使用了 MR 磁头,使硬盘的容量首次达到了 1GB,进入了 GB 数量级。IBM 还发明了 PRML(Partial Response Maximum Likelihood)的信号读取技术,使信号检测的灵敏度大幅度提高,从而可以大幅度提高记录密度。

硬盘与主机连接通常采用以下几种接口(详见第 8 章):

(1) 集成硬(磁)盘电接口 IDE(Integrated Drive Electronics);

(2) EIDE,增强型 IDE 接口;

(3) SATA(Serial ATA);

(4) SCSI(Small Computer System Interface,小型计算机系统接口)。

目前微型计算机系统中所使用的硬盘,其容量越来越大,常用的有 10~160GB 等多种规格;其速度也越来越快,常见的有 3600 转/分钟、5400 转/分钟、7200 转/分钟、10000转/分钟、15000 转/分钟等多种转速;其外形尺寸也越来越小,常用的有 14 英寸、8 英寸、5.25 英寸、3.5 英寸、2.5 英寸、1.8 英寸、1 英寸等多样外形。并逐步朝着大容量、高速度、高可靠性、低成本以及小型化的方向不断发展。

硬盘支持独立磁盘冗余阵列技术(RAID-Redundant Array of Independent Disks)(参见 6.7.2 节),简单地说,RAID 是一种把多块独立的硬盘(物理硬盘)按不同方式组合起来形成一个硬盘组(逻辑硬盘),从而提供比单个硬盘更高的存储性能和数据冗余的技术。组成磁盘阵列的不同方式成为 RAID 级别(RAID Levels)。RAID 技术不断地发展,现在已拥有了从 RAID 0 到 6 共 7 种基本的 RAID 级别。另外,还有一些基本 RAID 级别的组合形式,如 RAID 10/01(RAID 0 与 RAID 1 的组合),RAID 50(RAID 0 与 RAID 5 的组合)等。不同 RAID 级别代表着不同的存储性能、数据安全性和存储成本。

RAID 0 条带式,它的基本原理是 RAID 控制器将多块硬盘的空间合并在一起,视为一个逻辑硬盘来管理。实现 RAID 0 至少需要两块硬盘(HD)。通过增加使用的硬盘数量,RAID 0 可以实现非常大的分区空间和极佳的读写速度。这是因为在 RAID 0 模式下,数据的写入是分散地写入所有组成 RAID 0 的硬盘,显然,由于读写的磁头数翻倍,那么读写的速度也会翻倍。但是 RAID 0 的缺点在于它没有提供数据保护功能,所以只要任何一块硬盘损坏就会丢失所有数据,因此 RAID 0 不可应用于需要数据高可用性的关键领域。

RAID 1,镜像式,每块硬盘上的数据都完全相同,创建至少需要 2 块硬盘 只要留有 1块硬盘数据都安全,安全性最高。

RAID 5,有 1 块硬盘的容量来存放校验码,创建至少需要 3 块硬盘,可以去除 1 块硬盘数据都安全,性价比最高。

RAID 10,先做镜像再做条带,创建至少需要块硬盘 HD。可以同时去除半数的盘(但要确认是在镜像保护下的盘),数据都安全。

数据冗余功能指在用户数据一旦发生损坏后,利用冗余信息可以使损坏数据得以恢复,从而保障了用户数据的安全性(除 RAID 0 外)。在用户看起来,组成的磁盘组就像是一个硬盘,用户可以对它进行分区、格式化等。总之,对磁盘阵列的操作与单个硬盘一模一样。不同的是,磁盘阵列的存储性能要比单个硬盘高很多(主要是存取速度上),而且可以提供数据冗余。

RAID 卡是用来实现 RAID 功能的板卡,通常是由 I/O 处理器、硬盘控制器、硬盘连接器和缓存等一系列零组件构成的。不同的 RAID 卡支持的 RAID 功能不同。支持 RAID 0、RAID 1、RAID 3、RAID 4、RAID 5、RAID 10 不等。RAID 卡可以让很多磁盘驱动器同时传输数据,而这些磁盘驱动器在逻辑上又是一个磁盘驱动器,所以使用 RAID 可以达到单个的磁盘驱动器几倍、几十倍甚至上百倍的速率。

可以提供容错功能,这是 RAID 卡的第二个重要功能。

目前,硬盘的面密度已经达到每平方英寸 100Gb 以上,是容量、性价比最大的一种存储设备。硬盘不仅用于各种计算机和服务器中,在磁盘阵列和各种网络存储系统中,它也是基本的存储单元。值得注意的是,近年来微硬盘的出现和快速发展为移动存储提供了一种较为理想的存储介质。在闪存芯片难以承担的大容量移动存储领域,微硬盘可大显身手。尺寸为1英寸的硬盘,存储容量已达4GB,10GB容量的1英寸硬盘已面世。微硬盘广泛应用于数码相机、MP3设备和各种手持电子类设备。

2. 软盘

另一种磁盘存储设备是软盘,从早期的8英寸软盘、5.25英寸软盘到3.5英寸软盘。其中,3.5英寸1.44MB软盘占据计算机的标准配置地位近20年之久,之后出现过24MB、100MB、200MB的高密度过渡性软盘和软驱产品。由于USB接口的闪存出现,软盘已退出存储器设备发展历史舞台。

6.7.3　光盘存储器

光盘存储器是20世纪70年代发展起来的一种新型数据信息存储设备,由于其容量大、寿命长、成本低、使用安全可靠且易于携带等特点,深受用户的欢迎并迅速得到普及和推广。

1. 光盘存储原理

光盘存储器的结构主要包括光盘盘片、光盘驱动器(内有激光头和电机)和光盘控制器(控制光盘移动)。

光盘片一般采用丙烯树脂材料,在其上溅射碲合金薄膜或涂上其他物质材料。当向光盘写入数据信息时,利用功率较强能量高度集中的激光照射在光盘片介质表面上,并根据写入的数据信息来调制激光点的强弱,使介质表面的微小区域温度升高,产生微小的凹凸或其他几何变形,改变盘片介质表面的光反射性质;定义激光在光盘上刻出的小坑代表二进制的1,而空白处则代表二进制的0。当要从光盘中读出数据信息时,利用激光照射光盘片介质,根据反射光强弱变化,经信号处理即可读出数据。当光盘在光驱中做高速转动,激光头在电机的控制下前后移动,数据就这样源源不断地被读取出来了。

2. 光盘存储器的分类

光盘存储器可以分为多种类型。

按盘片直径大小可分为3.5英寸、5.25英寸、8英寸、12英寸等几种。

按读写方式可分为只读型光盘和读写型光盘。

只读型指光盘上的内容是固定的,不能写入、修改,只能读取其中的内容。

读写型则允许人们对光盘内容进行修改,可以抹去原来的内容,写入新的内容。

光盘存储器还可以按容量进行分类。

3. 常见的光盘存储器

用于微型计算机的光盘主要有CD、MO、DVD-ROM和蓝光技术光盘等几种。

1）CD(Compact Disk)光盘

每片光盘单面可存储信息的容量为 600～650M。CD 驱动器从最早的单倍速,到 2 倍速、4 倍速、6 倍速、8 倍速、10 倍速、12 倍速、18 倍速、32 倍速、40 倍速、52 倍速等多种速率。这个倍速是以基准数据传输速率 150KB/s 来计算的,如:8 倍速(又可写为 8×)CD 驱动器的传输速率为:8×150KB/s＝1200KB/s。CD 驱动器其读写速度不断提高。从 CD 读写方式可以分为下面 3 种。

(1) CD-ROM(CD Read Only Memory):只读型光盘。这种光盘出厂前由厂家预先写入信息,写完后信息将永久保存在光盘上,用户只能进行读操作,不能写入。

(2) CD-R(CD Recordable):一次写入型光盘。该类型的光盘允许用户将自己的数据信息写入到盘片上,不过只能写一次,写入后不能擦除和修改但可以反复读出。

(3) CD-R/W(CD Rewritable):多次重写型光盘。可以由用户任意进行读、写和擦除操作,就像操作一般的硬盘一样。

2）DVD(Digital Versatile Disc)数字通用光盘

DVD 是一种新的大容量存储设备,DVD 盘的记录凹坑比 CD-ROM 更小,且螺旋储存凹坑之间的距离也更小,非常紧密,最小凹坑长度仅为 0.4μm,每个坑点间的距离只是 CD-ROM 的 50%,并且轨距只有 0.74μm。其容量视盘片的结构制作而不同,采用单面单层(DVD-5)结构的容量为 4.7G;采用单面双层(DVD-9)结构的容量为 8.5G;采用双层单面(DVD-10)结构的容量为 9.4G;采用双面双层(DVD-18)结构的容量为 17G。DVD 驱动器的速度有 2 倍速、4 倍速、5 倍速等多种速率类型。这里的倍速与 CD 光盘驱动器的倍速是不同的,其基准数据传输速率为 1.385MB/s,比 CD 驱动器快得多。DVD 驱动器向下兼容,可读音频 CD 和 CD-ROM。从 DVD 读写方式可以分为:DVD-ROM(只读型)、DVD-R(一次写入型)、DVD-RW(多次重写型)、DVD-RAM(可擦写型)等多种。

3）MO(Magneto-Optical Disk)

即磁光盘,它是一种主流的可擦写大容量存储器。MO 有 3.5 英寸和 5.25 英寸两种尺寸。3.5 英寸 MO 其最大容量为 640MB,也有 230MB 和 120MB 的。MO 主要用于数据的备份。

4）蓝光技术光盘

DVD 利用红色激光(波长为 650nm)来读取或写入数据,利用波长较短(405nm)的蓝色激光读取和写入数据的蓝光光盘(Blu-ray Disc,BD)是新一代的先进的大容量高密度光盘。

波长越短的激光,能够在单位面积上记录或读取的信息越多,可以对光盘进行高密度记录与读取。最值得关注的"蓝光盘"存储容量在 25GB～200GB 之间,极大地提高了光盘的存储容量。

目前,HD-DVD(High Density DVD)和 BD(Blu-ray Disc,即蓝光盘)均具有单层和双层两种格式:HD-DVD 有 15G 和 30G 的,蓝光盘有 25G 和 50G 的。当然,HD-DVD 和蓝光盘的播放器都可以读 DVD 光碟。采用蓝光技术的光盘按读写方式也可分为只读型、一次写入型、可擦写型等几种。

4. 光盘存储器的发展概况

20 世纪 60 年代,荷兰飞利浦公司的研究人员开始使用激光光束进行记录和重放信息的研究。1972 年获得了成功,1978 年投放市场。最初的产品是激光视盘(LD-Laser Vision Disc)系统。又出现了 CD-DA 激光唱盘、CD-ROM。

LD-激光视盘:就是通常所说的 LCD,直径 12 英寸,两面记录模拟信号。模拟的电视图像信号和模拟的声音信号经过 FM(Frequency Modulation)频率调制、线性叠加,然后进行限幅放大。限幅后的信号以 $0.5\mu m$ 宽的凹坑表示。LD 虽然取得了成功,但由于事先没有制定统一的标准,使它的开发和制作一开始就陷入昂贵的资金投入中。

CD-DA 激光唱盘:1982 年,由飞利浦公司和索尼公司制定了 CD-DA 激光唱盘的红皮书(Red Book)标准。与 LD 系统不同,CD-DA 激光唱盘系统首先把模拟的音响信号进行 PCM(脉冲编码调制)数字化处理,再经过 EMF(8~14 位调制)编码之后记录到盘上。数字记录代替模拟记录的好处是,对干扰和噪声不敏感,对于因盘本身的缺陷、划伤或沾污而引起的错误可以校正。

飞利浦公司和索尼公司想利用 CD-DA 作为计算机的大容量只读存储器。但还必须解决两个重要问题,即建立适合于计算机读写的盘的数据结构,并将误码率从现有的 10^{-9} 降低到 10^{-12} 以下,由此就产生了 CD-ROM 的黄皮书(Yellow Book)标准。这个标准的核心思想是,盘上的数据以数据块的形式来组织,每块都要有地址,这样一来,盘上的数据就能从几百兆字节的存储空间上被迅速找到。为了降低误码率,采用增加一种错误检测和错误校正的方案。错误检测采用了循环冗余检测码,即所谓 CRC,错误校正采用里德-索洛蒙(Reed Solomon)码。黄皮书确立了 CD-ROM 的物理结构。为了使其能在计算机上完全兼容,后来又制定了 CD-ROM 的文件系统标准 ISO 9660。

在 20 世纪 80 年代中期,光盘存储器设备发展速度非常快,先后推出了 WORM 光盘、磁光盘(MO)、相变光盘(Phase Change Disk,PCD)等新品种。

微型计算机常用的光盘控制器是与 CD-ROM/DVD 驱动器连接的控制电路,通常采用如前面所介绍过的 IDE、SCSI 接口,它们也是硬盘驱动器的主要接口。如图 6-34 所示的光盘塔是利用多个 SCIS 接口,将多个 CD-ROM 驱动器串联而成的,光盘预先放置在 CD-ROM 驱动器中。用户访问光盘塔时,可以直接访问 CD-ROM 驱动器中的光盘,因此光盘塔的访问速度较快。但是,速度相比于硬盘来说慢了一些,而且光驱数量有限,数据源很少,所以供同时使用的用户数量也很少,但是由于光驱的价格很低,作为低端产品,它还是能够适用于一些

图 6-34　光盘塔

用户的要求。目前,很多图书馆都采用光盘塔。除此之外,还有光盘库、光盘网络镜像服务器等光盘应用技术。

5. 数字彩色多层多阶光盘存储器的研制

为了提高光存储技术的容量和数据传输率,利用光学最新研究成果,人们提出多种解决方案,可归纳为以下几个方面。

1) 减小信息符的尺寸

一方面直接减少信息符的尺寸。方法如下。

(1) 采用更短波长的激光器,减小信息符的尺寸。采用短波激光,可使道间距减小,比特长度减小,从而可提高光盘的刻录密度;采用脉宽调制,可显著提高记录效率。

(2) 以光量子效应代替目前的光热效应实现数据的写入与读出,从原理上将存储密度提高到分子量级甚至原子量级,而且由于量子效应没有热学过程,其反应速度可达到皮秒量级(10^{-12} s)。

另一方面,提高物镜数值孔径以及采用近场技术等方法提高分辨率,以读取更小尺寸信息符,提高存储容量。目前最小记录符尺寸可以小于 50nm,存储密度可达 100Gb/in^2。

因光束照射到物体表面时,无论透射或反射都会形成传播场(传播波)和非辐射场(隐失波)。传播波携带着物体结构的低频信息,容易被探测器探测。观测传播波使用常规的工具,如显微镜,望远镜及各种光学镜头,距物体表面较远,称处于远场范围。

隐失波携带描述物体精细结构的高频信息,沿物体表面传播,距物体表面仅仅几个 K(=3cm)的区域,称为近场区域。其特征是依附于物体表面,其强度随离开表面的距离增加而迅速衰减,不能在自由空间存在,因而被称为隐失波(Evanescent Wave)。它不仅包括传播波的分量,还包括了离物体表面一个波长以内的成分。隐失波携带描述物体精细结构的高频信息,如果能捕捉到这一部分信息,就可提高系统的分辨率。

采用近场光学原理设计超衍射极限分辨率的光学系统,使物镜数值孔径超过 1.0,相当于探测器进入介质的辐射场,从而能够得到超精细结构信息,突破衍射极限,获得更高的分辨率,可使经典光学显微镜的分辨率提高两个数量级,面密度提高 4 个数量级。

2) 采用多阶技术

最初,是用激光在介质烧出坑来记录和读出 01 二进制信息的。后来人们研究利用光盘信坑的深度、边沿、形状、位置等多种变化实现记录和读出多进制(例如四进制)信息,这就是多阶存储技术。该技术可以在记录单元数不变,不改变硬件参数的情况下,可显著增加存储容量,提高光盘存储密度,提高数据传输速度。该技术包括信息坑深度调制技术,信息坑形状调制技术和信息坑边沿变化调制等。利用这种新的记录方法,新磁盘有望实现每张 15TB 的潜力。

Calimetrics 公司在只读光盘上实现了 8 阶坑深调制。以光量子效应代替目前的光热效应实现数据的写入与读出,从原理上将存储密度提高到分子量级甚至原子量级,而且由于量子效应没有热学过程,其反应速度可达到皮秒量级(10^{-12} s),另外,由于记录介质的反应与其吸收的光子数有关,可以使记录方式从目前的二值存储变成多值存储,使存储容量提高许多倍。

另外,以光量子效应代替目前的光热效应也可以实现多值存储,由于记录介质的反应与其吸收的光子数有关,可以使记录方式从目前的二存储变成多值存储,使存储容量提高许多倍。

3) 读取和写入多层光盘技术

读取和写入多层光盘的新技术,首先是多层光盘制造技术。

(1)"网式涂布"技术:用 UV 硬化树脂层与黏合材料层黏合在一起的方法制造。

（2）日本富士胶片公司用双光子吸收"热模记录"技术制造多层光盘。

核心技术是双光子吸热。同时吸收两个频率相同或不同的光子，将分子激发到更高能状态。由于双光子吸收反应能将激光聚焦在一个很小的区域内，产生高能量致密激光，就能在光盘中造出更多层数。存储容量可达到 1TB（1000GB），最高可实现 15TB 的存储。相关报道发表在《SPIE 进展》上。

对于多层光盘，还有一个读取的问题。为了实现数字彩色多层多阶光盘记录信号的纵向并行读出，就要对彩色信号的复合光束进行分束处理。应用新技术的播放机可以读取高达 10 层的数据。

多层介质光盘的每个介质层中间隔以 $100\mu m$ 厚的隔离层，由于物镜数字孔径 NA 为 0.5，所以光场深度短，$100\mu m$ 厚的间隔层足以阻止层间串光，每个介质层对录入光有足够的吸收，对读出光有足够的反射，同时应有一定程度的透过能力，使激光可以透过各个介质层，当调整光电探测器时，可使激光在逐层上聚焦，光盘可容纳的介质层数量取决于激光功率。IBM 公司已做出质量较好的 4 层介质光盘，对于只需读出的光盘，介质层不考虑吸收，估计可制造 10～20 层。

4）三维多重体全息存储光盘

三维多重体全息存储的原理是：利用某些光学晶体的光折变效应记录全息图形图像，包括二值的或有灰阶的图像信息，由于全息图像对空间位置的敏感性，这种方法可以得到极高的存储容量，并基于光栅空间相位的变化，体全息存储器还有可能进行选择性擦除及重写。

6.7.4　纳米存储器

纳米随机存储器（Nano-RAM）是 Nantero 公司的一种非易失性存储器技术。其原理主要是在一个片状基层上分布碳纳米管。理论上，碳纳米管的小尺寸引导了非常高的存储密度。

$1nm=1\times10^{-3}\mu m$，约为 10 个原子的长度。假设一根头发的直径为 0.05mm，把它径向平均剖成 5 万根，每根的厚度即约为 1 纳米。

1988 年，法国人首先发现了巨磁电阻效应，到 1997 年，采用巨磁电阻原理的纳米结构器件在美国问世。

1998 年，美国明尼苏达大学和普林斯顿大学制备成功量子磁盘，这种磁盘是由磁性纳米棒组成的纳米阵列体系。一个量子磁盘相当于我们现在的 10 万～100 万个磁盘，而能源消耗却降低了 1 万倍。

2002 年 9 月，美国威斯康星州大学的科研小组宣布，他们在室温条件下通过操纵单个原子，研制出原子级的硅记忆材料，其存储信息的密度是目前光盘的 100 万倍。这是纳米存储材料技术研究的一大进展。该小组发表在《纳米技术》杂志上的研究报告称，新的记忆材料构建在硅材料表面上。研究人员首先使金元素在硅材料表面升华，形成精确的原子轨道；然后再使硅元素升华，使其按上述原子轨道进行排列；最后，借助于扫描隧道显微镜的探针，从这些排列整齐的硅原子中间隔抽出硅原子，被抽空的部分代表 0，余下的硅原子则代表 1，这就形成了相当于计算机晶体管功能的原子级记忆材料。

6.7.5 电子硬盘

电子硬盘又称固态硬盘(Solid State Drive),用固态电子存储芯片阵列而制成的硬盘,由控制单元和存储单元(FLASH 芯片、DRAM 芯片)组成。固态硬盘在接口的规范和定义、功能及使用方法上与普通硬盘的完全相同,在产品外形和尺寸上也完全与普通硬盘一致。被广泛应用于军事、车载、工控、视频监控、网络监控、网络终端、电力、医疗、航空、导航设备等领域。

固态硬盘相比机械硬盘有着压倒性的性能优势。电子硬盘体积小、重量轻,存储空间灵活,没有普通硬盘的旋转介质,抗震性好;有着超低的访问延迟和持续稳定的传输率;可在-40~+85℃温度下工作。非常适用于在移动情况下使用。

固态硬盘的存储介质分为两种,一种是采用闪存(FLASH 芯片)作为存储介质,另外一种是采用 DRAM 作为存储介质。

电子硬盘中使用的存储芯片由存储介质和控制 IC 组成,可多次读写,以扩展卡插入主板总线槽的形式存在。它的接口规范和定义以及使用方法上与普通的硬盘完全相同,包括 IDE、SCSI、ATA、STAT、PCI-E、Fibre Channel 等接口。无论是安装和使用都非常方便。

当计算机插入电子硬盘时,系统可以从电子硬盘起动。网络上提供一些电子硬盘产品彩图,读者可自行查询。产品在外形和尺寸上也完全与普通硬盘一致,包括"3.5、2.5、1.8"英吋多种类型。广泛应用于网络计算机、工业控制、航空航天、公共安全、军工、导航设备等需要高可靠性的数据领域。现在家庭、办公使用宽频高速上网,用户会下载大量的文件,当需要把资料存放到其他电脑上时,电子硬盘是最适合的选择。

但和硬盘不同,固态硬盘也有着致命性的缺陷,价格昂贵。并且固态硬盘虽然抗震耐热,但却因为自身半导体结构的特性,使得单一存储元会在擦写数千次之后失效。固态硬盘存储单元一旦失效,就会让整个固态硬盘陷于瘫痪,你也别指望通过传统数据恢复手段能取回数据。

6.7.6 移动存储器

所谓移动存储器,是指可以随身携带的存储器。如:软盘是容量最小的移动存储器。目前常用的移动存储器还有:移动硬盘、ZIP 盘、USB 闪存盘(俗称 U 盘)等。

1. 移动硬盘

移动硬盘主要指采用计算机外设标准接口(USB/IEEE 1394)的硬盘,也称活动硬盘,置于机箱之外,如图 6-35 所示。作为一种便携式的大容量存储系统,它有许多出色的特性:容量大、单位存储成本低、速度快、兼容性好。

USB 接口移动硬盘提供了更方便的在计算机之

图 6-35 移动硬盘

间传输数据的手段。USB接口移动硬盘还具有极高的安全性,一般采用玻璃盘片和巨阻磁头,并且在盘体上精密设计了专有的防震、防静电保护膜,提高了抗震能力、防尘能力和传输速度,不用担心锐物、灰尘、高温或磁场等对USB硬盘造成伤害。IEEE 1394接口移动硬盘,具有高达400Mb/s的数据传输速率。

2. LS-120盘

它是由3寸软盘驱动器发展而来的,其速度是标准软驱的5倍。LS-120盘片的存储容量可达120M。由于LS-120驱动器的结构与1.44M的3寸软盘驱动器相似,因此它能够兼容标准的3寸软盘。

3. ZIP盘

它也是由3寸软盘驱动器发展而来的,其速度是标准软驱的20倍。目前只有3.5英寸ZIP盘,有并行口、IDE和SCSI 3种接口。ZIP盘的容量可达100MB,而且外壳十分坚硬,携带方便可靠,其外形与3寸软盘相似,只是要厚一些。

4. USB闪存盘

USB闪存盘简称闪存,又称闪盘、U盘或优盘。其原理已在6.4.5节讨论过。

近几年来,闪存已成为移动存储器的主流产品。它是一种新型半导体存储器,是一种基于USB接口的无须驱动器的微型高容量活动盘,可以简单方便地实现数据交换。U盘体积非常小,容量比软盘大很多(目前可达数十GB)。它不需要驱动器,无外接电源,使用简便,即插即用,带电插拔;存取速度快,约为软盘速度的15倍;可靠性好,可擦写100百万次以上,数据可保存10年以上;采用USB接口,并可带密码保护功能。

目前,市场上基于闪存的存储器或驱动器的产品很多,如朗科优盘(Only Disk)、清华紫光、爱国者迷你王、MP3卡等。随着闪存技术的日渐成熟,带有各种附加属性的U盘层出不穷,如加密型(对其中的数据进行加密)、启动型(引导系统启动)等。

6.7.7 网络存储与云存储

信息社会对海量数据信息的存储与共享提出了更高的要求。而网络技术的飞速发展,使此事得以实现,网络存储技术应运而生并日趋完善。

网络存储技术是基于数据存储的一种通用网络术语。网络存储结构大致有：DAS(Direct Attached Storage,直接连接式存储)、NAS(Network Attached Storage,网络附加存储)和SAN(Storage Area Network,存储域网络)3种。DAS是直接与主机系统相连接的存储设备。

DAS技术是最早被采用的存储技术,如同PC的结构,是把外部的数据存储设备都直接挂在服务器内部的总线上,构成服务器结构一部分。但随着需求的不断增大,越来越多的设备添加到网络环境中,会导致服务器负担过重,资源利用率低下,数据共享受到严重的限制,因此适用在一些小型网络应用中。

NAS是采用直接与网络介质相连的特殊设备实现数据存储的机制,由于这些设备都分配有 IP 地址,所以客户机通过充当数据网关的服务器可以对其进行存取访问,甚至在某些情况下,不需要任何中间介质客户机也可以直接访问这些设备。

　　NAS 存储技术改进了 DAS 存储技术,采用特殊设备,通过标准的拓扑机构,无须服务器直接与企业网络连接,不依赖于通用的操作系统,因而存储容量很容易扩展,对于原来的网络服务器和网络的性能没有影响。

　　SAN 存储技术的支撑技术是光纤通道——FC 技术,与前面介绍的 NAS 存储技术完全不同,它不是把所有的存储设备集中安装在一个服务器中,而是将这些设备单独通过光纤交换机连接起来,形成一个光纤通道存储在网络中,然后再与企业的局域网进行连接,这种技术的最大特性就将网络和设备的通信协议与传输介质隔离开,可以在同一个物理连接上传输,高性能的存储系统和宽带网络使用,使得系统在构建成本和复杂程度上大大降低。

　　网络存储技术用到的技术和协议有:SCSI、RAID(Redundant Array of Independent Disks,独立磁盘冗余阵列)、FC(Fibre Channel,光纤信道)以及 iSCSI(Internet Small Computer System Interface,互联网小型计算机系统接口)等。SCSI 支持高速、可靠的数据存储;RAID 可以提供磁盘容错能力;FC 提供存储设备相互连接的技术,支持高速通信(可以达到 4Gb/s 甚至更高);iSCSI 通过 IP 网络实现存储设备间双向的数据传输,通过 iSCSI,网络存储器可以应用于包含 IP 的任何位置,iSCSI 大致工作流程如图 6-36 所示。

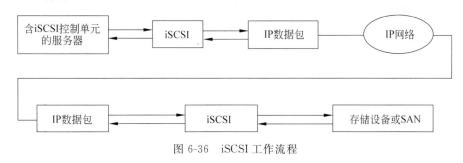

图 6-36　iSCSI 工作流程

　　网络存储大大提高了数据的存储量、共享性、可扩展性;随着网络技术、通信技术发展以及新型材料(如:石墨烯)的研发与应用等,网络存储将向低成本、虚拟化、智能化、超大容量的趋势发展。

　　云存储是一种新兴的网络存储技术,是指通过集群应用、网络技术或分布式文件系统等功能,将网络中大量各种不同类型的存储设备通过应用软件集合起来协同工作,共同对外提供数据存储和业务访问功能的一个系统。

习　题　6

一、填空题

　　1. 微型计算机存储系统由_____、_____、_____和_____构成。

　　2. 在计算机系统中,作为_____称为"存储字",存储字的位数称为"_____",通常存储字长与_____相同。

3. 按读写功能分类,可将半导体存储器分为:_____、_____和_____。

4. ROM 属于非易失性存储器。常见的类型有:_____、_____、_____、_____、_____。

5. MOS 型 RAM 又分为_____和_____,分别简称为_____和_____。

6. 用户在选择存储器件时,应根据_____、_____、功耗、_____、_____、_____、集成度等几个重要指标来进行选择。

7. 为保证动态 RAM 中的内容不消失,需要进行_____操作。

8. DDR 200/266/333/400 的工作频率分别是 100/133/166/200MHz,而等效频率分别是_____MHz;DDR2 400/533/667/800 的工作频率分别是_____,而等效频率分别是 400/533/667/800MHz。

9. 通常以_____来衡量存储器的可靠性。

10. Cache 的中文名称是_____,在系统中位于_____和_____之间。

11. 开机时 Cache 中_____,当 CPU 送出一组地址去读取主存时,读取的主存的内容被同时_____到 Cache 之中。此后,_____,Cache 控制器要检查 CPU 送出的地址,判别 CPU 要读取的数据是否在 Cache 存储器中。若是存在于 Cache 之中,则称为_____,CPU 可以用极快的速度从 Cache 中读取数据。

12. 内存条上的元件主要是_____和_____、电容等元件组成的。

13. 金手指是内存条下方的_____是内存条与主板上内存槽接触的部分,数据就是靠它们来传输的。使用时间长就可能有氧化的现象,_____,易发生_____的故障,所以可以隔一年左右时间用_____擦清理一下金手指上的氧化物。

14. 80386 以上的微处理支持_____、_____和_____ 3 种工作方式。

15. 实现虚拟存储器的关键是自动而快速地实现_____(即程序中的逻辑地址)向_____的变换。通常把这种地址变换叫做_____或_____。

虚拟存储器通常由_____和_____两级存储系统组成。为了在一台特定的机器上执行程序,必须把_____地址映射到这台机器主存储器的_____地址空间上,这个过程称为_____。目前普遍采用的方式有 3 种:_____、_____和_____。

16. 利用存储器芯片构成存储系统,包括_____、_____和_____ 3 种扩充连接方式。

17. 用 2K×8 的 SRAM 芯片组成 32K×16 的存储器,共需 SRAM 芯片_____片,产生片选信号的地址至少需要_____位。

二、选 择 题

1. 下面关于主存储器(也称为内存)的叙述中,不正确的是(　　)。

    A. 正在执行的指令与数据都必须存放在主存内,否则处理器不能进行处理

    B. 存储器的读、写操作,一次仅读出或写入一个字节

    C. 字节是主存储器中信息的基本编址单位

    D. 从程序设计的角度来看,Cache(高速缓存)也是主存储器

2. 下面的说法中,(　　)是正确的。

　　A. EPROM 是不能改写的

　　B. EPROM 是可改写的,所以也是一种读写存储器

　　C. EPROM 是可改写的,但它不能作为读写存储器

　　D. EPROM 只能改写一次

3. 微机系统中的存储器可分为四级,其中存储容量最大的是(　　)。

　　A. 内存　　　　　B. 内部寄存器　　C. 高速缓冲存储器　　D. 外存

4. 若 256KB 的 SRAM 具有 8 条数据线,那么它具有(　　)地址线,可以直接存取 1M 字节内存的微处理器,其地址线需(　　)条。

　　A. 10　　　　　　B. 18　　　　　　C. 20　　　　　　　D. 32

5. 断电后被存储的数据会丢失的存储器是(　　)。

　　A. RAM　　　　　B. ROM　　　　　C. CD-ROM　　　　D. 硬盘

6. 双端口存储器之所以能高速进行读/写,是因为采用(　　)。

　　A. 高速芯片　　　　　　　　　　B. 两套相互独立的读写电路

　　C. 流水技术　　　　　　　　　　D. 新型器件

7. 设内存按字节编址,若 8K×8 存储空间的起始地址为 7000H,则该存储空间的最大地址编号为(　　)。

　　A. 7FFF　　　　　B. 8FFF　　　　　C. 9FFF　　　　　D. AFFF

8. 内存按字节编址,地址从 90000H 到 CFFFFH,若用存储容量为 16K×8bit 的芯片构成该内存,至少需要的存储芯片(　　)片。

　　A. 2　　　　　　B. 4　　　　　　C. 8　　　　　　D. 16

9. 某主存的地址线有 11 根,数据线有 8 根,则该主存的存储空间大小为(　　)位。

　　A. 8　　　　　　B. 88　　　　　　C. 8192　　　　　D. 16384

10. Intel 2114 为 1K×4 位的存储器,要组成 64KB 的主存储器,需要(　　)片该芯片。

　　A. 16　　　　　　B. 32　　　　　　C. 48　　　　　　D. 128

11. 虚拟存储器是(　　)。

　　A. 可提高计算机运算速度的设备

　　B. 扩大了主存容量

　　C. 实际上不存在的存储器

　　D. 可容纳总和超过主存容量的多个作业同时运行的一个地址空间

12. 下列存储器中速度最快的是(　　)。

　　A. 硬盘　　　　　B. 光盘　　　　　C. 磁带　　　　　D. 半导体存储器

13. 表示主存容量的常用单位为(　　)。

　　A. 数据块数　　　B. 字节数　　　　C. 扇区数　　　　D. 记录项数

14. 组合一个 32KB 内存,采用(　　)组件来组合最适合。

　　A. DRAM 256K×1 位　　　　　　B. DRAM 64K×4 位

　　C. SRAM 64K×4 位　　　　　　 D. SRAM 16K×8 位

15. 某计算机字长 32 位,其存储容量为 4MB,若按字编址,它的寻址范围是(　　)。

    A. 0~1MB　　　B. 0~4MB　　　　C. 0~4MB　　　　D. 0~1MB

16. 设内存按字节编址,若 8K×8 存储空间的起始地址为 7000H,则该存储空间的最大地址编号为(　　)。

    A. 7FFF　　　　B. 8FFF　　　　C. 9FFF　　　　D. AFFF

三、判断改错题

(　　)1. CMOS 本质上是一种 ROM。

(　　)2. 在计算机系统中,构成虚拟存储器只需要一定的硬件资源。

(　　)3. CPU 不能直接对硬盘中数据进行读写操作。

(　　)4. 即便关机停电,一台微机 ROM 中的数据也不会丢失。

四、简答题

1. 存储器与 CPU 连接时应考虑哪几个因素? 存储器片选信号产生的方式有哪几种?

2. 外存储器的主要作用是什么? 它们有哪些特点?

五、计算题

1. 请问下列 RAM 芯片各需要多少个地址输入端?

(1) 256×1 位　　　(2) 512×4 位　　　(3) 1K×1 位　　　(4) 64K×1 位

2. 对下列 RAM 芯片组排列,各需要多少个 RAM 芯片? 几个芯片一个组? 共多少个组? 多少根片内地址选择线? 多少根芯片组地址选择线?

(1) 512×4 位 RAM 组成 16K×8 存储容量。

(2) 1K×4 位 RAM 组成 64K×8 存储容量。

3. 用 512×16 位的 Flash 存储器芯片组成一个 2M×32 位的半导体只读存储器,试问:

(1) 数据寄存器多少位?

(2) 地址寄存器多少位?

(3) 共需要多少个这样的存储器件?

4. 要求用 256×4 位的存储芯片组成容量为 1KB 的随机读写存储器,问:

(1) 需要 256×4 位的存储芯片多少片?

(2) 需要对该存储芯片进行何种方式的扩展?

(3) 画出此存储器的组成框图。

第7章

中 断 系 统

7.1 中断系统基本概念

人怎样教会计算机暂时放下当前的工作,先去处理突发紧急情况,然后再返回继续处理被中断的事情,这是本章所要讨论的内容。

中断技术是微机系统的核心技术之一,它不但提供了 DOS(操作系统)、BIOS(基本输入/输出系统)等系统调用,为程序员提供了方便,同时也为实时检测与控制提供了有效的手段。因此,中断技术是微型计算机硬件接口及应用系统设计开发人员必须熟练掌握的关键技术。

7.1.1 中断的概念和作用

1. 中断

所谓中断,是指当计算机正在执行正常的程序时,计算机系统中的某个部分突然出现某些异常情况或特殊请求,CPU 这时就中止(暂停)它正在执行的程序,而转去执行申请中断的那个设备或事件的中断服务程序,执行完这个服务程序后,再自动返回到断点执行原来中断了的正常程序,这个过程或这种功能就叫做中断,中断处理过程示意如图 7-1 所示。

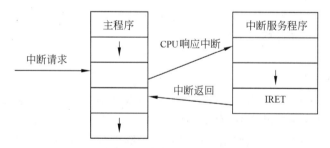

图 7-1   中断处理示意图

2. 中断系统的作用

1) 分时处理

有了中断系统,CPU 可以命令多个外部设备在不同时间点上并行工作,减少单项工作中的等待时间,这样就大大提高了 CPU 数据的吞吐率。中断成为主机内部管理的重要技术手段,使计算机执行多道程序,带多个终端,为多个用户服务,大大加强了计算机整个系统的功能。

2) 故障处理

计算机在运行过程中,往往会出现一些故障,如电源掉电、存储出错、运算溢出等。有了中断系统,当出现上述情况时,CPU 可以转去执行故障处理程序,自行处理故障而不必停机。

3) 实时处理

在实时控制系统中,要求计算机为它服务是随机的,处理机必须及时响应外部请求,及时处理,否则,可能丢失数据或造成无法弥补的损失。例如,在过程控制中,当出现温度过高、压力过大的情况时,处理机通过中断系统及时响应并给予处理。

4) 调试程序时设置

见后述内部中断。

7.1.2 中断的分类

8086/8088 中断系统可以处理 256 种不同的中断。根据中断源的不同,256 种中断可以分为两大类:外部中断(硬件中断)和内部中断(软件中断)。

1. 外部中断

外部中断也称为硬件中断,指一些同机器硬件错误有关引起的中断称为硬件故障中断。又分为:可屏蔽中断(INTR)和不可屏蔽中断(NMI)。广义的还包括系统初始化 INIT,更广义的包括系统管理中断$\overline{\text{SMI}}$。

1) 可屏蔽中断 INTR

一般的外部设备,如外存、键盘、鼠标、扫描仪及打印机等以及为延时而设置的实时时钟,定时器/计数器等提出的中断。

可屏蔽中断(INTR)是指中断请求信号由外设发送到 CPU 的 INTR 引脚上引发的中断。该中断受中断允许标志 IF 的控制。当 IF=1 时,中断被响应;当 IF=0 时,中断被禁止(屏蔽)。

2) 不可屏蔽中断

不可屏蔽中断(NMI)常用于紧急情况处理和故障请求。在机器运行过程中,有时硬件出现偶然性或固定性故障,如内存单元奇偶错、电源值上升下降超限、停电、元器件突然烧坏以及 I/O 通道错等。对这些错误所发生的中断依次称为内存奇偶错中断、电源故障中断、部件故障中断。

不可屏蔽中断是 CPU 必须立即应对的外部中断,它的中断请求信号由外设直接发送到 CPU 的 NMI(而不是 INTR)引脚上。这种中断自然不受 IF 标志位影响,它是不可禁止(屏蔽)的。

为此要求 NMI 由 0 跳变到 1 以后要维持至少 4 个连续的处理器时钟周期的高电平,否则该中断不能被识别;而且当 NMI 由 1 转变到 0 后,又要维持至少 4 个连续的处理器时钟周期的低电平,否则新的 NMI 请求不能被识别。

NMI 中断的类型号固定为 2,NMI 中断到来后,当前指令执行一结束,就立即转到类型号 2 指定的入口地址开始执行不可屏蔽中断处理程序。

2. 内部中断

1) 由程序预先安排的中断指令(INT *n*)引起的中断

由程序预先安排的中断指令(INT *n*)引起的中断,又称为软件中断。INT *n* 是使用非常广泛的软件中断指令。指令中,*n* 为中断类型号,它可以是常数,或常数表达式,其值必须在 0~255 的范围内。如测试存储器容量指令 INT 12H,12H 为中断类型号。

在 BIOS 以及 DOS 操作系统中就提供了不少这样的功能调用,如 DOS 功能调用 INT 21H,BIOS 功能调用 INT 10H、INT 16H 等。

执行 INT *n* 指令时,和发生硬件中断一样,要把反映现场状态的标志寄存器 FLAGS 内容保存入栈,把 IP 和 CS 内容保存入栈,然后才能转到中断处理程序去执行。从中断返回时,要恢复 IP 和 CS 内容,还要恢复原标志寄存器的内容。

2) 程序性中断

有时由于程序算法上的差错,程序在运行过程中有可能出现各种错误。由此产生的中断,统称为程序性中断,也称为异常。也是一种不可屏蔽中断。

程序性中断会自动被测试,不仅不受 IF 中断允许标志位的影响(不可屏蔽),而且中断类型号是固定的,中断处理功能也是约定好的。因此这些软件中断指令在执行时,不需要中断识别总线周期,CPU 会中断正在运行的程序,立即启动相应的中断处理程序。

(1) 根据出错位置的处理,可大致将这些内部中断和异常分为:失效(Fault)、陷阱(Trap)和终止(Abort)三类。

① 失效

如执行除法指令时,出现除数为 0 或商超过寄存器所能表达的范围,则产生类型号为 0 的内部中断 INT 0(优先级最高的内部中断)。

若指令执行结果使溢出标志位"置 1(OF=1)",会执行溢出中断指令(INTO),引起类型 4 的内部中断。与被零除中断不同的是,出现溢出状态时不会由上一条指令自动产生中断,必须由 INTO 指令执行溢出中断。

再如缺页的 14 号中断。在执行一条指令时,如果发现所要访问的页没有在内存中(存在位为 0),那么停止该指令的执行,并产生一个页不存在"异常"信号,对应的故障处理程序可通过从外存加载该页到内存的方法来排除故障,之后,原先引起异常的指令就可以继续执行。

还有地址越界 9 号中断,指令中的操作数地址或程序计数器 PC 越出该程序的地址空间;

非法操作码的 6 号中断,程序运行过程中出现未定义的操作码或在目态下执行了管态才能执行的特权指令;

存储器超量装载等。

② 陷阱

在调试程序时,为了检查程序中的错误,可以在程序中设置中断断点。

1号单步中断　单步中断是在 TF=1 时,系统自动生成的类型 1 的中断。在程序的单步执行中,屏幕上显示出当前各寄存器和有关存储器单元的内容,并指示下条要执行的程序。通过这种逐条运行指令的方式,可以跟踪程序流程,查看中间结果,通过数据变化查找程序中的错误。

3号断点中断　断点中断指令 INT 3 和一般的 INT n 指令的不同之处是:INT 3 指令的机器代码是单字节,而 INT n 指令的机器代码为 2 字节。INT 3 指令可用来设置断点,为调试程序提供了有力的手段。常被放在需要设置断点的指令前。如我们用 debug 调试程序的时候,就可以将 INT 3 嵌入到指定断点处指令的第 1 字节位置上(原字节予以保存),当程序执行到 INT 3 指令处即发生类型 3 中断。我们可以在该中断处理程序中,显示当前寄存器内容以及指定存储位置的内容后,取回保存的原字节,恢复原指令流的执行。实际上,很多调试程序都是利用 INT 3 指令来完成断点跟踪功能的。

5号边界检查中断　BOUND 指令是边界检查指令,它有两个操作数:第 1 个操作数用来指定容纳数组索引的寄存器;第 2 个操作数必须是存储器操作数,其第 1 个字是数组下标的下限,第 2 个字是数组下标的上限。BOUND 指令执行时将检查数组的索引值,若小于下限或大于上限,则将发生类型 5 中断。

③ 终止

当对引起异常的指令确切位置无法确定时产生的程序性中断称为"中止",例如硬件错误或系统表中的非法数值等造成的异常即属此类。

(2) 3 类程序性中断的区别:这三类中断的区别主要表现在两方面:一是发生异常的报告方式不同;二是异常处理程序的返回方式不同。

失效是这样一种异常,即在引起失效的指令启动之后、执行之前被检测到,将错误指令的 CS:EIP 压栈。且在处理异常的程序执行完后返回该条指令,重新启动并执行完毕。例如,在虚拟存储器系统中,当处理访问的页或段不在物理存储器中时,便产生一个失效字,引起异常中断;其中断服务程序立即从盘上读取这个页或段至物理内存中,然后再返回主程序中重新启动并执行这条指令。

陷阱是这样一种异常,即该异常是在产生陷阱的指令执行完后才被报告,将错误指令的 CS:EIP 压栈。且其中断服务程序结束后返回到主程序中该条指令的下一条指令。例如,Intel 8086/80x86 CPU 中用户自定义的中断指令 INT n 就属于此类异常。

当出现终止此类严重异常时,原来的程序已无法继续执行,只好终止,不保存,由中断服务程序重新启动操作系统并重建系统表格。

7.2　中断的全过程

一般来说,中断全过程分为以下几步:中断请求→判断是否可屏蔽→中断优先级的判别(中断排队,中断源识别)→中断响应→中断处理(保护现场,中断服务)→中断返回(恢复现场)。

7.2.1　中断请求与中断屏蔽

1. 中断请求、中断请求的条件与中断屏蔽

内部中断请求,是由内部中断指令(或满足一定条件时),CPU 自动以中断方式挂起正在执行的程序。外部中断请求就是外部设备(中断源)用某种信号加在 CPU 的某个引脚上,通知 CPU。在具有中断处理能力的微处理器外部引线中,都有一根或多根中断请求线。例如,M6800 有 IRQ 可屏蔽中断请求线及 NMI 非屏蔽中断请求线;8086/8088 有 INTR 中断请求线和 NMI 非屏蔽中断请求线。

一台外设必须满足下列条件才能向 CPU 发出中断请求:

(1) 外设本身的准备工作已完成。每一个中断源的接口电路中都设有一个中断请求触发器(IRR),当中断请求触发器的输出端为高电平(即 1),表示该外设提出了中断请求。中断请求触发器能将中断请求信号一直保持,直到 CPU 响应,才由 CPU 清除。

(2) 本台外设未被屏蔽,每台中断源的接口电路都还设置了一个中断屏蔽触发器(IMR),当在程序控制下,使中断屏蔽触发器输出端置 1 时,允许中断(EI),外设的中断信号请求通过与非门被送到 CPU。当该触发器输出端置 0 时,则禁止该中断源的中断申请。

2. 中断优先级别

对于可屏蔽中断,CPU 由它的 INTR 引脚电平感知这些中断请求。那么,CPU 是否接受这些中断请求呢?

1) CPU 是否有"空闲"接受中断

只有当 IF=1 时,CPU 的 INTR 引脚收到有效的中断请求信号后才予以响应;如果 IF=0,则不予响应,也就是说中断请求被屏蔽。

2) CPU 按优先级别选择可屏蔽中断源

如果 CPU 当前有空闲接受中断,但当有多个中断源请求中断,怎么办呢?

CPU 会使用 8259A 可编程中断控制器,根据任务的轻重缓急,给每个中断源指定一个优先级(也称优先权),使得当多个中断源同时请求中断时,CPU 按照它们的优先级顺序依次响应。如果某个中断未被响应,也就是说这个中断请求被屏蔽。依照计算机领域中的惯例,优先级按 0 级、1 级、2 级……从高到低排列。优先级最高的为 0 级。安排优先级别的原则是:先内部中断,后外部中断;先故障中断,后设备中断;先高速设备中断,后慢速设备中断;DMA 请求优先于一般 I/O 请求。

外部硬件中断有可能是 ISA 设备发出,也可能是 PCI 中断,现代微机中还支持串行中断技术,但最终到 CPU 的中断请求只有中断控制器发出的 INTR。

计算机的中断过程与转子指令的执行有些相似,但两者却有本质的差别:①调用子程序是事先知道某种需要而在程序中插入一条调用指令,它是程序员事先安排好的,而中断服务程序的执行则是由随机的中断事件引起的。②子程序的执行往往与主程序有关,而中断服务程序可能与被中断的正常程序毫无关系。③程序中不会出现同时有多个子程

序要求执行的情况,但可能发生多个中断事件同时请求 CPU 服务的情况。所以,中断的处理要比转子指令的执行复杂,中断服务程序与子程序的功能和编写也不同。一般子程序是在计算机程序中能够完成一定功能的一串指令,它可以成为主程序的一部分,也可以在主程序中的不同地方使用,而中断服务程序的主要功能是完成某种外设与主机之间的信息传送,每种外部设备的传送都有自己专用的中断服务程序。中断服务程序的编写结构有特殊的要求,也就是它的前处理部分要有保存现场、交换屏蔽字和开放中断的功能,后处理部分应有关闭中断、恢复现场、恢复屏蔽字、开放中断等功能,且在前处理部分和后处理部分是不允许其他高级中断源中断的,而子程序在编写上没有一定的格式规范。

3. 单线中断与中断嵌套

由于处理器的封装引脚数目有限,中断请求线的数目受到限制。一般为 2~3 根,最多 5~6 根。例如,Intel 8086/8088 CPU 只有 2 根中断请求线(INT 和 NMI),Intel 8051 有 5 根中断输入线。

对于 Intel 8086/8088 CPU,只有一条可屏蔽中断请求线。当 CPU 正在处理某个 Intel 8086/8088 中断时,不允许其他可屏蔽设备再中断 CPU 的程序,即使优先级高的可屏蔽设备也不能打断,只能等到这个可屏蔽中断处理完毕后,CPU 才响应其他可屏蔽中断。例如,若设备的优先等级依次降低为:A、B、C。当 CPU 处理 B 设备中断程序的过程中,A、C 提出了中断请求,此时 CPU 运行方法如图 7-2(a)所示。

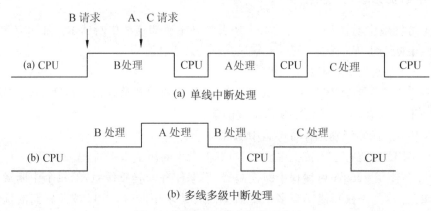

图 7-2 同时中断请求的处理方法

对于有多根可屏蔽中断请求线的 CPU,中断源可连成多层优先级别结构。这样就允许优先级高的中断打断优先级低的中断服务程序,打断后,CPU 先处理优先级高的中断,处理完毕后再回到断点处理完被打断的中断程序。这样就形成了中断服务的嵌套,如图 7-5(b)所示。

7.2.2 中断源识别与中断优先级的管理

当出现多个中断源同时提出中断请求,中断源识别的任务是确定该先处理哪一个中断,并引出中断入口,调用其对应的中断服务程序。

解决中断源识别问题常常有 3 种处理方法,即软件查询法、硬件查询法和利用专门的中断优先权编码电路芯片支持的中断向量法。

1. 软件查询法(程序查询识别)

CPU 一旦检测出有中断请求时,就自动从固定地址的单元取出一条指令,并执行以这条指令开始的一段中断识别程序,中断识别程序对连接于中断线上的每一台设备按照优先次序逐台查询,检查每台设备的接口的中断请求状态位。若某位为 1,表示此位对应设备有中断请求,则为其服务,程序转到与此位对应设备的中断服务程序入口地址(即把此地址送指令计数器 PC)。若此位为 0,就查询下一个优先级别的设备的中断请求状态位,若还为 0,再依次下查,如图 7-3 所示。

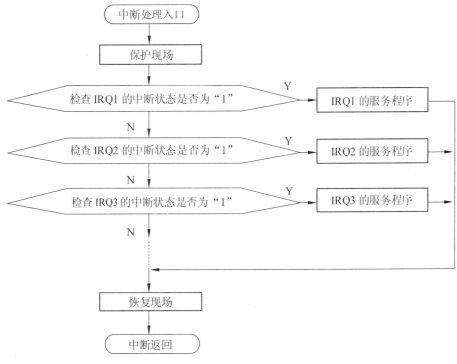

图 7-3　软件查询识别中断方法

2. 硬件查询法(单级串行顺序链识别)

硬件查询法采用串行顺序链电路来取代前面的软件程序。其基本原理是系统将中断询问指令预置在主存的固定单元 N 中,当中断请求被检测到时,指令计数器 PC 就指向 N 单元,CPU 执行指令,该指令发生查询信号 POL,沿着串行顺序链电路依次经过各设备接口,如果某一设备未发送中断请求信号,则放过 POL 信号,POL 传给下一个设备接口;如果传到的某设备已发送中断请求信号,则 POL 信号到此截止,并发生回答信号 SYN,同时将设备地址作为该设备的服务程序入口地址,调出对应服务程序为其服务,如图 7-4 所示。

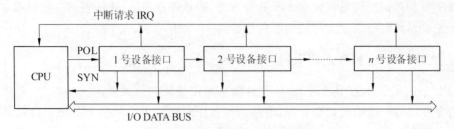

图 7-4　串行顺序链识别中断方法

3. 中断向量法

1）实模式下中断向量和中断向量法识别

8086/8088/286/386/486/Pentium 系列 CPU 的实模式下中断机理是大同小异的,系统在主存的最低段存有 1K 字节的中断向量表,可保存有 256 个中断向量。对每种中断都指定一个中断类型号,从 0~255。每一个中断类型号都可以与一个中断服务程序相对应,中断服务程序存放在存储区域内。一个中断向量占 4 字节空间,表示中断服务程序入口地址:低地址的两个字节存放中断服务程序入口地址的偏移量 IP;高地址的两个字节存放中断服务程序入口地址的代码段 CS 段基值。当 CPU 响应中断后,根据中断类型号 n 乘以 4 得到中断向量表的指针,由此获得中断服务子程序的入口地址。地址号从主内存的 00000H 到 003FFH。中断向量表如图 7-5 所示。由 CPU 实现从主程序到中断服务程序的程序切换,这种方法称为中断向量法,适合于多级中断结构。

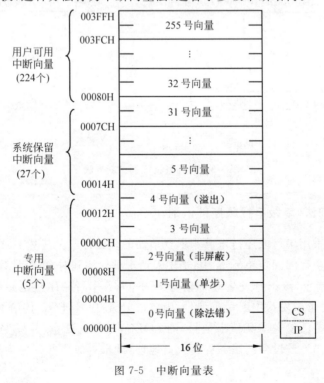

图 7-5　中断向量表

如前所述,IBM-PC/XT保留的中断(所用的PC-DOS的版本号不同会有一些不同)中前5个中断类型是8086/8088规定的专用中断,类型5~类型31为系统中断。在这些中断类型号中,12H为测试存储器容量指令中断类型号。其余的中断类型号原则上可由用户定义,但INT 21H为系统功能调用,中断类型20H~3FH为DOS功能调用等已规定为专用调用。

CPU获得中断服务程序入口地址后,把向量表$4n$地址开始的两个低字节单元的内容装入IP寄存器,即:IP←($4n$:$4n+1$)

再把两个高字节单元内容装入代码段寄存器CS,即:CS←($4n+2$:$4n+3$)

完成中断向量的识别。

例如,键盘中断的向量号为09H,键盘中断对应的中断向量表位于0000:0024H(注意:0000表示中断向量表的基地址,位于最低端,而24H=36D)开始的4个单元,如果在这4个单元中存放的数值是25H,01H,A9H,0BH,它对应的中断服务程序的入口逻辑地址为0BA9H:0125H。

2) 保护模式下中断描述符表IDT

从80386以后,存储器出现了保护模式。与实模式不同,在保护模式下,需要进行对存储在内存中的中断描述符表(Interrupt Descriptor Table,IDT)和全局描述符表(GDT)或局部描述符表(LDT)进行两次查表的过程才能获得中断服务子程序的入口地址。注意:在CPU中专门有一个中断描述符表寄存器IDTR指示IDT在内存的地址。可以通过装载指令LIDT,将IDTR的内容装载到内存中,对IDT表进行定位。

中断描述符表IDT的每一个表项对应一个中断/异常向量号,分别对应256个中断类型。

中断描述符表IDT是由门描述符组成的,表内可以存放256个门描述符。每个门描述符的大小是8个字节,所以IDT的长度可达2KB。在系统中IDT仅存在一个,可以保存在内存中的任何位置。

门描述符是用来描述程序控制转移的入口地址,任务内特权级的改变和任务间切换都是通过门描述符实现的。门描述符共分4种:调用门(Call Gates)、陷阱门(Trap Gates)、中断门(Interrupt Gates)和任务门(Task Gates)。和中断处理过程有关的主要是中断门、陷阱门和任务门,任务门用于任务间切换,中断门和陷阱门是用来描述中断和异常的入口。中断门和陷阱门在结构上很相似,只需将图7-9所示的中断门描述符中间一行的10改成11即可。二者的区别在于调用时对中断标志IF处理方法的不同,当调用中断门时,IF被置为0,以便屏蔽硬件中断,而调用陷阱门时则不对IF进行处理。一般来说,陷阱门是用来捕获异常,而中断门则是用来响应中断。段选择子装入CPU内的CS寄存器,再通过查找GDT(全局描述符表),或LDT(局部描述符表)到目标段的基地址;中断门和陷阱门中的32位偏移量为中断服务子程序的入口地址偏移量。

图7-6给出了中断门描述符的内容。从中断类型号n查到实模式中断向量,转换成保护模式中断描述符,即从IDT中获取对应的门描述符。门描述符中每一项包含中断服务程序的地址,该地址形式为段选择子和32位偏移地址。IDT还包含P位(表示描述符有效)和描述中断优先级的DPL位等。

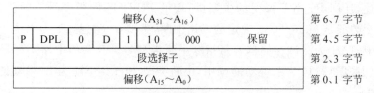

偏移（$A_{31} \sim A_{16}$）								第 6、7 字节
P	DPL	0	D	1	10	000	保留	第 4、5 字节
段选择子								第 2、3 字节
偏移（$A_{15} \sim A_0$）								第 0、1 字节

图 7-6   保护模式中断描述符

再查全局描述符表（GDT）或局部描述符表（LDT）。

中断门描述符中的段选择子中有一个 TI 位，指定当前查找 GDT 还是 LDT。如果 TI＝0 则查找 GDT，否则查找 LDT。从 GDT/LDT 中得到中断服务子程序入口所在 CS 段的基地址和表的限长。门描述符中 32 位偏移量为中断服务子程序的入口地址偏移量。将中断服务子程序入口的 CS 段的基地址和偏移量相加，得到中断服务子程序的入口地址。

中断服务子程序入口地址获取示意如图 7-7 所示。

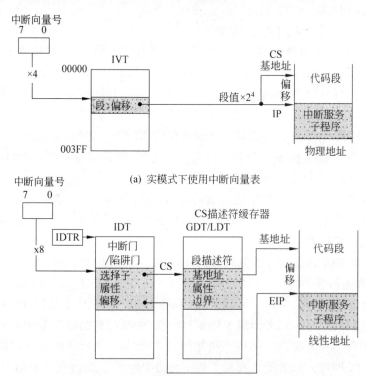

（a）实模式下使用中断向量表

（b）保护模式下使用中断描述符表

图 7-7   保护模式下中断服务子程序的入口地址获取示意图

7.2.3   中断服务的过程

CPU 响应中断，必须等到当前的一条指令执行完毕，才能中止往下执行程序，转去执行中断服务程序。

1. 实模式下中断响应的过程

中断服务程序一般由 3 个部分组成：起始部分(也叫前处理部分)、主体部分和结尾部分(也叫后处理部分)，如图 7-8 所示。

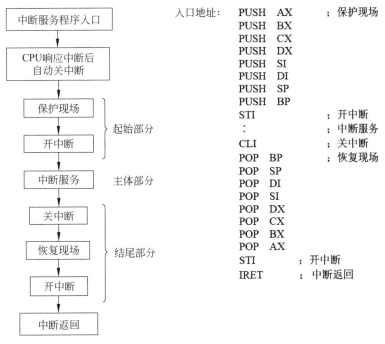

图 7-8 中断服务程序框图与程序示例

(1) 起始部分——保护现场,把中断服务中将要使用到的寄存器(含 CS、IP、标志寄存器 PSW 等等)内容保护起来,通过 PUSH 指令压入堆栈;然后才进行与此次中断有关的相应服务处理。

(2) 主体部分——中断服务,清除中断标志(IF)和陷阱标志(TF)。然后开放(允许)中断(IF＝1)在中断响应时,CPU 内的中断允许触发器自动关闭。其目的是在替换新老屏蔽字和保护现场操作时禁止一切中断,否则会引起 CPU 现场混乱。现场保护以后就应开放中断,以便在本次中断处理过程中可以响应更高级的中断请求。若本次中断过程不允许再被中断,就可以不进行这一操作。

取出中断向量的内容,然后送入 IP 和 CS 中,使下一指令执行由中断向量寻址的中断服务程序。

起始部分完成后,接着进入中断处理程序的主体部分,即真正的服务程序,完成相应的操作。可根据不同的任务设计相应的服务程序段。有的是进行数据传送,有的是设备检查,有的是数据传送完毕后结束处理。根据不同情况,主体部分可以是一条指令,也可以是一段程序。

(3) 结尾部分——恢复现场

① 关闭(禁止)中断(IF＝0),防止恢复现场过程被其他中断所打扰。禁止中断是通

过关闭中断指令来实现的。

② 恢复本次中断的现场,把保护现场中堆栈的内容(IP、CS、PSW 等)弹回各个寄存器。

③ 清除中断请求寄存器的相应位,表明本次中断服务程序已经结束。

④ 开中断(IF=1)。在中断服务程序的最后要开中断,以便 CPU 在返回主程序后能响应新的中断。

⑤ 中断返回。服务程序的最后一条指令通常是中断返回指令,当 CPU 执行这条指令时,把主程序的断点地址(CS:IP)从堆栈中弹出,CPU 就从程序断点的下一个指令继续执行被中断了的主程序。

2. 保护模式下中断服务过程

(1) 在保护模式下,中断/异常响应后,除了要在堆栈中保护现场和断点外,还要将可能出现的错误码压入堆栈,而实模式下不存在错误码。

(2) 运行中断服务子程序。

(3) 执行 IRET 指令使中断返回,被保存在堆栈中的中断现场信息被恢复,并由中断点处继续执行原程序。

除了 IDT 和中断描述符外,保护模式中断功能与实模式中断相似,都是通过使用 IRET 指令从中断返回。唯一区别在于,在保护模式下微处理器访问 IDT 而不是中断向量表。

7.3　中断向量及其操作

7.3.1　中断向量的设置

中断向量在开机通电时,由程序装入内存指定的中断向量表中。系统配置和使用的中断所对应的中断向量由系统软件负责装入。若系统中未配置系统软件,就要由用户自己装入中断向量。

1. 用 MOV 指令设置

例如,用指令设置如下的中断向量,假设中断类型号为 60H,中断服务程序的段基址为 SEGT,偏移地址为 OFFT(006DH),则中断向量表的程序段为:

```
......
CLI                    ;关中断
CLD                    ;清方向标志,使 DI 值加 1
MOV  AX,0
MOV  ES,AX
MOV  DI,4*60H          ;中断向量指针送 DI
MOV  AX,OFFT           ;中断服务程序偏移地址送 AX
STOSW                  ;AX 送[DI][DI+1]中,然后 DI 加 2
```

```
MOV  AX,SEGT
STOSW                        ;中断服务程序的段基址送[DI+2][DI+3]
STI                          ;开中断
...
```

2. 将中断服务程序的入口地址直接写入中断向量表

```
...
MOV  AX,00H
MOV  ES,AX
MOV  BX,60H * 4
MOV  AX,006DH
MOV  ES:[BX],AX
PUSH CS
POP  AX
MOV  ES:[BX+2],AX
```

7.3.2　中断向量的修改

实际上,我们在设置或检查任何中断向量时,总是避免直接使用中断向量的绝对地址,而是利用 DOS 功能调用 INT 21H 修改中断向量和恢复中断向量。此外要注意,在设置自己的中断向量时,应先保存原中断向量,再设置新的中断向量,在程序结束前恢复原中断向量。

(1) 修改中断向量:把由 AL 中指定中断类型号的中断向量 DS:DX,放置在中断向量表中。

　　预置:AL=中断类型号

　　　　　DS:DX=中断服务程序入口地址

　　　　　AH=25H　　　;DOS 子功能调用,设置中断向量,见表 4-2

　　执行:INT 21H

(2) 恢复中断向量:把由 AL 中指定中断类型号的中断向量,从中断向量表中取到 ES:BX 中。

　　预置:AL=中断类型号

　　　　　AH=35H　　　;DOS 子功能调用,设置中断向量,见表 4-2

　　执行:INT 21H

　　返回:ES:BX=中断服务程序入口地址

　　例如:利用 DOS 功能调用修改中断向量和恢复中断向量。

```
MOV  AL,N                    ;取中断向量到 ES:BX 中
MOV  AH,35H                  ;DOS 子功能调用,读取中断向量,见表 4-2
INT  21H
PUSH ES                      ;存原中断向量
PUSH BX
```

```
        PUSH    DS
        MOV     AX,SEG INTRAD          ;设置中断向量段地址在 DS
        MOV     DS,AX
        MOV     DX,OFFSET INTRAD
        MOV     AL,N                   ;中断类型号 n
        MOV     AH,25H                 ;设置中断向量
        INT     21H
        POP     DS
        ...
        POP     DX
        POP     DS
        MOV     AL,N
        MOV     AH,25H
        INT     21H
        RET
INTRAD:                                ;中断服务子程序
        ...
        IRET
```

7.3.3　中断类型号的获取

向量中断中,中断入口地址与中断类型号有关。中断类型号获取方式如下。

(1) 对于除法出错,单步中断,不可屏蔽中断 NMI;断点中断和溢出中断,CPU 分别自动提供中断类型号 0~4。

(2) 对于用户自己确定的软件中断 INT n,类型号由 n 决定。

(3) 对外部可屏蔽中断 INTR,可以用可编程中断控制器 8259A 获得中断类型号。

7.4　Intel 8259A 可编程中断控制器

为了管理众多的外部中断源,Intel 公司设计了专用控制芯片——8259A 可编程中断控制器(PIC)。其功能就是在有多个中断源的系统中,接收外部的中断请求,并进行判断,选中当前优先级最高的中断请求,再将此请求送到 CPU 的 INTR 端;当 CPU 响应中断并进入中断服务子程序的处理过程后,中断控制器仍负责对外部中断请求的管理。如当某个外部中断请求的优先级高于当前正在处理的中断优先级时,中断控制器会让此中断通过而到达 CPU 的 INTR 端,从而实现中断的嵌套;反之,对其他级别较低的中断则给予禁止。

8259A 的工作状态和操作方式,根据接收到的 CPU 命令而确定。CPU 送给 8259A 的命令分两类:一类是初始化命令字,也称预置命令字 ICW。8259A 在开始操作之前,必须对它写入初始化命令字,使它处于预定的初始状态。另一类是操作命令字,也称操作控制字 OCW。用来控制 8259A 执行不同的操作方式,如中断屏蔽、中断结束、优先级循环和 8259A 内部寄存器状态的读出和查询等,操作控制字可以在初始化后的任何时刻写入

8259A。可以用它来动态地控制 8259A 的中断管理方式。

本节详细讨论 Intel 系列的可编程中断控制器(PIC)8259A 的结构、工作原理、工作方式和编程方法。

7.4.1 8259A 的框图和引脚

1. 功能及工作特点

Intel 8259A 是 80x86 系列的可编程的中断控制器,它有如下的主要功能和工作特点。

(1)一片 8259A 管理 8 级外部中断源。如果采用主从级联方式,就可以扩大中断源数。例如用两片 8259A 级联,管理 15 级中断源。若用 9 片 8259A 级联,不必附加外部电路就能管理 64 级中断源。通过对 8259A 编程,可以选择多种优先级排序方法。例如,固定优先级、循环优先级、一般完全嵌套、特殊完全嵌套、一般屏蔽和特殊屏蔽等。

(2)每一级中断都可以屏蔽或允许。

(3)在中断响应周期,8259A 可提供相应的中断向量,从而能迅速地转至中断服务程序。

(4)由于 8259A 是可编程的,所以使用起来非常灵活,在实际系统中,可以通过编程使 8259A 工作在多种不同的方式。

(5)8259A 是用 NMOS 工艺制造的,工作时只需要一组+5V 电源。

2. 结构框图

8259A 的结构方框图如图 7-9 所示。一片 8259A 有 8 条外界中断请求线 IRQ0～IRQ7,每一条请求线有一个相应的触发器来保存请求信号 1,从而形成了中断请求寄存器 IRR,最多可同时接收 8 个中断源的申请。

正在被服务的中断,由中断服务寄存器 ISR 某位置 1 记录,若有多位置 1,表明有中断嵌套。当某个中断结束后,由中断结束命令 EOI 或自动将相应位的 ISRi 清零。

中断屏蔽寄存器 IMR 的每一位可以对 IRR 中的相应的中断源进行屏蔽。但对于较高优先级的请求实现屏蔽并不会影响较低优先级的请求。

优先权判断电路对保存在 IRR 中的各个中断请求,经过判断确定最高的优先级,并在中断响应周期把它选通至中断服务寄存器。

数据总线缓冲器是 8259A 与系统数据总线的接口,它是 8 位的双向三态缓冲器。凡是 CPU 对 8259A 编程时的控制字,都是通过它写入 8259A 的;8259A 的状态信息,也是通过它读入 CPU 的;在中断响应周期,8259A 送至数据总线的中断向量也是通过它传送的。

读/写控制逻辑 CPU 通过它能执行 IN 指令,实现对 8259A 的读出(状态信号),也能执行 OUT 指令,实现对 8259A 的写入命令字。

级联缓冲比较器实现 8259A 片子之间的级联,使得中断源可由 8 级扩展至 64 级。

控制逻辑电路对芯片内部的工作进行控制,使它按编程的规定,通过 INT 线向 CPU

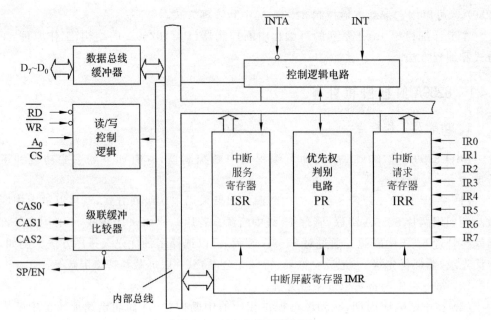

图 7-9　8259A 的结构框图

发出中断申请;或接收来自 CPU 的中断响应信号 $\overline{\text{INTA}}$。

控制电路有 7 个寄存器:初始化命令字 ICW1~ICW4 寄存器和操作命令字 OCW1~OCW3 寄存器,其内容由程序设定。

3. 8259A 的引脚

8259A 采用 DIP 双列直插式 28 根引脚封装的大规模集成电路专用芯片,其引脚配置如图 7-10 所示。

		8259A		
$\overline{\text{CS}}$	1		28	V_{CC}
$\overline{\text{WR}}$	2		27	A_0
$\overline{\text{RD}}$	3		26	$\overline{\text{INTA}}$
D_7	4		25	IR7
D_6	5		24	IR6
D_5	6		23	IR5
D_4	7		22	IR4
D_3	8		21	IR3
D_2	9		20	IR2
D_1	10		19	IR1
D_0	11		18	IR0
CAS0	12		17	INT
CAS1	13		16	$\overline{\text{SP/EN}}$
GND	14		15	CAS2

图 7-10　8259A 的引脚

（1）$D_7 \sim D_0$：8 位数据总线、双向三态。它是与 CPU 连接的数据信息通道，用来传送控制、状态和中断类型号。CPU 可以通过 I/O 读命令，从 8259A 中读取内部寄存器的内容，送到 $D_7 \sim D_0$，用以了解 8259A 的工作情况，也可以通过 I/O 写命令，对 8259A 中的内部寄存器进行编程。在小系统中，可直接与 CPU 的数据总线连接；在较大系统中，需接总线驱动器。

（2）$\overline{CS}$：片选信号，输入，低电平有效。有效时，表示 CPU 正在访问该 8259A。一般是接至地址译码器的输出，由地址高位控制。

（3）$\overline{RD}$：读信号，输入，低电平有效。当其有效时，可将 8259A 的状态信息读至 CPU。

（4）$\overline{WR}$：写信号，输入，低电平有效。当其有效时，允许 CPU 把命令字写入 8259A 的控制逻辑电路。

（5）$\overline{INTA}$：CPU 发出的中断响应信号，输入，低电平有效。

（6）INT：中断请求信号、输出。它用来向 CPU 发送中断请求信号。接至 CPU 的 INTR 引脚。

（7）IR7～IR0：由外部 I/O 设备或诸如其他 8259A 输入中断请求信号。

（8）CAS2～CAS0：级联信号线，从 8259A 的主片的 3 条线输出，到从片的这 3 条线输入。这 3 条线与 SP/EN 线相配合，实现 8259A 的级联。

（9）$\overline{SP/EN}$：主或从设备的设定/缓冲器读写控制。

注意其作为主或从设备时的不同连接。

（10）A0：地址线，输入，用于选择 8259A 的两个端口：偶地址端口（偏移为 0）和奇地址端口（偏移为 1）。与 $\overline{CS}$、$\overline{WR}$ 和 $\overline{RD}$ 的配合操作如表 7-1 所示。

表 7-1　8259A 读写操作及地址

$\overline{CS}$	$\overline{RD}$	$\overline{WR}$	A_0	功　　能	8259A 端口	PC/XT 机端口
0	0	1	0	CPU 从 8259A 读 IRR，ISR	偶地址	主片 20H 从片 A0H
0	0	1	1	CPU 从 8259A 读 IMR	奇地址	主片 21H 从片 A1H
0	1	0	0	CPU 向 8259A 写 ICW1、OCW2、OCW3	偶地址	主片 20H 从片 A0H
0	1	0	1	CPU 向 8259A 写 ICW2、ICW3、ICW4、OCW1	奇地址	主片 21H 从片 A1H
0	1	1	×	无操作		
1	×	×	×	无操作		

7.4.2　8259A 中断响应过程

在 8259A 预置操作过程的开头，总要依次写入初始化命令字和操作命令字，启动 8259A 的初始化过程，并自动完成下列操作：

清除中断屏蔽寄存器 IMR;设置以 IR7 为最低优先级的一般完全嵌套方式,固定中断优先级排序;将从片 8259A 设备标志码 ID 置成最低优先级 7;清除特殊屏蔽方式;设置读 IRR 方式。

8259A 中断控制器能实现向量中断。它是在中断响应期间,由 8529A 向 CPU 送出中断类型号,而引导 CPU 找到中断服务程序的入口地址。

8259A 对外部中断请求的工作过程如下。

(1) 当 8259A 的 IR7~IR0 某些引脚电平变高,表明有相关设备提出中断请求,它的 IRR 寄存器中的对应位便置 1,对这些中断请求作了锁存。

(2) 由中断屏蔽寄存器 IMR 中的对应位判断(0 通过,1 屏蔽)。

(3) 中断优先权判断电路把新进入的中断请求和当前正在处理的中断一起进行比较,如果确定新进入的某个中断请求具有较高的优先级,8259A 的输出端 INT 为 1,向 CPU 发出中断请求(否则,要等待当前中断处理完毕)。

(4) 如果 CPU 的中断允许标志 IF 为 1,即开中断,CPU 执行完当前指令后,就可以响应此中断。一个中断响应共需要两个连续的总线周期,时序如图 7-11 所示。

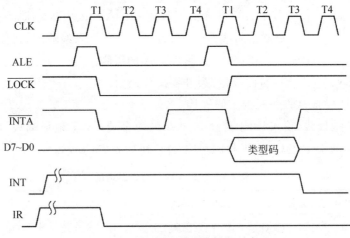

图 7-11 中断响应总线周期时序

(5) CPU 从 $\overline{\text{INTA}}$ 线上往 8259A 回送两个负脉冲作为响应。第一个负脉冲到达时,8259A 把服务寄存器 ISR 相应位置 1,为中断优先权判断电路以后的工作提供判断依据。并把 IRR 中对应的位清零,使 $\overline{\text{LOCK}}$ 信号为有效低电平,使总线处于封锁状态,在 IR7~IR0 线上的中断请求信号就不予接受。完成第一个中断响应周期。直到第二个负脉冲到达时,才使 IRR 的功能重新生效。

(6) CPU 启动另一个中断响应周期,回送第二个负脉冲,8259A 完成下列动作。

8259A 初始化时,已将中断类型号写入命令字 ICW2。此时 8259A 读取控制逻辑电路中的 ICW2,送到数据总线的 $D_7 \sim D_0$,CPU 由此确定中断向量,并进一步确定中断服务程序入口地址。

如果 ICW4(方式控制字)中的中断自动结束位为 1,那么在第二个 $\overline{\text{INTA}}$ 脉冲结束时,8259A 会将原来设置的中断服务寄存器 ISR 的相应位清零。

如果是其他方式,则只有当中断服务程序结束时,由软件发出的 EOI 命令才能使 ISR 复位。

7.4.3　8259A 中断触发方式

按照中断请求的引入方法来分,8259A 有几种中断触发方式。

1. 边沿触发方式

当选用边沿触发方式时,中断请求的实现是通过 IRi 输入的电平从低电平到高电平跳变(即用负脉冲的后沿),并一直保持高电平,直到中断被响应时为止。即在第一个 $\overline{\text{INTA}}$ 脉冲下降沿出现后为止。中断请求被响应后,边沿检测器的锁存作用被解除。只有当 IRi 变为无效后,边沿检测器才能重新进入待命状态,接受其他请求。

边沿触发方式是通过初始化命令字 ICW1 来设置的。边沿触发方式,适用于不希望产生重复响应及中断请求信号是一个短暂脉冲的情况。边沿触发方式和自动 EOI 方式一起采用时,就不会发生重复嵌套现象。

2. 电平触发方式

当选用电平触发方式时,8259A 通过采样 IRi 端上输入的持续一定时间的高电平,来识别外部输入的中断请求信号。完全由 IR 端输入的有效电平来触发 8259A,而与有效电平出现的方式和瞬间无关。

电平触发方式是通过初始化命令字 ICW1 来设置的。在电平触发方式下,要注意的一点是当中断输入端出现一个中断请求并得到响应后,输入端必须及时撤除高电平,如果在 CPU 进入中断处理过程并且开放中断前未去掉高电平信号,则可能引起不应该有的第二次中断。

3. 中断查询方式

中断查询方式一般用在多于 64 级中断的场合,也可以用在一个中断服务程序中的几个模块分别为几个中断设备服务的情况,在这两种情况下,CPU 用查询命令得知中断优先级后,可以在中断服务程序中进一步判断运行哪个模块,从而转到此模块为一个指定的外部设备进行服务。

中断查询方式既有中断的特点,又有查询的特点。中断查询方式的特点如下。

(1) 设备仍然通过往 8259A 发中断请求信号要求 CPU 服务,但 8259A 不使用 INT 信号向 CPU 发中断请求信号。8259A 输入端的中断请求信号可以是上升沿,也可以是高电平,这决定于 8259A 初始化命令字 ICW1 中的 LTM 位。

(2) CPU 内部的中断允许触发器复位,禁止外部对 CPU 的中断请求。

(3) CPU 要使用软件查询来确认中断源,从而实现对设备的中断服务。

CPU 执行的查询软件中必须有查询命令,才能实现查询功能。查询命令是通过往

8259A 发送相应的操作命令字 OCW3 来实现的。

当 CPU 往 8259A 的偶地址端口发出查询性质的 OCW3 时,如果这之前正好有外设发出过中断请求,那么 8259A 就会在当前中断服务寄存器中设置好相应的 ISR 位,于是,CPU 就可以在查询命令之后的下一个读操作时,从当前中断服务寄存器中读取这个优先级。

从 CPU 发出查询命令到读取中断优先级期间,CPU 所执行的查询程序段应该包括下面几个环节:

系统关中断;用输出指令将 OCW3 送到 8259A 的偶地址端口;用输入指令从偶地址端口读取 8259A 的查询字。

在采用中断查询方式的系统中,除了中断控制器 8259A 以外,一般总是要有一些附加电路来帮助完成最后的查询任务,所以,从根本上来讲,中断查询是用 8259A 来替代完全查询式系统中的大部分查询电路的一种工作方式。

7.4.4　8259A 工作方式

8259A 有多种工作方式,这些工作方式都可以通过编程方法来设置,所以,使用起来很灵活。但是,正是由于可以设置的工作方式多,使一些读者感到 8259A 的编程和使用不大容易掌握。为此,在讲述 8259A 的编程之前,我们先对 8259A 的工作方式分类进行简单的介绍。按照优先级设置方法来分,8259A 有如下几种工作方式。

1. 一般完全嵌套方式

在一般完全嵌套方式中,中断请求按优先级 0~7 进行处理,0 级中断的优先级最高。

2. 特殊完全嵌套方式

特殊完全嵌套方式和一般完全嵌套方式只有一点不同,就是如果有同级的中断请求,也会给予响应,从而实现一种对同级中断请求的特殊嵌套。

特殊完全嵌套方式一般用在 8259A 级联的系统中,此时主片工作在特殊完全嵌套方式,从片仍处于其他优先级方式。这样,当来自某一从片的中断请求正在处理时,对来自优先级较高的主片其他引脚上的中断请求进行开放;另一方面,对来自同一从片的较高优先级请求也会开放,对同一从片中这样的请求,在主片引脚上反映出来,是与当前正在处理的中断请求处于同一级的。

系统中采用一般完全嵌套方式还是特殊完全嵌套方式,由 8259A 的初始化命令字 ICW4 决定。

3. 优先级自动循环方式

优先级自动循环方式一般用在系统中多个中断源优先级相等的场合,在这种方式下,优先级队列是在变化的,一个设备受到中断服务以后,它的优先级自动降为最低。在优先级自动循环方式中,初始优先级队列规定为 IR0、IR1、IR2、IR3、IR4、IR5、IR6、IR7,如果这时 IR4 端正好有中断请求,则进入 IR4 的中断处理子程序。处理完 IR4 后,IR5 为最高优先级,依次为 IR5、IR6、IR7、IR0、IR1、IR2、IR3、IR4,依次类推。

系统中是否采用自动循环优先级,由 8259A 的操作方式命令字 OCW2 决定。

4. 优先级特殊循环方式

优先级特殊循环方式和优先级自动循环方式相比,只有一点不同,就是在优先级特殊循环方式中,一开始的最低优先级是由编程确定的,从而最高优先级也由此而定,例如,确定 IR5 为最低优先级,那么 IR6 就是最高优先级。而在优先级自动循环方式中,一开始的最高优先级一定是 IR0。

优先级特殊循环方式也是由 8259A 的操作方式命令字 OCW2 设定的。

7.4.5　屏蔽中断源的方式

8259A 有多种工作方式,按照对中断源的屏蔽方法来分,8259A 有两类屏蔽中断源的方式,这些屏蔽中断源的方式可以通过编程方法来设置。

1. 普通屏蔽方式

8259A 内部有一个屏蔽寄存器,程序设计时,可以通过设置操作命令字 OCW1,使屏蔽寄存器中任一位或几位置 1,使对应的中断请求被屏蔽。

对中断的屏蔽总是暂时的,过了一定的时间,程序中又需要撤销对某些中断的屏蔽或者需要撤销对所有中断的屏蔽,这时,可以通过对 OCW1 的重新设置来实现。

2. 特殊屏蔽方式

在有些场合,希望一个中断服务程序能动态地改变系统的优先级结构。例如,在执行中断处理程序的某一部分时,希望禁止较低级别的中断请求;在执行中断处理程序的另一部分时,又能够开放比本身的优先级别低的中断请求。

为了达到这样的目的,自然会想到一个办法,就是在此中断服务程序中用操作命令字 OCW1 将屏蔽寄存器中本级中断的对应位置 1,使本级中断受到屏蔽,这样便可以开放低级中断请求。

设置了特殊屏蔽方式后,用 OCW1 对屏蔽寄存器中某一位 i 进行置位时,就会同时使当前中断服务寄存器 ISR 中的对应位 IRi 自动清 0。这样,不仅屏蔽了当前正在处理的这级中断,而且真正开放了其他级别较低的中断。

使用了这种方式后,尽管系统当前仍然在处理一个较高级的中断,但由于 8259A 的屏蔽寄存器 IMR(OCW1)中对应于此中断的数位被设置为 1,并且当前中断服务器 ISR 中的对应位 IRi 被清 0,从外界看来,好像不再处理任何中断。因而,这时即使有最低级的中断请求,也会得到响应。

7.4.6　结束中断处理的方式

按照对中断处理的结束方法来分,8259A 有两类结束方式,即自动结束方式和非自动结束方式。而非自动结束方式又分为两种,一种叫一般的中断结束方式,另一种叫特殊的中断结束方式。

当一个中断请求得到响应时,8259A 都会在中断服务寄存器 ISR 中设置相应位 IRi,这样,为以后中断裁决器的工作提供了依据。当中断处理程序结束时,必须使 ISRi 位清 0,这个使 IRi 位清 0 的动作就是中断结束处理。

1. 中断自动结束方式

这种方式只能用在系统中只有一片 8259A,并且多个中断不会嵌套的情况。

在中断自动结束方式中,系统一进入中断过程,8259A 就自动将当前中断服务寄存器 ISR 中的对应位 IRi 清 0,这样,尽管系统正在为某个设备进行中断服务,但对 8259A 来说,当前中断服务寄存器 ISR 中却没有对应位做指示,好像已经结束了中断服务一样。这是最简单的中断结束方式,主要是怕没有经验的程序员忘了在中断服务程序中给出中断结束命令而设立的。

中断自动结束方式的设置方法很简单,只要在对 8259A 初始化时,使初使化命令字 ICW4 的 AEOI 位为 1 就行了。在这种情况下,当第二个中断响应脉冲 $\overline{\text{INTA}}$ 送到 8259A 后,8259A 就会自动清除当前中断服务寄存器 ISR 中的对应位 IRi 位。

2. 一般的中断结束方式

一般中断结束方式用在一般完全嵌套情况下。当 CPU 用输出指令往 8259A 发出一般中断结束命令时,8259A 就会把当前中断服务寄存器 ISR 中的最高的 ISR 位复位。因为在一般完全嵌套方式中最高的 ISR 位对应了最后一次被响应的和被处理的中断,也就是当前正在处理的中断。所以,最高的 ISR 位的复位相当于结束了当前正在处理的中断。

一般中断结束命令的发送是很简单的,只要在程序中往 8259A 的偶地址端口输出一个操作命令字 OCW2,并使得 OCW2 中的 EOI＝1,SL＝0,R＝0 即可。

3. 特殊的中断结束方式

在非一般完全嵌套方式下,用当前中断服务寄存器 ISR 是无法确定哪一级中断为最后响应和处理的,也就是说,无法确定当前正在处理的是哪级中断,这时就要采用特殊的中断结束方式。

采用特殊中断结束方式反映在程序中就是要发一条特殊中断结束命令,这个命令中指出了要清除当前中断服务寄存器 ISR 中的哪个 IRi 位。特殊中断结束命令实际上也是通过往 8259A 偶地址端口输出操作命令字 OCW2 来发送的,并使得 OCW2 中的 EOI＝1,SL＝1,R＝0 即可,此时,OCW2 中的 L2、L1、L0 这 3 个位指出了到底要对哪一个 IRi 位进行复位。

7.4.7 中断级联方式

8259A 有多种工作方式,在多片 8259A 级联的大系统中,按照 8259A 和系统总线的连接来分,有下列两种级联方式。

1. 缓冲方式

在多片 8259A 级联的大系统中,8259A 通过总线驱动器和数据总线相连,这就是缓冲方式。如图 7-12 所示,注意主片和从片的电路连接。

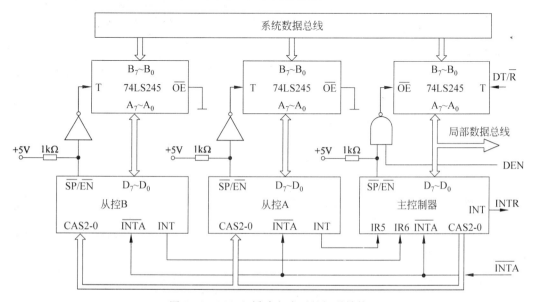

图 7-12 8259A 缓冲方式下的级联结构

在缓冲方式下,有一个对总线驱动器的启动问题。为此,将 8259A 的 $\overline{\text{SP}/\text{EN}}$ 端和总线驱动器的允许端相连,因为 8259A 工作在缓冲方式时,会在输出状态字或中断类型号的同时,从 $\overline{\text{SP}/\text{EN}}$ 端输出一个低电平,此低电平正好可作为总线驱动器的启动信号。往 8259A 输送数据时,情况也类似。缓冲方式可以通过对 ICW4 的重新设置来实现。

2. 非缓冲方式

非缓冲方式是相对于缓冲方式而言的。当系统中只有单片 8259A 时,一般将它直接与数据总线相连。在另外一些不太大的系统中,即使有几片 8259A 工作在级联方式,只要片数不多,也可以将 8259A 直接与数据总线相连。如图 7-13 所示,注意主片和从片的电路连接。

非缓冲方式也是通过 8259A 的初始化命令字 ICW4 设置的。

在非缓冲方式下,8259A 的 $\overline{\text{SP}/\text{EN}}$ 端作为输入端。当系统中只有单片 8259A 时,此 8259A 的 $\overline{\text{SP}/\text{EN}}$ 端必须接高电平;当系统中有多片 8259A 时,主片的 $\overline{\text{SP}/\text{EN}}$ 接高电平,从片的 $\overline{\text{SP}/\text{EN}}$ 端接低电平。

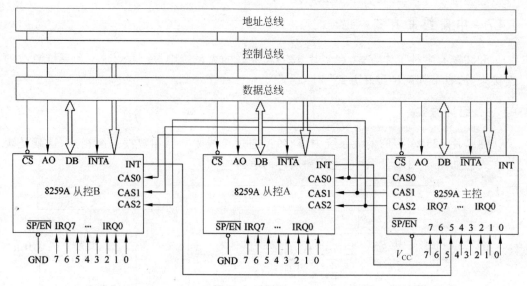

图 7-13　8259A 非缓冲方式下的级联结构

7.4.8　8259A 初始化命令字和操作方式命令字

1. 初始化命令字的预置顺序

CPU 对 8259A 写入预置命令字，预置操作过程有一定的顺序（参见图 7-14）。

8259A 的初始化命令字共有 4 个：ICW4 ～ ICW1，初始化命令字必须顺序填写，但并不是任何情况下都要预置 4 个命令字，用户可根据具体使用情况而定。8259A 有两个端口地址，一个为偶地址，一个为奇地址。

在系统中，单片 8259A 与 8086/8088 配置时，初始化要写入的预置命令字是：ICW1、ICW2 和 ICW4；但如果系统运行在非缓冲方式，非 AEOI 操作，就只需送 ICW1 和 ICW2。

而级联方式系统要写入的预置命令字是：ICW1、ICW2、ICW3 和 ICW4；但如果系统运行在非缓冲方式，非 AEOI 操作，就只需送 ICW1、ICW2 和 ICW3。

2. 初始化命令字

下面先介绍各个初始化命令字的功能。

1）ICW1——芯片控制初始化命令

初始化命令字 ICW1，又称中断请求触发方式，占偶地址端口，其格式如图 7-15 所示。

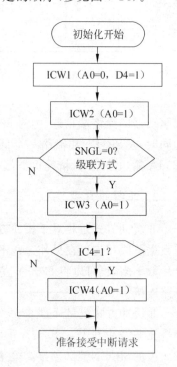

图 7-14　8259A 初始化命令字的顺序

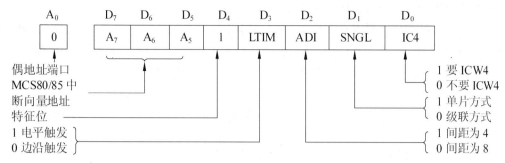

图 7-15　ICW1 命令字

A_0：确定写入命令字的端口地址。$A_0=0$，ICW1 必须写入偶地址端口中。

D_7、D_6、D_5（A_7、A_6、A_5）：对于 8086/8088 CPU 系统中此 3 位无意义。对于 MCS8080/8085 CPU 及 8098 单片机系统，此三位的意义见图 7-14。

D_4：特征位。为 1 时，表示对偶地址端口写入初始化命令字 ICW1 的。

D_3（LTIM）：设定中断请求 IR 端的触发方式。$D_3=1$ 时，表示用高电平触发方式；$D_3=0$ 时，表示用负脉冲的后沿，即上升沿触发方式。

D_2（ADI）：该位指出中断调用地址的间隔是 4 或是 8。对于 8086/8088 CPU 系统，该位无意义，可置为 0。

D_1（SNGL）：为 1，用于单片 8259A 方式；为 0，用于多片 8259A 级联方式。对于主片 8259A 和从片 8259A 均需写入命令字 ICW3，并且它们的格式不同。

D_0（IC4）：为 1 时，初始化时要设 ICW4；为 0，初始化时不写入 ICW4。

在 8086/8088 系统中，必须在 ICW1 之后送入 ICW4 命令字。所以，D_0 总是 1。

例如，在 8086/8088 为 CPU 的系统中，用单片 8259A 来管理 8 级中断源，由表 7-1 知，端口地址为 20H，21H，IRi 是高电平信号触发有效，则对该 8259A 的初始化 ICW1 程序段为：

```
MOV  AL,1B H      ;ICW1 的内容为 00011011B=1B H
OUT  20H,AL       ;写入 ICW1,地址 A0=0
```

2）ICW2——设置中断类型号初始化命令

初始化命令字 ICW2，占奇地址端口，其格式如图 7-16 所示。

图 7-16　ICW2 命令字

A_0：$A_0=1$，ICW2 必须写到 8259A 的奇地址端口中。

$D_7 \sim D_0$：有两种含义。

（1）在 MCS80/85 系统中，中断指针为 16 位，ICW2 的 $D_7 \sim D_0$ 位的作用是设定中断向量入口地址的高 8 位 A15～A8，ICW1 的 $D_7 \sim D_5$ 位的作用是设定中断 CPU 启动另一个中断响应周期入口地址的低 8 位的高 3 位 A7～A5。

(2) 在 8086/8088 系统中,初始化命令字 ICW2 的 T7～T3 用于 8086/8088 系统设定中断类型号代码,8086/8088 的中断类型号代码是 8 位的,它的高 5 位是由用户编程写入 ICW2 的 D_7～D_3 位,低 3 位对应中断源 IR0～IR7 的编码,由 8259A 芯片硬件电路自动产生。

例如,在 PC 系列中断系统中,键盘接口的中断请求线连到 IR1 上,它分配的中断类型号为 09H＝00001001。在向 ICW2 写入中断类型号时,初始化时只写中断类型号的高 5 位,而低 3 位可以取任意值,例如 000,所以 ICW2 可以设定为 08H～0FH 中的任何一个值,例如 08H,初始化程序段为:

```
MOV  AL,08H    ;ICW2 高 5 位
OUT  21H,AL    ;由表 7-1 知,当 A0=1 时,写入 ICW2 的端口地址 21H
```

当 CPU 响应键盘中断请求时,8259A 的硬件电路根据中断申请自动产生,把 IR1 的编码 001 作为中断向量的最低 3 位和 ICW2 的高 5 位构成一个完整的 8 位中断类型号 09H,在第二个中断响应周期,经数据总线送给 CPU。

3) ICW3——标识主片/从片初始化命令

初始化命令字 ICW3,又称中断级联方式设置命令,占奇地址端口。专用于级联方式的初始化编程。

当初始化命令字 ICW1 中,D_1 位(SNGL)＝0 时,8259A 工作于级联方式,8259A 初始化时,必须有 ICW3 命令。对于主设备和从设备 ICW3 的定义不同。

(1) 主设备的 ICW3 初始化命令字格式,如图 7-17 所示。

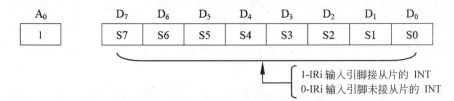

图 7-17　主 8259A 的 ICW3 命令字

A_0: A_0＝1,奇地址端口。

取 i 为 7～0 中某一个值,当 S_i＝1 时,表示对应的 IRi 输入,是接从片 8259A 的 INT 输出。当 S_i＝0 时,表示对应的 IRi 输入直接接中断源。

例如,图 7-15 中,主 8259A 的 IR6、IR5 接有从 8259A,而其余未接从 8259A。则主 8259A 的 ICW3＝60H。

(2) 从设备的 ICW3 初始化命令字格式,如图 7-18 所示。

A_0		D_7	D_6	D_5	D_4	D_3	D_2	D_1	D_0
1		×	×	×	×	×	ID2	ID1	ID0

图 7-18　从 8259A 的 ICW3 命令字

A_0：$A_0 = 1$,奇地址端口。

ID2～ID0：对应此时从设备地址号的二进制编码(称从片的标识码 ID),即连到主片的 IRi 的二进制编码。它用来说明从 8259A 是接在主 8259A 的哪个 IRi 端上。

例如,图 7-12 中,接在主 8259A 的 IR6 上的从控 B 8259A,它的 ID 码应为 6(110),这时应设定从 B 8259A 的命令字 ICW3 为 ID2=1,ID1=1,ID0=0。

接在主 8259A 的 IR5 上的从控 A 8259A,它的 ID 码应为 5(101),这时应设定从 A 8259A 的命令字 ICW3 为 ID2=1,ID1=0,ID0=1。

在中断响应过程中,主设备把优先级最高的 IRi 地址编码送上级联线 CAS2～CAS0,从设备把接收到的设备号编码和初始化设定的从设备号编码 ID2～ID0 进行比较,比较结果与该编码相符的从设备,把中断向量代码送上数据总线。

主片 ICW=01100000B=60H,因为主片 IR 接从 A 8259A,主片 IR5 接从 B 8259A,由表 7-1 可知其端口地址,所以对主片 ICW3 的初始化程序段为:

```
MOV  AL,60H         ;主片 ICW3 内容
OUT  21H,AL         ;写入主片 ICW3 端口 A0=1
```

从 B 8259A 的 ICW3=00000101B=06H,对从 B 8259A 的 ICW3 的初始化程序段为:

```
MOV  AL,06H         ;从 B 8259A 的 ICW3 内容
OUT  A1H,AL         ;写入从 B 8259A 的 ICW3 端口
```

从 A 8259A 的 ICW3=00000110B=05H,对从 A 8259A 的 ICW3 的初始化程序段为:

```
MOV  AL,05H         ;从 A 8259A 的 ICW3 内容
OUT  A1H,AL         ;写入从 A 8259A 的 ICW3 端口
```

4) ICW4——方式控制初始化命令

初始化命令字 ICW4,又称缓冲器方式,占奇地址端口,其格式如图 7-19 所示。

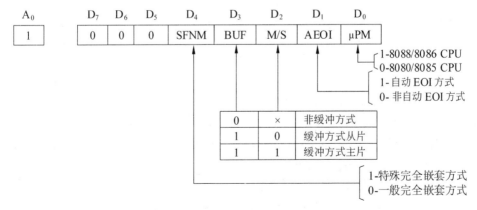

图 7-19 ICW4 命令字

A_0：$A_0 = 1$,ICW4 必须写入 8259A 的奇地址端口。

D_7～D_5：未用。

μPM：μPM=1,表示 8259A 与 8086～Pentium 系统配合工作。

AEOI：规定中断结束方式。AEOI＝1,中断自动结束方式,CPU 响应中断请求过程中,向 8259A 发第二个 $\overline{INTA}$ 脉冲时,清除中断服务寄存器中本级对应位,这样在中断服务子程序结束返回时,不需要其他任何操作,一般不常采用。AEOI＝0,为非自动结束方式,必须在中断服务子程序中安排输出指令,向 8259A 发操作命令字 OCW3,清除相应中断服务标志位,才表示中断结束。

　　BUF 和 M/S：表示 8259A 是否采用缓冲方式。BUF＝1,采用缓冲方式,8259A 通过总路线驱动器与数据总线相连, $\overline{SP/EN}$ 作输出端,控制数据总线驱动器启动,此时 $\overline{SP/EN}$ 线中 EN 有效,EN＝0,允许缓冲器输出;EN＝1,允许缓冲器输入。M/S＝1,表示该片是 8259A 主片,M/S＝0,表示该片是 8259A 从片。BUF＝0,采用非缓冲方式, $\overline{SP/EN}$ 线中 SP 有效,SP＝0,该片是 8259A 从片;SP＝1,该片是 8259A 主片,此时,M/S 信号无效。

　　SFNM：定义级联方式下的嵌套方式。SFNM＝1,选择 8259A 工作在特殊完全嵌套方式;SFNM＝0,工作在一般完全嵌套方式。

　　初始化命令字设置的顺序是固定的,必须从 ICW1 开始依次 ICW2,并分别根据 ICW1 中的 SNGL 和 IC4 位决定是否设置 ICM3 和 ICM4。级联时要设置 ICW3,并且主片和从片的 ICW3 设置不同。

　　例如,在 PC/XT 中,CPU 为 8088,采用单片机 8259A 管理中断,8259A 与系统总线之间采用缓冲连接;非自动结束,一般完全嵌套,则 8259A 的 ICW4＝00001101B＝0DH,写 ICW4 的程序段为:

```
MOV   AL,0DH        ;ICW4 的内容
OUT   21H,AL        ;写入 ICW4 的端口
```

3. 操作方式命令字 OCW

　　当按照一定的顺序对 8259A 预置完毕后,8259A 就进入设定的工作状态,准备好接收由 IRi 输入的中断请求信号,按固定优先级完全嵌套来响应和管理中断请求。为了在系统运行中,进一步对 8259A 的管理中断的规则进行修改,可通过对它写入操作控制字来实现。

　　8259A 共有 3 个操作控制字：OCW1、OCW2 和 OCW3。和初始化命令字 ICW 不同,OCW 不是按照既定的流程写入,而是由 CPU 按照用户程序的需要写入的。

　　每个操作控制字,都有自己的寻址标志位。因此,每个 OCW 操作控制字都可以单独操作。3 个操作控制字的标志位如下。

　　1) OCW1——中断屏蔽操作命令字

　　操作控制字 OCW1,决定中断屏蔽方式,占用奇地址端口,其格式如图 7-20 所示。

　　OCW1 用来设置 8259A 输入信号 IRi 的屏蔽操作。它与中断屏蔽寄存器 IMR 中的各位一一对应,使 OCW1 的某个 Mi 位置 1 时,就使 IMR 相应位也置 1,从而屏蔽相应的输入 IRi 信号,对应位的中断请求被禁止;使 OCW1 的某个 Mi 位置 0 时,就使 IMR 相应位也置 0,从而开放相应的输入 IRi 信号,对应位的中断请求被允许。

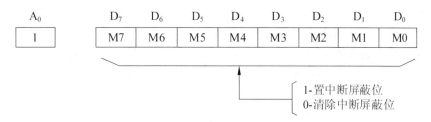

图 7-20 操作控制字 OCW1 的格式

送控制字 ICW1 后，IMR 的内容为全 0，此时，写入操作控制字 OCW1，可以改变 IMR 的内容。IMR 可以读出，以供 CPU 处理使用。

A_0：$A_0=1$，OCW1 命令字必须写入 8259A 奇地址端口。

2）OCW2——优先级循环方式和中断结束方式命令字

操作控制字 OCW2，决定中断结束方式，中断排队方式，占用偶地址端口，如图 7-21 所示。

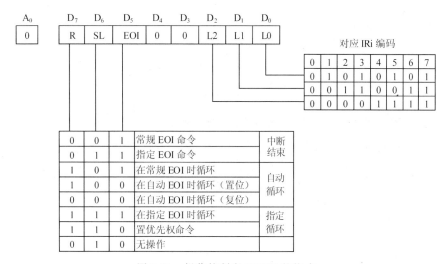

图 7-21 操作控制字 OCW2 的格式

OCW2 用来控制中断结束时，清 ISR 中的置位，改变优先级的排序结构。这些操作命令通常是以组合方式出现，而不是按位设置。

L2~L0：SL＝1 时，L2~L0 有效。当 OCW2 设置为特殊 EOI 结束命令时，L2~L0 指出清除中断服务寄存器中的哪一位；当 OCW2 设置为特殊优先级循环方式时，L2~L0 指出循环开始时设置的最低优先级。标志位用以区别 ICW1 和 OCW3。EOI：指定中断结束命令位。EOI＝1，用作中断结束命令，使中断服务寄存器中对应位清 0，在非自动结束方式中使用。EOI＝0，不执行结束操作命令，如果初始化时，ICW4 的 AEOI＝1，设置为自动结束方式，此时 OCW2 中的 EOI 位应为 0。

SL：指明 L2~L0 是否有效。SL＝1，OCW2 中 L2~L0 有效；SL＝0，L2~L0 无意义。

R：R＝1，中断优先级是按循环方式设置的，即每个中断级轮流成为最高优先级。当前最高优先级服务后就变成最低级,它相邻的下一级变成最高级,其他依次类推。R=0,设置为固定优先级,0级最高,7级最低。

OCW2 的功能含两个方面,一个是决定 8259A 是否采用优先级循环方式。另一个是中断结束采用普通的还是特殊的 EOI 结束方式。表 7-2 给出了 R、SL、EOI 3 位的组合功能。

表 7-2　R-L-EOI 组合功能表

R	SL	EOI	功　　能
0	0	0	取消自动 EOI 循环
0	0	1	普通 EOI 结束方式。一旦中断处理结束,CPU 向 8259A 发出 EOI 结束命令,将中断服务寄存器 ISR 当前级别最高的置 1 位清 0
0	1	0	OCW2 没有意义
0	1	1	特殊 EOI 结束方式。一旦中断处理结束,CPU 向 8259A 发出 EOI 结束命令,将中断服务寄存器 ISR,由 L2~L0 字段指定的中断级别的相应位清 0
1	0	0	设置自动 EOI 循环结束方式,在中断响应周期的第二个 $\overline{INTA}$ 信号结束时,将 ISR 寄存器中正在服务的相应位置 0,本级赋予最低优先级,最高优先赋给下一级
1	0	1	设置普通 EOI 循环。中断结束后,8259A 将 ISR 中当前级别最高的置 1 位清 0,此级赋予最低优先级,最高优先赋给它的下一级。其他依次循环赋给
1	1	0	置位优先级循环。按 L2~L0 确定一个最低优先级,最高优先赋给它的下一级。其他依次循环赋给,系统工作在优先级特殊循环方式
1	1	1	设置特殊 EOI 循环。中断结束后,将 ISR 中由 L2~L0 给定级别的相应位清 0,此级赋予最低优先级,最高优先赋给它的下一级。其他依次循环赋给

3) OCW3——操作控制字

又称中断查询方式,占用偶地址端口,其格式如图 7-22 所示。

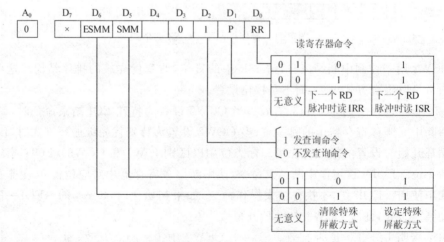

图 7-22　操作控制字 OCW3 的格式

OCW3 操作控制字主要用来控制 8259A 的运行方式,是进入特殊中断屏蔽方式,还是一般屏蔽方式,此操作控制字还有查询和读出 8259A 的有关寄存器状态的功能。

A_0:为 0,偶地址端口。

D_7:未用。

D_6:ESMM 位,允许或禁止 SMM 位起作用。当 SMM 位=1 时,允许 SMM 位起作用;而当 ESMM 位=0 时,禁止 SMM 位起作用。

D_5:SMM 位,与 ESMM 位配合设置屏蔽方式。当 ESMM 位和 SMM 位都为 1 时,选择特殊屏蔽方式;而当 ESMM 位=1 和 SMM 位=0 时。清除特殊屏蔽方式,恢复为一般屏蔽方式。

D_4,D_3:特征位,为 01 时,表示对偶地址端口写数据是写给操作控制字 OCW3 的。

D_2:P 位,查询命令位。当 P 位=1 时 CPU 向 8259A 发送查询命令;当 P 位=0 时 8259A 不处于查询方式。CPU 通过 OCW3 中的 P 位=1 向 8259A 发出查询命令。

D_1:RR 位。当 RR 位=1,CPU 向 8259A 发送读寄存器命令,并由 RIS 位确定是读中断请求寄存器 IRR,还是读中断服务寄存器 ISR;RR=0 则不向 8259A 发送读寄存器命令。

D_0:RIS 位,选择被读的寄存器。当 RIS=1 时,读中断服务寄存器 ISR;当 RIS=1 时,读中断请求寄存器 IRR。

7.4.9　8259A 在以 80x86 为 CPU 的计算机中的应用

在以 80x86 为 CPU 的微型计算机系统中,一般都是利用可编程中断控制器 8259A 来将 CPU 的一根可屏蔽中断线 INTR 扩展为 8 根以上的硬件中断线,并进行管理。

1. PC/AT 的硬件中断控制逻辑

PC/AT 微型计算机系统的硬件中断控制逻辑由两片 8259A 级联而成,一个主片,一个从片,通过 2 个级联端 CAS1～CAS0 发生关联,主片的 INTR 端接至 CPU 的 INTR 端,而从片的 INT 端连到主片的 IR2 端,从而形成一个具有 15 级向量中断的硬件中断系统。

在 PC/AT 系统中,将 I/O 地址空间的 20H～3FH 端口地址分配给主 8259A,而将 A0H～BFH 端口地址分配给从 8259A。实际上,主片仅使用了 20H 和 21H 两个端口地址,从片只使用了 A0H 和 A1H 两个端口地址。

2. 80386/80486/Pentium 微机的中断控制逻辑

80386/80486/Pentium 微型计算机的中断控制逻辑,随着机型和厂家的不同而有所不同。但一般也都是由几个 8259A 电路组成的,但这些 8259A 电路不是一个个独立的芯片,而是和其他功能电路(例如 DMAC、DRAM 刷新控制器、总线控制器、定时器/计数器等)一起,集成在一个超大规模的外围接口芯片中。

例如,82380 就是这样一种典型的多功能接口芯片。

3. Pentium Ⅲ 微机的中断控制逻辑 82801BA 芯片

1) 82801BA 芯片的中断控制逻辑

在使用 815EP 芯片组、Pentium Ⅲ 微处理器的微机系统中,82801BA 芯片集成了与上述基本一致的两个级联 8259A 可编程中断控制器,来兼容 ISA 中断提供系统中断服务。每当处理器产生一个中断响应周期,该周期便被北桥(815EP MCH)芯片转变成 PCI 中断响应周期,并传送到 82801BA 芯片。82801BA 中集成的中断控制器再将这个命令转换成 8259A 核心需要的两个内部 $\overline{\text{INTA}}$ 脉冲。8259A 用第 1 个内部 $\overline{\text{INTA}}$ 脉冲来锁定中断的优先级状态,对第 2 个 $\overline{\text{INTA}}$ 脉冲,主 8259A 或从 8259A 送中断响应代码所对应的中断向量到处理器。这个代码由相应的 ICW2 寄存器的位 $D_7 \sim D_3$ 和控制器中与中断请求对应的 3 位编号共同组成。

由于有了 PCI 中断响应周期到 8259A 中断响应周期的转换,因此 82801BA 的中断控制逻辑进行中断处理的时候,就和以前微机上 8259A 级联的情况有所不同,处理步骤如下。

(1) 一个或多个中断请求线 IRQ,在边沿触发模式下上升为高电平或在电平触发模式下为高电平时,就将中断请求寄存器 IRR 的相应位置 1。

(2) 若申请的中断没有被屏蔽,则可编程中断控制器送有效的中断请求信号到处理器。

(3) 处理器响应 INTR 信号,并回应一个中断响应周期。这个中断响应周期被北桥转换为 PCI 中断响应命令,这个命令被 82801BA 广播在 PCI 总线上。

(4) 检测在 PCI 总线上的中断响应命令,82801BA 将它转换为内部 8259A 能响应的两个中断响应周期。每个周期以级联的中断控制器的内部 $\overline{\text{INTA}}$ 引脚上的中断响应脉冲出现。

(5) 收到第一个内部产生的 $\overline{\text{INTA}}$ 后,最高优先级的中断服务寄存器 ISR 的相应位被置 1,而中断请求寄存器 IRR 的相应位被复位。第一个脉冲的下降沿,主中断控制器利用内部 3 根专用线向从中断控制器发送从识别码,从中断控制器用这些位来确定是否必须在第二个 $\overline{\text{INTA}}$ 脉冲期间发出相应的中断向量。

(6) 接收到第二个内部产生的 INTA 脉冲后,可编程中断控制器返回中断向量。如果因中断请求信号持续时间短而终止了中断请求,则它将通过主中断控制器返回中断向量。

(7) 结束中断响应周期。如果在自动中断结束(AEOI)模式下,则中断服务寄存器(ISR)的相应位在第二个 $\overline{\text{INTA}}$ 脉冲的末尾被复位,否则 ISR 相应位保持置位直到中断处理程序末尾发出 EOI 命令。

2) 82801BA 中 8259A 各中断请求线的连接

表 7-3 是 82801BA 中集成的两个 8259A 各中断请求线的连接。

在表 7-3 中有很多的 IRQx 都写着通过 SERIRQ 来的 IRQ,这是因为 82801BA 芯片支持串行中断技术,能在一条 SERIRQ 信号线上提出多个中断请求,在 82801BA 内部再将 SERIRQ 中的串行信号分派到各个 IRQx 中。

表 7-3　中断请求线的连接

8259A 芯片	引脚	典型的中断源	功　能
主片	IR0	内部	内部时钟/计数器 0 的输出
	IR1	键盘	通过 SERIRQ 来的 IRQ1
	IR2	内部	从控制器的级联引脚
	IR3	串行端口 2	通过 SERIRQ 来的 IRQ3
	IR4	串行端口 1	通过 SERIRQ 来的 IRQ4
	IR5	并行端口/普通	通过 SERIRQ 来的 IRQ5
	IR6	软磁盘	通过 SERIRQ 来的 IRQ6
	IR7	并行端口/普通	通过 SERIRQ 来的 IRQ7
从片	IR0	内部实时时钟	内部 RTC
	IR1	普通	通过 SERIRQ 来的 IRQ9
	IR2	普通	通过 SERIRQ 来的 IRQ10
	IR3	普通	通过 SERIRQ 来的 IRQ11
	IR4	PS/2 鼠标	通过 SERIRQ 来的 IRQ12
	IR5	内部	基于处理器 $\overline{FERR}$ 的状态机输出
	IR6	基本 IDE 电缆	从输入信号来或通过 SERIRQ 来的 IRQ14
	IR7	第二 IDE 电缆	从输入信号来或通过 SERIRQ 来的 IRQ15

4. 利用 82801BA 芯片的 PCI 中断实现中断共享

我们知道,ISA 总线板卡的中断是独占的,因而存在中断竞争的问题。

PCI 总线的中断共享的实现由硬件与软件两部分协作完成。

硬件上,采用电平触发的办法。中断信号在系统一侧用电阻接高电平,实行中断的板卡上利用三极管的集电极将信号拉到低电平。这样不管有几块板卡产生中断,中断信号都是低电平。只有当所有板卡的中断处理都完成后,中断信号才会回复高电平。

软件上,采用中断链的方法。通常,如果多个设备使用同一个中断请求线 IRQi,则后登记的中断入口会覆盖先登记的服务程序的入口,先登记中断的入口被存储在后登记中断的服务程序中,依次形成一条链。当某条 IRQ 线有设备申请中断时,CPU 首先转入最后登记入口的中断服务中,可查询该设备的中断请求位,若该位被置 1,则执行该程序,否则找到下一个共享中断的入口,转入下一个中断服务程序执行,在该程序中再查询该设备的中断请求位,判断是否是该设备提出的中断,依次类推。

PCI 总线同 ISA 总线相比,有许多优异的性能,表现在中断方面:

(1) ISA 中断不能为多个设备共享,而 PCI 中断可以共享,因此从根本上解决了中断资源紧张的问题。

(2) PCI 中断可为设备自动配置,不像 ISA 总线必须为设备手动设置跳线选择中断。

另外,在实现数据传输时 PCI 总线大大提高了目标设备的主动性,这表现在目标设备可以终止传输,在终止的同时还以信号的电平组合告知主设备其不同的状态。在一次传输地址阶段,目标设备要报告地址译码是否被选中,目标设备在读传输中要送出数据的偶校验位,在写传输中要作寄偶校验等等。

习 题 7

一、填空题

1. 从 CPU 的 NMI 引脚产生的中断叫做_____,它的响应不受_____的影响。

2. 8086 系统最多能识别_____种不同类型的中断,此种中断在中断向量表中分配有_____个字节单元,用以指示中断服务程序的入口地址。

3. 中断返回指令 IRET 总是安排在_____,执行该指令完毕,将从堆栈弹出_____。

4. 中断控制器 8259A 有两种引入中断请求的方式:一种是_____,另一种是_____。

5. 采用级联方式,用 9 片 8259A 可管理_____级中断。

6. 当 8259A 设定为全嵌套方式时,IR_7 的优先级_____,IR_0 的优先级_____。

7. 8259 内含有_____个可编程寄存器,共占有_____个端口地址。8259 的中断请求寄存器 IRR 用于存放_____,中断服务寄存器 ISR 用于存放_____。

8. 8259A 的初始化命令字包括_____,其中_____和_____是必须设置的。

9. CPU 响应可屏蔽中断的条件是_____、_____和_____。

10. 8088 中的指令 INT n 用_____指定中断类型码。

二、选择题

1. 为 PC 管理可屏蔽中断源的接口芯片是( )。
    A. 8251   B. 8253   C. 8255   D. 8259

2. 响应 NMI 请求的必要条件是( )。
    A. IF=1   B. IF=0
    C. 一条指令结束   D. 无 INTR 请求

3. 响应 INTR 请求要满足的条件是( )。
    A. IF=0   B. IF=1   C. TF=0   D. TF=1

4. 8086/8088 采用向量中断,8259A 可提供的类型号是( )。
    A. 0 号   B. 1 号   C. 2 号   D. 08H~0FH

5. 用 3 片 8259A 级联,最多可管理的中断数是( )。
    A. 24 级   B. 22 级   C. 23 级   D. 21 级

6. 8259A 特殊完全嵌套方式要解决的主要问题是( )。
    A. 屏蔽所有中断   B. 设置最低优先级

C. 开放低级中断　　　　　　　　　　D. 响应同级中断

7. 在 8086 CPU 的下列 4 种中断中,需要由硬件提供中断类型码的是(　　　)。

A. INTR　　　　　　B. INTO　　　　　　C. INT n　　　　　　D. NMI

8. 在 8259A 内部,用于反映当前有中断源请求 CPU 中断服务的寄存器是(　　　)。

A. 中断请求寄存器　　　　　　　　　B. 中断服务寄存器

C. 中断屏蔽寄存器　　　　　　　　　D. 中断优先级比较器

9. 位于 CPU 内部的 IF 触发器是(　　　)。

A. 中断请求触发器　　　　　　　　　B. 中断允许触发器

C. 中断屏蔽触发器　　　　　　　　　D. 中断响应触发器

10. 程序控制的数据传送可分为(　　　)。

A. 无条件传送　　　　　　　　　　　B. 查询传送

C. 中断传送　　　　　　　　　　　　D. 以上都是

三、判断改错题

(　　)1. 8086/8088 中,内中断源的级别均比外中断源级别高。

改错:

(　　)2. 一片 8259A 中断控制器最多能接收 8 个中断源。

(　　)3. 多个外设可以通过一条中断请求线,向 CPU 发中断请求。

改错:

(　　)4. PC 系统中的主机总是通过中断方式获得从键盘输入的信息。

改错:

(　　)5. Intel 8086/80286/386/486/Pentium 系列 CPU 都拥有 256 个中断类型号。

改错:

(　　)6. 中断指令无须进行其他操作可以直接转向中断向量地址调用该地址中的例行程序。

改错:

(　　)7. 采用中断传送方式时,一台外设可以随时向 CPU 提出中断请求。

(　　)8. 8086 系统中,中断向量表存放在 ROM 地址最高端。

(　　)9. 80486 系统和 8086 系统一样,将中断分为可屏蔽中断和不可屏蔽中断两种。

(　　)10. IBM PC/XT 中,RAM 奇偶校验错误会引起类型码为 2 的 NMI 中断。

(　　)11. 82380 是专门为 80386/80486 系统设计的高性能多功能超大规模集成 I/O 接口芯片。

四、简答题

1. 写出中断源的 4 种类型。

2. 什么是硬件中断和软件中断?在 PC 机中两者的处理过程有什么不同?

3. 设置中断优先级的主要目的何在？

4. 试叙述基于 8086/8088 的微机系统处理硬件中断的过程。

5. 8259A 中断控制器的功能是什么？

6. 8259A 初始化编程过程完成哪些功能？这些功能由哪些 ICW 设定？

7. 8259A 的中断屏蔽寄存器 IMR 与 8086 中断允许标志 IF 有什么区别？

8. 比较中断与 DMA 两种传输方式的特点。

9. 有 30 个外设要进行中断,共需要几块 8259A 芯片级联？

10. 8259A 有哪些中断结束方式,分别适用于哪些场合？

11. 8259A 对优先级的管理方式有哪几种,各是什么含义？

12. 中断方式与查询方式相比有何优点？中断方式和 DMA 相比又有什么不足之处？

13. 中断方式和 DMA 方式传送数据,哪个的 CPU 效率高？

14. 要自己编一个中断程序,如何指定它的中断号呢？

15. 82801BA 芯片由哪些部分组成？

16. PCI 的中断共享是如何实现的？它比 ISA 总线优越的地方在哪里？

17. 在一个时钟内,每个 IRQ 数据帧都被分为哪 3 个阶段？

18. 有 4 个中断源 D_1、D_2、D_3 和 D_4,它们的中断优先级从高到低分别是 1 级、2 级、3 级和 4 级。即中断响应先后次序为 1→2→3→4,现要求其实际的中断处理次序为 4→3→2→1。

(1) 写出这些中断源的正常中断屏蔽码和改变后的中断屏蔽码(令 0 对应于开放,1 对应于屏蔽)。

(2) 若在运行用户程序时,同时出现第 1、2、3、4 级中断请求,请画出此程序运行过程示意图。

第8章 微型计算机接口技术概述和直接存储器访问

8.1 微机接口的基础知识

8.1.1 微机接口概念、类型及功能

1. 微机接口

所谓接口(Interface),是指微处理器(CPU)与存储器、键盘等外部设备通过总线进行连接的逻辑部件(或称电路),它是 CPU 与外界进行信息交换的中转站。源程序或原始数据要通过接口从输入设备(如键盘)进来,运算结果要通过接口向输出设备(如显示器、打印机)送出;控制命令通过接口发出,现场状态通过接口采集,这些来往信息都要通过接口进行变换与中转。微机接口技术是采用硬件与软件相结合的方法,研究微处理器如何与外界进行最佳耦合与匹配,以在 CPU 与外部世界之间实现高效、可靠的信息交换的一门技术。外界是指除 CPU 以外的所有设备或电路,包括存储器、I/O 设备、控制设备、测量设备、通信设备、多媒体设备、A/D 和 D/A 转换器等。

接口电路结构可以很简单,例如:一个 TTL 的三态缓冲器,就可以构成一个一位长的输入/输出接口电路;也可以是结构很复杂,功能很强,在接口中,必须配置有存放和传送数据信息、控制信息和状态信息的寄存器,这些能被 CPU 读/写的寄存器称为端口 ,分别被称为数据端口、状态端口和控制端口。在微机系统中,每个端口都配有固定的地址码,微处理器寻址外部设备是通过寻址同相应外设相连的接口中的端口地址来实现的。一个接口中往往可以有几个数据端口,用来传送几路数据信息,也可以有几个状态端口和控制端口,用来传送若干不同的状态信息和控制信息,有时控制端口和状态端口可以共用一个端口地址,这时用 IN 指令访问状态端口,用 OUT 指令访问控制端口。

通过用户编程使接口电路工作在理想状态下的大规模集成芯片。如:Intel 8255A 并行输入/输出接口、Intel 8259A 中断控制器等。

近年来,各生产厂家不断开发出各自的外围接口芯片,包括通用的系统控制器如内存分配器、DMA 控制器等;专用设备控制器(如 LED 显示控制器)等。现在,外围接口电路正在向专用化、复杂化、智能化、组合化方向发展。

2. 接口类型

微机接口的分类方法有多种,按功能分,有3种基本类型:运行辅助接口、用户交互接口和传感控制接口。

1) 运行辅助接口

运行辅助接口是和主机配套的,使微机实现最基本功能所需的接口。它包括微处理器周围的控制总线、地址总线和数据总线以及相应的锁存器、驱动器、接收器、收发器、内存和时钟电路。执行总线判决、存储管理、中断控制和 DMA 控制等功能的接口。

在第6章中,已经讨论过 CPU 和存储器的连接,即 CPU 和存储器的接口问题。

2) 用户交互接口

用户交互接口,是把用户指定的数据发送给主机系统或从主机系统接收数据的接口电路。它主要指通用的输入/输出(I/O)控制接口,例如:外存接口、计算机终端接口、键盘接口、鼠标接口、显示接口、打印接口、多媒体音频识别和合成接口等。

3) 传感和控制接口

微机控制系统通过传感接口接收检测对象、控制对象的状态和数据,在进行处理后通过控制接口执行。传感接口具有模拟量到数字量的转换器(A/D 转换器)和数字量到微机系统总线的接口。控制接口将微机运算处理后得到的数字信号转换成适当的电压或电流(D/A 转换器),直接或通过机电接口驱动执行机构动作,以实现对外部世界的控制;或将微机内部的数据信号转换成合适大小的电压或电流控制外部世界的部件或装置。

⚠ **注意:** 上面讨论的第二种,即用户交互接口中的主要部分"通用的输入/输出(I/O)控制接口"又可按如下情况分类。

(1) 按与外设数据的传送方式分:并行 I/O 和串行 I/O 接口等。

(2) 按通用性分:有专用接口和通用接口。

(3) 按时序控制方式划分:可分为同步接口与异步接口。

本章主要讨论输入/输出(I/O)控制接口。

3. 通用的输入/输出(I/O)接口功能

CPU 与外部设备(简称外设)之间的接口一般都具有如下功能。

1) 输入输出寻址功能

接口被选中时,能将外设的数据或状态信息传送到数据总线上,或从数据总线上接收 CPU 发来的数据或控制信息,再转发给外设。

系统中一般带有多种 I/O 设备,同一种 I/O 设备也可能有多台,而 CPU 在同一时间只能与一台 I/O 设备交换信息,这就要借助接口的地址译码以选定 I/O 设备。只有被选定的 I/O 设备才能与 CPU 进行数据交换和通信。

任何外设接口都必须按照地址编码,CPU 通过地址译码器寻址,找到那个端口地址,该端口的 I/O 接口就被打开,然后与 CPU 通过公共的数据总线交换数据,交换完毕,外设接口让出总线,端口关闭。所以,寻址功能是 I/O 接口最基本的功能。

2）数据寄存和缓冲功能

CPU 的速度很快，而外部设备的速度相对较慢，为了解决这两者速度不匹配的问题，接口中一般会提供缓冲功能，设置数据寄存器或锁存器，将数据在输入/输出接口中缓存起来，从而起到缓冲、隔离和锁存的作用，避免因速度不一致而丢失数据。

3）信号转换功能

I/O 设备大都是复杂的机电设备，其电气信号电平也较复杂，需要用接口电路来完成信号电平与格式转换。如：电平转换功能、A/D(D/A)转换功能、串/并(并/串)转换功能、数据宽度变换功能等。

4）对 I/O 设备的控制与状态检测功能

接口电路接收 CPU 送来的命令或控制信号，实施对 I/O 设备的控制与管理。I/O 设备的工作状态以状态字或应答信号通过接口返回给 CPU(输入设备准备好了没有？用信号 Ready；输出设备是否有空，用信号 Empty；或是正在输出，忙，用信号 Busy 等)以握手联系的过程来保证主机与 I/O 设备在输入/输出操作中同步。很多情况下，系统还需要 I/O 接口能够检测和纠正信息传输过程中引入的错误。常见的有传输线路上噪声干扰导致的传输错误以及接收和发送速率不匹配导致的覆盖错误。

5）中断或 DMA 管理功能

为了满足实时性，以及主机与 I/O 设备并行工作的要求，需要采用中断传送的方式，为了提高传送的速率，有时又采用 DMA(直接存储器访问)的传送方式，这就要求接口有产生中断请求和 DMA 请求的能力，以及中断和 DMA 管理的能力。

6）可编程功能

现在的芯片大多数是可编程的，这样在不改变硬件的情况下，只需要修改程序就可以改变接口的工作方式，大大增加接口的灵活性和可扩充性，使接口向智能化方向发展。

当然，并不是所有的接口都具备上述功能，但是，设备选择、数据寄存与缓冲，以及输入/输出操作的同步能力是各种接口都应具备的能力。

7）复位功能

接收复位信号，从而使接口本身以及所连接的外设进行重新启动。

4. 通用的输入/输出(I/O)接口电路的结构

接口电路的内部通常是由数据寄存器、状态寄存器和控制寄存器和相应的控制逻辑电路构成的，如图 8-1 所示。

8.1.2　输入/输出接口的编址方式

I/O 接口是一以 IC 芯片或接口电路板形式出现的电子电路，其内有若干专用寄存器和相应的控制逻辑电路构成。同一个微机系统中有多个接口。

如上所述，一个接口可以有一个或几个端口，接口电路与 CPU 相连有地址线。如 8237 芯片中含有 16 个端口，需 4 根地址线；而 8259A 芯片只有两个端口，只需一根地址线。为了能让 CPU 能够对众多的端口进行正确的访问，就要求每个 I/O 端口都必须有确切的地址号，就是所谓的 I/O 接口的编址(寻址)问题。地址数就是端口数。

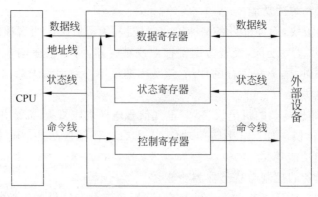

图 8-1　I/O 接口内部结构图

计算机系统中 I/O 端口有两种编址方式:I/O 端口地址与内存统一编址方式,称为存储器映射方式;另一种是 I/O 与内存分开各自独立编址,称为 I/O 映射方式。

1. I/O 端口与内存储器统一编址

在这种方式下,把一个 I/O 端口看作存储器的一个单元,即 I/O 端口占用存储区中的一个或几个地址号。

这种方式的优点在于:由于把一个 I/O 端口看作存储器的一个单元,因此,所有用于访问存储器的指令都可用来访问 I/O 端口。而访问存储器的指令功能比较强,不但有一般的传送指令,而且有算术、逻辑运算指令,以及各种移位、比较指令。用户可以直接对端口内的数据进行处理,而不必进行先读入 CPU 的寄存器的操作。另外,这种方式不需要专门的输入/输出指令;控制信号线也少一组,因不需要区分是对存储器还是对 I/O 操作的信号线(如 8086 CPU 最小组态时的 IO/$\overline{\text{M}}$)。而且像访问存储器一样,在保护方式下运行时也能提供访问保护和控制。

这种方式的缺点在于:由于 I/O 端口占用存储区中的地址号,减少了存储器的容量;存储器访问指令一般比 I/O 访问指令长,因此指令的执行时间会加长。

2. I/O 端口单独编址

I/O 端口地址和存储器地址分开单独编址。

80x86 系列处理器都提供一个独立的 I/O 地址空间。I/O 地址空间由 2^{16}(64K)个可独立编址的 8 位端口(即 64KB)组成,自然,任意两个连续的 8 位端口可作为 16 位端口处理;4 个连续的 8 位端口可作为 32 位端口处理;8 个连续的 8 位端口可作为 64 位端口处理。因此,I/O 地址空间最多能提供 64K 个 8 位端口、32K 个 16 位端口、16K 个 32 位端口、8K 个 64 位端口或总容量不超过 64KB 的不同位端口的组合。利用 IO/$\overline{\text{M}}$ 引脚作为一根附加的地址线,在 8086/8088 CPU 系统中,在最小组态时,由 IO/$\overline{\text{M}}$ 信号的极性来区别。当 IO/$\overline{\text{M}}$ 为低电平时,则地址总线上的地址是访问存储器的地址;若 IO/$\overline{\text{M}}$ 为高电平,则地址总线上的地址是访问 I/O 端口的地址。80x86 的专用 I/O 指令 IN 和 OUT 有直接寻址和间接寻址两种类型。

1) 直接寻址

直接寻址是使用一个字节寻址,因此 I/O 端口的寻址范围为 0000H～00FFH,至多为 256 个。根据 CPU 类型的不同,程序可以指定:

(1) 编号 0 到 255 的 256 个 8 位端口(对所有 80x86 CPU);

(2) 编号 0,2,4,…,252,254 的 128 个 16 位端口(对所有 80x86 CPU);

(3) 编号 0,4,8,…,248,252 的 64 个 32 位端口(对 80386 以上 CPU);

(4) 编号 0,8,16,…,248 的 32 个 64 位端口(对 Pentium CPU)。

2) 间接寻址

间接寻址由 DX 寄存器间接给出 I/O 端口地址,为两个字节长,所以最多可寻址 2^{16}＝64K 个端口地址。这时程序可指定:

(1) 编号 0 到 65535 的 8 位端口(对所有 80x86 CPU);

(2) 编号 0,2,4,…,65532,65534 的 16 位端口(对所有 80x86 CPU);

(3) 编号 0,4,8,…,65528,65532 的 32 位端口(对 80386 以上 CPU);

(4) 编号 0,8,16,…,65520,65528 的 64 位端口(对 Pentium CPU)。

与存储器空间中的四字、双字、字和字节操作一样,一般 64 位端口操作应对准可被 8 整除的偶地址;32 位端口操作应对准可被 4 整除的偶地址;16 位端口操作应对准偶地址; 8 位端口操作则可对准任何地址。

这种方式的优点在于:I/O 端口不占用存储器的地址空间,不会减少存储器的容量; 其次,专门用于访问 I/O 端口的指令少,指令译码简单,功能单一,一般只有传送指令。 缩短了指令的执行时间。

尽管 CPU 提供了 64KB 的 I/O 寻址空间,但不少微机中,系统往往只使用 A_9～A_0 这十根地址线寻址,因此实际可用的 I/O 空间只有 1KB＝1024。至于这 1KB 的 I/O 端口地址在系统中是如何分配的,可能因系统不同而有所不同。在以上的 1024 个地址中,如表 8-1 所示,低端 512 个(0000H～01FFH)已被系统板电路占用;高端的 512 个(0200H～ 03FFH)供扩展使用,如外设插槽等。一般用户可以使用其中的 300H～31FH 地址,它是留作实验卡用的。

表 8-1　I/O 地址分配表(AT 技术标准)

分类	I/O 地址	对应的 I/O 设备
系统板	000～01FH	DMA 控制器 1
	020～03FH	中断控制器 1
	040～05FH	定时器/计数器
	060～06FH	键盘控制器(并行口)
	070～07FH	实时时钟,NMI 屏蔽寄存器 RT/CMOS RAM
	080～09FH	DMA 页面寄存器
	0A0～0BFH	中断控制器 2
	0C0～0DFH	DMA 控制器 2
	0F0H	清除数学协处理器忙信号
	0F1H	复位数学协处理器
	0F8～0FFH	数学协处理器

分类	I/O 地址	对应的 I/O 设备
I/O 通道 (扩充槽)	100～16FH	保留
	170～177H	硬磁盘适配器 2
	1F0～1F8H	硬磁盘适配器 1
	200～207H	游戏 I/O 口
	278～27FH	并行打印机口 2(并行控制卡 2)
	2E8～2EFH	串行口 4 　供用户选用,如:
	2F8～2FFH	串行口 2 　　300～303H　82C55A
	300～31FH	试验卡,标准卡——→　304～307H　82C54A
	320～32FH	保留(可作硬驱控制卡)　308～30BH　8251A
	360～36FH	软磁盘适配器 2 　　30C～30DH　82C79A
	370～377H	并行打印机口 1(并行控制卡 1)
	378～37FH	SDLC,双同步 2(同步通信卡 2)
	380～38FH	双同步 1(同步通信卡 1)
	3A0～3AFH	单色显示器/打印机适配器
	3B0～3BFH	保留(可作彩显 EGA/VGA)
	3C0～3CFH	彩色/图形监视器适配器
	3D0～3DFH	串行口 3
	3E8～3EFH	软磁盘适配器 1
	3F0～3F7H	串行口 1
	3F8～3FFH	

当 $A_9 = 0$ 时,表示供系统板使用;当 $A_9 = 1$ 时,表示供扩展使用。因此,用户在设计接口卡时,必须使地址译码电路中的 $A_9 = 1$。

8.2　CPU 和外部设备的数据传输方式及汇编语言指令格式

外部设备与微机之间的信息传送,实际上是 CPU 与接口之间的信息传送。如前所述,当外设和存储器统一编址时,所有用于访问存储器的指令都可用来访问 I/O 端口。当外设单独编址时,访问 I/O 端口另有专门的 I/O 指令(IN 或 OUT 指令)。

CPU 与外设接口之间的信息传送的同步控制方式有程序查询方式、中断传送方式、直接存储器访问(DMA)方式和 I/O 处理机方式。

8.2.1　程序控制方式

程序控制方式又可分为无条件传送方式和查询方式两类。

1. 无条件传送方式

无条件传送方式是一种最简单的输入/输出控制方式。该方式认为外设始终是准备好的,能随时提供数据,适用于经过较长时间间隔数据才会有显著变化的情况。这时无需检查端口的状态,就可以立即采集数据。

1) 实现无条件输入/输出的方法

8086/8088 采用在程序的适当位置直接安排 IN 和 OUT 指令访问端口。若端口地址是 8 位单字节,则最大可寻址的地址空间为 $2^8=256$ 个端口(地址号为 00H～FFH),端口寻址方式为直接寻址方式,记 Port 是已知的端口地址,指令格式如下。

输入:

```
IN  AX,Port      ;从 Port 和下一端口传送 16 位数据至 AX 寄存器
```

或

```
IN  AL,Port      ;从 Port 传送 8 位数据至 AL 寄存器
```

输出:

```
OUT  Port,AX     ;将 AX 中的 16 位数据通过 Port 端口和下一端口送出
```

或

```
OUT  Port,AL     ;将 AL 中的 8 位数据通过 Port 端口送出
```

若端口地址是 16 位双字节,则最大可寻址的地址空间为 64K 个端口(地址号为 0000H～FFFFH)。这时必须采用 DX 寄存器间接寻址,即先把端口地址放在 DX 寄存器内。

记 Port 是已知的端口地址,此时指令格式如下。

输入:

```
MOV  DX,Port     ;将 16 位端口地址号送 DX 寄存器
IN   AL,DX       ;将端口的 8 位数据输入至 AL 寄存器
```

或

```
MOV  DX,Port     ;将 16 位端口地址号送 DX 寄存器
IN   AX,DX       ;将端口和下一端口的共 16 位数据输入至 AX 寄存器
```

输出:

```
MOV  DX,Port     ;将 16 位端口地址号送 DX 寄存器
OUT  DX,AL       ;将 AL 中的 8 位数据通过 Port 端口送出
```

或

```
MOV  DX,Port     ;将 16 位端口地址号送 DX 寄存器
OUT  DX,AX       ;将 AX 中的 16 位数据通过 Port 端口和下一端口送出
```

2) INSB/INSW 和 OUTSB/OUTSW 指令访问端口

80286、80386/80486 引入了 I/O 端口直接与内存之间的数据传送指令: INSB/INSW 和 OUTSB/OUTSW 指令。指令格式如下。

输入:

```
MOV  DX,PORT     ;端口地址 PORT 送 DX
```

```
LES  DI,Buffer In   ;(Buffer In)→(DI),(Buffer In+2)→(ES)
INSB               ;8 位传送
```

或

```
INSW               ;16 位传送
```

输出：

```
MOV  DX,PORT
LDS  SI,Buffer Out  ;(Buffer Out)→(SI),(Buffer Out+2)→(DS)
OUTSB
```

或

```
OUTSW
```

这里的输入、输出是直接对内存而言，当输入时，用 ES:DI 指向 RAM 中的目标缓冲区 Buffer In；当输出时，用 DS:SI 指向源缓冲区 Buffer Out。

若在 INSB/INSW 和 OUTSB/OUTSW 指令前加上重复前缀 REP 时，则可实现 I/O 端口与 RAM 存储器之间进行成批的数据传送。

3) 无条件传送方式的接口电路和控制程序

(1) 当外部设备是输入设备时，此时可直接用三态缓冲器与系统总线相连。例如，要将几个按键开关的状态输入 CPU 时，可如图 8-2 所示，将这些开关连接到一个含有多组三态门的缓冲器芯片 74LS244，74LS244 的输出端接到 CPU 的数据总线，构成一个最简单的输入端口。如果某个开关断开，其上拉电阻保证缓冲器的输入端为高电平；当某个开关合上时，相应的输入端接地，变为低电平。不管任何时刻，在需要了解开关的状态时，可随时执行输入指令，它使 M/$\overline{\text{IO}}$(或记作$\overline{\text{ALE}}$)、$\overline{\text{RD}}$(或记作$\overline{\text{IOR}}$)和选中此端口的片选信号 $\overline{\text{CS}}$ 同时变成有效的低电平，它们相与非后的低电平开启缓冲器的三态门，使各开关的当前状态以一组二进制数的形式出现在数据总线上，读入 CPU。在其他时刻，三态门呈高阻态，将开关和数据总线隔离。

(2) 当外部设备是输出设备时，此时常要求接口有锁存能力，即要求将 CPU 输出的数据在输出设备接口电路中保持一段时间，参见图 8-3。

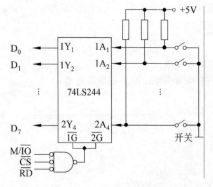

图 8-2　无条件传送的输入接口电路举例

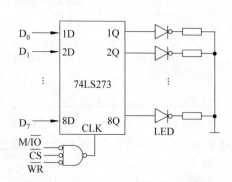

图 8-3　无条件传送的输出接口电路举例

例如用程序来控制发光二极管 LED 显示器的亮、灭。LED 被加上 2V 左右的正偏电压时就能发光，因此能被 TTL 电平所驱动。常用它们指示计算机或仪器的某些状态，例如，PC 面板上指示硬盘工作的 HDD 指示灯。通常用一个由锁存器（如 74LS273）构成的输出端口来把 LED 接到计算机的数据总线上，并串接一个限流电阻，如图 8-3 所示，各 LED 共阴连接。输出指令使 M/$\overline{\text{IO}}$、$\overline{\text{WR}}$ 和片选信号 $\overline{\text{CS}}$ 同时变成有效的低电平，它们相与非后的低电平，触发锁存器，将输出到数据总线上的值锁存在输出端，使指定的 LED 发光。锁存器能把此值一直保存到下一条输出指令到达为止，因此，在这段时间里，LED 的状态也将保持不变。

这样，只要用输出指令向此端口输出一个字节，使该字节中位值是 1 的那些 LED 发光，其余位值为 0 的 LED 不亮。

但应当注意：输入时，必须确保当 CPU 读取数据时（执行 IN 指令时），外设已将数据准备好；输出时，当 CPU 执行 OUT 指令时，必须确保外部设备的数据锁存器为空，即外设已将上次送来的数据取走。否则会导致数据传送出错。显然，将图 8-2 和图 8-3 电路组合在一起，可以构成一个完整的无条件传送方式的输入输出电路。

需要说明的是，图 8-2 电路中 8 个开关共一个地址端口，图 8-3 电路中 8 个 LED 也是共一个地址端口，因此图 8-2 和图 8-3 都是单端口电路。

2. 条件传送

条件传送方式也称为查询式传送方式。一般情况下，当 CPU 用输入或输出指令与外设交换数据时，由于 CPU 与 I/O 设备的工作往往是异步的，这就很难保证当 CPU 输入时，外设总是准备好数据；当 CPU 输出时，输出设备已经处在可以接收数据的状态，即外设的数据锁存器是空的。因此，在 CPU 传送数据前，应去查一下外设的状态，若外设准备好，就进行数据传送，否则，CPU 就等待。这种方式下，CPU 通过 I/O 指令询问指定外设当前的状态，如果外设准备就绪，则进行数据的输入或输出，否则 CPU 等待，循环查询，如图 8-4 所示。

查询方式的优点在于：结构简单，只需要少量的硬件电路即可，也能较好地协调高速 CPU 与慢速外设的时间匹配问题；缺点是，当 CPU 与中慢速外部设备交换数据时，CPU 需不断去查询外设的状态，这将占用 CPU 较多的时间，工作效率很低。

这种传送方式的接口电路中，除具有数据缓冲器或数据锁存器等数据端口外，还应具有一个外设的状态标志端口，如图 8-5 所示。由地址总线和控制总线完成端

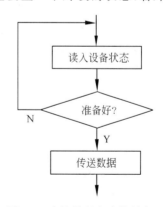

图 8-4　查询传送方式控制流程

口选择工作。一个状态标志位对应一个外设的状态信息。在输入时，若某端口输入数据准备好，则将其对应标志位置 1（或置 0）；输出时，若某端口的数据已"被取走"，也要将其对应标志位置 1（或置 0）。在使用查询方式传送信息时，其程序编制时一般按如图 8-4 的流程进行。即先读入设备状态的标志信息，再根据所读入的信息进行判断，若数据未准备好，CPU 就重新返回，继续读入状态字等待；若数据准备好了，则开始传送数据，执行数据

传送的 I/O 指令。传送结束后,CPU 可以转去执行其他的操作。

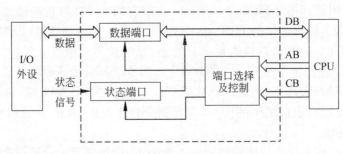

图 8-5　条件传送接口电路结构

假设读入的状态信息如图 8-6 所示,接口电路中的状态端口地址为:STATUS_PORT,数据端口为:DATA_PORT,则查询部分的程序如下。

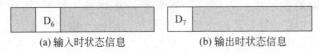

(a) 输入时状态信息　　　　　(b) 输出时状态信息

图 8-6　查询式传送时读入的状态信息

输入时

```
POLL: IN    AL,STATUS_PORT    ;从状态端口读入状态信息
      TEST  AL,60H            ;判断数据是否准备好,即 READY;是否为 1
      JZ    POLL              ;未准备好,则循环等待
      IN    AL,DATA_PORT      ;准备好,则输入数据
```

输出时

```
POLL: IN    AL,STATUS_PORT    ;从状态端口读入状态信息
      TEST  AL,80H            ;判断外设数据锁存器是否为空,BUSY 是否为 1
      JNZ   POLL              ;忙,则循环等待
      MOV   AL,DATA           ;要输出的数据送 AL 寄存器
      OUT   DATA_PORT,AL      ;空,则输出数据
```

这种 CPU 与外设的状态信息的交换方式,称为应答式,状态信息称为联络信号。

查询方式的优点在于:能较好地协调高速 CPU 与慢速外设的时间匹配问题。缺点是,①当 CPU 与中慢速外部设备交换数据时,CPU 需不断地去查询外设的状态,真正用于传送数据的时间很少,会占用 CPU 较多的时间;②同一时间段内,CPU 只能和一个外设之间传输数据,其他设备只能等待;③不能发现和处理突发错误和异常现象。

因此,查询方式只能用于外设较少、任务不重的场合。

8.2.2　中断传送方式

查询方式占用 CPU 时间多,并且难于满足实时控制的需要。因为在查询方式下,CPU 处于主动地位,而外设处于消极被查询的被动地位。但在一般实时系统中,外设要求 CPU 为它的服务是随机的。这就要求外设有主动申请 CPU 服务的权力。此时,可以采用已经讲过的中断方式传送。

中断传送方式下,当外设没有做好数据传送准备时,CPU 可以运行与传送数据无关的其他指令。外设作好传送准备后,主动向 CPU 提出申请。若 CPU 响应这一申请,则暂停正在运行的程序,转去执行数据输入/输出操作的指令。数据传送完后返回,CPU 继续执行原来运行的程序。中断的过程如图 6-8 所示。这样,虽然外设的工作速度比较低,但在外设工作的同时,CPU 仍然可以运行与数据传送无关的程序,使外设与 CPU 并行工作,提高了系统的工作效率。

中断处理方式的优点是显而易见的,它不但为 CPU 省去了查询外设状态和等待外设就绪所花费的时间,提高了 CPU 的工作效率,还满足了外设的实时要求。但中断控制输入输出要依靠软硬件相互配合实现。软件方面,要在程序中插入 I/O 指令等相应程序段;硬件方面的实现则较复杂。CPU 必须设计得具有响应和处理中断请求的能力,如要为每个 I/O 设备分配一个中断请求号和相应的中断服务程序……此外还需要一个中断控制器逻辑电路,管理 I/O 设备提出的中断请求,例如设置中断屏蔽、中断请求优先级等。

此外,中断处理方式的缺点是每传送一个字符都要进行中断,启动中断控制器,还要保留和恢复现场以便能继续原程序的执行,花费的工作量很大,这样如果需要大量数据交换,系统的性能会很低。

8.2.3　直接存储器访问(DMA)方式

见 8.4 节内容。

8.2.4　I/O 处理机方式

I/O 处理机方式,也称为通道方式。

为了能让 CPU 进一步摆脱 I/O 数据传送的负担,提出了输入输出处理机方式。这种方式下,采用专门的协处理器(IOP,例如专门配合 8086/8088 CPU 的 INTEL 8089),它不仅能控制数据的传送,而且,还可以执行算术逻辑运算、转移、搜索和转换。当 CPU 需要进行 I/O 操作时,它只要在存储器中建立一个信息块,将所需要的操作和有关的参数按照规定列入,然后通知 I/O 协处理器来读取。协处理器读得控制信息后,能自动完成全部的 I/O 操作。在这种系统中,所有的 I/O 操作都是以块为单位来进行的。

8.2.3 节和 8.2.4 节介绍的两种方式,以后还会深入讨论。

在大中型计算机中,还有其他的 I/O 方式,限于篇幅,这里不作介绍。

8.3　输入/输出接口逻辑电路的地址译码

8.3.1　I/O 端口地址译码

用什么方法将系统地址总线的某个地址变为 I/O 端口所需的地址呢? 这就是 I/O

端口的译码问题。也就是端口片选信号$\overline{CS}$(如图 8-2 和图 8-3 中的$\overline{CS}$)的实现问题。

通常的做法是：除了地址线以外，还应在端口地址译码电路上同时加控制信号来限定，参加译码：如 IN 或 OUT 指令所产生的$\overline{IOR}$或$\overline{IOW}$；又如表示 DMA 操作正在进行的 AEN 信号。当 AEN＝1 时，表示机器处于 DMA 周期；当 AEN＝0 时，即非 DMA 周期时，译码器才能译码。避免在 DMA 周期时由 DMA 控制器对这些 I/O 端口进行读写。

有了这控制信号的限定，当 CPU 或 DMAC 访问存储器(而不是访问 I/O 端口)时，端口地址译码电路的输出就不可能有效；也即经过这样限定后，才可利用这 16 条地址线输出有效的$\overline{CS}$片选信号，访问 I/O 空间的地址。

I/O 端口译码时，根据不同的场合采用不同的译码方式。

1. 当接口电路的 I/O 端口固定不变时，采用固定式译码电路

对于单端口 I/O 接口电路，如图 8-7 所示。只需一个片选信号，此时可以采用门电路构成译码器；相反，若 I/O 接口电路配有多组 I/O 端口地址，也就是说，I/O 接口电路需要多个片选信号，则可以采用专用的译码电路实现，如图 8-8 所示。

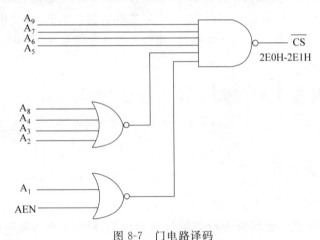

图 8-7　门电路译码

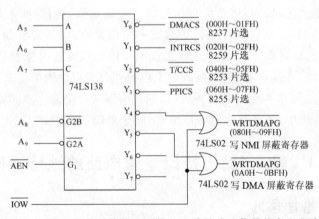

图 8-8　PC/XT 机系统板 I/O 接口电路的片选信号的产生电路

（1）单端口固定式门电路译码。门电路译码，即由门电路组成的端口译码电路。如图 8-7 所示的电路，可译出端口 1011100000B～1011100001B＝2E0H～2E1H（凡是未接的线，如此处的 A_0，取所有可能的值，如 A_0＝0 或 1，结果就相当于多个地址号共一个地址）。

$$\overline{CS} = \overline{A_9 \overline{A_8} A_7 A_6 A_5 \overline{A_4 A_3 A_2 A_1} AEN}$$

$$= \overline{A_9 A_7 A_6 A_5 \cdot \overline{A_8 + A_4 + A_3 + A_2} \cdot \overline{A_1} + AEN}$$

上式的右边，说明为了构造译码电路的方便（使用双输入、四输入门电路），所采取的变通。常用的门电路，可查相关手册。

（2）专用译码器译码电路。专用译码器有多种型号，如：3-8 译码器 74LS138、双 2-4 译码器 74LS139、4-16 译码器 74LS154 等。图 8-8 所示为 PC/XT 系统板中 I/O 接口电路的选通信号产生电路，它采用 3-8 译码器 74LS138。74LS138 有 3 个控制端 G1、$\overline{G2A}$、$\overline{G2B}$，只有当 G_1＝1，$\overline{G2A}$＝$\overline{G2B}$＝0 时，才允许对输入 A、B、C 进行译码。图 8-8 所示电路根据 A_5、A_6、A_7 3 根输入信号的状态译码，使 $\overline{Y_0}$～$\overline{Y_7}$ 8 个输出中的一个为低电平，从而选中某个端口。AEN 参与译码，只有当 AEN＝0 时，即在非 DMA 周期时才允许译码输出。

2. 当端口地址需根据不同的场合而改变时，采用可选式译码电路

可选式译码电路，可以采用跳线（DIP-Dual ln-line Package）或多路开关使译码电路在不同的场合输出不同的片选信号。DIP 开关的按钮可以向两边扳动，故有开（ON）、关（OFF）两种状态。所以，将多个 DIP 开关组合使用，n 个 DIP 开关就能表示 2^n 种状态，就有 2^n 个二进制数值可以选择。因此，对 DIP 开关必须对照说明书中的表格设置数值，否则根本搞不清楚如此多的状态。故 DIP 式跳线也被称作 DIP 组合开关，DIP 开关不仅可以单独使用一个按钮开关表示一种功能，更可以组合几个 DIP 开关来表示更多的状态、更多的功能。

如图 8-9 所示为 PC 的通信口适配卡上的译码电路。当跳线 J_{10} 接通时，地址范围在 2F8H～2FFH，是通信口 2 的译码器连接；当跳线 J_{12} 接通时，地址范围在 3F8H～3FFH，是通信口 1 的译码器连接。通信口卡的电路结构完全一致。不同编号的通信口只要改变跳线即可。

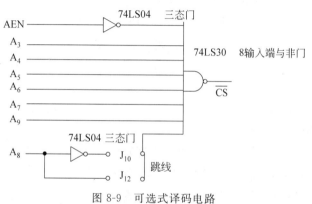

图 8-9　可选式译码电路

3. 比较器译码法

比较器译码法的基本思路是将比较器的一个输入端输入地址信号,另一输入端接一组 DIP 开关。当地址总线所送的地址与 DIP 所设置的地址相等时,该接口被选中。这种译码电路应用非常广泛,常用的比较器有 4 位比较器 74LS85 和 8 位比较器 74LS688。采用比较器译码法,可以通过改变 DIP 开关的设置,很容易地改变接口地址。这个优点在通用总线接口模块的设计中表现尤为突出。不但同一功能的模块在不同微机应用中可以被分配不同的地址,而且即使在同一微机系统中,也可通过改变 DIP 开关的设置而控制不同的设备,给设计带来极大的灵活性。

4. 通用逻辑阵列 GAL 译码法

1) 几个名词

(1) ASIC(Application Specific Integrated Circuit):指功能已经做好的具有特定用途集成电路。在此基础上发展了功能可以通过软件编程改变的可编程逻辑器件 PLD 器件。

(2) 可编程逻辑器件 PLD 器件(Programmable Logic D):指利用软件编程和可重写的存储器技术实现的模拟硬件电路芯片。其特点是可立即在实际的电路中对设计进行仿真和测试;要改变设计,只需要简单地对器件进行重新编程。因而能够为客户提供范围广泛的多种逻辑功能、特性、速度和电压特性的标准成品部件。

(3) 可编程阵列逻辑 PAL(Programmable Array Logic)器件是 1977 年美国 MMI 公司率先推出的,它由于输出结构种类很多,设计灵活,因而得到普遍使用。PAL 采用双极型熔丝工艺,工作速度较高。PAL 的结构是与阵列可编程和或阵列固定,这种结构为大多数逻辑函数提供了较高级的性能,为 PLD 进一步的发展奠定了基础。

(4) 通用阵列逻辑器件 GAL(Generic Array Logic)器件是 1985 年由美国 LATTICE 公司采用高速电可擦(E^2CMOS)工艺制造,可编程、可设置加密位的 PLD。具有代表性的 GAL 芯片有 GAL16V8、GAL20,这两种 GAL 几乎能够仿真所有类型的 PAL 器件。实际应用中,GAL 器件对 PAL 器件仿真具有 100% 的兼容性,所以 GAL 几乎可以全代替 PAL 器件,并可取代大部分 SSI,MSI 数字集成电路,因而获得广泛应用。而 PAL 的输出是由厂家定义好的,芯片选定后就固定了,用户无法改变。GAL 和 PAL 的最大差别在于 GAL 的输出结构可由用户自己定义,是一种可编程的输出结构。GAL 的两种基本型号 GAL16V8(20 引脚,或 PAL16L8)GAL20V8(24 引脚)可代替数十种 PAL 器件,因而称为通用可编程电路。

GAL 和 PAL 都属于简单 PLD,结构简单、设计灵活、对开发软件要求低。

2) GAL 的特点

(1) GAL 可以实现组合逻辑电路和时序逻辑电路的多种功能。经过编程可以构成多种门电路,如触发器、寄存器、计数器、比较器、译码器等,代替常用的 74 系列和 54 系列的 TTL 器件或 CD400 系列的 CMOS 芯片。既简化了系统设计,又免去了布线与组装中小规模集成电路的麻烦,从而使设计速度加快,且提高了系统的可靠性。

（2）带负载能力比较强,功耗低。其输出电流可达 24mA,但功耗只有双极型逻辑器件的 1/2 或 1/4,缓解了温升问题。

（3）速度快。采用高速编程算法,按行进行编程,整个芯片只需数秒钟即可完成编程。

（4）集成度高。一片 GAL 芯片,一般可代替 4～12 个中小规模集成电路芯片,减少了系统中芯片的数量,降低了成本。

（5）功能强大。GAL 芯片具有 8 个输出逻辑宏单元（OLMC）,使输出结构随意变化,用户可根据需要进行状态组合,并能与 PAL 100％兼容。编程后数据可保持 20 年不丢失,如需改变,可随时重新进行编程。门阵列的每个单元可以反复改写（至少 100 次）,因而整个器件的逻辑功能可以重新配置,设计者只在一片 GAL 芯片上,就能实现具有多种功能的逻辑电路的组合,既简化了系统设计,又免去了布线与组装中小规模集成电路的麻烦,适于产品的开发研制,使设计速度加快,提高了系统的可靠性和灵活性。GAL 的可测试性,使它具有 100％的成品率和 100％的编程可靠性。并具有硬件加密单元,以防电路设计被抄袭或非法复制。

（6）GAL 编程需要专用的软件和写入器,目前除 GAL 编程器外（通常都与 EPROM 编程器合二为一）,许多单片机开发系统中还没有此功能。

3）GAL 编程步骤

（1）根据系统逻辑要求,确定 GAL 芯片型号,分配好输入/输出引脚,并给出逻辑表达式。

（2）编写源程序。不同的编译软件对格式的要求有所不同,但基本原则是一样的。一般需要先定义各引脚名称（即输入/输出变量名）,然后定义各个输出变量的逻辑表达式,并将这些逻辑功能输入到 PC。

（3）调入编辑软件来处理源文件,依次产生文本文件、编程单元图文件、JEDEC 文件和打印文件等。其中 JEDEC 供 GAL 编程时用,编程单元图供用户直观地检查表达式用。

8.3.2 Intel CPU 的输入输出时序

8086 CPU 的基本输入输出总线的时序与存储器读写的时序类似,只是由于一般的 I/O 设备的工作速度较慢,所以,基本的输入输出时序通常要在 T_3 状态之后插入一个或多个等待状态,即基本的 I/O 操作是由 T_1、T_2、T_3、T_W、T_4 5 个基本状态组成。

在 CPU 进行输入输出操作时,若 8086 CPU 处在最大组态下,则 T_1 期间,$S_0 \sim S_1$ 的编码为 I/O 操作;若 8086 CPU 在最小组态下,则使 $IO/\overline{M}$ 信号为高电平,指明是对 I/O 操作。I/O 读写周期时序图如图 8-10 所示。

设计 I/O 接口电路时,必须考虑接口电路和 CPU 时序的匹配问题。

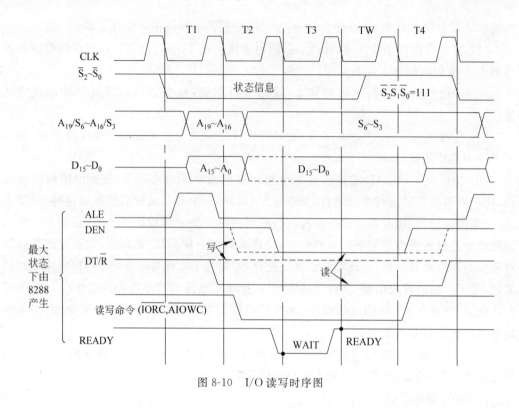

图 8-10　I/O 读写时序图

8.3.3　I/O 保护

首先要明确：在 DOS 环境(实地址模式)下，I/O 是没有保护的，只有在保护虚地址模式下，才有 I/O 的保护功能。

80x86 为 I/O 操作提供了两种保护机制。

1. I/O 特权级 IOPL(I/O Privilege Level)

操作系统在 CPU 的扩展标志寄存器中的 EFLAGS 中设置 IOPL 字段，为每个任务指定一个 I/O 特权级 IOPL，与 I/O 操作有关的指令(如 IN、OUT、INS、OUTS、CLI、STI 等)只有在其当前任务特权级 CPL 高于指定的 I/O 特权级(级别越高，数值越小，即 CPL≤IOPL)时才允许执行。

例如，在典型的保护环境下，将 IOPL 设置为 1，这样只有特权级为 0 和 1 的操作系统和设备驱动程序才能实现 I/O 操作，而特权级为 3 和 2 的应用程序或设备驱动程序则不允许进行 I/O 操作。

应用程序要访问 I/O 地址空间，必须通过操作系统或特权级较高的设备驱动程序来进行，例如可以通过 DOS 功能调用或 BIOS 功能调用来进行。

2. I/O 允许位映像(I/O Permission Bit Map)

用任务状态段的 I/O 允许位映像控制对 I/O 地址空间中各具体端口的访问权限。

80486 会为每个任务在内存中建立一个任务状态段（TSS，Task State Segment），其中在 TSS 高地址端专门有一个 I/O 允许位映像区，如图 8-11 所示。用来修正 IOPL 对敏感指令的影响，允许较低特权级的程序或任务访问某些 I/O 端口。

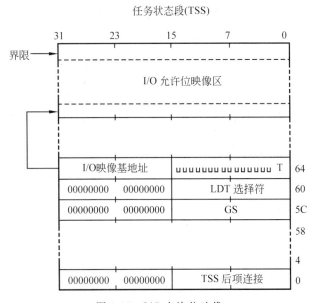

图 8-11　I/O 允许位映像

　　I/O 允许位映像区的大小及其在 TSS 中的位置是可变的，一般由相应任务所具有的 8 位 I/O 端口数决定。

　　I/O 允许位映像区的起始地址由 16 位宽的 I/O 映像基地址字段指明，其上限也就是 TSS 的界限。

　　I/O 允许位映像是一个位向量，映像中的每一位都与 I/O 空间中的一个字节端口地址相对应。例如 I/O 地址空间中地址号为 29H 的端口字节所对应的允许位是在"I/O 映像基址 + 5"的字节的第 1 位上（即位映像中第 6 个字节的 b_0 位上）。位值为 1，表示对应的端口字节不允许访问；位值为 0，则允许访问。

　　有了上述两种 I/O 保护机制后，当某个程序要访问 I/O 端口时，CPU 先检查是否满足 CPL≤IOPL，如满足，可访问。如不满足，再对相应于这些端口的所有映像位进行测试，例如双字操作要测试相邻的 4 位，若其中有任一位为 1，处理器都发出一般保护异常信号，拒绝访问；若 4 位都为 0，则允许访问相应端口。这是保护虚地址方式下的 I/O 保护机理。在虚拟 8086 方式下，处理器不考虑 IOPL，只检查 I/O 允许位映像。

　　I/O 允许位映像不必说明所有 I/O 地址。没有被映像覆盖的 I/O 地址可看成在这个映像中都有一位 1。例如，若 TSS 界限等于 I/O 映像基地址加 255，则映像前 256 个 I/O 端口字节，在大于 255 的任一端口字节上的任何 I/O 操作都将产生异常。

　　由于 I/O 允许位映像是在 TSS 段中，而不同的任务有不同的 TSS，所以操作系统可通过为不同 TSS 段中设置不同的 I/O 允许位映像，来为不同任务分配不同的 I/O 端口。

8.4　DMA 传送和 DMA 控制器 8237

8.4.1　概述 DMA 主要用于需要大批量高速度数据传输的场合

1. DMA 传送的基本原理

DMA(Direct Memory Access)方式,也称为直接内存操作。

采用 DMA 方式传送数据时,通过计算机对一个专门的控制器 DMAC 控制器编程,并用一个适配器上的 ROM(如软盘驱动控制器上的 ROM)来存储程序,这些程序控制 DMA 传送数据。一旦控制器初始化完成,可以脱离 CPU,省去了 CPU 取指令、取数、送数等操作。DMAC 通过地址总线发送地址信息。在数据传送过程中,没有保存现场、恢复现场之类的工作。采用 DMA 方式传送数据,数据源和目的地址的修改、传送结束信号以及控制信号的发送、传送字个数的计数等都不是由软件实现,而由 DMAC 控制器硬件完成。节省了大量 CPU 的时间,因此大大提高了传输速度。

要说明的是:DMA 传送过程,并不是全程离开 CPU 执行程序,相反,在进行 DMA 数据传送之前,DMA 控制器会向 CPU 申请总线控制权,CPU 如果允许,则将控制权交出。因此,在数据交换时,总线控制权由 DMA 控制器掌握,在传输结束后,还要检查传送的状态等,DMA 控制器将总线控制权交还给 CPU。还有,对于 I/O 数据的处理,如对数据的变换、拆、装、检查等,更是离不开 CPU 的支持。这些,都离不开 CPU 执行相关的程序,都需要增加硬件和程序段。

DMA 方式传送路径和程序控制下数据传送的路径比较如图 8-12 所示。

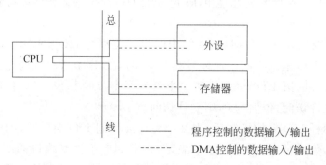

图 8-12　DMA 方式传送路径

2. DMA 数据传送的基本过程

在 DMA 方式传送数据时,外设处于主动地位。传输的过程是从外设准备好数据并向 DMAC 发出传送请求信号开始的。传输的基本过程如下(我们约定:以 DMAC 为中心,向它的某引脚发送的信号或由该引脚接受的外来信号,以其引脚名为信号名)。

(1) 外设准备好数据后向 DMAC 发出 DMA 传送请求信号 DREQ。

（2）总线仲裁机构，如 CPU 的 HOLD 引脚，请求占用总线。经总线仲裁机构裁决后，使 CPU 出让总线的控制权（地址、数据、读写控制信号等呈高阻状态），并向 DMAC 发出总线响应信号 HLDA，通知 DMAC。

（3）DMAC 接到 HLDA 信号后，接管总线的控制权，成为总线的主控者。

（4）DMAC 向外设发出应答信号 DACK，并将被访问存储单元地址送地址总线，向存储器和进行 DMA 传送的外设发出读写命令，开始 DMA 传送。

（5）DMA 传送结束，DMAC 向外设发出低电平有效信号 $\overline{\text{EOP}}$，并撤销对 CPU 的总线请求，交回系统总线的管理和控制权。

在 DMA 传送期间，HRQ 信号一直有效，HLDA 信号一直有效，直至 DMA 传送结束。

3. 周期挪用的 DMA 访问方式

一旦 I/O 设备有 DMA 请求，则由 I/O 设备会从 CPU 那里挪用一个或几个内存周期。可能遇到两种情况。

（1）此时 CPU 不需要访内，如 CPU 正在执行乘法指令。由于乘法指令执行时间较长，此时 I/O 访内与 CPU 访内没有冲突，即 I/O 设备挪用一、两个内存周期对 CPU 执行程序没有任何影响。

（2）I/O 设备要求访内时 CPU 也要求访内，这就产生了访内冲突，在这种情况下 I/O 设备访内优先，因为 I/O 访内有时间要求，前一个 I/O 数据必须在下一个访内请求到来之前存取完毕。显然，在这种情况下 I/O 设备挪用一、二个内存周期，意味着 CPU 延缓了对指令的执行，或者更明确地说，在 CPU 执行访内指令的过程中插入 DMA 请求，挪用了一、二个内存周期。

与停止 CPU 访内的 DMA 基本方法比较，周期挪用的方法既实现了 I/O 传送，又较好地发挥了内存和 CPU 的效率，是一种广泛采用的方法。但是 I/O 设备每一次周期挪用都有申请总线控制权、建立总线控制权和归还总线控制权的过程，所以传送一个字对内存来说要占用一个周期，但对 DMA 控制器来说一般要 2～5 个内存周期（视逻辑线路的延迟而定）。因此，周期挪用的方法适用于 I/O 设备读写周期大于内存存储周期的情况。

4. DMA 与 CPU 交替访内的 DMA 访问方式

如果 CPU 的工作周期比内存存取周期长很多，此时采用交替访内的方法可以使 DMA 传送和 CPU 同时发挥最高的效率。假设 CPU 工作周期为 $1.2\mu s$，内存存取周期小于 $0.6\mu s$，那么一个 CPU 周期可分为 C_1 和 C_2 两个分周期，其中 C_1 供 DMA 控制器访内，C_2 专供 CPU 访内。

这种方式不需要总线使用权的申请、建立和归还过程，总线使用权是通过 C_1 和 C_2 分时进行的。CPU 和 DMA 控制器各自有自己的访内地址寄存器、数据寄存器和读/写信号等控制寄存器。在 C_1 周期中，如果 DMA 控制器有访内请求，可将地址、数据等信号送到总线上。在 C_2 周期中，如 CPU 有访内请求，同样传送地址、数据等信号。事实上，对于总线,这是用 C_1、C_2 控制的一个多路转换器,这种总线控制权的转移几乎不需要什么时间,所以对 DMA 传送来讲效率是很高的。

这种传送方式又称为透明的 DMA 方式,CPU 既不停止主程序的运行,也不进入等待状态,是一种高效率的工作方式。当然,相应的硬件逻辑电路也复杂些。

5. DMA 控制器 DMAC 的功能结构

由于 DMA 传送数据是在没有 CPU 的干预下进行的,DMAC 应该具有独立的对存储器和 I/O 端口的存取数据的能力。因此,DMAC 应具备以下功能。

(1) 总线控制功能。当系统将总线的控制权交给 DMAC 时它应能对总线进行控制;当 DMA 传送结束时,DMAC 应能将总线的控制和使用权交还给 CPU。

(2) 具有用于提供交换数据地址的地址寄存器。交换数据需要源地址和目的地址。因此,DMAC 内部应有源地址和目的地址寄存器,并且这些寄存器的内容可以由硬件实现自动加 1 或减 1 的功能。

(3) 具有数据块长度计数器。用数据块长度计数器来控制传输的字节数。DMA 每传送一次数据,由硬件将该计数器的内容减 1,当计数器减 1 过 0 时,停止 DMA 传送。

(4) 具有编程寄存器和状态寄存器。编程寄存器在 DMA 传送前由 CPU 写入,用于选择 DMA 传送所需的工作方式和参数。DMA 传送结束后,CPU 可以从状态寄存器读取状态字,以便了解 DMA 传送后的结果。

8.4.2　可编程 DMA 控制器 Intel 8237

目前,DMAC 有很多类型,这里我们只对 Intel 8237 做详细介绍。

Intel 8237 是 Intel 系列中高性能可编程 DMA 控制器,它有 4 个独立的通道(8237 必须与一片 8 位地址锁存器如 8252 连用),每通道均有 64KB 的寻址能力,每一个通道的 DMA 请求都可以分别允许和禁止,并且具有不同的优先权(优先权可以是固定的,也可以通过编程改变)。并且还可以用级联方式扩展更多的通道。它允许在外设与存储器以及存储器与存储器之间交换数据,数据传输速率可达 1.6MB/s,提供多种控制方式和操作模式。

1. 8237 的结构框图和引脚

8237 有 4 个通道,可以带 4 台外设。其中,通道 0、2、3 为微机系统占用,分别用于刷新动态存储器,软盘控制器与存储器交换数据,硬盘控制器与存储器交换数据。只有通道 1 供用户使用。

8237 的结构框图如图 8-13 所示。为简明,通道部分只画了一个通道(所含部件图中用新魏字体表示)的情况。从图 8-13 中可以看出,8237 的内部结构有 4 大部分:控制逻辑电路、优先权控制逻辑电路、缓冲器和内部寄存器组。

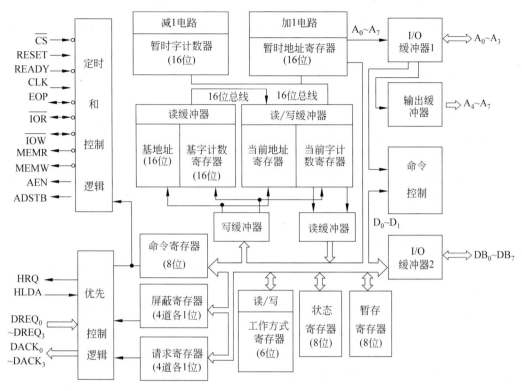

图 8-13　8237 的结构框图

8237 的引脚配置如图 8-14 所示。它有 40 支引脚,双列直插式 DIP 封装芯片。分别讨论如下:

1) 控制逻辑电路

(1) 定时和时序控制逻辑单元:它根据初始化编程时所设置的工作方式寄存器的内容,在输入时钟信号的定时控制下,产生 8237 内部的定时信号、产生包括 DMA 请求、DMA 传送以及 DMA 结束所需要的内部时序和外部的控制信号。

(2) 命令控制单元:它是在 CPU 控制总线时,将 CPU 在编程初始化时送来的命令字进行译码;在进入 DMA 周期时,对 DMA 决定操作类型的工作方式字进行译码。相应的引脚有如下几个。

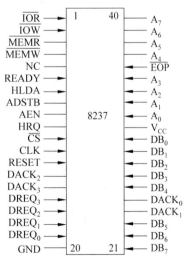

图 8-14　8237 的引脚配置

① CLK:时钟控制信号,输入,用于控制芯片内部定时和数据传输速率。

② $\overline{CS}$:片选信号。低电平有效时,8237 处于空闲状态,相当于一个外设,被 CPU 选中,向 8237 写入工作方式控制字,命令控制字,或从 8237 读取状态寄存器的内容。

③ RESET:复位信号。输入,高电平有效。使 DMAC 复位,8237 空闲(内部寄存器

中除屏蔽寄存器置 1 外,其余寄存器置 0。见后述)。

④ READY:数据准备好信号。输入,高电平有效。8237 在总线传送周期时,若外设未准备好,则自动插入等待时钟周期,直到 READY 变成高电平,恢复正常节拍。

⑤ ADSTB:地址选通信号。输出,高电平有效。ADSTB 有效时,把高 8 位地址通过数据线,送到片外地址锁存器保存。

⑥ AEN:地址允许信号。输出,高电平有效。AEN＝1,允许访问 DMA;AEN＝0,访问外设。

2) 优先权控制逻辑电路部分

用来裁决各通道的优先次序,解决多个通道同时请求 DMA 服务时可能出现的优先权竞争问题。有两种优先权的判定:

(1) 优先权按通道 0 到 3,依次降低;

(2) 优先权依次循环。

当正在进行 DMA 操作时,无论级别多高的通道,都不能打断当前的操作。当前操作结束后,才能再按优先权高低,响应下一个通道的 DMA 请求。

相应的引脚有如下几个。

(1) 请求输入端 DREQ$_0$～DREQ$_3$:外设对 4 个独立通道 0～3 的 DMA 服务请求信号。输入:有效电平高低通过对工作方式寄存器的控制字编程确定,由申请 DMA 传送的设备发出。该信号一直要保持到 8237 发出应答信号 DACK 为止。

(2) 响应输出端 DACK$_0$～DACK$_3$:8237A 控制器发给 I/O 设备的 DMA 服务响应信号,有效电平通过对工作方式寄存器的控制字编程设定。允许多个 DREQ 信号同时有效。但在同一时间内,8237A 只能有一个响应信号 DACK 有效。

(3) 请求输出端 HRQ:由 8237 控制器向 CPU 发出的请求系统总线控制权的请求信号。输出,高电平有效。与 CPU 的 HOLD 信号相联。条件是该通道未被屏蔽。

(4) 响应接收端 HLDA:总线控制权转让响应信号。输入:高电平有效。由 CPU 发给 8237 表示 CPU 已出让总线。8237 即可进行 DMA 操作。

3) 缓冲器电路部分部分

(1) I/O 缓冲器 1:8 位、双向、三态缓冲器。用于与系统的数据总线接口。在非 DMA 周期时,CPU 向 8237 送出的编程控制字、从 8237 读取的状态字以及基址、基值寄存器的内容三者都要经过这个缓冲器;当 DMA 周期时,DMAC 所送出的地址由该缓冲器输出到地址锁存器锁存。

(2) I/O 缓冲器 2:4 位、双向、三态缓冲器。在 CPU 控制总线时,输入缓冲器导通,将地址总线的低 4 位 A$_3$～A$_0$ 送入 8237 进行译码后,选择 8237 内部寄存器;在 DMA 周期时,它送出 8237 寻址的存储器地址的低 4 位 A$_3$～A$_0$。

(3) 输出缓冲器:4 位、输出、三态缓冲器。CPU 控制总线时呈高阻状态;在 DMA 控制总线时,由 8237 提供 16 位存储器地址的 A$_7$～A$_4$ 由它送出。

4) 内部寄存器部分

8237 内部的寄存器如表 8-2 所示。DMAC 的内部寄存器共 12 个。

表 8-2　8237 的内部寄存器

名　称	有效位数	控制信号			地　址	数量	CPU 访问方式
		$\overline{\text{CS}}$	$\overline{\text{IOR}}$	$\overline{\text{IOW}}$	A_3　A_2　A_1　A_0		
基地址寄存器	16	1	0		0H/2H/4H/6H 对通道 0/1/2/3	4	只写地址
基字节计数寄存器	16	1	0		1H/3H/5H/7H 对通道 0/1/2/3	4	只写计数值
当前地址寄存器	16	读 0	读 1		0H/2H/4H/6H 对通道 0/1/2/3	4	可读可写地址
当前字节计数寄存器	16	写 1	写 0		1H/3H/5H/7H 对通道 0/1/2/3	4	可读可写计数值
暂时地址寄存器	16	×	×		——	1	不能访问
暂时字计数寄存器	16	0	×	×	——	1	不能访问
命令寄存器	8	1	0		8H	1	只写命令字
工作方式寄存器	6	1	0		0BH	4	只写工作方式字
屏蔽寄存器	3+1	1	0		0AH 启动一位屏蔽,0EH 清除 4 位屏蔽/0FH 启动 4 位屏蔽	1	只写屏蔽字
请求寄存器	3+1	1	0		9H	1	只写请求字
状态寄存器	8	0	1		8H	1	只读状态字
暂存寄存器	8	0	1		0DH	1	只读暂存数字

注：3+1 用单一屏蔽字时,有 3 个有效位,1 个无效位。用 4 位屏蔽字时,4 位均有效。

（1）基地址寄存器和基字节计数寄存器。每通道都有一个 16 位的基地址寄存器和一个 16 位的基字节计数寄存器。它们分别存放 DMA 传送所寻址的存储器的初始地址和字节计数器的初始值。初始化编程时,由 CPU 同时写入,整个 DMA 操作期间不再变化。该寄存器不能读出。自动预置时（工作方式寄存器的控制字的 $D_4=1$ 时）,它们用来恢复相对应的当前寄存器的内容。

（2）当前地址寄存器和当前字节计数寄存器。这两个寄存器都是 16 位长,每通道都有的。当前地址寄存器,用来在 DMA 传送期间提供存储器的地址。并且在每次传送数据后,它的值自动减 1 或加 1。在初始化编程时,CPU 会将它重新设为初值。当前字节计数器,保存当前 DMA 传送的字节数,每传送一次数据,该寄存器内容自动减 1。当其减 1 过 0 至 0FFFFH 时,计数终止。CPU 可以对该寄存器内容以连续两个字节的方式读出或写入。自动预置时,当 $\overline{\text{EOP}}$ 有效后,被重新设为初值。非自动预置时,其值保持 0FFFFH 不变。

（3）请求寄存器。DMA 请求可以由外设发来 DREQ 信号（每个通道都有一支）,也可以由软件编程发出。用软件发出请求（非屏蔽的）时,就要设置请求寄存器。请求寄存器的格式如图 8-15 所示,内容为：请求置 $D_2=1$,使用通道由 $D_1 D_0$ 的值指示。

需要注意的是,用软件请求只能以成组方式进行数据传送,且每请求一次都必须设置一次请求寄存器。该寄存器只能写，不能读。例如：若使通道 3 进行 DMA 传送，则应在请求寄存器内写入 07H 控制字。

（4）屏蔽寄存器。该寄存器由 4 位组成。当某通道被屏蔽位被时，禁止该通道的 DREQ 请求，也就禁止该通道的 DMA 操作。若通道编程为不自动预置，则当该通道遇到有效的 $\overline{EOP}$ 时将会被屏蔽。各通道的屏蔽标志位可以用命令进行置位或复位，其命令控制字有以下两种。

① 单一屏蔽寄存器。每次屏蔽一个通道，共 $D_3 D_2 D_1 D_0$ 4 位组成，D_3 为有效位，其余 3 位内容为：屏蔽置 $D_2=1$，所屏蔽通道由 $D_1 D_0$ 的值指示；取消屏蔽置 $D_2=0$，取消屏蔽的通道由 $D_1 D_0$ 的值指示。软件编程时，其控制字格式如图 8-15 所示。

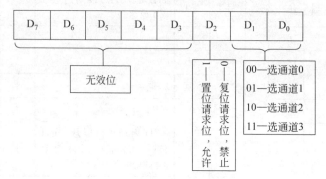

图 8-15　请求寄存器的格式

② 4 位屏蔽位寄存器。可用软件编程同时屏蔽多个通道，其格式如图 8-16 所示。取 $D_3 D_2 D_1 D_0$ 的值置位或清 0，哪位为 1，屏蔽哪个通道，其他位为 0。若 4 位同时为 1，则同时禁止 4 个通道的 DMA 请求。

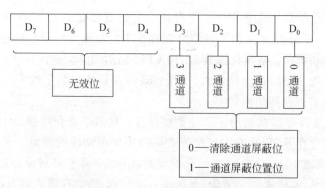

图 8-16　同时对四个通道设定屏蔽标志的命令字格式

需要注意的是，这两种不同格式的控制字，写入 DMAC 时，有不同的口地址，写单一屏蔽寄存器口地址为 0AH，而同时写 4 个通道的屏蔽位的口地址为 0FH。

例如，若禁止通道 2 的 DMA 请求，则可采取以下两种方式实现。

单一屏蔽寄存器：

```
MOV  AX,00000110B          ;禁止通道 2 的 DMA 请求
OUT  DMA+0AH,AX
```

四位屏蔽寄存器：

```
MOV  AX,00000100B              ;仅禁止 2 通道的 DMA 的请求
OUT  DMA+0FH,AL
```

（5）状态寄存器是个 8 位的寄存器，用来存放 8237 的状态信息。CPU 通过读取它的内容了解 4 个通道的工作状态，其状态格式如图 8-17 所示。

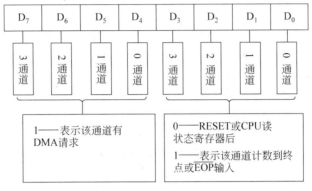

图 8-17　状态寄存器格式

它的低 4 位表示 4 个通道的终止计数状态，高 4 位表示是否在 DMA 请求。

（6）暂存寄存器是个 8 位寄存器。在存储器至存储器的数据传送期间，由它暂存从源地址单元中读取的数据。传送结束时，传送的最后一个字节可由 CPU 读出。可用 RESET 信号清除暂存寄存器。

5）软命令

8237 有 3 条软命令：主清命令、清字节指示器命令和清屏蔽寄存器命令。此命令生效的条件是 CPU 对特定的地址执行一次写操作。写入的内容是任意的。

（1）主清除命令：与硬件 RESET 信号作用相同，即执行命令的结果是使命令、状态、请求、暂存寄存器及字节指示器的内容清除，屏蔽寄存器置位，使系统进入空闲状态。其软件命令码为 $A_3 A_2 A_1 A_0 = 1101B = 0DH$，$\overline{IOR} = 1$，$\overline{IOW} = 0$。

（2）清除高/低触发器命令：由于 8237 传送字节的地址和字节数都是 16 位的。而 8237 每次只能接受一个字节数据。因此，这些地址和字节数必须分两次按顺序连续写入。在 8237 的内部有一个一位的高/低触发器，清高/低触发器命令是使字节指示器置 0，保证先读写低 8 位，后读写高 8 位。其软件命令码为 $A_3 A_2 A_1 A_0 = 1100B = 0CH$，$\overline{IOW} = 0$，$\overline{IOR} = 1$。

（3）清屏蔽寄存器命令：该命令使 4 个屏蔽位均清 0，这样，四个通道均能接受 DMA 请求。其软件命令码见表 8-2。

此外，8237 还有两个寄存器，分别是命令寄存器和工作方式寄存器，将在后面详细介绍。

2. 8237 在 PC 系列中的应用

8237 的地址线只有 8 位，但访问存储器要 20 位地址，怎么办？

首先由 AEN 和 ADSTB 组合传送访问存储器的低 16 位地址。过程是：AEN 高电平时，将通过 ADSTB 已先保存在片外地址锁存器保存的高 8 位地址经数据线取出，和 8237 的低 8 位地址组合成 16 位地址。

至于高 4 位的地址是通过系统设置的 DMA 页面寄存器实现的。

1）PC/XT 的 DMA 系统

IBM PC/XT 的页面寄存器是由一个寄存器堆（74LS670）构成，内含 4 个 4 位寄存器，可用来存放 4 个 DMA 通道的高 4 位地址 $A_{19} \sim A_{16}$。它与 8237 送出的低 16 位地址一起形成 20 位地址 $A_{19} \sim A_0$，用这 20 位地址信息即可寻址全部 1MB 存储单元。IBM PC/XT 中分配的页面寄存器的端口地址为：通道 1 为 83H；通道 2 为 81H；通道 3 为 82H。由于在该系统中 8237 的通道 0 是用于对动态 RAM 刷新操作，而动态 RAM 刷新时不需要使用页面寄存器，因而也就不需要分配通道 0 的页面寄存器端口地址。

8237 的页面寄存器 74LS670 必须与三态地址锁存器 74LS373 和三态门地址缓冲器 74LS244 配合，才能形成系统总线的地址信号 $A_0 \sim A_{19}$。8237 的 $\overline{IOR}$、$\overline{IOW}$、$\overline{MEMR}$、$\overline{MEMW}$ 接到数据缓冲器 74LS245 上，当芯片 8237 空闲时，CPU 可对其编程，加控制信号到 8237。而在 DMA 工作周期，8237 的控制信号又会形成系统总线的控制信号。同样，数据线 $D_0 \sim D_7$ 也是通过双向三态门 74LS245 与系统数据总线相连接，如图 8-18 所示。PC/XT 的 4 个 DMA 通道功能分配如下。

通道 0：用于对 DRAM 进行刷新操作，由 8253 通道 1 定时发出 DREQ，请求 8237A-5；还可由通道 0 进入 DMA 读操作，来实现对 DRAM 的刷新。

通道 1：为同步通信保留。若系统中有网络数据链路控制卡，则使用通道 1。

通道 2：用于软盘 DMA 传输服务。

通道 3：用于硬盘 DMA 传输服务。

2）PC/AT 的 DMA 系统

PC 系列选用 Intel 8237A-5 芯片，作为 DMA 控制器。在 PC/XT 中使用单片 8237A-5 构成 DMA 系统。可支持 4 个 DMA 通道，用一片页面寄存器 74LS670 提供页面地址 $A_{19} \sim A_{16}$。在 PC/AT 中，采用两片级联方式可支持 7 个 DMA 通道。用一片 74LS612 提供页面地址 $A_{23} \sim A_{16}$，其中通道 4 用作主片与从片的级联。当通道响应时，主片本身并不提供地址和控制信号，而由从片的通道提供。PC/AT 中 DMA 通道 0、1、3、5、6、7 均保留使用，仅通道 2 仍用于软盘 DMA 传送。8037A-5 支持 7 个 DMA 通道，其工作原理与 PC/AT 中情况完全相同，只是在 386/486 系统工程中，是用一个 82C206 代替两片 8237 和一个页面寄存器 74LS612。

3. 8237 的工作周期

8237 在设计时规定它有 7 个独立的工作状态：SI、SO、S_0、S_1、S_2、S_3、S_W，分为两种主要的工作周期，即空闲周期和有效周期。每个状态包含一个时钟周期，其时序图如图 8-19 所示。

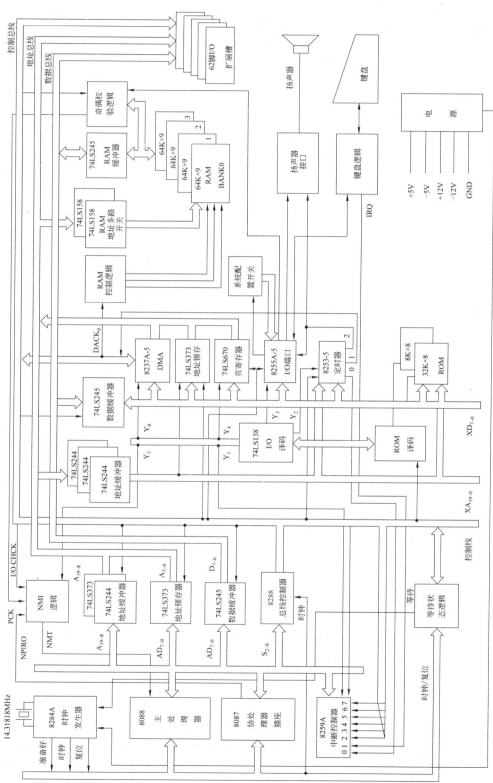

图 8-18 PC-XT 机系统板电路原理图

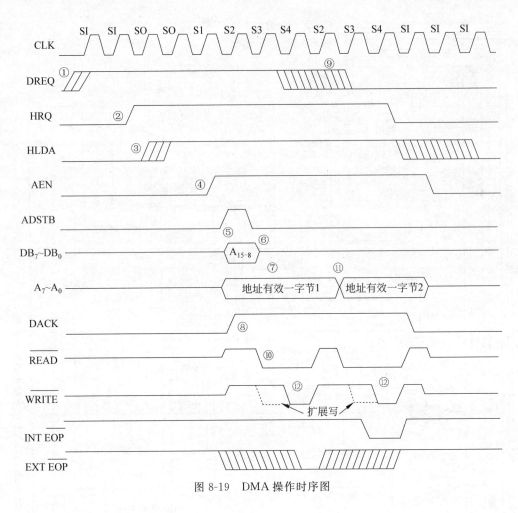

图 8-19　DMA 操作时序图

1) 空闲周期(Idle Cycle)

当 8237 的任一通道都无请求时,就进入空闲周期,在空闲周期 8237 始终执行 SI 态,在每一个时钟周期都采样(检测)通道的请求输入线 DREQ。只要无请求就始终停留在 SI 状态。

在 SI 状态可由 CPU 对 8237 编程,或从 8237 读取状态。8237 在 SI 状态也始终采样选片信号 $\overline{CS}$,只要 $\overline{CS}$ 信号变为有效,则表示 CPU 要对 8237 进行读/写操作。当 8237 采样到 $\overline{CS}$ 为低(有效)而 DREQ 也为低(无效),则进入程序状态,CPU 就可以对 8237 的编程或改变工作状态,即写 8237 的内部寄存器。在这种情况下,由控制信号 $\overline{IOR}$ 和 $\overline{IOW}$、地址信号 A3~A0 来选择 8237 内部的不同寄存器。

2) 有效周期(Active Cycle)

一旦 8237 在 SI 状态采样到外设有请求,就脱离 SI 而进入 SO 状态,SO 状态是 DMA 服务的第一个状态,在这个状态 8237 已接收了外设的请求,向 CPU 发出了 DMA 请求信号 HRQ,但尚未收到 CPU 的 DMA 响应信号 HLDA。此时,8237 仍可接受 CPU 的访问,所以 SO 状态是由从态转向主态的过渡阶段。

当在 S0 周期的上升沿接收到 HLDA,就使 8237 进入 DMA 传送工作状态。一个完整的 DMA 传送周期由 S_1、S_2、S_3 和 S_4 共 4 个状态组成。在 S_1 状态周期,地址允许信号 AEN 有效,把要访问的存储单元的高 8 位地址 $A_{15} \sim A_8$ 送到数据总线 $DB_7 \sim DB_0$ 上,并发地址选通信号 ADSTB,其下降沿(S_2 周期内)把高 8 位地址锁存到外部的地址锁存器中。低 8 位地址 $A_7 \sim A_0$ 由 8237A 直接送到地址总线上,在整个 DMA 传送中都要保持住。

S_2 状态周期用来修改存储单元的低 16 位地址。此时,8237A 从 $DB_7 \sim DB_0$ 线上输出这 16 位地址的高 8 位 $A_{15} \sim A_8$,从 $A_7 \sim A_0$ 线上输出低 8 位。另外,8237A 向外设输出 DMA 响应信号 DACK,并使读或写信号有效,这样外设与内存间可在读写信号控制下交换数据。通常 DREQ 信号必须保持到 DACK 有效之后才能失效,失效允许有一个时间范围,图 8-19 中用多条斜线表示。

若对命令寄存器的 D_3 位编程,设定为正常时序后,工作时序中将会出现 S_3 状态,用来延长读脉冲,即延长取数时间。如果用压缩时序工作,就没有 S_3 状态,直接由 S_2 状态进入 S_4 状态。

在 S_4 状态,8237 对传输模式进行测试,如果不是数据块传输方式,也不是请求传送方式,则在测试后可立即回到 S_1 或 S_2 状态。在数据块传送方式下,S_4 后应接着传送下一个字节,在大部分情况下,地址高 8 位不变,每传送 256 个数据字节才变一次,仅低 8 位地址增 1 或者减 1。因此,在大部分情况下锁存高 8 位地址的 S_1 状态就用不着了,可以直接由 S_4 周期进入 S_2 周期,从输出低 8 位地址起执行新的读写命令,一直到数据传送完毕,8237A 又进入 SI 周期,等待新的请求。

3)扩展写周期

从上面的讨论可以看出,8237A 用正常时序工作时,一般要用到 3 个时钟周期 S_2、S_3 和 S_4。在系统特特性许可的范围内,为了加快传送速度,8237A 可以采用压缩时序,将传送时间压缩到两个时钟周期 S_2 和 S_4 内,压缩时序只能出现在连续传送数据的 DMA 操作中。

无论是正常时序还是压缩时序,当高 8 位地址要修正时,S_1 状态仍必须出现。

如果外设的速度比较慢,那么必须采用正常时序工作。如果正常时序仍然不能满足要求,以至于还是不能在指定时间内完成存取操作,那么就要在硬件上通过 READY 信号使 8237A 插入等待状态 S_W。有些设备是利用 8237A 送出的 $\overline{IOW}$ 信号或者 $\overline{MEMW}$ 信号的下降沿产生 READY 响应的,而这两个信号都是在传送过程的最后才送出的,为了使 READY 信号提前到来,将写脉冲拉宽,并且使它们提前到来,这就要用到扩展写信号方法。扩展写功能是通过对命令寄存器的 D_5 位的设置来实现的,当 D_5 位置 1 时,写信号被扩展到 2 个时钟周期。

在 S_3 后半个周期。8237 检测 READY 输入信号,若其为低则插入等待状态 S_W(图 8-19 中未画出 S_W 状态),直到 READY 变为高电平,才进入 S_4。在 S_4 结束时,8237A 完成数据传输。对于慢速的存储器和 I/O 设备,进行 DMA 传送时,可插入等待周期。

在存储器与存储器之间的传送,需要完成从存储器读和存储器写的操作,所以每一次传送需要 8 个时钟周期,在前 4 个时钟周期 S_1、S_2、S_3、S_4 完成从存储器读,接续的另外 4 个周期 S_1、S_2、S_3、S_4 完成存储器写。

4. 8237 的工作方式及编程控制字

1) 8237 的工作方式及其寄存器

8237 每个通道有一个工作方式寄存器,其中只有 6 位是表示工作方式的,另外两位中的 D_4 位用于指定通道是否进行自动预置。当选择自动预置时,在接收到 $\overline{EOP}$ 信号后,该通道自动将基地址寄存器内容装入当前地址寄存器,将基字节计数器内容装入当前字节计数器,而不必通过 CPU 对 8237 进行初始化,就能执行另一次 DMA 服务。D_5 位设定:每传送一字节数据后,存储器地址是否作加 1 或减 1 修改。

8237 的工作方式控制字的格式如图 8-20 所示。

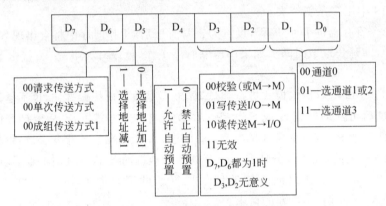

图 8-20　工作方式寄存器格式

(1) D_7、D_6 位:决定该通道 DMA 传送的方式。8237 进行 DMA 传送时,有 4 种传送方式:单次传送,请求传送,成组传送和级联方式。

① 请求传送方式(在 Z80-DMA 称为字组方式):$D_7 D_6 = 00$。当 DREQ 有效,若 CPU 让出总线控制权,8237 进行 DMA 服务,连续传送数据,直至字节计数器过 0 为 FFFFH 或由外界送来 $\overline{EOP}$ 有效信号,或 DREQ 变为无效时为止。

采用请求传送方式,通过控制 DREQ 信号的有效或无效,可以把一批数据分成几次传送。这种方式允许接口数据没准备好时,暂时停止传送。

② 单次传送方式:$D_7 D_6 = 01$。8237 是在 DREQ 每次变为有效后,向 CPU 发出有效的 HRQ 信号。当 CPU 响应其请求时,向 8237 发来 HLDA 响应信号,8237 每次传送一字节数据后字节计数器减 1,地址加 1 或减 1(由 D_6 决定)。DREQ 有效电平必须保持到 DACK 有效时才能无效。若执行一次传送后,DREQ 虽然继续保持有效状态,8237 的 HRQ 输出也将进入无效状态,将总线控制权交还给 CPU。至少一个总线周期,但它会立刻开始采样 DREQ 输入信号,若 DREQ 线还为有效,就进入另外一次 DMA 操作。

③ 成组传送方式(在 Z80-DMA 称为连续传送):$D_7 D_6 = 10$。在每次 DREQ 有效后,若 CPU 响应其请求让出总线控制权给 8237,8237 进行 DMA 服务时,就会连续传送数据,直到字节计数器计数过 0 为 FFFFH,或由外界输入 $\overline{EOP}$ 有效信号时,才将总线控制权还给 CPU,从而结束 DMA 服务。在这种方式时,DREQ 有效电平只要保持到 DACK 有效,就能传送完整批数据。

④ 级联方式：$D_7 D_6 = 11$。这种方式用于将多个 DMA 级联在一起，以便扩充系统的 DMA 通道。下级 8237 的 HRQ 与 HLDA 信号与上级 8237 某个通道的 DREQ 端和 DACK 端相接。上级 8237 用来传送下级 8237 的 DMA 请求信号，CPU 响应下级 8237 的 DREQ 请求，并以输出 DACK 信号作为响应。但上级 8237 输出的信号除 HRQ 外都被禁止。在 DMA 操作期间，它不输出任何地址和控制信号，避免与下级 8237 中正在运行通道的输出信号发生冲突。

（2）D_2，D_3 位。当 D_6，D_7 不同时为 1 时，由这两位的编码设定通道的 DMA 的传送类型：读、写和校验（或存储器至存储器）。

① 读传送：$D_2 D_3 = 10$。将数据从存储器读出，再写入 I/O 设备。因此，8237 要发出 $\overline{\text{MEMR}}$ 和 $\overline{\text{IOW}}$ 信号。

② 写传送：$D_2 D_3 = 01$。将数据从 I/O 设备读出再写入存储器。8237 要发出 $\overline{\text{IOR}}$ 和 $\overline{\text{MEMR}}$ 信号。

③ 校验：$D_2 D_3 = 00$。这种操作是虚拟的，不修改地址，也不传送数据。由 8237 产生地址信息，并响应 $\overline{\text{EOP}}$ 等，但不发出存储器和外部设备的读写控制信号，这就阻止数据的传送，但是 8237 仍保持对系统总线的控制权。设定校验方式时，要设定命令寄存器为禁止存储器至存储器的 DMA 操作方式。

⚠ **注意**：当设定命令寄存器为存储器至存储器的传送方式时，应将其工作方式寄存器 D_3，D_2 位设定为 00。

④ 无效：$D_2 D_3 = 11$。

（3）D_1，D_0：确定此命令字写入的通道。$D_1 D_0 = 00$，选择通道 0；$D_1 D_0 = 01$，选择通道 1；$D_1 D_0 = 10$，选择通道 2；$D_1 D_0 = 11$，选择通道 3。

2）用于控制 8237 操作的命令寄存器

这是 DMAC 4 个通道公用的一个 8 位寄存器，由它来控制 8237 的操作。编程时，由 CPU 对其写入命令字，而由复位信号（RESET）和软件清除命令清除它。其命令格式如图 8-21 所示。

（1）D_0 位。允许或禁止存储器至存储器的传送操作。这种传送方式能以最小的程序工作量和最短的时间，成组地将数据从存储器的一个区域传送另一个区域。

当 $D_0 = 1$ 时，允许进行存储器至存储器传送。此时首先由通道 0 发软件 DMA 请求，规定通道 0 用于从哪一个地址读入数据，然后将读入的数据字节放在暂存器中，由通道 1 把暂存器的数据字节写到目的地址存储单元。一次传送后，两通道对应存储器的地址各自进行加 1 或减 1。当通道 1 的字节计数器过 0 为 FFFFH 时，产生终止计数 TC 脉冲，由 $\overline{\text{EOP}}$ 引脚输出有效信号而结束 DMA 服务。每进行一次存储器至存储器传送，需要两个总线周期。通道 0 的当前地址寄存器用于存放源地址，通道 1 的当前地址寄存器和当前字节计数器提供目的地址和进行计数。

（2）D_1 位。由它设定在存储器传送过程中，源地址保持不变或按加 1 或减 1 改变。当 $D_1 = 0$ 时，传送过程中源地址是变化的。反之，当 $D_1 = 1$ 时，在整个传送过程中，源地址保持不变。这可以用于把同一源地址单元的同样内容的一个数据写到一组目标存储单

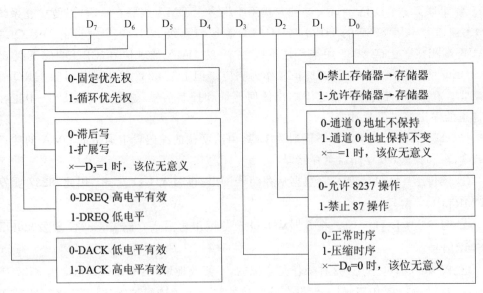

图 8-21　命令寄存器的命令格式

元中。当 $D_0=0$ 时,不允许存储器至存储器传送,则 D_1 位无意义。

（3）D_2 位。允许或禁止 DMAC 工作的控制位。

（4）D_3,D_5 位。与时序有关的控制位。$D_3=0$ 采用标准时序;$D_3=1$ 采用压缩时序。当 $D_0=1$ 时,D_3 位不起作用。$D_5=0$,采用滞后写;$D_5=1$,为扩展写。当 $D_3=1$ 时,D_5 不起作用。压缩时序只适用于连续传送方式。

（5）D_4 位。用来设定通道优先权结构。当 $D_4=0$ 时,为固定优先权,即通道 0 优先权最高,优先权随着通道号的增大而递增,通道 3 的优先权最低。当 $D_4=1$ 时,为循环优先权。即在每次 DMA 操作周期(不是 DMA 请求,而是 DMA 服务)之后,各个通道的优先权都发生变化。刚刚服务过的通道优先权变为最低,紧靠其后的通道的优先权变为最高。具有循环优先权结构,可以防止任何一个通道独占 DMA。所有 DMA 操作,最初都指定通道 0 具有最高的优先权。DMA 的优先权排序只是用来决定同时请求 DMA 服务的通道的响应次序。而任何一个通道一旦进入 DMA 后,其他通道都不能打断它的服务,这一点不同于中断服务。

（6）D_6,D_7 位。用于设定 DREQ 和 DACK 的有效电平。

5. 8237 的初始化编程举例

在使用 8237 DMAC 之前必须对 8237 进行初始化编程,即用程序确定 8237 的命令字和工作方式。由于 8237 内部的各寄存器均有相应的端口地址,故对编程顺序无严格要求。编制初始化程序的步骤如下:

输出主清除命令→写基址(当前地址)和基(当前)字节计数器→写工作方式寄存器→写命令寄存器→写屏蔽寄存器→若用软件请求,写请求寄存器→开始 DMA 传送。

【例 8-1】　对 PC 系统的 8237 初始化和开机测试编程,程序中的变量 DMA 地址为

00H,并对 8237 的各通道编程,使其工作于单一字节传送方式,地址增量,允许自动预置,读出操作。

　　解答:测试方法为:先对地址为 DMA＋0～DMA＋7 的 8 个可读写寄存器都写入 FFFFH,然后将它们的值读出来,看与写入的值是否相等。再将写入值改为 0000H,同样测试。测试中,如发现读出值与写入值不等,则测试不能通过。程序段如下(注意:从左边起头的注释是对后续程序段的说明)。

```
                DMA EQU 00H        ;给 DMA 赋基地址值
                                   ;先送命令字,禁止 DMA 控制器工作
                MOV AL,04H         ;命令字:禁止 8237 操作
                OUT DMA+08H,AL     ;输出命令字到 8237 控制寄存器,DMA+8 是控制寄存器端口号
                OUT DMA+0DH,AL     ;发总清命令
                                   ;第一遍,将通道 0~3 的基地址和当前地址寄存器均置为
                                   ;FFFFH,第二遍均值为 0000H
                MOV DX,DMA         ;将通道 0 的地址寄存器端口送 DX
                MOV AL,0FFH        ;AL=0FFH
        C8:     MOV CX,0008H       ;循环次数为 8
        WRITE:  MOV BH,AL          ;分两个 8 位,依次放进 BX 以便比较
                MOV BL,AL          ;第一遍,AL=0FFH,第二遍为 00H
                OUT DX,AL          ;写入低 8 位
                OUT DX,AL          ;写入高 8 位
                INC DX             ;DX 增 1,建立下个寄存器端口地址
                LOOP WRITE         ;循环 8 次,写 4 个通道,8 个端口
                                   ;对通道 0 写入方式字:单字节,地址增量,允许自动预置,读传送
                MOV AL,58H         ;将通道 0 方式字 01011000B 送 AL
                                   ;(01 单字节,0 地址增,1 允许自动预置,10 读传送,00 通道 0)
                OUT DMA+0BH,AL     ; 对通道 0 写进方式字,方式字的地址码是 0BH
                                   ;设置命令字:DACK 低电平有效,DREQ 高电平有效,正常时序
                                   ;滞后写,固定优先权允许 DMA 工作,禁止存储器到存储器操作
                                   ;(各通道相同)
                MOV AL,00H         ;送 8237 命令字到 AL
                OUT DMA+08H,AL     ; 输出 8237 命令字到 8237A,命令字的地址码是 08H
                                   ;对通道 1~3 置方式字:单字节,地址增量,禁止自动预置,校验传输
                MOV AL,41H         ;送通道 1 方式字 01000001B 到 AL,
                                   ;(01 单字节,0 地址增,0 禁止自动预置,00 校验传输,01 通道 1)
                OUT DMA+0BH,AL     ;对通道 1 写进方式字,方式字的地址码是 0BH
                MOV AL,42H         ;送通道 2 方式字 01000010B 到 AL 到 AL,
                                   ;(01 单字节,0 地址增,0 禁止自动预置,00 校验传输,10 通道 2)
                OUT DMA+0BH,AL     ;对通道 2 写进方式字,方式字的地址码是 0BH
                MOV AL,43H         ;送通道 3 方式字 01000011B 到 AL,
                                   ;(01 单字节,0 地址增,0 禁止自动预置,00 校验传输,11 通道 3)
                OUT DMA+0BH,AL     ;对通道 3 写进方式字,方式字的地址码是 0BH
```

```
                        ;设置屏蔽字,使 4 个通道的屏蔽位均清 0,去除屏蔽
        MOV AL,00H      ;送通道 0 屏蔽字 00000000B 到 AL,
        OUT DMA+0EH,AL  ;输出到 8237A,0EH 为去除 4 位屏蔽寄存器的地址
                        ;(请读者注意区分屏蔽寄存器的地址代码和屏蔽字)
                        ;对通道 1~3 的地址值和计数值进行测试,看读出的值与写入 BX 的
                        ;值是否相等
        OUT DX,DMA+2    ;DMA+2 是通道 1 的地址寄存器端口
        MOV CX,0003H    ;3 次
READ:   IN AL,DX        ;读地址的低位字节
        MOV AH,AL       ;将上一步读取的地址低字节送 AH
        IN AL,DX        ;读地址的高位字节
        CMP AX,0FFFFH   ;比较读出值和写入的值是否相等
        JNZ HHH         ;不等转 HHH
        INC DX
        INC DX          ;转向下一通道
        LOOP READ       ;测下一通道
        ⋮               ;后续测试
HHH: HLT               ;出错,停机等待
```

8.5 硬盘接口和常见微机外部接口

8.5.1 常见微机外部实用接口

计算机中的外设都是通过主板进行连接的,所以在一块主板中会存在各种各样的外设接口,如键盘、鼠标接口、打印机接口、USB 接口和 IEEE 1394 火线接口、网线接口,以及音视频输出/输入接口等,如图 8-22 所示。

除了前面已介绍过的接口,如 USB 接口和 IEEE 1394 火线接口等,下面再简介几种主板上常用的外部实用接口。

图 8-22 主板外部接口

图 8-23 COM 口

1. PS/2 接口

PS/2 接口是常见的鼠标和键盘的专用接口(6 针圆形),俗称"小口",如图 8-24 所示,最初是 IBM 公司的专利。PS/2 接口针脚(引脚)的定义如图 8-24 右边所示,有两个为空脚。PS/2 通信协议是一种双向同步串行通信协议。PS/2 接口的传输速率比早期串行鼠

标接口COM(见10.2.1节和图8-23)接口稍快一些,是ATX主板的标准接口,在BTX主板规范中即将被淘汰。

图8-24　PS/2接口

目前多用USB接口代替,因PS/2接口不能使高档鼠标完全发挥其性能,并且不支持热插拔。

一般情况下,符合PC99规范的主板,其鼠标的接口为绿色、键盘的接口为紫色,另外也可以从PS/2接口的相对位置来判断:靠近主板PCB的是键盘接口,其上方的是鼠标接口。

注意,两者不能混插。

2. LPT并行接口

LPT接口是一种增强了的双向并行传输接口,如图8-25所示。其默认的中断号是IRQ7,采用25脚的DB-25接头。在USB接口出现以前是扫描仪,打印机最常用的接口。

图8-25　LPT接口

设备容易安装及使用。并口的工作模式主要有3种。

(1)SPP标准工作模式。SPP数据是半双工单向传输,传输速率较慢,仅为15KB/s,但应用较为广泛,一般设为默认的工作模式。

(2)EPP增强型工作模式。EPP采用半双工双向数据传输,其传输速度比SPP高很多,可达2MB/s,目前已有不少外设使用此工作模式。

(3)ECP扩充型工作模式。ECP采用双向全双工数据传输,传输速率比EPP还要高一些,但支持的设备不是很多。

现在打印机采用USB接口居多,因为USB接口的传输速度比LPT和COM快很多!

3. MIDI专用接口

声卡的MIDI接口和游戏杆接口是共用的。如图8-26所示。接口中的两个针脚用来传送MIDI信号,可连接各种MIDI设备,如电子键盘等,现在市面上已很困难找到基于该接口的产品。

对于绝大多数声卡,在连接MIDI设备时需要向

图8-26　MIDI接口

声卡的制造商另外购买一条 MIDI 转接线,包括两个圆形的 5 针 MIDI 接口和一个游戏杆接口,由于它们的信号是分离的,所以游戏杆和 MIDI 设备可以同时使用。

4. SCSI 接口

小型计算机系统接口(Small Computer System Interface,SCSI),一种用于计算机和智能设备之间(硬盘、软驱、光驱、打印机、扫描仪、服务器和工作站等)系统级接口的独立处理器标准。是一种智能的通用接口标准。SCSI 采用 ASPI(高级 SCSI 编程接口)的标准软件。SCSI 控制器相当于一块小型 CPU,有自己的命令集和缓存,能够处理大部分工作,从而减轻中央处理器的负担(降低 CPU 占用率)。SCSI 接口的速度、性能和稳定性都非常出色,但价格贵一些。SCSI 有串行和并行两类,如图 8-27 所示。

图 8-27　SCSI 接口

SCSI 是个多任务接口,在其母线上可以连接主机适配器和 8 个 SCSI 外设控制器,设有母线仲裁功能。挂在一个 SCSI 母线上的多个外设可以同时工作。SCSI 上的设备平等占有总线。SCSI 接口可以同步或异步传输数据,同步传输速率可以达到 10MB/s,异步传输速率可以达到 1.5MB/s。

总之,SCSI 接口具有应用范围广、多任务、带宽大、CPU 占用率低,以及热插拔等优点。

5. VGA 专用接口

VGA(Video Graphics Array)接口,也叫 D-Sub 接口,如图 8-28 所示。VGA 接口是显卡输出模拟信号的接口,虽然液晶显示器可以直接接收数字信号,但很多低端产品为了与 VGA 接口显卡相匹配,因而采用 VGA 接口。VGA 接口是一种 D 型接口,上面共有 15 针孔,分成三排,每排 5 个。VGA 接口是显卡上应用最为广泛的接口类型,绝大多数的显卡都带有此种接口,如图 8-29 所示。

图 8-28　VGA 接口

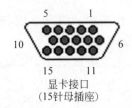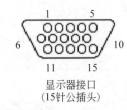

显卡接口
(15针母插座)

显示器接口
(15针公插头)

图 8-29　VGA 显卡接口

目前大多数计算机与外部显示设备之间都是通过模拟 VGA 接口连接,计算机内部以数字方式生成的显示图像信息,被显卡中的数字/模拟转换器转变为 R、G、B 三原色信号和行、场同步信号,信号通过电缆传输到显示设备中。对于模拟显示设备,如模拟 CRT 显示器,信号被直接送到相应的处理电路,驱动控制显像管生成图像。而对于 LCD、DLP 等数字显示设备,显示设备中需配置相应的 A/D(模拟/数字)转换器,将模拟信号转变为数字信号。在经过 D/A 和 A/D 两次转换后,不可避免地造成了一些图像细节的损失,这是 VGA 接口应用于连接液晶显示设备的弱点。

6. DVI 专用接口

DVI(Digital Visual Interface)接口与 VGA 都是计算机中主要用于显示器信号传输的最常用的接口,如图 8-30 所示。与 VGA 不同的是,DVI 可以传输数字信号,不用再经过数模转换,免除显卡到显示器之间传统的两次数/模转换,避免信号损失,所以画面质量非常高。目前,很多高清电视上也提供了 DVI 接口。需要注意的是,DVI 接口有多种规范,常见的是 DVI-D(Digital)和 DVI-I(Integrated)。DVI-D 只能传输数字信号,可以用它来连接显卡和 LCD 液晶显示器。DVI-I 可以在 DVI-D 和 VGA 相互转换。

图 8-31 所示是具有两个 DVI 接口的显卡。显卡从模拟信号转换为数字信号传输,显卡开发商允许两个视频接口同时使用;这就使显卡可以达到双头显示,连接两台显示器。

DVI-D　　　　　DVI-I

图 8-30　DVI 接口

图 8-31　具有两个 DVI 接口的显卡

7. RJ-45 异步串行接口

RJ-45 接口通常用于数据传输,是异步串行接口,共有 8 芯做成,最常见的应用为网卡接口,如图 8-32 所示。RJ-45 水晶头根据线的排序不同分为两种:一种是白橙、橙、白绿、蓝、白蓝、绿、白棕、棕;另一种是白绿、绿、白橙、蓝、白蓝、橙、白棕、棕。

8. S 视频端口

S 端口——S-Video 的具体英文全称叫 Separate Video(二分量视频接口),如图 8-33 所示。它出现并发展于 20 世纪 90 年代后期,通常采用标准的 4 芯(不含音效)或者扩展的 7 芯(含音效)。S 端口连接采用 Y/C(亮度/色度)分离式输出,使用 4 芯线传送信号,接口为 4 针接口。接口中,两针接地。因为分别传送亮度和色度信号,S 端子效果要好于复合视频。不过 S 端子的抗干扰能力较弱,所以 S 端子线的长度最好不要超过 7m。

图 8-32　RJ-45 接口

图 8-33　S 端口

带 S-Video 接口的视频设备(譬如模拟视频采集/编辑卡电视机和准专业级监视器电视卡/电视盒及视频投影设备等)当前已经比较普遍,同 AV 接口相比由于它不再进行 Y/C

混合传输,因此也就无须再进行亮色分离和解码工作,而且由于使用各自独立的传输通道在很大程度上避免了视频设备内信号串扰而产生的图像失真,极大地提高了图像的清晰度,但 S-Video 仍要将两路色差信号(Cr、Cb)混合为一路色度信号 C 进行传输,然后再在显示设备内解码为 Cb 和 Cr 进行处理,这样多少仍会带来一定信号损失而产生失真(这种失真很小但在严格的广播级视频设备下进行测试时仍能发现),而且由于 Cr、Cb 的混合导致色度信号的带宽也有一定的限制,所以 S-Video 虽然已经比较优秀但离完美还相去甚远,S-Video 虽不是最好的,但考虑到目前的市场状况和综合成本等其他因素,它还是应用最普遍的视频接口。

8.5.2 硬盘接口

1. IDE 接口

IDE 是 Integrated Device Electronics 的简称,是一种硬盘的传输接口,由 Compaq 和 Western Digital 公司开发,如图 8-34 所示。

图 8-34　主板 IDE 接口

硬盘接口 IDE 可分为并行 ATA(PATA)接口和串行 ATA(SATA)接口。业界常称 PATA 为 IDE,以与 SATA 相区别,以下的行文中我们采用这种说法。在型号老些的主板上,多集成 2 个 IDE 口(通常分为 IDE1 和 IDE2,IDE1 接硬盘,IDE2 接光驱)。通常 IDE 接口都位于 PCI 插槽下方,从空间上则垂直于内存插槽(也有横着的)。而新型主板上,IDE 接口大多缩减,甚至没有,代之以 SATA 接口。

IDE 接口有两大优点:易于使用与价格低廉,问世后成为最为普及的磁盘接口。但是随着 CPU 速度的增快以及应用软件与环境的日趋复杂,IDE 的缺点也开始慢慢显现出来。图 8-35 所示为 IDE 接口引脚。

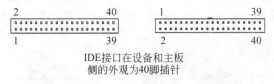

IDE接口在设备和主板
侧的外观为40脚插针

图 8-35　IDE 接口引脚

Enhanced IDE 就是 Western Digital 公司针对传统 IDE 接口的缺点,加以改进之后所推出的增强 IDE 新接口的规格名称,而这个规格同时又被称为 Fast ATA,最高传输速度可高达 133MB/s(Ultra ATA/133)。Enhanced IDE 使用扩充柱面—磁头—扇区技术(Cylinder-Head-Sector,CHS)或逻辑库(Logical Block Addressing,LBA)寻址的方式,突破 528MB 的容量限制,可以顺利地使用容量达到数十 GB 等级的 IDE 硬盘。所不同的是 Fast ATA 是专指硬盘接口,而 EIDE 还制定了连接光盘等非硬盘产品的标准。而这个连接非硬盘类的 IDE 标准,又称为 ATAPI 接口。

新版的 IDE 命名为 ATA 即(Advanced Technology Attachment,AT bus-Attachment)接口,它的本意是指把控制器与盘体集成在一起的硬盘驱动器。通常我们所说的 IDE 指的是硬盘/光驱等存储设备的一种接口技术。而之后再推出更快的接口,名称都只剩下 ATA 的字样,像是优化 Ultra ATA、ATA/66、ATA/100 等。

2. IDE 接口数据传输模式

IDE 硬盘的数据传输模式有以下 3 种：PIO(Programmed I/O)模式、DMA(Direct Memory Access)模式、Ultra DMA(简称 UDMA)模式。

(1) PIO 模式的最大弊端是耗用极大量的 CPU 资源。以 PIO 模式运行的 IDE 接口,数据传输率达 3.3MB/s(PIO mode 0)、16.6MB/s(PIO mode 4)不等。

(2) DMA 模式不需要 CPU 干预(不需要 CPU 执行程序指令),而是在专门的硬件控制电路控制下进行的外设与存储器间直接数据传送。DMA 分为 Single-Word DMA 及 Multi-Word DMA 两种。Single-Word DMA 模式的最高传输率达 8.33MB/s,Multi-Word DMA(Double Word)则可达 16.66MB/s。DMA 模式与 PIO 模式的最大区别是：DMA 模式并不过分依赖 CPU 的指令而运行,可达到节省处理器运行资源的效果。但由于 Ultra DMA 模式的出现和快速普及,这两个模式立即被 UDMA 所取代。

(3) 优化 Ultra DMA 模式,Ultra DMA 模式以 16-bit Multi-Word DMA 模式作为基准。UDMA 其中一个优点是它除了拥有 DMA 模式的优点外,更应用了 CRC(Cyclic Redundancy Check)技术,加强了在数据传送过程中侦错及纠错方面的效能。

自 Ultra ATA 标准推行以来,其接口便应用了 DDR 技术,传输的速度提升了一倍,目前已发展到 Ultra ATA/133 了,其传输速度高达 133MB/s,各种 IDE 标准都能很好地向下兼容,例如 ATA 133 兼容 ATA 66/100 和 Ultra DMA33,而 ATA 100 也兼容 Ultra DMA 33/66。

以上这些都是传统的并行 ATA 传输方式,现在又出现了串行 ATA(Serial ATA,SATA),其最大数据传输率更进一步提高到了 150MB/s,将来还会提高到 300MB/s,而且其接口非常小巧,排线也很细,有利于机箱内部空气流动从而加强散热效果,也使机箱内部显得不太凌乱。与并行 ATA 相比,SATA 还有一大优点就是支持热插拔。

3. SATA 接口

1) SATA 接口简介

SATA 是 Serial ATA 的缩写,即串行 ATA,是英特尔公司在 2000 年 IDF(Intel Developer Forum,英特尔开发者论坛)上发布的将于下一代外设产品中采用的接口类型,如图 8-36 所示。它一改以往 ATA 标准的并行数据传输方式,而是以连续串行的方式传送资料。这样在同一时间点内只会有 1 位数据传输,此做法能减小接口的针脚数目,用 4 个针就完成了所有的工作(第 1 针发出、第 2 针接收、第 3 针供电、第 4 针地线),分别用于连接电缆、连接地线、发送数据和接收数据,同时这样的架构还能降低系统能耗和减小系统复杂性,相比 ATA 接口标准的 80 芯数据线来说,其数据线显得更加趋于标准化。为了防止插错,接口横截面是 L 型,所以反插是插不进的。

图 8-36 SATA 接口

SATA 以连续串行的方式传送数据,可以在较少的位宽下使用较高的工作频率来提高数据传输的带宽。

SATA 总线使用嵌入式时钟信号,具备了更强的纠错能力,与以往相比其最大的区别在于能对传输指令(不仅仅是数据)进行检查,纠错,大大提高了数据传输的可靠性。串行接口还具有结构简单、支持热插拔的优点。

2) SATA 的优势

(1) 速度快。SATA 1.0 定义的数据传输率可达 150MB/s,这比目前最快的并行 ATA(即 ATA/133)所能达到 133MB/s 的最高数据传输率还高。SATA 2.0 接口在 2006 年成为主板的标准配置,数据传输率则已经高达 300MB/s。而且今后可能还会有进一步提高到 600MB/s 的数据传输率。

(2) 兼容性。SATA 规范保留了多种向后兼容方式,留下了足够的发展空间。在硬件方面,SATA 标准中允许使用转换器,转换器能把来自主板的并行 ATA 信号转换成 SATA 硬盘能够使用的串行信号;在软件方面,SATA 和并行 ATA 保持了软件兼容性,不必为使用 SATA 而重写任何驱动程序和操作系统代码。

(3) 接线简单。SATA 接线较传统的并行 PATA 接线要简单得多,而且容易收放,对机箱内的气流及散热有明显改善。而且,SATA 扩充性很强,即可以外置,外置式的机柜(JBOD)不但可提供更好的散热及插拔功能,而且更可以多重连接来防止单点故障;由于 SATA 和光纤通道的设计如出一辙,所以传输速度可用不同的通道来做保证,这在服务器和网络存储上具有重要意义。

表 8-3 给出了 SATA 接口传输规范。SATA 相较并行 ATA 可谓优点多多,将成为并行 ATA 的廉价替代方案。并且从并行 ATA 完全过渡到 SATA 也是大势所趋。相关厂商也在大力推广 SATA 接口,例如 Intel 的 ICH6 系列南桥芯片相较于 ICH5 系列南桥芯片,所支持的 SATA 接口从 2 个增加到了 4 个,而并行 ATA 接口则从 2 个减少到了 1 个;而 ICH7 系列南桥芯片则进一步支持了 4 个 SATA Ⅱ接口;下一代的 ICH8 系列南桥芯片则将支持 6 个 SATA Ⅱ接口并将完全抛弃并行 ATA 接口;其他主板芯片组厂商也已经开始支持 SATA Ⅱ接口;目前 SATA Ⅱ接口的硬盘也逐渐成了主流;其他采用 SATA 接口的设备例如 SATA 光驱也已经出现。

表 8-3　SATA 接口传输规范

硬盘	西部数据 Raptor SATA		希捷 Cheetah 捷豹 SCSI	
rpm	10000		15000	
介质传输率 MTR	89		135	
寻道时间（ms）	4.6		3.5	
延迟（ms）	3		2	
	100 个 4KB 数据块	1 个 4KB 数据块	100 个 4KB 数据块	1 个 4KB 数据块
解码时间 decode（ms）	30	0.3	40	0.4
寻道时间 seektime（ms）	460	4.6	350	3.5
延迟 latency（ms）	300	3	200	2
传输时间 transfer（ms）	4.6	46.02	3.03	30.34
总时间（ms）	794.6	53.92	593.03	36.24
STR（MB/s）	0.5	74.18	0.67	110.37

3）SATA 2.0 串口

（1）SATA 2.0 串口简介。SATA 2.0 是在 SATA 的基础上发展起来的，如图 8-37 所示。其主要特征是外部传输率从 SATA 的 1.5Gb/s（150MB/s）进一步提高到了 3Gb/s（300MB/s），此外还包括 NCQ（Native Command Queuing，原生命令队列）、端口多路器（Port Multiplier）、交错启动（Staggered Spin-up）无序执行/发送、数据分散/集中等注重效率优化的新功能等一系列的技术特征。单纯的外部传输率达到 3Gb/s 并不是真正的 SATA Ⅱ。

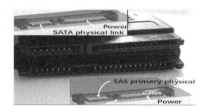

图 8-37　SATA-2 串口

（2）SATA Ⅱ串口新技术。

SATA Ⅱ的关键技术就是 3Gb/s 的外部传输率和 NCQ 技术。NCQ 技术可以对硬盘的指令执行顺序进行优化，避免像传统硬盘那样机械地按照接收指令的先后顺序移动磁头读写硬盘的不同位置，与此相反，它会在接收命令后对其进行排序，排序后的磁头将以高效率的顺序进行寻址，从而避免磁头反复移动带来的损耗，延长硬盘寿命。另外，并非所有的 SATA 硬盘都可以使用 NCQ 技术，除了硬盘本身要支持 NCQ 之外，也要求主板芯片组的 SATA 控制器支持 NCQ。此外，NCQ 技术不支持 FAT 文件系统，只支持 NTFS 文件系统。

注意，无论是 SATA 还是 SATA 2.0，其实对硬盘性能的影响都不大。因为目前硬盘性能的瓶颈集中在由硬盘内部机械机构和硬盘存储技术、磁盘转速所决定的硬盘内部数据传输率上面，就算是目前最顶级的 15000 转 SCSI 硬盘其内部数据传输率也不过才 80MB/s 左右，更何况普通的 7200 转桌面级硬盘了。除非硬盘的数据记录技术产生革命性的变化,例如垂直记录技术等,目前硬盘的内部数据传输率难以得到飞跃性的提高。目前的硬盘采用 ATA 100 都已经完全够用了,之所以采用更先进的接口技术,是因为可以获得更高的突发传输率、支持更多的特性、更加方便易用以及更具有发展潜力。

习　题　8

一、填空题

1. CPU 与外部设备(简称外设)之间的接口(I/O)一般有如下功能:①_____;②_____;③_____;④_____;⑤_____;⑥_____;⑦_____。

2. 计算机系统中 I/O 端口有两种编址方式:I/O 端口地址与内存统一编址方式,称为_____;另一种是 I/O 与内存分开各自独立编址,称为_____。

3. 微机接口按功能分类,有 3 种基本类型,分别是_____、_____和_____。

4. CPU 与 I/O 设备之间数据传输的同步控制方式,主要有_____、_____、_____和_____ 4 种方式。

5. 程序控制方式又可分为_____方式和_____方式两类。

6. 外部设备与微机之间的信息传送,实际上是 CPU 与接口之间的信息传送。如前所述,当外设和存储器统一编址时,_____都可用来访问 I/O 端口;当外设单独编址时,访问 I/O 端口另有_____。

7. 80x86 为 I/O 操作提供两种保护机制,分别是_____和_____。

8. 可编程控制器 8237 的内部结构由 4 大组成部分,分别是_____、_____、_____和_____。

9. 8255A 是一种适用于多种微处理器的_____输入/输出接口芯片,可编程接口芯片的特点是无须改变硬件,仅通过_____,就可以改变电路的功能,使用灵活、通用性强。

10. 8237 有 4 个通道,可以带 4 台外设。其中,_____为微机系统占用,分别用于刷新动态存储器,软盘控制器与存储器交换数据,硬盘控制器与存储器交换数据。只有_____供用户使用。

二、问答题

1. 微机常用的外部实用接口有哪些?

2. 什么叫 USB 接口? USB 接口传输方式有什么特点? 数据传输标准有哪些?

3. 什么叫 IEEE 1394 接口? 简述其工作原理及优点。

4. VGA 接口与 DVI 接口在工作原理上有什么不同? 在外观和引脚上有什么差别? 在实际使用上有什么不同?(注意,仅就显示器而言)。

5. 什么叫并行通信传输方式? 简述其基本原理。

6. 什么叫 IDE 接口? IDE 接口经历了哪些发展阶段?

7. IDE 接口引脚有什么特点? 传输模式有哪几种? 各自的数据传输率有何特点?

8. 什么叫串行数据传输方式？串行数据传输方式中有哪些重要技术参数？

9. 串行通信有哪些连接方式？各自有什么特点？

10. 串行接口与并行接口有什么不同？试从外观、针脚数目和功能等方面进行阐述。

11. 微机内部总线有哪些接口？

12. PCI 总线的工作原理。

13. 简述 AGP 总线的发展历程及其传输速度。

14. 简述 PCI-E 总线的工作原理。

15. 简述 DMA 接口数据传送的工作原理。

三、选择题

1. 通常在 PC 中用作硬盘驱动器和 CD-ROM 驱动器的接口是（　　）。

　　A. IDE(EIDE)　　　　B. SCSI　　　　　　C. RS-232C　　　　　　D. USB

2. 连接打印机不能使用（　　）。

　　A. RS-232C 接口总线　　　　　　　　　　B. IEEE-1284 接口总线

　　C. USB 接口总线　　　　　　　　　　　　D. AGP 接口

3. 在微机系统中采用 DMA 方式传输数据时，数据传送是（　　）。

　　A. 由 CPU 控制完成

　　B. 通过执行程序完成

　　C. 由 DMAC 发出的控制信号控制完成

　　D. 由总线控制器发出的控制信号控制完成

4. 在给接口编址的过程中，如果有 5 根地址线没有参加译码，则可能产生（　　）个重叠地址。

　　A. 5^2　　　　　　　　B. 5　　　　　　　　C. 2^5　　　　　　　　D. 10

5. CPU 在执行 OUT　DX,AL 指令时,（　　）寄存器的内容送到数据总线上。

　　A. AL　　　　　　　　B. DX　　　　　　　C. AX　　　　　　　　D. DL

6. 地址译码器的输入端应接在（　　）总线上。

　　A. 地址　　　　　　　B. 数据　　　　　　C. 控制　　　　　　　D. 以上都不对

7. 下面几个芯片中,（　　）可用于 DMA 控制。

　　A. 8237　　　　　　　B. 8259A　　　　　　C. 8255　　　　　　　D. 8253

8. 查询输入/输出方式需要外设提供（　　）信号,只有其有效时,才能进行数据的传送。

　　A. 控制　　　　　　　B. 地址　　　　　　C. 状态　　　　　　　D. 数据

9. 若某个计算机系统中,内存地址与 I/O 地址统一编址,访问内存单元和 I/O 设备是靠（　　）来区分的。

　　A. 数据总线上输出的数据

　　B. 不同的地址代码

　　C. 内存与 I/O 设备使用不同的地址总线

　　D. 不同的指令

10. 标准 VGA 显示器 D 形接口为(　　)。

　　A. 三排 15 针　　　B. 两排 15 针　　　C. 三排 24 针　　　D. 两排 24 针

11. SCSI 接口一般不能用来接(　　)。

　　A. 硬盘　　　　　B. 光驱　　　　　C. 显卡　　　　　D. 扫描仪

12. S 端口不具备以下哪种优点?(　　)。

　　A. 无须再进行亮色分离和解码工作

　　B. 避免了视频设备内信号串扰而产生的图像失真

　　C. 提高了图像的清晰度

　　D. 传输带宽基本不受限制

13. 在 SATA 串口 4 芯数据线之中,用来供电的是第(　　)针。

　　A. 1　　　　　　B. 2　　　　　　C. 3　　　　　　D. 4

14. DMA 操作的基本方式之一,周期挪用法(　　)。

　　A. 利用 CPU 不访问存储器的周期来实现 DMA 操作

　　B. 在 DMA 操作期间,CPU 一定处于暂停状态

　　C. 会影响 CPU 的运行速度

　　D. 使 DMA 传送操作可以有规则地、连续地进行

15. 在查询传送输入方式下,被查询 I/O 端口准备就绪后,给出(　　)给处理器,等待响应。

　　A. 就绪信息　　　B. 忙状态　　　　C. 请求信息　　　D. 类型号

16. LPT 接口工作在 ECP 扩充型工作模式下所采用的数据传输模式是(　　)。

　　A. 单工通信　　　　　　　　　B. 半双工通信

　　C. 全双工通信　　　　　　　　D. 双向双全工通信

四、判断改错题

(　　)1. 硬盘接口 IDE 可分为并行 ATA 接口和串行 ATA 接口,分别简称为 PATA 和 SATA。

(　　)2. DMA 方式主要用于外设的定时是固定的而且是已知的场合,外设必须在微处理器限定的指令时间内准备就绪,并完成数据的接收或发送。

(　　)3. CPU 与外设数据传输的查询传送方式的优点是能较好地协调 CPU 与慢速外设的时间匹配问题。

(　　)4. 在中断输入输出方式下,外设的地址线可用于向 CPU 发送中断请求信号。

(　　)5. RJ-45 异步串行接口常用于数据传输,是异步串行接口,例如可以用该接口连接电子键盘等。

五、简答题

1. VGA 接口与 DVI 接口在工作原理上有什么不同? 在外观和引脚上有什么差别? 在实际使用上有什么不同?(注意,仅就显示器而言)。

2. 可编程 DMA 控制器 8237 只有 8 位数据线,为什么能完成 16 位数据的 DMA 传送?

六、编 程 题

利用 8237 通道 2,由一个输入设备输入一个 32KB 的数据块至内存,内存的首地址为 34000H,采用增量、块传送方式,传送完不自动初始化,输入设备的 DREQ 和 DACK 都是高电平有效。请编写初始化程序,8237 的首地址用标号 DMA 表示。

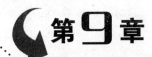

第9章 并行通信及接口芯片

9.1 并行通信的概念与简单并行接口

9.1.1 并行通信的概念

并行通信就是把一个字符的各数位用几条线同时进行传输。在两个设备之间实现并行通信的接口就是并行接口,并行接口中的每条数据线的长度必须相同。

并行传输方式主要用于实现 CPU 与并行外设之间的近距离通信。计算机内的总线结构、并行打印机、LED 显示器等都是采用并行传输方式。CPU 和接口之间的信息传送可以同时传送 8 位、16 位、32 位甚至 64 位的数据。

目前,计算机中的打印机接口使用的不再是 36 针接头而是 25 针 D 形接头。从理论上讲,并行传输的速度要比串行传输快,但需要更多的传输线。

并行接口可分为硬线连接的简单并行接口和可编程接口。IDE 硬盘接口就是典型的并行数据接口。

9.1.2 简单并行接口

当外设在与 CPU 交换数据之前就处于准备好了的情况下,CPU 与外设之间的并行数据传送并不需要信号线来进行同步。CPU 可以通过 I/O 接口随时读取外设的信息或向它们发出控制信号。这时的接口称为简单并行接口,或称无条件传送方式接口。

1. 并行输入

1) 稳定量的输入

在输入量稳定的情况下(如 DIP 跳线开关的状态输入),可以采用三态门直接读取。地址线经过 I/O 译码,产生片选信号,执行 IN 指令产生 RD 读信号,即可将输入设备的信息通过三态门送到数据总线,如图 8-2 所示。

2) 变化量的输入

如果输入的量是不断变化的,一般要对输出数据进行锁存,可以在输入的三态门前加一级锁存器(常用 74LS374)将输入的数据锁存,再由 CPU 用 IN 指令读取数据即可,以防数据丢失。对于变化量的输入,还可以用扫描的办法来读取。这种办法对于阵列式的多个开关量的输入尤为适合。例如键盘键值的输入。

2. 并行输出

由于微处理器的信息出现在总线上的时间很短,因此输出接口中要有数据锁存能力,将输出的数据保持足够长的时间,以便输出设备能够得到正确的数据。另外,当微机用于设备控制时,一般控制量需要保持一段时间直至下次给出新的控制量为止,在这种情况下,输出量也需要锁存。实际中常用带有三态缓冲器的 74LS373 作为并行输出接口,如图 8-3 所示。

3. 双向输入/输出接口

当 I/O 设备与 CPU 之间需要利用数据总线进行双向传送信息时,应该考虑 I/O 设备是信息的发送点,同时又是外设接收信息的接收点。实际中,常用双向缓冲器,使电路更简单。并行接口一般要对输出数据进行锁存,其原因是外设速度常低于主机速度,以防数据丢失。

以上所述为硬件连接的电路作为并行输入/输出接口,作为一例,下节介绍一个专门的简单并行口芯片 8212。

9.1.3　简单并行口芯片 8212

Intel 8212 是 8 位简单通用并行输入/输出接口芯片,作为 CPU 与外设之间交换数据的接口芯片。它具有锁存功能、三态输出缓冲功能、总线驱动功能和多路转换功能,并且能向 CPU 发出中断请求信号,但不可编程。

1. 8212 芯片的内部结构

8212 的内部结构逻辑图和引脚图如图 9-1 所示。其主体是由 8 个 D 触发器组成的数据锁存器,锁存由 CPU 或其他外围设备送来的 8 位数据,锁存器的时钟脉冲信号由或门提供,定义为 WR 信号。当 WR 脉冲到来时,输入数据经 $DI_0 \sim DI_7$ 锁存到 8 个 D 触发器,WR 脉冲过后则数据保存在 D 触发器的 Q 端。WR 脉冲的逻辑表达式如下:

$$\overline{WR} = MD \cdot \overline{DS_1} \cdot DS_2 + \overline{MD} \cdot STB$$

8 个 D 触发器的后面是由 8 个三态门组成的输出缓冲器,用于输出锁存的数据,起到驱动、隔离及同步的作用。当使能端 EN＝0 时,三态门关闭,输出端呈高阻状态;当 EN＝1 时,启动三态门,数据输出到 $DO_0 \sim DO_7$。EN 信号的逻辑表达式如下:

$$EN = MD + \overline{DS_1} \cdot DS_2$$

8212 有 4 个控制输入端,$\overline{DS_1}$、DS_2、MD 及 STB,这 4 个控制端信号经一些门电路的逻辑组合,分别用于控制数据锁存器,三态缓冲器和向 CPU 发中断请求信号。

$\overline{DS_1}$ 和 DS_2 为芯片选择信号,当 $\overline{DS_1}$ 为低电平,DS_2 为高电平时,选中芯片 8212,三态门打开,保存在数据锁存器的数据输出到 $DO_0 \sim DO_7$,同时使中断触发寄存器置 1,向 CPU 申请中断。

MD 为工作方式控制信号,由数据锁存器的 WR 脉冲控制逻辑表达式可以看出,当 MD＝1 时,由选择信号 $\overline{DS_1}$、DS2 执行锁存操作;当 MD＝0 时。由选通信号 STB 执行锁存操作。STB 为选通信号,一个作用是与 MD 信号一起,作为数据锁存器的 WR 脉冲信

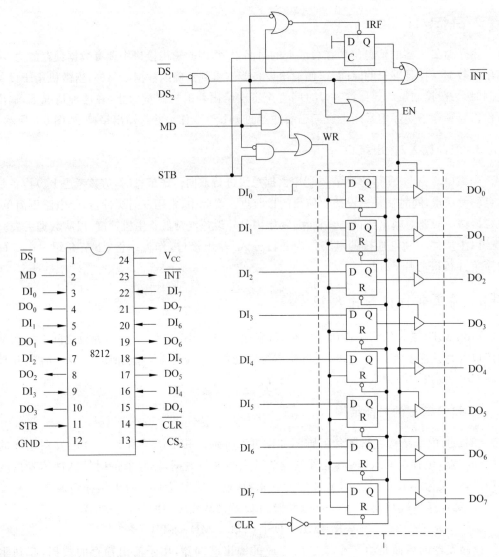

图 9-1　8212 的内部结构逻辑图和引脚图

号,另一个作用是使中断请求触发器复位,使 $\overline{INT}=0$,向 CPU 发出中断请求。

　　向 CPU 发出中断清求,可以有两种方法,一种是 STB 产生正脉冲信号,使中断请求触发器 Q 端置 0,$\overline{INT}$ 为低电平,向 CPU 发中断清求;另一种是 $\overline{DS_1} \cdot DS_2 = 1$ 时,$\overline{INT}$ 为低电平,向 CPU 发中断请求。$\overline{INT}$ 信号的逻辑表达式如下:

$$\overline{INT} = STB + \overline{DS_1} \cdot DS_2$$

　　CLR 为清除负脉冲信号,使数据锁存器复位。通常该信号与控制系统的复位控制端连在一起。

2. 8212 芯片的应用

　　8212 芯片作为并行输入接口使用时,输入数据线 $DI_0 \sim DI_7$ 与外设相连,输出数据线

$DO_0 \sim DO_7$ 与 CPU 的总线相接，MD 接地，连线如图 9-2 所示。

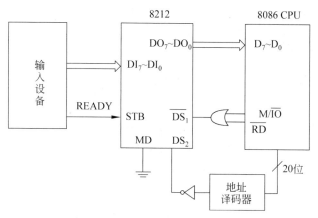

图 9-2 8212 构成并行输入接口

由数据锁存器 WR 脉冲信号的逻辑表达式 $\overline{WR} = MD \cdot \overline{DS_1} \cdot DS_2 + \overline{MD} \cdot STB$ 得知，当 MD=0 时，启动锁存器由 STB 信号决定。当输入设备数据准备好，READY 向 8212 发出一高电平信号，启动 8212 的选通信号 STB，输入锁存器将输入的数据 $DI_1 \sim DI_8$ 上的数据锁存在 8 个 D 锁存器中。执行指令（见 8.2.1 节）

```
IN   AL,PORT
```

由于是直通方式，在确认输入数据已被锁存后，CPU 执行输入指令，相应的 $M/\overline{IO} = 0$，$\overline{RD} = 0$，地址译码器 Yi 线动作，使 8212 的 $\overline{DS_1} = 0$，$DS_2 = 1$，由三态缓冲器有效的逻辑表达式 $EN = MD + \overline{DS_1} \cdot DS_2$ 得知三态门打开，数据输出到 CPU 数据总线，CPU 在规定时刻从数据线上取数据。完成了一次输入操作。

8212 芯片作为并行输出接口使用时，输入数据线 $DI_0 \sim DI_7$ 与 CPU 相连，输出数据线 $DI_0 \sim DI_7$ 与输出设备相连，MD 接+5V。连线图如图 9-3 所示。

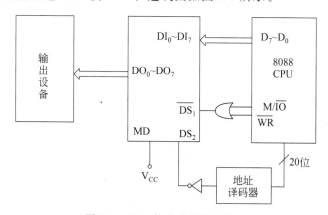

图 9-3 8212 构成并行输出接口

由于 MD 接+5V，8212 芯片处于输出方式。当 CPU 执行输出指令时，$\overline{WR} = 0$，$M/\overline{IO} = 0$，使 $\overline{DS_1} = 0$，地址译码 Yi 动作使 $DS_2 = 1$，8212 数据锁存器工作，三态缓冲器也工

作,CPU 执行指令(见 8.2.1 节)

```
OUT  PORT,AL
```

输出的数据直接传送给指定的输出设备。

9.2　可编程并行接口芯片 8255A

8255A 是 Intel 公司生产的一种适用于多种微处理器可编程的 8 位通用并行输入/输出接口 NMOS 芯片,可编程接口芯片的特点是无须改变硬件,仅通过编程(因而就产生了控制字的问题,见 9.2.2 节,请读者注意),就可以改变电路的功能,使用灵活、通用性强。

⚠️ **注意**:NMOS 芯片 8255A-5 和 CHMOS(互补金属氧化物 HMOS)芯片 82C55A 在管脚引线上全兼容。CHMOS 芯片兼有 HMOS 高速度、高密度以及 CMOS 低功耗的特点。

9.2.1　8255A 的结构框图

8255A 的结构框图如图 9-4 所示,从功能上来分,8255A 的结构可分为:总线接口电路、内部控制逻辑和输入/输出接口电路。

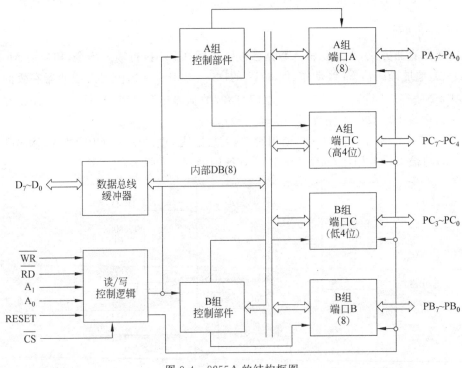

图 9-4　8255A 的结构框图

1) I/O 接口电路

8255A 共有 3 个 8 位的数据端口(A 口、B 口、C 口),另外,内部还有一个控制字寄存器,共 4 个端口。其中 A 口、B 口各有一个 8 位输出锁存/缓冲器和一个 8 位数据输入锁存器,C 口有一个 8 位数据输出锁存/缓冲器、一个输入缓冲器(无锁存)。实际应用中,一般用 A 口、B 口做数据口,用 C 口做控制口。注意,C 口也可分成两个 4 位口用,即 C 口高 4 位和低 4 位。每个端口都有一个 4 位数据输出锁存器。端口地址识别由读写控制逻辑电路的 A0、A1 决定(见图 9-4)。8255A 还有 3 种工作方式,可通过编程设定。

3 个 8 位的数据端口通过外部的 24 根线与外部设备相连,并配以相应的控制逻辑电路。

2) 总线接口电路

这部分电路包括:数据总线缓冲器和读/写控制逻辑。

(1) 数据总线缓冲器。它是一个 8 位、双向、三态的数据总线缓冲器。它与 8 位数据总线($D_7 \sim D_0$)连接。这个接口缓冲器是 8255A 与 CPU 之间的数据接口,所有 CPU 向 8255A 写入的控制字和数据,以及从 8255A 读取的状态信息、数据都是通过它传送的。

(2) 读写控制逻辑电路。它有 6 根线,接收由 CPU 送来的控制信号。这 6 根线作用如下。

$\overline{CS}$:片选信号,决定是否选中 8255A。

$\overline{WR}$:写选通,控制 CPU 输出的数据或命令信号写到 8255A。

$\overline{RD}$:读选通,控制 8255A 送出数据或状态信息至 CPU。

A_0,A_1:端口选择信号,与 $\overline{RD}$ 和 $\overline{WR}$ 信号一起控制对 A、B、C 3 个端口和一个控制寄存器端口的选择。$A_1 A_0 = 00$,为 A 口;$A_1 A_0 = 01$,为 B 口;$A_1 A_0 = 10$,为 C 口;$A_1 A_0 = 11$,为控制端口。

Reset:复位线,使 8255A 复位,将控制寄存器清 0,并将所有端口置为输入方式。

(3) 内部控制逻辑电路。包括 A 组和 B 组控制,在它的内部有一个控制字寄存器,用来接收从 CPU 送来的控制字。控制字共 8 位,$D_7 \sim D_3$ 位在 A 组控制内,控制端口 A 和端口 C 的高 4 位的工作方式;$D_2 \sim D_0$ 位在 B 组控制中,控制端口 B 和端口 C 低 4 位的工作方式。它还可以接收来自 CPU 的命令字对 C 口的某位实现按位置位/复位。

(4) 8255A 的引脚说明。8255A 是 40 根引脚,双列直插式芯片。这些引脚可分成与外部设备连接的引脚和与 CPU 连接的引脚。8255A 是 40 根引脚,双列直插式芯片。40 根引脚的分布图如图 9-5 所示,这些引脚可分成与外部设备连接的引脚和与 CPU 连接的引脚。

9.2.2　8255A 的控制字

8255A 有 3 种基本的工作方式,在对 8255A 进行初始化编程时,应向控制寄存器写入方式选择控制字和对 C 端口的任一位置

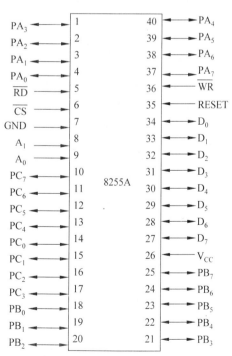

图 9-5　8255A 引脚分布图

位复位控制字,以规定各端口的工作方式。

两种控制字的差别:工作方式控制字是对 8255A 的 3 个端口的工作方式及功能进行分配,应放在程序的开始部分,对 8255A 进行初始化时。

按位置位/复位控制字只对 8255A C 口的输出进行控制,而且只是使 C 口的某一位输出高或低电平,使用时,可放在初始化程序以后的任何地方。

1. 8255A 工作方式控制字

8255A 工作方式有方式 0、方式 1、方式 2 3 种。各控制字的设置如图 9-6 所示。D_7 总是 1。

D_7	D_6	D_5	D_4	D_3	D_2	D_1	D_0
特征位	A 组方式 0　0=0 方式 0　1=1 方式 1　×=2 方式		A 口 0=输出 1=输入	C 口 高 4 位 C_7-C_4 0=输出 1=输入	B 组方式 0=方式 0 1=方式 1	B 口 0=输出 1=输入	C 口 低 4 位 C_3~C_0 0=输出 1=输入

图 9-6　控制字设置

1) 方式 0

方式 0 是一种基本的输入/输出方式,这种方式可实现 CPU 与 I/O 接口间不需要应答信号的简单的无条件的数据传送。当 8255A 工作在方式 0 时,4 个并行口(A、B、C 高、C 低)都能被指定为输入或输出用,但同一个端口不能既做输入又做输出。于是,8255A 可以用作 3 个 8 位的 I/O 端口,或 2 个 8 位 2 个 4 位的 I/O 端口。通常将 A 口、B 口作为数据的输入/输出口,而 C 口上、下部分分别作为控制和状态信号。但是这时的控制、状态信号的作用是由用户编程设定的,而不是 8255A 定义好的。CPU 与这些端口交换数据时,可以直接使用输入输出指令,无须应答信号。注意:对于方式 0,规定输出信号可以被锁存,输入信号不能锁存。

例如,设 8255A 的控制字寄存器的端口地址为 63H,要使 A 口和 B 口取工作方式 0,A 口、B 口和 C 口的上半部分(高 4 位)作输入,C 口的下半部分(低 4 位)作输出,用户编程语句应为:

```
MOV  AL,10011010B   ;D7=1,D6 D5=00,A 口 0 方式。D4=1,A 口输入。D3=1,
                    ;C 口的高 4 位作输入。D2=0,B 口 0 方式。D1=1,B 口输
                    ;入。D0=0,C 口的低 4 位作输出
OUT  63H,AL
```

又例如,

10000000B,表示 A、B、C 3 个 8 位并行输出端口;

10011011B,表示 A、B、C 3 个 8 位并行输入端口;

10000010B,表示 A、B、C 3 个 8 位并行端口,A 口方式 0,输出端口。B 口方式 0,输入端口。C 口方式 0,输出端口。

10010001B,表示 A、B、C 3 个 8 位并行端口,A 口方式 0,输入端口。B 口方式 0,输出端口。C 口方式 0,输入端口。

2) 方式 1

方式 1 是一种选通输入/输出方式,可以用来实现 CPU 与外设间的查询传送或中断传送。当 8255A 工作在方式 1 时,A 口、B 口传送数据,输入输出数据都能锁存。C 口的大部分引脚被指定为固定的专用应答线,有固定的时序关系。这时 8255A 有两个数据通道。

A 通道:包括端口 A(8 位数据端口)和一个 5 位的控制端口($PC_7 \sim PC_3$)。

B 通道:包括端口 B(8 位数据端口)和一个 3 位的控制端口($PC_2 \sim PC_0$)。

其详述如下。

$101 \times \times 1 \times \times$ 表示 A 口为工作方式 1,输入或输出;B 口亦为工作方式 1,输入或输出;C 口的两个 4 位分别对 A 口或 B 口发挥控制作用。涉及的引脚、信号及其说明见表 9-1。

表 9-1 8255A 的工作方式 1 说明

D_7	$D_6 D_5$	D_4	D_3(C 口高 4 位的作用,注意区分高低电平)		D_2	D_1	D_0(C 口低 4 位的作用)
1	01	1(A 口输入)	0(C 口高 4 位输出)	PC_7 或 PC_6 输出 0 或 1,用以控制外设	1(B 口输入)	1	PC_2 成为 $\overline{STB_B}$ 选通信号,表示外设来的数据已锁存于 B 口的锁存器,等待 CPU 执行 IN 指令读取
			1(C 口高 4 位输入)	$PC_7 PC_6$ 输入外设状态,CPU 用指令 IN 读取			PC_1 成为 IBF_B 输入缓冲器满信号,当其为 1 时,通知外设,所发来的数据已被 B 口接收,等待 CPU 执行 IN 指令读取。禁止外设发来新的数据。直到 CPU 取走数据以后,8255A 内部的逻辑电路使 PC_1 置 0,输出低电平,通知外设可以向端口 B 发来新的数据
			PC_4 成为 $\overline{STB_A}$ 选通信号,表示外设来的数据已锁存于 A 口的锁存器,等待 CPU 执行 IN 指令读取				
			PC_5 成为 IBF_A 输入缓冲器满信号,当其为 1 时,通知外设,所发来的数据已被 A 口接收,等待 CPU 执行 IN 指令读取。禁止外设发来新的数据。直到 CPU 取走数据以后,8255A 内部的逻辑电路使 PC_5 置 0,输出低电平,通知外设可以向端口 A 发来新的数据				
		0(A 口输出)	0	PC_5 或 PC_4 输出 0 或 1,用以控制外设	0(B 口输出)		
			1	$PC_5 PC_4$ 输入外设状态,CPU 用指令 IN 读取			
			PC_7 成为 $\overline{OBF_A}$ 信号,通知外设端口 A 已有数据准备好,可取走				PC_1 成为 $\overline{OBF_B}$ 输出缓冲器满信号,通知外设端口 B 已有数据准备好,可取走
			PC_6 成为 $\overline{ACK_A}$ 外设回答信号,表示外设已取走数据,8255A 内部的逻辑电路使 PC_7(注意!)置 1,输出高电平				PC_2 成为回答 $\overline{ACK_B}$ 信号,表示外设已取走数据,8255A 内部的逻辑电路使 PC_1(注意!)置 1,输出高电平

续表

D_7	D_6 D_5	D_4	D_3（C 口高 4 位的作用，注意区分高低电平）	D_2	D_1	D_0（C 口低 4 位的作用）
			中断功能的运用			
1	0 1	1（A 口输入）	①当外设送数据到 A 口，$\overline{STB_A}$（即 PC_4）=0，数据被锁存。IBF_A=1，$\overline{STB_A}$=1。②若软件置 PC_4=1 时，8255A 的 A 组控制电路中的中断请求触发器 $INTE_A$=1，允许 8255A 的 A 口设备向 CPU 发中断请求信号。否则，禁止。注意：非软件置 PC_4=1 时，无效。③发中断请求。中断请求信号线是 PC_3，表示为 $INTR_A$。CPU 执行中断，$\overline{RD}$ 的下降沿使 $INTR_A$=0，PC_5=1 通知外设数据虽已被 A 口接收，但尚未被 CPU 用 IN 指令取走，禁止外设发新数据。直至 PC_5=0，开始新一轮数据输入	1	1（B 口输入）	①当外设送数据到 B 口，$\overline{STB_B}$（即 PC_2）=0，数据被锁存。IBF_A=1，$\overline{STB_B}$=1。②若软件置 PC_2=1 时，8255A 的 B 组控制电路中的中断请求触发器 $INTE_B$=1，允许 8255A 的 B 口设备向 CPU 发中断请求信号。否则，禁止。注意：非软件置 PC_2=1 时，无效。③发中断请求。中断请求信号线是 PC_0，表示为 $INTR_B$。CPU 执行中断，$\overline{RD}$ 的下降沿使 $INTR_A$=0，$INTR_B$=0，PC_1=1 通知外设数据虽已被 A 口接收，但尚未被 CPU 用 IN 指令取走，禁止外设发新数据。直至 PC_1=0，开始新一轮数据输入
1	0 1	0（A 口输出）	①若软件置 PC_4=1 时，8255A 的 A 组控制电路中的中断请求触发器 $INTE_A$=1，允许 8255A 的 A 口设备向 CPU 发中断请求信号。否则，禁止。注意：非软件置 PC_4=1 时，无效。②发中断请求。中断请求信号线是 PC_3，表示为 $INTR_A$。③当 CPU 发 $\overline{WR}$=0 到外设端口，输出的数据已被锁存，$\overline{WR}$ 的上升沿使 $\overline{OBF_A}$=0。通知外设从 A 口取走数据，外设回复 $\overline{ACK_A}$（即 PC_6）=0，数据被取走。④以后，IBF_A=1，$\overline{OBF_A}$=1，表示锁存器已空。$\overline{ACK}$=1，$INTR_A$=1，使 PC_7=1。要求 CPU 发新的数据过来。重复上一轮	1	0（B 口输出）	①若软件置 PC_2=1 时，8255A 的 B 组控制电路中的中断请求触发器 $INTE_B$=1，允许 8255A 的 B 口设备向 CPU 发中断请求信号。否则，禁止。注意：非软件置 PC_2=1 时，无效。②发中断请求。中断请求信号线是 PC_0，表示为 $INTR_B$。③当 CPU 发 $\overline{WR}$=0 到外设端口，输出的数据已被锁存，$\overline{WR}$ 的上升沿使 $\overline{OBF_B}$=0。通知外设从 B 口取走数据，外设回复 $\overline{ACK_B}$（即 PC_2）=0，数据被取走。④以后，IBF_B=1。$\overline{OBF_B}$=1，表示锁存器已空。$\overline{ACK}$=1，$INTR_A$=1，使 PC_1=1。要求 CPU 发新的数据过来。重复上一轮

🔺**注意**：在 A 组工作于方式 1 时，B 组可以工作于方式 0 或 1。

例如：若要使 8255A 的 A 口工作在方式 1 输入，C 口上半部分输入，B 口工作在方式 0 输出，C 口下半部分输出，则 8255A 的初始化程序段为：

```
MOV  AL,10111000B      ;工作方式控制字送 AL
OUT  63H,AL            ;将工作方式控制字送 8255A 的控制寄存器
```

3）方式 2

方式 2 是只对 A 口的一种双向选通输入/输出方式。用 C 口的 $PC_7 \sim PC_3$ 5 根线作为专用应答线，见表 9-2。

表 9-2　8255A 的工作方式 2 说明

D_7	D_6 D_5	D_4	D_3（C 口高 4 位的作用，注意区分高低电平）	D_2	D_1	D_0（C 口低 4 位的作用）
1	1　0	1	PC_4 起 $\overline{STB_A}$ 作用，并对 $INTE_2$（输入中断允许）置位复位，PC_5 起 $IBFA$ 作用			PC_3 起 IBF_A 作用。中断请求信号线也是 PC_3，表示为 $INTR_A$
		0	PC_6 起 $\overline{ACK_A}$ 作用，并对 $INTE_1$（输出中断允许）置位复位。PC_7 起 $\overline{OBF_A}$ 作用			中断请求信号线是 PC_3，表示为 $INTR_A$

注意：在 A 组工作于方式 2 时，B 组可以工作于方式 0 或 1。可以是输入也可以是输出。如果 B 组工作于方式 0，C 口的 PC0～PC2 还可以独立地定义为输入或输出。

2. 8255A 端口 C 的置位复位控制字

以上有关 8255A 工作方式控制字中的讨论中，都涉及了端口 C 的置位复位控制字 PC_7～PC_4 与 PC_3～PC_0 的置位复位问题，即如何指定 PC_7～PC_0 这 8 位数，哪一位是 1，哪一位是 0。

首先规定 8255A 工作方式控制字中的 $D_7 = 0$，然后 D_6 D_5 $D_4 = \times\times\times$，通常取为 000，由 D_3 D_2 D_1 3 位二进制数选择对 C 口的哪一位进行操作，$D_0 = 1$，该位置位 1，$D_0 = 0$，该位复位 0。

【例 9-1】 设某 8255A 的 4 个端口地址为 60H～63H，PC_5 通常为低电平，编写从 8255A 的 C 口 PC_5 输出一个脉冲信号的程序。

可以先将 PC_5 由 0 置 1，输出一个高电平，再将 PC_5 清 0，输出一个低电平。就能实现从 PC_5 输出一个脉冲信号。程序如下：

```
MOV  AL,0BH      ;0BH 即 00001011B,给 PC5 置位
MOV  DX,63H      ;将控制端口地址送 DX
OUT  DX,AL       ;将置位数据送控制端口
IN   AL,62H      ;将 C 口地址送 AL
NOP
NOP
MOV  AL,0AH      ;0AH 即 00001010B,给 PC5 复位
OUT  DX,AL       ;将复位数据送控制端口
```

值得注意的是，不仅 C 口具有按位置位/复位的功能，而且 A 口、B 口也有，只不过实现的方式不同。A 口、B 口的按位置位/复位是以送数据到 A 口、B 口实现的。具体操作为：先执行 IN 指令，将 A 口或 B 口的数据读入，再将读入的信息与一个字节相与（复位）或与一个字节相或（置位），再将该数送往 A 口或 B 口。这种方式可以同时使一位或几位复位/置位。

3. 两个控制字的差别

（1）工作方式控制字是对 8255A 的 3 个端口的工作方式及功能进行分配，应放在程序的开始部分，对 8255A 进行初始化。

（2）按位置位/复位控制字只对 8255AC 口的输出进行控制,而且只是使 C 口的某一位输出高电平或低电平,使用时可放在初始化程序以后的任何地方。

（3）8255A 是可编程通用接口芯片,在具体使用前必须对它进行初始化编程,即将工作方式控制字送入控制寄存器。

以下通过实例来说明方式 2 下 8255A 的用法。方式 2 可以实现中断方式和查询方式的数据传送。

【例 9-2】 有主从两台微机进行数据通信。接口电路如图 9-7 所示。主机一侧的 8255A 采用方式 2 中断的数据传送。中断请求 INTR 引脚接系统 8259A 的 IR_2 引脚,从机一侧的 8255A 工作在方式 0。要求编制主机一侧的数据传送驱动程序。每执行一次中断服务程序,将 Outbuf 所指的一个数据传送给从机或将从从机接收到的一个字符送到 Inbuf 缓冲区。

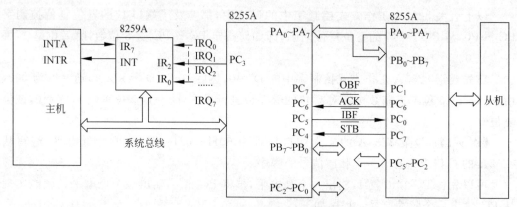

图 9-7　方式 2 应用接口电路图

程序的流程如图 9-8 所示。

由表 8-1,可将端口地址设为 280H、281H、282H、283H。

主程序

```
        ……                ;8259A 初始化
        ……
    MOV  DX,283H
    MOV  AL, 11000000B     ; A 口方式 2
    OUT  DX,AL
    MOV  AL,09H            ;置 PC4=1,允许输入中断
    OUT  DX,AL
    MOV  AL,00001101B      ;置 PC6=1,允许输出中断
    MOV  SI,Offset Outbuf  ;发送缓冲区首址→SI
    MOV  DI,Offset Inbuf   ;接收缓冲区首址→DI
    STI                    ;开中断
    MOV  DX,283H
    MOV  AL,00001100B      ;禁止输出中断
    OUT  DX,AL
```

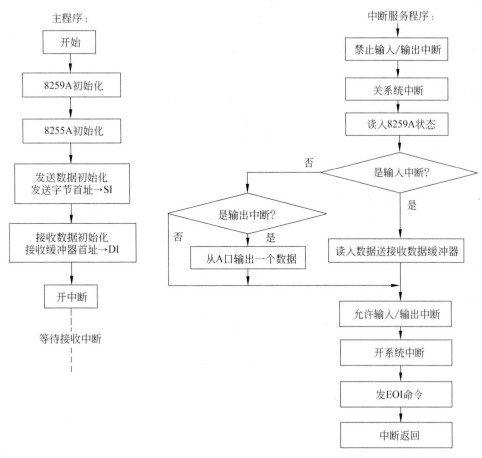

图 9-8　程序的流程

```
        MOV   AL,00001000B        ;禁止输入中断
        OUT   DX,AL
        CLI                       ;关中断
        MOV   DX,282H             ;C 口状态口
        IN    AL,DX               ;读入状态字
        MOV   AH,AL               ;将状态字存入 AH 保护
        AND   AL,20H              ;测试 IBF 信号是否有效,即是否有输入中断
        JZ    OUTP
        MOV   DX,280H
        IN    AL,DX
        MOV   [SI],AL
        JMP   NEXT
OUTP:   MOV   AL,AH
        AND   AL,80H              ;查 PC7 是否有输出中断
        JZ    NEXT
        MOV   DX,280H
        MOV   AL,[DI]
```

```
        OUT  DX,AL
NEXT:MOV  DX,283H
        MOV  AL,0DH              ;允许输出中断
        OUT  DX,AL
        MOV  AL,09H              ;允许输入中断
        OUT  DX,AL
        STI                     ;开系统中断
                                ;发 EOI 命令
        IRET                    ;中断返回
```

9.3　并行接口芯片 8255A 应用举例

9.3.1　PC 系统板上的 8255A

在 PC/XT 中用一片 8255A 来做 3 项工作:一是管理键盘,二是控制扬声器,三为输入系统配置开关的状态。占用的 I/O 端口地址空间为 60H~7FH,但实际使用 60H~63H。在 PC/AT 中,原 8255A 管理的功能改由其他器件实现。如键盘管理改用 Intel 8042 单片机实现,系统配置参数由 MC146818 实时时钟/CMOS RAM 芯片存储和提供。从 8255A 的时序图可看到,8255A 的速度是比较慢的。因此,在高档微机的主系统中未见到使用 8255A 或多功能接口芯片中集成有 8255A 逻辑的报道。但是,在某些接口电路、单片机系统以及外部设备中还常常用到 8255A。

在 PC/XT 系统的主机板上,用了一片 8255A 芯片充当并行接口,通过它连接键盘、系统配置开关 DIP、扬声器等等多种设备,如图 9-9 所示。

1. 端口的工作方式控制字

端口 A、B、C 和控制端口的地址分别是 60H、61H、62H 和 63H。均取工作方式 0,3 个 8 位端口互相独立。刚加电时,端口 A、B 都是输出,工作方式控制字为 10001001。A 口输出自检方式时的控制字,寻找故障并确定来源。正常工作时,工作方式控制字为 10011001,即端口 A 为输入方式,输入键盘操作时产生的扫描码。端口 B 设置为输出方式,各位起不同的控制作用。

端口 B 各位的作用如下。

PB_7 和 PB_6,控制键盘的扫描码的输入:PB_7 为 0 时,允许从键盘来的串行代码通过;PB_7 为 1 时,清除进来的键盘代码,并作为取走键盘码的回答信号。PB_6 只能为 0,封闭去键盘的时钟信号,使键盘代码不能串入主机板。

PB_5 为 0 时,输出低电平,允许 I/O 总线上的校验出错信号 $\overline{I/OCHCK}$ 通过并加到 PC_6 上。

PB_4 为 0 时,输出低电平,允许 RAM 读写过程的奇偶校验道路工作,并将校验结果信号加到 PC_7 上。

PB_3 如果为 1(为 0),则 74LS244 芯片被封锁,系统配置开关 DIP 的高 4 位 $SW_8 \sim$

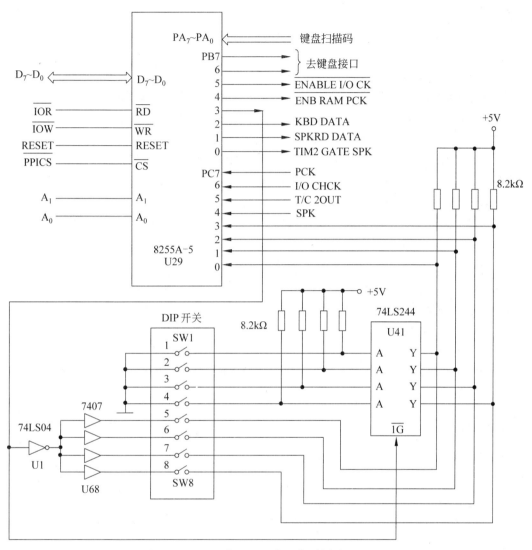

图 9-9 PC/XT 中 8255A 的连接(科大版 P343)

SW_5(则 74LS244 芯片被选通,低 4 位 $SW_4 \sim SW_1$)加到 $PC_3 \sim PC_0$ 上。

PB_2 备用。可用来控制键盘接口,输出键盘检测数据 KBDDATA 到键盘接口电路,供测试键盘用。

PB_1 PB_0 配合,通过定时器/计数器控制扬声器工作。$PB_0 = 1$ 时,输出 TIM2 GATE SPK 信号,送到 8255A 芯片的 $GATE_2$ 端,允许计数器 2 工作,产生控制扬声器发声的音调信号。$PB_1 = 0$ 时,计数器 2 不工作。

$PB_1 = 1$ 时,输出 SPKDATD 信号,允许 8255A 通道 2 产生的音调信号加到扬声器驱动电路,使扬声器发声。$PB_1 = 0$ 时,禁止扬声器发声。

端口 C 设置为输入方式,PC_7 和 PC_6 分别受 PB_4 和 PB_5 控制,加到该端信号为 1 时,表明校验出错。$PC_3 \sim PC_0$ 受 PB_3 控制,作用如上所述。PC_4 备用。PC_5 用于输入计数器

8253 芯片的 OUT 状态。

2. 系统配置开关 DIP

系统配置开关 DIP 是 PC/XT 的主机板上的一个 8 位双列直插式(DIP)开关,一者,设置其开关状态可以设置系统配置;再者,系统加电时,CPU 运行 ROM BIOS 程序对系统配置进行读取,以测试相关部件状态正常与否(如显示器类型,存储器容量等),并把测得的 DIP 状态存入工作单元,供其他软件运行时使用。

系统配置开关 DIP 的某位开关闭合(为 ON 状态)时,该位接地,输出低电平;某位开关断开(为 OFF 状态)时,该位接电位高端,输出高电平。

刚讨论过 8255A 端口 B 的 PB_3 对 DIP 的控制。

系统配置开关 DIP 的各位表示功能如下。

SW_8SW_7 二位组合 00、01、10、11 分别代表磁盘驱动器 1、2、3、4。

SW_6SW_5 二位组合 00、01、10、11 分别代表显示器适配器的类型。00 表示无显示器适配器;01 表示分辨率为 40×25 字符的彩色/图形适配器;10 表示分辨率为 80×25 字符的彩色/图形适配器;11 表示为单色显示器适配器或多个显示器适配器;

SW_4SW_3 二位组合 00、01、10、11 分别代表主机板上的 RAM 容量为 64KB、128KB、192KB、256KB。

SW_2 在 ON 状态时,表示无协处理器 8087,OFF 状态时,表示有协处理器 8087。

SW_1 备用,正常操作时设为 OFF(断开)。

3. 软件编程

按前述方式控制字设置。

```
MOV  AL,10001001          ;加电设置,A 口、B 口输出,C 口输入
OUT  63H,AL
MOV  AL,10011001          ;正常操作设置,A 口输入、B 口输出,C 口输入
OUT  63H,AL
```

对端口 B 编程实现不同的控制功能,若禁止系统板和 I/O 扩展的 RAM 奇偶校验,编程如下。

```
IN  AL,61H               ;读入 B 口状态
OR  AL,00110000B          ;使 PB5PB4 置 1,禁止奇偶校验
OUT  61H,AL
```

读者会产生疑问,既然已设定 B 口输出,为什么又用 IN 指令读入 B 口状态呢? 这是因为 B 口除了有一个输入缓冲器外,还有一个输入/输出锁存器/缓冲器。故当从 B 口输出时,数据不但被锁存,还能随时用 IN 指令读回锁存在那里的输出状态。由于 B 口被编程为输出方式,所以读取的不会是从外设输入到 B 口的数据。

【例 9-3】 对端口 C 编程,为了读取系统的内部状态,须定义为输入方式。要求检查 8 位 DIP 开关状态的程序:

```
IN    AL,61H                      ;读取 B 口状态
AND   AL,11110111B                ;PB₃置 0
OUT   61H,AL                      ;送回 B 口
IN    AL,62H                      ;读 C 口状态
AND   AL,0FH                      ;取低 4 位开关状态
MOV   AH,AL                       ;将 C 口低 4 位状态存入 AH
IN    AL,61H
OR    AL,00001000B                ;PB₃置 1,其余位不变
OUT   61H,AL                      ;送回 B 口
IN    AL,62H                      ;读 C 口高 4 位开关状态,送 AL
MOV   CL,4
ROL   AL,CL                       ;左移 4 位后送到 D₇~D₄位
AND   AL,0FH                      ;截取高 4 位开关量
OR    AL,AH                       ;8 位开关组合送 AL
```

9.3.2　PC/XT 中的并行打印机接口电路

利用 8255A 作为输出设备打印机的接口。目前打印机一般采用并行接口 Centronics 标准,其传输距离只有 1.5m。连线与主机相连一侧是 25 针的 D 型插座,连打印机一侧是 36 芯的 AMP CHAPM36 双排插座。

1. 打印机接口信号

其主要信号有:

8 位数据线 $D_0 \sim D_7$,由主机送来的可打印字符或打印控制符,总是以 ASCII 码的形式;

选通脉冲$\overline{\text{STROBE}}$,输入,低电平有效,脉宽$>0.5\mu s$;

选择输入$\overline{\text{SLCT IN}}$,输入,低电平有效,打印机才能接收数据;

自动走纸$\overline{\text{AUTO FEED XT}}$,低电平有效,遇回车符(0DH)自动走纸一行;

打印机初始化$\overline{\text{INIT}}$,平时为高电平,当为低电平时,打印机控制器复位,并清除打印缓冲器;

应答信号$\overline{\text{ACK}}$,输出,低电平有效,脉宽 $5\mu s$,表示打印机准备接收下一数据;

忙信号 BUSY,输出,高电平时,表示打印机正忙,不能接收下一数据;

缺纸信号 PE,输出,高电平时,告知打印纸未安放好;

联机/脱机状态选择信号 SLCT,输出,高电平时表示联机,低电平时表示脱机;

出错信号$\overline{\text{ERROR}}$,输出,当打印机出错、脱机或缺纸时,该信号为低电平;

接地信号 GND。

2. 打印机接口电路

图 9-10(a)所示为其连接方法之一。只要能把各个信号线连通,运行正常即可。常见资料上多取 A 口传输数据,此处不同,图 9-10(a)选 B 口传输数据,工作于方式 1。A 口工

作于方式 0,输入计算机从 $PA_0 \sim PA_3$ 读入打印机的 4 个状态信号 $\overline{ERROR}$、PE、SLCT、BUSY。C 口的 PC_0 为中断请求输出信号,连到 8259A 中断输入引脚 IR_2。打印机的应答信号 $\overline{ACK}$ 连到 PC_2。在选通输出方式下,采用 PC_4 位形成 $\overline{STROBE}$ 作为选通信号,通过对该位的置位/复位操作,产生选通信号。PC_5 为接打印机的初始化命令输入端 $\overline{INIT}$。其他 C 端口悬空。

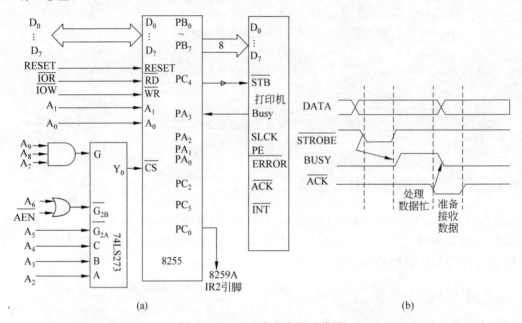

图 9-10   8255A 与打印机连接图

打印机传送数据时序如图 8-29(b)所示。打印机接收主机传送数据的过程是这样的:当主机准备好输出打印的一个数据时,通过 8255A 把数据送给打印机接口的数据引脚 $D_0 \sim D_7$,同时送出一个数据选通信号 $\overline{STROBE}$ 给打印机的 $\overline{STB}$ 端。打印机收到该信号后,把数据锁存到内部缓冲区,同时在 BUSY 信号线上发出忙信号。待打印机处理好输入数据时,打印机撤销忙信号,同时向主机送出一个响应信号 $\overline{ACK}$。主机根据 BUSY 信号或 $\overline{ACK}$ 信号决定是否输出下一个数据。

综上所述,很容易确定 8255A 的控制字为 10010100。此外,采用应答方式传送数据,在中断允许的情况下,当 B 口得输出缓冲器空,并且 PC_2 引脚上的打印机应答信号 $\overline{ACK}$ 已由低电平转高电平,8255A 就会从 PC_0 引脚向中断控制器 8259A 的 IR_2 引脚发出中断请求,由中断服务程序输出一个字符。为允许 B 口中断,$INTE_B$ 必须置 1,即使 PC_2 置 1,置位/复位字是 00000101。初始化时,两个控制字都要写入控制字寄存器中。

3. 打印机驱动程序

管理打印机的程序称为打印机驱动程序。

1)地址设定

根据表 8-1 所示 8255A 的寻址信号,设 8255A 的端口地址为:

端口 A：02F8H；端口 B：02FAH；端口 C：02FCH；控制寄存器端口：02FEH

中断控制器 8259A 的偶地址端口地址为 2F0H，奇地址端口地址为 2F2H。

此外，程序需要设置一些内存单元，用来存放向打印机传送数据时的相关参数，如要打印的字符信息、字符串长度、地址指针及标志等。

2）主程序

主程序先进行初始化（含 8259A、8255A 和打印机的初始化）操作，接着是向打印机打印机传送字符串的操作。程序设计思路应该是：读取打印机状态，了解打印机是否处于待命状态（$PA_3=0$，不忙；$PA_2=1$，联机；$PA_1=1$，有纸；$PA_0=1$，无错）。将字符串起始地址装入指针存储单元，将字符串长度装入字符计数器，并使 $INTE_B=1$，允许 8255A 中断。此后，程序处于等待状态，等待打印机接口发出中断请求。当 8255A 的输出缓冲器空和打印机送来的 $\overline{ACK}$ 信号为高电平时，8255A 就产生中断请求，CPU 响应后，程序转入中断服务过程。中断过程的第一步是保护现场，即将需要用到的寄存器的内容先压入堆栈。然后再从字符缓冲区中读入一个待打印的字符的 ASCII 码，接着在 PC_4 的脚上形成一个低电平选通脉冲，将此字符送到打印机的输入缓冲器。以后，每产生一次中断，字符串的地址指针自动加 1，字符计数器自动减 1。直至字符计数器减为 0 时，表明字符缓冲区中所有字符都已传送完毕，就向 8255A 送一个清 PC_2 位的置位/复位控制字，禁止 8255A 再次产生中断，然后返回断点。

【例 9-4】 给出在打印机上打印字符串"This is the Test"的程序清单：

```
; ----------------------------------------------------------------------------
;
;端口地址分配
PORT-A      EQU    2F8H              ;8255A 端口 A 地址
PORT-B      EQU    2FAH              ;8255A 端口 B 地址
PORT-C      EQU    2FCH              ;8255A 端口 C 地址
PORT-CTL    EQU    2FEH              ;8255A 控制端口地址
PORT-0      EQU    2F0H              ;8259A 偶地址端口
PORT-1      EQU    2F2H              ;8259A 奇地址端口
;数据段
DATA    SEGMENT
MESS-1      DB    'This is the Test'  ;待打印字符
            DB    0DH,0AH            ;回车,换行
MESS-LEN    EQU    $-MESS-1           ;字符串长度
POINT-DONE  DB    0                  ;打印完标志
POINTER     DW    0                  ;存储器中指向 MESS-1 的指针
COUNT       DB    0                  ;计数器
PRNT-ERR    DB    0                  ;出错标志
DATA        ENDS
;堆栈段
STACK       SEGMENT    STACK
            DW    50  DUP(0)
TOP         LABEL    WORD
```

```
STACK       ENDS
;---------------------------------------------------------------------------
;打印主程序
CODE        SEGMENT
            ASSUME  CS:CODE,DS:DATA,SS:STACK
MAIN        PROC  FAR
            MOV  AX, STACK
            MOV  SS,AX
            LEA  SP,TOP
            MOV  AX, CS
            MOV  DS,AX                 ;DS 指向代码段
            MOV  DX,OFFSET  PRNT-INT   ;将打印驱动过程入口地址偏移量送 DX
            MOV  AH,25H                ;AH=系统功能调用号 25H
            MOV  AL,0AH                ;AL=中断类型号 0AH
            INT  21H                   ;中断入口地址在 DS:DX
;初始化 8259A,使 IR₂中断允许,请读者注意中断控制字的运用
            MOV  DX,PORT-0             ;指向 8259A 偶地址
            MOV  AL,00010011B          ;ICW₁,边沿触发,单级中断,8086
            OUT  DX,AL                 ;送出控制字 ICW₁
            MOV  DX,PORT-1             ;指向 8259A 奇地址端口
            MOV  AL,00001000B          ;设置中断类型码 ICW₂
            OUT  DX,AL                 ;送出控制字 ICW₂
            MOV  AL,00000001B          ;设置中断类型码 ICW₄,8086 模式,非自动 EOI
            OUT  DX,AL                 ;送出控制字 ICW₄
            MOV  AL,11111001B          ;设置 OCW₁,只允许 IR₂和键盘中断
            OUT  DX,AL                 ;送出控制字 OCW₁
;初始化 8255A,使 B 口方式 1 输出,A 口方式 0 输入,C 口高 4 位输出
            MOV  DX,PORT-CTL           ;指向 8255A 控制端口地址
            MOV  AL,10010100B          ;控制字
            OUT  DX,AL                 ;送出控制字
            STI                        ;开中断
;通过 PC₄向打印机送高电平选通信号
            MOV  AL,00001001B          ;选通信号 PC₄置为高电平
            OUT  DX,AL                 ;送出选通信号
;初始化打印机,从 PC₅引脚送出 50μs 宽的 INIT 负脉冲
            MOV  AL,00001011B          ;置 INIT(PC₅)为高电平
            OUT  DX,AL
            MOV  AL,00001010B          ;置 INIT(PC₅)为低电平
            OUT  DX,AL
            MOV  CX,17H
PAUSE-1:    LOOP  PAUSE-1             ;循环程序段 PAUSE-1
            MOV  AL, 00001011B         ;使 INIT(PC₅)再为高电平
            OUT  DX,AL
;从端口 A 读取打印机状态,已准备好状态应为 AL=××××0101
```

```
                MOV   PONT-ERR,0              ;清除出错标志
                MOV   DX,PORT-A               ;将 A 口地址送 DX
                IN    AL,DX                   ;读取状态信息
                AND   AL,0FH                  ;取 AL 的低 4 位
                CMP   AL,00000101B            ;打印机已准备好否?
                JZ    SEND-IT                 ;已准备好,转到送出字符子程序 SEND-IT
                MOV   CX,16EAH                ;否则,延时
    PAUSE-2:    LOOP  PAUSE-2                 ;循环程序段 PAUSE-2,等待 20ms 再读一次
                IN    AL,DX                   ;再读状态信息
                AND   AL,0FH                  ; 取 AL 的低 4 位
                CMP   AL,00000101B            ; 打印机已准备好否?
                JZ    SEND-IT                 ;已准备好,转到送出字符子程序 SEND-IT
                MOV   PONT-ERR,1              ;仍未准备好,置出错标志
                JMP   FIN                     ;转终止子程序 FIN
;已准备好,建立指向信息存储区的指针,已打印完,标志清 0,否则表示未打印完
    SEND-IT:    MOV   AX,OFFSET  MESS-1       ;送存储器信息指针的偏移地址到 AX
                MOV   POINTER,AX              ;建立存储器信息指针
                MOV   PONT-DONE,0             ;已打印完,标志清 0
                MOV   COUNT, MESS-LENG        ;置字符串长度
;置位 PC₂,使 8255A 的 INTE_B 置 1,允许中断
                MOV   DX,PORT-CTL             ;送 8255A 控制端口地址到 DX
                MOV   AL,00000101B            ;打印机已准备好否
                OUT   DX,AL                   ;置位 PC₂,使 8255A 的 INTE_B 置 1,允许中断
;等待打印机中断
    WAIT-INT:   JMP   WAIT-INT
    FIN:        NOP
                MOV   AH,4CH
                INT   21H
    MAIN  ENDP
        ;--------------------------------------------------------------------------
        ;打印驱动中断服务子程序
    PRNT-INT    PUSH  AX                      ;保护现场,将寄存器当前内容压栈
                PUSH  BX
                PUSH  CX
                STI                           ;开中断,允许 8259A 更高级中断
                MOV   DX,PORT-B               ;将 8255A 端口 B 地址送 DX
                MOV   BX,POINTER              ;指针指向寄存器 BX
                MOV   AL,[BX]                 ;将寄存器 BX 指明地址的内存中的字符取出,
                                              ;送 AL
                OUT   DX,AL                   ;将该字符送打印机打印
                                              ;通过 PC₄向打印机发选通负脉冲
                MOV   DX,PORT-CTL             ;将 8255A 控制口地址送 DX
                MOV   AL,00001000B            ;选通信号 PC₄复位低电平
                OUT   DX,AL                   ; PC₄向打印机发选通负脉冲
```

```
                MOV    AL,00001001B              ;选通信号 PC₄置位高电平
                OUT    DX,AL                     ;输出高电平,这几句指令实现 PC₄向打印机
                                                 ;发选通负脉冲地址指针自动加 1,计数器
                                                 ;自动减 1

                INC    POINTER
                DEC    COUNT
        JNZ     NEXT                             ;字符送完了吗?未完转 NEXT
;字符已打印完,复位 PC₂,禁止 PC₀上的中断请求
                MOV    AL,00000100B              ;字符已送完。PC₂置 0,
            OUT    DX,AL                         ;INTEB 置 0,禁止 8255A 上中断请求
            MOV    PONT-DONE,1                   ;将字符送完标志置 1
        NEXT:   MOV    AL,00100000B              ;非特殊 EOI 的 OCW₂
                MOV    DX,PORT-0                 ;指向 8255A 偶地址端口
                OUT    DX,AL                     ;结束中断
                POP    DX
                POP    BX
                POP    AX
                IRET                             ;返回
        CODE   ENDS
                END
```

9.3.3　PC/XT 中的微机与键盘的接口

1. 矩阵式键盘的结构

在微型机系统中,键盘是一种最常用的外设,它由多个开关组合而成。数据、内存地址、命令及指令地址等都可以通过键盘输入到系统中。可以用来制造键盘的按键开关有好多种,最常用的有机械式、薄膜式、电容式和霍尔效应式 4 种。机械式开关较便宜,但压键时会产生触点抖动,即在触点可靠地接通前会通断多次,而且长期使用后可靠性会降低。

薄膜式开关可做成很薄的密封单元,不易受外界潮气或环境污染,常用于微波炉、医疗仪器或电子秤等设备的按键。电容式开关没有抖动问题,但需要特制电路来测电容的变化。霍尔效应按键是另一种无机械触点的开关,具有很好的密封性,平均寿命高达 1 亿次甚至更高,但开关机制复杂,价格很贵。计算机上用的键盘一般都用机械式开关。

对于大多数的键盘,按键被排成行和列的矩阵。下面以机械式开关构成的 16 个键的键盘为例,来讨论键盘接口的工作原理,这种原理对采用其他类型的开关的键盘也是适用的。

设 16 个键分别编码为 16 进制数字 0～9 和 A～F,键盘排列、连线及接口电路如图 9-11 所示。16 个键排成 4 行×4 列的矩阵,接到微型机的一对端口上。端口由 8255A构成,其中端口 A 作 8255A 的输出,端口 B 作 8255A 的输入。矩阵的 4 条行线同时接到输出端口 A 的 PA₃～PA₀和输入端口 B 的 PB₇～PB₄上,用程序能改变这 4 条行线上的电

平。4 条列线连到输入端口 B 的另外的 $PB_3 \sim PB_0$ 引脚,这样,用输入指令读取 B 口状态时,可同时读取键盘的行列信号。

2. 键盘的工作原理

如图 9-11 所示,在无键压下时,由于接到＋5V 上的上拉电阻的作用,列线被置成高电平。压下某一键后,该键所在的行线和列线接通。这时,如果向被压下键所在的行线上输入一个低电平信号,则对应的列线也呈现低电平。读取 B 口的状态,根据读入的行和列状态中低电平的位置,便能确定哪个键被压下了。

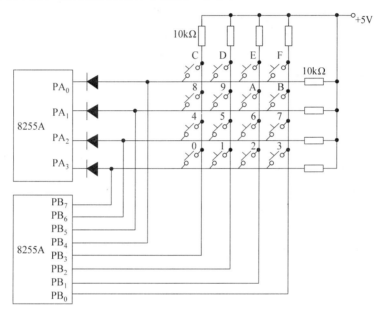

图 9-11　键盘矩阵

3. 键盘扫描

检测矩阵中是否有键压下,即键盘扫描。一种简单方法是,自 A 口向所有行线输出低电平,再通过 B 口的低 4 位读取列值,若其中有 0 值,便是有键压下了。

在开始一次扫描时,先应确认上一次压下的键是否已松开。即先向所有行线输出低电平,再读出各列线值,只有当所有的列线均为高电平,表示以前压下的键部已释放了,才开始检测是否有键压下。

键盘扫描有两种方法:行扫描法和行反转法。

1) 行扫描法

先反复检测是否所有键都松开了。开始工作了,再检测是否有键压下,若有键压下,要消除键抖动,予以确认。

接着,将压下的键的行列信号转换成十六进制编码,由此确定哪个键被压下了。防止重键,如出现多键重接的情况,只有在其他键均释放后,仅剩一个键闭合时,才把此键当作本次压下的键。

消除键抖动的常用方法是在检测到有键压下后,延长一定时间(通常为 20ms)后,若该键仍被压着,才能认定。

为获取压下键的行列信息,先从 A 口输出一个低电平到某行线上,再从 B 口读入各列的值,若没有一列为低电平,说明压下的键不在此行。于是,再向下一行输出一个低电平,再检测各列线上是否有低电平。依次对每一行重复这个过程,直至查到某一列线上出现低电平为止。被置成低电平的行和读到低电平的列,便是被压下键所在的行列值。

已知被压下的键所在的行号(0~3)和列号(0~3)后,就能得到该键的扫描码。例如,对于数字 0 键,它位于 3 行(由上而下)、3 列(由右至左),压下 0 键时,从 B 口可读得 D_7 位和 D_3 位为 0,其余位为 1,所以数字 0 的编码为 01110111B,即 77H;对于数字 6,处于 2 行 1 列,压下 6 键时,D_6 位和 D_1 位 0 以其余位为 1,所以数字 6 的编码为 10111101B=BDH。类似地,其余各键的编码也可一一求得。将这些编码值列成表,放在数据段中,用查表程序来查对,便能确定压下的是什么键。

2) 行反转法

行反转法也是识别键盘的常用方法。它的原理是:将行线接一个数据端口,先让它工作在输出方式;将列线接到另一个数据端口,先让它工作在输入方式。程序使 CPU 通过输出端口往各行线上送低电平,然后读入列线值。如果此时有某键被按下,则必定会使某列线值为 0。接着,程序再对两个端口交换方式设置,将刚才读得的列值从列线所接端口输出,再读取行线的输入值,那么,闭合键所在的行线值必定为 0。这样,当一个键被按下时,两次读得一对唯一的行值和列值。为此,要实现行反转法,行、列线所接的数据端口应能够改变输入、输出方式,而 8255A 的 3 个端口正好具有这个功能。

如果遇到重键的情况,则输入的行值或者列值中一定有一个以上的 0,而由程序预选建立的键值表中不会有此值,因而可以判为重键而重新查找。

4. 程序实现

从上面的原理可知,键盘扫描程序的第一步应该判断是否有键被按下。为此,使输出端口各位全为 0,即相当于将所有行线接低电平。然后,从输入端口读取数据,如果读得的数据不是 FFH,则说明必有列线处于低电平,从而可断定必有键被按下。此时,为了消除键的抖动,调用延迟程序。如果读得的数据是 FFH,则程序在循环中等待。这段程序如下:

```
KEY1: MOV  AL, 00H
      MOV  DX, ROWPORT        ;ROWPORT 为行线端口地址
      OUT  DX, AL             ;使所有行线为低
      MOV  DX, COLPORT        ;COLPORT 为列线端口地址
      IN   AL,DX              ;读取列值
      CMP  AL, 0FFH           ;判定是否有列线为低电平
      JZ   KEY1               ;没有,无闭合键,则循环等待
      CALL DELAY              ;有,则延迟 20ms 清除抖动
```

键盘扫描程序的第二步是判断哪一个键被按下了。开始时,将计数值设置为行数,然

后设置扫描初值。扫描初值 11111110 使第 0 行为低电平,其他行为高。输出扫描初值后,马上读取列线的值,看是否有列线处于低电平。若无,则将扫描初值循环左移一位,变为 11111101,同时,计数值减 1,如此下去,直到计数值为 0。

如果在此过程中,查到有列线为低,则组合此时的行值和列值,进行下一步查找键值代码的工作,程序段如下:

```
        MOV   AH, 0FEH         ;扫描初值送 AH
        MOV   CX,8             ;行数送 CX
KEY2:   MOVAL, AH
        MOV   DX, ROWPORT
        OUT   DX,AL            ;输出行值(扫描值)
        MOV   DX, COLPORT
        IN    AL,DX            ;读进列值
        CMP   AL, 0FFH         ;判断有无接地线
        JNZ   KEY3             ;有,则转下一步处理
        ROL   AH,1             ;无,则修改扫描值,准备下一行扫描
        LOOP  KEY2             ;计数一次,未扫完 8 行,则继续循环
        JMP   KEY1             ;所有行都没有键按下,则返回继续检测
KEY3:   …                     ;此时,AL=列值,AH=行值,进行后续处理

;行反转法程序
        CMP   AL,0FFH
        JZ    KEY2             ;无闭合键,循环等待
        PUSH  AX               ;有闭合键,保存列值
        PUSH  AX
        …
;设置行线接输入端口 ROWPORT,列线接输出端口 COLPORT
        MOV   DX, COLPORT
        POP   AX
        OUT   DX,AL            ;输出列值
        MOV   DX, ROWPORT
        IN    AL,DX            ;读取行值
        POP   BX               ;结合行列值,此时
        MOV   AH,BL            ;AL=行值,AH=列值
        ;查找键代码
        MOV   SI, OFFSET TABLE ;TABLE 为键值表
        MOV   DI, OFFSET CHAR  ;CHAR 为键对应的代码
        MOV   CX, 64           ;键的个数
KEY3:   CMP   AX, [SI]         ;与键值比较
        JZ    KEY4             ;相同,说明查到
        INC   SI               ;不相同,继续比较
        INC   SI
```

```
        INC   DI
        LOOP  KEY3
        JMP   KEY1                ;全部比较完,仍无相同,说明是重键
KEY4:   MOV   AL,[DI]             ;获取键代码送 AL
        …

;判断按键是否释放,没有则等待
        CALL  DELAY               ;按键释放,延时消除抖动
        …

;后续处理
TABLE   DW    0FEFEH              ;键 0 的行列值(键值)
        DW    0FDFEH              ;键 1 的行列值
        DW    0FBFEH              ;键 2 的行列值
        …

;全部键的行列值
CHAR    DB…                       ;键 0 的代码
        DB…                       ;键 1 的代码
        …                         ;全部键的代码
```

对重键问题的处理,简单的情况下,可以不予识别,即认为重键是一个错误的按键。通常情况,则是只承认先识别出来的键,对此时同时按下的其他键均不作识别,直到所有键都释放以后,才读入下一个键,称为连锁法。另外还有一种巡回法,它的基本思想是:等被识别的键释放以后,就可以对其他闭合键作识别,而不必等待全部键释放。显然巡回法比较适合于快速键入操作。

9.3.4　8255A 与 32 位 CPU 连接

8255A 与 32 位 CPU 连接,可实现独立并行输入/输出接口电路,如图 9-12 所示。图 9-12 中共有 4 组 8255A 连接到 32 位数据总线上,每组都有自己的地址译码器,最多可连接 8 片 8255A,每片 8255A 可提供 3 字节宽度的端口,共 24 条 I/O 信号线。这些端口可以通过软件分别设置为输入或输出操作方式。所以,一组电路可以实现 192 条 I/O 信号线,整个电路可提供 768 条 I/O 信号线。

4 组 8255A 的数据线分别与系统数据总线的 $D_{31} \sim D_{24}$,$D_{23} \sim D_{16}$,$D_{15} \sim D_8$ 和 $D_7 \sim D_0$ 相连,传送数据信息。4 组 8255A 的地址由 CPU 的 $A_6 \sim A_2$ 和 $\overline{BE_3} \sim \overline{BE_0}$ 形成。其中,A3,A2 分别与 8255A 的 A_1,A_0 相连,形成 8255A 的 4 个端口地址,$A_6 \sim A_4$ 和 $\overline{BE_3} \sim \overline{BE_0}$ 分别与 4 片地址译码器 74LS138 的 C,B,A 和 $\overline{G_{2B}}$ 输入端相连,形成 8255A 的片选信号 $\overline{CS}$,并决定数据输出的类型(字节、字和双字)。CPU 的 $M/\overline{IO}$、$D/\overline{C}$ 和 $W/\overline{R}$ 信号线通过总线控制逻辑电路产生接口读/写控制信号线 $\overline{IORC}$ 和 $\overline{IOWC}$,与 8255A 的读/写信号线 $\overline{RD}$ 和 $\overline{WR}$ 相连,实现对 8255A 的读/写控制。电路中 I/O 地址译码并未使用全部的地址位,仅将锁存的地址位 A_6、A_5 和 A_4 译码,未使用的地址位设为 0。例如,第 2 组中 14 号 8255A 的片选信号对应 74LS138 的 $\overline{Y_3} = 0$,即 $A_6A_5A_4 = 011B$,另外,$\overline{BE_3} = 0$,则对应 CPU 的 $A_1A_0 = 10B$,8255A 的三个端口地址见表 9-3。

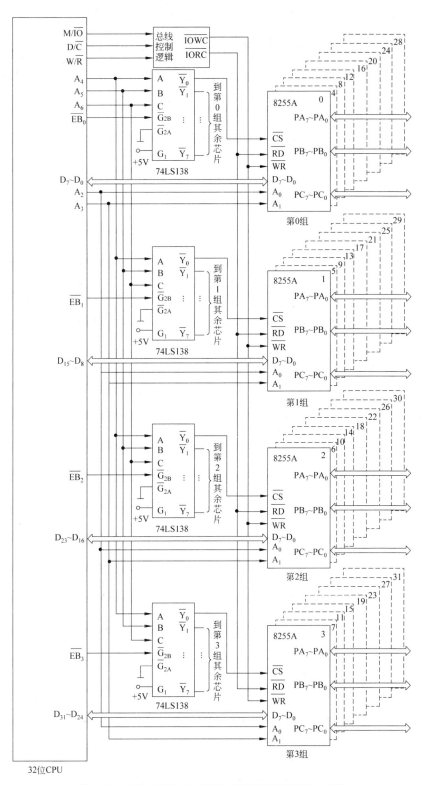

图 9-12 32 位 CPU 与 8255A 相连接的并行接口电路

表 9-3　8255A 的 3 个端口地址表

	A15	A14	A13	A12	A11	A10	A9	A8	A7	A6	A5	A4	A3	A2	A1	A0	端口地址
端口 A	0	0	0	0	0	0	0	0	0	0	1	1	0	0	1	0	0032H
端口 B	0	0	0	0	0	0	0	0	0	0	1	1	0	1	1	0	0036H
端口 C	0	0	0	0	0	0	0	0	0	0	1	1	1	0	1	0	003AH
控 制 口	0	0	0	0	0	0	0	0	0	0	1	1	1	1	1	0	003EH

习　题　9

一、填 空 题

1. 并行通信就是把_____用几条线同时进行传输,即将组成数据的各位同时传输。实现并行通信的接口就是_____。

2. 并行接口可分为硬件连接的简单并行接口和_____接口。并行接口的每条数据线的_____必须相等。

3. Intel 8212：是_____接口芯片,作为 CPU 与_____交换数据的接口芯片。它具有_____、_____、_____ 和 _____ 多路转换功能,并且能向 CPU 发出_____。

4. 8255A 有_____种工作方式。

5. 在 PC/XT 中用一片 8255A 来做 3 项工作：一是_____,二是_____,三是_____。

6. 工作方式控制字是对 8255A 的 3 个端口的_____进行分配,应放在程序的_____部分,对 8255A 进行初始化。

7. 按位置位/复位控制字只对_____的输出进行控制,而且只是使 C 口的某一位输出高或低电平,使用时,可放在_____。

8. 在对 8255 的 C 口进行初始化为按位置位或复位时,写入的端口地址应是_____地址。

二、选 择 填 空 题

1. 并行接口一般要对输出数据进行锁存,其原因是_____。

  A. 外设速度常低于主机速度

  B. 主机速度常低于外设速度

  C. 主机与外设速度通常差不多

  D. 要控制对多个外设的存取

2. 8255A 的 PA 口工作于方式 2,PB 口工作于方式 0 时,其 PC 口_____。

  A. 用作一个 8 位 I/O 端口　　　　　　B. 用作一个 4 位 I/O 端口

C. 部分作应答线　　　　　　　　　　D. 全部作应答线

3. 关于 8255A 的端口 A 和端口 B 的工作方式,下列说法中,正确的是_____。

    A. 端口 A 只能工作于方式 1,端口 B 只能工作于方式 2

    B. 端口 B 不能工作于方式 2,端口 A 却能工作于方式 1

    C. 只有端口 A 才能工作于方式 2,只有端口 B 才能工作于方式 1

    D. 端口 A、B 既能工作于方式 1,也能工作于方式 2

4. 在并行可编程 8255A 中,8 位的 I/O 端口共有_____。

    A. 1 个　　　　　　　B. 2 个　　　　　　　C. 3 个　　　　　　　D. 4 个

5. 8255A 的 B 组控制电路用来控制 B 口及_____的工作方式。它还可以接收来自 CPU 的命令字对 C 口的_____。

三、问答题

1. 请简述并行接口的主要特点及其主要功能。

2. 8255A 的功能是什么,有哪几个控制字,各位的意义是什么?

3. 8255A 有哪几种工作方式? 不同工作方式的特点体现在哪几个方面?

4. 在并行接口中为什么要对输出数据进行锁存? 在什么情况下可以不锁存?

四、设计题

1. 如题图 9-1 所示,8255 的 A 口与共阴极的 LED 显示器相连,若其片选信号 $A_9 \sim A_2 = 11000100$,问 8255A 的地址范围是多少? A 口应工作在什么方式? 写出 8255A 的初始化程序。

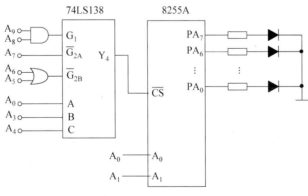

题图 9-1　习题 9 插图 1

2. 对 8255A 进行初始化,要求端口 A 工作于方式 1,输入;端口 B 工作于方式 0,输出;端口 C 的高 4 位配合端口 A 工作,低 4 位为输入。设控制口的地址为 006CH。试写出初始化程序片段。

3. 试按照如下要求对 8259A 进行初始化:系统中只有一片 8259A,中断请求信号用电平触发方式,下面要用中断 ICW4,中断类型码为 60H,61H,62H,…,67H,用全嵌套方式,不用缓冲方式,采用中断自动结束方式。设 8259A 的端口地址为 94H 和 95H。试写出初始化程序片段。

4. 对 8255 编程。设 8255 的端口地址为 200H～203H。

(1) 要求 PA 口方式 1,输入;PB 口方式 0 输出;$PC_7 \sim PC_6$ 为输入;$PC_1 \sim PC_0$ 为输出。试写出 8255 的初始化程序。

(2) 程序要求当 $PC_7 = 0$ 时置位 PC_1,而当 $PC_6 = 1$ 时复位 PC_0,试编写相应的程序。

五、综 合 题

如题图 9-2 所示,8255A 作打印机接口,工作于中断方式。8255A 端口 A 工作于方式 1 输出时,PC_7 自动地作为 OBF 信号输出,PC_6 自动作为 $\overline{ACK}$ 信号输入,而 PC_3 则自动作为 INTR 输出。试写出初始化程序片段。

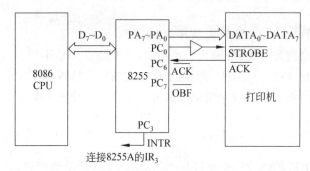

题图 9-2　习题 9 插图 2

顾名思义,并行接口是数据有多少位,就用多少根传输线,将数据的每一位同时传送。因为能同时传送的数据较多(8位、16位、32位),速度应该远比串行通信(通过一根线,将数据一位一位地传输)要快。这在早期的数据传输速率低、相关设备也很简陋的情况下,显然是正确的。但是随着计算机外设接口速度的提高,人们发现,并行传送有它致命的缺陷。因为每一次并行传送的数据很难保证同时到达外设或接口,就像参加百米赛的运动员很难保证同时到达终点。为了解决同步问题,需要精确的时钟和复杂的控制电路,成本也会大幅增加。并且,并行电缆中,多股线芯之间,电子干扰相对较严重。串行通信采用逐个位数据传送方式,数据的各不同位可以分时使用同一传输通道,信号连线减少,体积缩减,使用方便。特别是借用电话线来实现两地之间的远程通信,串行通信这个优点更为突出。因此,目前正在发展的诸多高速外设接口都采用串行方式传送数据。

10.1　串行通信概述

10.1.1　串行通信的概念

串行通信就是数据在一根传输线上一位一位地按顺序传送的通信方式。串行通信时,所有的数据、状态、控制信息都是在这一根传输线上传送的。

因为在串行通信中,传输线只有一条,传输的信息表现形式都是高低电平。收发双方要能识别有用的信息,必须彼此约定信息格式和传输参数。如有变化,必须双方同时修改。这种约定,称为通信协议,或称规程(Protocol)。

1. 串行数据在传输线上的形式——信号的调制与解调

串行通信通常采用调幅(AM)和调频(FM)两种方式传输数字信息。因为计算机与计算机之间的通信要求传输数字信号。这种数字信号包括从低频到高频极其丰富的谐波信号,因此要求传输线的频率很高。在远距离通信时,为了降低成本,通常大都是通过已存在的电话线进行通信,电话线只适用于传输音频(不超过3000Hz)的模拟信号,不适合传送二进制的数字信号。因此,当进行远距离传输时,发送方应将信息调制成适合电话线传输的模拟信号;接收方应将电话线上传输的模拟信号还原(解调)为数字信号。

信号的调制采用调制器(Modulator),信号的解调采用解调器(Demodulator)。由于大多数情况下通信是双向的,一般将调制器和解调器置于一个装置中称作调制解调器(Modulator-Demodulator,MODEM)。

调制的方法很多,按照调制技术的不同,不外乎有调频(FM)、调幅(AM)和调相(PM)3种。这里只讨论调幅和调频。

(1)调幅方式:对被传输的数据的幅度调制(AM)。

幅度调制就是用两种幅度相差较大的387Hz的正弦波分别模拟数字信号0和1。用电平表示的幅度标准称为电压标准,用电流表示的幅度标准称为电流标准。

电压标准可分为两种。

① TTL标准。用+5V电平表示逻辑1,用0V电平表示逻辑0。

② RS-232C标准。用从-3V到-15V之间的任意电平表示逻辑1;用从+3V到+15V之间的任意电平表示逻辑0。

20mA或60mA电流环标准,分别用存在20mA或60mA电流表示逻辑1,用不存在电流表示逻辑0。

逻辑1,称为传号(Mark);逻辑0,称为空号(Space)。出现在传输线上的数据形式即为mark/space串。

因此,对应于不同的幅度标准,通信时常有电平转换或电流强度转换。

(2)调频方式是用两种不同的频率的等幅正弦波分别表示二进制中的逻辑0和逻辑1两种状态。MODEM具有调制和解调双重功能,根据调制技术可分为:频移键控(FSK)、相移键控(PSK)、幅移键控(ASK)。其中频移键控(FSK)是MODEM常用的调制技术之一。其原理是把数字信号的1和0分别调制成不同频率f_1和f_2的模拟信号。

2. 数据传输速率的单位

(1)波特率(Baud Rate):串行通信中,数据传输的速率是用波特率来表示的。所谓波特率是指每秒传送的离散状态的数量,单位为波特Bd。

(2)比特率:是指每秒传送的二进制位数,单位为比特b/s。通常情况下,波特率和比特率是相等的,但有些通信链路(如在调制器和解调器之间的线路)允许在给定时刻出现n种状态中的一种,这时,比特率是波特率的$\log_2 n$倍。

计算机通信中常用的波特率是110Bd、300Bd、1000Bd、1200Bd、2400Bd、4800Bd、9600Bd和19200Bd。CRT终端的传输速率为9600Bd,而针式打印机的速率较低,一般为每秒数十到数百个字符。

3. 收/发时钟

在串行通信中,无论发送或接收,都必须有时钟脉冲信号对数据进行定位和同步控制。通常它在发送端是由发送时钟的下降沿,使输入移位寄存器的数据串行一位输出。而接收端则是在接收时钟的上升沿作用下将传输线上的数据逐位移入移位寄存器。收/发时钟与二进制数据的关系如图10-1所示。

从图10-1可以看出,收/发时钟不仅直接决定了数据线上传送数据的速度,而且直接关系到收/发双方之间的数据传输的同步问题。为此,一般采用倍频采样方法,即提高采

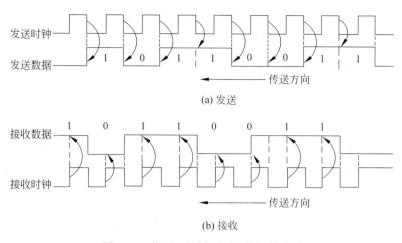

(a) 发送

(b) 接收

图 10-1　收/发时钟与收/发数据的关系

样频率：

$$收/发时钟频率＝n \times 波特率$$

一般 n 取 1、16、32、64 等。对于异步通信，常采用 $n＝16$；对于同步通信，则必须取 $n＝1$。

　　为了深入理解收/发时钟频率与波特率(这里就是收/发 01 代码个数)的关系，下面结合图 10-1 作说明：图 10-1 是个示意图，$n＝1$，表示在一个收/发时钟脉冲周期内收/发一个 0 或者 1 代码。对于异步通信，常采用 $n＝16$，其含义是异步通信时，在 16 个收/发时钟脉冲周期内才收/发一个 0 或者 1 代码。

10.1.2　串行通信的连接方式

　　串行通信的连接方式有 3 种，分别是：单工、双工、半双工，如图 10-2 所示。

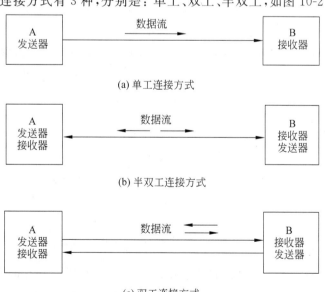

(a) 单工连接方式

(b) 半双工连接方式

(c) 双工连接方式

图 10-2　单工、双工、半双工连接示意图

1. 单工(Simplex Mode)方式

这种方式下,数据只能单向传送。即双方通信,只能一方发,另一方收,不能反向。这种连接方式就像是日常生活中电视节目的传送。

2. 半双工(Simplex Mode)方式

这种方式下,能交替地在不同时间进行双向的数据传送。即一方发时,另一方收;在另一时刻,收发方交换。这种通信方式类似于对讲机之间的通信。

3. 双工(Full-Duplex-Mode)方式

采用这种连接方式,双方可以同时进行数据的发送和接收。即数据的双向传输可以在同一时刻实现。这种方式类似于日常生活中的电话通话。打电话的双方可以同时说或听,也就是传送和接收声音信号。

值得说明的是,全双工与半双工方式比较,虽然信号传送速度大增,但它的线路也要增加一条,因此系统成本将增加。因此在实际应用中,特别是在异步通信中,大多数都采用半双工方式。这样,虽然发送效率较低,但线路简单、实用,而且一般系统也基本够用。

10.1.3　同步通信和异步通信

根据在串行通信中数据定时、同步的不同,串行通信的基本方式有两种,异步通信和同步通信。

1. 异步通信(Asynchronous Communication)

串行通信的特点是在一根传输线上同时传输数据信息和控制信息。异步通信为实现这一点,采用如下的信息格式:在每个字符的前面加上起始位,用于标志字符的开始。字符结尾加停止位,用以表示该字符的结束。在数据与停止位之间加入校验值以便检测数据传输是否准确无误。这样组成的一组数据就称为一帧,其格式如图10-3所示。

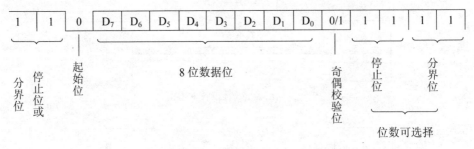

图 10-3　异步通信信息格式

异步通信,传送一个字符是以起始位开始、以停止位结束的。因此异步通信是利用起始位使收发双方同步。传送开始之前,收发双方要把采用的信息格式(如:字符数据位的长度、奇校验还是偶校验、停止位长度)和传输速率,做统一的约定。如果要改变格式和传输速率,必须收发双方同时修改。

异步串行通信的过程:发送方将发送的字符按照规定好的格式将数据帧装配好,然后,将其在传输线上发送;接收方不断检测传输线,看是否有起始位的到来。一旦检测到一个起始位 0,就开始接收数据位、奇偶校验位以及停止位。接收之后,将数据中的停止位去掉拼装(通过移位寄存器)成一个并行字节,经校验无误后,才算正式接收一个字符。一个字符接收完毕之后,接收器又继续检测传输线,检测到起始位之后,又开始下一个字符的接收,直至全部数据传送完毕。

从以上的传输过程可以看出,能否实现正确的传输关键在于起始位的发现。为了能准确发现起始位的前沿,起始位电平应和分界位或停止位使用相反的电平。

异步通信时,通常发送方和接收方不使用同一个时钟,但必须使用相同频率的时钟。频率相同的两个时钟,也会存在少许误差。由于异步通信时,每传送 1~12 位数据就要利用起始位同步一次,再加上空闲位对误差的缓冲作用,不致造成误差的积累而导致错位。因而异步串行通信有较高的可靠性。但是,由于异步通信时,每发送一个字符,要加一位起始位、至少一位的停止位。因此,异步通信的效率较低,适用于发送数据量少和传输速度较低的场合。若要求快速传送大量数据,一般要采用同步通信。

2. 同步通信(Synchronous Communication)

同步串行通信时,要求数据的发送方和接收方严格地同步,因此双方必须采用同一时钟,或者说,时钟的频率必须严格地一致。在近距离通信时,可采用增加一根时钟信号线的方法来解决;远距离通信时,可采用锁相技术。通过调制解调器从数据流中提取同步信号,从而使接收方得到和发送时钟频率完全相同的时钟信号。

同步通信在数据格式上也有要求:为使收/发双方建立和保持同步,数据传送开始前,需先发送约定的同步字符或是起始标志(1~2 个特殊字符),接收端通过检测该标志实现同步;然后发送端就可以一个字符接一个字符发送,直到所有字符发送完,结束时需加上规定的校验字符。由于不需要在每个字符前后加起始和停止符,因此传送效率比较高。同步通信方式适合于高速的数据传输。但实现起来比较复杂。

检测到同步字符到来,接收方开始接收数据。按约定的数据位长度,拼装出一个个字符,直至整个数据块接收完毕,经校验无误后才算结束。

同步标志的格式因传输规程不同而异。在基本型传输规程中,利用国际 No.5 代码中的"SYN"控制系统,实现收/发双方的同步。又如在高级数据联络规程(HDLC)中,是按帧格式传送,利用帧标志符"01111110"来实现收发双方的同步。

同步通信一般采用循环冗余校验 CRC。同步通信的字符流之间不能有空隙,如果发送方没有及时准备好数据,可以发送同步信息代替。

3. 信息的检错与纠错

串行通信一般用于远距离的传送,因此,在传输过程中,由于系统本身硬件、软件故障,或者外界电磁干扰等原因,不可避免会出现差错。若出现差错应能及时发现以便采取措施。应从 3 方面着手,第 1,改善传输信号的电气特性,使误码率达到要求;第 2,改善传输线路,使其干扰减到最小;第 3,采取检错纠错技术,即所谓差错控制。

所谓差错控制技术,包括两方面内容,一是对信息数据进行可靠有效的编码,另一方面是一旦发现信息传输错误,如何补救。

因此,串行数据通信中都必须对传送的数据进行校验。通信中差错控制能力是衡量一个通信系统的重要内容。检错是指如何发现传输中的错误。纠错是指发现错误之后应如何消除错误。在基本通信规程中一般采用奇偶校验或方阵码校验。在高级通信规程中一般采用循环冗余校验检错。

奇偶校验(Parity Check):在发送数据时,在其最末位后加奇偶校验位。偶校验,发送时自动在校验位上添 1 或 0,以保证每个字符 1 的个数为偶数;奇校验,发送时自动在校验位上加 1 或 0,以保证加校验位后的每个字符 1 的个数为奇数。

方阵码校验:它是奇偶校验与检验和的综合。例如,每个 7 位编码的字符后附 1 位的奇偶校验位,以使整个字节的 1 的个数为奇数或偶数。若干个字节组成一个数据块,列成方阵,纵向按位相加。产生一个字节的校验字符,并把它附在数据块末尾。这一校验字符是所有数据字符异或的结果,反映整个数据块的奇偶性。在数据接收过程中,数据块读出后产生一个校验字符。并与发送来的校验字符相比较。若两者不同,说明出错了。方阵校验码的形成如图 10-4 所示。

循环冗余校验 CRC(Cyclic Redundancy Check):循环冗余校验(CRC)与奇偶校验不同,后者是一个字符校验一次,而前者是一个数据块校验一次。在同步串行通信中,几乎都使用这种校验方法。例如对磁盘信息的读/写等。CRC 校验的基本思想是利用线性编码理论,

字符代码	奇偶位
1101001	0
0100000	1
1010101	0
1111001	1
1100001	1
0000100	1

图 10-4　方阵校验字符生成原理

在发送端根据要传送的二进制码序列,以一定的规则产生一个校验用的监督码(也叫 CRC 码),附加在信息后边,构成一个新的二进制码序列发送出去。在接收端,则根据信息码和监督码之间所遵循的规则进行检测,确定传送是否出错。CRC 码在发送端的产生和接收端的校验,同样既可以采用软件实现,也可以用硬件实现。现在已有一些专用的芯片供选用,如 Motorola 公司的 8501 和仙童公司的 9401 等。许多串行接口芯片如 Z80-SIO、Intel 8273 和 MC6854 等,本身就带有 CRC 校验电路使用起来就更方便。也有一些串行 USART 电路如 Intel 8251 等内部并没有这部分电路。当使用这些芯片进行同步通信需要进行 CRC 校验时,只能靠外加芯片 CRC 电路实现。

纠错的方法有如下几种。

自动请求重发 ARQ(Automatic Request Repeat),缺点是时实性较差。

前向纠错 FEC(Forward Error Correction),发送端对数据进行纠错和纠错编码,接收端收到这些编码后,进行译码。译码不但能发现错误,而且能自动地纠正错误,因而不需要反馈信道。这种方式的缺点是译码设备复杂,而且纠错的冗余码元多,效率低。

混合纠错 HEC(Hybird Error Correction),是上述两种纠错方法的结合。此方法的发送端编码具有一定的纠错能力,接收端对收到的数据进行检测。若发现有错且未超过

纠错能力,则能自动纠错;若超过纠错能力则发出反馈信息,命令发送端重发。这种方式在一定程度上弥补了自动请求重发纠错和前向纠错两种方式的缺点。

10.2　串行接口标准 RS-232C 和可编程串行接口芯片 8251A

10.2.1　串行接口标准 RS-232C

在进行串行通信接口设计时,主要考虑的问题是接口方法、传输介质及电平转换等。和并行传送一样,现在已经颁布了很多种标准总线,如 RS-232-C、RS-422、RS-485 和 20mA 电流环等。与之相配套的,还研制出适合于各种标准接口总线使用的芯片,因此给串行接口设计带来极大的方便。

串行接口设计主要是选择某一种串行标准总线,其次是选择接口控制及电平转换芯片。选择时主要考虑串行标准总线和接口芯片的 3 大基本性能。

首先是可靠性;其次,在保证可靠传输条件下的最大通信速度和最远传输距离。通常,这两个指标具有相关性,适当地降低通信速度,可以提高传送距离,反之亦然;最后,通道的抗干扰能力。

在一些工业控制系统中,由于周围环境往往十分恶劣,因此在介质选择,接口标准选择时,需要充分考虑抗干扰能力,以及抗干扰措施的设计。例如,在长距离使用电流环技术,大大降低了电流环路对噪声的敏感程度,也给在通信的两端点处提供电气隔离提供方便。近年研制出的低电压(+3.4V～+5V)以及电源关断技术,给串行通信带来极大的方便。采用光纤介质以及光电隔离技术的采用,会大大提高系统对高噪声环境的抗干扰能力。

RS-232C 标准是美国 EIA(Electronic Industries Association-电子工业联盟)与 Bell 等公司一起开发,并于 1962 年公布的,1969 年最后一次修订而成的串行数据通信协议。它适合于数据传输速率在 0～20000 位/s 范围内的通信。其中 RS 是 Recommended Stander 的缩写,表示推荐标准,232 是标识号,C 表示又一次修订。在这之前,还有 RS232B,RS232A。

RS-232C 主要用来规定计算机系统的一些数据终端设备(DTE)和数据通信设备(DCE)之间接口的电气特性。RS-232-C 传输距离可达 15m,目前在 IBM PC 上的 COM1、COM2 接口,就是 RS-232-C 接口。

当前计算机系统中,RS-232-C 接口用来连接调制/解调器、串行打印机、CRT 等设备。诸多嵌入式处理机本身具有异步串行通信接口,大都采用 RS-232C 总线。

RS-232C 标准对串行通信接口的诸如:信号线的功能及传送过程、机械特性、电气特性等都做了明确的规定。

1. 电气特性

RS-232C 在电气特性方面对电源、终端和逻辑电平都作了规定。

逻辑电平定义是：采用用负逻辑，其低电平（空号）0在＋3V～＋25V之间，高电平（传号）1在－3V～－25V之间，最高能承受±25V地信号电平，否则会将TTL电路烧毁！这一点使用时一定要特别注意。

所以，两者连接时，需按图10-5那样的TTL和RS-232-C之间的电平转换电路。由图10-5可见，从TTL电平转换成RS-232-C电平时，要用MC1488器件。反过来，用MC1489器件，将RS-232-C电平转换成TTL电平。

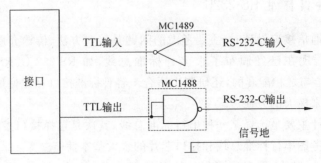

图10-5　TTL和RS-232-C之间的电平转换图

有专门的集成电路，以便进行电平转换，如图10-5中的MC1488和MC1489就是专门用在计算机（或终端）与RS-232-C标准进行电平转换的接口芯片。除此以外，许多公司还研制出一些适合于RS-232-C标准接口总线的芯片。这些芯片主要是提高集成度，把驱动接收功能集中在一个芯片上，或者是在一个芯片上，包含几个线路驱动器（Tx）和接收器（Rx），有些还带有μP监控系统。

为了适用部分笔记本、手提电脑的应用，还专门研制了低电源（3.3～5V）的RS-232-C接口芯片，传输速度也从几十K位/s～1M位/s。有些还含有＋15V的静电放电保护（ESD）功能和人体模型及IEC-1000-4-2空气隙放电保护。为了在不传送时节约电源，还专门研制出自动关断功能（Auto Shutdown）的芯片。

2. 机械特性

RS-232C采用DB-25型25针连接器。DB-25型连接器如图10-6(a)所示。DB-25型按RS-232-C定义的信号设计，另加4个差分电流端，用来传输20mA的差分电流。现习惯上采用9针（保留了常用的9根线）D型插头和插座，如图10-6(b)所示。虽然RS-232-C定义了众多得信号线，但毕竟是串行传输，常常只需2个数据线、6个控制信号和1个接地端就可以了。RS-232C所能直接连接的最大物理距离为30m，通信速率低于20×1024位/s。

由图10-6可见，DB-25和DB-9连接器尽管都是串行总线连接口，但信号编排有很大差异。两者转换时，必须按图10-7连接。

3. RS-232C的接口信号

RS-232C标准规定了在串行通信时，数据终端设备DTE（如微机）和数据通信设

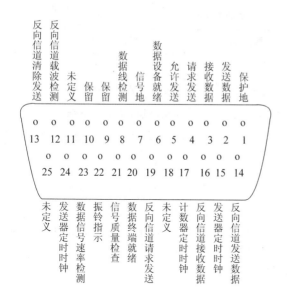

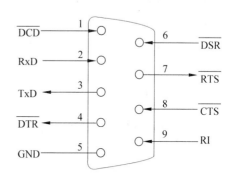

(a) DB-9型插座   (b) DB-9型插座

图 10-6 RS-232-C 的引脚排列

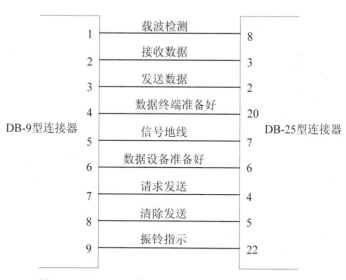

图 10-7 RS-232-C 的 DB-9 型和 DB-25 型的转换连接

备 DCE(如 Modem)之间的接口信号。所谓发送和接收是从数据终端设备的角度来定义的。RS-232C 接口有 25 根线,其中 2 根地线,4 根数据线,11 根控制线,3 根定时线,5 根备用线或未定义线。RS-232C 的引脚号及功能如表 10-1 所示。常用信号只有 9 根,分为两类:一类是 DTE 与 DCE 交换的信息:TxD 和 RxD;另一类是为了正确无误地传输上述信息而设计的联络信号。下边介绍这两类信号。

表 10-1　RS-232 连接器信号

引脚号	信　号　名	缩写名	说　　明
1	保护地线	PG	设备地线
2	发送数据	TxD	由终端输出数据到 MODEM
3	接收数据	RxD	由 MODEM 输入数据到终端
4	请求发送	RTS	至 MODEM,打开 MODEM 的发送器
5	允许发送	CTS	由 MODEM 来指示 MODEM 发送就绪
6	数传机就绪	DSR	由 MODEM 来指示 MODEM 电源已接
7	信号地线	SG	信号地线
8	数据载体检出(接收线信号检出)	DCD (RLSD)	由 MODEM 来指示 MODEM 正接收通讯链路的信号
9	未定义		
10	未定义		
11	未定义		
12	辅信道接收线信号测定器		
13	辅信道的清除发送		
14	辅信道的发送数据		
15	发送器信号码元定时(DCE 源)		
16	辅信道的接收数据		
17	接收器码元定时		
18	未定义		
19	辅信道的请求发送		
20	数据终端就绪	DTR	至 MODEM,允许 MODEM 接入通讯链路,开始发送数据
21	信号质量测定器		
22	振铃指示器	RI	由 MODEM 来,指示通讯链路测出响铃
23	数据信号速率选择器 DTE 源/DCE 源		
24	发送器信号码元定时(DTE 源)		
25	未定义		

1) 传送信息信号

(1) 发送数据(Transmitting Data,TxD)——通过 TxD 终端将串行数据发送到 MODEM。

由发送端(DTE)向接收端(DCE)发送的信息,按串行数据格式,及先低位后高位的顺序发送。正信号是一个空号(二进制 0),负信号是一个传号(二进制 1)。当没有数据发送时,DTE 应将此条线置为传号状态,包括字符或文字之间的间隔也是这样。

(2) 接收数据(Receive Data,RxD)——通过 RxD 终端接收从 MODEM 发来的串行数据。

用来接收 DTE 发送端(或调制解调器)输出的数据,当收不到载波信号时(管脚 8 为负),这条线会迫使信号进入传号状态。

2) 联络信号

这类信号共有 6 个。

(1) 请求传送信号 RTS(Request To Send)。

这是终端 DTE 向 DCE(如 MODEM)发出的联络信号,当 RTS=1(高电平)时,表示 DTE 请求向 DCE 发送数据。用它来控制 DCE 是否要进入发送状态。

(2) 允许发送 CTS(Clear To Send)。

这是 DCE 向 DTE 发出的联络信号,是对请求发送信号 RTS 的响应信号。当 MODEM 已准备好接收终端来的数据,准备发送时,使该信号有效,CTS=1,通知终端开始沿数据线 TxD 发送数据。

(3) 数据装置准备就绪 DSR(Data Set Ready)。

这是 DCE 向 DTE 发出的联络信号。DSR 将指出本地 DCE 的工作状态。高电平有效,DSR=1,表明 MODEM 处于可以使用的状态。

(4) 数据终端就绪信号 DTR(Data Terminal Ready)。

这是 DTE 向 DCE 发送的联络信号,高电平有效,DTR=1,表示 DTE 处于就绪状态,数据终端可以使用。可以将这两个信号接到电源上,一上电就立即有效。这两个设备状态信号有效只表示设备本身可用,并不表示通信链路可以进行通信了,能否进行通信要由控制信号决定。

(5) 数据载波检测信号 DCD(Data Carrier Detect)。

又称接收线信号检出(RLSD)。

这是 DCE(如 MODEM)向 DTE 发出的状态信息,当 DCD(或 RLSD)=1 时,表示本地 DCE 接到远程 DCE 发来的载波信号。通知终端 DTE 准备接收,并且 MODEM 将接收下来的载波信号解调成数字信号后,沿接收数据线 RxD 送到终端 DTE。此线也叫载波检出线。

(6) 振铃指示信号 RI(Ring Indication)。

这是 DCE 向 DTE 发出的状态信息。RI=1 时,表示本地 DCE 收到远程 DCE 振铃信号。通知终端 DTE,已被呼叫。

另外,还有两根地线 SG、PG,是无方向的数字地和保护地信号线。

其他常用物理标准还有 EIA-RS-422-A、EIA-RS-423A、EIA-RS-485。

4. RS-485 通信总线

在通信距离为几十米到上千米时,广泛采用 RS-485 串行总线标准。RS-485 采用平衡发送和差分接收,因此,具有抑制共模干扰的能力。加上总线收发器具有高灵敏度,能检测低至 200mV 的电压,故在千米以外传输信号都能得到恢复。RS-485 采用半双工工作方式,任何时候只能有一点处于发送状态,因此,发送电路必须由使能信号加以控制。RS-485 用于多点互联时非常方便,可以省掉许多信号线。应用 RS-485 可以联网构成分布式系统,其允许最多并联 32 台驱动器和 32 台接收器。

10.2.2　一般串行通信接口常见的几种连接方式

在一般串行通信接口中,即使是主信道,也不是所有的线都一定要用,最常用的也就是其中的几条最基本的信号线。根据具体的应用场合不同,有下面几种连接方式。

1. 使用 MODEM 连接

计算机通过 MODEM 或其他数据通信设备(DCE)使用一条电话线进行通信时,一般只需要其中的 8 条线,如图 10-8 所示。

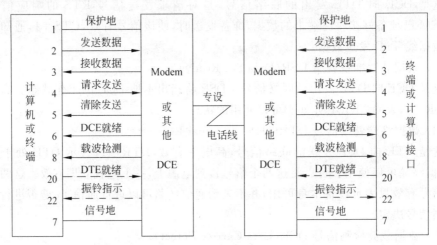

图 10-8　使用 MODEM 时 RS-232-C 引脚的连接

当接收数据时,DTE 先向本地 DCE 发出 DTR=1 信号,表示本地和远程 DCE 之间可以建立通道。一旦通道建立好了,DCE 向 DTE 发出 DSR=1 信号。这时,数据就可以通过 RxD 线传到 DTE。因此,RxD 信号产生的条件是 DTR 和 DSR 两个信号同时为 1。这只是 RxD 信号的产生条件,至于 RxD 线上是否有信号,取决于远程 DCE 是否发送数据。

2. 直接连接

当计算机和终端之间不使用 MODEM 或其他通信设备(DCE)而直接通过 RS-232-C 接口连接时,一般只需要 5 根线(不包括抗保护地线以及本地 4、5 之间的连线),但其中多数采用反馈与交叉结合的连接法,如图 10-9 所示。

在图 10-9 中,2→3 交叉线为最基本的连线,以保证 DTE 和 DCE 间能正常地进行全双工通信。20→6 也是交叉线,用于两端的通信联络,使两端能相互检测出对方数据准备已就绪的状态。4→5 为反馈线,使传送请求总是被允许的。由于是全双工通信,这根反馈线意味着任何时候都可以双向传送数据,用不着再去发请求发送(RTS)信号。这种没有 MODEM 的串行通信方式,一般只用于近程通信(不超过 15m)。

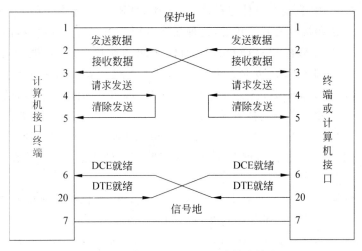

图 10-9　使用 RS-232-C 的直接连接法

3. 三线连接法

这是一种最简单的 RS-232-C 连线方式,只需 2→3 交叉连接线以及信号地线,而将各自的 RTS 和 DTR 分别接到自己的 CTS 和 DSR 端,如图 10-10 所示。

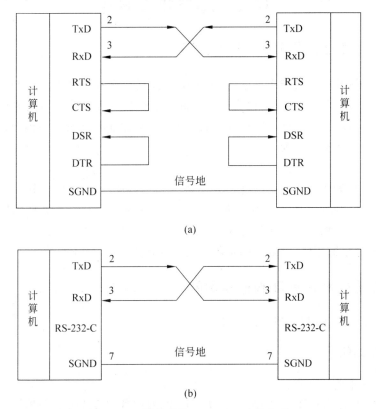

图 10-10　最简单的 RS-232-C 连接方式

在图 10-10(a)中,只要一方使自己的 RTS 和 DTR 为 1,那么它的 CTS、DSR 也就是 1,从而进入了发送和接收的就绪状态,这种接法常用于一方是主动设备,而另一方为被动设备的通信中。如计算机与打印机或绘图仪之间的通信。这样,被动的一方 RTS 与 DTR 常置 1,因而 CTS、DSR 也常置 1。因此,使其长处于接收就绪状态,只要主动一方令线路就绪(DTR=1),并发出发送请求(RST=1),即可立即向被动的一方传送信息。

图 10-10(b)为更简单的连接方法,如果说图 10-8(a)所示的连接方法在软件设计上还需要检测清除发送(CTS)和数据设备就绪(DSR)的话,那么图 10-8(b)所示的连接方法则完全不需要检测上述信号,随时都可发送和接收。这种连接方法无论在软件和硬件上,都是最简单的一种方法。

值得说明的是,以上讲的只是 RS-232-C 作为接口标准总线的连接方法,当然不限于这几种方式。至于计算机内部与串行接口之间并↔串转换,还需视各种不同微型机而采用不同的接口适配器(Interface Adapter)。如 Intel 8088/8086~80586 等各种 CPU,其内均没有串行接口,因此它们在进行串行通信时,都需配备适当的接口适配器,如 Intel 8250 及 Intel 8251。但对于大多数嵌入式处理机来讲,本身带有串行接口,因此可直接与 RS-232-C 串行接口总线相连。但由于 RS-232-C 电平与微型机内部电平(TTL 或 CMOS)不同,所以使用上边讲的各种电平转换电路是必不可少的。

10.3　串行接口芯片

10.3.1　串行接口芯片 UART 和 USART

计算机是按并行方式传送数据的,采用串行方式传输数据就有一个并串和串并转换的问题。发送数据时,需通过并行输入串行输出的移位寄存器将主机送来的并行数据转换为串行数据,再沿串行总线送出;接收数据时,又需通过串行输入并行输出的移位寄存器将收到的串行数据转换为并行数据,送到另一台主机。传送过程中,还需要一些联络和检测信号。完成这些功能的芯片成为串行接口。串行接口分两种。

仅用于串行异步通信的,是通用异步收发器 UART,如早期的 Intel 8250,最近的 16450 和 16550,这些芯片在功能上都与 INS8250 相同,但提供了更高传输的效率和速度。PC16550 还使用了 FIFO 数据缓冲方式,从而大大增加了吞吐量。

同、异步通信通用的,是通用同步收发器 USART,如 Intel 8251。

10.3.2　可编程串行接口芯片 8251A

下面介绍可编程串行接口芯片 8251A。

1. 主要功能

8251A 的主要功能有:

(1) 同步异步通信通用,工作于全双工方式,双缓冲器发送和接收器;

(2) 同步传送 5~8 位/字符,数据波特率为 DC(直流)~64 位/秒,可选择内同步或

外同步字符;

（3）异步传送 5～8 位/字符,时钟速率为通信波特率的 1、16 或 64 倍,停止位位数 1、1.5 或 2 位,可检查假启动位,能自动产生、检测和处理中止符;

（4）同步数据波特率为 DC（直流）～64K 位/秒,异步数据波特率为 DC（直流）～19.2K 位/秒;

（5）出错检测,无论是同步异步方式,均可检查奇偶、溢出和帧错误。

2. 结构框图

8251 的结构框图如图 10-11 所示。

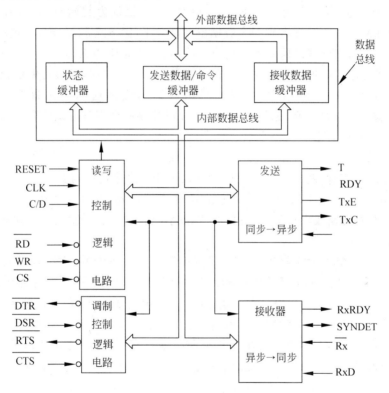

图 10-11 8251A 芯片的方框图

1）数据总线缓冲器

数据总线缓冲器是 3 个三态双向 8 位缓冲器,它是 8251A 与系统数据总线的接口。其中状态缓冲器存放 8251 A 的状态信息;接收数据缓冲器存放 8251 接收的数据。CPU 可以用 IN 指令从这两个缓冲器读取状态信息和数据。另一个是发送数据/命令缓冲器,用来存放 CPU 用 OUT 指令向 8251A 写入的数据或命令。

CPU 送给 8251 的编程命令字和需要发送的数据,以及从 8251 读取的 8251 的状态信息和接收到的数据都是通过数据总线缓冲器传送的。

2）接收器

它的功能是将送到 RxD 引脚上的串行数据接收下来,并按规定的格式转换为并行数据,放在接收数据缓冲器中暂存起来。在异步通信时,为了能将串行输入的 n 个 0/1 代码拼装成字符,8251A 的接收器必须有接收移位寄存器和串并变换电路。为了实现同步通信,8251A 的接收器还必须设置一个同步字符寄存器,用于存放双方约定的同步字符。

在异步通信时,若接收时钟频率(从引脚 $\overline{RxC}$ 注入)是波特率的 $n=16$ 倍,即一个 0/1 代码和 16 个时钟脉冲的时长相等。能使接收移位寄存器在位信号的中间同步,而不是在位信号的起步边沿同步,即等位信号稳定了,再确认同步,能有效地减少出错的机会。

当 CPU 发出允许接收数据的命令时,接收器监测 RxD 引脚上的电平,在无字符传送时,RxD 上为高电平,一旦监测到 RxD 上电平为低,就认为起始位到了,启动内部计数器,对时钟脉冲计数。当计数到一个数据位宽度一半(第 8 个脉冲)时,又重新采样 RxD,如果仍是低电平,则确认已监测到的信号是起始位,不是噪声信号。以后每隔 16 个脉冲采样一次,作为输入数据送到接收移位寄存器和串并变换电路,经过奇偶校验并去掉停止位后,得到变换为并行的数据(字符),再沿数据总线传送到接收数据缓冲器,并在 RxRDY 引脚上输出高电平,通知 CPU,8251A 已接收一个字符可供读取。8251A 的状态寄存器的 RxRDY 位置 1(高电平)。

3) 发送器

采用异步方式时,发送器接收 CPU 用 OUT 指令送来的并行数据,加上起始位、奇偶校验位和停止位,锁存到 8251A 的发送数据/命令缓冲器,并经过发送数据/命令缓冲器中的移位寄存器转换成串行数据,逐位经 TxD 引脚发送出去。发送器时钟 $\overline{TxC}$ 的频率是波特率的 1、16 或 64 倍。

采用同步方式时,发送器接收 CPU 用 OUT 指令送来的并行数据,只加上奇偶校验位,锁存到 8251A 的发送数据/命令缓冲器,并经过发送数据/命令缓冲器中的移位寄存器转换成串行数据,逐位经 TxD 引脚发送出去。若由于某种原因,如出现更高级的中断,在发送过程中,CPU 突然停发字符,8251A 就不断地自动在 TxD 引脚上插入同步字符(因为在并行方式下,在字符间是不允许存在间隙),直到 CPU 送来新的字符,继续输出数据。发送器时钟 $\overline{TxC}$ 的频率和波特率相等。

⚠ 注意:无论是同步还是异步发送,其必要条件如下。

(1) 当程序设置了允许发送命令字 TxEN。

(2) TxRDY 信号有效:当发送数据/命令缓冲器为空且允许 8251A 发送数据时,该信号为高电平,有效。中断时,CPU 检测到 TxRDY 信号有效时,才向 8251A 送并行信号。

(3) TxE 信号有效:当发送数据/命令缓冲器的移位寄存器为空,缓冲器无数据发送,该信号为高电平,有效。

(4) $\overline{CTS}$(作用于调制器上,是对调制器发出的发送请求的信号的响应信号)有效时,低电平,才能发送。

4) 读/写控制逻辑电路

它接受来自 CPU 的地址、读/写控制信号和命令字,决定 8251A 的工作状态,产生内部的操作信号。

（1）接收写信号 $\overline{WR}$：并将来自数据总线的数据和控制字写入 8251A。

（2）接收读信号 $\overline{RD}$：并将数据或状态字从 8251A 送往数据总线。

（3）接收控制/数据信号 C/$\overline{D}$：高电平时 CPU 通过它读取 8251A 的状态信息，或向 8251A 发送命令（控制字），低电平时读/写数据。

（4）接收时钟信号 CLK：完成 8251A 的内部定时；同步时，CLK 的频率大于发送器 时钟 $\overline{TxC}$ 或接收器时钟 $\overline{RxC}$ 30 倍；异步时，CLK 的频率大于发送器时钟 $\overline{TxC}$ 或接收器时 钟 $\overline{RxC}$ 4.5 倍。

（5）接收复位信号 RESET：使 8251A 处于空闲状态。

（6）同步检测信号 SYNDET/异步断点检测信号 BRKDET：该信号在 RESET 时复 位归 0。当工作在内同步时，此信号为高，指示（输出）已同步；如果程序规定为双字符同 步，则在第二个同步字符的最后一位的中间变高。当工作在外同步时，当片外检测电路找 到同步字符后，就从该引脚输入一个高电平信号，将启动 8251A 在下个下降沿开始装配 字符。8251A 一旦接收数据，此信号变低（复位）。

当 8251A 工作在异步方式时，该引脚为断点检测端，从此脚输出信号 BRKDET，高 电平有效。每当 8251A 从 RxD 端连续收到两个由全 0 数位组成的字符（包括起始位、数 据位、奇偶位和停止位）时，该引脚就输出高电平，表示当前线路上无数据可读。只有在 8251A 被复位或 RxD 端收到一个 1 信号时，该引脚变低。断点检测信号可作为状态位， 由 CPU 读出。

3. 可编程串行接口芯片 8251A 的连接

1）与 CPU 的连接

如图 10-12 所示，是 8251A 与 CPU 及某个具有串行接口的外设（显示器或鼠标等）的 连接示意图。因为不是远距离通信，无须调制解调器，工作在异步方式。

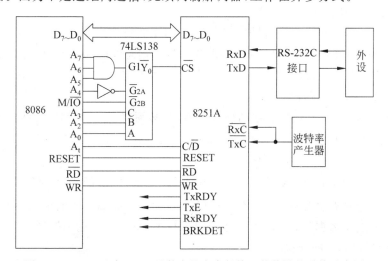

图 10-12　8251A 与 CPU 及某个具有串行接口的外设的连接示意图

8251A 的信号线分成两组,一组是与 CPU 相连的信号线,另一组是它与外设之间的接口信号线。

(1) 8251A 与 CPU 相连的信号线主要有与系统的数据总线的连接、CPU 地址译码与片选信号$\overline{CS}$的连接、CPU 的 I/O 读写信号与 8251A 芯片的$\overline{RD}$、$\overline{WR}$端的连接。$\overline{CS}$、$\overline{RD}$、$\overline{WR}$ 3 个信号和读/写操作之间的关系如表 10-2 所示。

表 10-2　8251A 的控制信号与执行的操作之间的对应关系

$\overline{CS}$	$\overline{RD}$	$\overline{WR}$	$C/\overline{D}$	执行的操作
0	0	1	0	CPU 由 8251A 输入数据
0	1	0	0	CPU 向 8251A 输出数据
0	0	1	1	CPU 读取 8251A 的状态
0	1	0	1	CPU 向 8251A 写入控制命令

当 CPU 与 8251A 采用程序查询方式进行数据传送,则 CPU 通过状态口读取 TxRDY 和 RxRDY 的状态。

当 CPU 与 8251A 采用中断方式进行数据传送,则需将 TxRDY 或 RxRDY 连接到 CPU 的中断请求线 INTR 端上,或连接到中断控制器的中断信号输入端。8251A 的发送器或接收器可分别作为两个独立的中断源。如果将二者作为同一个中断源,则需将二者同时输入到一个或门,再从或门输出端引到 CPU 的 INTR 端。当然,CPU 还要通过进一步查询,判别是中断发送或是中断接收。

其他的信号线,如 TxRDY、TxE、RxRDY、BRKDET 和 SYNDET 等信号,前面已述,此处不赘。

(2) 8251A 与外设相连的信号线有已述的 RxD 接收、TxD 输出,外接 RS-232C 连到外设,RxD 接收数据时要把 RS-232C 的电平转换为 TTL 电平,TxD 输出数据时要把 TTL 电平转换为 RS-232C 电平。

发送器时钟$\overline{TxC}$和接收器时钟$\overline{RxC}$连在一起,由波特率产生器提供时钟脉冲信号。

(3) 端口地址译码电路。如果 8251A 与 8 位数据总线的微机相连,通常将控制输入端 C/$\overline{D}$ 与 CPU 的低位(A_0)相连,$A_0=0$ 时,C/$\overline{D}$ 端作数据口;$A_0=1$ 时,C/$\overline{D}$ 端作控制口。例如 F0H 为数据口,F1H 则为控制口。

如果 8251A 与 16 位数据总线的微机相连,则必须将 8251A 的地址线与低 8 位数据总线相连,并且让 A_0 参与地址译码,A_1 接 C/$\overline{D}$ 端。这样,$A_0=0$ 时,选中数据口。保证 CPU 对 8251A 读写;$A_1=1$,选中控制口。

从图 8-41 可知,A_7 A_6 A_5 A_4=1111,和 M/$\overline{IO}$=0 时,使译码器 74LS138 的 $G_1=1$,$\overline{G}_{2A}=\overline{G}_{2B}=0$,译码器使能端有效,可选中 8251A,8251A 的端口地址在 $A_1=0$ 时,为 F0H(A_1 A_0=00),选中数据口;在 $A_1=1$ 时,为 F2H(A_1 A_0=10),选中控制口。

2) 与调制解调器的连接

前面说过,利用 8251A 进行远距离通信时,必须经过调制解调器。连接方法就是将图 8-41 的外设部分改成如图 10-13 所示的电路。

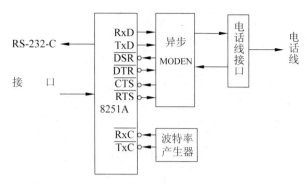

图 10-13　8251A 与调制解调器的连接示意图

3）8251A 的互连

如图 10-14 所示，只适用于近距离通信。

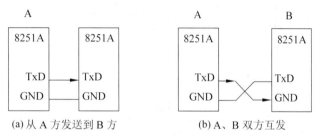

(a) 从 A 方发送到 B 方　　　　(b) A、B 双方互发

图 10-14　8251A 的互连

4. 可编程串行接口芯片 8251A 的编程

8251A 在系统复位以后，使用之前必须进行初始化编程，写入控制字（方式字和命令字），才能收发数据；方式字用来定义 8251A 的一般工作特性，如工作方式（同步、异步）、传送速率、字符格式、是否允许奇偶校验等。命令字用来指定芯片的实际操作，如允许或禁止 8251A 收发数据，启动搜索同步字符，迫使 8251A 内部复位等。还可在工作过程中读取状态字了解它的工作状态。

1）8251A 的编程流程图

当系统上电后用硬件电路（也可通过软件编程）使 8251A 复位后，就可对 8251A 进行初始化编程了。总是先使用方式字，并且必须紧跟在复位命令之后。如果定义 8251A 为同步方式，那么紧跟着方式字，往控制口写入 1~2 个同步字符（个数由方式字的某位决定）。接着往控制口写入命令字。如果定义 8251A 为异步方式，那么在方式字后，就往控制口写入命令字。之后，就可开始传送数据。

在数据传送过程中，若要改变以上设置，重新定义。但必须先写入复位命令字，将 IR 位置 1 之后，才能进行。在工作过程中，还可用 IN 指令读取 8251A 的状态字。8251A 的编程流程图如图 10-15 所示。

2）方式字

方式字用来定义 8251A 的一般工作特性，如工作方式、传送速率、字符格式以及停止

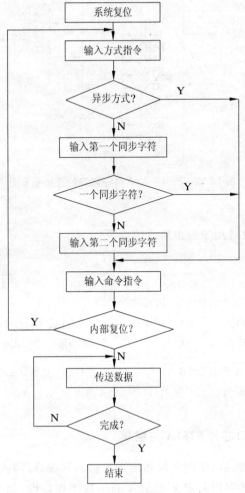

图 10-15　8251A 编程流程图

位长度等。

(1) 当 8251A 工作在同步方式时,方式字的格式如图 10-16 所示。各位意义已注明,不详述,补充说明几点。

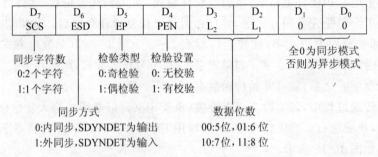

图 10-16　8251A 同步方式下方式字的格式

① $D_3 D_2(L_2 L_1)$ 规定同步传送时每个字符的位数。

② $D_5 D_4(EP、PEN)$：00,10 无奇偶校验；01 奇校验；11 偶校验。

③ $D_7 D_6(SCS、ESD)$：

同步时，00 内同步，两个同步字符；01 外同步，两个同步字符；

　　　　　10 内同步，一个同步字符；11 外同步，一个同步字符。

例如，要求 8251A 作为外同步通信接口，数据位 8 位，两个同步字符，偶校验，其方式选择字应为十六进制的 7CH(01111100B＝7CH)。

（2）当 8251A 工作在异步方式时，方式字的格式如图 10-17 所示。各位意义图中已注明，不详述。例如，要求 8251A 芯片作为异步通信，波特率为 64，字符长度 8 位，奇校验，2 个停止位的方式选择字应为十六进制的 DFH(11011111B＝DFH)。

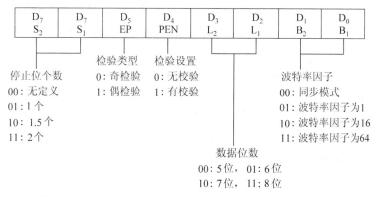

图 10-17　8251A 同步方式下方式字的格式

3）命令字

对 8251A 进行初始化时，按上面的方法写入了方式字后，接着要写入的是命令字，之后才能启动串行通信工作或置位。方式字与命令字都是由 CPU 作为控制字写入的，写入时所用的口地址是相同的。为了在芯片内不致造成混淆，8251A 采用了对写入次序进行控制的办法来区分两个字。在复位后写入的控制字，8251A 认为是方式字，此后写入的才是命令字，且在对芯片复位以前，所有写入的控制字都是命令字。

调制解调器控制电路的有效电平不是由 8251A 内部产生，而是通过对控制字的编程来设置，这样可便于 CPU 与外设直接联系。

命令字用来指定 8251A 的实际操作，如允许或禁止收发数据、启动搜索同步字符等。命令字的格式如图 10-18 所示。

D_7	D_6	D_5	D_4	D_3	D_2	D_1	D_0
EH	IR	RTS	ER	SBR	RxE	DTR	TxEN

图 10-18　8251A 的控制字格式

（1）D_0(TxEN)：允许发送位。只有当 $D_0＝1$ 时，才允许 8251A 从发送端口发送数据。

（2）D_2（RxEN）：允许接收选择。只有当 $D_2=1$ 时，才允许 8251A 从接收端口接收数据。

（3）D_1（DTR）：该位与调制解调器控制电路的 DTR 端有直接联系，当工作在全双工方式时，D_0、D_2 位要同时置 1，D_1 才能置 1，当 DTR＝1 时，使 $\overline{DTR}$ 端输出有效的低电平，通知调制解调器或 MC1488 芯片等器件，CPU 的数据终端已经就绪，可以接收数据了。

（4）D_3（SBRK）：正常通信状态，SBRK＝0；当该位被置 1 后，使串行数据发送管脚 TxD 变为低电平，发送空白字符（全 0 信号），表示数据断缺。

（5）D_4（ER）：当该位被置 1 后，将消除状态寄存器中的全部错误标志（奇偶校验错标志 PE、溢出标志 OE、帧校验错标志 FE），这 3 位错误标志由状态寄存器的 D_3、D_4、D_5 来指示。

（6）D_5（RTS）：该位与调制解调器控制电路的请求发送信号 RTS 有直接联系，当 D_5 位被置 1，由于 RTS＝1，从而使 $\overline{RTS}$ 输出有效的低电平，通知调制解调器或 MC1489 芯片等器件，CPU 将要通过 8251A 输出数据。

（7）D_6（IR）：当该位被置 1 后，使 8251A 内部复位。当对 8251A 初始化时，使用同一个奇地址，先写入方式选择字，接着写入同步字符（异步方式时不写入同步字符），最后写入的才是控制字，这个顺序不能改变，否则将出错。但是，当初始化以后，如果再通过这个奇地址写入的字，都将进入控制寄存器，因此控制字可以随时写入。如果要重新设置工作方式，写入方式选择字，必须先要将控制寄存器的 D_0 位置 1，也就是说内部复位的命令字为 40H 才能使 8251A 返回到初始化前的状态。当然，用外部的复位命令 RESET，也可使 8251A 复位。但在正常的传输过程中 $D_6=0$。

（8）D_7（EH）：该位只对内同步方式才起作用。当 $D_7=1$ 时表示开始搜索同步字符，但同时要求 D_2（RxEN）＝1，D_4（ER）＝1，同步接收工作才开始进行。也就是说，写同步接收控制字时必须使 D_7、D_4、D_2 同时为 1。

4）状态字

CPU 向 8251A 发送各种操作命令，许多时候是依据 8251A 当前的运行状态决定的。CPU 可在 8251A 工作过程中利用 IN 指令读取当前 8251A 的状态字，以控制 CPU 与 8251A 之间的数据交换。状态字的格式如图 10-19 所示。

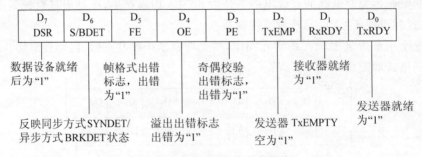

图 10-19　8251A 的状态字格式

（1）D_0（TxRDY）：$D_0=1$ 是发送准备好标志，表明当前数据输出缓冲器空。注意，这里状态位 D_0 和芯片引脚上的 TxRDY 不同。芯片引脚上的 TxRDY 置 1 的条件是：数据输出寄存器空，调制解调器控制电路的 $\overline{\text{CTS}}=0$，并且控制寄存器的 $D_0(\text{TxEN})=1$ 时才有效。

（2）$D_1(\text{RxRDY})$：接收器准备好信号，该位为 1 时，表明接口已接收到一个字符，当前正准备输入 CPU 中。当 CPU 从 8251A 输入一个字符时，RxRDY 自动清 0。

（3）$D_2(\text{TxEMPTY})$，同 8251A 的 18 脚说明。

（4）$D_6(\text{SYNDET/BRKDET})$，同 8251A 的 16 脚说明。

（5）$D_7(\text{DSR})$：数据终端准备好标志，当外设（调制解调器等）已准备好发送数据时，就向 DSR 端发出低电平信号，使 DSR 有效。此时 DSR 位被置 1。上面 D_1、D_2、D_6、D_7 这 4 位的状态与 8251A 芯片外部同名管脚的状态完全相同，反映这些管脚当前的状态。

（6）$D_3(\text{PE})$：奇偶出错标志位，PE＝1 时，表示当前产生了奇偶错，但不终止 8251A 工作。

（7）$D_4(\text{OE})$：溢出标志位，在接收字符时，如果数据输入寄存器的内容没有被 CPU 及时取走，下一个字符各位已从 RxD 端全部进入移位寄存器，然后进入数据输入寄存器，这时，在数据输入寄存器中，后一个字符覆盖了前一个字符，因而出错，这时 D4 位被置 1。

（8）$D_5(\text{FE})$：帧格式出错标志位，只适用于异步方式。在异步接收时，接收器根据工作方式寄存器规定的字符位数、有无奇偶校验位、停止位位数等，都由计数器计数接收，若停止位不为 0，说明帧格式错位。字符出错，此时 FE＝1。

上面的 PE＝1，OE＝1 和 FE＝1 只是记录接收时的 3 种错误，并没有终止 8251A 工作的功能，CPU 通过 IN 指令读取状态寄存器来发现错误。

5）8251A 初始化编程举例

（1）异步方式初始化程序。在接通电源时，8251A 能通过硬件电路自动进入复位状态，但不能保证总是正确地复位。为了确保送方式字和命令字之前 8251A 已正确复位，应先向 8251A 的控制口连续写入 3 个全 0，然后再向该端口送入一个使 D_6 位等于 1 的复位控制字（40H），用软件命令使 8251A 可靠复位。它被复位后，就可向其控制口写入方式字和命令字。

另外要注意，对 8251A 的控制口进行一次写入操作后，需要延时 16 个时钟周期（恢复时间）后再进行下一次写入。

下面给出能实现这种延时功能的程序段，为便于多次调用，程序段以宏指令的形式给出。

```
REVTIME  MACRO
         MOV  CX,02              ;4 个时钟周期
     D0:  LOOP  D0                ;17 个或 5 个时钟周期
         ENDM
```

但在向 8251A 写入数据字符时，不必考虑这种恢复时间，这是因为 8251A 必须等前面一个字符移出后，才能写入新字符，移位所需的时间远大于恢复时间。

【例 10-1】 若要求 8251A 工作于异步方式，波特率系数为 16，具有 7 个数据位，一个停止位，有偶校验，控制口地址为 3F2H，写恢复时间程序为 REVTIME，则对 8251A 进行初始化的程序段为：

```
        MOV DX,3F2H              ;控制口
        MOV  AL,00H
        OUT  DX,AL               ;向控制口写入 0
        REVTIME                  ;延时,等待写操作完成
        OUT  DX,AL               ;向控制口写入第 2 个 0
        REVTIME                  ;延时
        OUT  DX,AL               ;向控制口写入第 3 个 0
        REVTIME                  ;延时
        MOV  AL,40H              ;复位字
        OUT  DX,AL               ;写入复位字
        REVTIME                  ;延时
        MOV  AL,01111010B        ;方式字:波特率系数为 16,7 个数据位,一个停止位,偶校验
        OUT  DX,AL               ;写入方式字
        REVTIME                  ;延时
        MOV  AL,00010101B        ;命令字:允许接收发送数据,清错误标志
        OUT  DX, AL              ;写入命令字
```

(2) 同步方式初始化程序。如果 8251A 工作于同步方式,则初始化 8251A 时,先和异步方式一样,向控制口写入 3 个 0 和一个软件复位命令字(40H),接着向控制口写入方式字,然后往控制口送同步字符。若方式字中规定为双同步字符,则需对控制口再写入第二个同步字符。常用 ASCII 字符集中的 16H 作为收发双方同意的一个同步字符。写入同步字符后,再对 8251A 的控制口写入一个命令字,选通发送器和接收器,允许芯片对从 RxD 引脚上送来的数据位搜索同步字符。

【例 10-2】　现在仍假设 8251A 的控制口地址为 3F2H,写恢复延时程序为 REVTIME,如要求 8251A 工作于同步方式,采用双同步、奇校验、数据位为 7 位,则对 8251A 写入复位字以后的初始化程序段如下:

```
        ……                     ;先向控制口写入 3 个 0 和一个软件复位命令字 (40H)
        MOV  DX,3F2H            ;控制口
        MOV  AL,00011000B       ;方式字:双同步、内同步,奇校验、数据位为 7 位,
        OUT  DX,AL              ;送方式字
        REVTIME                 ;延时
        MOV  AL,16H
        OUT  DX,AL              ;送入第 1 个同步字符
        REVTIME
        OUT  DX,AL              ;送入第 2 个同步字符
        REVTIME
        MOV  AL,10010101B       ;命令字:启动搜索同步字符,错误标志复位,允许收发
        OUT  DX,AL
```

【例 10-3】　两台微型计算机通过 8251A 相互通信的硬件连接和软件编程。

通过 8251A 实现相距不远的两台微型计算机相互通信,要把 A 机开发的长度为 2DH 的程序异步传送到 B 机,设字符长度为 8 位,1 个停止位,波特率因子为 64,偶校验。采用查询方式控制传输过程,异步传送。

【解答】　设系统的连接简化框图如图 10-20 所示。这时,利用两片 8251A 通过标准串行接口 RS-232C 实现两台 8086 微机之间的串行通信,采用异步工作方式。

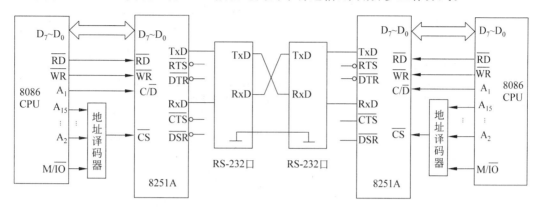

图 10-20　两台微型计算机通过 8251A 相互通信的硬件连接

初始化程序由两部分组成。

发送端初始化程序与发送控制程序如下所示。

```
STT:  MOV   DX,8251A 控制端口
      MOV   AL,7FH
      OUT   DX,AL          ;将 8251A 定义为异步方式,8 位数据,1 位停止位
      MOV   AL,11H         ;偶校验,取波特率系数为 64,允许发送
      OUT   DX,AL
      MOV   DI,发送数据块首地址   ;设置地址指针
      MOV   CX,发送数据块字节数   ;设置计数器初值
NEXT: MOV   DX,8251A 控制端口
      IN    AL,DX
      AND   AL,01H         ;查询 TXRDY 有效否
      JZ    NEXT           ;无效则等待
      MOV   DX,8251A 数据端口
      MOV   AL,[DI]        ;向 8251A 输出一个字节数据
      OUT   DX,AL
      INC   DI             ;修改地址指针
      LOOP  NEXT           ;未传输完,则继续下一个
      HLT
```

接收端初始化程序和接收控制程序如下所示。

```
SRR:  MOV   DX,8251A 控制端口
      MOV   AL,7FH
      OUT   DX,AL          ;初始化 8251A,异步方式,8 位数据
      MOV   AL, 14H        ;1 位停止位,偶校验,波特率系数 64,允许接收
      OUT   DX,AL
      MOV   DI,接收数据块首地址   ;设置地址指针
      MOV   CX,接收数据块字节数   ;设置计数器初值
```

```
COMT: MOV   DX,8251A 控制端口
      IN    AL,DX
      ROR   AL,1              ;查询 RXRDY 有效否
      ROR   AL,1
      JNC   COMT              ;无效则等待
      ROR   AL,1
      ROR   AL,1              ;有效时,进一步查询是否有奇偶校验错
      JC    ERR               ;有错时,转出错处理
      MOV   DX,8251A 数据端口
      IN    AL,DX             ;无错时,输入一个字节到接收数据块
      MOV   [DI],AL
      INC   DI                ;修改地址指针
      LOOP  COMT              ;未传输完,则继续下一个
      HLT
ERR:  CALL  ERR-OUT
```

习 题 10

一、填空题

1. 数据传输速率的单位有_____和_____。

2. 根据在串行通信中数据定时、同步的不同,串行通信的基本方式有两种:_____和_____。二者因通信方式的不同而有不同的数据格式。

3. 串行数据通信中都必须对传送的数据进行校验。在基本通信规程中一般采用_____或_____校验。在高级通信规程中一般采用_____检错。

4. RS-232C 主要用来规定计算机系统的一些_____和_____之间接口的电气特性。

5. 在通信距离为_____时,广泛采用 RS-485 串行总线标准。RS-485 采用平衡发送和差分接收,因此,具有_____的能力。

6. 8251A 是_____。

二、选择填空题

1. 与并行通信相比,串行通信适用于_____的情况。

    A. 传送距离远   B. 传送速度快   C. 传送信号好   D. 传送费用高

2. 串行接口设计主要是两个选择:__(1)__,__(2)__。

    (1) A. 主板   B. 内存

       C. 某一种串行标准总线   D. 厂家

    (2) A. 接口控制及电平转换芯片   B. 传输介质

       C. 电源   D. 通信速度

3. 一般串行通信接口中,根据具体的应用场合不同,信号线有下面几种连接方式:

　　　(1)　,　(2)　,　(3)　。

　　(1) A. 使用计算机终端(DTE)连接　　　　B. 使用 MODEM 连接

　　　　　C. 使用电话连接　　　　　　　　　　D. 使用远程 DCE 连接

　　(2) A. 直接连接　　　　　　　　　　　　B. 交叉连接

　　　　　C. 软件　　　　　　　　　　　　　D. 遥控

　　(3) A. 另一台微机　　　　　　　　　　　B. 数据总线缓冲器

　　　　　C. 三线连接法　　　　　　　　　　D. 使用芯片连接

三、问答题

　　1. 串行数据传输方式中有哪些重要技术参数?

　　2. 串行通信有哪些传输方式? 各自有什么特点?

　　3. 串行接口与并行接口有什么不同? 试从外观、针脚数目和功能等方面进行阐述。

　　4. 什么是波特率? 什么叫波特率因子? 常用的波特率有哪些? 若在串行通信中的波特率是 1200b/s,8 位数据位,1 个停止位,无校验位,传输 1KB 的文件需要多长时间?

　　5. 用图表示异步串行通信数据的位格式,标出起始位,停止位和奇偶校验位,在数字位上 标出数字各位发送的顺序。

　　6. 什么叫 UART? 什么叫 USART? 列举典型芯片的例子。

　　7. 什么叫 MODEM? 用标准电话线发送数字数据为什么要用 MODEM? 调制的形式主要有哪几种?

　　8. 如果系统中无 MODEM,8251A 与 CPU 之间有哪些连接信号?

　　9. 若 8251A 的端口地址为 FF0H,FF2H,要求 8251A 工作于异步工作方式,波特率因子为 16,有 7 个数据位,1 个奇校验位,1 个停止位,试对 8251A 进行初始化编程。

　　10. RS-232C 的逻辑高电平与逻辑低电平的范围是多少? 怎么与 TTL 电平的器件相连? 规定用什么样的接插件? 最少用哪几根信号线进行通信?

第11章
8253 可编程定时计数器

11.1 概 述

作为一个复杂的多部件构成的微机系统,要管理和协调各部件的时序关系和相互配合,使系统正常而有机地高速运转,必须有准确稳定的时间基准、事件先后顺序的巧妙安排和精确控制以及精密可靠的定时计数功能(定时的本质是计数,将若干片小的时间单元累加起来,就获得一段时间)。这当然离不开可编程的定时器和计数器。

实现定时和计数有两种方法:硬件定时和软件定时。

软件定时,根据 CPU 执行每一条指令都需要几个固定的指令周期,即可运用软件编程的方式进行定时。这种方法不需增加硬件设备,但是占用 CPU 的时间,降低 CPU 的利用率。

硬件定时,是利用专门的定时电路实现精确定时。这种定时方式又可分为简单硬件定时和利用可编程接口芯片实现定时。简单硬件定时,利用多谐振荡器件或单稳器件实现,简单但缺乏灵活性,改变定时就要改变硬件电路。利用可编程定时计数器定时可由用户编程设定定时或计数的工作方式和定时的时间长度,使用灵活,定时时间长,且不占用 CPU 时间。通用的定时/计数器芯片很多,例如:Z80CTC、MC6840PTM、Intel 8253/8254 等。

Intel 8253/8254 的引脚和操作方式完全一样,Intel 先推出 Intel 8253,在 8253 的基础上稍加改进推出了 8254。8254 的计数频率比 8253 快,并且新增一个读回命令。

8253 是为微机配套设计开发的一个可编程定时计数器。它采用 +5V 电源,24 脚 DIP 封装。内有 3 个独立的计数通道,这 3 个通道均为 16 位,计数频率为 0~2MHz 工作方式可由用户编程设定。

11.1.1 8253 的结构框图

8253 的结构框图如图 11-1 所示。

1. 总线缓冲器

数据总线缓冲器是 8253 与 CPU 的接口,双向、三态、8 位的缓冲器。用于和系统的数据总线 $D_7 \sim D_0$ 相连。CPU 向 8253 写入的数据和命令字以及从 8253 读出的状态信息

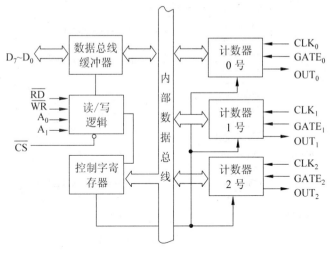

图 11-1 8253 的结构框图

都通过这个缓冲器。

2. 读/写控制逻辑

当$\overline{CS}$信号为低电平有效时,选中该 8253 芯片。此时由 8253 接收从 CPU 来的读写控制信号,选择读出或写入的寄存器,确定数据传输的方向。

3. 控制字寄存器

控制字寄存器从数据总线上接收 CPU 送来的控制字,该控制字可以进行通道的选择、工作方式的设定、计数初值格式(BCD 码或二进制)的设定以及计数初值的写入顺序等。该控制字将在 8253 的编程控制字一节详细介绍。

4. 计数器 0、计数器 1、计数器 2

8253 的 3 个计数通道,其结构完全相同,每个计数器由 CLK 和 GATE 两个输入信号和 OUT 一个输出信号。

每个通道都包括一个用来接受计数初值的 16 位的计数寄存器 CR;一个 16 位的计数单元 CE;还有一个用来锁存 CE 内容的 16 位的输出锁存器 OL。

CE 完成由 CR 的初始值起对从 CLK 引脚输入的 CLK 脉冲的减 1 计数。CPU 不能直接访问 CE,计数器的初始值必须在开始计数之前由 CPU 用输出指令预置入计数寄存器。

11.1.2 8253 的引脚

8253 的引脚配置如图 11-2 所示。

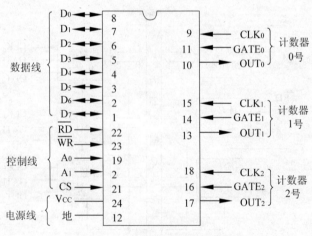

图 11-2　8253 的引脚配置

1. 数据总线 $D_7 \sim D_0$

三态、双向输入输出线。用于 8253 与系统的数据总线间的数据传送。

2. 片选信号 $\overline{CS}$

输入,低电平有效。

3. 读/写信号 $\overline{RD}$、$\overline{WR}$

输入,低电平有效,必须先选中 8253($\overline{CS}=0$)时,才能对 8253 的内部寄存器进行读和写。

4. 地址信号 A_1、A_0

通常接系统地址总线 A_1 和 A_0。当 $\overline{CS}=0$ 时,A_1 和 A_0 的编码决定 CPU 访问 8253 内部的哪个寄存器。$A_1 A_0$ 编码与 8253 内部寄存器的对应关系如表 11-1 所示。

表 11-1　8253 寄存器寻址

$\overline{CS}$	$\overline{RD}$	$\overline{WR}$	A_1	A_2	寄存器选择和操作
0	1	0	0	0	写入 0 通道计数寄存器
0	1	0	0	1	写入 1 通道计数寄存器
0	1	0	1	0	写入 2 通道计数寄存器
0	1	0	1	1	写入 3 通道计数寄存器
0	0	1	0	0	读 0 通道锁存器
0	0	1	0	1	读 1 通道寄存器
0	0	1	1	0	读 2 通道寄存器

5. 时钟输入 CLK

时钟信号的作用是在 8253 进行定时或计数时每输入一个时钟信号,使计数器减 1。它是计量的基本时钟。当 8253 工作在定时方式时,可在 CLK 引脚输入一个连续的、均匀的、周期精确的时钟,以便在 OUT 引脚得到频率降低的、周期精确的时钟。若 8253 工作于计数方式,则只要求 CLK 引脚输入的脉冲的数量,而不是脉冲的时间间隔。这时可在 CLK 引脚输入周期不定的脉冲。

6. 门控信号 GATE

输入引脚。该信号的作用是控制启动定时或计数。对于 8253 的 6 种不同的工作方式。GATE 的功能各不相同,通常 GATE 为低电平时禁止通道计数为高电平时允许计数。

7. 输出引脚 OUT

3 个通道各有一个 OUT 引脚,是 8253 向外部的输出信号。不管 8253 工作于何种方式,当计数器减 1 到 0 时,总有电平或脉冲由 OUT 引脚输出。该输出可作为定时、计数到的状态信号供 CPU 检测,也可用于向 CPU 提出中断申请。

11.2 8253 的编程控制字和工作方式

11.2.1 8253 的控制字

8253 的控制字如图 11-3 所示。

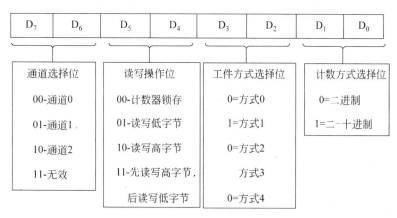

图 11-3 8253 控制字格式

(1) D_0 位:设定减 1 计数是按二进制还是二-十进制计数。

$D_0 = 0$:二进制计数。计数范围 $2^{16} = 65536$,计数最小 0001H,最大值 0000H(即 10000H)。

$D_0=1$：BCD 码(二-十)进制计数。计数范围 4 位 10 进制数,最小计数 1,最大计数 0000(即 10000)。

(2) $D_3 \sim D_1$：设定工作方式,由这 3 位的编码决定本通道工作于 6 种工作方式中的哪一种。

(3) $D_5 D_4$：设定计数值读/写格式,具体详见图 8-52 所示。

(4) $D_7 D_6$ 计数器通道选择。8253 进行初始化编程时,要写入控制字和计数初值。在初始化时必须注意,对于每个计数通道,必须先写控制字再写计数初值。这是因为计数初值的写入格式受控制字的限制。

11.2.2　8253 的工作方式

8253 的工作方式有 6 种。

1. 方式 0

逐次减 1,计数到 0 时发中断请求。

这种方式的操作过程是：当控制字写入控制寄存器后,OUT 输出引脚立即变为低电平。CPU 向 CR 计数器写入计数初值后的第一个 CLK 脉冲下降沿出现时,CR 寄存器的内容被送入 CE 计数单元内。随后的每个 CLK 脉冲的下跳沿出现时,都使 CE 计数执行单元的内容减 1。当 CE 减 1 计数到 0 时,OUT 输出变为高电平。用户可以用 OUT 的输出发出中断请求信号。

当 8253 工作于方式 0 时,若在计数过程中 GATE 信号变为无效(GATE＝0),则 8253 将停止计数,当 GATE＝1 时再恢复计数。GATE 信号不影响 OUT 信号的状态。

若在计数过程中又有新的计数初值送到,则在下一个 CLK 时钟的下跳沿,将计数初值送 CE,以后每一个 CLK 脉冲的下跳沿使 CE 的内容减 1,开始按新值开始计数。

方式 0 只能用于一次性事件计数,即计数器只计数一遍而不能自动重复工作。当减 1 计数到 0 时,计数器不会自动恢复初始值重新开始计数,OUT 输出也一直保持为高电平。直到 CPU 又写入一个新的计数值,OUT 才变为低电平,计数器按新写入的计数值重新开始计数。

8253 工作在方式 0 时的时序图,如图 11-4 所示。

本节以下各例均设 8253 占用端口地址 40H～43H。

【例 11-1】 设 8253 计数器通道 0 工作于方式 0,用 8 位二进制计数,其计数值为 50,二-十进制,则它的初始化程序段如下。

```
MOV  AL,11H        ;设置控制字
OUT  43H,AL        ;写入控制字寄存器
MOV  AL,50         ;设置计数初值
OUT  40H,AL        ;写入计数初值寄存器
```

2. 方式 1

可编程单脉冲输出。

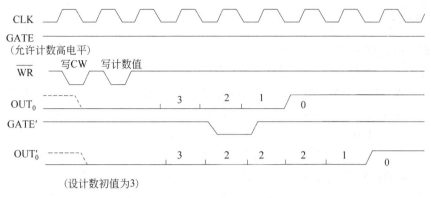

图 11-4　方式 0 的时序图

在这个方式下,写入命令字和计数初值后,计数器输出端 OUT 为高电平,由门控信号的上升沿触发,使 OUT 变为低电平,在下一个 CLK 时钟的下跳沿开始对随后到来的 CLK 时钟进行计数,当减 1 计数至 0 时,OUT 变为高电平。即每个 GATE 信号的上升沿会触发 OUT 输出一个宽度为计数初值 N 个 CLK 周期间隔的负脉冲。

该方式可重复触发,只要有 GATE 信号的上升沿到来就会重新触发计数器。若在计数过程中又来一个 GATE 信号的上升沿,则在下一个时钟脉冲之后又从计数初值开始重新计数。

若在计数过程中,又送一个新的计数值到计数初值寄存器,则当前输出不受影响,仍输出宽度为原来计数值时的负脉冲,除非又来一个门控触发信号。

方式 1 的时序图如图 11-5 所示。

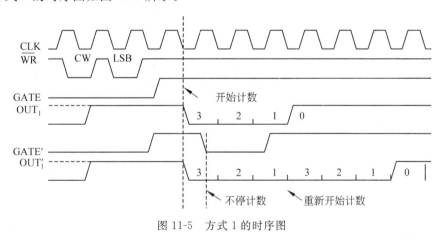

图 11-5　方式 1 的时序图

【例 11-2】　设计数器通道 1 工作于方式 1,按二进制计数,计数初值为 40H,它的初始化程序段如下。

```
MOV  AL,62H              ;工作方式控制字
OUT  43H,AL
MOV  AL,40H              ;送计数初值
OUT  41H,AL
```

3. 方式 2

周期性时间间隔计时器（频率发生器）。

当控制字写入控制字寄存器以后，OUT 变为高电平初始电平，当计数初值送入 CR 后的第一个 CLK 脉冲的下跳沿，将 CR 内容送 CE，并开始对以后的 CLK 脉冲进行减 1 计数。计数值减 1 至 1 时，输出立即变为低电平。输出低电平的宽度等于一个输入时钟周期时间。当减 1 到 0 时 OUT 变为高电平。同时自动将计数初值送计数器继续进行下一次的计数。即该方式每隔 N 个时钟周期的间隔，在 OUT 输出引脚上出现一个宽度等于 CLK 周期的负脉冲。该方式门控信号为 1 时，允许计数；GATE＝0 时，停止计数。若在计数过程中 GATE 变为 0，则输出端立即变为高电平。在 GATE＝1 后的下一个 CLK 的下跳沿重新开始计数。若计数期间又送入新的计数值则对当前的计数周期不受影响。但在下一个输出周期时，将按新的计数值计数。方式 2 时序图如图 11-6 所示。

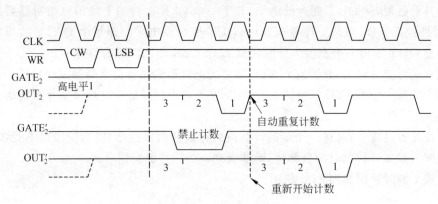

图 11-6　方式 2 的时序图

【例 11-3】　设 8253 计数器 0 工作于方式 2，按二进制计数，计数初值为 0304H。

```
MOV  AL,00110100B        ;设控制字,通道 0,先读/写高 8 位
                         ;再读写低 8 位,方式 2,二进制
OUT  43H,AL
MOV  AL,04H              ;送计数值低字节
OUT  40H,AL
MOV  AL,03H
OUT  40H,AL             ;送计数值高字节
```

4. 方式 3

方波发生器。

这种方式的工作过程与方式 2 很相似，门控的作用及自动加载计数初值都一样，只是 OUT 引脚输出波形不同。该方式在计数过程中输出一系列方波。当计数初值 N 为偶数时，输出高、低电平持续时间相等。当 N 为奇数时，输出高电平持续时间比低电平持续时间多一个时钟周期。对于方式 3，若在计数期间送入新的计数初值，并不会影响现行计数

过程。但若在方波半周期结束之前和计数值写入之后，收到了 GATE 触发信号，则计数器将在下一个 CLK 脉冲下跳沿将 CR 内容送 CE，并开始用新值计数。

方式 3 的时序图如图 11-7 所示。

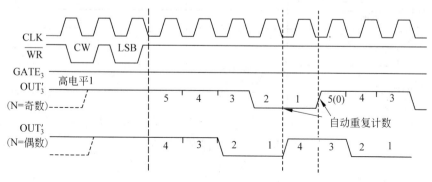

图 11-7　方式 3 的时序图

【例 11-4】　设 8253 计数器 2 工作在方式 3，按二-十进制计数，计数初值为 4，则它的初始化程序段如下。

```
MOV  AL,10010111B        ;计数器 2,只读/写低 8 位,工作方式 3,二—十进制
OUT  43H,AL              ;控制字送控制字寄存器
MOV  AL,4                ;送计数初值
OUT  42H,AL
```

5. 方式 4

软件触发选通。

方式 4 与方式 0 相似，当写入方式命令字后 OUT 引脚变为高电平初始电平。当计数到 0 时，OUT 引脚输出一个 CLK 时钟周期宽的负脉冲，然后又恢复为高电平。方式 4 不能循环计数，每次启动计数都要靠重新写入计数初值。

若计数初值为 N，则该方式是在写入计数值后，再经过 $(N+1)$ 个 CLK 脉冲才输出一个负脉冲。

方式 4 中，GATE＝1 时允许计数，GATE＝0 时停止计数，GATE 的电平不影响 OUT 引脚输出的状态。

若在计数过程中又有新的计数值写入，则立即按新值开始计数。方式 4 的时序图如图 11-8 所示。

【例 11-5】　设 8253 计数器 1 工作于方式 4，按二进制计数，计数初值为 3，则初始化程序段如下。

```
MOV  AL,058H             ;设置控制字寄存器
OUT  43H,AL              ;送控制字
MOV  AL,3                ;置计数初值
OUT  41H,AL              ;送计数初值
```

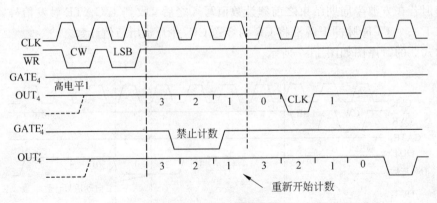

图 11-8　方式 4 的时序图

6. 方式 5

硬件触发脉冲。

该方式下,对 8253 写入计数值后,计数器并不会立即开始计数,而是必须等 GATE 上跳沿出现之后,才会在下一个 CLK 的下跳沿,将 CR 内容装入 CE,并开始对随后的 CLK 脉冲进行计数。在计数期间,OUT 引脚输出为高电平。当计数到 0 时,OUT 引脚输出一个 CLK 周期宽的负脉冲,然后又恢复为高电平。

门控信号的上升沿触发,其下降沿和低电平对计数过程无影响。在这种方式下,若在计数过程中又送入新的计数初值,必须等到减 1 计数至 0 之后,再次出现 GATE 的正跳变信号时,才按新值开始计,时序图如图 11-9 所示。

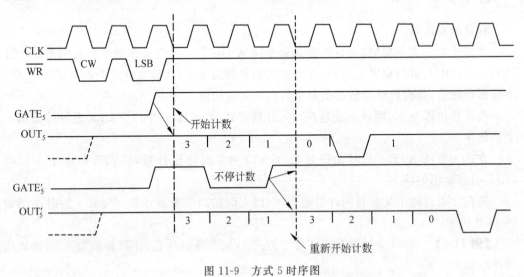

图 11-9　方式 5 时序图

【例 11-6】 设 8253 的通道 1 工作于方式 5,按二进制计数,计数初值为 4000H,则它的初始化程序段如下。

```
MOV  AL,01101010B        ;通道1,只读写高字节,方式5,二进制计数
```

```
        OUT   43H,AL
        MOV   AL,40H
        OUT   41H,AL              ;送计数初值
```

11.2.3 8253 的读操作

8253 任一通道的计数值,CPU 都可以用指令读取。CPU 是通过对每个通道的计数值锁存寄存器 OL 的访问实现的。被读出的端口和写入计数初值是同一个端口地址。若是 8 位则只需要读一次,若是 16 位,则需读两次。由于计数值是不断变化的,因此,在读之前必须先将计数值锁存于锁存寄存器。

有两种读计数值的方法。

1. 读之前先停止计数

这时是用 GATE 信号控制计数器先停止计数,再由软件将计数值读出,读出顺序必须严格按控制字 D_5D_4 确定的格式进行。

使用这一方法,会影响计数过程。

2. 读之前先送计数值锁存命令

这种方法读取时既能读出准确的数值,又不影响计数的过程。它需要在读之前先发一个锁存命令,将当前计数器中的内容锁存进一存储寄存器,得到一个不变的稳定量。然后再发读命令,从该锁存器中将数据读出。

锁存命令写入控制字寄存器,由锁存命令的 D_7D_6 位的编码决定所要锁存的计数通道;D_5D_4 位必须为 0,这是锁存命令的标志;低 4 位可以全部为 0。所以通道 1 的锁存命令为 00H,通道 2 的为 40H,通道 3 的为 80H。

【例 11-7】 要读取通道 3 的计数值,则要执行的程序段如下。

```
        MOV   AL,80H              ;通道 3 的锁存命令
        OUT   43H,AL              ;写入控制寄存器
        IN    AL,42H              ;读低 8 位
        MOV   BL,AL
        IN    AL,42H              ;读高 8 位
        MOV   BH,AL
```

11.2.4 PC/XT 中 8253 的应用

在 IBM PC/XT 的系统板上配置了一块 8253,它占用端口 40H~43H。它的 3 个计数通道的 CLK 端均加系统的 4.77MHz 的时钟脉冲经 4 分频后的 1.19318MHz 的脉冲。3 个计数器的使用情况如下。

(1) 计数器 0:用于产生实时时钟信号。

计数器 0 编程设定于工作方式 3,OUT_0 引脚输出方波,计数初值为 0,即最大值 $2^{16} =$

65536。由于输入时钟为 1.19318MHz 的方波,因此在 OUT_0 输出频率为 1.19318M/65536＝18.2Hz 的方波。计数器的输出端 OUT_0 与 8259A 的 IRQ_0 相连,所以每隔 1/18.2s,将在 IRQ_0 产生一个中断请求信号(即每隔 55ms 产生一次 0 级中断)。这种周期性的中断,被 BIOS 用作工作日的计时时钟。由于系统中 0 级中断的优先级最高,这就保证了系统时钟的稳定性和可靠性。

　　(2) 计数器 1:用于产生动态存储器刷新的地址更新信号。

　　该计数器编程设定为工作方式 2,计数初值 18,CLK 引脚加 1.19318MHz 的脉冲,$18/1.19318MHz＝15.12\mu s$,因此每隔 $15.12\mu s$ 在 OUT 引脚产生一个宽度为 840ns 的负脉冲。该信号经过触发器记忆后,作为 8237A 通道 0 的 $DREQ_0$ 请求信号,用来控制对动态存储器的刷新。

　　(3) 计数器 2:产生扬声器的发音驱动信号。

　　还可根据用户编程用于其他目的。计数器 2 编程设定为工作方式 3,计数初值 533H,OUT_2 输出引脚接 8255A 的 PC_5 用于驱动扬声器。也可通过编程,产生各种频率的方波,控制声音的音调和任意长时间的声音。

习　题　11

一、填空题

　　1. 实现定时和计数有两种方法:_____和_____。

　　2. 利用可编程定时计数器芯片定时,可由用户_____,设定定时或计数的_____和_____,使用灵活,定时时间_____,且不占用_____。通用的定时/计数器芯片很多,例如:_____、_____、_____等。

　　3. 8253 是为微机配套设计开发的一个可编程定时计数器。它采用_____,_____封装。内有_____的计数通道,这些通道均为_____位,计数频率为_____,工作方式可由用户_____。

　　4. 8253 的工作方式 0 是_____。

　　5. 8253 的工作方式 2 是_____。

　　6. 8253 的工作方式 4 是_____。

二、问答题

　　1. 对 8253 进行初始化编程分哪几步进行?

　　2. 设 8253 的通道 0～2 和控制端口地址分别为 300H,302H,304H 和 306H,定义通道 0 工作在方式 3,CLK0＝2MHz。试编写初始化程序,并画出硬件连接图。要求通道 0 输出 1.5kHz 的方波,通道 1 用通道 0 的输出作计数脉冲,输出频率为 300Hz 的序列负脉冲,通道 2 每秒钟向 CPU 发 50 次中断请求。

　　3. 某微机系统中,8253 的端口地址为 40H～43H。要求通道 0 输出方波,使计算机每秒钟产生 18.2 次中断;通道 1 每隔 $15\mu s$ 向 8237A 提出一次 DMA 请求;通道 2 输出频率为 2000Hz 的方波。试编写 8253 的初始化程序,并画出有关的硬件连接图。

4. 设某系统中 8254 芯片的基地址为 0F0H,在对 3 个计数通道进行初始化编程时,都设为先读写低 8 位,后读写高 8 位,试编程完成下列工作:

(1) 对通道 0~2 的计数值进行锁存并读出来;

(2) 对通道 2 的状态值进行锁存并读出来。

第**12**章
数/模、模/数转换器及其
与CPU的接口

微型计算机多为数字型的,只能处理数字化的信息,而在实际应用中,以计算机为核心的微机控制系统、数据传感和测量、数字通信、混合计算等系统中,不可避免地会遇到数字量和模拟量的相互转换问题,即 A/D(模/数),D/A(数/模)转换问题。

12.1　数/模转换器及其与CPU的接口

12.1.1　D/A转换器(DAC)的基本原理及其转换特性

数/模转换器用于把数字量转换成模拟量。由于实现这种转换的原理各不相同,而且实现的工艺技术也不尽相同,因而有多种 D/A 芯片。下面以倒 T 形 D/A 转换器为例说明其工作原理。图 12-1 是倒 T 形电阻网络 D/A 转换器的原理图。

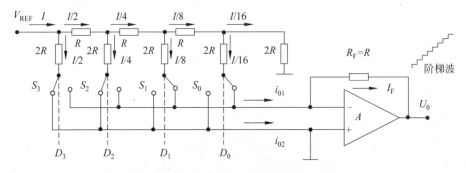

图 12-1　倒 T 形电阻网络的转换原理图

由图 12-1 可以看出,此 DAC 由 R、$2R$ 两种阻值的电阻构成的倒 T 形电阻网络、模拟开关、运算放大电器组成。倒 T 形 D/A 转换器要把一个数字量变为模拟电压,实际上需要两个环节,即先把数字量变为模拟电流,这是由倒 T 形电阻网络和模拟开关完成的;再将模拟电流变为模拟电压并加以放大,这是运算放大电路完成的。

应用运放虚地的概念,可知所有开关 S_i 下端均接地,组成一个特殊的网络,即每个节点处以左的等效电阻均为 $2R$。由上分析可知,从基准器电压 V_{REF} 输出的总电流是固定的即:

$$I = V_{REF}/R$$

电流 I 每经一个节点,等分为两路输出,流过每一支路 $2R$ 的电流依次为 $I/2$、$I/4$、$I/8$ 和 $I/16$。当输入数码 D_i 为高电平时,则该支路 $2R$ 中的电流流入运算放大器的反相输入端,当 D_i 为低电平时,则该支路 $2R$ 中的电流到地。因此输出电流 i_{o1} 和各支路电流的关系为

$$i_{o1} = \frac{I}{2} \times D_3 + \frac{I}{4} \times D_2 + \frac{I}{8} \times D_1 + \frac{I}{16} \times D_0$$

$$= \frac{V_{\text{REF}}}{R} \times \frac{2^0 \times D_0 + 2^1 \times D_1 + 2^2 \times D_2 + 2^3 \times D_3}{2^4}$$

$$= \frac{V_{\text{REF}}}{2^4 R} \times \sum_{i=0}^{3} 2^i \times D_i$$

由于

$$i_{\text{F}} = i_{o1}$$

所以

$$u_{\text{o}} = -i_{o1} \times R_{\text{F}} = -\frac{V_{\text{REF}}}{2^4} \times \sum_{i=0}^{3} 2^i \times D_i$$

当输入为 n 位数字信号时

$$u_{\text{o}} = -\frac{V_{\text{REF}}}{2^n} \times \sum_{i=0}^{n-1} 2^i \times D_i$$

输出波形为阶梯波,如图 12-1 中右上角所示。

倒 T 形电阻网络 D/A 转换器的特点是:模拟开关 S_i 不管处于何处,流过各支路 $2R$ 电阻中的电流总是近似恒定值;另外该 D/A 转换器只采用了 R、$2R$ 两种阻值的电阻,故在集成芯片中,应用最为广泛,是目前 D/A 转换器中转换速度最快的一种。

此电路中的电子开关采用 CMOS 管构成,也有采用双极型(BJT)管的。

12.1.2 D/A 芯片的性能参数和术语

作为微机系统的设计者,应特别关心的是微机与数/模转换控制器(DAC)的接口、模/数转换控制器的(ADC)模拟输出特性,以及为使它们正常工作而外加的电路。为此,设计者必须了解 DAC 的性能。了解的第一步应是 DAC 的专业术语和参数。

1. 分辨率

该参数表明 DAC 对模拟值的分辨能力,它是输入数字的最低有效位 LSB 所对应的模拟值,即 D/A 所能分辨的最小的电压增量。计算公式为

$$分辨率 = DAC 的满量程 \times \frac{1}{2^n - 1} \approx DAC 的满量程 \times \frac{1}{2^n}$$

式中 n 为 DAC 的位数,DAC 能转换的二进制的位数越多,分辨率越高。例如 8 位的 DAC,可给出满量程电压的 $1/2^8$ 的分辨能力。通常也将 n 简单说成是其分辨率。例如说分辨率为 8 位。

2. 转换时间

指从数字量输入到完成转换,输出达到最终稳定值为止所需的时间。

3. 精度

DAC 的精度表明 DAC 的精确程度。它可分为绝对精度和相对精度。

绝对精度是指对应于数字输入量,在输出端实际测得的模拟输出值和理论输出值之差。相对精度是指在零点和满量程校准后,其绝对精度与理想输出值的比值。例如,某 DAC 输出的最大绝对精度是 2mV,满量程是 10V,则其相对精度为 $0.0002=0.02\%$。

它是由 DAC 的增益误差、零点误差、线性误差和噪声等综合引起的。

4. 线性误差和微分线性误差

线性误差有时称为非线性度。指 A/D 的实际转换特性(各数字输入值所对应的各模拟输出值之间的连线)与理想的转换特性之间的偏差。

微分线性误差:一个理想的 D/A,任意两个相邻的数字码所对应的模拟输出值之差应恰好是一个 LSB 所对应的模拟值。如果大于或小于 1LSB 就出现了微分线性误差。其差值就是微分线性误差值。

5. 温度系数

温度系数用来说明 DAC 受温度变化影响的特性。通常是用每变化 1℃ 所引起的模拟值变化的百分数表示。

最受关注的指标是分辨率、转换时间和精度。

12.1.3　DAC 和微处理器接口中需要考虑的问题

理想的 D/A 芯片对于微处理器来说应该表现为一个简单的输出口或表现为一个只写存储单元。当它不需任何外加器件就可以直接与系统的地址、数据和控制总线相连时,我们才认为它是与 CPU 真正兼容。但实际上大多数转换器件必须外加缓冲器、地址译码器等才能与 CPU 系统相连。这时必须注意转换器件与 CPU 的接口问题。

DAC 的微处理器的接口实际就是 DAC 与系统的数据、地址、控制总线的连接问题。DAC 在与 CPU 接口之前,必须首先了解 DAC 芯片的输入输出特性。包括:

- 输入缓冲能力:DAC 是否有输入寄存器或锁存器来保存输入来的数字量。
- 输入码制:DAC 能接收的数字输入码制,二进制、BCD 码或补码、偏移二进制。
- 输入数据的宽度:DAC 的输入数据有 8 位、10 位、12 位、14 位、16 位之分。
- DAC 是电流型还是电压型:即 DAC 的输出是电流还是电压。
- DAC 是单极性输出还是双极性输出:对一些需正负电压控制的设备,就要使用双极性 DAC。

在 DAC 与 CPU 接口时,应首先考虑的是数据锁存能力。DAC 与 CPU 连接时有三种形式:直接与 CPU 相连、通过外加三态门和数据锁存器与 CPU 相连以及通过并行口与 CPU 相连。这三种方式采用哪种应根据 DAC 芯片本身拥有锁存器的情况和 DAC 的分辨率和系统总线的位数来决定。当 DAC 内部有缓冲器,且 DAC 的分辨率小于等于系统数据总线的宽度时,可以将 DAC 与 CPU 直接相连;当 DAC 内部没有锁存器或 DAC

内部有一级锁存器且 DAC 的分辨率大于系统数据总线宽度时,必须外加锁存器或并行口才能与 CPU 相连。

当 DAC 的分辨率大于系统数据总线宽度时,输入给 DAC 芯片的数字量必须分几次送到 DAC,这就需多级锁存器将几次送来的数据锁存下来,一次送给 DAC,以消除由于多次传送而产生的尖峰。例如,当分辨率为 12 位的 D/A 与 8 位的微机系统相连时,数据必须分两次送到,这时就需有两级锁存器将两次送来的数据进行锁存,然后一次送给DAC。这样可以防止在低 8 位数据输入后,高 4 位数据未输出前,DAC 产生错误的输出。

12.1.4　D/A 芯片简介

为了适应 D/A 芯片在微机控制和信息处理中的不同应用,各个厂家纷纷推出了各自的 D/A 芯片。常见的芯片的性能对比如表 12-1 所示。

表 12-1　DAC 芯片介绍

芯片	参数						附　注
	缓冲能力	分辨率	输入码制		电流型/电压型	输出极性	
			单极性	双极性			
DAC1408	无数据锁存	8 位	二进制	偏移二进制	电流型	单/双极性均可	价格便宜,性能低需外加电路
DAC1210	有二级锁存(8+4)	12 位			电流型	8 位单极性/12 位双极性	
DAC0832	有二级锁存	8 位	二进制	偏移二进制	电流型	单/双极性均可	适用于多模拟量同时输出的场合
AD561	无锁存功能	10 位	二进制	偏移二进制	电流型	单/双极性均可	与 8 位 CPU 相连时必须外加两级锁存
AD7522	双重缓冲	10 位	二进制		电流型	单/双极性均可	具有双缓存易于与 8/16 位微处理器相连。有串行输入可与远距离微机相连使用

12.1.5　DAC 与微处理器接口实例

1. DAC 的分辨率小于等于系统数据总线宽度时,DAC 与 CPU 的连接

(1) 当片内无输入输出锁存器的 DAC 与 CPU 相连时,必须外加锁存器或 I/O 并行口与 CPU 相连。

当 ADC1408 与 CPU 相连时,由于内部没有锁存器,所以必须外加锁存器才能与 CPU 相连。此时接口电路如图 12-2 所示。

这里采用 8 位的 74LS273 为 AD1408 锁存输入数据。设本电路中 ADC1408 占用的端口地址为 80H,以一片 74LS138 组成地址译码电路。当微处理器执行指令 OUT 80H,AL 时,通过地址译码,使 38 译码器的译码输出为 80H,累加器中的数据在 $\overline{\text{IORQ}}$ 和

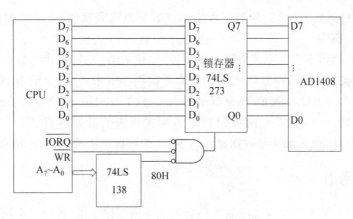

图 12-2　ADC1408 与 CPU 的连接图

$\overline{\text{WR}}$ 的控制下送入锁存器锁存起来,并送入 D/A 中进行转换,输出。

如果 CPU 配有可编程并行 I/O 接口芯片,并且有空余的端口时,可用该端口为 AD1408 锁存数据。

(2) 片内有锁存器时与 CPU 可以直接相连。

DAC0832 片内有二级锁存,所以与 CPU 的接口很简单,只需外加地址译码电路给出片选信号即可。这里假设 DAC 的端口地址为 81H,则当微处理器执行指令 OUT　81H, AL 时,即可将累加器中的数据送到 DAC0832 进行 D/A 转换。具体的电路连接如图 12-3 所示。

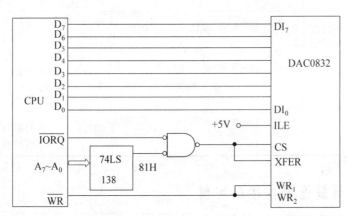

图 12-3　CPU 与 DAC0832 的接口

2. 分辨率大于系统总线宽度时,DAC 与系统的连接

当 DAC 的分辨率大于系统数据总线的宽度时,必须在 DAC 与 CPU 之间加两级锁存,以避免由于两次数据传送带来的尖峰。若片内有两级锁存,则 DAC 可与 CPU 直接相连,否则,必须外加锁存器才能与 CPU 相联。

AD561 与 CPU 相连时,由于其内部不具有数据锁存功能,所以必须外加锁存器。 CPU 为 8 位,而 AD561 为 10 位 DAC,所以必须进行双重缓冲锁存,其连接如图 12-4

所示。

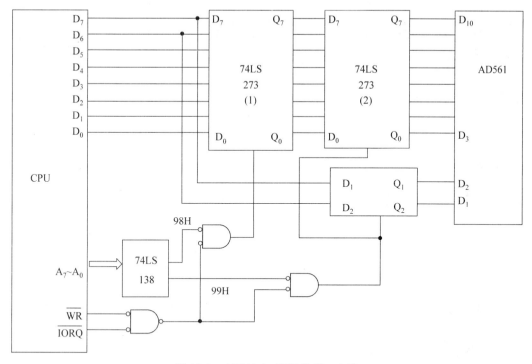

图 12-4　AD561 与 CPU 的接口电路

本图采用两步操作,第一步选址 98H,将数据的低 8 位锁存进锁存器(1)中;第二步选址 99H,把数据的低 8 位锁存入锁存器(2)中,同时将数据的高 2 位锁入 2 位锁存器中。这样就把整个 10 位数据送入 DAC 中进行转换,随之给出模拟输出。

微机执行下列程序段就能实现将 10 位的数字量送到 AD561 进行转换:

```
MOV  AX,DATA        ;10 位的数据送 AX 寄存器
OUT  98H,AL         ;低 8 位数据送(1)号锁存器
MOV  AL,AH          ;
OUT  99H,AL         ;高 2 位数据送 2 位锁存器,低 8 位数据送(2)号
                    ;锁存器,并开始转换
```

【例 12-1】　使用图 12-3 所示的 DAC0832 产生周期锯齿波和三角波,设其端口地址为 80H。

【解答】　实际上本题要求实现的是重复出现的阶梯波,当阶梯宽度很小时,就是近似的锯齿波。实现周期锯齿波可以将从 0 开始递增的数据送到 DAC,直到 FFH,再直接回到 0,中间要分为 256 个小台阶。重复上述过程即可。阶梯宽度由程序中的 DELAY 子程序的延时时间确定。程序如下:

```
LOOP: MOV  AL,00H
      OUT  80H,AL         ;D/A 转换
      INC  AL
```

```
        CALL DELAY          ;延时子程序
        JMP  LOOP
```

实现周期三角波可以将从 0 开始递增的数据送到 DAC,直到 FFH,再依次递减,回到 0,重复上述过程即可。程序如下:

```
    LOOP: MOV  AL,00H
   LOOP1: OUT  80H,AL        ;D/A转换
          INC  AL
          CALL DELAY         ;延时子程序
          CMP  AL,0FFH       ;
          JNZ  LOOP1         ;递增
   LOOP2: OUT  80H,AL        ;D/A转换
          DEC  AL
          CALL DELAY         ;延时子程序
          CMP  AL,00H        ;
          JNZ  LOOP2         ;递增
          JMP  LOOP          重复
```

【例 12-2】　使用图 12-3 所示的 DAC0832 产生指定幅度范围的周期锯齿波和三角波,设其端口地址为 80H。

【解答】　当输出幅度范围不是从 0 到最大,而是有幅度限制(1～3V),则做法如下:对应 DAC 的参考电压 $V_R=5V$,每一步电压变化量为 5/256,下限 1V 所需步数为:

$$1 \times 5/256 = 51.3 \approx 51 = 33H$$

上限 3V 所需步数为:

$$3 \times 5/256 = 153.8 \approx 154 = 9AH$$

编程使输出到 DAC 的数字量从 33H 到 9AH,程序如下:

```
   BEGIN: MOV  AL,33H        ;设置下限
    LOOP: OUT  80H,AL        ;送DAC
          INC  AL            ;递增
          CALL DELAY         ;延时子程序
          CMP  AL,9AH        ;与上限比较
          JNZ  LOOP          ;小于,继续
          JMP  BEGIN         ;否则,重新开始
```

12.2　模/数转换器及其与 CPU 的接口

将连续变化的模拟信号转化为数字信号,以便计算机或其他数字系统处理、存储、控制或显示,是工业控制、采矿、地质勘查以及医疗设备中的数据采集环节不可或缺的技术手段。

实现模/数(A/D)转换的基本方法有多种:计数式、积分式、逐次逼近式等。完成模/数(A/D)转换的器件称为模/数(A/D)转换器。

12.2.1　采样、量化和编码

模拟量转换为数字量,一般要经过三个步骤:采样、量化和编码。

1. 采样

被转换的模拟量在时间上是连续的,它有无限多个瞬时值。而模/数转换总是需要时间的,因此,不可能把任一瞬时的值都转换为数字信号。另一方面模拟信号的值的变化也是连续的、无限的,若要把它变为离散的、不连续的、有限的数字信号,必须在连续变化的模拟量上按一定的规律(周期的)取出其中的某一瞬时值来代表连续的模拟量,这个过程就是采样。

采样是通过采样器来实现的。采样器在控制脉冲的控制下,每隔相等的时间间隔(采样周期),将输入的模拟信号该瞬间的值采集(记录)下来。这样保留了样值点,其余的非采样点的值被舍去了。

但采样值的取值和记录不是瞬间能完成的,为此,必须将采样值延续到下一个采样瞬间。就要有一个采样保持器电路。采集的结果一定是阶梯波形状。因此,A/D 转换器的第一环节一定是采样保持环节。

例如,对于 MCS-96 单片机的 A/D 转换器,启动转换实际上是把采样开关接通,进行采样,经过此瞬间后,开关断开,采样电路进入保持模式,才真正开始 A/D 转换。

显然,采样频率越高,采样点越多,越密集,与原来的模拟信号越相似,失真越小。那么采样频率多大才合适呢?

答案是必须遵循采样定理。采样定理:当采样器的采样频率 f_0 高于或至少等于输入信号最高频率 f_m 的两倍时,采样输出信号 $f_s(t)$ 能代表或能恢复成输入模拟信号 $f(t)$。

这里最高频率指包括干扰信号在内的输入信号经频谱分析后得到的最高频率分量。在实际应用中,一般取采样频率为最高频率的 4~8 倍。

2. 量化

量化的过程是模/数转换的核心。那什么叫量化呢? 例如,在日常生活中,我们用天平加一套砝码来衡量物体的重量,此重量是一个近似值,通常采用"四舍五入"的方法,其误差一定小于最小的砝码重量。这就是把物体的重量量化了。因此,量化是以一定的量化单位(如重量单位千克、克、毫克等,也可取大多数采样值的最大公约数),将数值上连续的模拟量通过量化装置(如天平)转变为数值上离散的阶跃量的过程。在量化过程中不可避免地出现了舍、入带来的误差,称为量化误差。

3. 编码

把量化的结果用一组二进制或二-十进制数字表示出来,称为编码。这些代码就是 A/D 转换的输出数字量。

12.2.2 A/D 芯片

1. A/D 芯片的性能参数和术语

ADC 的性能参数和术语与 D/A 的大同小异,下面只对其不同之处给予介绍。

(1) 分辨率。表明 A/D 对模拟输入的分辨能力。由它确定能被 A/D 辨别的最小的模拟变化。通常用二进制位数表示。

(2) 量化误差。指在 A/D 转换过程中量化产生的固有误差。若采用舍入(四舍五入)量化法,量化误差在±1/2LSB(最低有效位)之间。量化误差的大小与量化的方法和编码位数有关。

(3) 转换时间。完成一次 A/D 转换所需的时间。

(4) 绝对精度。指在输出端产生给定的数字代码,实际需要的模拟输入值与理论要求的输入值之差。

(5) 相对精度。指满量程校准后,任一数字输出所对应的实际模拟输入值与理论值之差。

2. A/D 芯片与 CPU 接口中应注意的问题

1) A/D 的数字输出特性

A/D 与微处理器之间除了明显的电气相容性以外,对 A/D 的数字输出必须考虑的关键两点是:转换结果数据应由 A/D 锁存,以及数据输出最好具有三态能力。具有三态输出能力,A/D 的转换结果数据在外界控制下才能被送到系统数据总线上,一般来说使接口简化。但是,当微处理器系统本身有空余的并行 I/O 接口时,这个三态功能可由该 I/O 接口实现。

2) A/D 芯片和 CPU 的时间配合问题

设计 A/D 和微处理器间的接口时,突出要解决的是时间配合问题。A/D 转换器从接到启动命令到完成转换给出转换结果数据总是需要一定的转换时间的,一般来说,快者需要几微秒,慢者需要几十毫秒,甚至几百毫秒。通常最快的 A/D 转换时间都比大多数微处理器的指令周期长。为了得到正确的转换结果,必须根据要求解决好启动转换和读取结果数据这两步操作的时间配合问题,解决这个问题有固定延时等待法、保持等待法、中断响应法、双重缓冲法、查询法等。这里不做详细介绍。

3) A/D 芯片分辨率超过微处理器数据总线位数时的接口

当 A/D 的分辨率超过微处理器数据总线的位数时,就不能只用一条指令,而必须用两条输入指令才能把 A/D 转换的结果传递给微处理器。有不少 8 位以上的 A/D 器件提供两个数据输出允许信号 HIGH BYTE ENABLE(高字节允许)和 LOW BYTE ENABLE(低字节允许),在这种情况下,可采用如图 12-5 所示的接口方式。

微处理器对一个口地址(CS_1)执行一条输出指令去启动 A/D 转换,当转换完成时,微处理器再对该地址执行一条输入指令,发读入转换结果数据的低字节,为了从 A/D 中获得数据的高位,必须对另一地址执行一条输入指令。

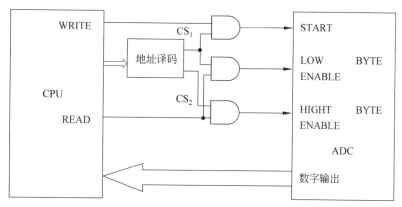

图 12-5 高分辨率 A/D 与数据总线为 8 位的 CPU 接口原理图

若分辨率高于 8 位的 A/D 不提供两个数据输出允许信号,那么,当它与 8 位的 CPU 相连时,就必须外加缓冲器件,以适应高低字节分别传输的要求。

4)ADC 的控制和状态信号

ADC 的控制和状态信号的类型和特征对接口有很大的影响,所以在 ADC 与系统的接口时必须给予充分的注意。

(1)启动信号(START)用于启动 A/D 转换的输入信号。

ADC 的启动信号有的要求是脉冲启动,有的要求是电平启动,并且启动的极性也有不同的要求。要求脉冲启动的往往是前沿启动,对脉冲的宽度也有一定的要求;对于要求电平启动的 ADC,在整个转换过程中,必须始终维持要求的电平,否则在转换途中就会中断转换,从而输出错误的转换结果。

(2)转换结束信号(EOC)是 ADC 提供的状态信号,指示最近开始的转换是否完成。使用时应注意该信号的极性、复位该信号的时间要求以及有无置该信号为高阻的能力。

(3)输出允许信号(OUTPUT ENABLE)是一对具有三态输出能力的 ADC 的输入控制信号,在它的控制下,ADC 将转换后的输出数据送到数据总线上。使用时应注意它的极性。

3. A/D 芯片简介

A/D 芯片的种类很多,性能各异,表 12-2 中对几种 A/D 芯片的特性做了简单比较。

表 12-2 ADC 芯片介绍

芯片	特 性					特 点
	缓冲能力	分辨率	精度	转换时间	主要的引脚	
ADC 0804	有数据锁存能力	8 位	±1LSB	100μs	$\overline{CS}$片选信号,$\overline{WR}$写信号输入端,当 CS 有效时,启动 AD 转换,INTR 转换完成后,该引脚变为低电平,向 CPU 提出中断申请	可直接与微处理器的数据总线相连

续表

芯片	特 性					特 点
	缓冲能力	分辨率	精度	转换时间	主要的引脚	
ADC 0808、0809	有数据锁存能力	8 位	8 位	$100\mu s$	ADD A,B,C 选择模拟通道的地址输入,START 启动转换信号,EOC 转换结束信号,OUTPUT ENABLE 允许数据输出	除有 A/D 外,还有一个 8 通道的模拟多路开关和联合寻址逻辑
AD 574A	有多路方式的三态缓冲器	12 位	± 1 或 $\pm 1/2$LSB	$25\mu s$	CE 片允许信号,$\overline{CS}$ 片选信号,R/$\overline{C}$ 启动转换信号。当 CE=1,CS=0,R/$\overline{C}$=0 启动转换;R/$\overline{C}$=1 读出数据,A$_0$ 和 12/$\overline{8}$控制转换长度和输出格式	价格低,应用广。带有三态缓冲器,可直接与 8 位或 16 位微机总线接口。片内有高精度的电源和时钟,无需外接

4. A/D 芯片与微处理器接口实例

【例 12-3】　A/D 与微处理器接口实例。

AD574 是 12 位的 ADC 芯片。它可以一次输出 12 位,也可以分两次输出,先输出高 8 位,后输出低 4 位。它可以完成 12 位转换,也可以完成 8 位转换。AD574 有 5 根控制线,当 CE=1,$\overline{CS}$=0,R/$\overline{C}$=0 启动转换;R/$\overline{C}$=1 读出数据。所以 AD574 是电平启动。A$_0$ 和 12/$\overline{8}$ 用于控制转换长度和输出数据的格式。A$_0$ 通常接地址总线的最低位线上,在转换期间,如 A$_0$ 为低时启动转换,可转换长度为 12 位;如在 A$_0$ 为高时启动转换,可转换长度为 8 位。A$_0$ 还控制高低字节的读数,当 12/$\overline{8}$ 为低电平,且 A$_0$=0 时,读高 8 位数据;A$_0$=1 时,读低 4 位数据,后 4 位填 0。

AD574 还有一根状态输出线 STS:转换期间 STS 为高;当转换结束时,STS 变低。由于 AD574 内部有三态输出锁存器,所以能与 CPU 直接相连。将 AD574 的 12 条输出数据线的高 8 位接到系统总线的 D$_0$～D$_7$,而把低 4 位接到数据总线的高 4 位,分两次传送,故将 12/$\overline{8}$接数字地线。接口电路如图 12-6 所示。

设图中的状态口地址为 310H,高 8 位口地址为 312H,低 4 位的口地址为 313H。

设采用查询方式,采集 100 个数据。其数据采集程序段如下:

```
        MOV   CX,100              ;采集次数送 CX 寄存器
        MOV   SI,OFFSET INBUF     ;存放数据的缓冲区首址送 SI
BEGIN:  MOV   DX,312H             ;12 位转换
        MOV   AL,00H
        OUT   DX,AL               ;启动转换
        MOV   DX,310H             ;状态口地址
L1:     IN    AL,DX               ;读入状态信息,查 STS
        TEST  AL,80H              ;判断是否转换结束
```

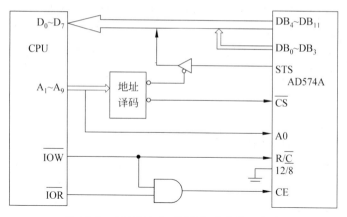

图 12-6　AD574A 与 CPU 相连的接口电路

```
JNZ   L1
MOV   DX,312H          ;转换结束,高字节口地址送 DX
IN    AL,DX            ;读高字节
MOV   [SI],AL          ;送内存
INC   SI              ;内存地址加 1
MOV   DX,313H          ;低 4 位口地址
IN    AL,DX            ;读低 4 位
MOV   [SI],AL          ;送内存
INC   SI              ;内存地址加 1
LOOP  BEGIN           ;未完,继续
HLT                    ;已完,暂停
```

　　随着微机应用范围的日益广泛,A/D 和 D/A 芯片也得到了飞速的发展,各个厂家竞相推出多种类型的功能各异的芯片。这就给用户的选择创造了有利条件。在选择过程中,要考虑当前的要求选择最经济实用的芯片,还要适当地考虑到今后发展上的要求。

习　题　12

一、填空题

　　1. 传感器传送过来的模拟信号要经过_____转换为数字信号才能被数字系统所识别,数字系统发出的信号要经过_____转换为模拟信号才能被执行机构所识别。

　　2. 倒 T 形 D/A 转换器要把一个数字量变为模拟电压,实际上需要两个环节,即先把数字量变为模拟电流,这是由_____完成的;再将模拟电流变为模拟电压并加以放大,这是_____完成的。

　　3. 模/数转换的方法有_____、_____、_____等几种方式。

　　4. 在模/数转换期间要求模拟信号保持稳定,因此当输入信号变化速率较快时,应采用_____电路。

　　5. 最受关注的 D/A 转换器指标是_____、_____和_____。

6. 如分辨率用 D/A 转换器的最小输出电压 V_{LSB} 与最大输出电压 V_{FSR} 的比值来表示。则 8 位 D/A 转换器的分辨率为_____。

7. 已知 D/A 转换电路中,当输入数字量为 10000000 时,输出电压为 6.4V,则当输入为 01010000 时,其输出电压为_____。

二、选择填空

1. 在 DAC 与 CPU 接口时,应首先考虑的是_____。_____与_____连接时有三种形式:直接与 CPU 相连、通过外加_____和数据锁存器与 CPU 相连以及通过并行口与 CPU 相连。

　　(1) DAC　　　　(2) CPU　　　　(3) 数据锁存能力　　　(4) 三态门

　　A. (1)(2)(3)(4)

　　B. (1)(4)(2)(3)

　　C. (3)(1)(2)(4)

　　D. (4)(2)(1)(3)

2. 采样是通过_____来实现的。采样器在_____的控制下,周期地把随时间连续变化的模拟信号转化为时间上离散的模拟信号。只有在_____,采样得到的值才和原来_____的信号的值相等。

　　(1) 控制脉冲　　(2) 采样器　　(3) 输入　　(4) 模拟信号　　(5) 采样瞬间

　　A. (1)(2)(3)(4)

　　B. (2)(1)(3)(5)

　　C. (2)(1)(5)(4)

　　D. (4)(2)(5)(3)

三、简答题

1. 什么叫采样、采样率、量化、量化单位? 12 位 D/A 转换器的分辨率是多少?

2. 某 D/A 转换器的电阻网络如题图 12-1 所示。若 $V_{REF}=10V$,电阻 $R=10k\Omega$,试问输出电压 u_O 应为多少伏?

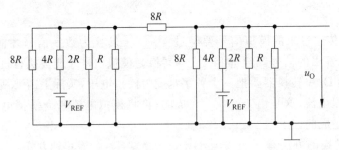

题图 12-1　习题 12-3-2 题图

3. 八位权电阻 D/A 转换器电路如题图 12-2 所示。输入 $D=D_7 D_6 \cdots D_0$,相应的权电阻 $R_7=R_0/2^7$, $R_6=R_0/2^6$, $\cdots$, $R_1=R_0/2^1$,已知 $R_0=10M\Omega$, $R_F=50k\Omega$, $V_{REF}=10V$。

（1）求 v_O 的输出范围。

（2）求输入 $D=10010110$ 时的输出电压。

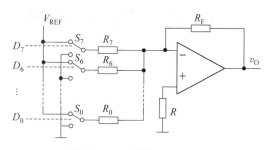

题图 12-2　习题 12-3-3 题图

4. 利用 DAC0832 产生锯齿波,试画出硬件连线图,并编写有关的程序。

5. 如题图 12-3 所示,(1)画出 DAC1210 与 8 位数据总线的微处理器的硬件连接图,若待转换的 12 位数字是存在 BUFF 开始的单元中,试编写完成一次 D/A 转换的程序。(2)将 DAC1210 与具有 16 位数据总线的 8086 相连,其余条件同(1),画出该硬件连线和编写 D/A 转换程序。

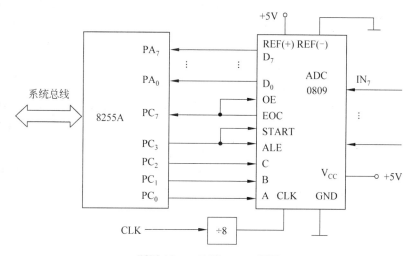

题图 12-3　习题 12-3-5 题图

6. 利用 8255A 和 ADC0809 等芯片设计 PC 上的 A/D 转换卡,8255A 的口地址为 3C0H～3C3H,要求对 8 个通道各采集 1 个数据,存放到数据段中以 D_BUF 为始址的缓冲器中,试完成以下工作:(1)画出硬件连接图。(2)编写完成上述功能的程序。

目前,在各种 16 位、32 位微型计算机系统中,大多采用了虚拟存储器技术。其存储器管理部件有的集成在 CPU 芯片中(如 80386/80486/Pentium 等),有的则是在 CPU 之外用辅助芯片来实现(如 MC68020 等)。

要求 CPU 能够可靠地支持多用户系统,即使是单用户,也可以支持多任务操作,这便要求采用新的存储器管理机制——虚地址保护方式。

虚拟存储系统是在存储体系层次结构(高速缓存—内存—外存)基础上,通过存储器管理部件 MMU(Memory Management Unit),进行虚拟地址和实地址间自动变换而实现的。编程人员在写程序时,不用考虑计算机的实际容量就可以写出比任何实际配置的物理存储器大很多的程序。

目前普遍采用的地址映像方式有 3 种:段式、页式和段页式。这 3 种方式都是使用驻留在存储器中的各种表格,规定各自的转换函数,在程序执行过程中动态地完成地址变换。这些表格只允许操作系统进行访问,而不允许应用程序对其进行修改。一般操作系统为每个用户或每个进程提供一套各自不同的转换表格,其结果是每个用户或每个任务有不同的虚拟地址空间,并彼此隔离、分时操作和受到保护。

因为 32 位微机的地址映像方式比较复杂,为此,我们先对段式映像方式作一概述。涉及的段描述符、段描述符表和任务状态段的概念先只简介,容后详述。

1. 段式映像机制概述

段式映像,即分段管理。段式映像的虚拟存储器以各级存储器的分段来作为内存分配、管理和保护的基础,段的大小取决于程序的逻辑结构,可长可短,一般将一个具有共同属性的程序代码和数据定义在一个段中。

虚地址保护方式内存的分段为两大类:存储段和系统段。

存储段与实模式下的含义相同,是用户在运行程序时必然要涉及的内存段。有代码段、数据段、堆栈段和附加段。但在虚地址保护方式下,内存空间(4G)很大,涉及的段的信息很多:段基址;该段是在内存中,还是在外存中;段的类型;以及优先级,各种保护功能等。为此,给每一个段设置一个段描述符描述。

1) 段描述符、段描述符表和任务状态段的初步描述

每个段描述符由 8 个字节组成,包含了此段的基地址(32 位)、段的大小(20 位)、段的类型等一些主要特性。

由于在虚地址保护方式下,内存空间(4G)很大,段描述符就有很多,为了管理这些段描述符,就把段描述符分类集中顺序存放在段描述符表中。这些段描述符表也保存在存储器中,是存储器中特殊的段。

在 IA-32 微处理器中,有 3 种类型描述符表:全局描述符表(Global Descriptor Table,GDT)、局部描述符表(Local Descriptor Table,LDT)和中断描述符表(Interrupt Descriptor Table,IDT)。

全局描述符表和中断描述符表是面向系统中所有任务的,是全局性的表。全局描述符表 GDT 和中断描述符表 IDT 在整个系统中只有一个,而局部描述符表是面向具体任务的,每个任务都有一个独立的 LDT。在多任务系统中,整个系统必然可以存在多个 LDT。

在分段机制中,除了用到上述 3 种表之外,32 位处理器为支持多任务操作,要实现从一个任务切换到另一任务的操作,在硬件上还为每个任务设置了一种称为任务状态段(TaskStake Segment-TSS)的系统段,它保存了当前正在处理器上执行的任务的各种重要信息。

对于任务状态段 TSS,也要由 TSS 描述符来说明该特殊段的起始地址、限长和属性信息。

有关段描述符和段描述符表以及 TSS 的内容和功能将在后面作进一步讨论。

2) 32 位微处理器的基本执行环境

在 IA-32 处理器上执行的程序或任务都有一组执行指令的资源用于存储代码、数据和状态信息。这些资源构成了 IA-32 处理器的执行环境。

(1)地址空间。在 IA-32 处理器上运行的任一任务或程序能寻址多至 4G(2^{32})B 的线性地址空间(80386 以上的处理器,8086 只有 20 条地址线,只能寻址 1MB 和多至 64G(2^{36})B 的物理存储器(Pentium pro 以上的处理器)。

(2)基本程序执行寄存器。

8 个 32 位通用寄存器、6 个段寄存器、标志寄存器 EFLAGS 和 EIP(指令指针)寄存器组成了执行通用指令的基本执行环境。这些指令执行字节、字和双字整型数的基本整数算术运算,处理程序流程控制,在位和字节串上操作并寻址存储器(这些就是 8086 处理器的操作)。

8 个 32 位通用寄存器 EAX、EBX、ECX、EDX、ESI、EDI、EBP 和 ESP 的低 16 位的功能和 8086 CPU 下的相同;但在 32 位 CPU 分段处理模式下除作一般操作数或指针外,其特殊用途如下:

EAX——累加器;

EBX——在 DS 段中充当数据指针;

ECX——串操作与循环操作的计数器;

EDX——I/O 指针;

ESI——指向 DS 段的数据指针,或串操作的源指针;

EDI——指向 ES 段的数据(目标)指针,或串操作的目标源指针;

ESP——指向 SS 段的堆栈指针;

EBP——指向 SS 段的数据指针。

6 个段寄存器 CS、DS、SS、ES、FS、GS 不再存放段基址,而是段选择子(容后述)。除 CS 用于代码段,SS 用于堆栈段外,DS、ES、FS、GS 可分别指向不同类型的数据结构的数据段。

标志寄存器 EFLAGS 的标志位增加到 32 位,除第 0、2、4、6、7、8、9、10、11 与 8086 CPU 情况下相同,充当状态、控制标志外,又增加了系统标志和特权级字段:

在 EFLAGS 寄存器中的系统标志和 IOPL 字段控制操作系统或执行操作。它们不能被应用程序修改。系统标志的功能如下。

IOPL(位 12 和 13)I/O 特权级字段。指示当前运行的程序或任务的 I/O 特权级。当前运行的程序或任务的当前特权级(CPL)必须小于或等于 I/O 特权级才能访问 I/O 地址空间。此字段只能由操作在 CPL 为 0 级的 POPF 和 IRET 指令修改。

NT(位 14)嵌套任务标志。控制中断的和调用的任务的链。在当前的任务嵌套至前一个执行的任务时,设置 NT=1;在当前的任务不嵌套链接至别的任务时,NT=0。

RF(位 16)恢复执行标志。控制处理器对调试(设置断点或单步操作)执行的响应。RF=0,取消调试;RF=1,进行调试。

VM(位 17)虚拟 8086 方式标志。VM 置 1 启用虚拟 8086 方式,清除以返回保护方式。

AC(位 18)对齐检测标志,仅对特权级为 3 的用户程序起作用。AC=1 并且控制寄存器 CR0 中的 AM 位置 1 时,访问内存时要进行对齐检测,看有无越界情况发生;清除此标志,即 AM=0 则不进行对齐检测。

VIF(位 19)虚拟中断允许标志,是 IF 标志的虚拟映像。当允许虚拟 8086 模式扩展(控制寄存器 CR4 中设置 VME=1)或允许虚拟中断(控制寄存器 CR4 中设置 PVI=1),并且 IOPL 确定的级别小于 3,允许读 VIF 标志,但不允许修改。当禁止虚拟 8086 模式扩展(控制寄存器 CR4 中设置 VME=0)或禁止虚拟中断(控制寄存器 CR4 中设置 PVI=0),VIF=0。

VIP(位 20)虚拟中断挂起标志。设置 VIP=1 以指示中断挂起;当无中断挂起时,清除(软件设置与清除此标志,VIP=0 处理器只读此标志)。VIP 与 VIF 标志一起使用。

ID(位 21)标识标志。程序设置或清除此标志的能力,指示处理器支持 CPUID 指令。ID=1,执行 CPUID 指令后,可获得 Intel 系列处理器的版本与特性等信息。

指令指针(EIP)寄存器:EIP 寄存器包含下一条要执行的指令在当前码段中的偏移。通常,它是顺序增加的,从一条指令边界至下一条指令,但在执行 JMP、JCC、CALL、RET 和 IRET 等指令时,它可以向前或向后移动若干条指令。

EIP 寄存器不能直接由软件访问;它由控制传送指令(例如,JMP、JCC、CALL 和 RET)、中断和异常隐含控制。读 EIP 寄存器的唯一方法是执行一条 CALL 指令,然后从堆栈中读指令指针的返回值。EIP 寄存器能通过修改过程堆栈上指令指针的返回值并执行返回指令(RET 或 IRET)来间接修改。

x87 FPU 浮点运算单元寄存器:8 个 80 位的 x87 FPU 数据寄存器,x87 FPU 控制寄存器、状态寄存器、x87 FPU 指令指针寄存器、x87 FPU 操作数（数据）指针寄存器、x87 FPU 标记寄存器和 x87 FPU 操作码寄存器，为执行环境提供操作单精度、双精度和双扩展精度浮点数，字、双字和四字整数以及二进制编码的十进制（BCD）值。

多媒体扩展 MMX 寄存器：8 个 MMX 寄存器支持在 64 位组合的字节、字和双字整数上执行单指令多数据 SIMD 操作。

XMM 寄存器：8 个 XMM 数据寄存器和 MXCSR 寄存器支持在 128 位组合的单精度和双精度浮点值与 128 位组合的字节、字、双字和四字整数上执行 SIMD 操作。

堆栈：支持子程序（或过程）调用并在子程序（或过程）之间传递参数，堆栈和堆栈管理资源包含在基本执行环境中。堆栈定位在内存中。

I/O 端口：IA-32 结构支持数据在处理器和输入输出（I/O）端口之间的传送。

程序调试寄存器：调试寄存器（DR0～DR7）允许监控处理器的调试操作。

80386 以前的处理器，只提供两个调试接口：INT 01H 和 INT 03H，分别支持单步中断与断点中断。80386 仍支持这两个中断，但在调试方面有了重大改进，主要是引入了 8 个调试寄存器 DR0～DR7，不但可支持指令断点，还可支持数据断点。

DR_0～DR_3 这 4 个断点调试寄存器用来存放 4 个 32 位断点的线性地址。有了它们，只需将断点指令的线性地址写入相应寄存器，即能构造指令断点，无须在指令断点处写入一条"INT 03H"指令来产生断点。80386 可支持 4 个断点。

DR_6 为调试状态寄存器。当产生调试异常（01H 号中断）时，微处理器会在 DR6 中给出异常类型，如单步异常、Debug 异常等，并选择进入事故处理程序。

DR_7 为断点控制寄存器，用来规定每一个断点寄存器的使能选择、断点字段的长度、断点类型（指令断点、数据断点）选择及所有断点寄存器的保护。

DR_4、DR_5 保留。

存储类型范围寄存器（MTRRs）：MTRRs 用于赋存储器类型到存储分区。

IA-32 结构处理器的基本执行环境如图 A-1 所示。

3）系统级寄存器

除了基本执行环境中提供的资源之外，IA-32 结构提供以下系统资源。这些资源是 IA-32 结构的系统级结构的一部分，它们为操作系统和系统软件提供扩展的支持。

（1）控制寄存器。5 个控制寄存器（CR0～CR5）确定处理器的操作模式和当前执行的任务的特征。

CR0：包括控制操作模式的控制标志位（可以用指令设置）、Pentium Pro 处理器的状态位共 11 位。意义如下。

PG（Paging Enable），允许分页位：PG=1，允许分页操作；PG=0，禁止分页操作。有关保护模式下存储器分段和分页的概念稍后介绍。

PE（Protection Enable）保护模式允许位：PE=1，启动系统进入保护模式；PE=0，系统以实模式方式工作。

PE 和 PG 组合起来，可以提供 3 种工作环境，如表 A-1 所示。

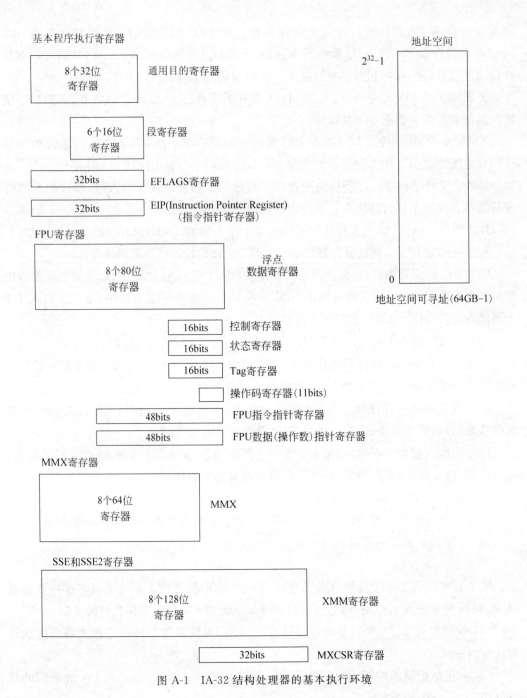

图 A-1　IA-32 结构处理器的基本执行环境

表 A-1　PE 和 PG 组合提供的工作环境

PG	PE	工 作 环 境
0	0	实地址方式,与 8086 兼容
0	1	不分页保护方式,有分段功能,但无分页功能

续表

PG	PE	工 作 环 境
0	0	未定义
0	1	分页保护方式,具有分页分段功能

MP(Monitor Coprocessor)和 TS(Task Switched)协处理器监控位和任务切换位。80386 是一个多任务系统,在任务切换时,系统硬件总是使 TS 置 1,如此时 MP 置 1,则CPU 在执行 WAIT 指令时,会产生异常 7(协处理器无效)信号。

EM(Emulation)模拟协处理器控制位。EM＝1 时,指示处理器内部或外部没有80x87 协处理器,这时执行协处理器指令时会产生异常,用软件可以模拟协处理器。EM＝0时,协处理器存在,从 80486 开始,EM 肯定为 0,因协处理器在处理器芯片内部。

ET(Extension Type)处理器扩展类型控制位。在 80386/80486 中,ET＝1,支持80387 协处理器工作;ET＝0,则用 80287 协处理器。P6 系列和 Pentium 4 处理器保留此位。

NE(Numeric Error)数字错误位。用来控制是由中断向量 16 还是由外部中断来处理未屏蔽的浮点异常。NE＝1,当执行 80x87 FPU 指令发生故障时,用异常 16 处理;NE＝0,则用外部中断处理。

WP(Write Protect)写保护位。用来保护管理程序写操作访问用户级的只读页面。WP＝1,强制任意特权级写入,只读页面时会发生"故障";WP＝0,允许只读页面由特权级 0～2 写入。

AM(Alignment Mask)对界屏蔽位。用来控制 EFLAGS 中的对界检查位(AC)是否允许进行对界检查。AM＝1,允许 AC 位进行对界检查;AM＝0,禁止 AC 位进行对界检查。

NM(Not Write-Through)非通写位。用来选择片内数据 Cache 的操作模式。NW＝1,禁止通写,写命中,不修改主存;NW＝0,允许通写。所谓通写是要求 Cache 写命中时,Cache 与存储器同时完成写修改。

CD(Cache Disable)Cache 禁止位。用来控制是否允许向片内 Cache 填充新数据。当Cache 未命中时:

CD＝0,允许填充 cache;CD＝1,禁止填充 Cache。

CR1 保留。

CR2,页故障线性基地址(Page Fault Address)寄存器,用来存放发生故障中断(异常14)之前所访问的最后一个页面的线性地址。发生页故障时报告出错信息。当发生页异常时,处理器把引起异常的线性地址保存到 CR2 中。操作系统中的页异常处理程序可以检查 CR2 的内容,查出线性地址空间中的哪一页引起本次异常。当控制寄存器 CR0 中的 PG＝1,即允许分页时,CR2 才是有效的。

有关线性地址、页异常等内容容后描述。

页目录表基地址寄存器 CR3 用来存放页目录表的物理基地址。当 Pentium Pro 处理器使用分页寄存器管理机制时,页目录是按页(4KB 为一页)对齐的,也就是说必须从低 12 位地址为 0 的那些地方开始分页。例如,可以从 0000 0000H、0000。1000H、0002 8000H 等地址处分页,这些地址称为基地址。CR3 的高 20 位用来放页目录的基地址,低 20 位应该为 0,才能构成基地址。但系统中还将位 3、位 4 分别定义成 PWT 和 PCD。也就是说 CR3 的低 12 位一般为 0,而位 3、位 4 也允许为 1,这两位的功能如下。

PWT(Page Write Through)页面通写位,用于指示页面是通写还是回写:

PWT=1,外部 Cache 对页面进行通写(Write-Through);

PWT=0,外部 Cache 对页面进行回写(Write-Back)。

PCD(Page Cache Disable,位 4)页面 Cache 禁止位,用于指示页面 Cache 的工作情况:

PCD=0,且 CPU 的高速缓存允许引脚 KEN=0,允许片内页 Cache 操作;

PCD=1,禁止片内页 Cache 操作。

Pentium 微处理器在 80486 的基础上增加了一个新的 32 位控制寄存器 CR4,CR4 只用到低 7 位,其余位均空置备用。

VME(位 0): 虚拟 8086 模式中断允许位。

在虚拟 8086 模式下,若置 VME=1,表明支持中断;若置 VME=0,则禁止中断。

PVI(位 1): 保护模式虚拟中断允许。在保护模式下,若置 PVI=1,表明支持虚拟中断;若置 PVI=0,则禁止虚拟中断。

TSD(位 2): 读时间计数器指令的特权设置位。若置 TSD=1,才能使读时间计数器指令 RDTSC 作为特权指令可在任何时候执行;当置 TSD=0,RDTSC 指令仅允许在系统级执行。

DE(位 3): 断点有效允许。若置 DE=1,表示支持断点设置;若置 DE=0 则禁止断点设置。

PSE(位 4): 页面尺寸扩展允许。若置 PSE=1,表示页面尺寸设为 4MB;若置 PSE=0,则禁止页面尺寸扩展,实际尺寸还是 4KB。

PAE(位 5): 物理地址扩充允许。若置 PAE=1,则允许按 36 位物理地址运行分页机制;若置 PAE=0,则按 32 位允许分页机制。

MCE(位 6): 机器检查允许。若置 MCE=1,机器检查异常功能有效;若置 MCE=0,则禁止机器检查异常功能。

CR5 略。

(2) 系统段表寄存器。由于 GDT、IDT 和 LDT 3 种类型描述符表和一个特殊的 TSS 段都位于内存中,为了寻找和定义这些描述符表和 TSS 系统段,确定它们的基地址及表的长度等信息,系统中设置了全局描述符表寄存器 GDTR、中断描述符表寄存器 IDTR 和局部描述符表寄存器 LDTR,它们分别用来寻址对应的描述符表。另外,用任务状态段寄存器(Task State Segment Register,TR)来寻址任务状态段 TSS。GDTR 和 IDTR 用来管理全局描述符表和中断描述符表这两张系统表,所以这两个寄存器也称为系统表寄存器。TSS 为系统段,LDT 也作为系统段来寻址,LDTR 和 TR 这两个寄存器用来管理这两个系统段,因此它们也称为系统段寄存器。共计 4 个系统地址寄存器。

初步描述如下。

GDTR 和 IDTR 分别寄存 GDT 和 IDT 表的在存储器中的基地址和长度。两个寄存器都有 48 位(6 个字节),其中高 32 位是线性基地址部分,指明描述符表 GDT 或 IDT 在存储器中的起始地址,低 16 位保存描述符表的界限值,也就是描述符表的长度。由于系统工作时,只存在一个 GDT 和一个 IDT,所以在进入保护模式之前的系统初始化阶段,就可以预先定义 GDT 或 IDT,再用指令

```
LGDT    48 位内存操作数
```

或

```
LIDT    48 位内存操作数
```

　　分别向 GDTR 或 IDTR 置入初值,并且以后不会再改变,从而确定 GDT 或 IDT 在存储单元中的位置。从此以后,CPU 就根据此寄存器中的内容直接作为 GDT 的入口来访问 GDT 了。

　　假如 GDTR 内赋值 0130DB0804FFH,则 GDT 的起始地址为 0130DB08H,长度为 4FFH＋1＝500H。GDT 中共有 500H/8＝160 个段描述符。

　　至于系统地址寄存器 LDTR 和 TR,可以分别使用指令

```
LLDTR    16 位寄存器数/16 位内存数
LTR      16 位寄存器数/16 位内存数
```

向其中置数,LDTR 和 TR 的内容就是 LDT、TSS 描述符表的 16 位选择子。

　　除了用指令直接置数,在初始化或多任务的任务切换过程中,也通过一定机制向 LDTR 和 TR 中装入选择子。

　　这样,与 GDTR 直接给出 GDT 的起始地址不同,局部描述符表寄存器 LDTR/TR 并不直接指出 LDT/TSS 的存储位置或起始地址,而是给出程序员可见的 16 位的段选择子。

　　LDTR/TR 中 16 位寄存器的段选择子确定后,处理器据此从 GDT 中取出对应的 64 位的 LDT/TSS 描述符,将 LDT/TSS 对应的 32 位段基地址、32 位已经转换为字节粒度的段界限和 10 个属性位(这 10 个属性依次是:该段存在与否、该段的特权级、该段是否已存取过、粒度、该段是否可读、该段是否可写、该段是否可执行、堆栈大小、一致特权)等信息保存到 LDTR/TR 对程序员不可见的 64 位高速缓冲寄存器中。以后对 LDT/TR 的访问,就可根据保存在高速缓冲寄存器中的有关信息进行,不用每次由段选择子去访问 GDT 了,除非又装载了新任务的 LDT/TSS 描述符。以提高效率。

　　当前任务使用的 LDT 由 LDTR 寄存器在 GDT 中进行索引,当任务发生切换时由操作系统经由 LDTR 索引访问 GDT 取得此任务的 LDT 描述符,将表基址、表界限、属性等装入 LDT 描述符高速缓存,得到相应的 LDT。当 CPU 运行于分段管理的保护模式下时,可利用其 32 位地址线提供 4G 字节地址访问空间的虚拟存储器,通过特权位和界限值的检查实现完整的保护功能。此时,系统的内存被全局描述符表和局部描述符表所控制,并以选择器(Selector)的方式供程序使用。进程的逻辑地址(Logical address)由选择器(Selector)和段内偏移量(Offset)构成,这里的 Selector 不像实模式寻址那样代表某个段寄存器的真实地址,而是用来确定段描述符在描述符表中的入口地址,描述符表中相应

位置所存的数据内容才是其真正的物理内存的地址。将段描述符的基地址加上段内偏移量的值就形成了 32 位的内存线性地址。

4) 段描述符

在保护虚地址方式下的每一个段，都有一个相应的描述符。描述符由 8 个字节组成，包含了此段的基地址(32 位)、段的大小(20 位)、段的类型等一些主要特性。

在 IA-32 微处理器中，主要有两种类型描述符：存储段描述符；系统段描述符包括特种数据段描述符和控制(门)描述符。

(1) 存储段描述符。存储段包括代码段和数据段(含堆栈段)，描述符其一般格式如图 A-2 所示。图 A-2 中规定了 32 位的段基址(由基址 31…24、基址 23…16 和基址 15…0 3 部分构成。这样做，主要是为了与 80286 兼容)、20 位段界限(由界限 19…16 和界限 15…0 两部分构成。段长度＝段界限长度＋1)。另有一粒度位 G。G＝0，段长度以字节为粒度，20 位段界限可定义段的大小 1MB；G＝1，段长度以页为粒度，每页为 $4KB=2^{12}B$，段的界限为 1M 页，可定义段长度的最大值为：$1M\times4KB=4GB$。

因此，段寻址范围是整个 4GB 的地址空间。

描述符中有段属性，其中一个字节是段的访问权字节，它描述了段的一些重要特性，如表 A-2 所示。

第	7	6	5	4	3	2	1	0	位
段界限长度	段界限长度 15~0，共 16 位，占 2 字节								第 0~1 字节
	1	1	1	1	1	1	1	1	
段基地址Ⅲ	1	1	1	1	1	1	1	1	
	段基地址 15~0，共 16 位，占 2 字节								第 2~3 字节
段基地址Ⅱ	0	0	0	0	0	0	0	0	
段属性	0	0	0	0	0	0	0	0	
	段基地址 23~16，共 8 位，占 1 字节								第 4 字节
段基地址Ⅰ	0	0	0	0	0	0	0	0	
	P	DPL		S	E	C/ED	R/W	A	第 5 字节
	1	0　0		1	1	0	0	0	
	G	D	0	AVL	段界限长度 19~16				第 6 字节
	1	1		0	1	1	1	1	
	段基地址 31~24，共 8 位，占 1 字节								第 7 字节
	0	0	0	0	0	0	0	0	

图 A-2　代码段和数据段描述符格式

段的访问权字节(第 5 字节)，段的访问权字节指从 P 到 A 的字节。

其中的高 4 位在所有的段描述符中都是相同的：最高位 P(Present)为存在位，P＝1，表示此段已被装入内存；P＝0，表示该段还未调入内存，要从磁盘上调进内存。此时访问该段，就会产生"段不存在"异常。第 6、5 位 DPL(Descriptor Privilege Level)为描述符特权(优先)级，规定了此段的保护级别，用于特权检查，以决定能否对此段进行访问。第 4

位 S(Segment,也有用 DT 表示的) 描述符类型标志:

S=1,为代码段或数据段描述符;S=0,为系统段描述符或门描述符。

访问权字节的低 4 位,也称为 Type 类型域。在 S=0 或 S=1 时是不同的。在 S=1 即为代码段或数据段描述符时,其作用如表 A-2 所示。其中的 E 位和 A 位的作用对所有的段描述符中都是相同的。

表 A-2 代码段和数据段的访问权字节

位	命 名	功 能
7	存在(P)	P=1 段映像到物理存储器 P=0 无物理存储器映像存在,描述符无效
6,5	描述符特权级(DPL)	段的特权属性,用于访问时的特权测试
4	段描述符(S)	S=1 码或数据(包括堆栈)段描述符 S=0 特种数据段,或控制(门)描述符
在 E=0 情况下: 3 2 1	 可执行(E) 扩展方向(ED) 可写(W)	E=0 不可执行,为数据段描述符 ED=0 向上扩展,偏移量必须≤界限 ED=1 向下扩展,偏移量必须>界限 W=0 数据段不能写入 W=1 数据段可写入
在 E=1 情况下: 3 2 1 0	 可执行(E) 一致(C) 可读(R) 访问(A)	E=1 可执行,为码段描述符 C=1 当 CPL≥DPL 和 CPL 保持不变时,代码段只能执行 R=0 代码段不可读 R=1 代码段可读 A=0 段尚未被访问 A=1 段已被访问

A 位是访问位,A=1,该段已被访问过;A=0,且 S=1 时,则该段未被访问过。操作系统利用 A 位,对给定段进行使用率统计。

E 位是可执行位,E=1,则该段是代码段,可执行;E=0,且 S=1 时,则该段是数据段或堆栈段,不可执行。分述如下。

当 E=1 时,则该段是可执行的代码段。

C 位是读位,C=0,本代码不能被当前任务调用;C=1,本代码可以被当前任务调用并执行。

R 位是读位,R=0,读操作不能执行;R=1,读操作可以执行。

当 E=0 时,则该段是数据段或堆栈段。

ED 位是扩展方向位,ED=0,动态向下扩展(Expand Down),存的数越多,地址越小,实际上指堆栈段;ED=1,动态向上扩展(Expand Up),存的数越多,地址越大,实际上指数据段。

W 位是写位,W=0,写操作不能执行;W=1,写操作可以执行。堆栈段的 W 位必须为 1。

第 6 字节的 G 位已讨论过。

D 位也很重要,其作用如下。

代码段描述符的 D 位用于设置由指令所引用的地址和操作数据的默认值。D=1,指示默认值是 32 位地址、32 位或 8 位操作数,这是 IA-32 微处理器在保护方式下的正常设置;D=0,指示默认值是 16 位地址、16 位或 8 位操作数,这是在 IA-32 微处理器中为了执行 80286 的程序而设置的。

由 D 位所设置的默认值,可以由前面章节中提到的地址前缀和操作数前缀加以改变。

对于设置为向下扩展的段,D 位决定段的上边界。D=1,指示段的上边界为 4GB;D=0,指示段的上边界为 64KB。

由 SS 寻址的段,若 D=1,规定用 ESP 作为指针,堆栈操作是 32 位的;若 D=0,则用 SP 作为指针,堆栈操作是 16 位的。

下面举例说明存储段描述符的设置方法。

[例 1]　如存储段描述符的 8 个字节为 00CF 9A00 0000 FFFFH,试说明该描述符的含义。

解答:该内存段描述符可以用图 A-3 来表示,图 A-3 中将用十六进制数表示的 8 字节内存段描述符改成用二进制数来表示。

第	7	6	5	4	3	2	1	0	位
段界限长度	段界限长度 15~0,共 16 位,占 2 字节								第 0~1 字节
	1	1	1	1	1	1	1	1	
段基地址 Ⅲ	0	1	1	1	1	1	1	1	
段基地址 Ⅱ	段基地址 15~0,共 16 位,占 2 字节								第 2~3 字节
	0	0	0	0	0	0	0	0	
段属性	1	1	1	1	0	0	0	0	
段基地址 Ⅰ	段基地址 23~16,共 8 位,占 1 字节								第 4 字节
	1	0	1	1	1	1	1	0	
	P	DPL		S	E	C/ED	R/W	A	第 5 字节
	1	0	0	1	0	1	1	0	
	G	D	0	AVL	段界限长度 19~16				第 6 字节
	0	1		0	0	0	0	0	
	段基地址 31~24,共 8 位,占 1 字节								第 7 字节
	1	0	0	0	0	1	0	1	

图 A-3　例 1 存储段描述符的图示

由图 A-3 可知,段基地址位 31~24=00H,位 23~16=00H,位 15~0=0000H,所以段基地址位 31~0=0000 0000H;段限长位 19~16=0FH,位 15~0=FFFFH,所以段限长位 19~0=FFFFFH。由于 G=1,所以限长应以 4KB 为单位。

实际限长=FFFFFH×1000H + FFFH=FFFF FFFFH。属性位 D=1,表示此段为 32 位代码;DPL=00,表示代码段的优先级为 0 级,属于最高级;P=1,说明该段已装入主存。

S＝1,该段为系统段;TYPE＝1010,说明该段是可执行、可读的代码段。

〔**例2**〕　有一个32位的堆栈段,段基址为8ABEF000H,该段限长为(32K－1)字节,段的优先级为0,试求出堆栈段的描述符。

解答:可以按照以下步骤来解:

① 将基地址8ABEF000H分3段填入相应字段;

② 因段限长＝32K－1＝7FFFH,用20位字段可以表示限长,故取G＝0,不用左移,而且有段限长19～16＝0H,段限长15～0＝7FFFH;

③ 因为是堆栈段,类型需置成可读/写,向下扩展限长,未访问过且是数据段而非代码段,所以TYPE＝6;

④ 其余位DPL,P,S与上例相同。

综合以上结果,就可以得到如图A-4所示的堆栈段描述符。

第	7	6	5	4	3	2	1	0	位
段界限长度	段界限长度15～0,共16位,占2字节								第0～1字节
	1	1	1	1	1	1	1	1	
段基地址Ⅲ	0	1	1	1	1	1	1	1	
段基地址Ⅱ	段基地址15～0,共16位,占2字节								第2～3字节
	0	0	0	0	0	0	0	0	
段属性	1	1	1	0	0	0	0	0	
段基地址Ⅰ	段基地址23～16,共8位,占1字节								第4字节
	1	0	1	1	1	1	1	0	
	P	DPL		S	E	C/ED	R/W	A	第5字节
	1	0	0	1	0	1	1	0	
	G	D	0	AVL	段界限长度19～16				第6字节
	0	1		0	0	0	0	0	
	段基地址31～24,共8位,占1字节								第7字节
	1	0	0	0	1	0	1	0	

图 A-4　例2堆栈段描述符的图示

(2) 系统段描述符。前面说过,除了存储段描述符外,32位处理器还有系统段描述符,包括特种数据段描述符和控制(门)描述符。

系统段描述符的格式与存储段描述符类同。有两点不同,一是系统段描述符表中的属性位S＝0。二是访问权字节的低4位,即Type类型域各位的含义不同,详见表A-3和图A-5。

特种数据段描述符,又分为任务状态段描述符TSS(Task Status Segment)和局部描述符表。

系统段描述符用于描述有关80386操作系统行为及其执行相关任务等信息。

从表A-3中可见,只有类型编码为0001、0010、0011、1001和1011的描述符才是真正的系统段描述符,用于描述任务状态段TSS(Task State Segment)和LDT,其他类型的描述符属于门描述符。要注意区分 16 位的 CPU 和 32 位 CPU,它们的 TYPE 字段中的含义有不同的定义。

表 A-3 系统段描述符中 Type 字段的含义

TYPE	Descriptor	说明	TYPE	Descriptor	说明
0000	Reserved	保留,未定义	1000	Reserved	保留,未定义
0001	16-bit TSS(Available)	16 位有效任务状态段	1001	32-bit TSS(Available)	32 位有效任务状态段
0010	LDT	LDT 描述符	1010	Reserved	保留,未定义
0011	16-bit TSS(Busy)	16 位任务忙碌状态段,不可用	1011	32-bit TSS(Busy)	32 位任务忙碌状态段,不可用
0100	16-bit CallGate	16 位调用门	1100	32-bit CallGate	32 位调用门
0101	Task Gate	任务门	1101	Reserved	保留,未定义
0110	16-bit Interrupt Gate	16 位中断门	1110	32-bit Interrupt Gate	32 位中断门
0111	16-bit Trap Gate	16 位陷阱门	1111	32-bit Trap Gate	32 位陷阱门

(1) 任务状态段描述符

任务状态段 TSS 是为每个任务或进程专门定义的特殊的段。每个任务或进程都有自己 TSS,用于保存对应任务的重要信息。TSS 作为特殊段都有自己的描述符以及对应的选择子。TSS 的描述符属于系统段描述符,只能定义在全局描述符表 GDT 中,其格式就是图 A-5 所示的格式,描述符的属性由图 A-5 中所示的属性字节给出。

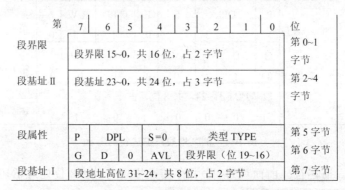

图 A-5 任务状态段 TSS 的描述符的格式

从一个任务向另一个任务的转移切换涉及两个任务,为了说明方便,称前一个任务为旧任务,称转换后的任务为新任务。无论旧任务或是新任务,当前任务的 TSS 总是由 TSS 寄存器 TR 来寻址的。与局部描述符表寄存器 LDTR 类似,TSS 寄存器 TR 也有程序员可见和不可见的两部分。当前任务的 TSS 描述符的选择子装入 TR 的选择子字段时,TR 隐含不可见的高速缓冲寄存器部分将装入选择子对应的 TSS 描述符,而该 TSS 描述符含有当前任务 TSS 的段基址和段界限等信息,是自动从 GDT 中被选出并实现装入的。

有两种途径可以完成 TR 中选择子的装入:一种是利用 LTR 指令装入,通常用于初始任务；另一种是在任务切换时，由系统自动完成新任务的 TSS 描述符的选择子装入。

在任务切换过程中，TSS 的作用是实现任务的挂起和恢复，即挂起当前正在执行的旧任务，恢复或启动执行一个新任务。当旧任务挂起时，处理器中各寄存器的值会自动保存到 TR 所指定的 TSS 中；当旧任务恢复或新任务启动时，挂起时保存在 TSS 中的各寄存器的值会再送回到处理器的各寄存器中，回复或启动的任务得以运行。TSS 的格式如图 A-6 所示，图 A-6 中给出 TSS 包含的信息如下。

TSS 由基本格式不可改变的 104 个字节组成（图 A-6 中的前 26 行，每行 4 个字节）。

在基本的 104 个字节之外，还可定义若干字节的附加信息。

第 1 行的 4 个字节中，低位的两个字节共 16 位称为反向链（Back Link），高位的两个字节未用。反向链中保存的是一个被挂起的旧任务的 TSS 描述符的选择子，是在从旧任务向新任务转移切换时自动装入的，装入的同时标志寄存器 EFLAGS 中的 NT 位置 1，使反向链字段生效，为从新任务再返回旧任务执行时，中断返回指令 IRET 沿着反向链恢复到其指明的前一个任务去执行。

TSS 中的第 2～7 行用于存储 3 个特权级堆栈的 SS 和 ESP 偏移值，形成 0 级、1 级、2 级 3 个级别的内层堆栈指针，每个指针由 16 位的选择子 SS 和 32 位的偏移 ESP 共 48 位组成。内层堆栈指针为特权保护而设，特权级和特权保护的概念将在后面讨论。

TSS 中的第 8 行用于存储控制寄存器 CR3 的内容。任务转移时，处理器会自动从新任务的 TSS 中取出 LDTR 和 CR3 两个字段，分别装入到 CPU 中的寄存器 LDTR 和 CR3 中，借以改变虚拟地址空间向物理地址空间的映射。而旧任务的 LDTR 和 CR3 则从 CPU 再写入其对应的 TSS。

TSS 中的第 9～24 行都是寄存器保存区域，用于存储当前任务即将切换时 CPU 中通用寄存器、段寄存器、指令指针和标志寄存器的值。当从另一个任务要再切换回这个任务时，这些保存在 TSS 寄存器存储区中的值会恢复到对应的寄存器中，使得该任务可以继续得以执行。

TSS 中的第 25 行的两个低位字节存储本 TSS 对应任务 LDT 描述符的选择子。与第 8 行的 CR3 寄存器值一起用于对任务切换的控制。在任务切换过程中，新任务 TSS 的这个值会被修改，包括其高速缓冲部分自动装入 LDT 描述符。

TSS 中的第 26 行中的位 0 标示为 T，是调试陷阱位，在任务转移切换时，如果新任务 TSS 的 T 位为 1，那么在任务切换完成后，新任务的第一条指令执行之前会产生一个调试陷阱。

在基本的 104 个字节之外，还可定义若干字节的附加信息，包括为实现输入/输出（I/O）保护而设置的 I/O 地址位屏蔽以及在 TSS 内偏移 66H 处用于存放 I/O 地址位屏蔽在 TSS 内偏移（从 TSS 开头开始计算）的字。TSS 中的 I/O 地址位屏蔽区共有 8K 字节 65536 位，从位 0 开始每一位对应一个 I/O 端口地址，总共可控制 $2^{18} = 65536$ 个端口。如果位屏蔽区中的某位被置 1，意味着该位对应的 I/O 端口处于受屏蔽状态，如果位屏蔽区中的某位被置 0，意味着该位对应的 I/O 端口地址处于未屏蔽状态。端口保护规则确定为：当访问端口的代码段的 CPL 大于标志寄存器 EFLAGS 中 I/O 特权级指示位 10PL 的值时，允许对未屏蔽的 I/O 地址进行访问；如果访问处于屏蔽状态的 I/O 端口，系统将

	31	16	15	0
00	0000 0000 0000 0000		反向链	
04	特权级 0 层的内层堆栈指针 ESP0			
08	0000 0000 0000 0000		SS0	
0C	特权级 1 层的内层堆栈指针 ESP1			
10	0000 0000 0000 0000		SS1	
14	特权级 2 层的内层堆栈指针 ESP2			
18	0000 0000 0000 0000		SS2	
1C	CR3			
20	EIP			
24	EFLAGS			
28	EAX			
2C	ECX			
30	EDX			
34	EBX			
38	ESP			
3C	EBP			
40	ESI			
44	EDI			
48	0000 0000 0000 0000		ES	
50	0000 0000 0000 0000		CS	
54	0000 0000 0000 0000		SS	
58	0000 0000 0000 0000		DS	
5C	0000 0000 0000 0000		FS	
60	0000 0000 0000 0000		GS	
64	I/O 地址位屏蔽位移量	0		T

用户可使用的区域

31	24	23	16	15	8	7	0
63	56	55	48	47	40	39	32

I/O 地址位屏蔽

位 0 对应于 I/O 地址 0

……

……

位 65535 对应于 I/O 地址位 65535

图 A-6　任务状态段 TSS 的格式

引起类型号 13 的异常中断。

初始任务的 TSS 内容是用程序置入的。在任务切换时,新任务 TSS 中的信息大部分要对应置入 CPU 的有关寄存器,作为新任务运行的初始状态;而切换前的 CPU 状态信息,除了把 TR 中的选择子字段作为反向链存入新任务的 TSS 之外,其他状态信息存入旧任务的 TSS,以便任务返回切换时可以使用。

保护模式下的多任务系统中,门描述符用于控制程序从一个代码段向另一个目标代码段的转换。门设置在目标代码段的入口处,用来控制对该目标代码段的访问(允许或禁止)。有 4 种门:调用门(Call Gate)、任务门(Task Gate)、中断门(Interrupt Gate)和陷阱门(Trap Gate)。

　　调用门用于在程序中调用子程序、过程、函数。调用门的内容主要是目标子程序的参数特征,以此来实现任务内从低级别优先级的代码段到高级别优先级(或同级)的代码段的变换。

　　任务门用来切换任务。中断门和陷阱门用于描述中断/异常处理程序的入口参数特征。必须说明:DWORD Count 字段只对调用门有效。

　　图 A-7 所示为门描述符的格式,门描述符的第 0、1 和第 6、7 字节是目标代码段的偏移地址共 32 位。第 2、3 字节是 16 位的选择子(容后详述),通过它来选择目标段。

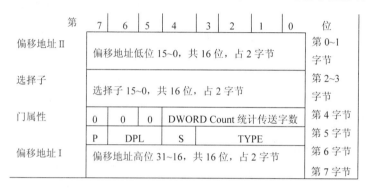

图 A-7　门描述符的格式

　　16 位的选择子和 32 位的偏移地址,形成一个 48 位的目标段的指针。

　　门描述符的属性参见图 A-7 中的第 4 和第 5 字节。其中,P、DPL、S、TYPE 等字段的意义都与系统段描述符的属性相同,DWORD Count(双字计数)字段是要传递到转移目标过程的双字参数的数量。

　　5) 选择子

　　前面已经多次谈到选择子。每个存储段的段描述符在 GDT 或 LDT 中。要选择目标段,就要用指令从相应的段寄存器或 LDTR 中,找到选择子,再根据选择子指示的内容,从 GDT 或 LDT 中取出对应的段描述符,然后才能根据段描述符的内容,找到对应的段。选择子的格式如图 A-8 所示。选择子包含有 3 个典型字段:位 1 和位 0 形成的 RPL 是特权级,将在下

图 A-8　段选择子的格式

节详述。位 2 的 TI 为 0,表示目标段的描述符存放在 GDT 中;TI 为 1,表示目标段的描述符存放在 LDT 中。位 15～位 3 的 13 位是 TSS 描述符在 GDT 中的索引号,$2^{13}=$ 8192,说明由索引号可以区分 8192 个描述符。因此,一个描述符表最大可容纳 8192 个描述符。图 A-9 显示了段选择子的内容与描述符表的关系以及逻辑地址到线性地址的映射过程。

　　如果某选择子的内容是 000CH,则根据图 A-6 可知,Index＝3,TI＝0,RPL＝0。说

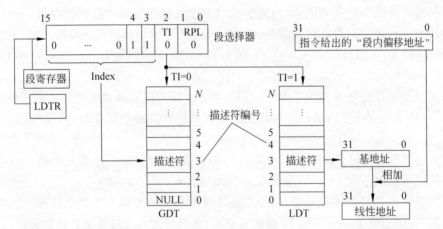

图 A-9   段选择子的内容与描述符表的关系以及逻辑地址到线性地址的映射过程

明该选择子指定了 GDT 表中的第 3 个描述符,请求的特权级为 0,用 Index 的值乘以 8,即得到对应的段描述符在相应描述符表中的偏移地址。

⚠ **注意**:GDT 没有 0 号选择子,即当 TI 为 0,索引号全 0 时的选择子称为空(Null)选择子。空选择子有特殊的用途,当用空选择子访问存储器时会引起"异常"。空选择子的 PRL 字段可为任意值。

LDT 却有 0 号选择子,即当 TI 为 1,索引号全 0 时的选择子不是空(Null)选择子,而是用它选择 LDT 中的第 0 号描述符。

6)段描述符表

现在逐一讨论各种描述符表。

(1)全局描述符表 GDT 存储着系统中所有任务都可能或可以访问的段的描述符(除中断门和陷阱门描述符)。通常包含操作系统所使用的代码段、数据段和堆栈段的描述符,也包含多种系统段的描述符,如所有任务的局部描述符表 LDT 的描述符,各个任务状态段 TSS 的描述符等。这是为了适应在多任务操作系统管理的保护模式下,支持多任务并行操作。

(2)局部描述符表 LDT 只存放属于自己当前任务含有的代码段、数据段和堆栈段的描述符。每一个任务都有一个各自的 LDT,它包含了有关局部描述符表的信息。有了 LDT,就可以使给定任务的代码段、数据段与别的任务相隔离。每个 LDT 作为一个特殊的段也有一个对应的描述符,LDT 描述符设置在 GDT 内。LDT 的长度也是可变的,每个 LDT 最多也是含有 8192 个描述符。表内每个描述符在表内的起始地址也是由选择子内的 13 位索引值乘以 8 得到的。

图 A-10 就是一个局部描述符表描述符。

由这个描述符的第 5 个字节第 4 位 S=0,

	0	1	1	1	1	1	1	1	1
	1	0	0	0	0	0	0	0	0
字	2	0	0	0	0	0	0	0	0
	3	0	0	0	0	0	0	0	0
	4	0	0	0	1	0	0	0	0
节	5	1	0	1	0	0	0	1	0
	6	0	0	0	0	0	0	0	0
	7	0	0	0	0	0	0	0	0

图 A-10   一个局部描述符表描述符示例

得知它表示一个系统段。低 4 位类型域＝2，所以它是一个 LDT 描述符。最高位 P＝1，所以该描述符在存储器中，是有效的。

由于是局部描述符表描述符，所以它的 DPL 域是无用的。此局部描述符表的段基地址为 00100000H，界限为 000FFH，即 256。粒度为字节粒度，所以此表最多可放入 32 个局部描述符。

（3）中断描述符表 IDT 将在后详加讨论。虽然它最长也可以为 64K 字节，但只能存取 2K 字节以内的描述符，即 256 个。它最少为 256 个字节，因为 Intel 公司保留了 32 个中断描述符供自己使用。规定这些数字都是为了和早期的机器兼容。

表 A-4 给出了 3 种描述符表允许存储的描述符类型。

表 A-4 3 种描述符表允许存储的描述符类型

描述符类型	GDT	LDT	IDT	描述符类型	GDT	LDT	IDT
代码段描述符	√	√		调用门描述符	√	√	√
数据段描述符	√	√		任务门描述符	√	√	√
LDT 描述符	√			中断门描述符			√
TSS 描述符	√			陷阱门描述符			√

任务也称进程，是一个具有独立功能的程序对于某个数据集合的一次运行活动。程序通常指完成某个功能的指令集合。显然，任务与程序有关，但又与程序不同。一个程序可以完成一个任务，但有时也可以包含多个进程。

为了充分利用系统资源，出现了主存储器中同时存放并运行多道程序的系统。任务的概念出现在于多道程序之后。涉及多道程序并行运行的操作系统设计十分复杂。多道程序的并行运行、软硬件资源的竞争和协调是考虑的主要因素，还要处理好多道程序内部状态的动态变化。

保护模式下微机系统另一最重要的特征是具有了保护功能。在基于 8086/8088 的系统中，如果程序设计有误，非常容易破坏常驻内存的操作系统，使得系统崩溃，造成死机。究其原因，主要是由于应用程序在访问内存时，不适当地操作或访问了系统程序。这种情况在单任务系统中尚可容忍，但从 80286 开始，多任务功能加入后，保护机制成为支持多任务运行必不可少的基本条件。

计算机系统软件(操作系统)和多种应用程序同时运行时，更应注意防止应用程序破坏系统程序，应用程序之间互相打搅，或者错误地把数据当作程序运行等情况的出现。为了支持多用户、多任务操作系统，隔离和保护各个任务程序，在 IA-32 位微处理器中设置了 4 级特权等级。

目前，系统对多任务进行保护的规则和机制相当复杂，多数情况下还互相交织，限于学时，这里仅以特权级保护为例对保护技术展开讨论，其他多种保护规则和机制则略去不提。

利用这个特权系统，可控制特权指令和 I/O 指令的使用，并控制对段和段描述符的访问。这实际上是通常在小型计算机以上的系统中采用的用户/管理员特权方式的扩展，而这种用户/管理员方式也是 IA-32 微处理器的分页机制所支持的。特权级的编号为 0 到 3;0 是最高特权级;3 是最低特权级。在一个任务中的特权级是用来提供保护的(任务之间的保护,是通过每一个任务有自己的 LDT 来实现的)。操作系统程序、中断处理程序和其他系统软件,可以根据需要分别处于不同的特权级别中而得到相应的保护。通常,操作系统核心的代码段和数据段工作在特权级 0,它可以访问工作在任何特权级的段;操作系统的非核心部分工作在特权级 1,它可以访问除特权级 0 以外的所有段;操作系统的扩展部分工作在特权级 2;而工作在特权级 3 的应用程序的代码段和数据段,就只能访问工作在特权级 3 的数据,在特权级 3 的程序之内实现转移;它不能自然访问工作在特权级 0、1 和 2 的操作系统的代码段和数据段。

这样,操作系统与应用(用户)程序之间的隔离和保护,是通过特权级来实现的;而工作在特权级 3 的各应用程序之间,是通过各自的 LDT 来实现相互之间的隔离和保护的。

于是,就较好地解决了多任务环境下各任务间的相互干扰和冲突。

任务、描述符、选择子都有一个特权属性,这种属性决定了该描述符是否可以被使用。任务的特权,影响指令和描述符的使用;描述符和选择子的特权,则仅影响对该描述符的访问。

2. 一些有关特权的概念

我们前面讲过,段(门)描述符设有特权级字段 DPL,段选择子设有特权级字段 RPL,它们和特权等级之间有什么联系呢? 为此,我们先讨论几个有关特权的概念。

(1) 任务特权级 CPL。任务在特定时刻的特权,称为任务特权级,又称当前特权级 CPL(Current Privilege Level)。当前特权级是由当前任务的代码段寄存器 CS 给出该代码段的选择子的 RPL 字段(即最低两位)来规定的,简言之,CPL 就是当前任务的段选择子的 RPL 字段。

一个任务的 CPL 通常是不变的,只能通过具有不同特权级别的代码段门描述符的控制转换才能改变。这样,一个在 RPL=3 下运行的应用程序,通过门就可以调用一个在 RPL=1 下的操作系统的子程序,在执行这个操作系统子程序时,该任务的 CPL 就设置为 1。

当一个任务通过任务切换而启动时,该任务就在由代码段寄存器 CS 所指定的 CPL 值所规定的特权级上执行。在 0 级执行的任务,可以访问在 GDT 和该任务的 LDT 中定义的所有数据,并被认为处于最高的特权级;而在特权级 3 执行的任务,对数据的访问受到最大的限制,并被认为处于最低的特权级。

(2) 描述符特权级 DPL(Descriptor Privilege Level)是由段或门的描述符的访问权字段 DPL 中的规定的。那么,若 CPL 和 DPL 这两个特权级别不等,应如何选择呢?

DPL 规定了可以访问该描述符描述的段或门所属的任务的最低特权级,即只有在满足条件 CPL≤DPL(数值上)时,当前的任务的优先级别 CPL 高或等于 DPL,才允许访问该描述符。

显然具有 DPL=0 的描述符,受到最多的保护,只有在特权级 0 执行的任务才能访问它们;而 DPL=3 的描述符,受到最少的保护,因为 CPL=0、1、2 或 3 的任务,都可以访问它们。除 LDT 描述符的 DPL 字段没有意义外,这个规则适用于所有的描述符。

(3) 选择子特权级 RPL(Request Privilege Level)又称请求者特权级,是由一个选择子的请求特权级 RPL 字段(最低两位)所确定的。

问题来了,每一个任务有它的当前特权级 CPL,若此任务要使用某一程序段,则要通过一个选择子,寻找此段的描述符。IA-32 微处理器要对这样的访问进行特权检查。现在有 3 个特权级,即任务的当前特权级 CPL,选择子的请求特权级 RPL 和要访问的段的描述符的特权级 DPL,如何进行特权检查呢?

选择子的 RPL 的存在,建立了一个比任务的当前特权级更低的特权级,称为任务的有效特权级 EPL (Effective Privilege Level),它是 RPL 和 CPL 中的数值较大者,即 EPL=max(RPL,CPL)。由于 RPL 的存在,使任务的有效特权级降低从而使任务对段的访问增加了限制。具有 RPL=0 的选择子,对任务没有附加的限制;而具有 RPL=3 的选择子,则对任务附加了最大的限制,不管任务的 CPL 是什么,只能访问 DPL=3 的段。

当有 RPL 存在时,EPL=max(RPL,CPL)≤DPL 时,访问才是允许的。例如,一个任务要通过 ES 寄存器引用一个数据段描述符,在该数据段中存放一个数据。当前代码段的选择子的字段 CPL=2,而数据段 ES 寄存器的选择子字段 RPL=3,故 EPL=3。这样,若要访问的数据段描述符的 DPL=3,则这样的访问是允许的;若要访问的数据段 ES 的描述符的 DPL=2,尽管任务的 CPL=2,访问仍是不允许的。

(4) I/O 特权。在 IA-32 微处理器中 I/O 指令是敏感指令,利用 I/O 特权级 IOPL,操作系统(在 CPL=0 下执行)可以规定允许执行 I/O 指令的任务的特权级。I/O 特权级 (IOPL)是由 IA-32 微处理器的标志寄存器 EFLAGS 中的第 14 和 13 位的值决定的(两位的值为 0~3)。EFLAGS 的值可由在特权级 0 下运行的程序用指令来设置。IOPL 设置好以后,当一个任务的 CPL>IOPL(数值上)时,如果试图执行 IN、INS、OUT、OUTS、STI、CLI 等 I/O 指令,就会产生异常 13(一般保护违反)。

当然,为读取描述符而准备的选择子其中的 RPL 与其对应的描述符中的 DPL 不一定相同,与 CS 中当前特权级 CPL 也没有必然的相等或其他固定的关系。事实上,选择子各字段的合理范围是需要讨论的,而选择子的合理性也是需要测试的,已有专门指令用于修改不合理的选择子,使得选择子的取值符合安全并达预期访问目的。

上述 3 个特权级都是基于段的访问而言的。由于一个任务总是由多个代码段组成,所以一个任务在执行过程中的特权级总是在 4 个特权级中动态变化的,也可以说任务的特权级是由一系列当前特权级 CPL 组成的。如前所述,在执行由多个段形成的任务时,如果在两个特权级相等的段间进行转移,可以不经过门,而是直接通过目标代码段的描述符就可实现;如果要在特权级不同的段间进行转移,则必须经过门。

决定一个任务能否访问一个段,涉及被访问的段的类型、所用的指令、描述符的类型以及 CPL、RPL 和 DPL 的值。段的访问可以分为两种基本类型:数据访问(选择子装入 DS、ES 或 SS)和控制转移(选择子装入 CS)。

(1) 访问数据段。每当一条指令装载数据段寄存器(DS、ES、FS 和 GS)时,IA-32 微处理器都要进行保护合法性检查。首先进行段存在性检查。若不存在(P 位为 0),则产生异常 11。然后,检查选择子是否引用了正确的段类型。装入 DS、ES、FS 和 GS 寄存器的选择子必须只访问数据段或可读的代码段。若引用了一个不正确的段类型(如企图装入门描述符或只执行代码段),则引发异常 13。接着要根据特权规则中确定的数据访问规则,进行特权检查。

把选择子装入 DS、ES、FS 和 GS 的指令,必须引用一个数据段描述符或可读代码段描述符。任务的 CPL 和选择子的 RPL,必须是与描述符的 DPL 处在相同或更高的特权级。也即一个任务只能访问特权级等于或低于 CPL,和 RPL 所指定的特权级的数据段,以防止一个程序访问它不能使用的数据。例如,当 CPL=1 时,用 RPL=2 的选择子,只能访问 DPL≥2 的数据段描述符。

一般地说,这个规则表示为:在一个任务中,CPL、RPL 和 DPL 之间满足 max(CPL,RPL)≤DPL 时,程序才能访问具有 DPL 值的数据段描述符。

当访问堆栈段时,其规则与上述的访问数据段的规则稍有不同。把选择子装入 SS 的指令,必须引用可写数据段的描述符,而且描述符特权级 DPL 必须等于选择子的 RPL 和任务的 CPL,例如,在 CPL=2 时,装入 SS 寄存器的选择子的 RPL 和它所引用的描述符的 DPL 也都必须等于 2,即满足 CPL=RPL=DPL,才能实现对作为堆栈段的描述符的访问。这是因为,在一个任务内,对每个特权级,都提供一个独立的堆栈。把其他类型的描述符装入 SS 寄存器,会破坏上述特权规则,都将引起异常 13。堆栈不存在,将引起异常 12。

(2) 多任务管理的核心是协调任务内或任务间的调用和转移。具体可以分为两类:一类是在同一任务内的控制转移,另一类是任务间的切换,从一个任务转到另一个任务去执行。

当把一个选择子装入 CS 寄存器时,就发生了控制转移(关于一个任务内的段内转移就不在这儿讨论了。因为段内转移过程与实模式下的情况相似,仅仅是改变指令指针 EIP 的内容,不涉及保护模式下存在的特权级变换和任务切换)。可能的控制转移有 4 种,如表 A-5 所示。当然,每种转移只有在装入选择子的操作引用的描述符的类型是正确的情况下才能发生。这些规则也列在表 A-4 中。

表 A-5　关于控制转移的描述符访问规则

控制转移类型	操 作 类 型	引用的描述符	描述符表
在同特权级的段间转移	JMP、CALL、RET、IRET[①]	代码段	gdt/ldt
到相同或更高特权级的段间转移和任务内的中断,可以改变 CPL	CALL	调用门	gdt/ldt
	中断指令、异常、外部中断	陷阱或中断门	idt
到较低特权级的段间转移改变任务的 CPL	PET、IRET	代码段	gdt/ldt
任务切换	CALL、JMP	任务状态段	gdt
	CALL、JMP	任务门	gdt/ldt
	IRET**中断指令、异常、外部中断	任务门	idt

注:① 在 NT=0 时;
② 在 NT=1 时。

同一个任务内的控制转移,也分为在同一特权级的不同段之间的转移和转移到不同特权级两种情况。IA-32 微处理器支持 4 个特权级。目前在微型机中最流行的是 2 个特权级,即核心级(或系统级)与用户级。在核心级运行的是操作系统等系统软件,在用户级运行的为大量的用户应用程序。在用户的应用程序中常常会利用系统所提供的支持,例如调用工作在核心级的操作系统中的系统调用等函数,这就涉及特权级的转移。从较低特权的用户级调用较高特权的核心级程序,而且在运行核心级程序时,CPL 改变为核心级的特权,显然,这样的特权转移是正常的。相反的情况是不正常的。所以在 IA-32 微处理器中不允许由较高特权级的任务调用较低特权级的程序。

　　无论是同一任务内的段间转移还是不同任务间的切换,最常见的启动因素是跳转指令 JMP、调用指令 CALL 和中断。由于中断将在后面专门介绍,这里仅就 JMP、CALL 指令进行讨论。汇编程序中出现的 JMP/CALL 指令,形成的虚拟地址可以表示为

　　　　　　　　JMP/CALL　　选择子：偏移量

　　这里的选择子对应的描述符类型决定了 JMP/CALL 指令完成的操作,表 A-6 给出了其中的对应关系。

表 A-6　JMP/CALL 指令在不同选择子下应该完成的操作

选择子对应的描述符	CALL/JMP 完成的操作	选择子对应的描述符	CALL/JMP 完成的操作
代码段描述符	段间直接转移	TSS 描述符	直接任务转换
调用门	段间间接转移	任务门	间接任务转换

　　同一任务内的段间转移必然涉及 CS 寄存器值的改变。与实模式下类似,JMP/CALL 指令也可分为段间直接转移和段间间接转移两大类。如果指令"JMP/CALL 选择子：偏移量"直接在选择子中给出目标地址,那么就是段间直接转移,而段间直接转移只能进行任务内无特权级改变的转移。

　　前已述及,对指令 JMP/CALL 进行汇编形成的虚拟地址可以表示为：JMP/CALL,选择子：偏移量。依照表 5,如果指令中指出的选择子对应的描述符指向代码段描述符,这时将实现段间直接转移,选址关系如图 A-11(a)所示。

　　处理器在执行段间直接转移指令时,其更新地址的操作过程如下。

　　通过段选择子从全局描述符表 GDT 或局部描述符表 LDT 中取得目标代码段描述符,装载到 CS 高速缓冲寄存器中。在这个过程中,首先应判别选择子的位 2 即 TI 位的值,如果 TI＝0 则指向 GDT;如果 TI＝1,则指向 LDT。其次还要判别从 GDT 或 LDT 中获得的代码段描述符是否合法。如果合法则把选择子置入 CS,并随之自动地把代码段描述符从描述符表中装入 CS 附带的高速缓冲器。这时描述符高速缓冲器中提供的段地址将是控制转移到的目标代码段的段地址。

　　在将段选择子装入 CS 段寄存器后,偏移地址装入指令指针 EIP,CPL 存入 CS 内选择子的 RPL 字段;如果是执行 CALL 指令,还需将返回地址指针压栈,从而完成向目标代码段的转移。

　　然而,在实际应用中,位于低特权级的应用程序往往需要调用高特权级的操作系统程

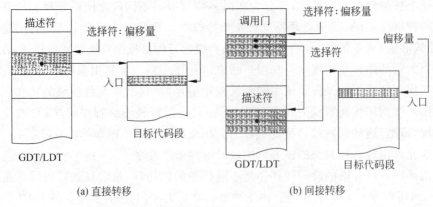

图 A-11　段间转移的寻址关系

序来完成一些功能,这种使控制权从较低的特权级转移到高特权级的转移,需要利用间接转移的方法来实现。

依表 A-6,如果 CALL/JMP 指令中给出的选择子对应的描述符指向门描述符选择子(注意:不是直接转移中的 16 位代码选择子)时,将实现段间间接转移。

图 A-7 所示门描述符的属性中 TYPE 字段的不同编码可用于区分调用门、中断门、陷阱门和任务门,具体关系参见表 A-3。对于调用门、中断门、陷阱门和任务门这 4 种门,其描述符中的字节 2 和字节 3 一起给出了一个 16 位的门描述符选择子。

同一任务内,当要求实现任务的特权级从低向高的切换时,必须使用 CALL 上指令通过调用门实现段间的间接转移。根据指令中调用门的这个 16 位的选择子,就可以从 GDT 或 IDT 中找到一个调用门描述符,再从门描述符中的 16 位选择子来读取目标代码段的描述符,而目标代码段的描述符就给出了被调用段的段基址。在此基础上,使用门描述符中的偏移地址代替指令中的偏移地址来形成转移目标代码段的入口。换句话说,描述符缓冲器中提供的段地址就是控制转移到的目标代码段的段地址,调用门中的偏移值就是控制转移的目标代码段内的偏移地址。使用调用门实现段间接转移的选址关系如图 A-11(b)所示。

当启动 IA-32 微处理器的调用门时,将产生下列操作。

在进行了门的合法性检查后,根据目标程序的新的特权级,从任务状态段中取出相应特权的堆栈指针,装入 SS:ESP。

把老的 SS 用 0 扩展到 32 位,压入堆栈。

压入老的 ESP。

从老的堆栈复制规定个数(由调用门中的 DC 字段指定)的双字计数到新的堆栈。

把返回地址(16 位选择子、32 位偏移量)压入堆栈。

用调用门中的选择子装入 CS 寄存器,用调用门中的 32 位偏移量装入 EIP。

控制转移到更高的特权级,堆栈也要跟着变化,要在新的堆栈内保存老的堆栈指针,而且要把需要传送的参数(保存在老的堆栈内)拷贝到新的堆栈内。

中断门和陷阱门的工作方式与调用门的类似,也可以实现转移到更高特权级的控制转移。

但是，中断门和陷阱门只能出现在中断描述符表中，只能用中断指令或外部中断来访问。但中断门和陷阱门不能复制参数。陷阱门与中断门的唯一区别是对中断标志 IF 位的处理。通过中断门的控制转换，都禁止中断（使 IF 位置 0）；而陷阱门却不影响中断标志。

控制转移与访问数据段一样也要进行特权检查，遵循特权规则：

若控制转移要求特权级别发生变化，则必须通过门；

若使用 JMP 指令产生段间控制转移，则只能在同一特权级别中进行；

若使用 CALL 指令产生段间控制转移，则既可以是同一特权级别内，也可以转移到更高的特权级；

在同一任务内处理的中断，遵循与 CALL 指令相同的特权规则；

任务的 CPL 与指向门的选择子的 RPL 必须同时小于或等于门的 DPL（特权级高于DPL）；

门的目标段的特权必须高于或等于任务的 CPL 特权，控制转移后目标段的特权级作为新的 CPL；

并不切换任务的返回指令，只能将控制返回到具有相同的或更低的特权级的代码段；

任务切换可以由 JMP、CALL 或 INT 指令完成，若在切换时涉及任务门或任务状态段时，它们的 DPL 必须低于或等于原来任务的 CPL。

在一个任务内，使特权级发生变化的控制转移，都会引起堆栈的变化。对特权级 0、1和 2，堆栈指针 SS：ESP 的值，都保留在此任务的任务状态段内。在 JMP 或 CALL 指令使控制发生转移时，新的堆栈指针由任务状态段中的值加载 SS 和 ESP 寄存器，而原来的堆栈指针被压入新的堆栈中。

与调用指令和进入中断处理相反，RET 和 IRET 指令只能返回到描述符特权低于或等于任务的 CPL 的代码段，也即要满足 CPL≤DPL。在这种情况下，装入 CS 的选择子是从堆栈中恢复的（在 CALL 指令执行时保留至堆栈中的）。在返回以后，选择子的 RPL就是任务的新的 CPL。若 CPL 改变了，则老的堆栈指针，在返回地址之后被弹出，这样，就恢复了原来特权级的堆栈。

任务间的切换转移也是通过 CALL、JMP 指令或中断机制来实现的。特权级保护的关键是对代码段的保护。与段间转移不同，任务间的转移涉及各种门、TSS 等功能。任务间的切换转移也可分为直接转移和间接转移两种。

IA-32 微处理器的任务切换操作保存计算机的整个状态（所有的寄存器、地址空间以及连接到前一个任务的链），装入新的执行状态，完成保护检查，然后，在新的任务下开始执行。

在保护模式支持的多任务和保护功能设计中，系统中的各个任务是相对独立的，每个任务有自己的 LDT，从而为每个任务都定义了专用的局部虚拟地址空间，这样的安排使得各个任务之间在使用区域上是隔开的。尽管每个任务都可能含有多个不同特权级的代码段，但在任务之间进行段间切换时，新任务和旧任务的当前特权级之间的关系可以是无限制的。这是任务间转移与任务内的段间转移最大的不同点。

在使用 CALL/JMP 指令时,通过任务状态段 TSS 实现的任务间转移称为任务间直接转移。在对指令 JMP/CALL 汇编后的虚拟地址表示式"JMP/CALL 选择子:偏移量"中,如果选择子指向一个可用任务状态段 TSS 的描述符时,这个选择子装入 TR,选择 TSS 描述符并自动将其装入 TR 的高速描述符缓冲区,被选中 TSS 内的 CS 和 EIP 字段确定的指针指明目标任务的入口点,从当前任务切换到 TSS 对应任务,实现了任务间的直接转移。

在使用 CALL/JMP 指令时,通过任务门实现的任务间转移称为任务间间接转移。在对指令 JMP/CALL 汇编后的虚拟地址表示式"JMP/CALL 选择子:偏移量"中,如果选择子指向一个任务门时,系统从当前任务切换到由任务门内的选择子确定的 TSS 相应任务,即先经任务门选择子引出任务门,从任务门中取出的选择子才是目标任务的 TSS 描述符选择子,其中增加了一个"间接"的过程,间接实现了任务间的转移。

3) 保护模式下的中断管理

我们已经熟悉实模式下的中断知识,这里只讨论保护模式下的中断问题。在保护模式下,某些异常或中断的类型号与实模式下的可屏蔽中断类型号冲突。在保护模式下,必须重新设置 8259A 中断控制器,将可屏蔽中断类型号安排在 28H～0FFH。

(1) 中断描述符和中断描述符表 IDT。

在保护模式下,中断管理机制发生变化,中断服务程序的首地址不再由中断向量表提供,从 80286 到 Pentium 的系列微处理器都是通过中断描述符和中断描述符表 IDT 来协助和管理中断、提供中断服务程序的入口地址的。

在保护模式下,中断描述符用来描述中断服务程序属性、入口地址、特权级等特征,每个中断类型号对应一个中断描述符,每 8 个字节构成一个中断描述符,所有的中断描述符都存放在中断描述符表 IDT 中。IDT 中保存的若干个 8 字节组成的中断描述符按其作用可分为中断门、陷阱门和任务门 3 类。借助于中断门和陷阱门可使程序转移到当前任务下的中断处理程序中执行,而任务门则使程序转移到不同于当前任务的另一个任务中去执行,用于多任务下的任务切换。中断门、陷阱门两类中断描述符与图 A-7 类同,主要是第 2、3 字节,给出中断服务程序代码段选择子。

显然,图 A-7 中的第 1、2、4 共 3 个字形成了中断发生后需要转入的中断服务程序的入口地址。其中,代码段选择子指向 GDT 或 LDT 内的代码段描述符,进而指向一个代码段的基地址;32 位的段内偏移地址确定了代码段内的一个具体地址。

中断门和陷阱门的主要差别表现在对标志寄存器中中断允许标志 IF 位的影响上。中断门描述符用于处理 CPU 外部发生的可屏蔽硬中断,在转入中断服务程序执行时标志寄存器中的标志位 IF、TF 和 NT 均被清 0。IF=0 意味着在中断服务中禁止新的可屏蔽中断申请;TF=0 表示在中断处理程序执行中不响应单步中断;NT=0 表示中断处理程序在执行完毕后。所执行的返回指令 IRETD 为当前任务内的返回,而不是嵌套任务的返回。陷阱门描述符用于处理 CPU 内部发生的异常中断,在转入异常中断服务程序执行时,仅对 TF 和 NT 清 0 而不改变当前 IF 的状态。也就是说,异常中断服务程序执行过程中,CPU 还可以响应可屏蔽外部硬中断的申请。也是由于这个原因,中断门适合于处理中断,而陷阱门适合于处理异常。

中断任务门描述符的结构与 GDT、LDT 中的任务门基本相同,中断任务门描述符中的 16 位选择子指向对应任务中断服务程序的 TSS 段描述符。若中断指向 IDT 中的任务门描述符,这时的执行过程与 CALL 指令调用一个任务门的过程类似,程序执行被转移到由任务门描述符指定的一个任务中断服务程序中去。通过中断任务门进入任务中断服务程序时,需将标志寄存器中的 NT 位置 1,表示是嵌套任务。最后需要说明的是,由中断任务门引导的中断其执行过程与 CALL 指令调用也有区别,主要反映在实现任务切换后,任务门中断会说明中断的出错码、断点处标志寄存器 EFLAGS 的状态、断点处的 CS:EIP 压入新任务的堆栈区中。中断描述符表 IDT 全系统只有一个。由于 IDT 中最多可容纳 256 个描述符,对应中断类型号 0~255,而每个描述符占有 8 个字节,这样,IDT 最多占 2KB 的内存空间。内、外中断(包括 INT 指令)形成的中断类型号将作为访问 IDT 内描述符的索引号,索引号乘 8 就是该描述符在表内的偏移地址(设 IDT 的起始地址为 0)。

在保护模式下,IDT 可以在整个物理地址空间中浮动,其在内存中的基地址放在 CPU 内部的中断描述符表寄存器 IDTR 中。与 GDTR 一样,IDTR 也是 48 位寄存器,其中的高 32 位用于存放 IDT 在内存中的起始地址,低 16 位用于存放界限值。当中断或异常发生时,CPU 根据 IDT 在内存的起始地址和中断类型号,便可从 IDT 中取出中断或异常的门描述符,从中分离出选择子、偏移量和描述符属性类型,并进入有关的检查过程。检查条件符合,再根据门描述符的类型,分别转入对应的中断或异常的处理程序中去执行。

(2) 中断或异常的转移过程。

图 A-12 表示保护模式下中断或异常处理程序进入过程的示意图。

依据系统设定的 IDTR 值,在内存的指定区域建立 IDT;

当指令产生异常或响应外中断请求时,CPU 依不同中断或异常类型得到中断类型号 n;

根据中断类型号从 IDT 中查找对应的中断门、陷阱门或任务门,这些门描述符在 IDT 中的起始地址＝8n＋IDT 基地址;

通过门描述符中的选择符从 GDT 或 LDT 中找出可执行代码段的段描述符,段描述符的起始地址＝索引值×8＋GDT/LDT 基地址;

根据段描述符提供的段基地址和门描述符提供的偏移地址合成出中断服务程序入口地址,CPU 转去这个地址执行中断服务程序。

通过任务门进行的中断或异常转移处理过程与通过任务门的任务间切换相似,这时任务门中的选择符应是指向描述对应处理程序任务的 TSS 段的选择符。两者的主要区别是,对于提供出错代码的异常处理,在完成任务切换之后,需要把出错代码压入新任务的堆栈中。通过任务门执行中断服务程序的优点是当前任务和中断服务程序可实现完全隔离,缺点是转移所需时间延长。对于中断类型号为 08H 和 0AH 的两个中断,必须通过任务门进行中断处理,这样才能避免停机等致命状态的出现。

在中断或异常的处理过程中,系统会根据一定的规则进行一系列保护检查,最简单的是中断门或陷阱门中的选择符必须指向描述一个可执行代码段的描述符。如果这时的选择符不正常(比如为空),就会引起出错代码为 0 的保护故障。

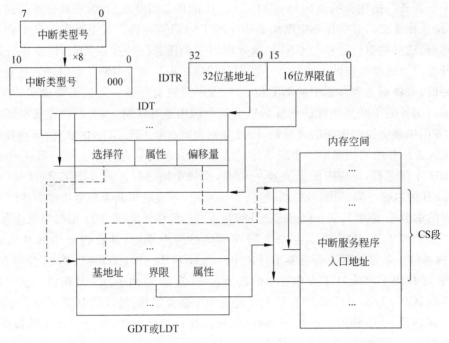

图 A-12　保护模式下中断或异常处理程序进入过程示意图

　　从程序切换的角度看,中断或异常处理过程的特权级保护规则基本等同于通过调用门进行程序转移过程中的特权级保护规则,具体原则为:被调用中断服务程序代码段的特权级应高于或等于当前被中断程序代码段的特权级,即

$$CPL \geqslant DPL\_I$$

　　这里的 CPL 是被中断程序的当前特权级,DPL_I 代表中断服务程序代码段的特权级。如果这个条件不能满足,将产生异常保护。

　　另外,通常将中断服务程序的特权级总是设置在特权级 0,也就是中断处理程序应占有最高特权级。这样,当特权级 0 的任务在执行中发生中断时,不会转移到低特权级的服务程序,因为这会导致异常保护。若中断或异常处理程序与被中断程序的特权级相同,此时处理程序只能使用堆栈中的数据,若处理程序需使用数据段中的数据,该数据段特权级必须设置为特权级 3。

　　对于通过任务门进行的中断或异常处理来说,由于属于不同任务的切换,因此,可以从任何特权级的当前任务切换到任何特权级的中断处理程序中去。

　　某些异常中断在发生时会给出错误代码,这些错误代码能指出错误类型、产生错误的描述符所在区域及错误索引值,据此可快速、准确地定位错误源。表 10-6 集中给出了各个中断或异常是否能给出错误代码的情况。

　　错误代码的格式如图 A-13 所示。

　　外部事件 EXT(位 0):EXE=1 表示对应的异常是由外部事件引起的。

　　描述符索引 IDT(位 1):IDT=1 表示错误代码的索引部分涉及 IDT 中的门描述符; IDT=0 表示错误代码的索引部分涉及 GDT 或 LDT 中的描述符。

31	16	15	3	2	1	0
保留		选择符索引		TI	IDT	EXT

图 A-13　错误代码的格式

描述符选择位 TI(位 2)：TI＝1 表示错误代码索引值涉及当前 LDT 中的描述符；若 TI＝0 表示错误代码索引值涉及当前 GDT 中的描述符。注意，TI 仅在 IDT 位为 0 时使用。

选择符索引(位 15～位 3)：这 13 位表示索引 GDT、LDT 或 IDT 中的选择符。若访问 IDT 发生错误，则位 10～位 3 代表的是中断类型号。

3. 段页式映像

段页式映像的虚拟存储器是在分段的基础上再分页，即每段分成若干个固定大小的页，每个任务或进程对应有一个段表，每段对应有自己的页表。在访问存储器时，由 CPU 经页表对段内存储单元进行寻址。在段页式虚拟存储器中，从虚地址变换为实地址要经过两级表的转换，使访问效率降低，速度变慢。为此，常为每个进程引入一个由相联存储器构成的转换后援缓冲器 TLB，相当于 Cache 中的地址索引机构(通常是一个快速地址变换表)，里面存放着最近访问的内存和单元所在的段、页地址信息。由此建立了虚拟空间到主存空间之间虚页到实页的对应关系(映射)。虚拟存储系统利用计算机 CPU 中的一组寄存器堆作为快速地址变换表基址寄存器，它与快速地址变换表一起给出用户程序地址。

通常，先把虚拟(逻辑)地址通过分段机制，转换为线性地址；再通过分页机制，把线性地址转换为物理地址。段机制是必用的，分页机制则根据需要允许或禁止。如果禁用分页机制，则经过段机制转换的线性地址就是物理地址。若启用分页机制(控制寄存器 CR0 的 PG＝1)，线性地址要经过分页机制的转换才变为物理地址。

在段机制中的每一个段的大小是不固定的，可变的，可由用户用段描述符中的 20 位的 Limit(界限)字段来规定，最小为 0，最大为 4GB。而分页机制中的每一页的大小是固定的，在 80386 中为 4KB。分页机制把线性地址空间和物理地址空间(物理内存)分为大小固定(4KB)的若干页，每一页的地址对齐在 4KB 的边界上(页的起始地址可被 4K 除尽或者说页的起始地址的低 12 位都为 0)。线性地址空间中的任一页与物理地址空间中的任一页，都可以任意映射，一个物理页可以多次映射到不同的线性地址空间的页上。

通过线性地址与物理地址之间的映射，有限空间的物理存储器，可以映射到 4GB 的线性地址空间的任一地址。若线性地址空间上的某一页与物理地址空间的某一页建立了映射，称为此页是有效的(Valid)，说明此线性地址空间中的代码或数据是在物理内存中，对此页的访问是能直接进行的。若线性地址空间中的某一页，尚未与物理地址空间中的某一页建立映射，称此页是无效的(Invalid)，则此线性地址空间的代码或数据不在物理内存中，而是在系统的二级存储装置上(通常为磁盘)，则对此页的访问就会引起缺页故障(在 IA-32 结构微处理器中为异常 14)，这是一种可重启动的故障，故障处理程序会从空闲的物理页中分配一页，并从二级存储装置上把此页的内容读入至所分配的物理页上，为线性地址空间的这一页与所分配的物理页建立映射，并且重新启动访问此页指令，使访问成功。这就为现代操作系统的请页式虚存管理提供了最重要的支持。

线性地址空间的页与物理页之间的映射是通过页表机制实现的。

4. IA-32 结构微处理器的页表结构

线性地址空间中的页，是通过页表映射到物理页的。页表本身是存放在物理地址空间中的。页表可以看作为一个具有 2^{20} 物理地址的数组，所以线性地址与物理地址之间的映射，可以简化为对数组的查找。

4GB 的线性地址空间，可以分为 2^{20} 个 4KB 大小的页，故页表的数组应有 2^{20} 项。若每一个页表项占用 4 字节，则这样的页表数组就要占用 $2^{20} \times 4 = 4\text{MB}$ 的连续地址内存空间。这是不实用的。为此，IA-32 结构微处理器中采用了两级页表结构。

1) 第一级页表称为页目录表(Page Director)

在整个线性地址空间中有一张页目录表，此表共有 1K 个页目录项(Director Entry)，每一个页目录项占用 4 字节，故整个页目录表仅占用 4KB，即一页。每一个页目录项的高 20 位指明对应二级页表所在物理空间页的起始地址的高 20 位(低 12 位全部是 0)，每一个页目录项的其余 12 位给出该页表的其他信息。

控制寄存器 CR3 是页目录表的物理基址寄存器，如前述，CR3 的高 20 位用来放页目录表的起始地址。

2) 每一个页目录项对应一张二级页表(Page Table)

每一个二级页表也有 1K 个页表项，每一个页表项对应于一页。则一个页目录项(也即一张二级页表)，可管理 1K 页即 $1\text{K} \times 4\text{KB} = 4\text{MB}$ 的物理空间。于是整个第一级页表(即全部页目录表)，即可管理(映射) $1\text{K} \times 4\text{MB} = 4\text{GB}$ 的物理空间。

读者会产生疑问，1K 个二级页表就要占用 4MB，再加上页目录表的 4KB，总共占用 $(4\text{M} + 4\text{K})\text{B}$ 的内存资源。这比前面提到的一级页表结构占用 4MB 的内存资源还要多。但是，一级页表是要用连续的 4MB 的物理空间，两级映射表是可以分散的，实际上，并不需要在内存中存储完整的两级映射表。更重要的是除了必须给页目录表分配物理页外，给页表分配物理页是基于任务需要的原则，通常页表中所含表项的多少对应于实际使用的线性地址空间的大小。由于系统执行任何一个程序使用内存的线性地址空间远小于 4GB，对应页表所占的物理空间也就远小于 4MB。

页表形成独立的页与物理空间中的页都可以任意地分散在物理地址空间中，不需要地址连续地存放，这个特性大大减少了数据反复腾挪导致的碎片空间浪费。

IA-32 结构微处理器中的两级页表结构，以及利用线性地址来寻找页表的方法，如图 A-14 所示。

在 IA-32 结构微处理器中，两级页表必须放在物理存储器中，页目录表的起始物理地址，放在寄存器 CR3 中。在给定了一个线性地址后，用线性地址的最高 10 位，作为页目录表的索引，从 1K 个页目录项中选中一项，一个页目录项对应于一个二级页表，页目录项的高 20 位(一个页目录项占用 4 字节，即 32 位)，即为对应的页表的物理地址的高 20 位，它的低 12 位全为 0(页表也是页对齐的)，一个页表有 1K 个页表项，用线性地址的

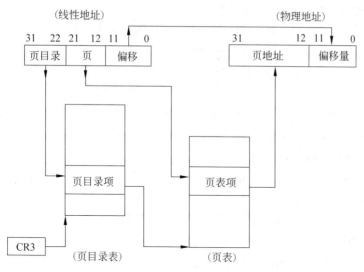

图 A-14　IA-32 结构微处理器中的两级页表结构

中间 10 位作为页表项的索引,从 1K 个页表项中选中一项,也即找到了要访问的线性地址所对应的一页。

　　页表项的高 20 位,即为对应的物理页的起始的物理地址(页的起始地址也是页对齐的,它的低 12 位全为 0),再用线性地址中的低 12 位作为此页内的偏移,就可以确定此线性地址所对应的存储单元(一个字节)。

　　通过 IA-32 结构微处理器中的两级页表,就可以实现线性地址与物理地址之间的映射(或转换)。如果改变页表项中的物理地址,就可以把同一个线性地址映射到不同的物理地址。页表项内容的填写与改写是由操作系统中的虚存管理部分实现的。

　　3) 页表项格式

　　页目录项和页表项的格式是相同的,如图 A-15 所示。

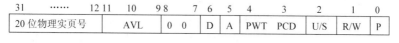

图 A-15　页目录/页表项格式

　　其中,高 20 位(位 31…12)包含着页表(对于页目录项)或对应的物理页(对应于页表项)的物理地址的高 20 位(因必须页对齐,故低 12 位必为 0)。低 12 位包含着页(或页表)的特性,其中标记为 0 的位是 Intel 公司保留的,用户不能使用且必须置为 0。页的主要特性如下。

　　P(Present)存在位。P=1,表示该页表(或该页)在内存中,可在线性地址向物理地址的转换中使用;P=0,表示该页表(或该页)不在内存中,要从外存中调出来。若在地址转换过程中,访问到 P=0 的项,则发生异常 14(通常即为缺页故障)。操作系统会把此页从外存中取到内存中,并重新启动刚才引起异常的指令。对于应用程序来说,完全觉察不到所发生的一切。

　　当 P=0 时,IA-32 结构微处理器对页目录项或页表项的其他位不作解释。故在 P=0

时，页目录项或页表项的其他位均无意义。

R/W 读/写位。若此位为 1，则对应的页目录项或页所覆盖的范围（4MB）是可读、可写和可执行的；若此位为 0，则对应的地址空间可读、可执行但不能写。这一位对于工作在特权级 0、1 或 2 的系统程序来说是不起作用的。

U/S（User Supervisor）用户/管理员位。若此位为 1，则对应的页，对于工作在任何特权级的程序，包括用户程序，是可访问的；若此位为 0，则此页只能由工作在管理员特权（特权级 0、1、2）的程序访问，而用户程序（特权级 3）是不可访问的。若是页目录项，则此位对页目录项所覆盖的所有页起作用。

PWT（Page Write Transparent）页透明写位。PWT＝1，表示当前页可采用通写策略；PWT＝0，允许回写。

PCD（Page Cache Disable）页 Cache 禁止位。PCD＝1，允许在片内超高速缓存器中进行超高速缓存操作；PCD＝0，禁止超高速缓存操作。

A（Access）存取位/访问位。当要对页表项所对应的页，或对页目录项所覆盖的任何页进行访问之前，处理器对应的项中的 A 置 1，表示此页已访问过。要注意，处理器对此位绝不自动清除。但此位可由操作系统的软件周期性地进行清除，以获得页的使用情况。操作系统用此确定该页被访问的频度，在页淘汰策略中，被访问的频度低的页先被淘汰。

D（Dirty）修改位。当要对页表项所对应的页进行写入之前，处理器使页表项的 D 位置 1，表示已被写入过。处理器不修改页目录项中的 D 位。常用来跟踪页的使用情况。以确定此页是否需要（或何时）将此页的内容回写二级存储器。

AVL 位 11、10、9，可用位。这几位是留给用户的软件可用的位，一般供操作系统记录页的使用情况。处理器不会修改这几位。

下面举一个例子来说明如何利用两级页表，实现线性地址到物理地址的转换。

若要访问线性地址为 FFFF1168H 的单元，而 CR3＝C0008000H，求对应的物理地址，并说明转换过程。

解答：可以将 32 位线程地址分成 3 部分：最高 10 位为 00 01001000B＝048H，将其作为页录索引；中间 10 位为 11 0100 0101B＝345H，作为页表索引；后 12 位为 678H，不用转换。直接作为 12 位物理地址。转换过程示意图如图 A-16 所示。转换分以下几步进行：

先查询 CR3，得知 CR3＝0000 8000H，将其作为页目录表的物理基地址；

取线性地址的高 10 位 00 01001000B＝048H，作为页目录录索引号，由于每个目录项占 1 个字节，所以要将索引号乘以 4 即左移 2 位，才能得到页目录项的首字节地址，也就是页目录项的偏移地址。本例中偏移地址为 048H×4＝120H；

求页目录项始址的物理地址，其值＝CR3 中的基地址＋页目录项的偏移地址＝00008000H＋120H＝00008120H；

查页目录项的内容。假设查得该目录中的 4 字节内容（08120H）＝00010021H，其中高 20 位为 00010H，它将作为下一级表即页表的基地址的高 20 位，而低 12 位为属性，它等于 021H，根据图 A-15 所示的页表项属性位内容可知

P＝1，页表存在，A＝1，该目录被访问过，U/S＝0，只能在 0、1、2 级上访问，R/W＝0，

由于 U/S＝0,该项被忽略,D＝0,对页目录项无意义;

页表索引序号由线性地址的中间 10 位给出,其值为 345H。同样因为页表项每项占 4 字节,所以页表项的偏移地址为 345H×4＝0D14H;

页表项的物理地址为其基地址＋偏移量＝00010000H＋0D14H＝00010D14H;

从指定页表项中查得其内容,即(010D14H)＝54321021H。其中高 20 位 54321H 即为物理地址的页帧值,即该页的基地址为 54321000H。后 12 位为属性,它与页目录的属性相同;

物理地址－页帧＋线性地址＝54321000H＋678H＝54321678H。

至此,通过一个实例,我们从线性地址求得了物理地址。

在保护模式下,对于 Pentium Pro 及以上的处理器,通过物理地址扩展后可以访问 36 位即 64GB 的物理地址空间。每页大小可以是 4KB、2MB 或 4MB。

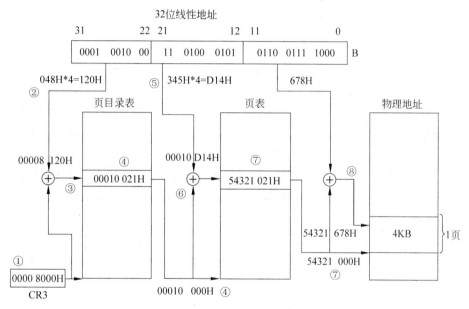

图 A-16 线性地址与物理地址之间的映射示例

4）页级保护

页表项中的保护字段,在 IA-32 结构微处理器的段级保护机制的基础上,提供了新的辅助手段。页级保护的功能如表 A-7 所示。

表 A-7 页级保护机制

U/S	R/W	用户允许的访问	系统允许的访问
0	0	无	读/写执行
0	1	无	读/写执行
1	0	读/执行	读/写执行
1	1	读/写执行	读/写执行

由此可见,页级保护对用户级的程序提供了附加的限制,对于标识为系统级的页,用户程序是无法访问的;对于标识为用户级的页,也有对写访问的限制,从而提高了整个系统的安全性。而页级保护机制,对于工作在特权级为0、1、2的系统程序是没有任何限制的。

对于用户级的程序来说,页目录项和页表项中的保护字段的组合,对访问的限制就更大,如表 A-8 所示。

表 A-8　保护机制的组合

页目录项	页表项	组合	页目录项	页表项	组合
U/S	U/S	U/S	R/W	R/W	R/W
0	0	0	0	0	0
0	1	0	0	1	0
1	0	0	1	0	0
1	1	1	1	1	1

5) 转换查找缓冲器

在 IA-32 结构微处理器中,因为要通过两级页表进行地址转换,地址转换的速度较慢,故采用了页转换查找(后备)缓冲器(也称页转换后备缓冲器,Translation Lookaside Buffer,TLB)。

IA-32 结构微处理器芯片上的 TLB,由 32 个项组成,每一项包含线性地址的高 20 位(即虚拟页的地址)和此页对应的页表项的内容,以及对应物理页的物理地址和页表项中的主要特性。

TLB 硬件把最近使用过的线性地址到物理地址的对应参数存储起来,在每次访问存储器页表、需要将线性地址转换为物理地址之前总是先查阅 TIB,即用线性地址的高 20 位(位 31~位 12)对 TLB 的标记字段进行对比检索,如果检索到(称为命中),就直接使用 TLB 的页表数据字段给出物理页的起始地址;如果未能命中,通过两级映射表完成地址转换。

在频繁的内存读/写中,TLB 的内容会很快写满,就存在对 TLB 中两个字段的单元内容进行更新的问题。更新的策略通常采用所谓的最近最少使用(Least Recently Used,LRU)算法进行,即选出最近最少访问的页表项作为要被替换的项。

显然,TLB 的使用大大减少了访问内存的两级映射表的操作次数,从而大大提高了访问的速度(转换只需半个时钟周期)。

Windows 为每个进程都提供了一个它自己私有的空间,一般情况下,一个进程只能访问自己的内存空间,在允许的情况下,有限制地访问系统共享数据区和其他进程的共享数据。Windows 提供了内存保护机制,用户进程不可以有意或无意地破坏其他进程或操作系统系统的内存。

通过专门编写的程序可以测试不同的操作系统实际占用的地址空间,如 Windows XP 的应用程序占用 0~7FFFFFFFH 共计 2GB 的内存空间。另外,在 Windows 界面下,读者可手动设置虚拟内存。在默认状态下,是让系统管理虚拟内存的,但是系统默认设置的管理方式通常都比较保守,在自动调节时会造成页面文件不连续,而降低读写效率,工作效率就显得不高,导致经常会出现"内存不足"这样的提示,手动设置的方法如下。

右击桌面上"我的电脑"图标,在弹出的快捷菜单中选择"属性"选项,打开"系统属性"窗口。在该窗口中单击"高级"选项卡,出现高级设置的对话框。

单击"性能"区域的"设置"按钮,在弹出的"性能选项"窗口中选择"高级"选项卡。

在此选项卡中可看到关于虚拟内存的区域,单击"更改"按钮进入"虚拟内存"的设置对话框,选择一个有较大空闲容量的分区,选中"自定义大小"复选框,将具体数值填入"初始大小"、"最大值"栏中,然后依次单击"设置"、"确定"按钮即可。设置完成后须重新启动计算机,所设置的虚拟内存才能生效。

ASCII 字符码表

	000	001	010	011	100	101	110	111
0000	NUL	DLF	空格	0	@	P	`	p
0001	SOH	DC1	!	1	A	Q	a	q
0010	STX	DC2	"	2	B	R	b	r
0011	ETX	DC3	#	3	C	S	c	s
0100	EOT	DC4	$	4	D	T	d	t
0101	ENQ	NAK	%	5	E	U	e	u
0110	ACK	SYN	&.	6	F	V	f	v
0111	BEL	ETB	'	7	G	W	g	w
1000	BS	CAN	(	8	H	X	h	x
1001	HT	EM	)	9	I	Y	i	y
1010	LF	SUB	*	:	J	Z	j	z
1011	VT	ESC	+	;	K	[	k	{
1100	FF	FS	,	<	L	\	l	|
1101	CR	GS	−	=	M	]	m	}
1110	SO	RS	.	>	N	^	n	~
1111	SI	US	/	?	O	—	o	DEL

Pentium 指令系统一览表

1. 指令集所用符号说明

符　号	说　明
acc	AL/AX/EAX 累加器
reg	通用寄存器
r8/r16/r32	8 位/16 位/32 位通用寄存器
seg	段寄存器
mm	整数 MMX 寄存器：$MMX_0 \sim MMX_7$
xmm	128 位的浮点 SIMD 寄存器：$XMM_0 \sim XMM_7$
m8/m16/m32/m64/m128	8 位/16 位/32 位/64 位/128 位存储器操作数
mem	8 位或 16 位或 32 位存储器操作数
i8/i16/i32	8 位/16 位/32 位立即操作数
imm	8 位或 16 位或 32 位立即操作数
dst	目的操作数
src	源操作数
lable	标号
m16&32	16 位段限和 32 位段基地址
d8/d16/d32	8 位/16 位/32 位偏移地址
ea	有效地址

2. 整数操作指令

格　式	功　能	备　注
AAA	加法运算后用 ASCII 码调整 AL	
AAD	除法运算后用 ASCII 码调整 AX	

续表

格　式	功　能	备　注
AAM	乘法运算后用 ASCII 码调整 AX	
AAS	减法运算后用 ASCII 码调整 AL	
ADC　reg,mem/imm/reg mem,reg/imm	带进位加法 (det)←(src)＋(dst)＋CF	
ADD　reg,mem/imm/reg mem,reg/imm acc,imm	加法 (dst)←(src)＋(dst)	
AND　reg,mem/imm/reg mem,reg/imm acc,imm	逻辑乘 (dst)←(src)^(dst)	
ARPAL　dst,src	调整选择符的 RPL 字段	286 起有,系统指令
BOUND　reg,mem	检查数组下标是否越界,越界刚产生 INT5	286 起有
BSF　r16,r16/m16 r32,r32/m32	自右向左位扫描(src),遇第一个为 1 的位,则 ZF←0,该位位置装入 reg;若(src)＝0,则 ZF←1	386 起有
BSR　r16,r16;m16 r32,r32/m32	自左向右位扫描(src),遇第一个为 1 的位,则 ZF←0,该位位置装入 reg;若(src)＝0,则 ZF←1	386 起有
BSWAP　r32	(r32)字节次次序变反	486 起有
BT　reg,reg/i8 mem,reg/i8	位测试	386 起有
BTC　reg,reg/i8 mem,reg/i8	位测试并求反	386 起有
BTR　reg,reg/i8 mem,reg/i8	位测试并清零	386 起有
BTS　reg,reg/i8 mem,reg/i8	位测试并置位	386 起有
CALL　reg/mem	调用过程(子程序) 段内直接：push(IP 或 EIP),(IP)←(IP)＋d16 或 (EIP)←(EIP)＋d32 段内间接：push(IP 或 EIP),(IP 或 EIP)←(EA)/reg 段间直接：push CS,push(IP 或 EIP),(CS)←dst 指定的段地址 (IP 或 EIP)←dst 指定的偏移地址 段间间接：push CS,push(IP 或 EIP),(IP 或 EIP)←(EA),(CS)←(EA+2)或(EA+4)	
CBW	字节转换成字,(AL)符号扩展到(AH)	
CDQ	双字转换成四字,(EAX)符号扩展到(EDX)	386 起有
CLC	进位标志清零(CF←0)	

续表

格　　式	功　　能	备　　注
CLD	方向标志清零(DF←0)	
CLI	中断标志清零(IF←0)	
CLTS	CR$_0$ 中的任务切换标志清零	386 起有,系统指令
CMC	进位标志求反	
CMP　reg,reg/mem/imm 　　　mem,reg/imm	比较两个操作数,(dst)←(src),结果影响标志位	
CMPS/CMPSB/CMPSW/ CMPSD	数据串比较	
CMPXCHG　reg/mem,reg	比较并交换(acc-dst),相等:ZF←1,(dst)←(src) 不相等:ZF←0,(acc)←(src)	486 起有
CMPXCHG8B　dst	比较并交换 8 字节(EDX,EAX)−(dst),相等:ZF← 1,(dst)←(ECX,EBX),不相等:ZF←0,(EDX, EAX)←(dst)	586 起有
CWD	字转换成双字(AX)符号扩展到(DX)	
CWDE	字转换成双字(AX)符号扩展到(EAX)	386 起有
DAA	加法后对 AL 作十进制调整	
DAS	减法后对 AL 作十进制调整	
DEC　reg/mem	减 1 (dst)←(dst)−1	
DIV　r8/m8 　　r16/m16 　　r32/m32	无符号数除法	386 起有
ENTER i16,i8	建立堆栈帧	386 起有
HLT	暂停	
IDIV　r8/m8 　　r16/m16 　　r32/m32	带符号整数除法	386 起有
IMUL　r8/m8 　　　r16/m16 　　　r32/m32	带符号整数乘法	386 起有
IN　acc,i8/DX	自端口输入数据 (acc)←(i8)或(DX)	
INC　reg/mem	加 1 (dst)←(dst)+1	
INS/INSB/INSW/INSD	串输入	286 起有
INT　i8	中断	
INTO	溢出中断	
INVD	清高速缓存	486 起有,系统指令

续表

格　式	功　能	备　注
IRET/IRETD IRET IRETD	中断返回 (IP)←POP(),(FLAGS)←POP() (EIP)←POP(),(CS)←POP()<(EFLAGS)←POP()	386 起有
JZ/JE　　d8/d16/132	零标志 ZF=1,则转移(等于或为零转移)	d16/d32 从 386 起有
JNZ/JNE　d8/d16/132	零标志 ZF=0,则转移(不等于或不为零转移)	同上
JS　　　d8/d16/132	符号标志 SF=1,则转移(结果为负转移)	同上
JNS　　d8/d16/132	符号标志 SF=0,则转移(结果为正转移)	同上
JO　　　d8/d16/132	溢出标志 OF=1,则转移(溢出转移)	同上
JNO　　d8/d16/132	溢出标志 OF=0,则转移(无溢出转移)	同上
JP/JPE　d8/d16/132	奇偶标志 PF=1,则转移(结果为偶数个 1 转移)	同上
JNP/JPO　d8/d16/132	奇偶标志 PF=0,则转移(结果为奇数个 1 转移)	同上
JC　　　d8/d16/132	进位标志 CF=1,则转移(有进位)	同上
JNC　　d8/d16/132	进位标志 CF=0,则转移(无进位)	同上
JB/JNAE　d8/d16/132	低于或不高于等于转移	同上
JNB/JAE　d8/d16/132	不低于或高于等于转移	同上
JBE/JNA　d8/d16/132	低于等于或不高于转移	同上
JNBE/JA　d8/d16/132	不低于等于或高于转移	同上
JL/JNGE　d8/d16/132	小于或不大于等于转移	同上
JNL/JGE　d8/d16/132	不小于或大于等于转移	同上
JLE/JNG　d8/d16/132	小于等于或不大于转移	同上
JNLE/JG　d8/d16/132	不小于等于或大于转移	同上
JCXZ/JECXZ d8/d16/132	当 CX 或 ECX 等于零时转移	386 起有
JMP　label/mem/reg	无条件转移(段内/段间直接或间接转移)	
LAHF	把标志寄存器(FLAGS)的低字节装入 AH 中	
LAR　reg,mem/reg	装入访问权限字节	286 起有,系统指令
LDS　reg,mem	把指针装入 DS	
LEA　reg,mem	装入有效地址	
LEAVE	高级过程退出	286 起有
LES　reg,mem	把指针装入 ES	
LFS　reg,mem	把指针装入 FS	386 起有
LGDT　mem	装入全局描述符表寄存器(GDTR)←(mem)	286 起有,系统指令

续表

格 式	功 能	备 注
LGS reg,mem	把指针装入 GS	386 起有
LIDT mem	装入中断描述符表寄存器(IDTR)←(mem)	286 起有,系统指令
LLDT reg/mem	装入局部描述符表寄存器(LDTR)←(reg/mem)	286 起有,系统指令
LMSW reg/mem	装入机器状态字(在 CR_0 寄存器中)	286 起有,系统指令
LODK	插入 LOCK♯信号前缀	
LODS/LODSB/LODSW/ LODSD	装入字符串操作数(AL/AX/EAX)←(SI 或 ESI) (SI 或 ESI)←(SI 或 ESI)+(1 或 2 或 4)	ESI 自 386 起有
LOOP label	(CX/ECX)≠0 时循环	ECX 自 386 起有
LOOPE/LOOPZ label	(CX/ECX)≠0 且 ZF=1 则循环(相等/为 0 时)	同上
LOOPNE/LOOPNZ label	(CX/ECX)≠0 且 ZF=0 则循环(不相等/不为 0 时)	同上
LSL reg,reg/mem	装入段界	286 起有,系统指令
LSS reg,mem	把指针装入 SS	386 起有
LTR reg,mem	装入任务寄存器	286 起有,系统指令
MOV 　reg,reg/mem/imn 　mem,reg/imm 　Reg,CR_0－CR_3 　CR_0－CR_3,reg 　reg,DR 　DR,reg 　reg,SR 　SR,reg	传送数据 (reg)←(reg/mem/imm) (mem)←(reg/imm) (reg)←(CR_0－CR_3) (CR_0－CR_3)←(reg) (reg)←(调试寄存器 DR) (DR)←(reg) (reg)←(段寄存器 SR) (SR)←(reg)	386 起有,系统指令 386 起有,系统指令 386 起有,系统指令 386 起有,系统指令
MOVS/MOVSB/MOVSW/ MOVSD	字符串之间的数据传送	(MOVSD)386 起有
MOVSX reg,reg/mem	带符号扩展的数据传送	386 起有
MOVZX reg,reg/mem	带零扩展的数据传送	386 起有
MUL reg/mem	无符号数乘法 (AX)←(AL) * (r8/m8) (DX,AX)←(AX) * (r16/m16) (EDX,EAX)←(EAX) * (r32/m32)	386 起有
NEG reg/mem	求补	
NOP	空操作	
NOT reg/mem	求反	
OR 　reg,reg/mem/imm 　mem,reg/imm	逻辑或 (reg)←(reg) ∨ (reg/mem/imm) (mem)←(mem) ∨ (reg/imm)	

续表

格　式	功　能	备　注
OUT i8,acc DX,acc	输出数据到端口	
OUTS/OUTSB/OUTW/ OUTD	输出数据串到端口	386 起有
POP reg/mem/SR	从堆栈弹出数据(reg/mem/SR)←((SP 或 ESP)) (SP 或 ESP)←(Sp 或 ESP)+2 或 +4	
POPA/POPAD POPF/POPFD	出栈送 16 位/32 位通用寄存器 出栈送标志寄存器(FLAGS/EFLAGS)	286/386 起有 386 起有
PUSH reg/mem/SR/imm	数据压入堆栈(SP 或 ESP)←(SP 或 ESP)−2 或 −4,((SP 或 ESP))←(reg/mem/imm)	
PUSHA/PUSHAD PUSHF/PUSHFD	16 位/32 位通用寄存器压入堆栈 标志寄存器 FLAGS/EFLAGS 压入堆栈	286/386 起有 386 起有
RCL/RCR reg/mem, 1/CL/i8	通过进位循环左移/右移	i8 自 386 起有
RDMSR	从模式指定寄存器读	586 起有
REP	重复前缀(CX 或 ECX)←(CX 或 ECX)=1,当(CX 或 ECX)≠0,重复操作,REP 可加在 MOVS,STOS, LODS,INS,OUTS 指令前	
REPE/REPZ	相等/为零时重复,即当(CX 或 ECX)≠0 且 ZF=1 时重复,可加在 CMPS,SCAS 指令前	
REPNE/REPNZ	不相等/不为零时重复,即当(CX 或 ECX)≠0 且 ZF =0 时重复,可加在 CMPS,SCAS 指令前	
RET	从过程(子程序)返回	
ROL/ROR reg/mem, 1/CL/i8	不通过进位循环左移/右移	i8 自 386 起有
RSM	从系统管理方式恢复	586 起有,系统指令
SAHF	把 AH 存到标志寄存器低字节中	
SAL/SAR reg/mem, 1/CL/i8	算术左移/算术右移	i8 自 386 起有
SBB reg,reg/mem/imm mem,reg/imm	带借位的整数减法	
SCAS/SCASB/SCASW/ SCASD	比较字符串数据	386 起有
SETcc r8/m8	按条件设置字节	386 起有
SGDT mem	保存全局描述符表寄存器	386 起有,系统指令
SHL/SHR reg/mem, 1/CL/i8	逻辑左移/逻辑右移	
SHLD/SHRD reg/mem,reg,i8/CL	双精度左移/双精度右移	386 起有

续表

格　　式	功　　能	备　　注
SIDT	存储中断描述符表寄存器	286 起有,系统指令
SLDT	存储局部描述符表寄存器	286 起有,系统指令
SMSW	存储机器状态字	286 起有,系统指令
STC	进位位置 1	
STD	方向标志置 1	
STI	中断标志置 1	
STOS/STOSB/STOSW/ STOSD	存储字符串数据	386 起有
STR　reg/mem	存储任务寄存器(reg/mem)←(IR)	286 起有,系统指令
SUB　　reg,mem/imm/reg 　　mem,reg/imm 　　acc,imm	整数减法(dst)←(dst)←(src)	
TEST　　ref,mem/imm/reg 　　mem,reg/imm 　　acc,imm	测试(逻辑比较)(dst)∧(src),结果影响标志位	
VERR/VERW　reg/mem	读/写段检验	286 起有,系统指令
WAIT	等待	
WBINVD	写回并使高速缓存无效	486 起有,系统指令
WRMSR	写型号特定寄存器 MSR(ECX)←(EDX,ECX)	586 起有,系统指令
XADD　　reg/mem,reg	交换并相加 TEMP←(src)+(dst) (scr)←(dst),(dst)←TEMP	486 起有
XCHG　　reg/acc/mem,reg	寄存器/存储器数据交换 (dst)←→(src)	
XLAT/XLATB	表查找翻译	
XOR　　reg,mem/imm/reg 　　mem,reg/imm 　　acc,imm	逻辑异或(dst)⊕(src)	

DOS 功能调用

附表 D-1 关于设备 I/O 的功能调用

功能号	功　能	入 口 参 数	出 口 参 数
01H	键盘输入字符		AL＝输入字符
02H	显示器输出字符	DL＝欲输出字符	
03H	串行接口输入字符		AL＝输入字符
04H	串行接口输出字符	DL＝欲输出字符	
05H	打印机输出字符	DL＝欲输出字符	
06H	直接控制台 I/O	DL＝0FFH(输入) ＝字符(输出)	AL＝输入字符
07H	直接控制台输入(无回显)		AL＝输入字符
08H	键盘输入字符(无回显)		AL＝输入字符
09H	显示字符串	DS:DX＝字符串首址(字符串以"S"结束)	
0AH	输入字符串	DS:DX＝缓冲区首址,第 0 字节为缓冲区长度	缓冲区第 1 字节为实际输入字符个数,字符从第 2 字节开始存放
0BH	检查标准输入状态		AL＝0 无键入,0FFH 有键入
0CH	清输入缓冲区并执行指定的标准输入功能	AL＝功能号(01,06,07,08,0A)	
0DH	刷新 DOS 磁盘缓冲区		
0EH	选择当前盘	AL＝盘号	AL＝系统中盘的数目
1BH	取当前盘 FAT 表信息		DS:BX＝盘类型字节地址 DX＝FAT 表项数 AL＝每簇扇区数 CX＝每扇区字节数

续表

功能号	功　能	入　口　参　数	出　口　参　数
1CH	取指定盘 FAT 表信息	AL=盘号 DL=0	DS:BX=盘类型字节地址 DX=FAT 表项数 AL=每簇扇区数 CX=每扇区字节数
2EH	置写校验状态	AL=状态　00H 关闭写校验 　　　　01H 打开写校验	
54H	取写校验状态		AL=状态　00H 关闭写校验 　　　　01H 打开写校验
36H	取盘剩余空间数	DL=盘号	AX=每簇扇区数 BX=可用簇数 CX=每扇区字节数 DX=总簇数
2DH	取磁盘缓冲区首址		ES:BX=缓冲区首地

附表 D-2　关于设备 I/O 控制的功能调用

功能号	子功能号	功　能	入　口　参　数	出　口　参　数
44H	00H	取设备状态	BX=文件号	CF=0,成功,DX=设备状态 CF=1,出错,AX=错误代码
44H	01H	置设备状态	BX=文件号 DX=设备状态	CF=0,成功 CF=1,出错,AX=错误代码
44H	02H	从字符设备控制通道读数据	BX=文件号 CX=要读的字节数 DS:DX=缓冲区首址	CF=0,成功 　　AX=实际读出的字节数 CF=1,出错 　　AX=错误代码
44H	03H	向字符设备控制通道写数据	BX=文件号 CX=要写的字节数 DS:DX=缓冲区首址	CF=0,成功 　　AX=实际写入的字节数 CF=1,出错 　　AX=错误代码
44H	04H	从块设备控制通道读数据	BL=驱动器号(00H=当前驱动器;01H=A;等) CX=要读的字节数 DS:DX=缓冲区首址	CF=0,成功 　　AX=实际读出的字节数 CF=1,出错 　　AX=错误代码
44H	05H	向块设备控制通道写数据	BL=驱动器号(00H=当前驱动器;01H=A;等) CX=要写的字节数 DS:DX=缓冲区首址	CF=0,成功 　　AX=实际写入的字节数 CF=1,出错 　　AX=错误代码

续表

功能号	子功能号	功　　能	入　口　参　数	出　口　参　数
44H	06H	取设备的输入状态	BX＝文件号	CF＝0,成功 　　AL＝设备输入状态 CF＝1,出错 　　AX＝错误代码
44H	07H	取设备的输出状态	BX＝文件号	CF＝0,成功 　　AL＝设备输出状态 CF＝1,出错 　　AX＝错误代码
44H	08H	确定设备是否有可移动介质	BL＝驱动器号(00H＝当前驱动器;01H＝A:等)	CF＝0,成功 　　AX＝0000H,有可移动介质 　　AX＝0001H,无可移动介质 CF＝1,出错 　　AX＝错误代码
44H	09H	确定块设备是本地的还是远程的	BL＝驱动器号(00H＝当前驱动器;01H＝A:等)	CF＝0,成功; 　　DX＝设备属性字 CF＝1,出错 　　AX＝错误代码
44H	0AH	确定文件是否属于远程设备文件	BX＝文件号	CF＝0,成功 　　DX＝设备属性字 CF＝1,出错 　　AX＝错误代码
44H	0CH	对字符设备驱动程序的各种请求	BX＝文件号 CH＝种类代码 　　00H 未知设备 　　01H COMn 　　03H CON 　　05H LPTn CL＝功能 　　45H 设置重复次数 　　4AH 选择代码页面 　　4CH 开始代码页准备 　　4DH 结束代码页准备 　　5FH 设置显示信息 　　65H 得到重试计数 　　6AH 询问选择的代码页面 　　6BH 询问准备表 　　7FH 得到显示信息 DS:DX＝参数块首址	CF＝0,成功; CF＝1,出错 　　AX＝错误代码

续表

功能号	子功能号	功能	入口参数	出口参数
44H	0DH	对块设备驱动程序的各种请求	BL＝驱动器号（00H＝当前驱动器 01H＝A:等） CH＝种类代码 　08H 磁盘驱动器 CL＝功能 　40H 设置设备参数 　41H 写逻辑设备磁道 　42H 格式化和校验逻辑设备磁道 　46H 设置卷系列号 　47H 设置访问标志 　60H 得到设备参数 　61H 读逻辑设备磁道 　62H 校验逻辑设备磁道 　66H 得到卷系列号 　67H 得到访问标志 DS:DX＝参数块首址	CF＝0,成功 CF＝1,出错 　AX＝错误代码
44H	0EH	确定用于引用驱动器的最后一个字母	BL＝驱动器号（00H＝当前驱动器 01H＝A:等）	CF＝0,成功 　AL＝0 块设备仅分配了一个逻辑驱动器 　AL＝1…26 引用驱动器的最后一个字母 CF＝1,出错 　AX＝错误代码
44H	0FH	设置逻辑驱动器映射	BL＝驱动器号（00H＝当前驱动器 01H＝A:等）	CF＝0,成功 　驱动器现在对应于下一个逻辑驱动器 CF＝1,出错 　AX＝错误代码
44H	10H	确定一个字符设备是否支持特定的通类 IOCTL 调用	BX＝文件号 CH＝种类码（见子功能 0CH） CL＝功能码	CF＝0,成功 　AX＝0000H 支持指定 IOCTL 功能 CF＝1,出错 　AL＝01H 不支持指定 IOCTL 功能
44H	11H	确定一个块设备是否支持特定的通类 IOCTL 调用	BX＝驱动器号 CH＝种类码（见子功能 0DH） CL＝功能码	CF＝0,成功 　AX＝0000H 支持指定 IOCTL 功能 CF＝1,出错 　AL＝01H 不支持指定 IOCTL 功能

附表 D-3　关于文件操作的功能调用

功能号	功　能	入口参数	出口参数
29H	建立 FCB	DS:SI=字符串首址 ES:DI=FCB 首址 AL=0EH 非法字符检查	AL=00H 标准文件 01H 多义文件 FFH 非法盘符
16H	建立文件	DS:DX=FCB 首址	AL=00H 成功,FFH 目录区满
0FH	打开文件	DS:DX=FCB 首址	AL=00H 成功,FFH 未找到
10H	关闭文件	DS:DX=FCB 首址	AL=00H 成功,FFH 已换盘
13H	删除文件	DS:DX=FCB 首址	AL=00H 成功,FFH 未找到
14H	顺序读一个记录	DS:DX=FCB 首址	AL=00H 成功,01H 文件结束 03H 缓冲区不满
15H	顺序写一个记录	DS:DX=FCB 首址	AL=00H 成功,FFH 盘满
21H	随机读一个记录	DS:DX=FCB 首址	AL=00H 成功,01H 文件结束 03H 缓冲区不满
22H	随机写一个记录	DS:DX=FCB 首址	AL=00H 成功,FFH 盘满
27H	随机读若干记录	DS:DX=FCB 首址 CX=记录数	AL=00H 成功 01H 文件结束 03H 缓冲区不满
28H	随机写若干记录	DS:DX=FCB 首址 CX=记录数	AL=00H 成功,FFH 盘满
24H	置随机记录号	DS:DX=FCB 首址	
3CH	建立文件	DS:DX=ASCIIZ 串首址 CX=文件属性字 　00 普通　　02 隐含 　01 只读　　03 系统	AX=文件号。文件存在时将其长度截为 0
5AH	建立临时文件	同上,但 ASCIIZ 串中不需要包含文件名	AX=文件号
5BH	建立新文件	同功能 3CH	AX=文件号,文件存在时不予建立,返回出错信息
3DH	打开文件	DS:DX=ASCIIZ 串首址 AL=方式码(0 读,1 写,2 读/写)	AX=文件号
3EH	关闭文件	BX=文件号	
3FH	读文件	BX=文件号 CX=读入的字节数 DS:DX=缓冲区首址	AX=实际读出的字节数
40H	写文件	BX=文件号 CX=写盘的字节数 DS:DX=缓冲区首址	AX=实际写入的字节数
41H	删除文件	DS:DX=ASCIIZ 串首址	

续表

功能号	功　　能	入 口 参 数	出 口 参 数
42H	改变文件读写指针	BX＝文件号 CX:DX＝位移量 AL＝0 绝对移动 　　　1 相对移动 　　　2 绝对倒移	DX:AX＝新的文件指针
45H	复制文件号	BX＝文件号 1	AX＝文件号 2
46H	强制复制文件号	BX＝文件号 1 CX＝文件号 2	CX＝文件号 1
4BH	装入一个程序	DS:DX＝ASCIIZ 串首址 ES:BX＝参数区首址 AL＝0 装入且执行 　　　3 装入不执行	
44H	设备文件 I/O 控制	BX＝文件号 AL＝0 取状态 　　　1 置状态(状态在 DX) 　　　2 读数据 　　　3 写数据 　　　6 取输入状态 　　　7 取输出状态	DX＝状态

附表 D-4　关于目录操作的功能调用

功能号	功　　能	入 口 参 数	出 口 参 数
11H	查找第一个目录项	DS:DX＝FCB 首址	AL＝00H 操作成功 　　 FFH 操作失败
12H	查找下一个目录项	DS:DX＝FCB 首址	AL＝00H 操作成功 　　 FFH 操作失败
17H	文件更名	DS:DX＝FCB 首址 DS:DX＋11H＝新名	AL＝00H 操作成功 　　 FFH 操作失败
23H	取文件长度	DS:DX＝FCB 首址	AL＝00H 操作成功,结果在 FCB 中 　　 FFH 操作失败
4EH	查找第一个文件	DS:DX＝ASCIIZ 串首址 CX＝属性	DTA
4FH	查找下一个文件	DTA	DTA
56H	文件更名	DS:DX＝ASCIIZ 串首址 ES:DI＝新名字符串首址	
43H	置/取文件属性	DS:DX＝ASCIIZ 串首址 AL＝0 取文件属性 　　　1 置文件属性(属性在 CX 中)	CX＝文件属性

续表

功能号	功　能	入　口　参　数	出　口　参　数
57H	置/取文件日期和时间	DS:DX=ASCIIZ 串首址 AL=0 取 　　　1 置 CX:DX 中日期和时间	DX:CX=文件日期和时间
39H	建立一个子目录	DS:DX=ASCIIZ 串首址	
3AH	删除一个子目录	DS:DX=ASCIIZ 串首址	
3BH	改变当前目录	DS:DX=ASCIIZ 串首址	
47H	取当前目录路径名	DL=盘号 DS:SI=缓冲区首址	

附表 D-5　其他功能调用

功能号	功　能	入　口　参　数	出　口　参　数
00H	程序结束退出	CS=程序段前缀的段基址	
4CH	程序结束退出	AL=返回码	
31H	程序结束驻留退出	AL=返回码 DX=驻留内存的节数(1 节=16 字节)	
4DH	取子进程的返回码		AL=返回码
33H	置/取　Ctrl-Break 检查状态	AL=00 取状态 　　01 置 DL 中的状态	DL=状态
25H	置中断向量	AL=中断类型码 DS:DX=入口地址	
35H	取中断向量	AL=中断类型码	ES:BX=入口地址
26H	置程序段前缀	DX=新段址	
62H	取程序段前缀		DX=当前程序段前缀段址
48H	分配内存空间	BX=申请内存的数量(以节为单位)	成功时：CF=0 　　　　AX=分配内存的段址 失败时：CF=1 　　　　BX=最大可用内存空间
49H	释放内存空间	ES=内存块的段址	
4AH	修改已分配的内存空间	ES=原内存块的段址 BX=新申请内存的数量	
2AH	取日期		CX:DX=日期
2BH	置日期	CX:DX=日期	AL=00H 操作成功 　　　FFH 操作失败
2CH	取时间		CX:DX=时间

续表

功能号	功　能	入 口 参 数	出 口 参 数
2DH	置时间	CX:DX＝时间	AL＝00H 操作成功 FFH 操作失败
30H	取 DOS 版本号		AL＝版本号,AH＝发行号
38H	取国别信息	DS:DX＝信息区首址,AL＝0	

参 考 文 献

[1] 周明德主编.微型计算机原理与接口技术(第二版).北京:人民邮电出版社,2006.

[2] 周荷琴,吴秀清主编.微型计算机原理与接口技术(第四版).北京:中国科学技术大学出版社,2008.

[3] 王诚,郭超峰主编.微型计算机原理与接口技术(第二版).北京:人民邮电出版社,2009.

[4] 赵雪岩主编.微机原理与接口技术.北京:清华大学出版社,北京交通大学出版社,2005.

[5] 马义德主编.微型计算机原理与接口技术.北京:机械工业出版社,2005.

[6] 吴产乐主编.微机系统与接口技术.武汉:华中科技大学出版社,2004.

[7] 冯博琴,吴宁主编.微型计算机原理与接口技术(第3版).北京:清华大学出版社,2011.

[8] 赵梅编著.微机原理与汇编语言实验指导.北京:北京航空航天大学出版社,2003.

[9] 电脑爱好者杂志编辑部.电脑爱好者合订本 2006 下半年.北京:电脑爱好者杂志编辑部出版,2007.